600MW火力发电机组培训教材(第二版

U0608343

电气设备及其系统

华东六省一市电机工程（电力）学会　编

中国电力出版社

CHINA ELECTRIC POWER PRESS

内容提要

2000 年由华东六省一市电机工程（电力）学会组编的《600MW火力发电机组培训教材》（一套5册）出版以来，已深受了 600MW 级火力发电机组的生产人员、工人、技术人员和管理干部等上岗培训、在岗培训、转岗培训、技能鉴定和继续教育等的欢迎，为此在目前全国电力系统中 600MW 发电机组已成为人们认为最佳的主力机组至今已有 100 多台投入了电网运行的情况下，决定对本套教材进行全面修订，以适应电力生产人员、工人、技术人员和管理干部认真学习和熟练掌握亚临界、超临界、超超临界压力的 600MW 级火力发电机组的运行技术和性能特点，更好地满足各类电力生产人员的培训需要。

本书是《600MW 火力发电机组培训教材（第二版）》（电气设备及其系统）分册，共分 15 章，主要介绍电气主接线及大电流母线、厂用电系统、600MW 发电机结构及其冷却系统、汽轮发电机正常运行、发电机非正常运行、600MW 发电机励磁系统、大机组与大电网协调、变压器、开关电器、配电装置、发电厂防雷与过电压保护、继电保护、直流系统、发电厂电气控制与测量及信号、发电厂远动与调度通信系统等。全书每章后均附上复习思考题。

本书可作为从事亚临界、超临界、超超临界压力的 600MW 级火力发电机组电气设备及其系统的安装调试、运行维护和检修技术等岗位生产人员、工人、技术人员和管理干部的上岗培训、在岗培训、转岗培训、技能鉴定和继续教育等的理想培训教材，也可作为从事 300～900MW 火力发电机组工作的电气设备及其系统生产人员、技术人员、管理干部和大专院校有关师生的参考教材。

图书在版编目（CIP）数据

电气设备及其系统/华东六省一市电机工程（电力）学会编. —2 版. —北京：中国电力出版社，2007.1（2020.6 重印）
600MW 火力发电机组培训教材
ISBN 978-7-5083-4644-1

Ⅰ. 电…　Ⅱ. 华…　Ⅲ. ①火力发电-汽轮发电机-技术培训-教材②火电厂-发电设备-技术培训-教材　Ⅳ. TM621.3

中国版本图书馆 CIP 数据核字（2006）第 099408 号

中国电力出版社出版、发行
（北京市东城区北京站西街 19 号　100005　http://www.cepp.sgcc.com.cn）
北京雁林吉兆印刷有限公司印刷
各地新华书店经售

＊

2000 年 3 月第一版
2007 年 1 月第二版　　2020 年 6 月北京第十四次印刷
787 毫米×1092 毫米　16 开本　21.5 印张　569 千字
印数 35001—36500 册　　定价 **88.00** 元

《600MW火力发电机组培训教材》(第二版)

编 委 会

组编单位：山东省电机工程学会
安徽省电机工程学会
江西省电机工程学会
浙江省电力学会
福建省电机工程学会
上海市电机工程学会
江苏省电机工程学会

联合编委会成员：

主 任 委 员：叶惟辛　　江苏省电机工程学会
副主任委员：林淦秋　　上海市电机工程学会
严行健　　江苏省电机工程学会
委　　　员：史向东　　山东省电机工程学会
赵永生　　安徽省电机工程学会
张　虹　　浙江电力学会
贾观宝　　江苏省电机工程学会
吕　云　　福建省电机工程学会
陈家湄　　江西省电机工程学会

《电气设备及其系统》

(第二版)

主　编：倪安华
主　审：陈自年　沈伯康

前 言

　　近 10 多年来，大容量、高参数、高效率的大型发电机组在我国日益普及，由于 600MW 火力发电机组具有容量大、参数高、能耗低、可靠性高、环境污染小等特点，在我国《1994～2000～2010～2020 年电力工业科学技术发展规划》、《电力工业技术政策》及《电力工业装备政策》中都把 600MW 机组的开发研究和推广应用作为一项重要内容。自 1985 年以来，全国已有 100 多台的 600MW 机组陆续地投入了电网运行，它们即将成为我国电力系统的主力机组。为了确保 600MW 机组的安全、稳定、经济运行，600MW 机组岗位运行、技能鉴定和继续教育等培训工作就显着十分重要了。

　　为适应这一形势发展的需要，使广大生产岗位工人、技术人员和管理干部熟悉、了解和掌握 600MW 火力发电机组的技术性能和特点，经 2004 年 7 月华东地区六省一市电机工程（电力）学会联合编辑工作委员会联席会议认真讨论研究，决定组织修订《600MW 火力发电机组培训教材》（共 5 册），联合编委会根据联席会议精神，在中国电力出版社的积极支持和指导下，启动《600MW 火力发电机组培训教材》（第一版）的修订工作，选择修编专家和审稿专家，着手搜集资料，制订和审查编撰大纲等。2005 年 10 月各分册书稿陆续编写完毕，各负责单位分别对初稿组织专家进行了审查，随即送中国电力出版社编辑加工、出版和整个教材的编审工作，前后共花去了两年多的时间。

　　本套教材（第二版）共分五个分册，即《锅炉设备及其系统》、《汽轮机设备及其系统》、《电气设备及其系统》、《热工自动化》、《电厂化学与环境保护》，全套教材共约 350 万字。

　　本套教材（第二版）是以亚临界、超临界压力的 600MW 火力发电机组为介绍对象，并适当增加超超临界压力机组的内容。本套教材（第二版）是在对 600MW 机组各子系统的结构、原理、功能、性能和特点进行详细介绍的基础上，重点突出 600MW 火力发电机组的岗位运行和技能操作特点；在理论阐述和技能深度方面，以岗位运行知识为基础，提高技能操作能力为目的；在语言描述和整体内容方面，力求通俗易懂，深入浅出，并配备操作实例。本套教材（第二版）属于 600MW 火力发电机组岗位运行、技能操作和继续教育的培训教材，适用于对具有大中专及以上文化程度的 600MW 火力发电机组生产岗位和技术管理人员培训之用，也可借用于高等院校热能动力和电力等专业的相关师生参考。

　　在本套教材的第二版修编过程中，华东地区六省一市电力公司、相关大专院校、发电厂以及有关专家学者和科技人员给予了热情的支持和帮助，我们在此一并表示感谢。我们还要感谢中国电力出版社，在历次联合编委会会议上都派出编辑参加和指导，经常关心编撰工作进度，协助解决疑难问题，对我们的工作给予了全方位的支持和鼓励。

　　限于编审人员的水平，本套教材第二版的疏漏之处一定不少，恳请广大读者提出宝贵意见，以便今后修订，提高质量，使之能更好地为我国电力工业的建设和发展服务。

华东地区六省一市电机工程（电力）学会

2006 年 5 月

编者的话

按照《华东地区六省一市电机工程（电力）学会联合编辑工作委员会2004年工作会议纪要》，根据形势发展的需求，对《600MW火力发电机组培训教材》（第一版）内容进行调整和完善，增补近10多年来该领域的新技术、新材料、新工艺、新要求等内容，在本套教材第一版的内容基础上增加新的技术内容，删除部分过时的内容，形成一套学术水平和出版质量达到国内一流水平的大容量火力发电机组技术培训教材，并予以正式出版发行。我们认为《600MW火力发电机组培训教材》修订后应成为在岗、在职600MW火力发电机组岗位运行、技能操作和继续教育的培训教材。在修改编写的过程中，应将相应的安全问题、超临界与超超临界技术、新的自动化技术等内容补充编入第二版教材之中。

《600MW火力发电机组培训教材（第二版）》（电气设备及其系统）分册由安徽省电机工程学会负责修订工作，并委托原安徽省电力试验研究所副所长兼总工程师倪安华教授级高级工程师负责修订编写，安徽省电力科学研究院副院长陈自年高级工程师和原安徽省电力试验研究所副所长兼总工程师沈伯康高级工程师负责审稿。本分册第一版由东南大学刘中岳教授主编，李扬、陆于平参编，倪安华主审。

《电气设备及其系统》分册按第一版章节共17章105节修改为第二版的15章104节，主要修改内容有以下几点：

1. 由于三峡工程已经建成，以三峡电站为中心，建设东、西、南、北四个方向的联网。本书增补介绍了当前国内外电力网发展的概况、直流输电基本概念、灵活交流输电基本概念和远距离大容量输电方式。

2. 目前我国电力系统已经进入大电网、大电厂、大机组、特高压输电、高度自动控制的新时代。本书增补介绍了大机组与大电网之间的矛盾与相互协调的认识，也随着重大事故的经验总结和电力工业的发展，明确了技术政策、系统安全、可靠与经济的重大课题。

3. 按照"西电东送"策略，我国将通过建设特高压国家电网，实现跨地区、跨流域水火互济。本书增补介绍了特高压1000kV级交流和±800kV级直流远距离大容量输电方式的应用前景、必要性以及特高压输电需研究的重点技术问题。

4. 随着自并励磁方式经验的积累，大机组的励磁系统已经比较广泛地被接受，本书增补介绍了较多的自并励磁方式的篇幅。

5. 微机保护的广泛使用，几乎替代了晶体管保护，同时微机保护还在不断地发展中，因此我国的电力系统微机保护已经进入一个更加辉煌的时代。本书增补介绍了微机保护的基本概念和原理、硬件与软件的发展、主要特点、典型结构、结构框图、管理机和双重化原则。

6. 随着DCS技术的发展与提高，电气量纳入DCS已经成熟，实现了真正意义上的炉、机、电集中控制，使电气防误操作等功能实现更方便。本书增补介绍了电气量纳入DCS的实践经验，包括DCS中的监控范围、运行特点、功能要求和DCS系统与ADS的接口。

7. 调度自动化技术的提高，给发电厂的RTU提出了新的要求，特别是AGC的广泛使用更要求发电厂提高调节精度。本书增补介绍了SCADA系统概述和RTU的主要功能与要求。

8. 电力体制改革厂网分开，对发电厂的计量提出了更高的要求，促使竞价上网决策系统的出现。本书增补介绍了发电厂的计量新概念和发电报价决策系统的信息，为参与电力市场运营和"竞价上网"提供了技术条件。

9. 为了更加吻合培训教材的特点，第一版中以"教科书"方式叙述的内容加以修改，删除了公式推导和数学论证。

安徽省电机工程学会

2006 年 5 月

目 录

前言

编者的话

第一章 电气主接线及大电流母线 ··· 1

- 第一节 电气主接线概述 ··· 1
- 第二节 主接线基本接线形式 ··· 1
  一、双母线接线(1) 二、3/2断路器接线(2) 三、桥形接线(3) 四、单元接线(4)
- 第三节 大型发电厂主接线 ··· 5
- 第四节 大电流导体附近钢构件发热 ····································· 5
  一、母线磁场中简单钢构布置与发热(6) 二、减少钢构损耗和发热措施(6)
- 第五节 分相封闭母线 ·· 7
  一、封闭母线概述(7) 二、全连式分相封闭母线(8) 三、封闭母线应用(9)
- 复习思考题 ··· 10

第二章 厂用电系统 ··· 11

- 第一节 厂用电及厂用负荷分类 ·· 11
  一、厂用电(11) 二、厂用电负荷分类(11)
- 第二节 厂用电电源及其基本接线形式 ··································· 12
  一、厂用电电压等级(12) 二、厂用电源及其引接方式(12) 三、600MW机组厂用电基本接线形式(14)
- 第三节 厂用电系统中性点接地方式 ····································· 17
  一、中压厂用电系统中性点接地方式(17) 二、低压厂用电系统中性点接地方式(17)
- 第四节 厂用变压器选择 ·· 18
  一、厂用负荷计算原则(19) 二、厂用负荷计算方法(21)
- 第五节 厂用电动机选择 ·· 22
  一、厂用电动机机械特性(22) 二、厂用电动机类型及其特点(23) 三、厂用电动机选择(25)
- 第六节 厂用电动机成组启动与惰走 ····································· 26
  一、电动机自启动时厂用母线电压最低限值(26) 二、电压校验(27) 三、自启动电动机允许容量(27)
- 第七节 厂用电源切换 ·· 28
  一、厂用电失电影响与切换分析(28) 二、厂用电源切换方式(30) 三、微机型厂用电源切换(31) 四、切换功能(31) 五、控制流程(34)
- 第八节 交流不停电电源系统(UPS) ···································· 34
  一、系统接线和运行方式(34) 二、UPS主要技术参数(35) 三、某600MW机组用UPS系统技术特点(35) 四、UPS母线与馈线基本要求(36)
- 复习思考题 ··· 36

第三章 600MW发电机结构及其冷却系统 ······························· 38

- 第一节 600MW发电机技术参数 ··· 38

一、 国内外600MW级汽轮发电机技术数据（38） 二、 国产600MW汽轮发电机优化设计（39）

- 第二节　发电机定子结构 ·· 41
　　一、 机座与端盖（41） 二、 机座隔振——定子弹性支撑（42） 三、 定子铁芯（43） 四、 水内冷定子绕组（46） 五、 定子绕组水路连接与水电接头（48） 六、 定子绕组端部固定（50） 七、 定子出线和发电机出线盒（52） 八、 总进出水汇流母管（52） 九、 氢冷却器（52）
- 第三节　发电机转子结构 ·· 53
　　一、 转子本体（转轴）（53） 二、 氢内冷转子（54）
- 第四节　发电机冷却与通风系统 ·· 59
　　一、 发电机冷却（59） 二、 半轴向通风冷却系统（59） 三、 定子铁芯轴向通风和转子绕组半轴向通风的冷却系统（60） 四、 定子铁芯径向通风和转子绕组气隙取气斜流通风的冷却系统（60）
- 第五节　发电机密封油系统 ·· 61
　　一、 单流环式油密封（62） 二、 双流环式油密封（63） 三、 三流环式油密封（64）
- 第六节　发电机氢气系统 ·· 65
　　一、 氢气系统特性（65） 二、 氢气纯度要求（66） 三、 氢气湿度要求（67） 四、 氢气干燥（69）
- 第七节　发电机定子水冷却系统 ·· 70
　　一、 定子绕组水冷系统实例（70） 二、 几座电厂定子绕组冷却水系统特点（71）
- 第八节　发电机测温 ··· 73
　　一、 发电机测温元件配置（73） 二、 发电机绝缘工况监视仪（74） 三、 无线电频率监视仪（74）
- 复习思考题 ··· 75

第四章　汽轮发电机正常运行 ··· 76
- 第一节　大型发电机运行性能和特点 ··· 76
　　一、 功率因数和短路比（76） 二、 进相运行能力（76） 三、 失磁问题（76） 四、 负序电流能力（77） 五、 快速励磁（77） 六、 轴系扭振（77）
- 第二节　大型发电机出力 ·· 78
　　一、 铭牌工况（78） 二、 最大保证出力（T-MCR）工况（78） 三、 调节阀全开（VWO）工况（78）
- 第三节　大型发电机额定值 ·· 79
- 第四节　大型发电机运行可靠性及影响使用寿命因素 ·· 79
　　一、 设备运行可靠性（79） 二、 汽轮发电机绝缘寿命（79） 三、 汽轮发电机带电绕组运行中的机械及环境因素对寿命的影响（80） 四、 结论（81）
- 第五节　冷却条件变化时对发电机出力的影响 ·· 81
　　一、 氢气温度变化的影响（81） 二、 氢气压力变化的影响（81） 三、 氢气纯度变化的影响（81） 四、 定子绕组进水量和进水温度变化的影响（82） 五、 600MW汽轮发电机冷却装置运行状态不正常的影响（82）
- 第六节　电压、 频率变化时对发电机出力的影响 ··· 83
　　一、 电压不同于额定值时的运行（83） 二、 频率不同于额定值时的运行（83）
- 第七节　发电机功角特性与稳定概念 ··· 84
　　一、 汽轮发电机功率和功角关系（84） 二、 静态稳定概念（85） 三、 暂态稳定概念（86）
- 第八节　发电机 $P—Q$ 曲线 ·· 88
　　一、 发电机安全运行极限（88） 二、 发电机 $P—Q$ 曲线（88）
- 第九节　发电机监测系统 ·· 91
　　一、 监测点设置（91） 二、 发电机监测项目（92）
- 复习思考题 ··· 95

第五章　发电机非正常运行 ··· 96

- 第一节　汽轮发电机频率异常运行 •• 96
　　一、防止频率变化损坏发电设备（96）　二、防止频率变化引起连锁反应而导致电网瓦解（96）
- 第二节　汽轮发电机不对称运行 •• 97
　　一、负序电流对发电机的危害（97）　二、汽轮发电机不对称负荷的容许范围（98）　三、600MW级
汽轮发电机负序能力（99）
- 第三节　汽轮发电机失磁运行 •• 99
　　一、国内大机组失磁运行经验（100）　二、国外对大机组失磁运行的研究（100）　三、建议（101）
- 第四节　发电机进相运行 ••• 101
　　一、静稳定极限角限制（101）　二、定子端部发热对进相运行的限制（102）　三、发电机机端电压
下降限制（103）
- 第五节　发电机失步运行 ••• 103
　　一、发电机失步影响（103）　二、国外研究与经验（103）
- 复习思考题 •• 104

第六章　600MW 发电机励磁系统 •• 105

- 第一节　励磁系统作用和要求 •• 105
　　一、励磁系统主要作用（105）　二、励磁系统暂态性能指标（105）　三、对600MW机组励磁系统
的性能要求（106）
- 第二节　发电机调压特性与机组间无功功率分配 •• 107
　　一、发电机调压特性（107）　二、发电机经升压变压器后并联工作时的无功功率分配（108）
- 第三节　600MW 发电机励磁系统 •• 108
　　一、旋转硅整流励磁系统（110）　二、同轴交流励磁机静止晶闸管整流励磁系统（111）　三、自并
励励磁系统（112）　四、GENERREX-PPS 励磁系统（114）
- 第四节　灭磁系统 ••• 115
　　一、灭磁作用和要求（115）　二、600MW 汽轮发电机灭磁方式（115）
- 第五节　引进型汽轮发电机无刷励磁系统 •• 116
　　一、无刷励磁机（117）　二、引进机励磁系统技术特点（120）
- 第六节　自动励磁调节装置原理 •• 121
　　一、自动励磁调节装置作用（121）　二、对自动励磁调节器的一般要求（121）　三、半导体励磁调
节器原理（122）　四、安全稳定运行限制器（128）
- 复习思考题 •• 129

第七章　大机组与大电网协调 ••• 130

- 第一节　电力网 ••• 131
　　一、电力系统（131）　二、直流输电（132）　三、特高压输电网（135）　四、灵活交流输电（136）
五、远距离大容量输电方式的应用前景（138）
- 第二节　系统扰动与发电机轴系扭振 •• 140
　　一、轴系扭振物理概念（140）　二、汽轮发电机轴系扭振特点（141）　三、系统扰动对轴系扭振的
影响（141）　四、电气扰动对轴系扭振的机理分析（142）　五、各种电气扰动对轴系疲劳的影响（144）
六、轴系动平衡的影响（144）　七、国内外对轴系扭振研究现状（145）
- 第三节　重合闸对机组轴系扭振的影响 •• 145
　　一、单一故障冲击（145）　二、两次故障冲击（145）　三、不同故障类型两次冲击时的扭矩与疲劳
损耗（146）
- 第四节　快关汽门与电网稳定 •• 147
　　一、快关时对电厂热力系统的影响（148）　二、快关时对电气设备和厂用电系统的影响（148）　三、
快关逻辑框图设计和整定（149）

- 第五节 电网谐波污染 ·· 150
  - 一、谐波对电网中各种电气设备的影响（150） 二、电气化铁道是主要的谐波源（152）
- 复习思考题 ·· 152

第八章 变压器 ·· 154

- 第一节 变压器分类与基本概念 ·· 154
- 第二节 变压器主要结构部件 ·· 154
  - 一、铁芯（154） 二、绕组（155） 三、变压器油（156） 四、油箱及附件（156） 五、绝缘套管（159）
- 第三节 变压器冷却方式 ·· 159
  - 一、油浸自冷式（159） 二、油浸风冷式（160） 三、强迫油循环风冷式（160） 四、强迫油循环水冷式（160） 五、干式变压器（161）
- 第四节 变压器技术参数 ·· 162
  - 一、额定容量 S_N（162） 二、额定电压 U_N（162） 三、额定电流 I_N（162） 四、额定频率 f_N（163） 五、额定温升 τ_N 及额定冷却介质温度（163） 六、阻抗电压百分数 $U_d\%$（163）
- 第五节 变压器允许温升 ·· 163
  - 一、变压器温度分布（163） 二、变压器各部分允许温升（164）
- 第六节 变压器绝缘老化 ·· 165
  - 一、绝缘老化与温度的关系（165） 二、等值老化原则（165）
- 第七节 变压器过负荷能力 ·· 166
  - 一、变压器正常过负荷能力（166） 二、变压器事故过负荷（166） 三、发电厂主变压器过负荷能力（167）
- 第八节 变压器本体监测和保护装置 ···································· 167
  - 一、温度测量装置（167） 二、变压器内油中含氢量的监测（169） 三、气体继电器（169） 四、气体继电器整定流速与压力释放阀整定值的匹配问题（170）
- 第九节 变压器油气相色谱分析 ·· 171
  - 一、油中气体成分与故障的关系（172） 二、油中气体含量正常值和注意值（172） 三、判断故障性质的特征气体法（173） 四、判断故障性质的三比值法（173） 五、判断故障步骤（174）
- 第十节 高压并联电抗器 ·· 175
- 第十一节 互感器 ·· 176
  - 一、电流互感器（176） 二、电压互感器（179） 三、直流电流互感器（182）
- 复习思考题 ·· 183

第九章 开关电器 ·· 184

- 第一节 高压断路器分类和性能 ·· 184
  - 一、高压断路器分类（184） 二、高压断路器性能（185）
- 第二节 油断路器 ·· 187
  - 一、纵吹灭弧室（187） 二、横吹灭弧室（188）
- 第三节 压缩空气断路器 ·· 189
- 第四节 SF_6 断路器 ·· 190
  - 一、SF_6 气体性能（191） 二、SF_6 断路器灭弧室结构（191） 三、SF_6 断路器特点（193）
- 第五节 真空断路器 ·· 193
- 第六节 熔断器 ·· 195
  - 一、高压熔断器（195） 二、低压熔断器（195）
- 第七节 断路器操动机构 ·· 195
  - 一、操动机构性能要求（196） 二、操动机构种类及其特点（196）

- 第八节 隔离开关 ·· 198
  - 一、隔离开关功用（198） 二、对隔离开关的要求及其结构特点（198） 三、户内式隔离开关（199） 四、户外式隔离开关（199）
- 第九节 低压开关 ·· 200
  - 一、接触器（200） 二、真空接触器（201） 三、磁力启动器（201） 四、低压自动空气开关（201） 五、磁吹断路器（202）
- 复习思考题 ·· 202

第十章 配电装置 ··· 203

- 第一节 概述 ·· 203
  - 一、配电装置分类及其要求（203） 二、屋内外配电装置最小安全净距（203）
- 第二节 屋内配电装置 ·· 204
  - 一、屋内配电装置特点（204） 二、屋内配电装置布置（204）
- 第三节 屋外配电装置 ·· 205
  - 一、屋外配电装置特点（205） 二、屋外配电装置类型（205） 三、超高压配电装置特殊问题（205） 四、屋外配电装置布置实例（206）
- 第四节 发电厂升压变电所污秽 ·· 206
  - 一、污秽测定（208） 二、污秽分级（209） 三、污秽闪络及其防治（209）
- 第五节 高压开关设备闭锁装置 ·· 210
  - 一、安全闭锁装置（210） 二、开关柜"五防"功能（210）
- 第六节 成套配电装置 ·· 211
  - 一、成套配电装置特点（211） 二、低压配电屏（柜）（211） 三、高压开关柜（212） 四、熔断器＋接触器柜（213） 五、箱式变电站（214） 六、厂用配电室（214）
- 第七节 SF₆全封闭组合电器（GIS）··· 214
  - 一、结构（215） 二、SF₆全封闭组合电器特点（218） 三、可靠性与安全运行（218）
- 复习思考题 ·· 220

第十一章 发电厂防雷与过电压保护 ·· 221

- 第一节 雷电放电、雷电流及雷过电压 ·· 221
  - 一、雷电放电（221） 二、雷电流波形与雷电流幅值（221） 三、雷过电压（222）
- 第二节 避雷针与避雷线保护范围 ··· 222
  - 一、避雷针保护范围（223） 二、避雷线保护范围（223）
- 第三节 避雷器 ··· 224
  - 一、保护间隙（224） 二、阀型避雷器（224） 三、氧化锌避雷器（227）
- 第四节 发电厂接地装置 ··· 230
  - 一、接地电阻基本概念（230） 二、接地电阻允许值（231） 三、接触电压和跨步电压（232） 四、发电厂接地装置（232） 五、仪控系统接地特殊要求和接地方式（233） 六、阴极保护（234）
- 第五节 电厂防雷保护 ·· 235
  - 一、发电厂直击雷保护（235） 二、发电厂入侵波与避雷器保护作用（236）
- 第六节 操作过电压 ··· 237
  - 一、工频电压升高（237） 二、切除空载长线路时的过电压（238） 三、空载线路合闸过电压（239） 四、切除空载变压器引起的过电压（240） 五、间歇电弧过电压（241）
- 第七节 谐振过电压 ··· 241
- 复习思考题 ·· 244

第十二章 继电保护 ··· 245

- 第一节 微机保护 ·· 245

一、微机保护硬件与软件发展（245）　二、微机保护主要特点（246）　三、微机保护装置典型结构（247）　四、微机保护结构框图（248）　五、微机保护管理机屏（251）　六、继电保护双重化原则（252）

- 第二节　发电机和变压器故障 ·· 252
　　一、发电机故障和不正常状态及其保护方式（252）　二、变压器故障和不正常状态及其保护方式（254）

- 第三节　发电机和变压器差动保护 ·· 256
　　一、发电机纵差动保护（256）　二、变压器差动保护（257）

- 第四节　发电机和变压器其他保护 ·· 257
　　一、发电机单相接地保护（257）　二、发电机负序过电流保护（258）　三、发电机失磁保护（259）　四、发电机匝间短路保护（261）　五、发电机—变压器组其他保护（261）

- 第五节　母线保护和断路器失灵保护 ·· 264
　　一、母线保护（264）　二、断路器失灵保护（264）

- 第六节　高压输电线路保护 ··· 264
　　一、零序电流保护和方向性零序电流保护（264）　二、线路距离保护（265）　三、高频保护（267）　四、自动重合闸（269）

- 第七节　600MW 发电机组厂用电系统保护 ··· 271
　　一、厂用变压器保护（271）　二、厂用馈线保护（271）　三、高压电动机保护（271）　四、柴油发电机保护（271）　五、直流系统接地寻找（272）

- 第八节　600MW 发电机—变压器组保护配置实例 ·· 272
　　一、按双重化配置（272）　二、发电机保护（272）　三、主变压器保护（274）　四、励磁变压器保护（275）　五、高压厂用变压器保护（275）　六、启动备用变压器220kV 侧保护（276）　七、保护装置配置（276）

- 复习思考题 ·· 280

第十三章　直流系统 ··· 281

- 第一节　直流电源设置 ··· 281
　　一、单元控制室直流系统（281）　二、网络控制室直流系统（282）　三、动力直流系统（282）　四、输煤直流系统（283）

- 第二节　蓄电池组运行方式 ··· 283
　　一、充放电方式运行特点（283）　二、浮充电方式运行特点（283）　三、蓄电池均衡充电（284）

- 第三节　铅酸蓄电池构造与特性 ··· 284
　　一、铅酸蓄电池基本构造（285）　二、蓄电池电动势（286）　三、蓄电池放电特性与蓄电池容量（286）　四、蓄电池充电与充电特性（288）　五、蓄电池自放电（292）　六、密封铅酸蓄电池（292）

- 第四节　镉镍蓄电池构造与特性 ··· 293
　　一、镉镍蓄电池基本构造（293）　二、镉镍蓄电池工作原理（294）　三、镉镍蓄电池特性（294）　四、镉镍蓄电池运行方式（296）

- 复习思考题 ·· 297

第十四章　发电厂电气控制、测量与信号 ·· 298

- 第一节　发电厂控制方式 ··· 298
　　一、单元控制室和网络控制室的控制方式（298）　二、单元控制室布置（299）　三、网控屏屏面布置（299）

- 第二节　断路器控制 ··· 300
　　一、断路器控制方式（300）　二、对500kV 断路器控制回路的要求（300）

- 第三节　信号系统与测量系统 ··· 301
　　一、信号系统（301）　二、测量系统（302）

- 第四节　电能计量系统 ·· 303
  - 一、电能计量系统设计原则（303）　二、接入方案（304）　三、主要特点和功能实施（304）
  - 四、发电厂报价辅助决策系统（305）
- 第五节　同期与同期装置 ·· 306
  - 一、概述（306）　二、自动准同期装置（306）
- 第六节　发电厂微机监控系统概述 ·· 307
  - 一、发电厂微机监控系统组成（307）　二、发电厂微机监控系统功能（307）
- 第七节　电气系统在 DCS 中的监控 ··· 307
  - 一、电气系统控制特点（308）　二、在 DCS 中的监控范围（308）　三、运行特点（308）
- 第八节　工程设计实例 ·· 309
  - 一、技术要求（309）　二、功能要求（310）　三、设计原则（310）　四、DCS 系统与 ADS（包括 AGC）接口（311）　五、电气纳入 DCS 后保留硬手操的技术要求（311）
- 复习思考题 ··· 313

第十五章　发电厂远动与调度通信系统 ··· 314

- 第一节　发电厂运行与系统调度中心的关系 ··································· 314
  - 一、电力系统调度管理（314）　二、电网调度自动化（315）
- 第二节　电力系统远动通信 ·· 316
  - 一、传输信道（316）　二、远动数据传输方式（317）　三、远动通道连接方式（318）　四、远动通道工作模式（318）
- 第三节　远动装置 ·· 319
  - 一、SCADA 系统概述（319）　二、RTU 主要功能与要求（320）　三、远动信息（322）
- 第四节　厂内生产调度通信系统 ·· 324
  - 一、厂内通信分类（324）　二、厂内通信系统结构（325）
- 复习思考题 ··· 327

第一章

电气主接线及大电流母线

第一节　电气主接线概述

　　将高压电气设备（包括发电机、变压器、母线、断路器、隔离开关、线路等）的图形用单线绘制成的接线图，称为电气主接线。电气主接线方式的选择，是为满足功率传送要求，对安全性、经济性、可靠性、灵活性的输送电能起着决定性作用。

　　对一个装有 600MW 机组的电厂而言，电气主接线在电厂设计时就已根据机组容量、电厂规模及电厂在电力系统中的地位、供电负荷的距离等，以及保证输、供电可靠性、运行灵活性、经济性、发展和扩建的可能性等方面，并经综合比较后确定。

第二节　主接线基本接线形式

　　本节主要介绍装有大容量（600MW 及以上）汽轮发电机组的发电厂有关的基本接线形式。

一、双母线接线

1. 双母线接线

　　如图 1-1 所示，它具有母线 I 和母线 II 两组母线。每回线路都经一台断路器 QF1～QF4 和两组隔离开关分别接至两组母线，母线之间通过母线连络断路器（简称母联）QF00 连接，称为双母线接线。有两组母线后，使运行的可靠性和灵活性大为提高，其特点如下：

　　（1）检修任一组母线时，可把全部电源和负荷线路切换到另一母线。

　　（2）运行调度灵活，通过倒换操作可以形成不同的运行方式。当母联断路器闭合，进出线适当分配接到两组母线上，形成双母线并列运行的状态。有时为了系统的需要，亦可将母联断路器断开（处于热备用状态），两组母线各自运行。

　　（3）在特殊需要时，可以用母联与系统进行同期或解列操作。

　　（4）当个别回路需要独立工作或进行试验时，可将该回路单独接到一组母线上进行。

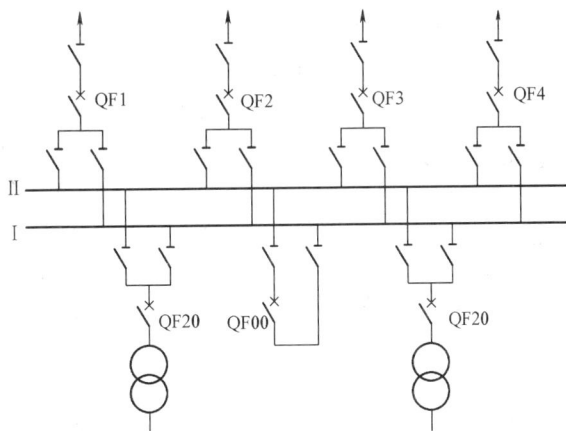

图 1-1　双母线接线图

2. 带有旁路母线的双母线接线

　　带旁路母线的双母线接线，如图 1-2 所示。在每一回路的线路侧装一组隔离开关（旁路隔离

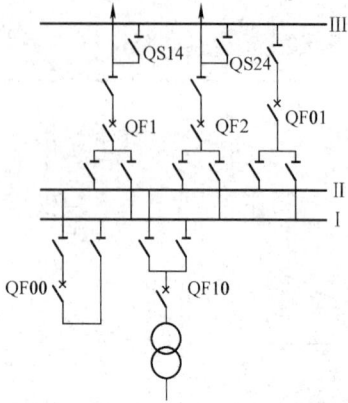

图 1-2　带有旁路母线的双母线接线图

开关）QS14、QS24，接至旁路母线Ⅲ上，而旁路母线再经旁路断路器 QF01 及隔离开关接至两组母线上。要检修某一线路断路器时，基本操作步骤是：先合旁路断路器两侧的隔离开关（母线侧合上一个），再合上旁路断路器 QF01 对旁路母线进行充电与检查；若旁路母线正常，则待修断路器回路上的旁路隔离开关两侧已为等电位，可合上该旁路隔离开关；此后可断开待修断路器及其两侧隔离开关，对断路器进行检修。此时该回路已通过旁路断路器、旁路母线及有关旁路隔离开关向其送电。

3. 双母线分段接线

图 1-3 为双母线分段接线。用分段断路器 QF000 把工作母线Ⅰ分成ⅠA、ⅠB两段，每段分别用母联断路器 QF001 和 QF002 与母线Ⅱ相连。这种接线比一般双母线接线具有更高的供电可靠性和灵活性。但由于断路器较多，投资大，一般在进出线数较多（如多于 8 回线路）时可能用这种接线。

以上三种双母线接线方式具有供电可靠、检修方便、调度灵活及便于扩建等优点，在我国大中型电厂和变电所中广泛采用。但这种接线所用设备多，在运行中隔离开关作为操作电器，较易发生误操作。特别是当母线系统发生故障时，需短时切除较多电源和线路，这对特别重要的大型发电厂和变电所是不允许的，一般只适用于 300MW 以下的机组，而 600MW 及以上的机组一般选用 500kV 出线，其主接线一般采用以下各种方式。

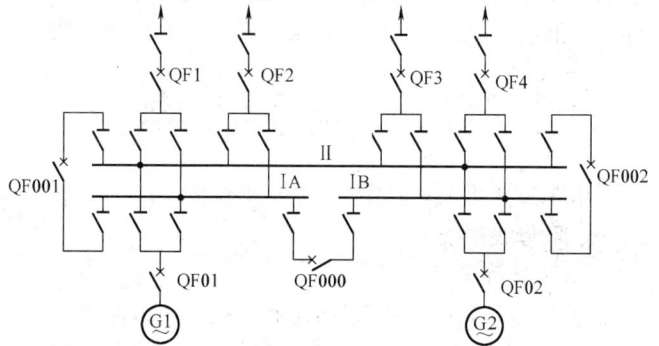

图 1-3　双母线分段接线图

二、3/2 断路器接线

如图 1-4 所示，在上Ⅰ和下Ⅱ两组母线之间有 3 个断路器构成一串，给 2 个元件（出线或电源）使用，每个元件占有 3/2 断路器。称为 3/2 断路器接线，又称 3/2 接线。在一串中，每个元件（进线或出线）各自经 2 台断路器接至不同母线。图 1-4 表示有 3 个串，6 个元件。

正常运行时，两组母线和同一串的三个断路器都投入运行，称为完整串运行，形成多环路状供电，具有很高的可靠性。其主要特点是，任一母线故障或检修，均不致停电，任一断路器检修也不引起停电，甚至于两组母线同时故障（或一组母线检修另一组母线故障）的极端情况下，功率仍能继续输送。一串中任何一台断路器退出或检修时，这种运行方式称为不完整串运行，此时仍不影响任何一个元件的运行。这种接线运行方便、操作简单，隔离开关只在检修时作为隔离电器用。

在装设 600MW 机组的大容量电厂中，广泛采用 3/2 接线。在电厂第一期工程中，一般是机组和出线较少。例如，只有两台发电机

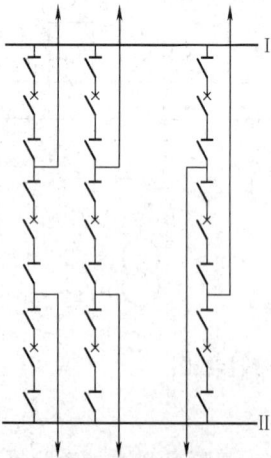

图 1-4　3/2 断路器接线图

和两回出线，只构成只有两串的3/2接线。在此情况下，电源（进线）和出线的接入点可采用两种方式：一种是交叉接线，如图1-5（a）所示，将两个同名元件（电源或出线）分别布置在不同串上，并且分别靠近不同母线接入，即电源（变压器）和出线相互交叉配置；另一种是非交叉接线，如图1-5（b）所示，它也将同名元件分别布置在不同串上，但所有同名元件都靠近某一母线一侧（进线都靠近一组母线，出线都靠近另一组母线）。

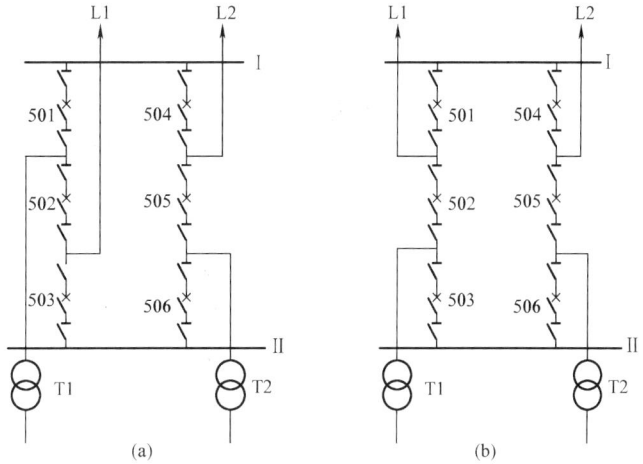

图1-5 3/2接线配置方式
(a) 交叉接线；(b) 非交叉接线

通过分析可知，3/2交叉接线比3/2非交叉接线具有更高的运行可靠性，可减少特殊运行方式下事故扩大。例如，一串中的联络断路器（设502）在检修或停用，当另一串的联络断路器发生异常跳闸或事故跳闸（出线L2故障或进线T2回路故障）时，对非交叉接线将造成切除两个电源，相应的两台发电机甩负荷至零，电厂与系统完全解列；而对交叉接线而言，至少还有一个电源（发电机—变压器组）可向系统送电，L2故障时T2向L1送电，T2故障时T1向L2送电，仅是联络断路器505异常跳开时也不破坏两台发电机向系统送电。但交叉接线的配电装置的布置比较复杂，需增加一个间隔。

应当指出，当3/2接线的串数多于两串时，由于接线本身构成的闭环回路不止一个，一个串中的联络断路器检修或停用时，仍然还有闭环回路，因此不存在交叉接线所具备的优点。3/2接线方式每个元件在正常运行时，有2个断路器同时与系统连接，因此保护与测量所用的电流必须是2个断路器所属的TA二次电流之和。保护装置的跳闸出口必须同时切断2个断路器。可是正常停机操作则是先断其中1个断路器（解环），然后断开另一断路器（停机）；在投入运行时，先用其中1个断路器完成同期并列，然后用另一断路器（合环）。

三、桥形接线

当只有两台变压器和两条输电线路时，采用桥式接线的断路器最少，如图1-6所示。依照连接桥对于变压器的位置可分为内桥和外桥。运行时，桥臂上的联络断路器QF01或QF02处于闭合状态。当输电线路较长、故障几率较多、两台变压器又都经常运行时，采用内桥接线较适宜；而在输电线路（以下简称线路）较短、且变压器随经济运行要求需经常切换或系统有穿越功率流经本厂（如两回线路均接入环形电网）时，则采用外桥接线更为适宜。

在内桥接线中，当变压器故障时，需停相应线路；在外桥接线中，当线路故障时，需停相应的变压器，而且在桥式接线中，隔离开关又作为操作电器，所以桥式接线可靠性较差。但由于这种接线使用的断路器少、布置简单、造价低，往往在35～220kV配电装置中得到采用。

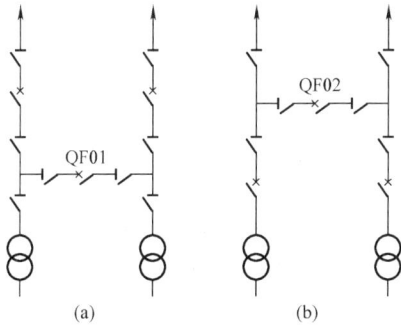

图1-6 桥式接线图
(a) 内桥；(b) 外桥

在装有 600MW 机组的发电厂中，桥式接线只可能在启动/备用变压器的高压侧使用，而不使用于主机。

四、单元接线

1. 发电机—变压器组单元接线

发电机出口，直接经变压器接入高电压系统的接线，称为发电机—变压器组单元接线，如图 1-7 (a) 所示。实际上，这种单元接线往往只是电厂主接线中的一部分或一条回路。

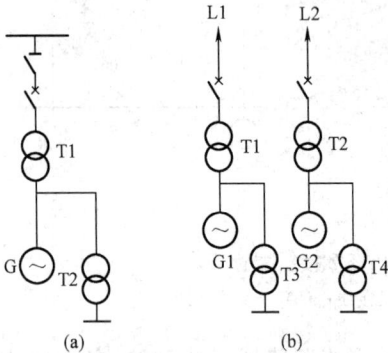

图 1-7　单元接线图
(a) 发电机—变压器组单元接线；
(b) 发电机—变压器—线路组单元接线

关于发电机出口是否装设断路器的问题。目前我国及许多国家的大容量机组的单元接线中，发电机出口一般不装设断路器，其理由是，大电流大容量断路器投资较大，而且在发电机出口至主变压器和厂用工作变之间采用封闭母线后，此段线路范围内，相间故障的可能性亦已降低。甚至在发电机出口也不装隔离开关。

发电机出口也有装设断路器的，其理由是：

(1) 发电机组解、并列时，可减少主变压器高压侧断路器操作次数，特别是 500kV 为 3/2 断路器接线时，能始终保持一串内的完整性。当电厂接线串数较少时，保持各串不断开（不致开环），对提高供电的可靠性有明显的作用。

(2) 起停机组时，可通过主变压器用厂用高压工作变压器供厂用电，减少了厂用高压系统的倒闸操作，从而可提高运行可靠性。当厂用工作变压器与厂用起动变压器之间的电气功角 δ 相差较大（一般 $\delta > 15°$ 时），这种运行方式更为需要。

(3) 当发电机出口有断路器时，厂用备用变压器的容量可与工作变压器容量相等，且厂用高压备用变压器的台数可以减少。

发电机出口装设断路器所带来的缺点是，在发电机回路增加了一个可能的事故点。但根据以往事故经验及世界发展方向，500MW 及以上机组出口装设断路器有其突出优点。但应装设分相隔离的断路器。另外主变压器应该是具有有载调压的分接开关，使当向厂用电供电时满足厂用电电压要求。

至于厂用高压工作变压器的高压侧都不安装断路器，因为厂用高压工作变压器的分支点其断流容量特别大，虽然其额定容量不大而遮断容量几乎是发电机出口的 2 倍（需遮断发电机的短路电流加系统倒送的短路电流）。因此，高压工作变压器在故障时需切断整个单元机组和高压工作变压器的低压断路器。

2. 发电机—变压器—线路组单元接线

图 1-7 (b) 为发电机—变压器—线路组成的单元接线。采用这种接线的原因如下：

(1) 在发电厂的附近没有建设开关站场地，开关站不得不建在数千米以外。这时，在数千米以外对侧断路器的同期操作和保护跳闸都在发电厂进行，其信号通道可使用辅助导线或架空地线载波。

(2) 远距离输电的核电站，反应堆—发电机—主变压器—线路全部单元制。发电厂每台主变压器高压侧直接与一条输电线路相连接，单独送电。发电厂内不设开关站。各台主变压器之间没有电气连接。厂内主变压器台数与线路条数相等。每台发电机—变压器组单元各自单独送电至一个或多个开关站或变电所。这种接线，主变压器高压侧在厂内也可装设一台断路器，作为元件保护和线路保护的断开点，也可作为同期操作之用。

第三节　大型发电厂主接线

大型火电厂一般总容量在 1000MW 及以上，安装单机容量为 600MW 及以上的大型发电机组。大型火电厂由于容量大，需用较高电压输送电能，因而其接线特点是发电机和升压变压器采用简单可靠的单元接线方式，直接接入升压变电所高压或/和超高压配电装置，或经送电线路直接接到附近的枢纽变电所，此即发电机—变压器单元接线。此时，600MW 及以上发电机引出线采用分相封闭母线，一般都是与双绕组变压器组成单元接线，大机组出口不装设制造困难、造价昂贵的大容量发电机高压断路器和隔离开关。当升压变电所具有两种电压等级的配电装置并需要相互联系时，则设置联络变压器连接。大型火电厂的发电机组有部分接入超高压配电装置，部分接入 220kV 配电装置，也有全部接入超高压配电装置。接入 220kV 配电装置的单机容量一般不超过 300MW。图 1-8 示出了 4×300MW＋2×600MW 大型火电厂典型电气主接线。

下面介绍国内早期几个电厂的电气主接线概况。

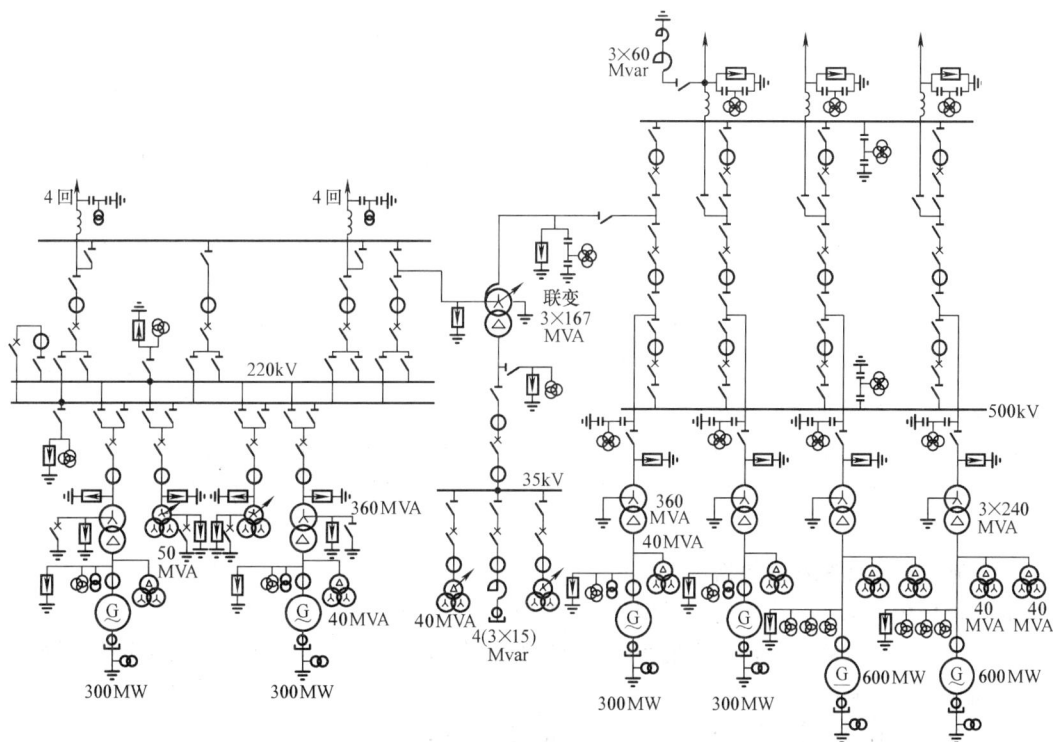

图 1-8　大型火电厂典型电气主接线图

第四节　大电流导体附近钢构件发热

大电流导体（母线）附近存在强大的交变磁场，位于其中的钢铁构件（如绝缘子的金具、支持构件中的钢梁、防护遮栏的铁杆或网板、混凝土中的钢筋、金属管路等），将由于涡流和磁滞损耗而发热。如果钢构件形成较大尺寸的闭合回路，则将会感应产生环流，引起很大的功率损耗和发热。当导体电流大于 4000～5000A，其附近钢构件的发热便不能忽视。钢构件温度升高，可能使材料产生热应力而引起变形或使接触连接损坏。当混凝土中的钢筋受热膨胀，可能使混凝土产生裂缝。根据规定，钢构件发热的最高允许温度为：①人可触及的钢构为70℃；②人不可触及的钢构为100℃；③混凝土中的钢筋为80℃。

一、母线磁场中简单钢构布置与发热

母线是一根通有电流 I_b 的圆形的长直导体，当周围没有钢构时，距母线轴线 d 处（见图 1-9）的磁场强度 H_0 和磁感应强度 B_0 为

$$H_0 = \frac{I_b}{2\pi d}(\text{A/m})$$

$$B_0 = \mu_0 H_0(\text{T})$$

式中　μ_0——真空或空气的磁导率，$\mu_0 = 4\pi \times 10^{-7}$ H/m。

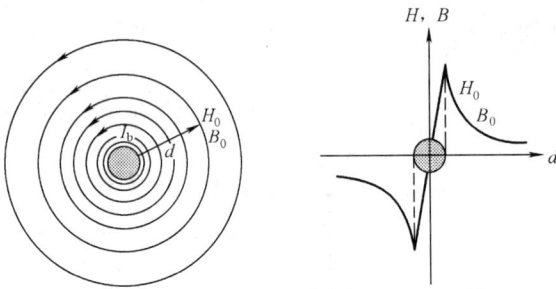

图 1-9　空气中载流导体附近的磁场

当钢构处于恒定磁场中时，由于钢的磁导率 $\mu \gg \mu_0$，故钢构的磁阻远小于同样尺寸空气磁路的磁阻，而磁通总是企图通过磁阻最小的路径，这就使母线周围磁场发生畸变。因为钢构中的磁位降 Hl 低于无钢时的磁位降 H_0l，所以钢构中的 H 小于 H_0。钢构内部的 $H < H_0$ 的现象，称为铁磁物质的去磁作用。

在交变磁场作用下，钢构中将产生涡流，而涡流所产生的磁场又反过来削弱原有磁场，使去磁作用进一步加强。由于 $\mu \gg \mu_0$，钢构中的集肤效应十分显著，使钢构中的涡流都集中在钢构表面的薄层内，薄层呈现很大的电阻，使涡流损耗发热成为钢构发热的主要原因，而磁滞损耗只占发热的很小部分。

钢构中的损耗和发热与钢构表面的磁场强度有关。在实际母线装置中，钢构的形状、大小和布置方式是多种多样的，而且互有影响（屏蔽作用），因此磁场分布、损耗和发热情况有很大差别。

二、减少钢构损耗和发热措施

在发电厂中，为了减少钢构损耗和发热，常采用以下一些措施：

（1）加大钢构和载流导体之间的距离。该距离加大后，能使钢构表面磁场强度减小，因而可降低涡流和磁滞损耗。

（2）断开载流导体附近的闭合钢构回路并加上绝缘垫。这样就能消除感应电动势产生环流。对于包围载流导体的闭合钢构（应避免采用），可将其割开，并以非磁性材料（如铜）焊补。

（3）采用短路环屏蔽。如图 1-10 所示，在垂直于母线轴线的钢构中磁场强度最大的地方，用电阻率小的铜或铝作短路环，紧包在钢构上，利用短路环中的感应环流削弱钢构中最热处的磁场。短路环中虽有电流流通，但因其电阻小，发热并不显著。

（4）采用分相封闭母线。如图 1-11 所示，每相母线分别用铝质外壳包住。外壳上的涡流和环流能起双重屏蔽作用，使壳内和壳外磁场均大大降低，从而使附近钢构发热显著减低，下一节将作进一步介绍。

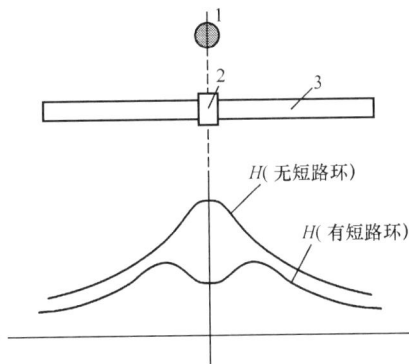

图 1-10　短路环屏蔽

1—导体；2—短路环；3—钢构

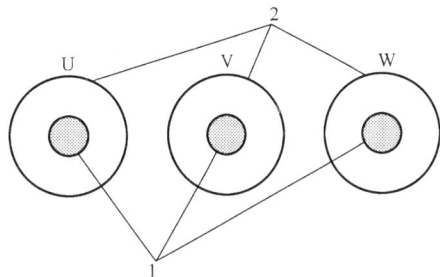

图 1-11　分相封闭母线

1—母线；2—外壳

第五节　分相封闭母线

一、封闭母线概述

在电厂中，发电机至变压器的连接母线采用敞露式母线，存在的主要缺点是，绝缘子表面容易被灰尘污染，尤其是母线布置在屋外时，受气候变化影响及污染更为严重，很易造成绝缘子闪络及由于外物所致造成母线短路故障。随着单机容量的增大，对其出口母线运行的可靠性提出了更高的要求。同时，在母线容量增大后，母线短路电动力和母线附近钢构的发热大大增加。采用电缆母线代之，虽可缓解上述问题，但其投资太大，很少采用。采用封闭母线（用外壳将母线封闭起来）是一种较好的解决方法。

封闭母线的类型。按外壳材料可分塑料外壳和金属外壳。按外壳与母线间的结构型式可分为如下的几种型式：

（1）不隔相（亦称共相）式封闭母线。如图 1-12（a）所示，三相母线设在没有相间隔板的金属（或塑料）公共外壳内。

（2）隔相式封闭母线。如图 1-12（b）所示，三相母线布置在相间有金属（或绝缘）隔板的金属外壳内。

（3）分相封闭母线。其每相导体分别用单独的铝制圆形外壳封闭。分相封闭母线，根据金属外壳各段的连接方法，又可分为分段绝缘式和全连式（段间焊接）两种。

不隔相的封闭母线只能起防止绝缘子免受污染和外物所造成的母线短路，而不能消除相间短路的可能性，也不能减小母线相间电动力和减少钢构的发热。隔相式封闭母线虽然可较好地防止相间故障，在一定程度上能减小母线电动力和减少母线周围钢构的发热，但是仍然发生过因单相接地而烧穿相间隔板造成相间短路的事例，因此可靠性还不很高。一般不隔相或隔相封闭母线，只用于大容量机组的厂用电系统或容量较小但污染比较严重的场所。

图 1-12　封闭母线

(a) 不隔相式；(b) 隔相式

二、全连式分相封闭母线

600MW 机组出口回路母线都普遍采用全连式分相封闭母线。分相封闭母线主要由母线导体、支持绝缘子和防护屏蔽外壳组成。导体和外壳均采用铝管结构。全连式分相封闭母线的特点是，沿母线全长度方向的外壳在同一相内（包括各分支回路）全部各段间通过焊接连通。在封闭母线的各个终端，通过短路板，将各相的外壳连接成电气通路，见图 1-13。从工程安装方便等原因考虑，在上述全连式的基础上再将从发电机至主变压器之间的封闭外壳分为 2～3 大段，在每段两端装置短路板，称为分段全连式。

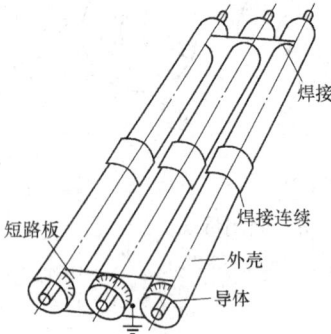

图 1-13 全连式分相封闭母线

全连式分相封闭母线，其三相的外壳在端部通过短路板连通形成闭合回路，这就构成了类似以母线导体为一次侧、外壳为二次侧的三相 1：1 的空心变压器。由于三相外壳回路短接（即二次侧处于短路），而且铝壳电阻很小，所以在外壳上感应产生与母线电流大小相近而方向相反的环流。由于环流的屏蔽作用（环流产生的磁场与母线导体的磁场方向相反，即环流产生反磁场），使全连式外壳的壳外磁场减小到敞露母线的 10% 以下，因此壳外钢构的发热大大减轻，可略而不计。此外，当母线通过三相短路电流时，由一相（如 U 相）电流所产生的磁场，经过其外壳环流屏蔽削弱后所剩余的磁场，再进入另一相（如 V 或 W 相）外壳时，还将受到该相（如 V 或 W 相）外壳涡流的屏蔽作用。由于先后二次屏蔽作用的结果，使进入该相外壳内的磁场已非常小，故该相母线导体所受的电动力大大减小，一般可减小到敞露式母线电动力的 1/4 左右。外壳之间，由于其中磁场已削弱，故电动力也随着减小很多。

全连式封闭母线的外壳，一般情况下采用多点接地方式。多点接地除在各个短路板处接地外，在封闭母线各支持点或悬挂点与其支吊钢构间都不要求加装对地绝缘部件。多点接地时，外壳与地构成了回路，但由外壳磁场产生的接地电流很小，且具有使结构简单、安装方便的优点。在实际应用中，也有采用整个封闭母线外壳只有一个接地点的，其目的是防止某一接地处接触不良时由于对地电流造成外壳局部过热。

全连式封闭母线与敞露式母线相比有以下优点：

（1）运行可靠性高。封闭母线防尘，不受自然环境和外物的影响，且各相间的外壳又相互分开，因而减低了相间短路的可能性。一般采用外壳多点接地，可保障人体接触时的安全。

（2）外壳环流的屏蔽作用，显著减小了母线附近钢构中的损耗和发热，可不用考虑附近钢构的发热问题。

（3）短路电流通过时，由于外壳环流和涡流的屏蔽作用，使母线之间的电动力大为减小，可加大绝缘子间的跨距。外壳之间的电动力也不很大，不会带来问题。

（4）由于母线和外壳可兼作强迫冷却的管道，因此母线载流量可做到很大。

全连式封闭母线有如下缺点：

（1）有色金属消耗约增加一倍；

（2）母线功率损耗约增加一倍；

（3）母线导体的散热条件（自然散热时）较差，相同截面下的母线载流量减小。

分相封闭母线的固定有：每相单个绝缘子支持的结构（见图 1-14）和每相三个绝缘子支持的结构（见图 1-15）两种。每相三个绝缘子支持的方案较之其他方案具有结构不复杂、受力好、安装检修方便，且可采用轻型绝缘子等优点。一般分相封闭母线都采用三个绝缘子支持的结构。

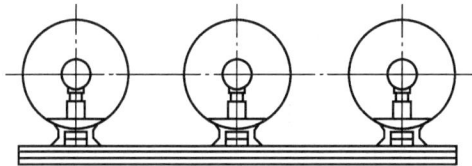

图 1-14　单个绝缘子支持的
分相封闭母线结构示意图

图 1-15　三个绝缘子
支持的分相封闭母线
结构示意图

三、封闭母线应用

1. 封闭母线在大机组系统中的使用范围

由于封闭母线具有以上所述优点，因此目前已经广泛应用于：①发电机出口回路；②发电机中性点引出线和中性点接地回路；③厂用电分支回路；④高压变压器和启动/备用变压器低压侧出口回路；⑤电压互感器分支（三相分别封闭）；⑥励磁变压器分支回路；⑦励磁变压器低压侧套管至励磁整流柜的三相交流母线；⑧灭磁开关至发电机转子集电极（滑环）的直流母线。

2. 封闭母线的特殊辅助设施

封闭母线设有耐振装置、伸缩装置、排水装置和检修孔。为了防潮气侵入影响绝缘状况。封闭母线自带两台压缩机，一套加压装置。压缩机包括带有空气干燥器、过滤器、储气筒、冷却器、控制器和管道。加压装置的进气压力为 1kPa，加压装置中的压力控制电磁阀在发电机封闭母线内压力为 0.5kPa 时开启，1.5kPa 时关闭，使发电机封闭母线内维持的微正压为 0.5～1.5kPa。为避免过压还设置了安全阀，动作值为 2.5kPa。在母线表面上还设有指针式温度计，并在母线外壳上设有玻璃视察孔。屋外部分的封闭母线受冷凝而积水，设有恒温控制的空间加热器。

为防止万一发电机引出套管漏氢，造成发电机封闭母线内氢气积储而发生危险，靠近发电机的一小段封闭母线的顶部设有格栅和放气窗通向大气，封闭母线的这一小段与其他部分之间采用环氧树脂套管加以密封。发电机中性点引出端亦如此处理。封闭母线内还设有检测氢气泄漏装置，以确保安全。

3. 封闭母线的安装与电气性能

采用分相封闭母线，导体与外壳均为铝制圆管形的，并采用瓷质支持绝缘子。封闭母线本身为自冷式，导体额定温升为 50℃（最高环境温度为 40℃），外壳最高容许温度为 80℃。

从结构上看，分相封闭母线能经受三相短路电流及风荷同时作用。为防止感应电动势产生的环流流到变压器外壳和发电机底座，并保证封闭母线外壳无局部过热，发电机封闭母线采取的措施有：封闭母线外壳与设备（发电机、主变压器、励磁变压器、厂总变压器、电压互感器）连接处均绝缘，并在所连接设备附近用短路铝条将三相封闭母线外壳短接；封闭母线外壳与钢支柱的所有接触面均绝缘，整个封闭母线外壳只有一个接地点，接地点位于主变压器侧。

为方便试验，发电机主回路及高压厂用变压器分支回路内均设有可拆连接片。封闭母线应防止所连接设备通过封闭母线形成振动传递，封闭母线与各设备之间连接均采用韧性连接。为防止母线的热胀冷缩引起的应力，封闭母线设置了一定数量的伸缩连接，连接处均设有专门的手孔，以便维修。母线管之间的连接均为焊接。

复 习 思 考 题

1.1　什么叫3/2断路器接线方式？有什么意义？

1.2　用3/2断路器接线方式时，为什么任何一台断路器检修时不影响发电机继续运行？

1.3　内桥和外桥两种接线方式各有什么优缺点？

1.4　发电机—变压器组单元接线中，在发电机出口安装断路器的理由是什么？

1.5　在哪些条件时可使用发电机—变压器—线路组单元接线？

1.6　大电流导体附近钢构件发热的原因是什么？有什么危害？

1.7　封闭母线按结构型式可分哪几种类型？

1.8　全连式分相封闭母线外壳带危险电压吗？

1.9　在封闭母线内为什么会有氢气？用什么办法可防止氢气爆炸？

第二章

厂 用 电 系 统

第一节　厂用电及厂用负荷分类

一、厂用电

发电厂在启动、运行、停役、检修过程中，有大量以电能为动力的机械设备，用以保证机组的主要设备和输煤、碎煤、除灰、除尘及水处理等辅助设备的正常运行。这些机械设备以及全厂的运行、操作、试验、检修、照明等用电设备都属于厂用负荷，总的耗电量，统称为厂用电。

厂用电是电力系统中最大的用电用户、最重要的用电用户、最严格要求保证连续供电的用户、自动化程度最高的用户，失去厂用电意味着发电机组失去发电能力。设计部门、调度部门、运行部门都要千方百计地保证厂用电的安全连续运行。

厂用电，大多由发电厂本身供给。其耗电量与电厂类型、机械化和自动化程度、燃料种类及其燃烧方式、蒸汽参数等因素有关。厂用电耗电量占发电厂全部发电量的百分数，称为厂用电率。厂用电率是发电厂运行的主要经济指标之一。一般凝汽式电厂的厂用电率为 5%～8%。降低厂用电率，既可以降低发电成本，又可以增大了对系统的供电量。

二、厂用电负荷分类

发电厂厂用电负荷，按其重要性可分为以下四类。

(1) Ⅰ类：凡是属于单元机组本身运行所必需的负荷，短时停电会造成主辅设备损坏、危及人身安全、主机停运及影响大量出力的负荷，都属于Ⅰ类负荷。如火电厂的给水泵、凝结水泵、循环水泵、引风机、送风机、给粉机、炉水循环泵等。通常，它们设有两套或多套相同的设备。例如：①2×100%，表示有 2 套相同的辅助设备，每一套辅助设备运行就能使主机带满负荷；正常运行时，一套运行，另一套备用或检修，可以互相连锁切换，如凝结水泵、工业水泵、疏水泵等。②2×50%，表示有两套相同的辅助设备，每一套辅助设备运行就能使主机带 50% 的负荷；正常运行时，2 套同时运行，没有备用，其中一套因故障停运时，则主机降低出力到 50%，如引风机、送风机、二次风机等。③3×50%，表示有 3 套相同的辅助设备，每一套辅助设备运行就能使主机带 50% 负荷；正常运行时，2 套运行，另一套备用或检修，可以互相连锁切换；其中一套停运时，不影响主机的出力，如真空泵、电动给水泵、炉水循环泵。④2×50%+1×30%，表示有 3 套相类似的辅助设备，每一套辅助设备运行就能使主机带 50% 或 30% 负荷；正常运行时，2 套 50% 的设备运行，另一套 30% 的设备为备用，可以互相连锁切换。其中一套停运时，主机可带 100% 或 80% 负荷，如给水泵。⑤4×40%，表示 4 套相同的辅助设备，每一套辅助设备运行就能使主机带 40% 负荷；正常运行时，3 套运行，主设备带满负荷运行时尚有一定的裕度，另有一套备用或检修，可以互相连锁切换；如遇两套同时停运时，主机尚能带 80%～90% 负荷，如磨煤机、排粉机、给煤机等。

(2) Ⅱ类：允许短时停电（几分钟至几个小时），恢复供电后，不致造成生产紊乱的厂用负荷，属于Ⅱ类厂用负荷。此类负荷一般属于公用性质负荷，不需要24h连续运行，而是间断性运行，如上煤系统、水处理系统等的负荷。一般它们也有备用电源，常用手动切换。

（3）Ⅲ类：较长时间停电，不会直接影响生产，仅造成生产上不方便者，都属于Ⅲ类厂用负荷，如修配车间、试验室、油处理室等负荷。通常由一个电源供电，在大型电厂中，也常采用两路电源供电。

（4）Ⅳ类：事故保安负荷。在装有200MW及以上机组的大容量电厂中，自动化程度较高，要求在事故停机过程中及停机后的一段时间内，仍必须保证供电，否则可能引起主要设备损坏、重要的自动控制失灵或危及人身安全的负荷，称为事故保安负荷。如盘车电动机失电可能造成大轴弯曲、交流润滑油泵失电可能造成轴瓦磨损、交流密封油泵失电可能造成氢气泄漏、除灰用冲洗水泵失电可能造成管道阻塞等，还有事故照明系统和蓄电池的充电电源。直流保安负荷，如发电机的直流润滑油泵、事故氢密封油泵等；交流不停电保安负荷，如实时控制用的计算机及其空调系统。为满足事故保安负荷的供电要求，对大容量机组应设置专用的事故保安电源。事故保安电源通常是由蓄电池组、柴油发电机组或燃汽轮机组提供，达到了可靠的外部独立电源作为其备用电源。

第二节　厂用电电源及其基本接线形式

一、厂用电电压等级

厂用电的电压等级与电动机的容量直接有关。大容量电动机宜采用较高的电压，厂用电的电压与采用的电动机电压相匹配。电厂中拖动各种厂用机械的电动机，其容量差别很大，从一般的几千瓦、几十千瓦，大到几百千瓦、几千千瓦，不可能只采用一个电压等级的电动机，但力求电压等级尽量减少。对于大中型火力发电厂，一般设置两个电压等级：中压厂用电系统（一般为3～10kV）和低压厂用电系统（一般均为400V）。100～200kW以上的电动机一般采用中压供电。

对600MW机组的厂用电，根据国内若干电厂的设置情况，可分如下两种方案。

（1）方案一：厂用电采用6kV和400V两个电压等级。配电原则是：200kW及以上的电动机采用6kV电压供电，200kW以下的电动机采用400V电压供电。

（2）方案二：厂用电采用10、3kV和400V三个电压等级。配电原则是：2000kW以上的电动机采用10kV电压供电，200～2000kW的电动机由3kV电压供电，200kW以下的电动机采用400V电压供电。

方案一采用了一个6kV等级的厂用中压，而方案二采用了10kV和3kV两个等级的厂用中压。原则上，前者可使厂用电系统简化、设备减少，但许多2000kW以上的大容量电动机接在6kV母线上，也会带来设备选择和运行方面的问题，如8000kW的电动给水泵的启动就要考虑许多因素。600MW机组厂用电压等级采用上述两种方案中的哪一种，在设计时都是经过诸多因素的综合比较后予以确定。

大型发电厂厂用电负荷最大者是给水泵（特别是超临界机组）。为了提高热力系统的循环效率，给水泵一般采用汽动给水泵，此时只配一台30%容量的电动给水泵作为启动和备用，但也有全部采用电动给水泵的。究竟是否全部采用电动给水泵，对厂用电系统的接线、电压等级、厂用变压器容量的选择等都有影响。

二、厂用电源及其引接方式

发电厂的厂用电源，必须供电可靠，且能满足电厂各种工作状态的要求，除应具有正常的工作电源外，还应设置备用电源、启动电源和事故保安电源。一般电厂中都以启动电源兼作备用电源。下面主要介绍 600MW 机组的厂用电源。

1. 厂用工作电源及其引接

对于大容量机组，各台机组的厂用工作电源必须是独立的，是保证机组正常运行最基本的电源，要求供电可靠，而且要满足整套机炉的全部厂用负荷要求，并可能还要承担部分公用负荷。

600MW 机组都采用发电机—变压器组单元接线，并采用分相封闭母线。机组厂用电源都从发电机 G 至主变压器 T 之间的封闭母线引接，即从发电机出口经高压厂用变压器 T1 将发电机出口电压降至所要求的厂用中压，如图 2-1 (a) 所示。一般在 600MW 机组的厂用分支上也不装设断路器，主要是因为要求的开断电流很大，断路器难以选择，也不装隔离开关，只设可拆连接片，以供检修和调试用。为提高供电可靠性，厂用分支也都采用分相封闭母线。

在这种接线方式下，发电机、主变压器、厂用高压变压器（厂总变）以及相互连接的导体，任何元件故障都要断开主变压器高压侧的断路器并停机。因此，仅当发电机处于正常运行时，才能对厂用负荷供电；在发电机处于停机状态、启动时发电机电压建立之前或停机过程中电压下降时，都不能对厂用负荷供电。这就说明，需要另外设置独立可靠的启动和停机用的电源。停机电源是指保证发电机安全停机的某些厂用负荷继续运行一段时间所需的电源。

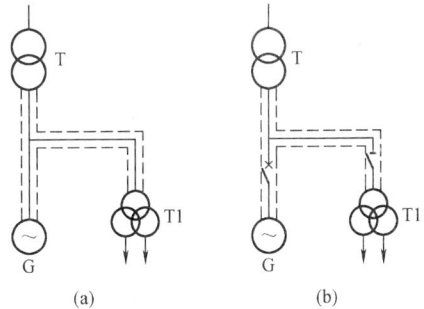

图 2-1　厂用工作电源的引接
(a) 发电机出口不设断路器；
(b) 发电机出口设有断路器

如果发电机出口装有断路器，见图 2-1 (b)，则发电机启动和停机时，只要断开发电机出口断路器，厂用负荷仍可从系统经主变压器 T，再经高压厂用变压器 T1 供电。

低压 400V 厂用工作电源，由中压厂用母线通过低压厂用变压器引接。若中压厂用电设有 10.5kV 和 3.15kV 两个电压等级，则 400V 工作电源一般从 10.5kV 厂用母线引接。

2. 厂用备用电源与启动电源

备用电源用于因工作电源事故或检修而失电时替代工作电源，起后备作用。备用电源应具有独立性和足够的供电容量，最好能与电力系统紧密联系，在全厂停电下仍能从系统获得厂用电源。

启动电源一般是指机组在启动或停运过程中，工作电源不可能供电的工况下为该机组的厂用负荷提供电源。

600MW 机组的启动、备用厂用电源和其他机组一样，采用启动电源兼备用电源的方式设置，而且一般都经启动/备用变压器从 220kV 系统引接，具有很高的可靠性。这种电源除起备用电源和启动电源的作用外，也承担了发电机停机电源的作用。

这种启动兼备用的变压器，如果它带有厂用公用负荷，从备用的角度看是一种明备用，在正常情况下必须是运行工况；另一种是暗备用（或称热备用），平时不接通高压断路器，不带公用负荷，当工作电源因故障断开时，由备用电源自动投入装置进行切换，代替故障的工作电源，承担全部厂用负荷。

启动/备用变压器平时是否处于运行工况，要看其平时是否带公用负荷。如果不带，全厂的公用负荷由各机组的工作变压器分担，则启动/备用变压器平时可不投入，一次侧断开，其好处是，可省去空载损耗，容量也可适度减小；缺点是，工作变压器容量要稍有增大，故障时动作的断路器较多，可靠性略有降低。如果启动/备用变压器平时带有较多的公用负荷，则平时必须处于运行状态，其容量要相应增大，而工作变压器的容量则可相应减小，在启动/备用变压器与工作变压器切换时，动作的断路器较少，可靠性有所提高，但启动/备用变压器将长期带电，使损耗增加。

对 600MW 机组，一般每两台机组设一套公用的启动/备用变压器。如果机组较多可设两套公用的启动/备用变压器。

对于低压 400V 的备用电源，与低压工作电源的引接相似，也从中压厂用母线经低压变压器引接，但低压工作电源与备用电源取自中压厂用母线的不同分段上。

3. 事故保安电源

对大容量发电机组，当厂用工作电源和备用电源都消失时，为确保能安全停机，应设置事故保安电源，以满足事故保安负荷的连续供电。

对 600MW 机组，启动/备用变压器通常接于 220kV 系统，供电的可靠性已相当高，但仍需设置后备的备用电源，即事故保安电源。通常采用的事故保安电源是蓄电池组和柴油发电机两种。

（1）蓄电池组。它是一种独立而十分可靠的保安电源。蓄电池组不仅在正常运行时承担控制操作、信号设备、保护等直流负荷，而且在事故情况下，仍能提供直流保安负荷用电，如润滑油泵、氢密封油泵、事故照明等。同时，还可经过逆变器将直流变为交流，兼作交流事故保安电源，向不允许间断供电的交流负荷供电。由于蓄电池容量有限，故不能带很多的事故保安负荷，且持续供电时间一般不超过 1h。

（2）柴油发电机。它是一种广泛采用的事故保安电源，当失去厂用电源时，柴油发电机能在 10～15s 之内快速启动，向保安负荷供电。一般每一台 600MW 机组设置一套 400V、三相、50Hz 柴油发电机组，作为交流事故保安电源。当一座发电厂有两台以上单元机组时，各台单元机组的柴油发电机保安母线之间也可设置联络线，以保证互为备用。

（3）外接电源。当发电厂附近有可靠的变电所或者有另外的发电厂时，事故保安电源还可以由附近的变电所或发电厂引接，作为第三备用电源。

三、600MW 机组厂用电基本接线形式

厂用电接线方式合理与否，对机、炉、电的辅机以及整个发电厂的工作可靠性有很大的影响。厂用电的接线应保证厂用供电的连续性，使发电厂能安全满发，并满足运行安全可靠、灵活方便等要求。

600MW 机组通常都为一机一炉单元式设置，采用机、炉、电为一单元的控制方式。因此，厂用系统也必须按单元设置，各台机组单元的厂用系统必须是独立的，而且采用多段（两段或四段）单母线供电。

1. 中压厂用电系统基本接线

中压厂用电系统，是指厂总变压器和启/备变压器以下 3～10kV 电压等级的厂用电系统。600MW 机组单元高压厂用电系统的接线，与采用的电压等级数、厂总变压器的型式和台数、启/备变压器的型式和台数、启/备变压器平时是否带公用负荷等因素有关。根据国内若干座 600MW 机组电厂的中压厂用系统接线情况，基本上可归纳为如下两种。

第一种接线，中压厂用电采用 6kV 一个电压等级，设置一台高压厂用三相三绕组（或分裂中压绕组）的工作变压器 T1AB、两台三相双绕组启动/备用变压器 Tfa1、Tfa2，启动/备用变压器平时带公用负荷，其接线见图 2-2。这种厂用电系统接线的主要特点是：

（1）机组单元（机、炉、电）厂用负荷由两段中压厂用母线（1A 和 1B）分担，正常运行由厂总变供电，有双套或更多套设备的，可均匀地分接在两段母线上，以提高可靠性。厂总变不带公用负荷，故其容量较小。

（2）公用负荷由两段厂用公用母线（C1和C2）分担。正常运行时，两台启动/备用变压器各带一段公用母线（亦称公用段），两段公用母线分开运行。由于该启动/备用变压器经常带公用负荷，故也称其为"公备变压器"。

（3）当一台启动/备用变压器停役或由于其他设备有异常使一台启动/备用变压器不能运行时，可由另一台启动/备用变压器带两段公用母线。因此，对公用负荷而言，两台启动/备用变压器是互为备用的电源。

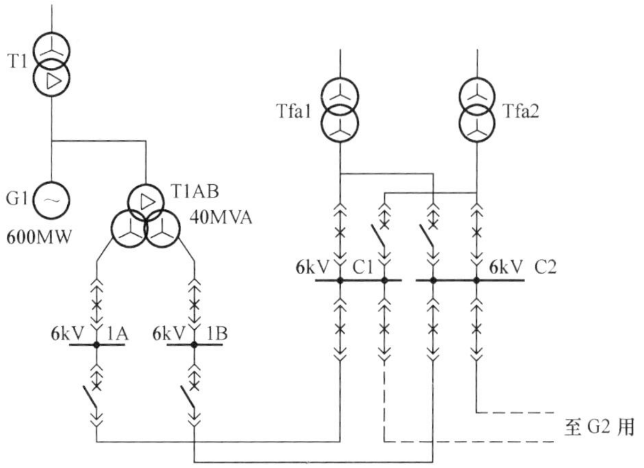

图 2-2　600MW 机组高压厂用电系统接线（一）

在这种接线方式中，三相三绕组（或分裂绕组）工作变压器也可用两台三相双绕组工作变压器所代替，但需作技术经济比较确定。

第二种接线，如图 2-3 所示。每个机组单元设置两台三绕组或分裂绕组的工作变压器（厂总变压器）T1A、T1B，每两台机组设公用的两台三绕组或分裂绕组变压器作启动兼备用变压器 T12A、T12B。这种接线的特点是，工作电源经两台三绕组或分裂中压绕组变压器，分接至四段中压厂用母线，既带机组单元负荷，又带公用负荷。启动/备用变压器平时不带负荷。

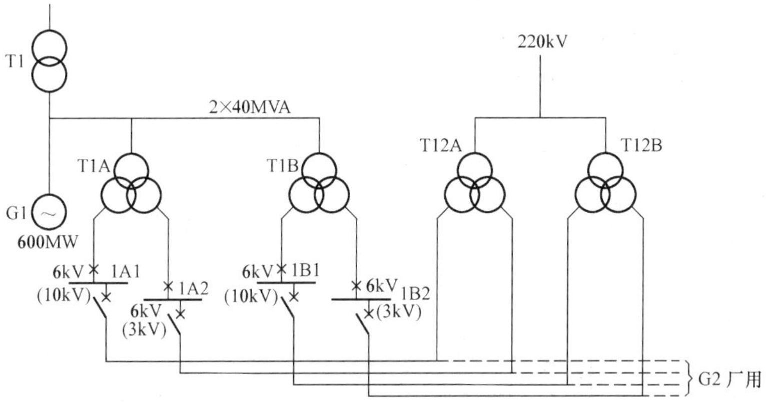

图 2-3　600MW 机组高压厂用电系统接线（二）

这种中压厂用电系统接线形式，既可用于采用 6kV 一个电压等级的接线，也可用于采用 10.5kV 和 3.15kV 两个电压等级的接线。

2.400V 厂用电系统基本接线

600MW 机组单元低压厂用电系统，其工作电源和备用电源都从中压厂用母线上引接，对于设有 10.5kV 和 3.15kV 两级中压厂用电的，一般从 10.5kV 母线上引接。

400V 低压厂用电系统，可以按岛或专业分，有 400V 汽机变压器、400V 锅炉变压器、400V 公用变压器、400V 照明变压器、400V 检修变压器、400V 循泵变压器、400V 除尘变压器、400V 除灰变压器、400V 化水变压器等。也可在一个单元中设有若干个动力中心和由动力中心供电的若干个电动机控制中心。一般容量在 75～200kW 之间的电动机和 150～650kW 之间的静态负荷接于动力中心，容量小于 75kW 的电动机和小功率加热器等杂散负荷接于电动机控制中心。从电动机控制中心又可接出至车间就地配电屏（PDP），供本车间小容量杂、散负荷。

400V 各动力中心，如汽轮机动力中心、锅炉动力中心、出灰动力中心、水处理动力中心等，基本接线为单母线分段，如图 2-4 所示。每一 400V 的动力中心单元设两段母线，每段母线通过

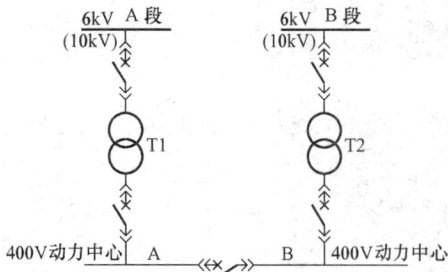

图 2-4　厂用 380V 动力
中心基本接线

一台低压厂用变压器供电,两台变压器的高压侧分别接至厂用中压母线的不同分段上。两段低压母线之间设一联络断路器。工作电源与备用电源之间,采用暗备用方式,即两台低压厂用变压器(简称低厂变)互为备用,一台低压厂用变压器故障或其他原因停役时,另一台低压厂用变压器能满足同时带两段母线的负荷运行的要求。也就是说,一台厂用变压器退出工作后,可合上两段母线的联络断路器,由另一台厂用变压器带两段母线的负荷。但在正常运行时,一般两台厂用变压器是不能并联工作的,即不可合上联络断路器,因为动力中心的所有设备的短路容量均按一台厂用变压器提供的短路电流选择的。

3. 厂用母线的分段原则

不论是中压厂用母线或者是低压厂用母线都必须至少分为两段。凡是有 $2\times100\%$ 或 $2\times50\%$ 两套相同的辅助设备应该分别从 A 与 B 两段不同的母线上引接。有 3 台以上相同的辅助设备或公用负荷也应分别从两段不同的母线上引接。这种辅助设备分别引接自两段不同母线上的原则,其目的是,当其中一段中压厂用母线故障失电或者自动切换不成功时,至少能保持机组半负荷运行。

4. 400V 保安电动机控制中心基本接线

对于在失去正常厂用电的事故中,会危及机组主、辅机安全,造成永久性损坏的负荷,即机组的保安负荷,由专门设置的保安电动机控制中心对其集中供电。每台 600MW 机组设置一台柴油发电机作为交流保安负荷的备用电源(也称交流保安备用电源)。600MW 机组单元一般设置有汽轮机保安电动机控制中心和锅炉保安电动机控制中心,也有只设一段母线的保安电动机控制中心,基本接线如图 2-5 所示。

图 2-5(a)中保安电动机控制中心每段有两个电源。正常运行时,每段保安电动机控制中心由机组单元低压厂用动力中心供电;当保安电动机控制中心失电时,柴油发电机自动投入,一般 15s 内可向失电的保安电动机控制中心恢复供电。图 2-5(b)中保安段母线有三个电源,即机组单元厂用动力中心、公用动力中心、柴油发电机。正常运行时,由机组单元厂用动力中心供电;当保安电动机控制中心母线失电时,自动切换至公用动力中心供电,同时启动柴油发电机。如果柴油发电机电压已达到额定值(约经 10s),而保安电动机控制中心母线仍然为低电压,则由柴油发电机发出切除公用动力中心

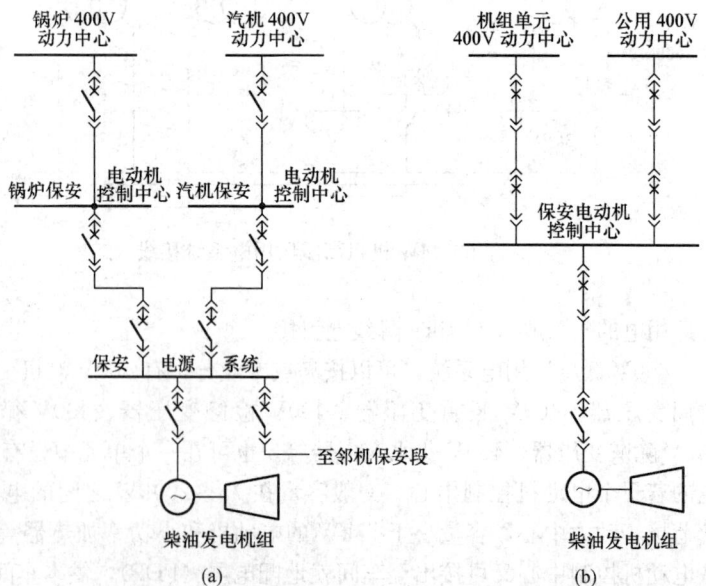

图 2-5　交流保安电动机控制中心基本接线
(a)保安电动机控制中心有两个电源;(b)保安电动机控制中心有三个电源

供电命令，改由柴油发电机供电。

为了确保柴油发电机处于完整的备用状态，对柴油发电机应定期进行带负荷试验。柴油发电机一般不允许与厂用电系统并列运行（防止短路容量超过 400V 开关设备的额定值），因此柴油发电机还必须配置一套试验负荷装置。

第三节　厂用电系统中性点接地方式

一、中压厂用电系统中性点接地方式

中压（3、6、10kV）厂用电系统中性点接地方式的选择，与接地电容电流的大小有关。当接地电容电流小于 10A 时，可采用高电阻接地方式，也可采用不接地方式。当接地电容电流大于 10A 时，可采用中电阻接地方式，也可采用电感补偿（消弧线圈）或电感补偿并联高电阻的接地方式。目前电厂的中压厂用电系统大多采用中性点经电阻接地的方式。

1. 采用中性点不接地方式特点

中压厂用电系统采用中性点不接地方式的主要特点如下：

（1）系统发生单相接地故障时，流过故障点的电流为较小的电容性电流，且三相线电压仍基本平衡。

（2）当单相接地电容电流小于 10A 时，一般允许继续运行 2h，为处理这种故障争取了时间。

（3）当单相接地电容电流大于 10A 时，接地处的电弧（非金属性接地）不易自动消除，将产生较高的电弧接地过电压（可达额定相电压幅值的 3.5 倍），并易发展为多相短路。故接地保护应动作于跳闸，中断对厂用设备的供电。

（4）实现有选择性的接地保护比较困难，需要采用灵敏的零序方向保护。以往采用反应零序电压的母线绝缘监视装置，在发现接地故障时，需对馈线逐条拉闸才能判断出故障回路。

（5）无需中性点接地装置。这种中性点不接地方式应用在单相接地电容电流小于 10A 的中压厂用电系统中比较合适。

2. 采用中性点经高电阻或中电阻接地方式特点

为了降低间隙性电弧接地过电压水平和便于寻找接地故障点，采用中性点经高电阻或中电阻接地方式更好，其主要特点如下：

（1）选择适当的电阻，可以抑制单相接地故障时非故障相的过电压倍数不超过额定相电压幅值的 2.6 倍，避免故障扩大。

（2）当发生单相接地故障时，故障点流过一固定的电阻性电流，有利于确保馈线的零序保护动作。

（3）接地总电流小于 15A 时（大电阻接地方式，一般按 $I_r \geqslant I_c$ 原则选择接地电阻），保护动作于信号；接地总电流大于 15A 时，改为中电阻接地方式（增大 I_r），保护动作于跳闸。

（4）需增加中性点接地装置。

二、低压厂用电系统中性点接地方式

1. 接地方式

低压厂用电系统中性点接地方式主要有中性点直接接地方式和中性点经高电阻接地方式两种。600MW 机组单元厂用 400V 系统，多采用中性点经高电阻接地的方式。其主要特点如下：

（1）当发生单相接地故障时，可以避免断路器立即跳闸和电动机停运，也不会使一相的熔断器熔断，造成电动机两相运行，提高了低压厂用电系统的运行可靠性。

（2）当发生单相接地故障时，单相电流值在小范围内变化，可以采用简单的接地保护装置，实现有选择性的动作。

（3）不需要为了满足短路保护的灵敏度而放大馈线电缆的截面。

（4）接地电阻值的大小以满足所选用的接地指示装置动作为原则，但不应超过电动机带单相接地运行的允许电流值（一般按 10A 考虑）。

2. 接地电阻值的选定

当采用发光二极管作高阻接地指示灯时，中性点接地电阻可取 44Ω。以确保接地指示灯发亮，估算为：最大的单相接地故障电流，出现在变压器出口发生单相金属性接地时，取最大电容性电流为 1A，最大电阻性电流为，$230V/44Ω ≈ 5.2A$，则总的接地电流最大值约为 5.3A（为电容性电流与电阻性电流的相量和）。单相接地电流的最小值，可从最长的供电电缆末端发生接地故障时求得。若按长 300m、截面 $3×4mm^2$ 铝芯电缆电阻为 2.32Ω，并计及接地装置的接地电阻（取 10Ω），则求得接地故障电流最小值为 $220V/（44＋2.32＋10）Ω＝3.9A$。由于接地电流保持在 3.9～5.3A 范围内，可以可靠满足接地指示灯发亮的要求（接地电流 1A 时，指示灯亮；接地电流 1.5A 时，指示灯全亮）。

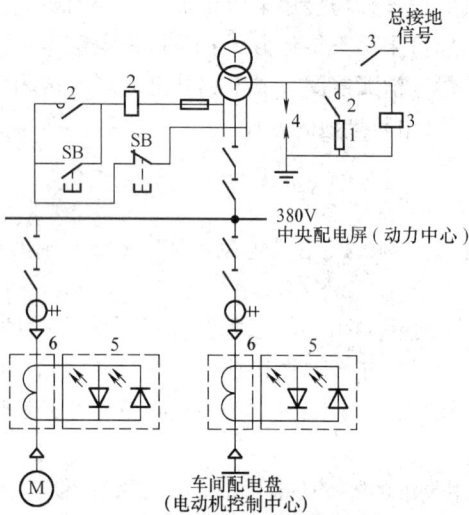

图 2-6　低压厂用电系统中性点
经电阻接地的接线示例
1—接地电阻；2—接触器；3—电压继电器；
4—击穿避雷器；5—高阻接地指示灯；
6—高阻接地变压器

3. 高阻接地方式实例之一

低压厂用电系统采用中性点经高电阻接地的一种接线，如图 2-6 所示。在变压器 400V 侧中性点连接 44Ω 接地电阻接地方式（不接地或经电阻接地两种）。可在变压器的进线屏上控制、改变接地方式（不接地或经电阻接地两种）。中性点还经常接一只电压继电器，用来发出 400V 网络单相接地故障信号。信号发送到运行人员值班处，运行人员获悉信号后，首先到中央配电装置室投入接地电阻（当原来是不接地方式运行时），屏上高电阻接地指示灯发亮的回路，即为发生接地的馈线。如故障发生在去车间的干线上，运行人员应到车间盘检查。当某一支路的高电阻指示灯发亮时，即表明该支路发生接地。若所有支路都未发现接地故障，即说明接地发生在车间盘母线上。此外，为了防止变压器高、低压绕组间击穿或 400V 网络中产生感应过电压，在 400V 侧中性点上，与接地电阻并联一只击穿熔断器。

此外，低压厂用电系统采用中性点经高电阻接地，必须另外设置照明、检修网络，以满足单相照明负荷和检修单相负荷的需要，所以必须增加照明变压器和检修变压器，这类变压器的 400V 侧采用中性点直接接地，且为三相四线制，也消除了动力网络和照明、检修网络相互间的影响。一般照明变压器和检修变压器互为备用。

第四节　厂用变压器选择

厂用变压器的选择主要考虑高压厂用变压器、高压备用变压器、低压厂用变压器、照明变压器、除尘变压器等的选择。

选择内容一般包括变压器的台数、型式、额定电压、容量和阻抗几类。

额定电压系根据厂用电系统的电压等级和电源引接处的电压来确定。

工作变压器的台数与型式，主要与中压厂用母线的段数有关。而母线的段数又与中压厂用母线的电压等级有关。当只有 6kV 一种电压等级时，一般厂用母线分两段；高压厂用工作变压器可选用一台全容量的分裂绕组变压器，两个分裂支路分别供两段母线；或选用两台 50% 容量的双绕组变压器，分别供两段母线。当 10kV 与 3kV 电压等级同时存在时，则厂用母线分为四段（10kV 两段和 3kV 两段）。高压厂用工作变压器可选用两台 50% 容量的三绕组变压器，分别供四段母线。

下面介绍厂用变压器的容量选择。

对于装有 600MW 机组的大型电厂，各厂的厂用负荷大小也可能不同，这与机、炉类型、燃料种类和供水情况等有关。电动给水泵电动机容量，超临界机组要比同容量亚临界机组约大 50% 左右；燃煤电厂因具有制粉系统，比燃油电厂的耗电量大。另外，各种燃料的发热量不同，需要空气量也不同，风机的容量就不同。这几类负荷都是大容量负荷，例如某 600MW 超临界机组的电动给水泵电动机容量达 8000kW，究竟选用电动给水泵还是选用汽动给水泵，与高压厂用变压器容量选择都有很大关系。

装有 600MW 机组的电厂，各单元机组厂用电系统是独立的，当厂用工作变压器和启动/备用变压器台数，以及公用负荷正常由谁负担确定后，统计各段母线所接负荷，按照主机满发的要求，便可选出各台高压厂用变压器的容量。

变压器的阻抗是选择厂用工作变压器的一个重要指标。厂用工作变压器的阻抗要求比一般动力变压器的阻抗大，这是因为要限制变压器低压侧的短路容量，否则将影响到开关设备的选择。一般要求短路阻抗应大于 10%。但是，阻抗过大又将影响厂用电动机自启动的困难度。厂用工作变压器如果选用分裂绕组型式，则能在一定程度上缓和上述矛盾，因为分裂绕组变压器在正常工作时具有较小阻抗，而分裂绕组出口短路时则具有较高的电抗。

除尘变压器是一种特殊用途的厂用变压器。它是专门为电气除尘器提供高压直流电源的变压器。其一次侧为 400V 交流电，二次侧为数万伏的高压交流，通过内部硅整流装置，输出高压直流。因硅整流装置而产生的谐波使变压器的铁芯具有特殊的构造。每台机组除尘变压器的数量与直流高压电场数相等。除尘变压器一般安装在电气除尘器的顶部，所以都选用干式变压器。

下面进一步介绍厂用变压器容量选择问题。

一、厂用负荷计算原则

前面已对各种厂用负荷对保证电厂安全可靠运行的重要程度进行了分类。在计算变压器的容量时，不但要统计变压器连接分段母线上实际所接电动机的台数和容量，还要考虑它们是经常工作的还是备用的，是连续运行的还是断续运行的。为了计及这些不同的情况，选出既能满足负荷要求又不致容量过大的变压器，所以又提出按使用时间对负荷运行方式进行分类，并常用下列名词来加以区分。

经常负荷——每天都要使用的电动机；

不经常负荷——只在检修、事故或机、炉启停期间使用的负荷；

连续负荷——每次连续运行 2h 以上的负荷；

短时负荷——每次仅运行 10~120min 的负荷；

断续负荷——反复周期性地工作，其每一周期不超过 10min 的负荷。

表 2-1 列出火力发电厂主要厂用负荷及其类别，以供参考。

变压器母线分段上负荷计算原则如下。

（1）经常连续运行的负荷应全部计入。如引风机、送风机、炉水循环泵、电动主给水泵、循环水泵、凝结水泵、真空泵等电动机。

（2）连续而不经常运行的负荷应计入。如充电机、事故备用油泵、备用电动给水泵等电动机。

（3）经常而断续运行的负荷亦应计入。如疏水泵、空压机等电动机。

（4）短时断续而又不经常运行的负荷一般不予计算。如行车、电焊机等。但在选择变压器时，变压器容量应留有适当裕度。

（5）由同一台变压器供电的互为备用的设备，只计算同时运行的台数。

表 2-1　　　　　　　　　　　　火力发电厂主要厂用负荷及其类别

分类	名　称	负荷类别	运行方式	备　注
锅炉负荷	引风机	Ⅰ类	经常、连续	
	送风机	Ⅰ类	经常、连续	
	二次风机	Ⅰ类	经常、连续	
	空气预热器	Ⅰ类	经常、连续	
	炉水循环泵	Ⅰ类	经常、连续	
	磨煤机	Ⅰ类、Ⅱ类	经常、连续	储仓式制粉系统为Ⅱ类
	给煤机	Ⅰ类、Ⅱ类	经常、连续	储仓式制粉系统为Ⅱ类
	排粉机	Ⅰ类、Ⅱ类	不经常、连续	储仓式制粉系统为Ⅱ类
	给粉机	Ⅰ类、Ⅱ类	不经常、连续	储仓式制粉系统为Ⅱ类
	电除尘器	Ⅰ类	经常、连续	
	电脱硫器	Ⅰ类	经常、连续	
汽轮机负荷	真空泵（射水泵）	Ⅰ类	经常、连续	
	凝结水泵	Ⅰ类	经常、连续	
	循环水泵	Ⅰ类	经常、连续	
	电动给水泵	Ⅰ类	经常、连续	有汽动给水泵时为Ⅱ类
	备用给水泵	Ⅱ类	不经常、连续	
	给水前置泵	Ⅰ类	经常、连续	
	工业水泵	Ⅰ类	经常、连续	
	闭式冷却泵	Ⅰ类	经常、连续	
	汽机房通风机	Ⅱ类	经常、连续	
事故保安负荷	盘车电动机	保安	不经常、连续	
	顶轴油泵	保安	不经常、短时	
	润滑油泵	保安	不经常、连续	
	浮充电装置	保安	经常、连续	
	DCS电源	保安	经常、连续	
	UPS	保安	经常、连续	
	常明事故照明	保安	经常、连续	
	安全出口指示灯	保安	经常、连续	

分类	名　　称	负荷类别	运行方式	备　　注
电气及公用负荷	充电机	Ⅱ类	不经常、连续	
	浮充电装置	Ⅱ类	经常、短时	
	工业用空气压缩机	Ⅲ类	不经常、短时	
	仪表用空气压缩机	Ⅰ类	不经常、连续	
	空调系统	Ⅰ类	经常、连续	
	通信电源	Ⅰ类	经常、连续	
	照明变压器	Ⅱ类	经常、连续	
输煤负荷	卸煤系统	Ⅱ类	不经常、连续	
	煤场堆取料系统	Ⅱ类	不经常、连续	
	输煤皮带系统	Ⅱ类	不经常、连续	
	碎煤机	Ⅱ类	不经常、连续	
出灰负荷	灰浆泵	Ⅰ类	经常、连续	
	碎渣机	Ⅰ类	经常、连续	
	灰搅拌机	Ⅱ类	不经常、连续	
	灰库再循环泵	Ⅲ类	不经常、连续	
厂外水工负荷	中央循环水泵	Ⅰ类	经常、连续	
	水源地取水泵	Ⅱ类	不经常、连续	
	消防水泵	Ⅰ类	不经常、连续	
	生活水泵	Ⅱ类	不经常、连续	
	冷却塔通风机	Ⅰ类	经常、连续	
	澄清水系统	Ⅱ类	不经常、连续	
辅助车间负荷	化学水处理	Ⅱ类	不经常、连续	
	制氢站	Ⅱ类	不经常、连续	
	修配车间	Ⅲ类	不经常、连续	
	电气试验室	Ⅱ类	不经常、连续	
	起重机械	Ⅲ类	不经常、短时	
	生产办公室	Ⅲ类	不经常、连续	

二、厂用负荷计算方法

厂用负荷的计算多采用"换算系数"法，可按下式计算

$$S = \Sigma(KP) \tag{2-1}$$

式中　　S——厂用分段上的计算负荷（kVA）；

　　　　P——电动机计算功率（kW）；

　　　　K——换算系数，如给水泵、循环水泵、凝结水泵等连续运行的电动机取 1，其他电动机和低压厂用变压器取 0.7～0.85。

厂用变压器容量的选择，除了考虑所接的负荷因素外，还应考虑三点：①自启动时的电压降；②低压侧短路容量；③再有 5% 的备用裕度。

第五节 厂用电动机选择

一、厂用电动机机械特性

发电厂中使用着多种电动的机械设备，这些机械设备的负载转矩特性，即它的阻力转矩（或称负载转矩）M_L 与转速 n 的关系 $M_L = f(n)$，直接影响电动机的选择。厂用电动机机械按其转矩特性可分为以下两类。

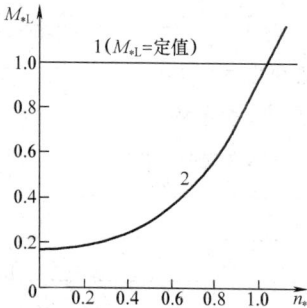

第一类，其阻力转矩实际上与转速无关，即 $M_L =$ 某一定值，如图 2-7 中曲线 1 所示。火电厂中的磨煤机、碎煤机、输煤皮带、绞车、起重机的电动机等都属于这类机械。图 2-7 中 M_{*L} 是机械在额定转速时的阻力转矩为基准的阻力转矩标么值。

第二类，包括一切离心式机械，它们的阻力转矩与转速有关，具有非线性上升的特性，可用下式表示

$$M_{*L} = M_{*L0} + (1 - M_{*L0})n_*^{\alpha} \tag{2-2}$$

图 2-7 厂用电动机机械转矩特性

式中　M_{*L0}——与转速无关的摩擦起始阻力转矩标么值；

　　　　n_*——相对转速标么值，$n_* = n/n_s$；

　　　　n_s——同步转速；

　　　　α——指数，与机械型式有关。

对于送风机和引风机，$\alpha = 2$，$M_{*L0} = 0.1 \sim 0.2$，一般可取 $M_{*L0} = 0.15$，其特性如图 2-7 中曲线 2 所示。

在发电厂中，有些离心泵在工作时没有反压力（包括静压力），只克服动阻力（管路阻力）也具有类似特性，即 $\alpha \approx 2$。

对于不仅克服动阻力，还要克服由给水高度和任何反压力所造成的静阻力的离心泵，则其阻力转矩与转速的关系比较复杂。例如将给水送入锅炉的给水泵，就是如此。这时水泵所发出的工作压力等于静压力与动阻力之和。

在不同的相对静压力值 p_{*0} 时（静压力 p_0 在水泵发出的全部压力 p 中所占的成分，即 $p_{*0} = p_0/p$），离心泵阻力转矩与转速的关系曲线如图 2-8 所示。从图 2-8 这些曲线可知，在没有反

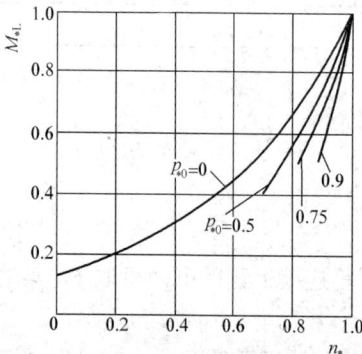

图 2-8　离心泵阻转矩与转速
在不同静压力下的关系曲线

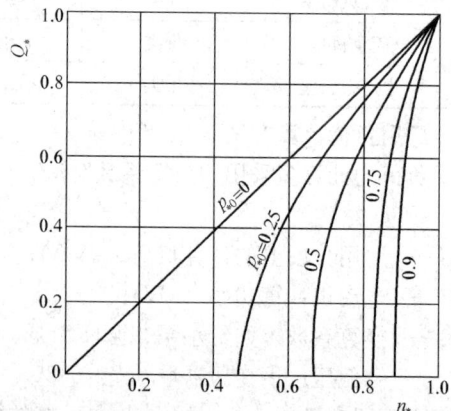

图 2-9　离心泵的流量与转速
在不同静压力下的关系

电气设备及其系统

压力（$p_{*0}=0$）时，M_{*L}正比于n_*^2，即$\alpha=2$。在p_{*0}为其他值时，阻力转矩随转速的变化较大。例如，当$p_{*0}=0.9$时，阻力转矩的变化与转速成五至六次幂关系（给水中断后，阻力转矩的幂次急减）。

还须指出，有反压力时离心泵流量随转速的减小而急减，如图2-9的曲线所示，其中Q_*是水泵的流量占额定流量的成分。例如，当静压力$p_{*0}=0.75$时，转速减小15%（$n_*=0.85$），使水泵的流量减低到额定流量的50%左右。当转速再减低时，给水就中断。

由此可知，有反压力时离心泵（特别是给水泵）所用的电动机，对频率的变动是很敏感的。

二、厂用电动机类型及其特点

发电厂中使用的电动机有异步电动机和直流电动机两类。其中作为拖动厂用机械使用最多的是异步电动机。异步电动机又有鼠笼式、绕线式和变频电动机三种。使用最广泛的是鼠笼式电动机。

1. 异步电动机特点

鼠笼式电动机的重要特点，是可以在电网电压下直接启动，除了开关以外，不需应用任何启动设备，因此操作控制很简单，工作可靠性很高。

鼠笼式电动机，按其转子绕组（鼠笼）结构不同，又分单鼠笼、双鼠笼和深槽式三种。它们的重要运行特性包括机械特性和启动电流。电动机的机械特性是指电动机的转矩M_e与其转速n的关系，即$M_e=f(n)$，如图2-10所示（用标么值表示）。

鼠笼式电动机，在额定电压下直接启动时，其启动电流较大，达到电动机额定电流I_N的4～7倍，即$I_*=I/I_N=4\sim7$；而启动转矩M_{st}为电动机额定转矩M_N的0.5～2倍，即$M_{*st}=M_{st}/M_N=0.5\sim2$。

从图2-10可见，双鼠笼式电动机的特性最好，它的启动转矩较大，而启动电流则较小（见曲线3）。双鼠笼式电动机结构稍复杂而价格高些，运行经验表明，其工作的可靠性比单鼠笼式电动机略低。

绕线式异步电动机，通常采用转子绕组回路中接入电阻来启动。它的主要优点是启动转矩很高，而启动电流较小，不超过电动机额定电流的2～3倍（依启动变阻器的电阻值而定）。图2-11所示为绕线式异步电动机启动时逐级减小启动电阻时的启动特性（粗线），而虚线表示在转子电路中接入不同启动电阻（$r_4>r_3>r_2>r_1$）下，相应的$M_e=f(n)$的关系。

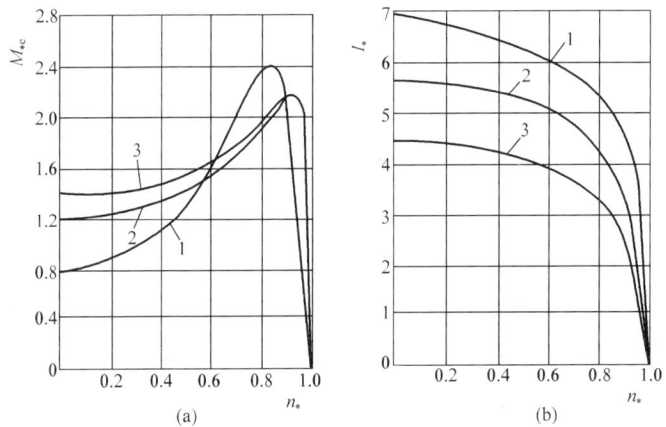

图2-10 鼠笼式电动机特性图

(a) $M_*e=\int(n_*)$力矩—滑差关系曲线；

(b) $I_*=\int(n_*)$启动电流—滑差关系曲线

1—单鼠笼式；2—深槽式；3—双鼠笼式

用变阻器启动能保证把启动条件最困难的机械均匀地发动起来。此外，借助调节串联于绕线式异步电动机转子回路中的电阻，使其转矩特性$M_e=f(n)$发生变化，可以实现均匀地无级调速。

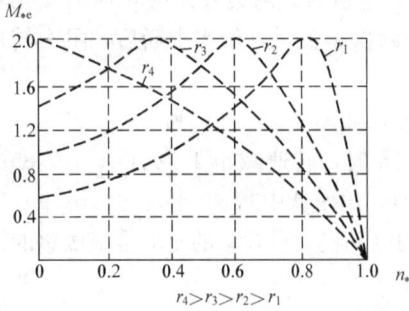

图 2-11　绕线式电动机起动特性图

绕线式异步电动机虽然具有良好的启动特性和调速性能，但其结构及辅助设备比较复杂，价格较高，一般只用在需要带恒定负荷反复启动或需要均匀无级调速的机械设备上，如吊车、抓斗机、起重机等。

2. 变频电动机特点

目前对交流电动机较大范围的调速有两种方法：一是采用变极调速；二是采用变频调速。

变极调速电动机的定子有两个绕组，通过 6 根引出线用两只断路器改变其极数，从而获得两种不同的转速，如引风机电动机，以便当机组在启动到满负荷过程中利用这种功能。

变频调速又分为定子变频和转子变频两种。定子变频是通过改变供电电源的频率来实现转速的改变。这种变频装置容量必须与电动机容量相匹配，价格高，而且大容量变频装置的谐波分量注入电网会污染电网电能质量，其推广受到较大阻力。

转子变频又称为交流励磁电机。如果在电机的转子上布置三相绕组施加三相交流电流，就成为交流励磁电机。再对励磁绕组的交流电流进行调幅、调频、调相，就能提供以下的功能：

可改变电机转子的转速，使其与原动机或拖动机械的最佳转速相匹配，提高机组的效率；

改变励磁电流的幅度，调节机组发出或吸取的无功分量，以适应功率因数的调整；

转速的快速调节可充分利用转子系统的转动惯量来吸收或释放转子的动能，以适应负荷的快速突变等。

随着电子技术和控制技术的发展，可调式变频装置（Cycloconverter）实现交—交变频、调幅、调相已经成为现实。

按照旋转电机原理

$$n_1 = n - n_r = n(1 - \frac{f_r}{f}) = \frac{3000}{p}(1 - \frac{f_r}{50}) \tag{2-3}$$

式中　n_1——转子机械转速；

　　　n——电网的同步转速；

　　　n_r——相对于转子周向表面的旋转磁场转速；

　　　f——电网频率；

　　　f_r——转子磁场电流频率；

　　　p——电机的极对数。

因此，可见转子机械转速 n_1 与转子磁场电流频率 f_r 成线性关系。按照转子电流频率范围的不同，可有以下五种不同的工况。

（1）转子电流频率为 0～50Hz。此时，转子机械转速低于同步转速，转子电流产生的旋转磁场与机械转速同方向。滑差功率为正，转子从电网吸收电功率转化为机械功率。定子输出电功率等于转子机械功率和由电网转化过来的机械功率之和，即

定子电功率＝机械功率＋转子电功率

（2）转子电流频率小于 0（为负值）。此时，转子机械转速高于同步转速，转子电流产生的旋转磁场与机械转速方向相反。滑差功率为负，转子吸收机械功率转化为电功率向电网（通过励

磁变压器）输出，即

$$转子机械功率＝定子电功率＋转子电功率$$

（3）转子电流频率大于 $50Hz$。此时，转子机械转速与同步转速相反，转子电流产生的旋转磁场与同步转速同方向，且高于同步转速。滑差功率为正，转子向电网吸收电功率，一部分由定子反馈给电网，另一部分转化为机械功率由转轴输出，即

$$转子电功率＝定子电功率＋转子机械功率$$

（4）当转子电流频率等于零时，相当于同步电机，没有滑差功率，机械功率等于定子电功率，即

$$转子机械功率＝定子电功率$$

（5）当转子电流频率等于 $50Hz$ 时，转子转速为零，也没有滑差功率，定子电功率等于转子电功率，相当于一台变压器。

3. 直流电动机特点

直流电动机的主要优点是，可以利用励磁电路中的变阻器调节磁场电流，在大范围内均匀而平滑地调节转速，且调速变阻器中只消耗较少的电能。

并激直流电动机用变阻器启动时的启动特性：启动转矩（起始值）$M_{e0} \approx M_N$，启动电流 $I_{st} \approx 2.5I_N$。

直流电动机不依赖厂用交流电源，可由蓄电池组供电。

直流电动机制造工艺复杂、成本高、维护量大，特别是换向器部分，工作可靠性较差，而且厂用必须提供直流电源或整流电源。因此，直流电动机在厂用电系统中一般仅用于事故保安负荷中的汽轮机直流备用润滑油泵、氢密封油泵等。

三、厂用电动机选择

厂用电动机的选择必须满足以下条件。

（1）电动机的额定电压应与供电系统电压相匹配；电动机的转速应符合被拖动设备的要求；电动机的额定功率 P_N 必须足够拖动满载工作的厂用机械，并留有适当的裕度。

（2）电动机的机械特性必须适应被拖动设备的要求，电动机的启动转矩 M 必须大于被拖动机械在 $n=0$ 时的起始阻力转矩 M_{L0}，并且在启动过程中，任一转速下都应大于机械阻力转矩，即保持 $M_e > M_L$，如图 2-12 所示。图 2-12 中示出电动机的机械特性 $M_e = f(n)$ 与两种厂用机械（恒定与不恒定机械阻力转矩，如磨煤机和引风机）的机械特性的配合情况。图 2-12 中以竖线示出电动机对于 $M_L =$ 定值的设备（如磨煤机）的剩余转矩（$M_e - M_L$）。为了容易启动，电动机的启动转矩 M_{e0} 至少应较 M_{L0} 大 10%。如果剩余转矩太小，达到额定转速的时间很长，可能在启动时间内使电动机发热达到不允许的程度。

图 2-12 异步电动机与厂用
机械特性的配合

如果在启动过程虽然在转速等于零时满足剩余转矩（$M_e - M_L$）大 10% 的要求，但是随着转速的上升由于机械特性（如水泵风机等）原因，使 $M_L > M_e$，则说明不能带负载启动，只能在通过临界点以后才能接带负载。

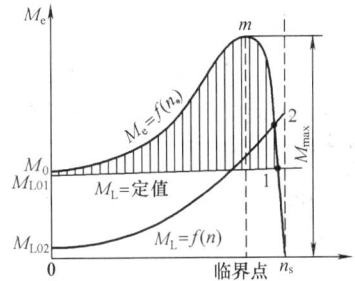

（3）电动机的型式应与周围环境条件相适应，以避免腐蚀性氢气、灰尘、水汽等对电动机绝缘强度产生影响，以及电动机故障时波及周围的易燃物。在一般干燥场所，多采用开启式或防护式电动机；在潮湿而有可能被水滴侵入的场所常采用防护式（防滴式）或封闭式电动机；在多尘或特别潮湿（有水雾）的场所采用封闭式电动机；在有爆炸危险的地方，如油库、制气系统、蓄

电池室等应采用防爆式电动机。

厂用电动机一般都由辅机制造厂配套供应，其选择原则由制造厂考虑。买主一般不改变他们的配套条件，但应该审查其配套的合理性。

第六节　厂用电动机成组启动与惰走

厂用电系统中正常运行的电动机，当其厂用母线电压突然消失或突然降低（如系统故障或电源跳闸）时，所有母线上的电动机就会减速，这一过程称为电动机的成组惰走。经过短时间在其停转以前，厂用母线电压又恢复正常（如系统故障排除或备用电源自动投入），所有母线上的电动机就会自行加速，恢复到正常运行，这一过程称为电动机的成组启动。

成组惰走过程，所有电动机在本身断路器或熔断器断开前在电气上是互相连接的，转速下降稍慢的电动机成为感应发电机发出电功率增加制动力矩，而转速下降稍快的电动机吸收电功率获得加速力矩。因此，所有电动机的转速是同步的，母线存在着残余电压，其电压值与频率值慢慢下降。由于异步电动机的转矩 M_e 与电压 U 平方成正比，这时如果某一台电动机转速已经低于图2-12中的临界点而不能满足 $M_e > M_L$ 时，转速将继续下降直至堵转。

为了保证发电厂中重要负荷的电动机都可能参与成组自启动，必须要限制不重要负荷不参与成组自启动，增设按不同时限（一般有0.5s和5s两类）的低电压保护装置切除不重要负荷。因许多电动机同时参加成组自启动，很大的启动电流会在厂用变压器引起较大的电压降，使厂用母线电压降低很多。这样，可能因母线电压过低，将使某些重要电动机电磁转矩小于机械阻力转矩而启动不了，还可能因启动时间过长而引起电动机过热，甚至危及电动机的安全与寿命以及厂用电系统的稳定运行。为了保证自启动能够实现，必须验算电动机端或供电母线的电压；或者反过来说，根据端电压的限制条件去计算能自启动的电动机容量。另外，还要考虑电动机启动过程的发热和有关设备的发热是否超过允许值。

一、电动机自启动时厂用母线电压最低限值

异步电动机的转矩 M_e 与电压 U 平方成正比。对于一般电动机，在额定电压下运行时，它的最大转矩 M_{max} 约为额定转矩 M_N 的2倍。当电压降到70%U_N时，电动机的最大转矩相应降至 $(0.7)^2 \times 2 < 1$。如果电动机已带有额定阻力转矩 $M_L = M_N$，见图2-13，此时阻力转矩大于驱动转矩，电动机就会减速，直至转矩最高点（0.49×2<1）仍不能平衡，那么就会继续减速，导致堵转现象。

异步电动机的最大转矩与型式和种类有关，约为额定转矩的1.8～2.4倍（$M_{*max} = 1.8$～2.4），相应地当电压降低到额定电压的64%～75%时，电动机的转速就可能下降到不稳定运行区，最终可能停止运转。为了使厂用电系统能稳定运行，规定电动机正常启动（各电动机错开启动时间）时，厂用母线电压的最低允许值为额定电压的80%。但是，自启动是运行着的电动机在短时失电或电压降低后，电压又很快恢复时的启动，考虑到电动机及被拖动机械均具有惯性，短时失电或电压降低后，电动机的转速尚未有很大降低，比电动机静止状态下启动有利（在相同母线电压下比较）。为了保证厂用Ⅰ类负荷自启动，并考虑到机械的惯性因素，规定厂用母线电压在电动机自启动时，应不低于表2-2的数值。

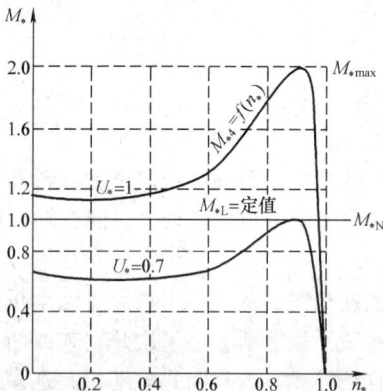

图2-13　电动机转矩与电压、转速的关系

表 2-2 自启动要求的厂用母线最低电压

名　　称	自启动电压为额定电压的百分比（%）
高压厂用母线自启动	65~70
低压厂用母线自启动	60
高低压厂用母线同时自启动	55

二、电压校验

电压校验是在已知参加自启动的电动机容量及有关参数的情况下，求出母线的电压，看其是否满足最低允许限值。

图 2-14 为一组电动机经高压厂用变压器自启动的等值电路图。一般假定成组电动机在电压消失或下降后全部已处于完全制动状态（转差率为 1，即转速为零），当电压恢复后同时开始启动；计算时略去各元件的电阻；向高压厂用变压器供电的电源为无穷大电源，即 $U_{*S}=1$。现以高压厂用变压器的额定容量为基准值（各值均用标幺值表示），则图 2-14 中电动机组折算后的等值电抗标幺值 X_{*M} 可用参与自启动的电动机在额定条件下的平均启动电流倍数 I_{*st} 来求出，即

图 2-14　一组电动机经高压厂用变压器自起动等值电路图

$$X_{*M} = \frac{1}{I_{*st}} \times \frac{S_{TN}}{S_{M\Sigma}} \tag{2-4}$$

其中　　$S_{M\Sigma} = P_{M\Sigma}/\eta\cos\varphi \,(\text{kVA})$

式中　I_{*st}——电动机在额定参数下的平均启动电流倍数；

　　　S_{TN}——高压厂用变压器的额定容量（kVA）；

　　　$S_{M\Sigma}$——电动机总视在容量（kVA）；

　　　$P_{M\Sigma}$——电动机总有功功率（kW）；

　η、$\cos\varphi$——电动机效率和功率因数平均值。

利用图 2-14 等值电路和上述 $S_{M\Sigma}$ 的表达式，就可导出自启动时高压厂用母线的最低电压为

$$U_{*1} = \frac{U_{*S}}{1 + I_{*st}X_{*T}\dfrac{S_{M\Sigma}}{S_{TN}}} \tag{2-5}$$

此值应不低于厂用母线在电动机自启动时的最低允许值，方能保证电动机顺利自启动。

三、自启动电动机允许容量

由式（2-5）可知，电动机自启动时厂用母线上的电压不仅与变压器的容量有关，而且与总启动电流和参加自启动的电动机总容量有关。因此，若把厂用母线最低允许自启动电压当作已知值，则由式（2-5）可求解出自启动时，最大允许的电动机总容量为

$$S_{M\Sigma} = \frac{U_{*S} - U_{*1}}{U_{*1}I_{*st}X_{*T}}S_{TN}\,(\text{kVA}) \tag{2-6}$$

或　　　　$$P_{M\Sigma} = \frac{(U_{*S} - U_{*1})\eta\cos\varphi}{U_{*1}I_{*st}X_{*T}}S_{TN}\,(\text{kW}) \tag{2-7}$$

从表达式（2-6）、式（2-7）可以看出其物理意义是：当电动机启动电流倍数大、变压器的短路电抗百分值大或母线允许最低电压要求高，都会使允许自启动的功率小；当变压器的电源电

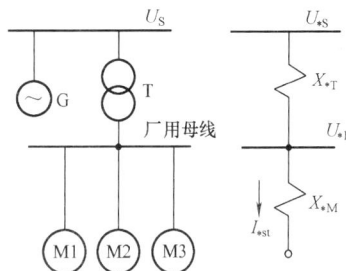

压高、厂用变压器容量大、电动机效率和功率因数高，那么，允许自启动的功率就大。

当同时自启动的电动机容量超过允许值时，自启动便不能顺利进行，因此应采取适当措施来保证重要厂用机械电动机的自启动。例如：

(1) 限制参加自启动的电动机数量。对不重要设备的电动机加装低电压保护装置，延时0.5s断开，不参加自启动。

(2) 阻力转矩为定值的重要设备的电动机，因它只能在接近额定电压下启动，也不参加自启动。对这些机械设备，电动机均可采用低电压保护。当厂用母线电压低于临界值（电动机的最大转矩下降到等于阻力转矩）时，把它们从母线上断开，这样可改善未曾断开的重要电动机自启动条件。

(3) 对重要的机械设备，应选用具有高启动转矩和允许过载倍数较大的电动机。

(4) 在不得已的情况下，可切除两段母线中的一段母线，使整个机组能维持50%负荷运行。

第七节　厂用电源切换

前面已述，厂用负荷设有两个电源，即工作电源和备用电源。在正常运行时，厂用负荷母线由工作电源供电，而备用电源处于热备用状态。

对于大容量机组，由于采用发电机—变压器组单元接线，机组单元厂用工作电源从发电机出口引接，而发电机出口一般又不装设断路器，为了发电机组的启动尚需设置启动电源，并将起动电源兼作备用电源。在此情况下，机组启动时，其厂用负荷需由启动/备用变压器供电，待机组起动完成后，再切换至工作电源供电；而在机组正常停机时，停机前又要将厂用负荷从工作电源切换至备用电源，以保证安全停机。此外，在厂用工作电源发生事故（包括高压厂用变压器、发电机、主变压器、汽轮机等事故）而被切除时，又要求备用电源尽快自动投入。因此，厂用电源的切换在发电厂中是经常发生的。

对于600MW机组的厂用工作电源与事故备用电源之间的切换有很高的要求：其一，厂用电系统的任何设备（电动机、断路器等）不能由于厂用电的切换而承受不允许的过载和冲击；其二，在厂用电切换过程中，必须尽可能地保证机组的连续运行。

600MW机组的厂用备用电源一般接220kV电网。如果厂内没有装设500kV与220kV之间的联络变压器，则厂用工作电源与备用电源之间可能有较大的电压差 ΔU 和相角差 $\Delta \delta$。电压差可以用备用变压器的有载分接开关来调节。相角差 $\Delta \delta$ 则决定于电网的潮流，是无法控制的。按照实践经验，当相角差 $\Delta \delta < 15°$ 时，厂用电切换造成电磁环网的冲击电流是厂用变压器所能承受的。否则，就只能改变运行方式或者采用快速自动切换。

一、厂用电失电影响与切换分析

厂用母线的工作电源由于某种故障而被切除，即母线的进线断路器跳闸后，由于连接在母线上运行的电动机的定子电流和转子电流都不会立即变为零，因此进入成组惰走过程。电动机定子绕组将产生变频反馈电压，即母线存在残压。残压的大小和频率都随时间而降低，衰减的速度与母线上所接电动机台数、负荷大小等因素有关。另一方面，电动机的转速下降。失电后，电动机成组惰走过程中，转速逐渐下降。电动机转速下降的快慢主要决定于负荷和机组飞轮转矩 GD^2。一般经0.5s后转速约降至 $(0.85 \sim 0.95) n_N$。若在此时间内投入备用电源，一般情况下，电动机能较迅速地恢复到正常稳定运行。

如果备用电源投入时间太迟，停电时间过长，电动机转速下降多，且不相同，不仅会影响电动机的自启动，而且将对机组运行工况产生严重影响。因此，厂用母线失电后，应尽快投入备用电源。

另一方面，从减小备用电源自动投入时间对参与自启动的电动机的冲击电流考虑，还必须分析母线残压与备用电源电压之间的相位关系。

厂用工作电源故障切除后，厂用母线上的残压幅值和频率都是不断衰减的。通过对于大容量机组厂用系统进行研究，得出对300MW机组单元中压6kV厂用母线切除工作电源时，实测的电压和频率衰减情况（见图2-15）。其中1、2、3为厂用母线电压变化情况，1′、2′为频率变化情况，曲线1和1′对应负荷电流600A，曲线2和2′对应负荷电流为800A，曲线3对应负荷电流1000A。可以看出，厂用母线上电压、频率的衰减速度与该段母线所带负荷密切相关，切除电源前负荷越大，则电压衰减越快，频率下降也越快。在图2-15中，电压衰减呈非线性趋势。由于频率与机组转速成正比，衰减较慢，近似呈线性变化，如图2-15中1′和2′所示。

由于各电厂厂用母线的电压等级、参与自启动的电动机数量、型式、容量和负荷大小等不同，厂用电源切除后母线上残压变化也有所不同，一般需通过实测才能确定。

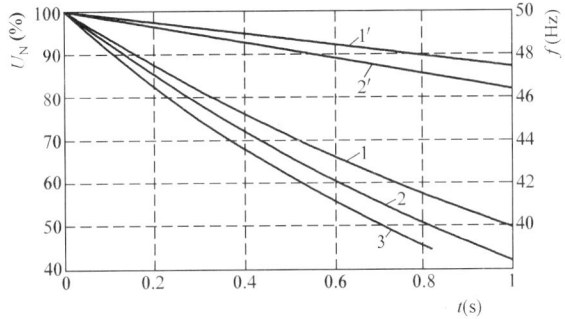

图2-15 300MW机组单元厂用电源切除后母线电压和频率变化曲线

由于厂用母线残压的频率不断下降，那么母线残压与备用电源电压之间的相角差也就不断变化。假定备用电源与工作电源紧密联系，有相同的相位，则通过对图2-15中的曲线1和1′进行仿真计算，可得出厂用母线残压与备用电源间的差拍电压和相角差变化规律，如图2-16所示。图2-16中相角差取值0°～360°，360°以后再从0°开始。

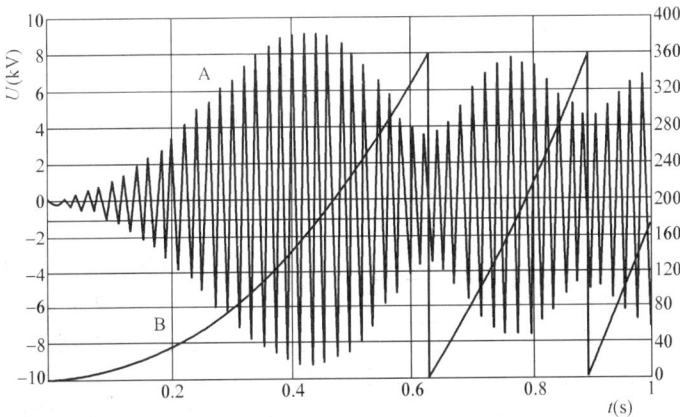

图2-16 母线残压与备用电源间的差拍电压及相角差曲线图

从图2-16可见，电源电压与母线残压之间的相角差和电压差都迅速增大，当相角差第一次达到180°时，电压差达到最大值。根据参与自启动电动机所带动的机械型式和负荷不同，第一次达到反相时间一般于切断电源后经0.35～0.45s。图2-16中相角变化曲线B，当频率衰减速度为2.5Hz/s时，第一次反相时间为0.44s，第二次反相时间为0.77s。某电厂在300MW燃油机组的6kV厂用母线进行的实测结果是，母线残压与备用电源电压之间出现第一次反相约为0.4s，第二次反相约为0.8s。该机组厂总变25MVA满载时断电，厂用6kV母线残压以极坐标形式绘出的相量变化轨迹如图2-17所示。图2-17是以备用电源电压U_S为基准，厂用母线残压相对于U_S的旋转方向为顺时针。厂用母线相应于图2-17中A点失电$\overrightarrow{U_D} = \overrightarrow{U_S}$，残压$\overrightarrow{U_D}$沿着向内收缩的螺旋线变化。当经过一段时间，$\overrightarrow{U_D}$到达B点，设此时合上备用电源开关，则电源电压$\overrightarrow{U_S}$与母线残压$\overrightarrow{U_D}$的合成电压为$\Delta U$。工作电源切除后，约经0.4s，$\overrightarrow{U_D}$与$\overrightarrow{U_S}$的相角差为180°时，$\Delta U$达到最大，若此时合上备用电源，将产生最大的合闸冲击电流，对电动机的冲击也最严重。因此，必须避开 $\vec{U_D}$ 与 $\vec{U_S}$ 接近反相时进行切换。一般厂用电源的快速切换，要求工作电源切除后，在母线残压与备用电源电压之间的相角差远未达到第一次反相之前合上备用电源，可保证合上备用电源时电动机的转速下降尚少，而冲击电流亦小。

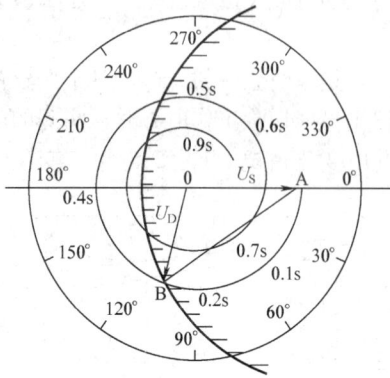

图 2-17　厂用母线残压的极坐标图

二、厂用电源切换方式

厂用电源的切换方式，有以下几种类型。

1. 手动合环切换

在正常运行时，由于运行的需要（如开机、停机等），厂用母线从一个电源切换到另一个电源，对切换速度没有特殊要求。其操作顺序为，先合上工作电源（或备用电源）断路器，然后手动拉开备用电源（或工作电源）断路器。在切换期间，工作电源和备用电源短时并联运行，它的优点是保证厂用电连续供给，缺点是并联期间短路容量增大，增加了断路器的断流要求。但由于并联时间很短（一般在几秒内），发生事故的概率低，所以在正常的切换中被广泛采用。但应注意观测工作电源与备用电源之间的电压差，电压差可以用备用变压器的分接开关进行调整，相角差一般不宜超过15°。

2. 自动合环切换

合上工作电源（或备用电源）断路器，利用断路器合闸以后的辅助触点自动断开备用电源（或工作电源）断路器。厂用电能连续供给，但是并联运行的时间比手动合环切换更短。

3. 断电切换

断电切换又可称串联切换。当发生事故（包括单元接线中的厂用总变压器、发电机、主变压器、汽轮机和锅炉等事故），厂用母线的工作电源被切除后，要求备用电源自动投入，以实现快速安全切换。一般是在厂用母线上的电动机反馈电压（即母线残压）与待投入电源电压的相角差还没有达到电动机允许承受的合闸冲击电流前合上备用电源。快速切换的断路器动作顺序可以是先断后合或同时进行，前者称为快速断电切换，后者称为快速同时切换。快速断电切换的切换过程是，一个电源切除后，才允许投入另一个电源，一般是利用被切除电源断路器的辅助触点去接通备用电源断路器的合闸回路。因此厂用母线上出现一个断电时间，断电时间的长短与断路器的合闸速度有关。快速同时切换的方式是在切换时，切除一个电源和投入另一个电源的脉冲信号同时发出。由于断路器分闸时间快于合闸时间，在切换期间，一般有几个周波的断电时间。

中压厂用母线的工作电源断路器及备用电源断路器一般采用具有高速、高能操动机构的真空断路器。制造厂提供的技术资料应有：断路器主触头的断开时间、断路器辅助触点的返回时间、备用电源断路器主触头的合闸时间等，如图 2-18 所示。

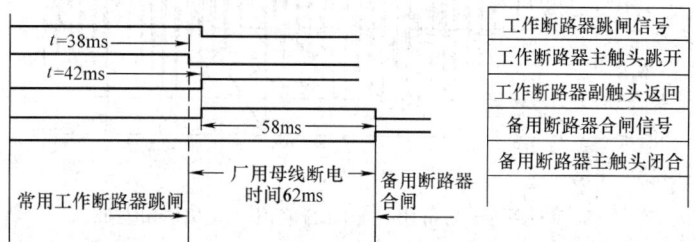

图 2-18　快速断电切换母线失电时间分析

4. 慢速切换

主要是指残压切换，即工作电源切除后，当母线残压下降到额定电压的 20%～40% 后才合上备用电源。残压切换虽然能保证电动机所受的合闸冲击电流不致过大，但由于停电时间较长，大部分电动机已经停止转动或低电压跳闸。慢速切换通常作为快速切换的后备切换，是在不得已情况下进行的，此时机组肯定是要停止运行，只不过是为了尽快恢复厂用电，以便机、炉操作人员能安全完成停机操作。

5. 厂用400V电源切换方式

厂用400V系统，在正常运行方式下，成对的低压厂用母线分段运行（见图2-19），互为暗备用。为防止成对的低压厂用变压器（T1、T2）并列运行，其中的联络断路器QF1均与低压厂用母线进线断路器QF2设有闭锁装置。只有在母线分段时（联络断路器处于断开状态），低压厂用母线进线断路器才能手动操作合闸；或母线不分段（联络断路器处于合闸状态），一段的进线断路器断开，则另一段的进线断路器能手动操作合闸。只有在任一台进线断路器断开后，联络断路器才能合上。

6. 保安母线供电电源的切换

保安母线接有确保机组安全的重要负荷，它有三个供电电源，按一定的顺序自动切换，以确保重要负荷的连续供电。

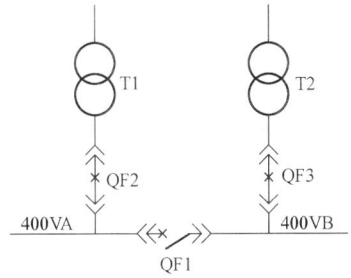

图2-19　厂用400V母线分段

三、微机型厂用电源切换

微机型厂用电快速切换装置是有成熟经验的，在原理和切换功能方面以及在操作界面、录波、通信等其他方面有广泛和优良的功能。

本装置面板由液晶显示屏、操作键、指示灯、通信接口四部分组成。

1. 液晶显示屏

液晶显示屏是操作人员与装置间的主要交流工具，它可以进行测量值显示、功能投退、定值整定、就地手动切换、事件追忆、打印等操作。

2. 操作键

操作键说明如下：

↑　↓：上下移动菜单或滚屏。

←　→：移动定值参数位或选择追忆事件。

＋　－：修改定值参数时，增减数字。

取　消：取消当前定值输入或退出当前菜单。

确　定：菜单选择确认或定值输入确认。

复　位：可同时将主、辅CPU复位，但不能清信号，清信号应按"复归"钮或关装置电源。

3. 指示灯

指示灯说明如下：

运行：装置处于正常运行状态时，每秒钟闪亮。

就地：亮时，表明手动切换操作只能在就地进行。

工作：工作电源开关合时亮。

备用：备用电源开关合时亮。

动作：表明装置刚进行过切换操作，复归后熄灭。

闭锁：表明装置处于闭锁状态，含装置闭锁及出口闭锁。

通信：通信发送灯，用于装置与便携式电脑通信或与DCS通信。

四、切换功能

1. 正常切换

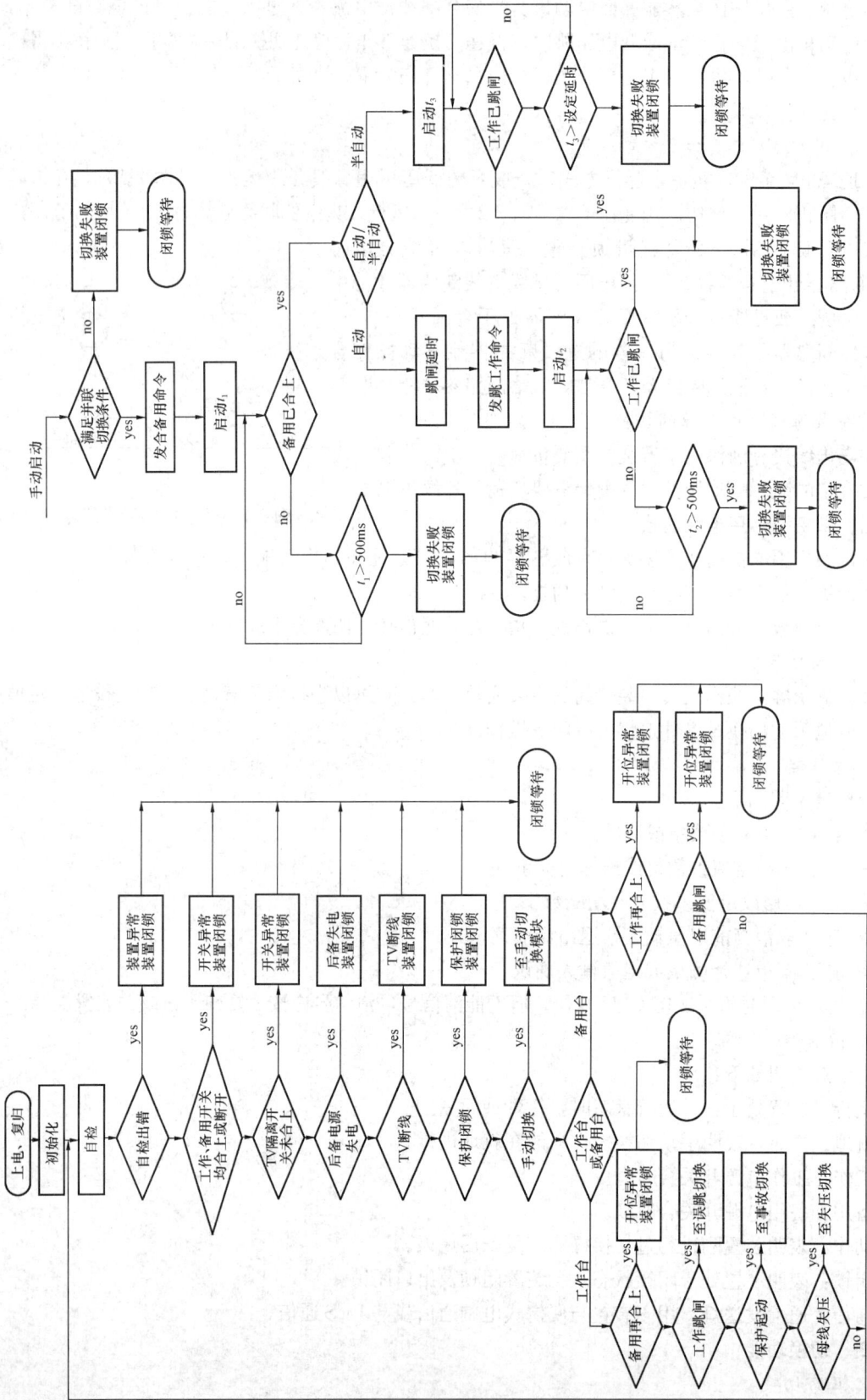

图 2-20 控制流程图（一）

注：手动切换备用→工作切换图中"工作"改为"备用"，"备用"改为"工作"。

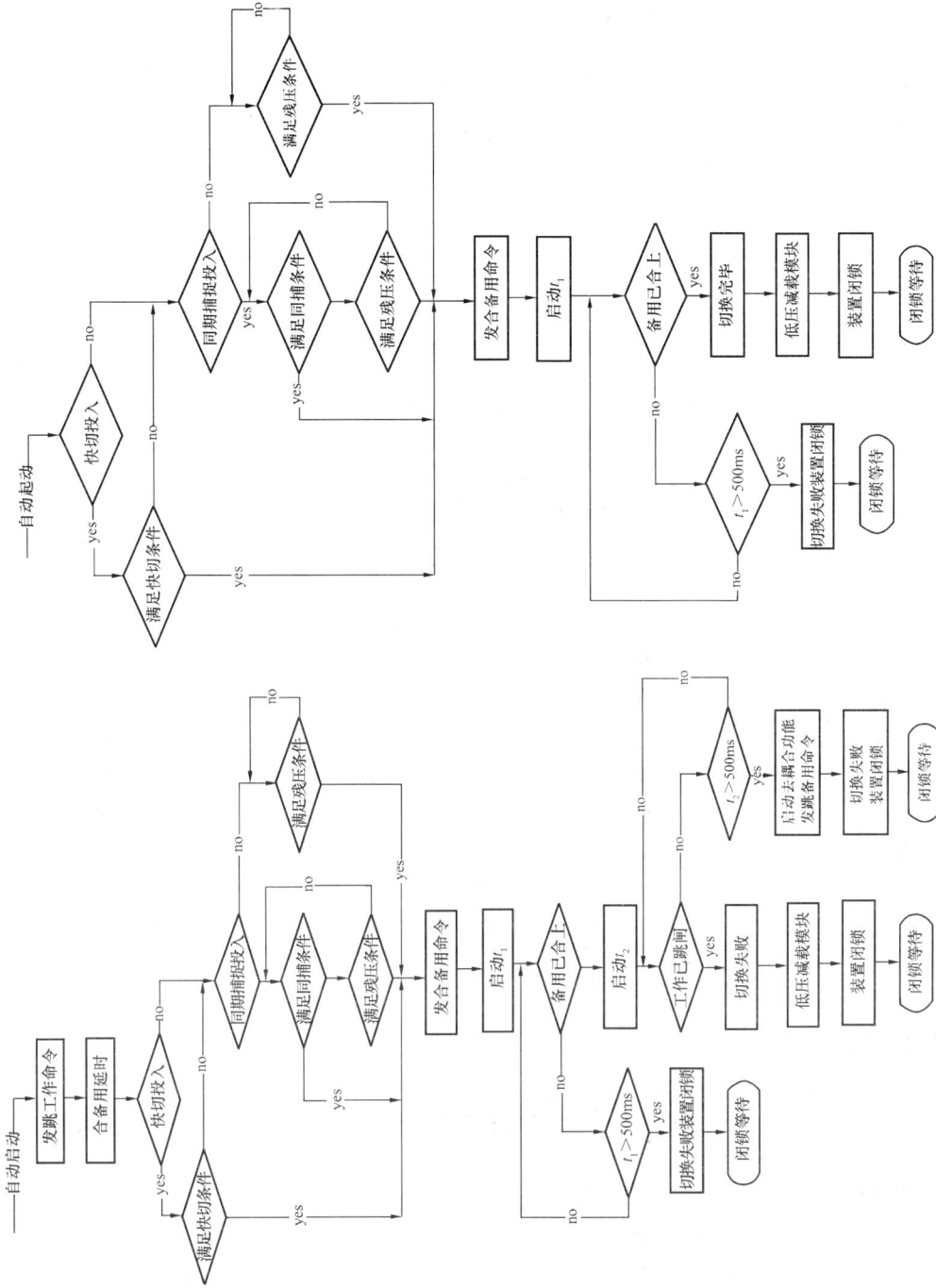

图 2-20 控制流程图（二）

（a）控制主流程；（b）手动切换；（c）自动切换（保护、失压）同时方式；（d）自动切换（误跳切换）

正常切换采用并联自动切换方式，由手动起动，在 DCS 系统或装置面板上均可进行。正常切换是双向的，可以由工作电源切向备用电源，也可以由备用电源切向工作电源。若并联切换条件（频率差 1Hz 以内，角度差小于 22°）满足，装置将先合备用（工作）断路器，经一定延时后自动跳开工作（备用）断路器，如在这段延时内，刚合上的备用（工作）断路器被跳开，则装置不再自动跳工作（备用）断路器。若启动后并联切换条件不满足，装置将闭锁发信，并进入等待复归状态。

2. 事故切换

事故切换指由发电机—变压器组保护或高压备用变压器保护启动（由工作电源进线保护闭锁）的由工作电源切向备用电源的单向切换，有串联方式和同时方式两种选择。

这两种切换方式的区别在于发合备用电源断路器的命令时，是否确认工作电源的断路器位置。在串联方式下，如果工作电源的保护出口跳闸回路故障或断路器操动机构故障，工作电源断路器未跳闸，保护动作启动快切装置，但工作电源断路器在合闸位置，快切装置将闭锁出口，不合备用电源断路器，不会将备用电源经母线、工作电源断路器、高压厂用变压器倒送到故障点。在同时方式下，如果工作电源的保护出口跳闸，不检查工作电源是否已跳开，在快切条件满足时，跳工作电源断路器和合备用电源断路器的命令同时发出，合上备用电源断路器，此时如果工作电源断路器未跳开，备用电源将会倒送到故障点或发电机—变压器组，经快切装置去耦合后才又跳开备用电源断路器。

比较这两种切换方式，串联方式在工作电源断路器失灵时可保证不合环，如果高压厂用变压器电源导前备用电源的情况居多，使用串联方式较为合理，且经同期捕捉投入备用电源的断电时间小，对电动机和变压器的冲击也小，可保证厂用辅机的运行要求。同时方式受系统运行的影响小，但工作电源断路器失灵的概率也大，对故障点的二次触发概率也大。

事故切换采用串联切换方式，由保护出口启动，单向，只能由工作电源切向备用电源。先跳工作电源断路器，在确认工作电源断路器已跳开且切换条件满足时，再合上备用电源断路器。

3. 不正常切换方式设定

因发电机—变压器组不正常，引起 6kV 母线低电压，可由发电机—变压器组保护出口跳闸后启动快切装置，如果是其他原因引起低电压，则不应盲目启动快切，以防止重新给故障母线送电，故低压启动切换不用，投入工作电源断路器误跳串联切换方式。

五、控制流程

控制主流程，如图 2-20 所示。

第八节　交流不停电电源系统（UPS）

交流不停电电源 UPS（Uninterruptible Power System）一般为单相或三相正弦波输出，为机组的计算机控制，数据采集系统，重要机、电、炉保护，测量仪表及重要电磁阀等负荷，提供与系统隔离防止干扰的、可靠的不停电交流电源。

一、系统接线和运行方式

UPS 是由整流器、逆变器、静态开关、调压器等主要部件组成。UPS 系统接线，如图 2-21 所示。

UPS 系统运行方式如下：

（1）正常运行方式。在正常运行方式下，输入电源来自保安电动机控制中心的 400V 交流母线，经整流器 V1 转换为直流，再经逆变器 V2 变为 220V 交流，并通过静态切换开关送至 UPS

主母线（其间还经一手动旁路开关 S）。

（2）当整流器故障或正常工作电源失去时，将由蓄电池直流系统 220V 母线通过闭锁二极管经逆变器转换为 220V 交流，继续供电。

（3）在逆变器故障时，通过静态切换开关自动切换到由旁路系统供电。旁路系统电源，来自保安电动机控制中心（或 400V 动力中心），经隔离降压变压器 T，再经调压器 TV（调压变压器或自动调压器），再经静态切换开关送至 UPS 主母线。

（4）当静态切换开关需要维修时，可手动操作旁路开关，使其退出，并将 UPS 主母线切换到旁路交流电源系统供电。

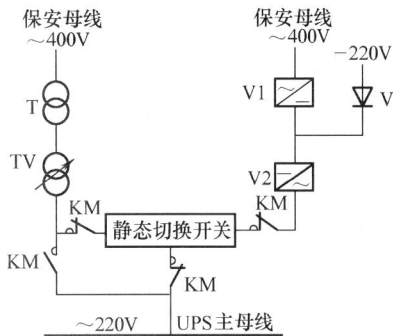

图 2-21　UPS 系统接线

二、UPS 主要技术参数

以某 600MW 机组用的 UPS 为例，说明其主要参数如下：

额定输出功率：75kVA（$\cos\varphi=0.8$）。

额定输入电压：三相，400V±10％，50Hz±0.5Hz；

单相，400V＋10％－20％，50Hz±0.5Hz。

直流电压：210～280V。

输出电压：230V±2％。

输出电压特性：交流输入电压变化±10％，直流输入电压变化为 210～250V，负荷在 0％～100％范围变化，输出交流电压变化小于±2％。

输出频率：50Hz±0.5Hz。

谐波失真度：<5％。

静态开关切换时间：<5ms。

三、某 600MW 机组用 UPS 系统技术特点

UPS 系统参数如前，主电路接线图见图 2-22，为美国 CYBEREX 公司产品，其技术特点如下。

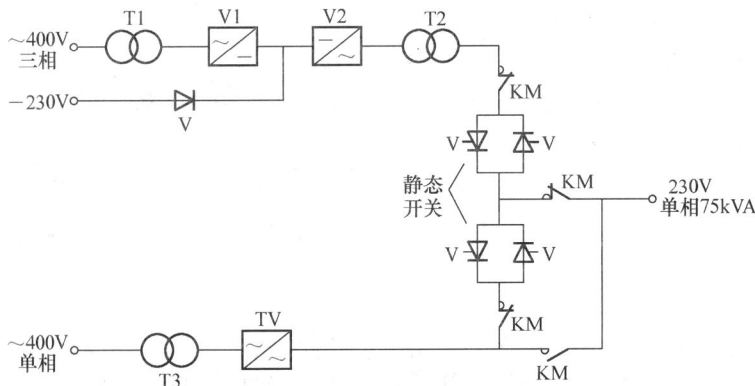

图 2-22　某 600MW 机组用 UPS 主电路图
T3—隔离变压器

（1）系统采用输入变压器 T1 和输出变压器 T2，将 UPS 装置与输出、输入电源系统隔离。同时还在控制回路中采用晶闸管 V 把"强电"部分与控制线路"弱电"部分隔离的措施，这样就从根本上消除了外界电网可能对控制回路产生的任何干扰和损坏，从而大大提高了它的可靠性。

（2）系统的 V1 为三相桥式半控整流，设有过电压、电流限定保护以及缓冲电路。当整流器

输出电压大于 280V 时，过电压保护将整流器输出开关断开，以保护逆变器 V2 的安全。当整流器输出过电流时，电流限制电路将降低输出电压以保证输出电流在额定范围内。另外，该整流器最大特点是采用了缓冲电路，当整流器输入电源突然失去的瞬间，缓冲电路作用使输出维持一个 10s 的缓冲电压，以保证闭锁二极管 V 在导通过程中直流输出电压无阶跃变化，提高了 UPS 装置供电品质。

(3) 该系统逆变器采用脉宽调制（PWM）逆变电路，并设有直流输入低电压保护和电流限制保护。当输入直流电压低于 210V 时，将输入断路器跳闸；当输出电流超过额定电流时，就闭锁触发控制回路，并发信号给静态开关，将负荷快速切换到由旁路电源供电，以保护逆变器晶闸管的安全。为了保证静态开关在切换过程中，使负荷供电不受扰动，逆变器还设有相位频率调整器，它可在 49.5～50.5Hz 范围内精确地跟踪旁路电源的频率和相位变化。如果旁路电源频率超出此范围，它将不再跟踪，而是保持逆变器内部整定的频率输出。同时，闭锁静态开关的切换，并且"不同期"报警指示灯亮。

(4) UPS 静态切换开关具有自动和手动控制两种切换功能。手动切换作为调试或检修之用，正常运行为自动切换。当发生下列情况之一时，静态切换开关会自动切换。

1) 当逆变器输出电压过高，静态切换开关自动慢速切换到旁路，并闭锁切换开关，当需转换到逆变器供电，应手动按复归按钮解除闭锁。

2) 当逆变器输出电压快速降低至 80% 额定电压时，静态切换开关在 5ms 内快速切换至旁路。

3) 当逆变器输出电压缓慢降至 90% 额定电压时，静态切换开关慢速切换至旁路（< 200ms）。

4) 当逆变器输出电压恢复至 95% 额定电压以上时，静态切换开关自动从旁路供电切换到逆变器供电。

静态切换开关自动切换还必须满足两个条件：①逆变器输出与旁路电源之间的相角差小于 ±15°;②电压差小于 25% 额定电源电压。

四、UPS 母线与馈线基本要求

(1) 为了防止馈线故障而影响母线电压，干扰其他用户的正常运行，每路馈线应装设快速断路器。

(2) 为了使快速断路器能正确及时切断故障点，UPS 母线的短路容量应足够大，能维持母线电压不致波动。因此，UPS 应有足够大的容量和较低的内部阻抗。

(3) UPS 系统应该是不接地系统，以保证计算机系统的正常运行。

(4) 电磁阀和伺服电机等设备，在现场安装环境较差，容易发生接地或短路故障，应该设置单独一台 UPS 供电，防止与重要负荷发生干扰。

复 习 思 考 题

2.1 哪些动力负荷属于 I 类厂用电负荷？

2.2 多套配置的厂用电设备是 2×50%＋1×30%，指出它们的容量和台数。

2.3 厂用电一般有哪几种电压等级？多大容量的电动机接在哪一级电压母线上？

2.4 采用单元接线时，厂用工作电源分支上是否装设断路器？是否装隔离开关或可拆连接片？厂用变压器故障时是否停机？

2.5 什么情况下需要"启动/备用厂用变压器"？

2.6 全厂公用厂用负荷应该接在哪里？

2.7 备用厂用变压器什么叫暗备用？什么叫明备用？

2.8 事故保安电源有哪几种？

2.9 画出柴油发电机的接线方式，并指出紧急情况下的供电顺序。

2.10 中压和低压厂用电系统中性点接地方式有哪几种？说明其优缺点。

2.11 分裂绕组变压器分别供两段母线的目的是什么？

2.12 说明厂用电动机成组启动与惰走的过程，增设按不同时限的低电压保护装置的作用是什么道理？

2.13 厂用电源的切换方式有哪几种？说明各种方式的切换过程。

2.14 有了备用厂用变压器和事故保安电源，为什么还要用交流不停电电源系统（UPS）？

第三章

600MW 发电机结构及其冷却系统

第一节　600MW 发电机技术参数

我国自 20 世纪 80 年代后期起，从国外进口了不同制造厂商、不同类型的 600MW 汽轮发电机。哈尔滨电机厂生产的引进（美国西屋公司）型 600MW 汽轮发电机两台，于 1989 年和 1992 年先后在安徽平圩电厂投入运行。1994 年，我国首台国产化型 600MW 汽轮发电机也已装于哈尔滨第三发电厂正常运行。之后，上海电机厂和东方电机厂也先后生产了 600MW 汽轮发电机，已经在国内好多地方运行。600MW 汽轮发电机已经是我国当前安装大机组的主要机型。

一、国内外 600MW 级汽轮发电机技术数据

当前我国已经投入运行和正在安装的 600MW 汽轮发电机技术参数，见表 3-1。

表 3-1　　　　　　　　　　　　600MW 汽轮发电机技术参数

	STG	引进 WH 技术	ABB	HITACHI	AESALDO	MITSUBISHI	KWU	ALSTON
公司、型号	优化设计 600MW	平圩电厂一期	上海电机厂合作	东方电机厂合作	THAR		THDO115/57	北重
冷却方式	水氢氢（气隙取气）	水氢氢	水氢氢	水氢氢	水氢氢	水氢氢	全氢冷	水氢氢
额定容量（MW/MVA）	600/667	600/667	600/667	655.2/728	600/667	600/667	600/667	644/716
最大出力（MW/MVA）	680/756	600/667	644/716		631/756.5	650/722	657/730	
额定电压（kV）	20	20	24	22	20	20	21	22
氢压（MPa）	0.4	0.517	0.47	0.414	0.43	0.51	0.41	
定子铁芯外/内径（mm）	2673/1316	2673/1270	2934/1350	2625/1312	2560/1233	2800/1295	2950/1350	
转子直径转子长度（mm）	1130/6250	1092/5893	1150/6400	1124/6731	1111/7570	1100/5800	1150/6600	
定子槽数/转子槽数	42/32	42/32	48/28	42/32	36/32	42/32	42/28	
短路比	0.542(0.538)	0.602	0.5	≥0.5	0.52	0.55	0.51	
绝缘等级 定子/转子	F/F	B/B	F/F	F/F		B/B		

公司、型号	STG 优化设计 600MW	引进WH技术 平圩电厂	ABB 上海电机厂合作	HITACHI 东方电机厂合作	AESALDO THAR	MITSUBISHI	KWU THDO115/57	ALSTON 北重
铁耗(kW)	579(580)	623	820	1131.8	800	650	755	
通风损耗(kW)	533(497)	1200	928	650	750	700	1740	
定子铜耗(kW)	1685(1603)	1675	1348	1923	1650	1310	915	
转子铜耗(kW)	1608(1596)	2816	2247	1850.9	2200	2110	1855	
附加损耗(kW)	770(1833)	810	970	1159.8	1500	1040	1035	
轴承和油密封损耗(kW)	814(823)	623	1523	1173.2	800	685	510	
碳刷损耗(kW)	0	0	27	9.4	100+70	0	0	
励磁机损耗(kW)	320(393.5)	320	105		200	315	430	
总损耗(kW)	6399(6326)	8067	7040	7274.1				
效率(%)	98.94(98.96)	98.67	98.91	98.91 (600MW= 98.8)	98.9	98.64	98.91	99.01
$I_2/I_2^2 t$	10/10	8/10	8/10	8/10	8/10	/10	8/10	
励磁方式	无刷或静止	无刷	静止并励	静止可控硅	静止并励	无刷	无刷	自并励 静态励磁
励磁电流/ 励磁电压(A/V)	4145/400	5898/477.5	5100/490	4393/367	4760/488	5420/500	1520/1530	
顶值电压倍数	2.0/2.5	1.6	2.0	2.0				
$X_d/X'_d/X''_d$ (Ω)	2.16/0.30/ 0.223	2.01/0.259/ 0.218	2.03/0.29/ 0.19	1.88/0.221/ 0.20		2.15/0.336/ 0.259	2.29/0.305/ 0.24	
$X_2/X_0/T_{d0}$ (Ω/Ω/s)	0.221/0.101/ 8.6	0.216/0.102/ 6.06	0.22/0.1/ 6.6	0.209/0.11		0.257/0.161/ 6.95	0.25/0.139/ 8.7	
风扇结构	二端单级 轴流风扇	汽端多级 风扇(5级)	励端离 心风扇	二端单级 轴流风扇	二端单级 轴流风扇	多级风扇 (3级)	多级风扇 (6级)	
通风形式	气隙取气	轴向径向	轴向径向	气隙取气	气隙取气	轴向径向	轴向径向	
定子运输质量 (整体/分段,t)	320/265	325	321	300	322	327	347	
转子质量 (t)	66	66	67.6	67.5	74	64.5	75.4	
临界转速(一阶/ 二阶,r/min)	740/2044 (780/1970)	680/19050	800/2000	935/2671				

二、国产600MW汽轮发电机优化设计

1. 设计原则

按引进西屋公司技术设计制造的600MW考核机进行优化,其重点如下:

(1)最大连续出力(冷却水温20℃)650MW,发电机效率保证值98.8%。

（2）采用西屋公司的计算方法，沿用其成熟结构，对 600MW 产品原设计作有针对性的优化。

（3）优化设计在额定工况时的额定氢压定为 0.4MPa，氢压的降低有利于降低风磨损耗，提高发电机效率，在密封结构不变的情况下有利于减少漏氢量。

（4）设计按发电机寿命 40 年考虑，寿命期间能承受 10^4 次启停机，强迫停机率小于 1%。

2. 优化方案选择

引进西屋技术生产的 600MW 发电机，西屋公司已承制了 100 多台，而德国 KWU 公司和日本三菱电机公司也生产同类产品，说明这一容量生产技术上是成熟的。然而，由于 600MW 考核机组的设计基础是 60Hz、3600r/min 的产品，使用于 50Hz、3000r/min，虽然机械上的可靠性裕量更高（提高 1.44 倍），但从电气性能而言，也存在一些不利影响。例如，转子绕组最高温度已达到设计值，出力没有裕度，效率也偏低（98.67%）等。

哈尔滨电机厂和上海电机厂在考核机组基础上采用气隙取气方式（我国有长期设计制造经验），而定子铁芯、绕组、轴密封等结构均保留。

3. 优化设计主要改进及设计特点

（1）增大了最大连续出力。额定容量为 600MW，最大连续出力可达 654MW，用于核电站 650MW 时，最大连续出力可达 680MW，既满足火电 VWO 运行工况的要求，又满足核电的要求。

（2）提高了发电机的效率。从考核机组的 98.67% 提高到 98.94%，效率提高将影响热耗 2137kJ。

（3）沿用了引进的高起始响应的励磁系统，提高了励磁顶值电压和励磁增长速度。励磁顶值电压 2 倍（考核机 1.67 倍），电压响应比 3.5 倍（考核机 2.56 倍）。励磁反应速度每秒 2 倍额定电压；降低无刷励磁机的强励倍数（从 2.94p.u. 降到 1.76p.u.），并用数字式 AVR 代替模拟式 AVR，提高了励磁系统的可靠性。强励持续时间 10s。

（4）简化结构制造工艺。

1）采用单级风扇。考核机有 5 级共有 530 片动叶片和 968 片静叶片。优化设计采用单级风扇，分别布置在汽、励两端，每个风扇仅有 29 片动叶片和 20 片静导叶片。

2）转子用开口槽。考核机组采用半开口槽，简化铣刀品种，减少加工工时，尽量增大槽内铜线截面，降低铜耗。

（5）降低了电机额定氢压。由 0.517MPa 降到 0.4MPa。允许用户在氢压 0.5MPa 下连续长期运行。当在额定氢压 0.4MPa 运行时，日漏氢量不大于 $11.3m^3$；在 0.5MPa 运行时，日漏氢量不大于 $14.2m^3$。

（6）降低了电机转子绕组的运行温度。由考核机转子绕组最高温度 123℃ 降到 100℃，即使在出力 650MW 运行时，也仅为 106.5℃。

（7）铁芯端部采用黏结结构。

（8）考核机冷却器备用按 75% 考虑，新机按 100% 考虑。

（9）提高国产化的比例，降低制造成本。由于设计中尽量采用国产材料和国内标准，国产化率达 90%。

（10）除转子采用气隙取气外，主要结构均保留西屋公司原有的成熟可靠结构，如穿心螺杆、磁屏蔽、分块压板固定的定子铁芯、上下层不同截面的定子绕组、刚-柔结构的定子端部固定、端盖式轴承、可倾瓦轴瓦、双流双环式密封瓦等，以保证足够的运行可靠性。

（11）定子端部刚一柔固定结构和 1 万次启停机的转子机械设计，使其能满足调峰和二班制运行的要求。

（12）改进了转子阻尼结构，提高电机负序承载能力，I_2^2t 不小于 10，I_2 不小于 10%。

（13）定子端部采用磁屏蔽分块连接片结构，附加损耗小，温升低，使其具有良好的进相运行能力。

（14）方便运输，定子最大运输宽度从考核机组 4.115m 减小到 4m，定子运输质量不超过 320t。对内陆地区，可采用分段式机座，运输质量为 260t。

（15）氢系统采用分块组装，油、水系统采用集中组装形式，具有结构紧凑、操作方便、现场安装简单、外形美观、维修方便等特点。

有关技术规范，详见表 3-1 中 "STG 创优设计 600MW" 栏。

第二节　发电机定子结构

汽轮发电机的定子主要由机座、定子铁芯、定子绕组、端盖等部分组成，详见图 3-1。

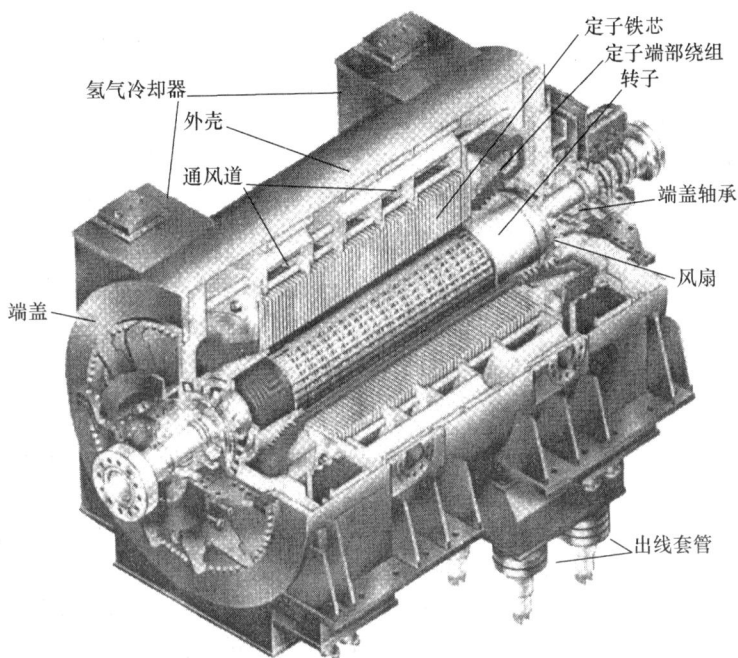

图 3-1　发电机结构图

一、机座与端盖

机座的作用主要是支持和固定定子铁芯和定子绕组，同时在结构上还要满足电机的通风和密封要求。如果用端盖轴承，它还要承受转子的质量和电磁力矩。氢冷发电机的机座除满足上述一般电机要求外，还要能防止漏氢和承受住氢气的爆炸力。

机座由高强度优质钢板焊接而成。机壳和定子铁芯背部之间的空间是电机通风（氢气）系统的一部分，它的结构和气流方向随通风系统的不同而异。对定子铁芯为轴向通风的系统，机壳与铁芯背部之间的空间为简单风道。对定子轴向分段、径向通风冷却的系统，常将机壳和铁芯背部之间的空间沿轴向分隔成若干段，每段形成一个环形小风室，各小风室相互交替地分为进（冷）风区和出（热）风区。各进风区之间和各出风区之间分别用圆形或椭圆形钢管连通，也有的将每个进风区都设有独自的进风管，以减小各进风区（室）的压力差。进风孔设在风扇送出的高压风区，出风口通向风扇背侧的低压风区并途经冷却器。

为了减少氢冷发电机通风阻力和缩短风道，冷却氢气的冷却器常安放在机座内的矩形框内。冷却器一般为 2～4 组，其布置位置主要有立放在电机两端的两侧、立放在电机中部的两侧、横卧在电机上部两侧（背包式）三种形式。

端盖是电机密封的一个组成部分，为了安装、检修、拆装方便，一般端盖由水平分开的上下两半构成，采用钢板焊接结构或铝合金铸造结构。大容量发电机常采用端盖轴承，轴承装在高强度的端盖上。

端盖分有外端盖、内端盖和导风环（挡风圈）。内端盖和导风环与外端盖间构成风扇前或后的风路。

发电机的轴承与密封支座都装在端盖上，这样做可以缩短转轴长度并具有良好的支承刚度，由于轴承中心线距机座端面较近，使得端盖在支承质量和承受机内氢压时变形最小，以保证可靠的气密性。

端盖与机座、出线盒和氢冷却器外罩一起组成"耐爆"压力容器。端盖为厚钢板拼焊而成，为气密性焊缝，焊后进行焊缝的气密试验和退火处理，并要承受水压试验的考验。上、下半端盖的合缝面的密封及端盖与机座把合面的密封均采用密封槽填充密封胶的结构。为提高端盖合缝面连接刚度，端盖合缝面采用双排连接螺钉。

发电机的轴承为分块式可倾瓦轴承，其上半部为圆柱瓦，下半部轴瓦则为两块纯铜瓦基体的可倾瓦，其抗油膜扰动能力强，具有良好的运行稳定性。轴瓦与其定位销均与下半轴承座绝缘；上半轴瓦与端盖之间亦加设轴承绝缘垫块。在冷态时上半轴瓦与绝缘垫块间留有 0.125～0.38mm 间隙，为轴瓦热态膨胀留有余地。下瓦的两块可倾瓦均设有供启动用的对地绝缘的高压进油管及顶轴油隙，以降低盘车启动功率和防止在低速盘车启动时在轴颈处造成条状痕迹。为防止轴电流，除轴瓦对端盖绝缘外，密封支座和端盖之间，端盖与轴承外挡油盖之间都设有绝缘；外挡油盖上的油封环用超高分子聚乙烯制成，可避免在轴上磨出沟槽，同时亦具有绝缘性能。发电机的励端端盖轴承、油密封及外挡油盖均为双重绝缘，即上半轴瓦顶部绝缘轴承垫块及下半轴承座的绝缘轴承座块和轴承外挡油盖均为双层式绝缘结构，所有双重绝缘之间垫一层很薄金属片，然后将所有金属片用导线引至端子板，便于在运行过程中对转轴和轴承与油密封的绝缘电阻进行监测，有利于防止轴电流损伤转轴、轴承和密封瓦等。

不仅发电机的励侧主轴承、发电机的励侧密封瓦、而且励磁机的轴承、副励磁机的轴承以及所有这些轴承的进油管和出油管上都必须绝缘。轴承的绝缘垫可以安装在轴承座与底板之间，进油管和出油管的绝缘垫可以安装在油管的法兰上。每一绝缘垫都设有两层绝缘板，并在两层绝缘板之间加一层金属板，然后将这些悬浮的金属板用导线引接至专用的端子板，可以在运行中测量绝缘状况。

在各轴承的外挡油盖上均设有可测轴振的传感器。在轴瓦上离钨金表面 3mm 处埋有镍铬—康铜热电偶，可测钨金温度。

二、机座隔振——定子弹性支撑

对于大容量机组，为了减低由于转子磁通对定子铁芯的磁拉力引起双频振动，以及系统短路等其他因素引起的定子铁芯振动对机座和基础的影响，发电机定子铁芯和机座之间多采用弹性连接。其结构形式有多种，其中以整体机座轴向组合式定位筋弹性隔振结构和采用内外板隔振结构两种形式，对大容量机组有较好的效果，已得到广泛应用。

1. 定位筋弹性隔振结构

定位筋弹性隔振结构（包括组合式弹性结构），也称为卧式隔振结构，它又有以下几种形式：

（1）在定位筋两侧开槽弹性隔振结构，如图 3-2 所示。定位筋开槽后，本身就成为弹性部件，用以完成定子铁芯与机座之间的弹性连接，这是一种最简单的弹性隔振结构。

（2）在定位筋背部装弹簧板，其结构如图 3-3 所示。弹簧板通过垫块，用螺栓固定在定位筋背部，弹簧板中部与机座内的隔板相连，构成弹性隔振结构。

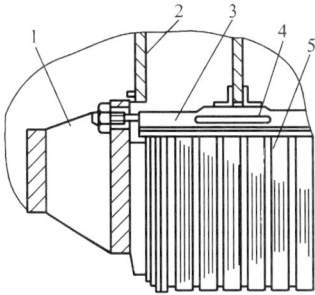

图 3-2　定位筋两侧开
槽弹性隔振结构图

1—压圈；2—机座壁；3—定位筋；
4—槽；5—有效铁芯

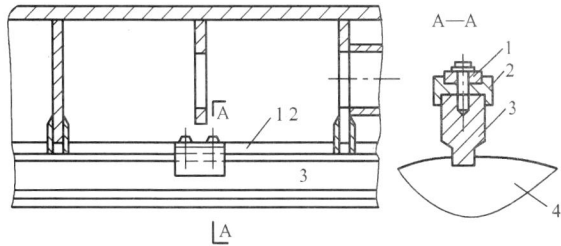

图 3-3　定位筋组合弹性隔振结构图

1—弹簧板；2—垫块；3—定位筋；
4—定子铁芯片

（3）在定位筋两侧装弹簧板，通过弹簧板再与机座连接。定位筋弹性隔振结构如图 3-4 所示。

2. 内外机座切向弹簧板隔振结构

在采用内外机座切向弹簧板隔振结构中，机座分为内机座和外机座。定子铁芯先组装在内机座（内壳）中，内外机座之间用切向弹簧板连接。切向弹簧板沿轴向分为若干组，每组沿内机座外圆切向分布：一种是分布在上下和左右两侧（上下为水平的，左右为立式的）；另一种是分布在左右和下面，还有一种是分布在左右两侧。后两种应用较多，分别见图 3-5 和图 3-6。

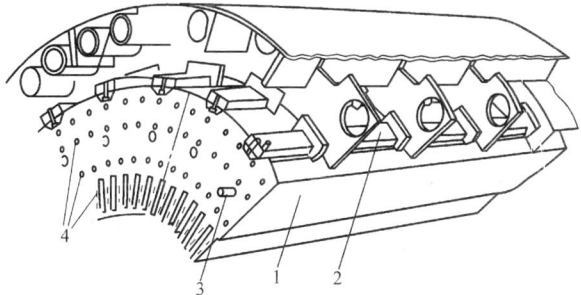

图 3-4　定位筋弹性隔振结构图

1—定子铁芯；2—弹性定位筋；3—螺栓；4—铁芯轴向通风孔

这种隔振结构效果很好，内外机座切向弹簧板隔振结构有的称其为立式弹簧板隔振结构，国产优化型 QFSN-600-2 型汽轮发电机出厂试验结果，其隔振系数（铁芯和机座的振动比）约为 10。

三、定子铁芯

定子铁芯是构成发电机磁路和固定定子绕组的重要部件。为了减少铁芯的磁滞和涡流损耗，现代大容量发电机定子铁芯常采用磁导率高、损耗小、厚度为 0.35～0.5mm 的优质冷轧硅钢片叠装而成。每层硅钢片由数张扇形片拼组成一个圆形，每张扇形片都涂了耐高温的无机绝缘漆。B 级硅钢绝缘漆能耐温 130℃，一般铁芯许可温度为 105～120℃。涂 F 级绝缘漆，可耐受更高的温度。

定子铁芯的叠装结构与其通风散热方式有关。大容量电机铁芯的通风冷却有四种方式：①铁芯轴向分段通风；②铁芯轴向分段径向分区通风；③铁芯内轴向通风；④铁芯半轴向通风。

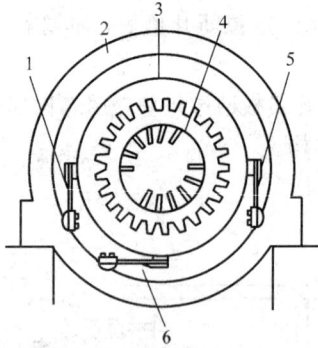

图 3-5　定子弹性支撑
1—弹性构件；2—定子机座；3—定子铁芯；
4—转子；5—弹性构件；6—稳定构件

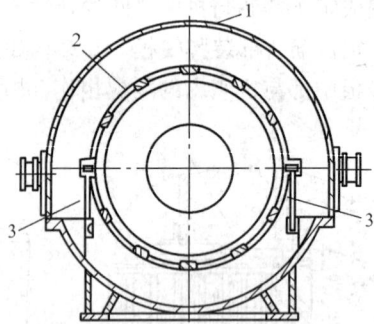

图 3-6　有效铁芯固定在弹簧板上
1—外机座；2—内机座；3—弹簧板

（1）铁芯轴向分段通风式，铁芯沿轴向分段，中段每段厚度为 30～50mm，端部铁芯易发热，每段厚度应比中段的小。国产 QFSN-600-2YH 型汽轮发电机属此种结构，沿定子铁芯全长分为 106 段，构成 105 个径向风道。

（2）铁芯轴向分段径向分区通风，轴向结构与上述基本相同，但在周向再分若干区（6 区），冷风与热风在每个区交叉布置，与转子气隙取气和排气相对应，铁芯的冷风从铁芯背部进入气隙，热风从气隙排入铁芯背部。

（3）铁芯内轴向通风式，沿轴向是不分段的，铁芯轭部冲有几排孔径较大的通风孔，铁芯齿部也冲有几排孔径较小的通风孔，通风孔全轴向贯通。

（4）铁芯半轴向通风式，与全轴向通风式不同之处是：铁芯两端不分段，只在中间部分有若干轴向分段。冷却气体从铁芯两端进入轭部和齿部的轴向风道，经其中的若干径向风道流向气体冷却器。

为了减少铁芯端部漏磁和发热，靠两端的铁芯段均采用阶梯形结构，即铁芯端部的内径由里向外是逐级扩大的。

整个定子铁芯通过外圆侧的许多定位筋及两端的齿连接片（又称压指）和压圈或连接片固定、压紧，见图 3-7（a）、（b），再将铁芯和机座连接成一个整体。有的电机为了使铁芯轭部和齿

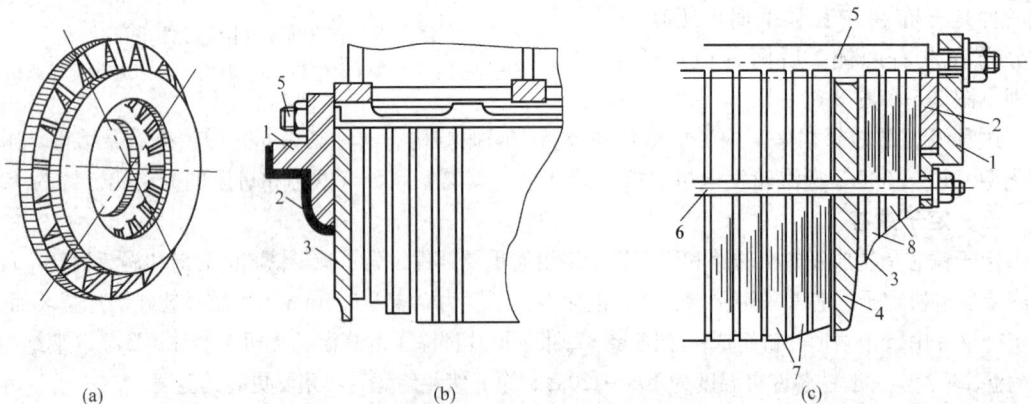

(a)　　　　　　　　(b)　　　　　　　　(c)

图 3-7　压圈、压指、穿心螺杆及端部固定
(a) 压圈；(b) 端部铁芯固定；(c) 穿心螺杆结构
1—压圈；2—电屏蔽；3—连接片；4—压指；5—定位筋；6—穿心螺杆；7—端部铁芯；8—磁屏蔽

　　　　　　　电气设备及其系统

部受压均匀和减少连接片厚度，铁芯除固定在定位筋上外，在铁芯内还穿有轴向拉紧螺杆，再用螺母紧固在连接片上。由于穿心螺杆位于旋转磁场中，各螺杆内会感生电动势，因此必须防止穿心螺杆间短路形成短路电流，这就要求穿心螺杆和铁芯相互绝缘，所有穿心螺杆端头之间也不得有电的联系，结构见图3-7（c）。

汽轮发电机的铁芯端部的发热问题比较突出。一方面由于定子绕组端部伸出铁芯较长，出槽口后倾斜角大形成喇叭形，同时其线负荷大、磁通密度高、端部漏磁大，形成一个较强的旋转漏磁场。另一方面隐极式转子绕组，其端部必须一排一排地沿轴向排在转子本体两侧的大护环内，虽然护环采用非磁性钢，但在转子端部仍有一个随转子旋转的漏磁场。

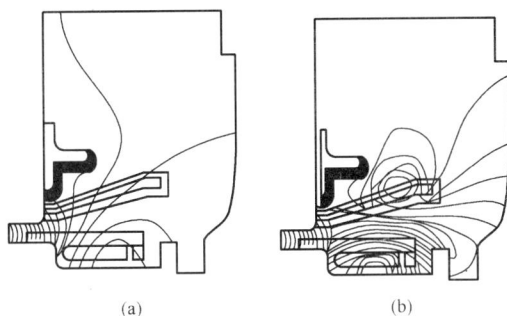

图 3-8　发电机端部漏磁场分布
(a) 空载时端部漏磁分析；(b) 三相短路时漏磁分析

以上两个旋转磁场在铁芯端部形成一个合成的旋转磁场，其中以定子端部漏磁场为主要成分。合成漏磁分布复杂，见图3-8，在定子铁芯端部漏磁既有径向分量，又有轴向分量。漏磁主要集中在定子的压圈内圆、压指和端部最边段铁芯齿处，导致这些部位附加损耗增大，温度升高。

为了解决大容量汽轮发电机端部发热问题，制造厂主要采取了下列措施：

（1）把定子端部的铁芯做成阶梯状，用逐步扩大气隙以增大磁阻的办法来减少轴向进入定子边段铁芯的漏磁通。

（2）铁芯端部各阶梯段的扇形叠片的小齿上开1～2个宽为2～3mm的小槽，如图3-9所示，以减少齿部的涡流损耗和发热。

（3）铁芯端部的齿连接片及其外侧的压圈或连接片采用电阻系数低的非磁性钢，利用其中涡流的反磁作用，以削弱进入端部铁芯的漏磁通。

（4）压圈外侧加装环形电屏蔽层，见图3-7（b）中的2，用导电率高的铜板或铝板制成。因铁芯端部采用阶梯形后，压圈处的漏磁会有所增多，利用电屏蔽层中的涡流能有效阻止漏磁进入压圈内圆部分，以防压圈局部出现高温和过热。

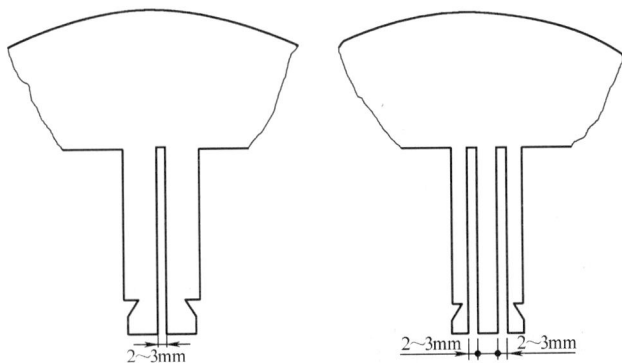

图 3-9　阶梯铁芯扇形片齿上开槽

（5）铁芯压紧不用整体压圈而用分块铜质连接片（铁芯不但要定位筋，还要用穿心螺杆锁紧），这种连接片本身也起电屏蔽作用，分块后亦可减少自身的发热。有的还在分块连接片靠铁芯侧再加电屏蔽层，见图3-7（c）。

（6）在压圈与压指（铁芯齿连接片）之间加装磁屏蔽，用硅钢片冲成无齿的扇形片叠成，形成一个磁分路［见图3-7（c）］，能减少齿根和压圈上的漏磁集中现象。

（7）转子绕组端部的护环采用非磁性的锰铬合金制成，利用其反磁作用，减小转子端部漏磁对定子铁芯端部的影响。

（8）在冷却风系统中，加强对端部的冷却。

四、水内冷定子绕组

1. 定子绕组结构

大容量发电机定子绕组和一般交流发电机定子绕组的共同点，都采用三相双层短节距分布绕组，目的是为了改善感应电动势的波形，即消除绕组的高次谐波电动势，以获得近似的正弦波电动势。

定子绕组采用叠式绕组，每个绕组都是由两根条形线棒各自做成半匝后，构成所谓单匝式结构，然后在端部线鼻处用对接或并头套焊接成一个整单匝式绕组。绕组按双层单叠的方式构成绕组的一个极相组。600MW 发电机的定子绕组都采用单匝短距双层叠绕，三相接成双星形（YY）。

绕组每匝绕组的端部（伸出铁芯槽外部分）都向铁芯的外侧倾斜，按渐开线的形式展开。端部绕组向外的倾斜角为 15°～30°左右，形似花篮，故称篮形绕组。

水内冷定子绕组线棒采用聚脂双玻璃丝包绝缘实心扁铜线和空心裸铜线组合而成。一般由一根空心导线和 2～4 根实心绝缘扁线编为一组，一根线棒由许多组构成，分成 2～4 排。国产 600MW 发电机定子线棒空心、实心导线的组合比为 1：2。图 3-10 为一种 600MW 水内冷定子线棒在定子槽中的断面。

为了平衡股间导线的阻抗，抑制趋表效应，减少直线及端部的横向漏磁通在各股导体内产生环流及附加损耗，使每根导线内电流均匀，线棒在槽内各股线（包括空心线）要进行换位。大容量电机定子线棒（如国产 600MW 汽轮发电机）一般采用 540°换位，如图 3-11 所示。

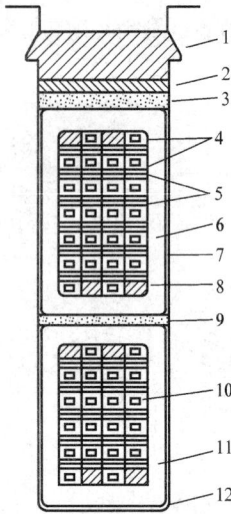

图 3-10 水内冷定子线棒断面

1—槽楔；2—滑动楔块；3—填充物；4—空心导线；5—实心导线；6—对地绝缘；7—侧面填充物；8—互换垫片；9—填充物（埋电阻温度检测器）；10—排间隔离物；11—对地绝缘；12—槽底填充物

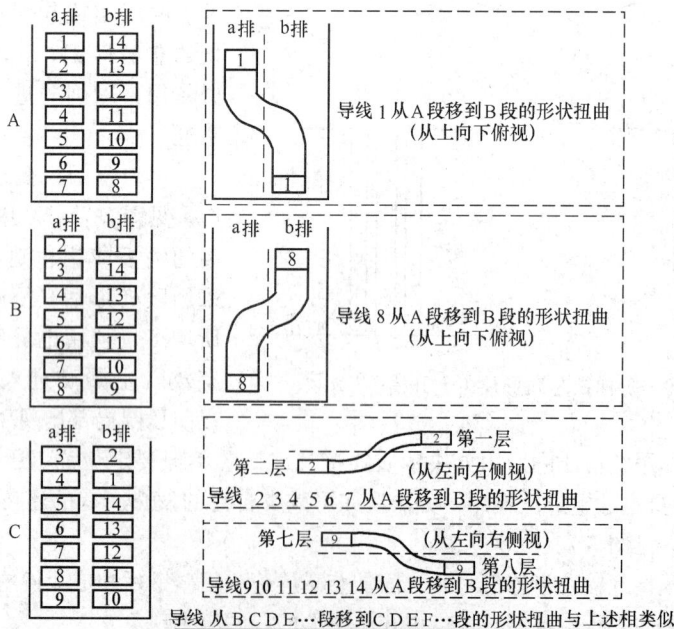

图 3-11 槽内导线换位示意图

1～14—导线编号；A～F—槽部分段，540°换位共分 21 段（14 根导线）

2. 定子绕组绝缘

定子绕组绝缘包括股间绝缘、排间绝缘、换位部位的加强绝缘和线棒的主绝缘。

主绝缘是指定子导体和铁芯间的绝缘，亦称对地绝缘或线棒绝缘。主绝缘是线棒各种绝缘中最重要的一种绝缘，它是最易受到磨损、碰伤、老化和电腐蚀及化学腐蚀的部分。主绝缘在结构上可分为两种：一种是烘卷式；另一种是连续式。大容量发电机都采用连续式绝缘。

现在国内外大容量汽轮发电定子绕组的绝缘材料，普遍采用以玻璃布为补强材料的、环氧树脂为粘合剂或浸渍剂的粉云母带，最高允许温度为 130℃。其优点是耐潮性高、老化慢，电气、机械及热性能好，但耐磨和抗电腐蚀能力较差。

线棒的制作一般是将编织换位后的线棒垫好排间绝缘和换位绝缘，经成型、固化、包主绝缘、模压以及表面防晕处理等工艺过程。经防晕处理后，可以防止在槽口和铁芯通风槽处的线棒表面发生电晕或局部放电。

现今流行的大型电机绝缘是用多胶环氧粉云母带（含胶量为 35.5%～36.5%），连续式液压或烘压成型。

新发展的主绝缘的介电强度达 25～31kV/mm，热态介质损耗为 0.06～0.08，所以其厚度普遍较小，如 20kV 级为 4.5～5.5mm、24kV 级为 5.5～6.5mm 等，耐热等级一般为 B 级或 F 级。我国研制的改型环氧绝缘的平均击穿电场强度也达 30kV/mm，130℃时的 tgδ 为 6.36%，并已用在 600MW 发电机上。

3. 定子绕组在槽内的固定

发电机运行时，定子线棒的槽内部分受到各种交变电磁力的作用。上下层线棒之间的相互作用和定子铁芯的影响所产生的径向力起主要作用。短路时线棒上所受的电磁力可达每厘米几千牛，线棒若不压紧就会在槽内出现双倍频率的径向振动。线棒电流与励磁磁通的相互作用还会产生一个与转子旋转方向相同的切向力，使线棒压向槽壁。如果出现振动，就会使线棒与槽壁发生摩擦。这不仅会使绝缘磨损，而且还会使绝缘产生积累变形、股线疲劳，导致绕组寿命降低。

大容量发电机在固定槽内的线棒时，在槽底、上下线棒间及槽楔下，垫以半导体漆环氧玻璃布层压板或酚醛层压板或垫以半导体适形材料制成的垫条，槽侧面用半导体弹性波纹板楔紧。也有用半导体斜面对头楔代替弹性波纹板的，在槽口处再用一对斜楔楔紧。对槽底、线棒间和槽楔下垫以加热后可固化的云母垫条或半导体适形材料，下好线后，先对其进行加热加压固化，使线棒和槽底紧密贴合，然后在槽口打入斜面对头楔。图 3-12 示出 600MW 汽轮发电机定子绕组线棒截面及其在槽内的固定，其中材料 1、5、8、9、10 为酚醛层连接片；4 为云母带；6 为聚脂层连接片；7 为云母粉垫料。

考核型 600MW 汽轮发电机，其绕组在铁芯槽部的固定结构：在槽底和上、下层线棒之间填加外包聚脂薄膜的热固性适形材料，采用胀管压紧工艺，使线棒在槽内良好就位；在线棒的侧面和槽壁之间配塞半导体垫条，使线棒表面良好接

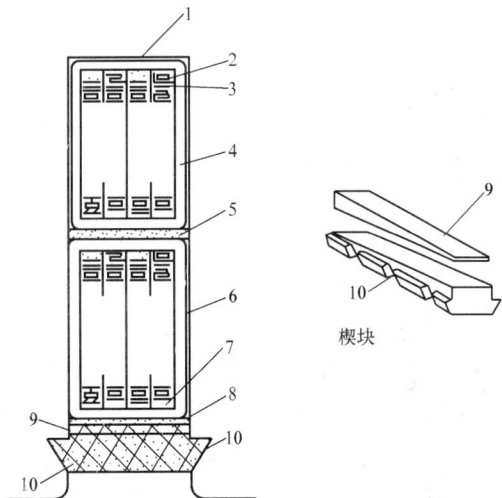

图 3-12 定子绕组线棒截面及其在槽内的固定
1—槽底垫料；2—空心线；3—实心线；4—主绝缘；
5—层间绝缘（或埋测温元件）；6—半导体弹性波纹
板；7—换位垫片；8—传动垫条；9—滑动楔块；
10—锥形楔销

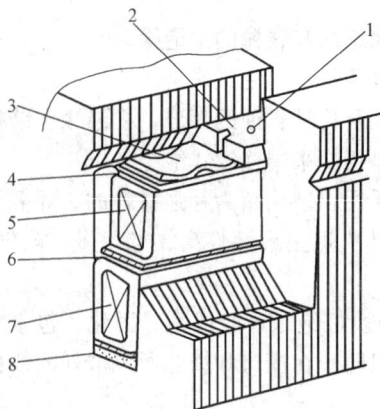

图 3-13　定子槽楔小
孔测槽内松弛度变化

1—测松弛度小孔；2—定子槽楔；
3—波纹板；4—垫条；5—上层线
棒；6—适形垫条；7—下层线棒；
8—适形垫条

地；定子槽楔为高强度F级玻璃布卷制模压成型；在槽楔下采用弹性绝缘波纹板径向压紧线棒，防止槽楔松动，在制造中，由槽楔上的测量孔测量波纹板的压缩量，以保持径向规定压力；在每槽两端的槽楔，采用开人字形槽的结构锁紧槽楔，防止在运行中松动产生轴向位移，其结构如图3-13所示。

五、定子绕组水路连接与水电接头

1. 定子绕组水路连接

发电机内设有进水母管和出水母管。按每匝线圈进出水方式及其两半匝线棒的水流方向，定子绕组的水路连接可分串联双流水路和并联单流水路两种形式。这两种水路连接形式如图3-14所示。

600MW汽轮发电机都采用后一种方案——并联单流水路，即一个绕组二条水路，每半匝线棒为一条水路，故又称为半匝水路。由于这种水路的进水和出水母管分别布置在电机内的励磁机侧和汽轮机侧，故又称这种水路为双边进出方式。这种方案水路短、水压降小、进水压力低（与方案1比较）。上层和下层线棒内的水流方向相同，进水侧线棒温升较出水侧低。

这种方案适用于容量大和铁芯长的发电机。

2. 定子绕组水电接头

在水内冷的定子绕组中既通电又通水，所以绕组端部的结构与空冷、氢冷的定子绕组有所不同。它必须有一个可靠的水电接头，使定子绕组按电路接通，又让水方便地引入和排出。因此，水电接头是水冷电机中关键的部件。绕组鼻端上下层两线棒间的水电连接必须十分可靠，若发生渗水或漏水，则会严重影响电机安全可靠运行，甚至造成重大事故。

目前，国内外一些水冷定子绕组的水电接头不尽相同，主要可分为以下三种类型：

第一种类型如图3-15所示。一个绕组的上层、下层线棒端的鼻部，将两线棒的多股实心导线分别弯曲，用银焊焊在一起，构成两线棒实心导线电的通路。鼻端两线棒的空心导线抽出向同一方向弯曲，各自焊在一起后，放入各自的水接头盒内封焊，然后将两个水接头通过一段铜管连至三通接头，构成空心导线水的通路，三通接头再经绝缘引水管接至汇水母管。这类水电连接的特点是，结构简单可靠，易于装配和检修。

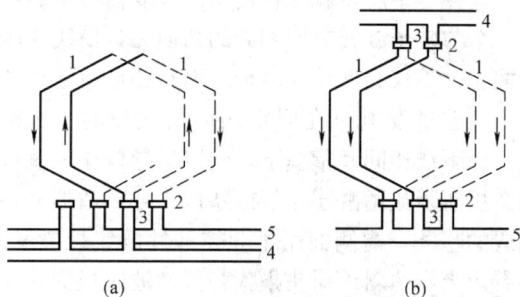

图 3-14　定子绕组内冷水路连接方式
（a）串联双流水路；（b）并联单流水路
1—空心导线；2—水电接头；3—绝缘水管；
4—进水母管；5—出水母管

第二种类型如图3-16所示。绕组上层、下层线棒鼻端通过导电并头套把两线棒的空心与实心导线一起套住，套内线棒间用导电的斜楔楔紧，保持电的良好通路。每根线棒的端头伸出并头套外，伸进各自的水接头盒（导水并头套）进行封焊。两个线棒的水接头各自经绝缘引水管接至进或出水母管。这种水电连接的特点是：水、电完全分家，水接头完全不导电；接头部位的股线不会发生不填实问题，运行中断股的可能性基本不存在。

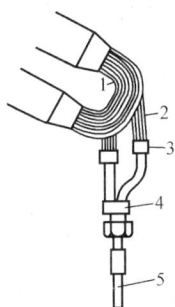

图 3-15　定子绕组水电接头图（一）

1—实心导线；2—空心导线；3—水接头；

4—三通接头；5—绝缘引水管

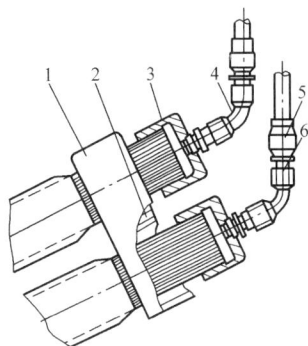

图 3-16　定子绕组水电接头图（二）

1—导电并头套；2—导电楔块；

3—水接头盒；4~6—接头零件

德国 Siemens 公司 KWU 厂生产类似的水、电接头（水接头与电接头分家），如图 3-17 所示。这种结构的水、电接头在 KWU 厂已有长期的生产和运行经验，其与图 3-16 的不同之处，是电接头部分，它的上、下线棒之间是靠间隔垫块的接触导电，由上下连接片、螺杆和弹簧垫圈保证接触压力，对两个接触面不作特殊的加工要求，间隔垫块可以随线棒间隔的大小进行调整。这种结构在运行中需要解开上、下线棒时，十分简便，易于维修。

这类水接头亦可通过三通接头将上、下线棒的水接头连接后，再经绝缘引水管接至进或出水母管，此时水接头和三通接头都成了通电的部分，较易受电化腐蚀。

第三种类型如图 3-18 所示。水电并头套（水套）上除焊有与引水管连接的接头外，还焊有一组长短依次排列的导电片。每根线棒空心和实心导线分成两排，中间填放一块斜楔，并排放进水电并头套内，楔紧后封焊。焊在水电并头套上的导电片，经弯曲与另一线棒端的并（接）头套上的导电片逐一焊接成电的通路。这种水电接头具有轴向长度短、结构简单、嵌线后装配方便等优点，但水接头焊接工艺要求高，加热后用银或锡焊接，焊接时严防内孔堵塞。

这种水电接头与前述的水电接头的主要区别是绕组的全部

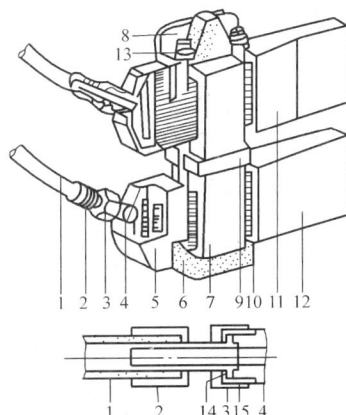

图 3-17　KWU 厂生产的水电接头示意图

1—聚四氟乙烯管；2—波形密封套筒；3—螺帽；4—管形接头；5—水接头盒；6—把紧螺杆；7—连接套筒；8—带穿孔的连接片；9—间隔垫块；10—带丝孔的连接片；11—下层线棒；12—上层线棒；13、14—弹簧垫圈；15—O 形垫圈；

电流都流经水套。国内外许多大容量水冷定子绕组的电机采用这种类型的水电接头。例如，日立公司 600MW 水氢氢汽轮发电机定子绕组的水电接头就完全与此类似，如图 3-19 所示。

我国考核型和国产优化型 600MW 汽轮发电机定子绕组的水电接头也属此类结构，所不同的是上下线棒两个水电接头套上的导电铜排是相互靠笼后放入铜并头套内，两组铜

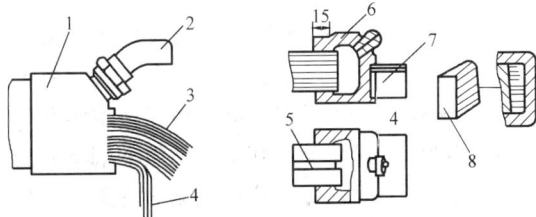

图 3-18　定子线圈水电接头图（三）

1—水电并头套（水管）；2—引水管；3—导电片（铜排）；4—搭焊；5—斜楔；6—水套；7—导电片；8—斜楔

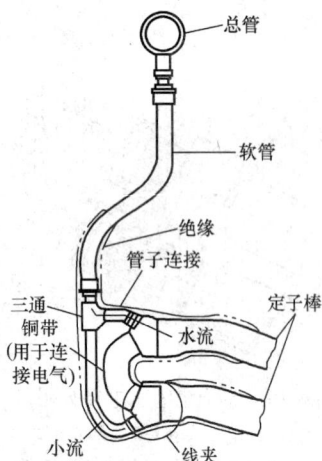

图 3-19 日立公司 600MW
发电机定子绕组水电接头

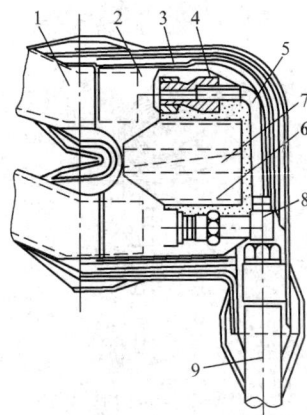

图 3-20 水电合一水接头与绝缘
1—空、实心导线；2—水电接头套；
3—水接头；4—球面接头；5—导水
管；6—铜并头套；7—双斜楔；
8—三通接头；9—绝缘引水管

排间打入双斜楔并用销子销住双斜楔，保持电的良好通路。其结构分别如图 3-20 和图 3-21 所示。

图 3-20 中水接头连接部件（水接头至三通接头）都是有电流流通的，故称为水电合一水接头。图 3-21 水接头的连接部件（水接头盒至绝缘引水管）是不流通电流的，故又称其为水电分家水接头，但需多用一根绝缘引水管。这两种接头的外绝缘基本相似，局部先包硅橡胶玻璃漆布带，然后采用两半片硅橡胶盒（或玻璃钢盒）套住，内充填环氧腻子，再外包玻璃丝带扎紧。

图 3-21 水电分家接头并头绝缘
1—玻璃丝绳；2、12—玻璃钢绝缘盒；3—环氧腻子；
4—水电接头盒；5—铜并头套；6—不锈钢管；
7—绝缘带；8—橡胶密封套；9、10—玻璃丝绳；
11—绝缘引水管；E—楔销

六、定子绕组端部固定

汽轮发电机的定子绕组端部处在端部漏磁场中，而端部绕组又长，又不易固定得像槽内线棒那样牢固，因此容易受到电磁力的危害。机组容量越大，端部电磁力对定子绕组端部的危害亦增大，所以定子绕组端部的固定在大容量汽轮发电机上就显得更为重要。

大容量汽轮发电机定子绕组端部的固定方式有多种，但其结构功能有其共同点，就是在径向、切向的刚度很大，而在轴向具有良好的弹性和伸缩性。下面介绍几种进口和国产600MW 汽轮发电机定子绕组的端部固定，具有一定代表性。

1. 考核型 600MW 电机定子端部结构

平圩电厂和哈尔滨第三电厂的 600MW 汽轮发电机，分别为引进美国西屋技术制造的考核型和国产优化型，其定子绕组的端部固定完全采用 WH（西屋）公司成熟的刚柔绑固定的结构，如图 3-22 所示。整个定子绕组端部通过设在内圈上的两道径向可调整绑环 2 与绑带 3、绕组鼻端径向撑紧环 16（扁形的内撑环）与固紧螺栓、上下层线棒之间的充胶支撑软管 4 及下层线棒对锥环 6 之间的适形材料等，固定在环氧玻璃纤维绕制的大型整锥形支撑环（即锥环 6 上，达到径向扎牢。线棒的鼻端之间则用垫块、楔形支撑块和浸胶玻璃布带绑扎成沿圆周呈环状的整体。这样，整个绕组端部与锥形支撑环形成牢固的整体。锥形支撑环的前端的齿形部分搭接在铁芯端部的小撑环上，锥环与小撑环间设有滑动层以减小摩擦阻力。锥形支撑环的外圆周与 21 个均匀辐射分布的绝缘支架 13 通过绝缘螺杆固定在一起，而绝缘支架则通过支架夹板 11 与反磁弹簧板 10 相连接，弹簧

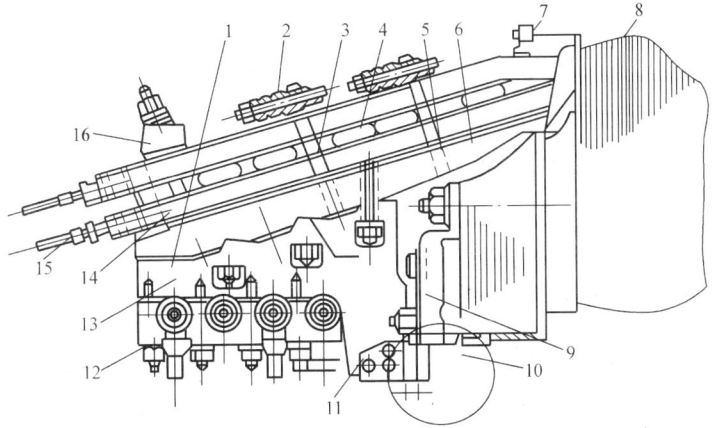

图 3-22　WH 公司 600MW 电机定子端部结构

1—适形材料；2—调整绑环；3—调整绑环的绑带；4—支撑软管；
5—适形材料；6—锥环；7—气隙隔环；8—绝缘环；9—分块连接
片；10—弹簧板；11—支架夹板；12—引线固定；13—绝缘支架；
14—下层绕组；15—引水软管；16—内撑环

板的另一端则与定子铁芯的分块连接片 9 固定在一起，形成柔性连接结构。整个端部则称为刚性一性连接结构。这种结构在径、切向的刚度很大，而在轴向具有良好的弹性。当温度变化铜铁膨胀不同时，绕组端部可沿轴向自由伸缩，有效地减缓绕组绝缘中产生的机械应力。

2. 日本东芝公司 600MW 发电机定子端部结构

北仑电厂 600MW 发电机由日本东芝公司供货，其定子端部结构如图 3-23 所示。这种定子端部结构也是刚柔绑扎固定的结构，其轴向自由伸缩机构是靠端部的支架通过滑动销与固定在铁芯端盖上的支撑托架相连接。当温度变化和铜、铁膨胀不同时，滑动销可在支撑托架上滑动。

3. ABB 公司 600MW 发电机定子端部结构

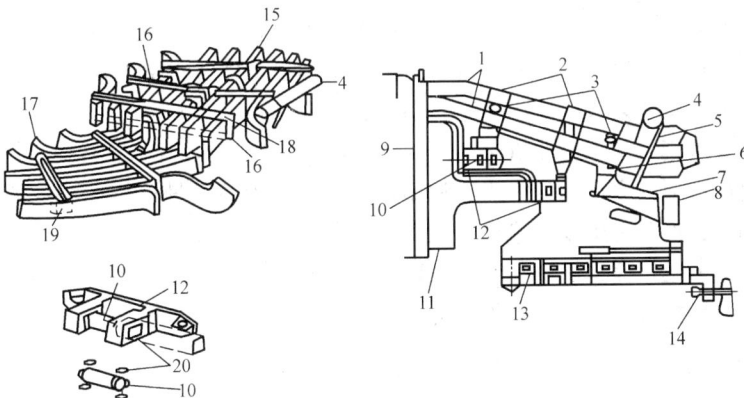

图 3-23　日本东芝公司 600MW 发电机定子端部结构

1—定子绕组；2—绕组径向绑带；3—适形垫块；4—鼻端环；5—T 形螺栓；6—绑环；
7—绑环支撑；8—固定环；9—铁芯压指；10—滑动销；11—压圈；12—支撑托架；
13—接线环；14—支撑螺栓；15—上层线棒；16—张力元件（绑绳）；17—下层线棒；
18—销子；19—适形间隔板；20—滑动片

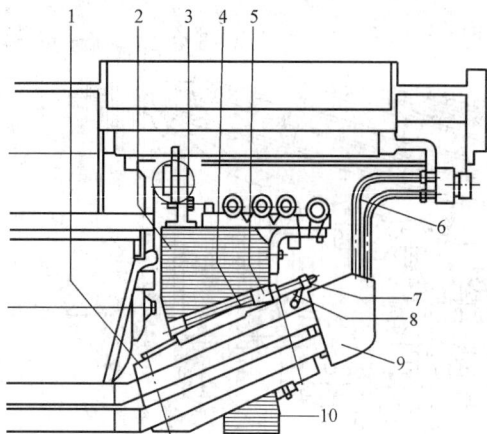

图 3-24 ABB 公司 600MW 发电机
定子绕组端部固定方式

1—线棒连接片；2—外锥形撑环；3—弹簧板；
4—楔块；5—楔块；6—绝缘引水管；7—固紧
螺母；8—绷带；9—护套；10—内锥形撑环

石洞口二厂 600MW 发电机是引进 ABB 公司 600MW 发电机所采用的定子绕组端部固定方式，与意大利 ANSALDO 公司的结构相同。其定子绕组端部固定方式如图 3-24 所示。定子绕组端部的固定不同于前述的绑扎固定，它是通过端部线棒连接片 1、楔块 4 和 5、再与外锥形撑环等固紧，使绕组端部成一牢固整体。其端部固紧程度，可利用楔上的调节螺杆（带固紧螺母 7）调节楔块来调整。其轴向伸缩机构是由固定在外锥形撑环外圆上的压圈通过弹簧板 3 固定在机座上。

七、定子出线和发电机出线盒

定子出线导电杆是装配在出线瓷套管内的，组成了出线瓷套端子。出线穿过装在出线盒上的瓷套端子，将定子绕组出线引出机座外，并保证不漏氢又不漏水。出线瓷套端子共有 6 个，均为水内冷。其中 3 个为主出线端子，另外三个为中性点出线端子。出线瓷套端子对机座和水路都是气密的。

以每个出线瓷套端子为中心，从出线盒向下吊装着若干组穿心式电流互感器，分别提供给测量仪表和继电保护用。

出线盒外形像长筒形压力容器，由不锈钢板拼焊而成，既“耐爆”又有足够的刚度，可安全地支撑着定子出线瓷套端子及套装在瓷套管外的电流互感器。每台机组的出线盒亦要通过与机座相同等级的水压及气密试验的严格考核，具有良好的强度、刚度和气密性能。不锈钢板为反磁性，故大大减少了主出线导电杆上大电流在其周围钢板上所产生的涡流损耗。在出线盒上与机座结合的大平面上开有 T 型密封槽，用以加压注入液态密封胶，杜绝漏氢。

八、总进出水汇流母管

总进、出水汇流母管是为定子绕组内冷水提供分配水量的，分别装在励端和汽端的机座内，对地设有绝缘，运行时需接地。它们的进、出水口及排气管分别放在汇流管上方，这是为了防止绕组在断水情况下失水所采取的措施。但它们的法兰设在机座的上侧面，便于和机座外部总进出水管相连接。排放水管口分别放在机座两端的下方，具有特殊的设计结构：它对机座是密封的但能适应温度变化而产生的变形，且对机座和相连接的外部管道都是可靠地绝缘的。在外部总进、出水管上装有测温元件。在用专用绝缘电阻表测量定子绕组绝缘电阻时，要求总进、出水汇流管对地有一定的绝缘电阻，而在做绕组耐电压试验时又要求把它们接地。为了试验时方便，在接线端子板上各设有接地接线柱，专为变更总进、出水汇流母管及出线盒内出水小汇流管对地绝缘或接地之用。

九、氢冷却器

发电机的氢冷却器放在机座两侧或顶部的外罩内。每只氢冷却器有独立的水支路。当停运一个水支路时，冷却器能带 80%～100% 的负荷运行。

氢冷却器外罩为钢板焊接结构，对称布置安装在发电机机座的两端或顶部。这样既可减少发电机轴向长度，又可运输时另行包装，减少定子运输尺寸和质量。

外罩是用螺钉固定在机座上，并在结合面的密封槽内充胶密封。外罩热风侧的进风口跨接在铁芯边端的热风出风区，其冷风侧的出风口座落于机座冷风进风区，外罩的顶部处于发电机的最高位置，故在该处内部设置了充、排氢管道，外罩顶部内还设有氢气分析取样管，取样管道的进出口都设在发电机机座的底部。

冷却器的水室端是用螺栓刚性地固定在氢冷却器外罩下部，进出水管都连接在水室的进出水管口上，并能使冷却器随温度变化而自由胀缩。为了确保安全，在拆顶盖之前必须先打开放气阀，释放盖内压力。在拆卸了顶盖和后水室的盖板之后，才能检查冷却器内的翅片管。

第三节　发电机转子结构

汽轮发电机的转子，主要由转子锻件、励磁绕组、护环、中心环和风扇等组成。本节内容主要介绍氢内冷转子的结构特点。

一、转子本体（转轴）

大容量汽轮发电机的转子铁芯采用导磁性能好和机械强度高的优质合金钢锻件（如镍铬钼钒、镍铬钒、铬镍钼等），经检验合格后，加工制成。转子直径最大已达 1.25m，其中心孔的切向应力已接近目前锻件允许应力的极限。考核型 600MW 汽轮发电机转子外径为 1.0922m，本体长 5.893m。国产优化型 600MW 汽轮发电机转子外径为 1.13m，本体长 6.25m，总长 12.025m，质量为 72t，转轴材料为 26Cr2Ni4MoV 合金钢锻件。

转子上沿转轴轴向铣有安放转子绕组的槽。转子槽形有矩形槽、梯形槽、阶梯形槽，这三种槽形在大容量发电机上都有采用。有的转子为了削弱电机运行时气隙磁通和转子轭部磁通在近磁极中心部分的局部饱和，在靠近大齿两侧的两个槽铣成较宽较浅的槽（见图 3-25），槽中导线数也比其他槽的少。

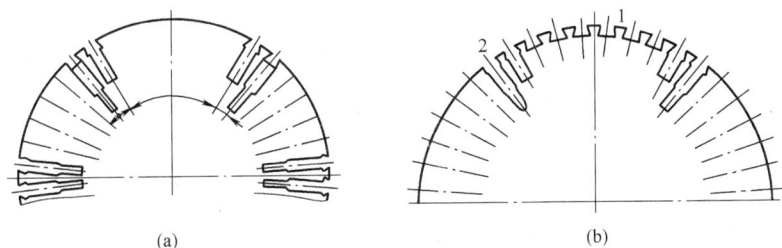

图 3-25　转子上的轴向槽
（a）转子线槽分布；（b）大齿部分上开有阻尼槽
1—阻尼棒；2—转子线槽

若转子上装设阻尼绕组，大齿极面上铣有和转子槽距相等的浅形阻尼绕组槽。如装全阻尼，极面上浅槽长和转子本体长相等。如装半阻尼，浅槽只在转子本体两端沿轴向向中心铣几厘米长。

二极转子表面铣出嵌线槽后，磁极轴线上的大齿部分刚度比极间开槽区内的大，当转子旋转时，受自重和惯性转矩影响，依转子位置的不同，转轴弯曲程度（挠度）也不相同。转子每转一圈，弯曲程度的大小要变化两个周期，将产生双倍频振动。为此，对大型的细长转子，常在大齿表面上沿轴向铣出一定数量的圆弧形横向月牙槽，使大齿区域和小齿区域两个方向的刚度接近相等，降低转子双倍频振动，见图 3-26。

国产优化型 600MW 发电机转子本体上共有 32 个绕组槽，大齿附近两个槽比其他线槽宽，

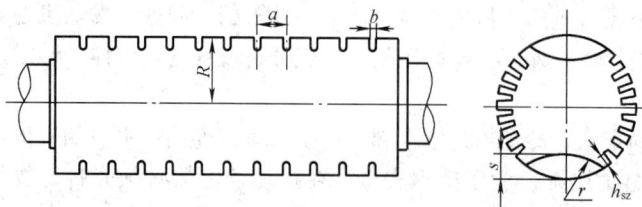

图 3-26　转子上开横向月牙槽

但较浅。在转子本体两个磁极的大齿部分，各开有22个横向月牙槽，以均衡转子d轴和q轴的刚度。

二、氢内冷转子

氢内冷转子是指氢气对转子绕组导体进行直接冷却的转子。按氢气流通方式，广泛应用的主要有分段气隙取气斜流通风式（属自通式）和两侧高压强迫轴向通风式两种。

（一）气隙取气斜流通风式转子

这是一种最广泛应用于大容量电机的氢内冷转子。美 GE、俄 ЭС、法 AA、瑞典 ASEA、东芝、日立、ASGIN、中国哈尔滨电机厂、中国东方电机厂等都有采用。北仑电厂 1 号机和邹县电厂的 600MW 机也采用这种通风方式。

分段气隙取气斜流通风式转子，槽内导体用扁铜线，每根扁铜线上铣有两排相互错开而倾斜方向相反的若干长方形孔。沿槽高，每根导线上孔的位置是按一定尺寸错开，在槽内形成两条具有一定倾斜角的V 形风道，见图 3-27（a）。冷却介质从转子槽楔上的进风斗进入，经槽楔下绝缘垫条上相应孔道，分两路不同方向的斜流流过导体，至槽底拐弯后，分别斜流至各自的出风斗。进风斗迎向转子旋转方向，当转子高速转动时，形成 V 形风道的通风动力。槽楔上的每个进风或出风斗都连通两个风道，形成"一风斗、二风道"结构。

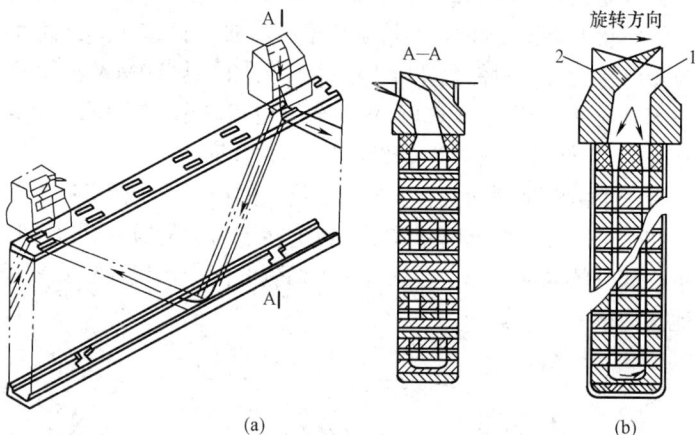

图 3-27　气隙取气两排斜流、导体内部铣孔的风路图
（a）转子槽内风路示意（槽楔风斗供两路风）；（b）转子槽截面
1—进风斗；2—出风斗

这种在导体内铣有两排通风孔的气隙取气斜流通风转子，其风路系统如图 3-28 所示。转子沿长度与定子铁芯一样也分成若干段，每段为一个风区，转子两端的两个风区为出风区，中间相互交替地排有进风区和出风区，与定子铁芯各进、出风区是对应的。

这种转子的端部冷却方式与槽内绕组不同。端部导线用两根槽形导线合成一根中空的矩形导线，和槽内导线用银焊连接

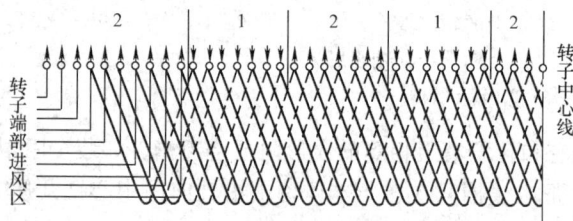

图 3-28　导体内铣两排通风孔的气隙
取气斜流通风转子进出风示意图
1—进风区；2—出风区

成匝。端部各线匝上都开有进、出风口。

转子绕组端部的冷却，有的采用单路内部冷却，见图 3-29（a）；也有采用双路内部冷却，一路冷却端部直线部分，一路冷却端部圆弧部分，见图 3-29（b）。大容量电机转子绕组多采用双路

内部冷却。

山东邹县电厂600MW水氢氢冷汽轮发电机的氢内冷转子系日立公司产品，就采用分段气隙取气双路斜流通风结构，其槽内绕组剖面如图3-30所示。楔销下有厚的绝缘垫条，防止绕组对槽楔（铜或铝合金）爬电，图3-31示出其风路结构，其进、出风斗在槽楔上成组交替分布。

图 3-29　转子绕组端部内冷风路系统图

(a) 单路内部冷却示意；(b) 双路内部冷却示意

1—转子本体；2—端部绕组；3—风区隔板；4—在转子本体上的出风槽

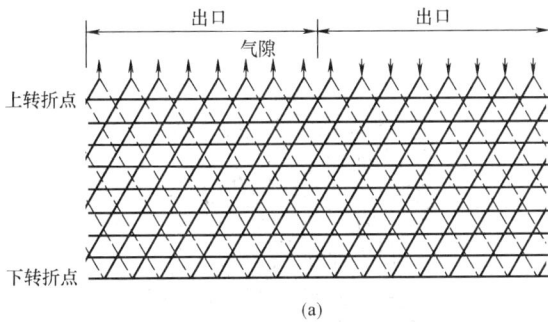

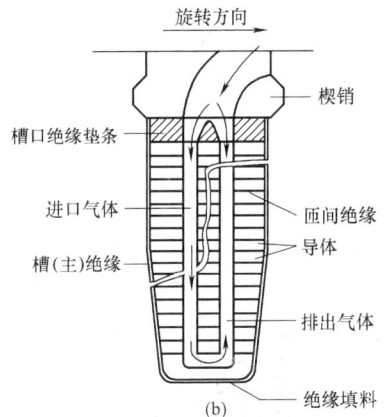

（二）两端高压强迫轴向通风式转子（半轴向通风式）

这种通氢内冷转子也是大容量电机中较广泛采用的一种，如美WH、美ABB、德国KWU、三菱、马列利等，我国平圩电厂、石洞口二厂的600MW转子都采用这种通风冷却方式。

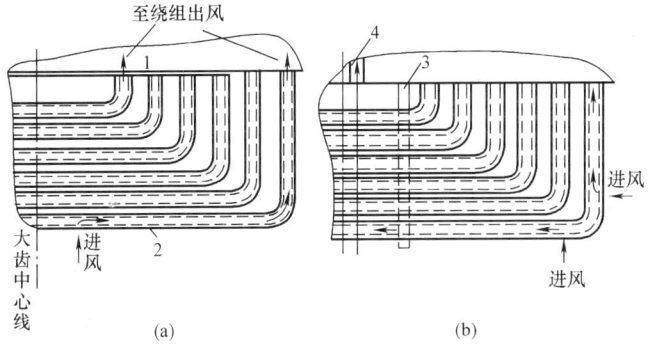

图 3-30　日立公司 600MW 电机转子通风流态与槽剖面

(a) 通风流态；(b) 间隙取气转子槽的剖面图

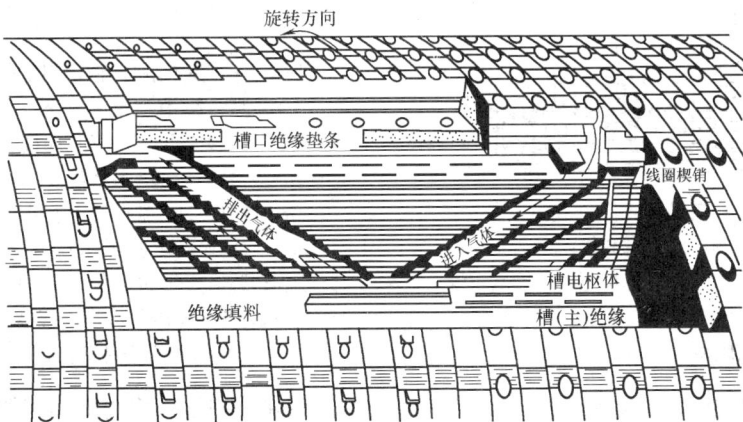

图 3-31　日立 600MW 电机双路斜流通风转子风路结构图

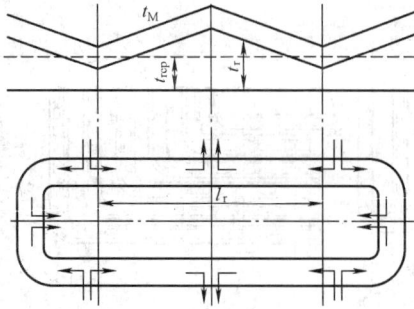

图 3-32 两侧进气的转子绕组的气流路径图

半轴向通风内冷转子，其气流方向从两端进入转子励磁绕组内沿轴向流动，在转子中间部位径向排出。励磁绕组各线匝导体是由两根一侧铣有一条或两条凹槽的导体，相向合成一根空心的导线。下面介绍平圩电厂和石洞口二厂的半轴向通风转子的通风结构。

1. 平圩电厂 600MW 汽轮发电机转子（引进西屋技术）

转子风路分为端部和槽部，此外，转子的磁极引线及极间连接线也采用氢内冷。转子绕组槽部（直线部分）和端部（拐弯部分）的气流路径如图 3-32 所示。氢气是从靠近转子本体端部导线侧面的进风口流入，然后分成两路，一路流向槽部，由槽部中央的出风口流出；另一路流向端部，由端部线匝中间的出风口流出。

转子绕组直线部分的截面及风路如图 3-33 所示。图 3-33 中每层导线尺寸不一样，但截面相等，每匝绕组的直线部分由两端进风，在中间部分径向经绝缘垫块和槽楔的孔排到气隙。

这种转子的端部导线结构及风路如图 3-34 所示。绕组端部由风区挡板和中心环下的绝缘挡块隔成四个风区：位于两个磁极中心处风区为绕组端部的出风区，而其他两个风区则为转子绕组端部，最后为槽部导线的进风区。

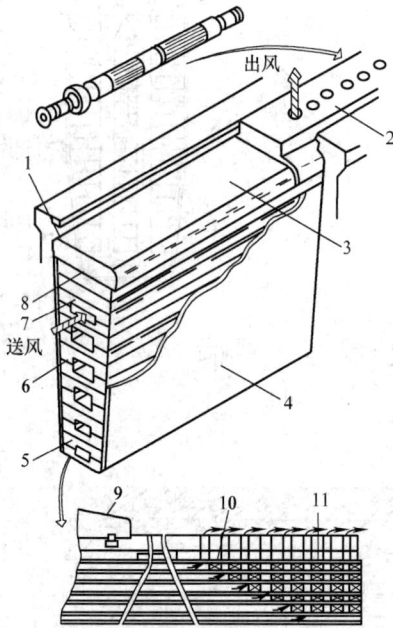

图 3-33 转子绕组直线部分截面及风格图
1—平衡重量槽；2—通风槽楔；3—非通风槽楔；4—模压槽衬；5—匝间绝缘；6—转子铜线；7—∩形绝缘；8—阻尼条；9—护环；10—挡风块；11—转子垂直中心线

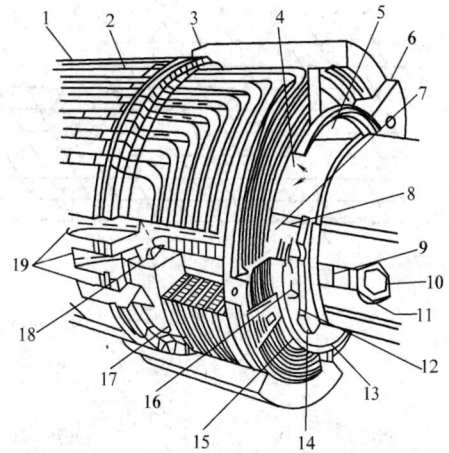

图 3-34 转子端部导线结构及风路图
1—转子本体；2—直线部分导线；3—护环；4—直线及端部绕组进风；5—风区隔板；6—中心环；7—端部导线出风；8—风区隔板；9—磁极引线；10—导电螺钉；11—磁极引线进风；12—低压风区；13—极间连接线进风；14—风区隔板；15—极间连接线；16—极间连接线、磁极引线及端部导线出风；17—端部导线；18—磁极引线出风；19—转子体通风槽

冷氢自位于进风区的靠近转子本体的导线侧面进风孔分别进入绕组端部和槽部的各匝导线后，端部的冷却气体流至磁极中心处沿轴向出风口流出导线进入出风区，然后通过本体上靠近护

环的通风槽排往气隙，再被高压风扇抽出。

磁极引线的冷氢自励端导电螺钉处附近的进风孔进入磁极引线，然后在位于转子绕组端部出风区的出风孔排出，再经转子本体的通风槽进入气隙。

2. 石洞口二厂600MW汽轮发电机氢内冷转子

石洞口二厂汽轮发电机氢内冷转子也是双侧轴向通风，中部径向出风结构，由美国ABB公司制造。其特点是：每匝导体上有两条轴向风道，转子直线部分每槽上的中部两排径向出气道相互错开，本体端部过渡段每槽上还有出风孔，其通风路径与结构如图3-35所示。

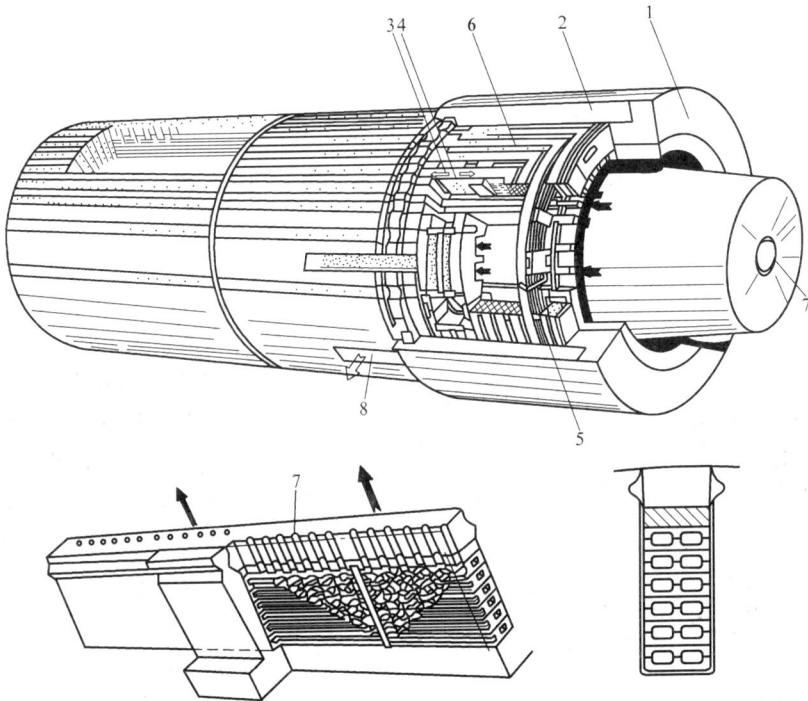

图3-35　石洞口二厂600MW电机转子通风及开口槽断面

1—中心环；2—护环；3—直线部分进风孔；4—端部绕组进风孔；5—端部绕组中间出风孔；
6—端部绕组出风槽（经本体过渡段）；7—槽楔中部出风孔；8—端部风出口

（三）转子护环及阻尼措施

1. 转子护环

护环对转子绕组端部起着固定、保护、防止变形的作用。承受着转子的弯曲应力、热套应力和绕组端部及本身的巨大离心力。护环通常用非磁性高合金奥氏体钢锻制而成，所用钢种大多属Mn—Cr系列。鉴于过去常用的18Mn5Cr、18Mn4Cr护环钢在湿度较高环境中易于发生应力腐蚀产生裂纹，目前大型发电机都推荐采用18Mn18Cr钢代替。

护环的嵌装有以下三种基本形式：

（1）护环只通过中心环嵌装，护环端头与转子本体脱离，叫做分离式嵌装。

（2）护环同时嵌装在转子本体和中心环上，叫做两端固定式嵌装。

（3）护环只嵌装在转子本体上，叫做悬挂式嵌装。

脱离式嵌装的护环边端与绕组之间有相对位移，只适用于小容量电机。两端固定式嵌装的护环，采用弹性中心环［见图3-36（a）］后，可用于较大容量电机。大容量汽轮发电机常采用悬挂式嵌装的护环，见图3-36（b）。600MW汽轮发电机的转子护环都是悬挂式嵌装结构。图 3-37 为山东邹县电厂 600MW 汽轮发电机（日立造）端部图，从中可知，其悬挂式嵌装的嵌装方式。

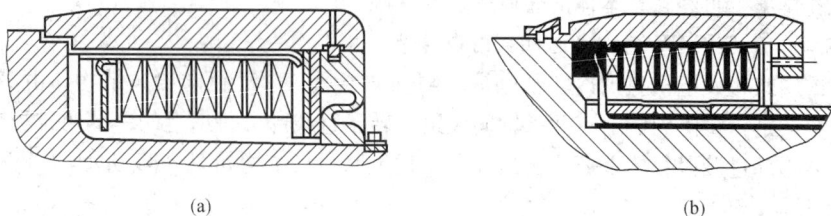

(a)　　　　　　　　　　　　　　　(b)

图 3-36　转子护环组件

(a) 两端固定式嵌装的护环组件；(b) 悬挂式嵌装的护环组件

2. 阻尼措施

为了提高汽轮发电机承受不对称负荷的能力，提高阻尼作用和有效地削弱负序电流对转子发热等不利影响，在发电机转子上都采取了一定的措施——安装阻尼绕组。

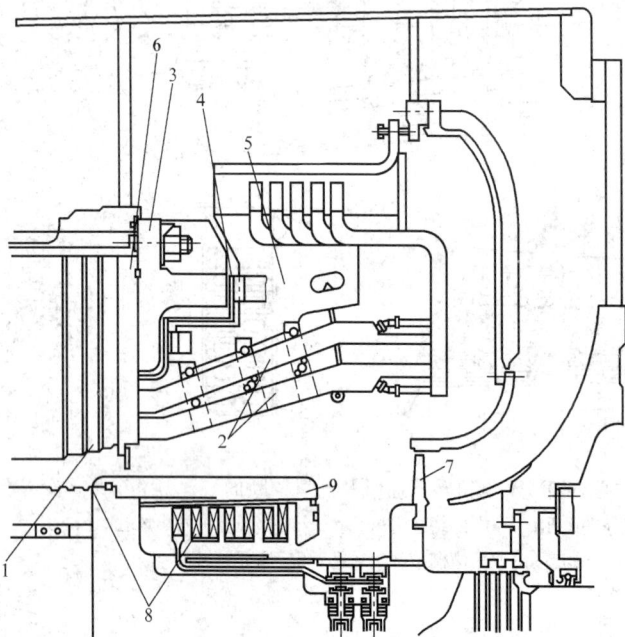

图 3-37　日立公司 600MW 汽轮发电机端部结构（用悬挂式嵌装护环）

1—定子铁芯端部；2—定子绕组端部；3—铁芯端板；4—铜护板；5—绕组支架；6—端防层；7—风扇叶片；8—磁场绕组端部；9—转子护环

阻尼绕组有全阻尼和半阻尼之分。全阻尼绕组是指在转子各槽的槽楔下都压着一根和转子本体一样长的铜制阻尼条，大齿上若干浅槽内也放有阻尼条，所有阻尼条在两端用铜导体连接在一起，构成形似鼠笼的短路环。半阻尼绕组是指只在转子两端装梳齿状的阻尼环，其梳齿伸进每个槽（包括大齿上的阻尼槽）的槽楔下，由槽楔压紧。两端护环直接压在短路环上（有的短路环经过镀银处理）。也有利用电气上良好连接的槽楔结构或利用转子本体与护环套装处的镀银处理来达到一定的阻尼效果。在 600MW 以下的发电机上多采用局部阻尼（半阻尼）绕组，容量更大的发电机上则多采用全阻尼绕组。

WH 公司 600MW 汽轮发电机转子，为了对感应电流起阻尼作用，在槽楔下面装有阻尼条，阻尼电流通过护环、铍青铜槽楔、阻尼铜条和槽的中间部位槽楔，形成阻尼系统。

国产 600MW 汽轮发电机转子采用全阻尼结构，槽楔下放置整根的阻尼铜条。每个大齿极面也设置 4 个全长槽来放阻尼铜条（这是与 WH 公司的不同之处），两端利用护环与本体的搭接面形成短路环，以满足发电机承担不平衡负荷的能力。

第四节　发电机冷却与通风系统

一、发电机冷却

发电机的发热部件，主要是定子绕组、定子铁芯、转子绕组以及铁芯两端的金属附件，必须采用高效的冷却措施，使这些部件发出的热量及时散发出去，保证发电机各部分温度不超过允许值。

在汽轮发电机的发展过程中，冷却方式的发展一直占有主导地位。它关系到整个发电机的技术经济指标以及运行的可靠性，各国对此问题都极为重视，一直在试验的基础上不断取得新的进展，主要是采用了冷却效果好的冷却介质，并发展了把冷却介质引入载流导体内的直接冷却技术，即所谓绕组的内部冷却方式。

目前大型发电机的冷却介质主要有空气、氢气、水和油。相对冷却能力的比较，水的冷却能力最好。

在发电机冷却系统中，冷却介质可以按不同的方式组合。600MW 汽轮发电机的冷却方式主要有以下几种。

（1）全氢冷：定、转子绕组采用氢内冷，定子铁芯（包括其附件，下同）采用氢冷。

（2）水氢氢冷：定子绕组水内冷、转子绕组氢内冷、定子铁芯氢冷。

（3）水水氢冷：定子绕组水内冷、转子绕组水内冷、定子铁芯氢冷。

（4）双水内冷：定子绕组水内冷、转子绕组水内冷、定子铁芯空冷。

常用汽轮发电机冷却方式与容量关系，见表 3-2。

表 3-2　　　　　　　常用汽轮发电机冷却方式与容量关系

冷却方式			容量范围（MW）												典型厂家
定子绕组	转子绕组	定子铁芯	50	100	200	300	400	500	600	700	800	900	1000	1100	
空气	空气	空气	■	■											世界各国
氢	氢（内）	氢		■	■	■									世界各国
水（内）	水（内）	空气		■	■	■	■								SD、HD、BZD
氢	氢	氢													世界各国
氢（内）	氢（内）	氢					■	■	■	■	■				GE、SEIMENS、X_3T_3
水	氢（内）	氢				■	■	■	■	■	■	■	■		GE、EEC、ASEA
水	水	氢				■	■	■	■	■	■	■	■		X_3T_3、EEC、AEG
水	水	水				■	■	■	■	■	■	■			BBC、KWU
油（内）	水	浸油				■	■	■							HTT3

注　SD—上海电机厂；HD—哈尔滨电机厂；BZD—北京重型电机厂。

汽轮发电机结构与冷却方式密切相关。国内外生产的 600MW 汽轮发电机，大部分为水氢氢冷却方式，也有全氢冷或全水冷等型式。国内电厂安装或正在计划安装的，以及国产的 600MW 汽轮发电机大多为水氢氢冷却方式，因此将主要介绍这种冷却方式的汽轮发电机。

二、半轴向通风冷却系统

定子铁芯和转子绕组都采用半轴向通风的冷却系统。此种通风系统如图 3-38 所示。冷却器 5 置于电机中部，经冷却器冷却后的冷氢，由汽侧风扇 4 迫使其分成两路。其中一路直接进入汽端铁芯 2 和转子绕组轴向风道，另一路经机壳上的风道送至励侧，进入铁芯和转子绕组的另一半轴向风道。汽、励两端进入铁芯和转子绕组的氢气，都从铁芯中段径向风道排出。排出的热氢再进入冷却器，这就完成了机内氢气的循环冷却功能。

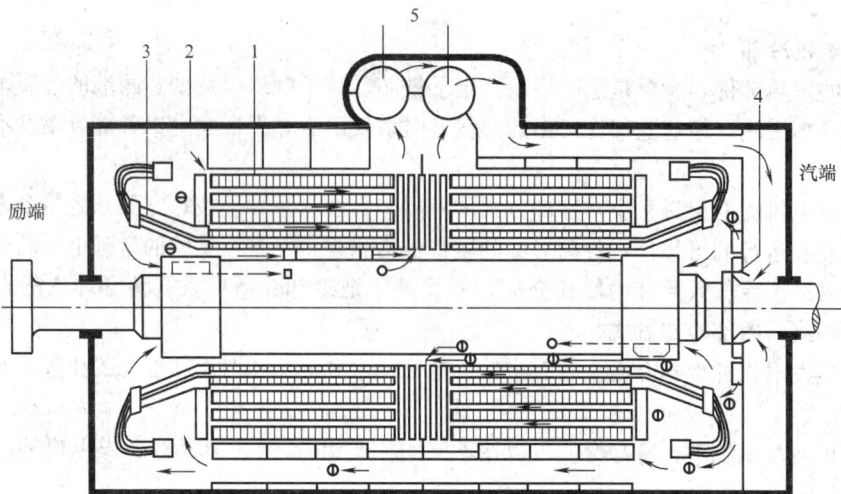

图 3-38 半轴向通风的冷却系统
1—机壳；2—铁芯；3—定子绕组；4—风扇；5—冷却器

三、定子铁芯轴向通风和转子绕组半轴向通风的冷却系统

考核型发电机采用这种冷却系统，其风道结构类似图 3-39 所示。由位于汽端的五级式高压头轴流风扇 5 抽出的热氢，首先进入设置在汽端的冷却器 4，冷却后的冷风分为两路：一路经铁

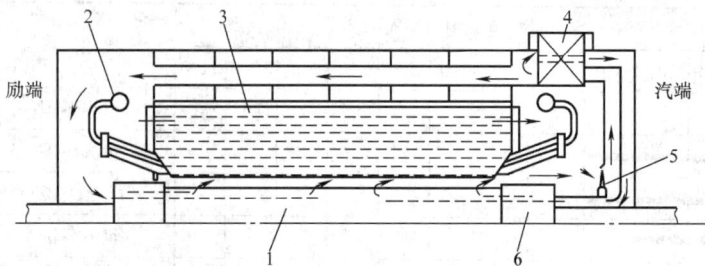

图 3-39 定子铁芯轴向和转子绕组半轴向通风冷却系统
1—转子绕组；2—励端水母管；3—定子铁芯；
4—冷却器；5—风扇；6—转子护环

芯背部流到励侧端部后，一部分进入定子铁芯 3 的全轴向通风道，在汽端排出，另一部分进入转子绕组 1 的端部和轴向风道，分别在转子本体端部排气槽和转子中部径向排至气隙。另一路冷风转弯经风路隔板和汽端端盖间的风路进入汽端转子绕组端部和轴向风道，分别在转子本体端排气槽和转子中部径向排至气隙。铁芯的轴向出风和转子的气隙出风（热氢）都被高压头轴向风扇抽出再进入冷却器，完成氢气的机内循环冷却功能。为防止励端风路短路，在励端铁芯端部的气隙处设有气隙隔环。

四、定子铁芯径向通风和转子绕组气隙取气斜流通风的冷却系统

这种通风系统也称为定、转子耦合的径向多流式通风系统，如图 3-40 所示。定子铁芯径向通风冷却，转子绕组采用气隙取气双排斜流通风（一风斗二路）冷却方式。定子铁芯和转子绕组采用"五进六出"相对应的通风结构，即沿发电机轴向长度分为五个进风区和六个出风区，进出风区交替布置。机座内设有四个冷却器，分别布置在励端和汽端两侧。经冷却器冷却后出来的冷氢，由汽端和励端的风扇送到各个进风区，冷却定子铁芯和转子绕组后，都经铁芯的径向风道排向出风区，再进入冷却器，完成机内氢气循环冷却功能。

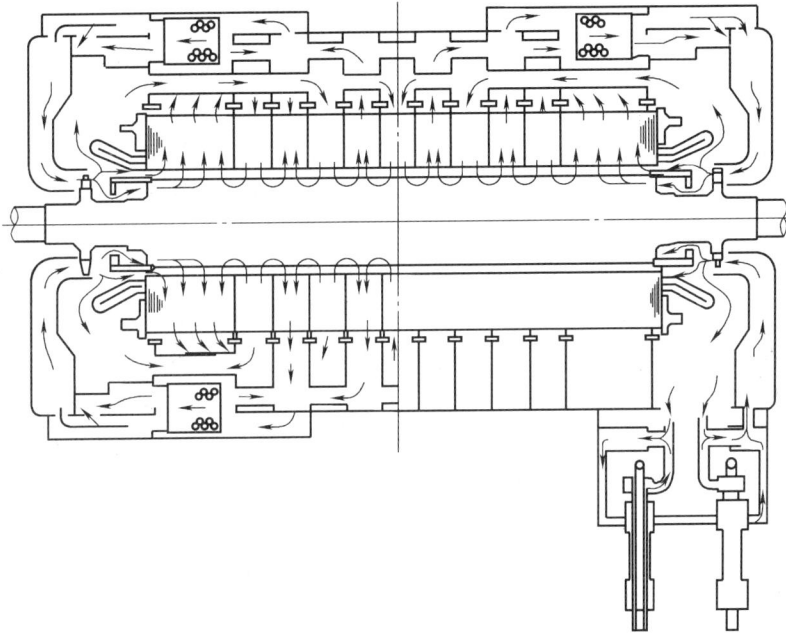

图 3-40 定子铁芯径向通风和转子绕组气隙取气斜流通风的冷却系统

采用这种通风冷却方式的发电机，为了防止风路的短路，常在定转子之间气隙中冷热风区间的定子铁芯上（或转子上）加装气隙隔环，以避免由转子抛出的热风吸入转子再循环。图 3-41 为一种具有气隙隔环的转子斜流内冷通风结构。

优化设计的国产 QFSN-600-2YH 型汽轮发电机，为带有气隙隔环的"五进六出"的定、转子径向耦合的多路（流）通风系统，定、转子沿轴向有 11 个风区。东方电机厂生产的（采用 GE 技术）和北仑电厂的（日东芝产、GE 技术）600MW 汽轮发电机，则是采用带有气隙隔环的"六进七出"的多路通风结构，定、转子沿轴向共有 13 个风区。

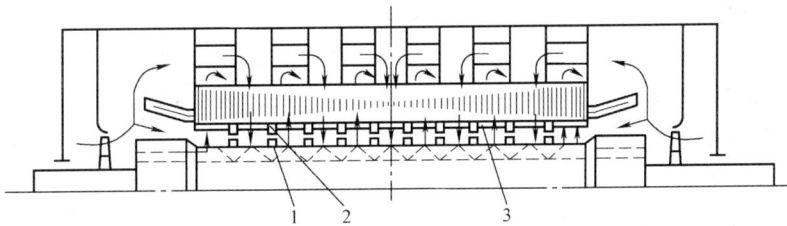

图 3-41 具有气隙隔环的转子斜流内冷通风结构图
1—转子隔环；2—定子隔环；3—定子轴间隔板

第五节 发电机密封油系统

汽轮发电机转轴和端盖之间的密封装置叫轴封，它的作用是防止外界气体进入发电机内部和阻止内部冷却气体（氢气）从机内漏出，以保证电机内部气体的纯度和压力不变。氢冷发电机都采用油封，为此需要一套供油系统称为密封油系统。

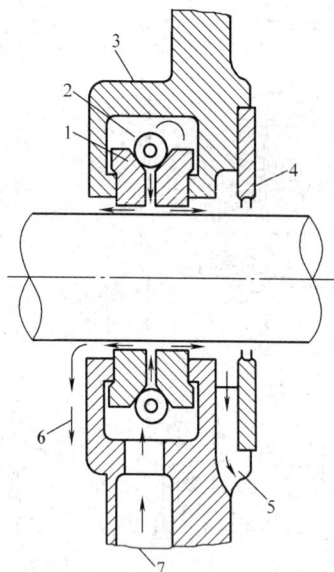

图 3-42　单流环式密封装置
（北仑电厂）

1—密封瓦；2—自紧弹簧；3—瓦座；
4—挡油板；5—氢侧回油；6—空侧回
油；7—进油

采用油进行密封的原理，是在高速旋转的轴与静止的密封瓦之间注入一连续的压力油流，形成一层油膜来封住气体，使机内的氢气不外泄，外面的空气不能侵入机内。为此，油压必须高于氢压，才能维持连续的油膜，一般只要使密封油压比机内氢压高出 0.015MPa 就可以封住氢气。但从运行安全上考虑，一般要求油压比氢压高 0.03～0.08MPa。目前应用的油密封结构足以使机内氢压达 0.4～0.6MPa。为了防止轴电流破坏油膜，烧伤密封瓦和减少定子漏磁通在轴封装置内产生附加损耗，轴封装置与端盖和外部油管法兰盘接触处都需加绝缘垫片，一般用 2 层绝缘垫片中间夹一片金属片，此金属片在悬浮电位状态，用引线将金属片引至机壳上的端子，以便在任何时候都可以测量绝缘状态（励磁机侧的所有轴承和轴承上的油管道都必须采取同样的绝缘措施）。

油密封从结构上可分为盘式（径向轴封）和环式（轴向轴封）两种，600MW 机组都采用环式油密封。

环式油密封主要有单流环式、双流环式和三流环式三种。每一种又有不同的具体结构。下面结合进口和国产 600MW 汽轮发电机上的油密封装置进行介绍。

一、单流环式油密封

北仑电厂 1 号机和邹县电厂的 600MW 发电机（分别为日本东芝公司和日立公司产）采用单流环式密封。

单流环式密封装置如图 3-42 所示。轴封系统为环型，每个轴封装置的密封瓦 1 含有各为四段（扇形）的两个环。环的内径比转轴的直径大百分之几毫米。每段由自紧弹簧 2 径向固定。自紧弹簧的作用是轴向把两排环分开。环的四段可径向扩大，但顶部有制动件防止环转动。压力油进入两环之间后分为两路，一路流向机外空气侧，另一路流向氢气侧。电机转轴和密封瓦间的间隙中产生油膜，防止机内氢气沿该轴外泄，并防止机外空气沿该轴进入机内影响氢气纯度。

北仑电厂 1 号机的密封油系统如图 3-43 所示。密封油从真空油箱 6 经两台 100%互为备用的主密封油泵 7，经冷油器 8 进入自动压差调节阀 9，使油压高于氢压 0.05MPa，然后通过滤网 10，分别向发电机两侧的密封瓦 2 进油。密封瓦排油则有氢侧排油和空侧排油两路。

氢侧排油与氢气接触，吸收氢气达到饱和，进入密封回油扩大箱（又称氢气分离箱或

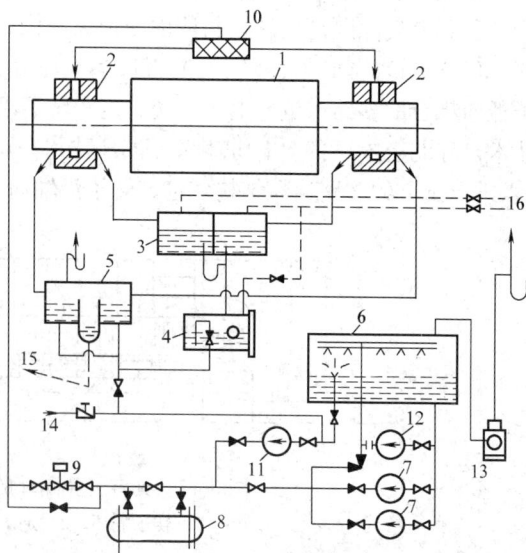

图 3-43　北仑电厂 1 号机的密封油系统

1—转子；2—密封瓦；3—氢侧回油扩大箱；4—浮子阀（氢闭塞箱）；5—空气析出箱（空侧回路）；6—真空油箱；7—主密封油泵；8—冷油器；9—自动压差调节阀；10—滤网；11—事故油泵（DCM）；12—再循环油泵；13—真空泵；14—由轴承油总管；15—去轴承油箱；16—换气管（排至厂房外）

油气分离箱）3进行油氢分离，析出的氢气可沿扩大箱的进油管回到发电机内，仍含氢的油再通过浮子阀4流入回油母管。

密封瓦2空气侧回油与部分轴承润滑油混合后，进入空气析出箱5，被析出的空气通过排气管排到外面，油流入回油母管。

从浮子阀和空气析出箱汇入回油母管后进入真空油箱6喷雾脱气。真空油箱由一台真空泵13，将析出的氢气和空气排至大气。

这个密封油系统，正常运行下油的流向可表示如下：

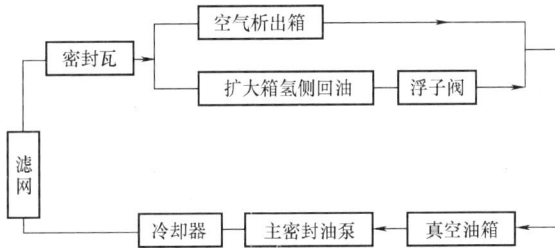

```
                    ┌──────────→ 空气析出箱 ───────────────────┐
          密封瓦 ───┤                                          │
     ┌──────↑       └──────→ 扩大箱氢侧回油 ──→ 浮子阀 ──┐      │
     │                                                  │      │
    滤网                                                 ↓      ↓
     │                                                          │
     └────── 冷却器 ←── 主密封油泵 ←── 真空油箱 ←────────────────┘
```

氢侧回油扩大箱3，中间隔开分成两个间隔，通过底下的一段U形管将两间隔再连通，其目的是：当发电机两端的轴流风机之间产生压差时，防止油气通过扩大箱和发电机两端之间在电机内循环。扩大箱油经浮子阀输出的主要作用是，保证当油经扩大箱输出时，特别是在扩大箱内油位过低时（邹县电厂的浮子阀油箱压力为5kPa工作时，油位正常并使浮子阀完全打开，但当箱内的氢气压力升高并导致油位下降时，浮子阀降低并关闭阀门），不允许氢气通过空气析出箱进入轴承油排泄口。

这个密封油系统共有四台油泵：两台互为备用的主密封油泵7、一台直流应急（事故）油泵11和一台为真空油箱析出油中气体（空气和氢气）用的再循环油泵12。

当交流电源失电时，真空泵13停机，应急油泵11启动。由轴承油总管14和密封回油通过应急油泵供给密封油，此时应通过氢侧回油扩大箱及浮子阀油箱上部的排气管排析出氢气。

单流环式密封与其他环式密封相比，单流环式密封的氢侧回油量较大，溶于油中被带走的氢气也较多，因此必须设置真空净油装置才能保证供给极少含气的密封油，以免影响密封油膜的连续性。日立公司的单流环式密封系统中，其真空油箱内总是保持1.33kPa的绝对压力。

二、双流环式油密封

安徽平圩电厂的考核型和国产优化型600MW汽轮发电机都采用双流环式油密封系统。平圩电厂的是单环、双流环式密封瓦（西屋技术），而国产机上用的是西屋公司的改进型——双环、双流环式密封瓦，这种双环式密封瓦对轴挠度影响较单环式密封瓦小。单环

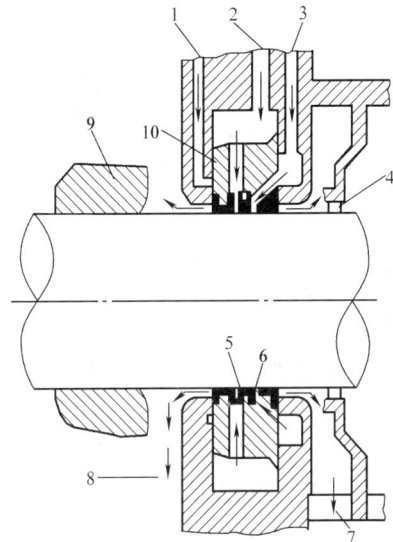

图 3-44 单环、双流环式密封瓦结构图（西屋公司）

1—密封瓦推力油；2—空侧密封油；3—氢侧密封油；4—迷宫油挡；5—空侧环形油腔；6—氢侧环形油腔；7—氢侧密封油回油；8—空侧密封油回油；9—轴承；10—密封瓦

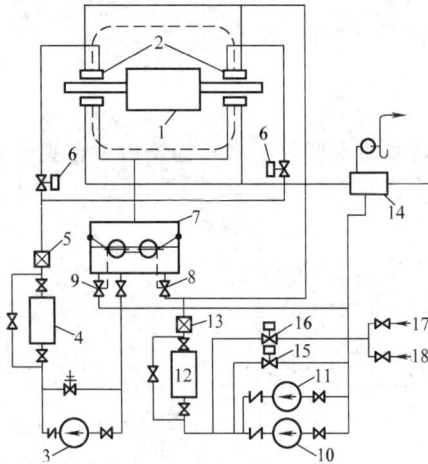

图 3-45　双流环式密封油系统（西屋公司）
1—发电机转子；2—密封瓦；3—氢侧密封油泵；
4—氢侧冷油器；5—氢侧滤网；6—压力平衡阀；
7—氢侧回油管；8—油位低补油浮球阀；9—油位
高放油浮球阀；10—空侧密封油泵；11—空侧备
用直流密封油泵；12—空侧冷油器；13—空侧滤
网；14—空侧回油箱；15—压差调节阀（旁路
式）；16—备用压差调节阀（节流式）；17—来自
汽轮机同轴主油泵出口；18—来自汽轮机主油箱
上交流备用密封油泵

双流环式密封瓦结构如图3-44所示，这种密封瓦有两股压力油分别进入瓦中的两道环形油腔 5、6，一路经瓦与轴颈间的间隙，轴向流至空侧，另一路由另一腔室经瓦与轴颈间的间隙，轴向流至氢侧。如果两股压力油相等，则两个环形油腔之间的间隙无油流，两股油各自成回路。此外，还有一股压力油进至空侧密封瓦侧面，对密封瓦产生轴向推力以平衡氢侧密封瓦的轴向推力。

双流环式密封油系统如图 3-45 所示，其特点如下：

（1）有两个独立的油路系统，即氢侧与空侧的油系统彼此相对独立。氢侧油由氢侧密封油泵 3 经冷油器 4、滤网 5、压力平衡阀 6、密封瓦氢侧油道流入氢侧回油箱 7，再至氢侧密封油泵 3。而空侧油路，则由空侧密封油泵 10（两台）、冷油器 12、滤网 13、压差调节阀 15、密封瓦氢侧油道，在空侧与轴承润滑油混合后流入空侧回油箱 14 经油气分离后，再至空侧密封油泵 10。

（2）为保证密封油压大于机内氢压以封住氢气，其差值应大于 0.084MPa，由压差调节阀 15 或 16 来完成。它是一个装设在空侧密封油泵 10 出口处的旁路阀，利用压差控制调节旁路流量可改变油泵出口油压，以达到所要求的压差值。

（3）为了保持氢侧与空侧密封油压相等，在氢侧密封油进口处装有压力平衡阀 6，用于调节氢侧油压跟踪空侧油压，其调整精度可达±0.5kPa。

（4）氢侧只设一台油泵，当氢侧油泵故障时，能自成为单流环式运行，仍能封住氢气。但空侧密封油必须保证供给，且油压必须高于氢压。本系统有三个备用油源：第一个备用油源来自汽轮机同轴主油泵出口 7 经减压后提供的油路，当油对氢的压差小于 0.056MPa 时起动，通过备用压差调节阀 16 进入空侧密封油系统。第二个备用油源来自汽轮机主油箱上交流备用密封油泵 18，定值与第一个备用油源相同，当汽轮机起动前或启动后转速未到达其轴上的主油泵出油时使用。第三个备用油源为直流电机拖动的空侧备用直流密封油泵 11，当油对氢的压差降到 0.035MPa 时起动，本油源是在全厂停电时使用。

三、三流环式油密封

石洞口二电厂 600MW 汽轮发电机的密封瓦为美国 ABB 公司的三流环式结构。密封瓦中有三道环形油腔，其结构及其油系统原理如图3-46所示。密封瓦的供油分氢侧进油（含氢气）和空侧进油（含空气）。在两侧油流中间又加进一股经排气处理的不含气的压力油。氢侧与空侧的密封油压力相等，而中间的进油压力略高于空侧和氢侧油压，

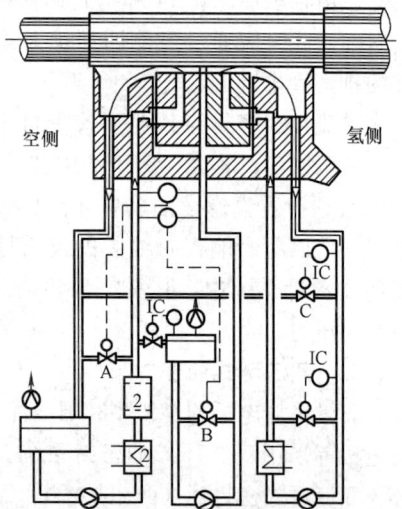

图 3-46　三流环式密封瓦及供油系统
（石洞口二电厂）

其主要目的是迫使密封环（瓦）在大轴上"浮起"，并使中间进油在密封间隙中向两侧流动，隔开了两侧不同含气油在密封处的油流交换，也阻止了含气油中的空气进入机内，从而保证了机内氢气的高纯度（一般高于98%），同时还消除了双流环式结构中两侧油压相等时中间出现的死油区。瑞士BBC公司的一台1330MVA、氢压0.42～0.5MPa发电机密封也用此类似结构。

第六节　发电机氢气系统

一、氢气系统特性

大容量水氢氢冷汽轮发电机，为冷却定子铁芯和转子绕组，要求建立一套专门的供气系统。这种系统应能保证给发电机充氢和补氢，自动监视和保持电机内氢气的额定压力、规定的纯度以及冷却器冷端的氢温。

各种不同型号的汽轮发电机，供气系统基本上相同，其主要特性如下。

（1）氢气由中央制氢站或储氢罐提供。

（2）输氢管道上设置有自动氢压调节阀，保持机内为额定氢压。当机内因氢气溶于密封回油被带走或泄漏而使氢压下降和机内氢气纯度下降需要进行排污换气时，可通过调节阀自动补氢。

（3）设置一只氢气干燥器，以除去机内氢气中的水分，保持机内氢气干燥和纯度。

（4）设置一套气体纯度分析仪及气体纯度计，以监视氢气的纯度。有的系统中可能专设一套换气分析仪和换气纯度计，专门用于监视换气的完成情况。

（5）在发电机置换氢气的过程中，采用二氧化碳（或氮气）作为中间介质，用简接方法完成，以防止机内形成空气与氢气混合的易爆炸气体。

图3-47为600MW水氢氢冷汽轮发电机的供气系统简图。

从中央氢气罐来的氢气经减压至650kPa，通过压力调节阀使压力保持在414kPa后进入发电机。

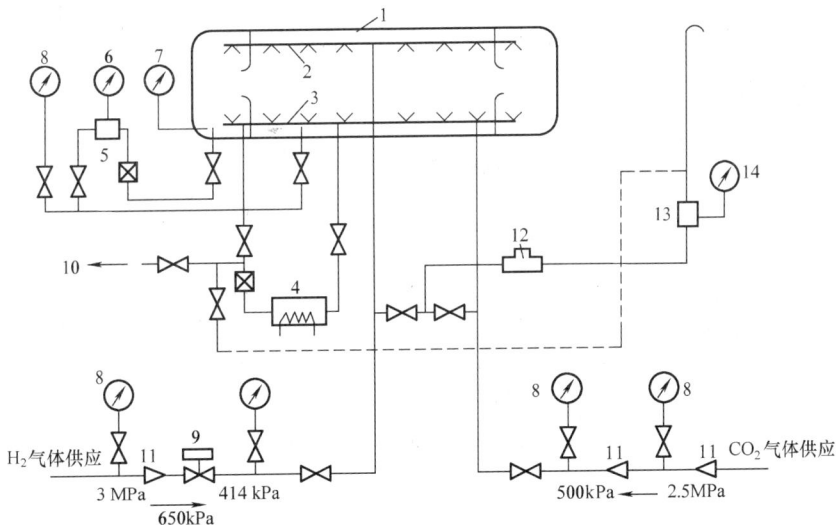

图3-47　600MW水氢氢冷汽轮发电机供气系统简图

1—发电机壳；2—布H₂母管；3—布CO₂母管；4—氢气干燥器；5—氢气纯度分析仪；
6—氢气纯度计；7—气体温度计；8—气体压力指示器；9—H₂气体压力调节阀；
10—至真空泵（在密封油系统）；11—减压阀；12—排气控制阀；
13—换气分析仪；14—换气纯度计

氢气纯度分析仪 5 是利用每一种气体有其独自的导热性（在单位时间内通过单位空间的热量）来测量气体纯度的。当一种气体与另一种气体混合时，混合气体的导热性与气体混合比成正比变化。再按热—电变化原理可测量气体的纯度。它由一个检测器（分析仪）和一个指示仪表组成，用以指示氢气的纯度（仪表指示的是氢气占的百分数，指示范围为 85%～100%），并在氢气纯度低至 90% 时发出报警。分析仪入口，经滤网接至电机内高压风区，其出口，经分析仪的流量计，接至电机内低压风区，靠出、入口间压差，使气体连续通过检测分析仪，并迅速显示氢气纯度的变化。

进入和排出发电机机壳的氢气管道（补 H_2 母管 2）装在发电机上部。进入和排出二氧化碳的管道（补 CO_2 母管 3）装在机壳内下部。为了防止氢气和空气混合成易爆炸的气体，置换过程中，采用二氧化碳作为中间过渡气体。系统在排气通道上专设换气分析仪 13 及换气纯度计 14。纯度计为双读数指示，分别指示 CO_2 中的空气纯度和 CO_2 中的 H_2 纯度，指示范围为 0%～100%，用以监视置换的完成情况。

充氢时，先将密度较大的二氧化碳从机壳下部管道（补 CO_2 母管 3）送入机内，迫使空气从机壳上部的补 H_2 母管 2 经排气控制阀 12 及换气分析仪 13 排向厂外大气，用换气分析仪监视二氧化碳的含量，当二氧化碳含量超过 85% 时，可认为置换空气结束。然后通过机内上部补 H_2 母管向机内充密度较小的氢，使二氧化碳从机内下部补 CO_2 母管经排气控制阀及换气分析仪排向大气。在充氢过程中，监视 H_2 的含量，当 H_2 的含量达到 90% 时，便可停止充氢，待开机后，达到额定转速时，换气分析仪上指示氢的含量将会升至 96.5%，运行后可自动维持在 98% 以上。

排氢时，先将所有与发电机连接的氢气管道阀门关闭，以防氢气漏入机内。然后把氢气压力降到 0.01～0.04MPa，再向机内充二氧化碳，待二氧化碳含量达 95% 以上时停止。再用干燥的空气从电机一端吹入，从另一端排出，2h 后方可打开端盖。

置换过程可以在发电机静止状态下进行，也可以在发电机盘车状态下进行，但不论是在静止状态还是在盘车状态都必须首先开启密封油系统。由于按照密度不同的原理进行 H_2 气和 CO_2 的置换，在盘车状态下需要的气体数量将更大些。在置换过程中，需要的气体量与发电机机壳的容积（包括发电机机壳和管路）有关，600MW 发电机的机壳容积大约在 80～100m³ 左右。置换所需的气体容积和时间，如表 3-3 所示。

表 3-3　　　　　　　　　　　置换所需的气体容积和时间

需要的气体	置　换　运　行	需要气体容积（m³）		估计需要的时间（h）
		盘车状态	停止状态	
CO_2	用纯度为 85% 的 CO_2 驱除空气	150	100	4
H_2	用纯度为 96% 的 H_2 驱除 CO_2	200	140	3
H_2	H_2 压力提高到额定压力：0.3MPa（g）	300		2
CO_2	用纯度为 96% 的 CO_2 驱除 H_2	150	100	4

二、氢气纯度要求

氢气是易燃易爆性气体。在密闭容器中，当氢气与空气混合，氢的含量在 4%～75% 范围内，即形成易爆炸的混合气体。

一般要求发电机内氢气纯度保持在 96% 以上，低于此值时，应进行排污。国外大容量氢冷发电机要求机内的氢气纯度不低于 97% 或 98%。

大容量氢冷发电机内要求保持高纯度的氢气，其主要目的是提高发电机的效率。因为氢气混入空气而使纯度下降时，混合气体的密度增大，发电机的风摩耗也随着上升。据美国 GE 公司介绍，一台运行氢压为 0.5MPa、容量为 907MW 的氢冷发电机，其氢气纯度从 98％降到 95％时，风摩损耗大约增加 32％，即相当于损失 685kW。一般情况下，当机壳内的氢气压力不变时，氢气纯度每降低 1％，其风摩损耗约增加 11％。

在发电机运行中，氢气纯度下降的主要原因是，密封瓦的氢侧回油带入溶解于油的空气，或密封油箱的油位过低时从主油箱的补充油中混入空气，即氢侧油与空侧油发生相互串流时就会降低氢气的纯度。

氢气纯度降低，其中有害杂质主要是水分和空气中的氧。在干燥的氢气中，含氧量的多少也可反映氢气的纯度。因此在有的发电机氢气系统中，通过对含氧量的监视来监视氢气的纯度，一般要求氢气中的含氧量低于 2％。对于大容量发电机，氢气纯度要求更高，要求氢气中的含氧量小于 1％。

三、氢气湿度要求

1. 湿度表示方法

湿度是表示气体中水蒸气含量的一个物理量。氢气湿度的表示方法主要有以下三种。

（1）绝对湿度：是指单位体积气体中所含水蒸气的质量，单位为 g/m³。

（2）相对湿度：是指在某一温度下，单位体积气体所含水蒸气的质量与同温度同体积下饱和水蒸气的质量之比。相对湿度常用％表示。

（3）露点：是指气体在水蒸气含量和气压不变的条件下，冷却到蒸汽饱和（出现结露）时的温度。气体中的水蒸气含量愈少，露点越低。反之，水蒸气含量愈多，露点就高。因此，露点的高低是衡量气体中水蒸气含量的一个尺度。

在不同露点温度下，混合气体中的饱和水蒸气含量见表 3-4。

2. 对机内氢气湿度的要求

氢冷发电机不仅对机内氢气的纯度有规定，而且对机内氢气的湿度也有严格的规定。湿度过高，不仅影响绕组绝缘的电气强度，而且还会加速转子护环的应力腐蚀，以致出现裂纹。

表 3-4　　　　　　　　　不同温度下混合气体中饱和水蒸气含量

温度 （℃）	饱和水蒸气含量 （g/m³）	温度 （℃）	饱和水蒸气含量 （g/m³）	温度 （℃）	饱和水蒸气含量 （g/m³）	温度 （℃）	饱和水蒸气含量 （g/m³）
−15	1.38	−1	4.48	13	11.38	27	25.86
−14	1.51	0	4.84	14	12.1	28	27.33
−13	1.65	1	5.2	15	12.87	29	28.87
−12	1.8	2	5.57	16	13.68	30	30.48
−11	1.96	3	5.96	17	14.53	31	32.17
−10	2.14	4	6.37	18	15.42	32	33.93
−9	2.33	5	6.81	19	16.37	33	35.78
−8	2.53	6	7.28	20	17.36	34	37.72
−7	2.75	7	7.77	21	18.4	35	39.74
−6	2.99	8	8.29	22	19.5	36	41.86
−5	3.25	9	8.84	23	20.65	37	44.07
−4	3.52	10	9.43	24	21.86	38	46.37
−3	3.82	11	10.04	25	23.13	39	48.79
−2	4.14	12	10.69	26	24.46	40	51.32

随着湿度影响研究的深入和大容量发电机投入运行，我国对氢冷发电机氢气湿度也规定了新的技术要求。根据国家标准《透平型同步电机技术要求》（GB/T 7064—1996），停机时不排氢状态下且最低环境温度为5℃时发电机内的氢气湿度不应超过 4g/m³。以后，在 GB/T 7064—1996基础上，又颁发了适用于国产200MW 及以上氢冷发电机的，即我国电力行业标准《氢冷发电机氢气湿度的技术要求》（DL/T651—1998），规定机内氢气和供发电机充、补氢用的新鲜氢气，湿度均以露点表示，其标准如下：

（1）发电机在运行氢压下的氢气允许湿度高限，应按发电机内的最低温度由表 3-5 查得；允许湿度的低限为露点温度 $t_d = -25℃$。

表 3-5 　　　　　　　发电机内最低温度值与允许氢气湿度高限值的关系

发电机内最低温度（℃）	5	≥10
发电机在运行氢压下的氢气允许湿度高限（℃）	露点温度 $t_d < -5$	露点温度 $t_d < 0$

注　发电机内最低温度，可按如下规定确定：

(1) 稳定运行中的发电机：以冷氢温度和内冷水入口水温中的较低值，作为发电机内的最低温度值。

(2) 停运和开、停机过程中的发电机：以冷氢温度、内冷水入口水温、定子线棒温度和定子铁芯温度中的最低值，作为发电机内的最低温度值。

（2）供发电机充氢、补氢用的新鲜氢气在常压下的允许湿度：对新建、扩建发电厂，露点温度 $t_d \leqslant -50℃$（相当于饱和水蒸气含量 $0.037g/m³$）；对已建发电厂，露点温度 $t_d \leqslant -25℃$（相当于饱和水蒸气含量 $0.55g/m³$）。

对进口的发电机，应按制造厂规定的氢气湿度标准掌握，如制造厂无明确规定时，应按本标准执行。

在新的湿度标准中，不但规定了机内允许湿度的高限，而且规定了机内允许湿度的低限。规定低限，主要是怕气体太干燥引起绝缘材料收缩，造成固定结构松弛，甚至会使绝缘垫块产生裂纹。

在表 3-5 中，机内最低温度为5℃时，允许湿度高限为露点温度 $t_d = -5℃$。从表 3-4 中查得：$t_d = -5℃$ 时的饱和水蒸气含量为 $3.25g/m³$，而机内温度为5℃时的饱和水蒸气含量为 $6.81g/m³$，可求得相应的相对湿度为 $3.25/6.81 = 47.7\%$，接近50%。同样，可求得机内温度为10℃，其允许露点温度 $t_d = 0℃$ 时，相应的相对湿度为 $4.84/9.43 = 51.3\%$，也接近50%。显然，新的机内湿度标准也是以相对湿度不超过50%为原则定出的。据有关报道，对于某些转子护环钢（如 18Mn5Cr），裂纹的扩展速度在相对湿度超过50%～60%后明显加快。

3. 氢气湿度过高的影响

机内氢气湿度过高时，一方面会降低氢气纯度，使风摩损耗增大，效率降低；另一面还会降低绕组绝缘的电气强度，特别是达到露点时状态。正常运行的水内冷发电机，机内温度的最低点，是定子端部进水侧的聚四氟乙烯绝缘引水管，而这绝缘引水管却又是承受最高的对地电压，一旦在聚四氟乙烯绝缘引水管表面发生结露就可能导致定子绕组接地或相间短路。最严重的是湿度过高，还会加速转子护环的应力腐蚀，特别是在较高的工作温度下，湿度又很大时，应力腐蚀会使转子护环出现裂纹，而且会很快地发展。

机内氢气湿度过高的主要原因有以下几种：

（1）可能是制氢站出口的氢气湿度过高。

（2）可能是氢气冷却器漏水，对于水氢氢冷却方式或水水氢冷却方式的发电机，还有可能是定、转子绕组的直接冷却系统漏水。

（3）密封油的含水量过大或氢侧回油量过大。如果轴封系统中氢侧回油量大，再加上油中含水量大（要求含水量控制在 500×10^{-6} 以下），从密封瓦的氢侧回油中出来的水蒸气就会严重影响机壳内氢气湿度。

（4）机旁的连续干燥器（循环干燥器）工作不正常（一般会发出报警信号）。

四、氢气干燥

1. 胶吸附器

硅胶吸附器接在发电机的通风回路（见图 3-47）中，一侧与机内高压风区相连接，另一侧与机内低压风区相连接，利用风扇压差连续不断地将小流量氢通过干燥器干燥。干燥剂采硅胶，受潮后呈粉红色，加热去潮后又恢复呈蓝色。干燥器有体内再生功能，干燥剂吸潮失效后，可通过干燥器内的电热元件对其进行加温排湿。再生时先进行阀门切换，关闭 H_2 的进出通道，开启至真空泵阀门排除湿气，投入加热器，电热元件自动控制温度在 $130 \sim 150℃$ 范围之内。借风扇两侧压力差使机内全部气体在一天内能通过干燥器 $3 \sim 4$ 次为宜。

2. 分子筛吸附装置

分子筛吸附装置内共有两套分子筛吸附器（或称干燥器），一套运行，另一套再生，见图 3-48 中 7，即见图 3-49。通过干燥器的氢，气体中含湿量几乎全部被分子筛吸附，出口氢的露点可以达到 $-60℃$ 以下。因为分子筛具有极强的吸附水的能力，因此也很快失效，所以两套干燥器设定自动定时互相切换（每 6h 为一周期）。再生时采用体内电加热，将分子筛加热到 300℃ 以上，放出湿气，然后用干燥的氢气反方向通过干燥器，带走湿气排入大气。干燥用的氢取自工作的干燥器出口，耗用量约为 5% 通过干燥器出口的干燥氢气，可用节流孔板控制流量。

3. 制氢站

制氢原理是，用 KOH 溶液作为电解质来电解水。电解后的生成物是氢气和氧气，从制氢装置出口，先后通过冷却器 4，分子筛干燥器 7，再各自通过一台气体压缩机，将气体压缩成高压状态，分别进入储氢罐和氧气瓶。电解槽出口的氢气湿度决定于氢气冷却器的冷却水温。如果夏季工业水温 33℃，假定冷却器无端差，则氢的绝对湿度能达 $35.68g/m^3$。就将此氢送往储氢罐或发电机，湿度肯定超标。因此，必须将此氢气通过分子筛吸附器，除去氢气中的水分后才能送出。进入储氢罐前的压缩过程又进一步排除残余含湿量。

如某发电厂储氢罐共有 12 只，每只容积为 $1.59m^3$，设

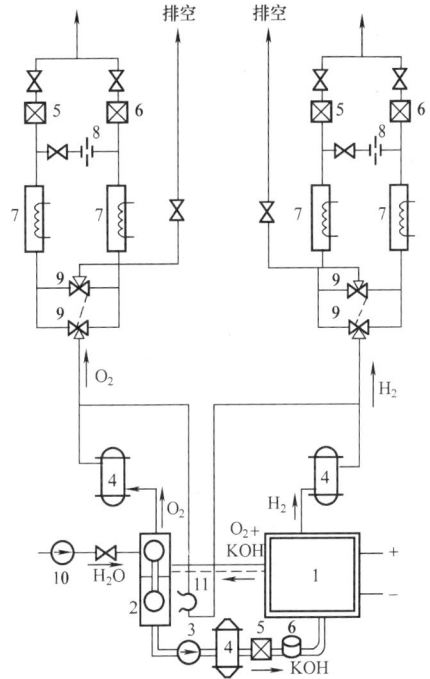

图 3-48 制氢装置系统图

1—电解槽；2—气液分离器；3—KOH 循环泵；4—冷却器；5—过滤器；6—流量孔板；7—分子栅干燥器；8—节流孔板；9—双向切换阀；10—补给水泵；11—压差控制磁性浮筒

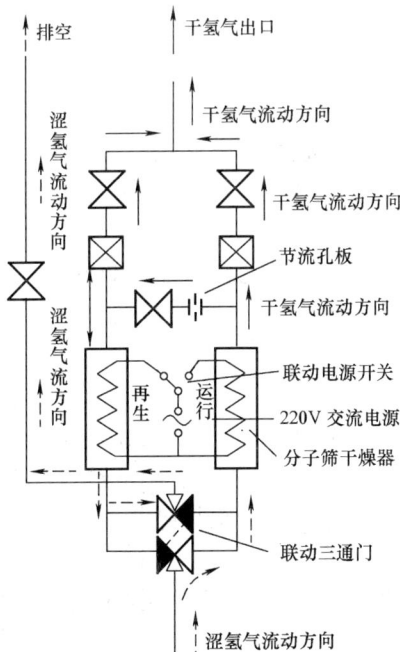

图 3-49 分子栅干燥器工作流程图

计工作压力为 16.5MPa，因此储氢容量为：$165×1.59×12＝3150$（m^3）（标），若发电机漏氢量为 18m^3/天，则足够供给一台发电机使用 175 天。因此，电解槽可以长期置于备用状态。另外，储氢罐体积小，便于运输，可以供给就近发电厂使用。

制氢装置系统，见图 3-48。

第七节　发电机定子水冷却系统

对大容量汽轮发电机，定子绕组水冷系统有如下基本要求：

（1）供给额定的冷却水流量。

（2）控制进水温度达到要求值。

（3）保持高质量的冷却水质。一般要求冷却水的电导率低于 5μS/cm（S 为西门子），最高不大于 10μS/cm（25℃时），否则应停机。

水氢氢冷发电机定子绕组的水冷系统都大同小异，其基本组成是：一只水箱、两台 100% 互为备用的冷却水泵、两只 100% 的冷却器、两只过滤器、一至两台离子交换树脂混床（除盐混床）、进入定子绕组的冷却水的温度调节器以及一些常规阀门和监测仪表。

一、定子绕组水冷系统实例

600MW 水氢氢冷发电机定子绕组水冷系统，其典型原理如图 3-50 所示。

水冷系统的有关参数如下：

进水压力：0.392MPa；

冷却水流量：80m^3/h；

电机内的水容积：0.38m^3；

进水电导率：$0.5～1.5\mu$S/cm（25℃时）；

进水温度：45～50℃（60℃报警）；

出水温度：75～80℃（90℃报警）；

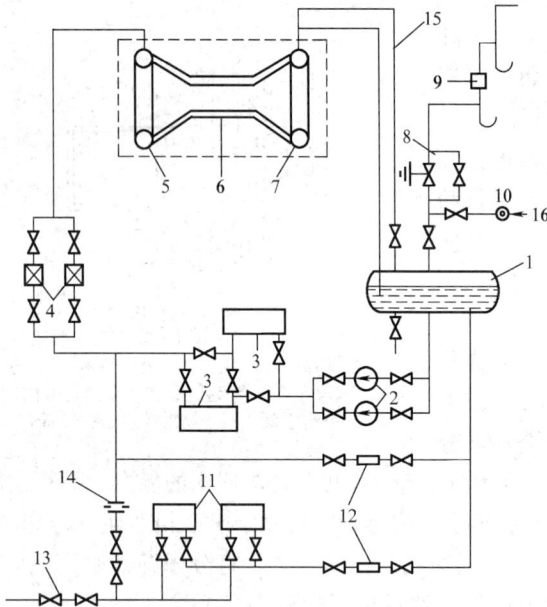

图 3-50　600MW 水氢氢冷发电机定子绕组水冷系统原理图

1—水箱；2—水泵；3—冷却器；4—滤网；5—进水母管；6—定子线棒；7—出水汇水母管；8—安全门；9—气体流量计；10—氢气自动调压阀；11—除盐混床；12—电导率表；13—补水调压门；14—节流孔板；15—防虹吸管道；16—氢系统表

水泵出口压力：0.8MPa。

冷却水系统有以下特点：

（1）对冷却水质要求高：正常运行时，进水电导率要求达到 $0.5～1.5\mu$S/cm，高报警值 5μS/cm，高高报警值为 9.5μS/cm。为了达到高的冷却水水质要求，系统中设置了连续运行的除盐混床 11，约有 5%～10% 的冷却水，从冷却器 3 出口，经节流孔板 14、除盐混床 11、电导率表 12 回到水箱 1。除盐装置出口的电导率要求达到 0.1～0.4μS/cm。

当系统中水箱水位降至要求补水时，由化学除盐系统来的除盐水，经减压阀和调节阀先进入本系统的除盐装置后，再进入水箱。

每台除盐装置装 0.14m^3 H-OH 非再生树脂，阴阳树脂比为 1：1。离子交换器所使用的树脂寿命较长，可使用一年以上，在整个寿命期间可吸附 4kg 左右总溶解固态物。除盐混床中最大流量为 11.4t/h，水温不得超过 60℃。正常运行中的冷却水质较好，除盐流量可调到非常小仍能满足要求。

（2）为了防止运行中冷却水质被污染，冷却水系统中的所有设备和管道阀门均由防锈材料制成。此外，在水箱上部空间充以氢气，使水与氧气隔绝，防止发电机定子绕组空心导线内壁和管道内壁被氧气及渗入的 CO_2 腐蚀。

水箱充氢后，冷却水中有饱和的溶解氢，这样可使机壳内的氢气，通过绝缘引水管的渗透量大为减小，从而降低了机壳内氢气的损耗，提高了氢气的纯度。

水箱上部的氢气压力维持在 14kPa。其气源是由氢气系统母管，经过一级减压阀，通过氢气自动调压阀 10 保持在 14kPa，调压阀后设安全门 8；当氢压高至 35kPa 时，安全门动作，安全门排气管通过一只气体流量计 9 排至室外。

（3）正常运行时，发电机机壳内的氢压大于定子绕组冷却水的水压，其压差降低到 35kPa 时，有一只压差继电器发出报警。其目的是万一机壳的水系统（汇流母管、绝缘引水管、空心导线）泄漏时，冷却水不致漏出，引起对地绝缘损坏，而只是氢漏入水系统。此时水箱的氢压会很快升高，直至安全门动作。连接在安全门排气口的气体流量计会累计逸出的氢气量。如果在关闭水箱充氢阀门后，气体流量计继续走动，就可判断机内水系统泄漏。西屋公司规定在 24h 内流量计读数超过 14m³ 时就必须停机。

（4）发电机在主厂房 13m 标高处，而水冷系统布置在主厂房的 0m 层，高差相差 13m。因此在发电机定子出水汇水母管 7 回流至水箱时，可能产生虹吸作用，致使出水汇水母管处产生负压，80℃ 的水温下可能发生汽化，造成线棒内气塞。为了消除这种危险现象，系统中设计了一根防虹吸管道 15。该管一端接至出水汇水母管 7 的上部，另一端接至水箱 1 的顶部（充氢空间），使母管经常保持 14kPa 的正压，防止虹吸发生。

（5）系统中主水路上不设流量计，也无自动调节阀门，因系统中的流量只决定于系统的阻力，只要调整绕组进水压力到规定值，就确保了正常状态下的流量。断水保护是根据绕组进出口压差来监视的。发电机断水时，只允许在 100% 额定电流下运行 5s，如果在 5s 内不能恢复，则由计算机控制系统自动将负荷降到 15% 再运行 1h。

（6）发电机共有 42 个上层线棒和 42 个下层线棒，每个线棒是一个水的分支路，励侧和汽侧各引出 84 根绝缘引水管，分别接到进、出水汇水母管 5 和 7 上。在出水母管 84 个接头中，每个都装设 1 个热电偶，用来监测每一水支路的出水温度。西屋公司规定，42 个上层线棒之间和 42 个下层线棒之间，出水温差都不得超过 7.9℃。84 个热电偶温度测点全部接入计算机，当温差大于 7.9℃ 时发出报警，此时应停机检查。这是监视内冷水路各部阻塞的措施。

（7）发电机定子绕组冷却水（即除盐水）的热量是靠冷却器的冷却水带走的，调节冷却器的冷却水的流量，就改变了冷却器的冷却能力，从而调节了发电机定子绕组的冷却水温。进入定子的水温为 45～50℃ 的规定是比较严格的，不能高于 50℃，也不能低于 45℃，其原因是考虑到发电机定子铁芯和定子线棒因温度差而引起的相对位移，位移过大，可能使线棒绝缘表面损伤。

（8）整个水内冷系统自动化水平较高。冷却水系统的温度调节是由计算机控制系统的一个子系统来完成。调节量是进入发电机的冷却水温，调节对象是冷却器冷却水的出口阀门。

此外，冷却水系统中设有进水温度高/低、出水温度高、氢—水压差低、进出水压差低/高、水箱压力高/低、滤网压降高、进水导电率高、水箱水位高/低等报警装置。还有两台水泵互相自投的功能和水箱水位自动补水功能。

二、几座电厂定子绕组冷却水系统特点

北仑电厂、石洞口二电厂的 600MW 水氢氢冷汽轮发电机定子绕组冷却水系统见图3-51（a）

和(b)。两座电厂的定子水系统分别由东芝和美国ABB公司供货，与平圩电厂考核型机组基本相同，但也各有特点，分别叙述如下。

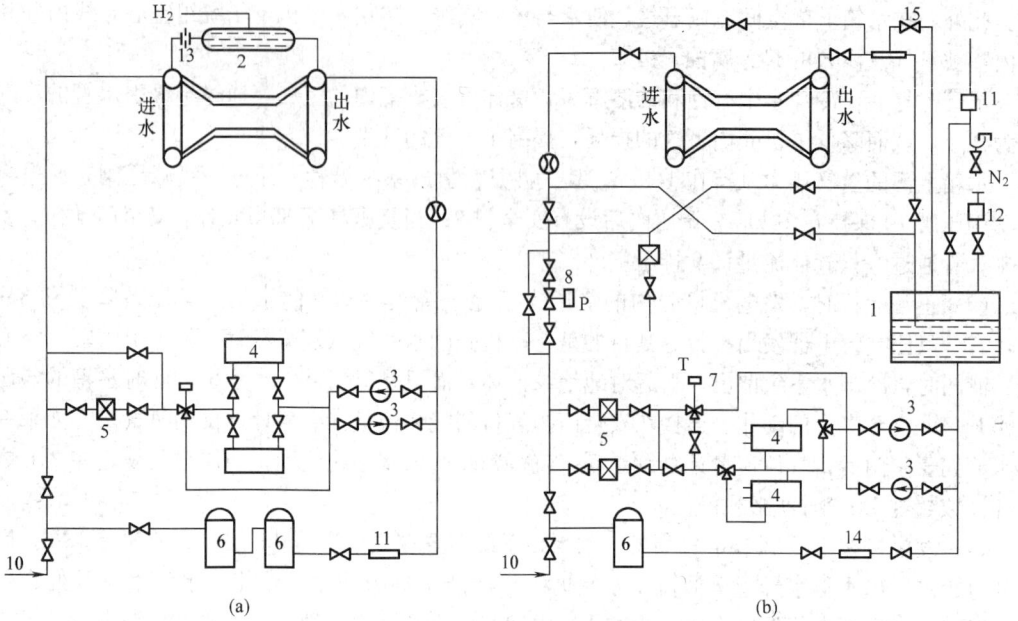

图 3-51　600MW 水氢氢冷汽轮发电机定子绕组冷却水系统原理图

(a) 北仑电厂一期冷却水系统；(b) 石洞口二电厂冷却水系统

1—缓冲水箱；2—膨胀水箱；3—冷却水箱；4—水冷却器；5—滤网；6—除盐装置；

7—水温调节阀；8—水压调节阀；9—流量孔板；10—进补给水；11—H_2 传感器；

12—充 N_2 流量计；13—节流孔板；14—电导率计；15—虹吸破坏阀

1. 系统水箱与管道布置

北仑电厂一期配有反冲洗管道系统，检修时可以通过阀门切换，将发电机定子绕组进、出水母管互相倒换，以便冲走堵塞在定子绕组水路中的杂质。石洞口二电厂的冷却水系统中没有缓冲水箱 1（一般布置在 0m 层），但在发电机外壳的顶部，纵向装设一只细长的圆柱形容器（膨胀水箱 2），其两端分别接到进、出水母管上，利用进出口压差通过进水侧管路上的节流孔板控制，使容器中具有一定的水位和水流量。容器上部空间充 0.05MPa 压力的氢气。因这只容器的位置在整个冷却水系统的最高点，故它既作为水的膨胀箱，又可作为整个冷却水系统（包括定子绕组空心导线）的排气。

2. 冷却水流量及水温调节

定子绕组冷却水流量：平圩电厂考核型机组冷却水系统未设流量计，也无进水压力自动调节装置；北仑电厂一期冷却水系统有流量监测，还有进水压力自动调节装置；石洞口二电厂冷却水系统有流量监测，但无进水压力自动调节装置。

三座电厂都设有冷却水温自动调节装置，但直接调节对象有所不同。平圩电厂冷却水系统的直接调节对象是调节冷却器的冷却水（循环水）流量，而北仑电厂一期和石洞口二电厂冷却水系统的直接调节对象是用比例阀来混合冷却器出来的冷水和水泵输出未经冷却的热水。所以，即使发电机负载变化，定子冷却水的入口温度也可保持在恒定值。

3. 高品质的冷却水质

三座电厂的机内冷却水系统中均设有连续运行的除盐混床。通过混床的流量：平圩电厂为 4

~8t/h，北仑电厂一期为 6t/h，石洞口二电厂为 2～3t/h。由于连续除盐去除杂质，内冷水的进水电导率很低：平圩电厂为 0.5～1.5μS/cm，石洞口二电厂达 0.3μS/cm。为了防止系统的氧腐蚀，平圩电厂的冷却水箱上部空间充氢，保持 14kPa 的氢压；北仑电厂一期的水箱充氮；石洞口二电厂的膨胀箱上部也充氢，保持 50kPa 氢压。

4. 防止冷却水汽化措施

平圩电厂和北仑电厂一期的冷却水系统中配有破坏虹吸的管道，即从水箱上部空间接出一管道，连接到发电机出水母管或母管出来后的一小段扩大管（处于水系统最高处）上。由于水箱上部是充压的，使发电机出水母管保持同样的正压，可防止虹吸作用。石洞口二电厂没有 0m 层水箱，但由于其膨胀箱置于整个冷却水系统的最高位置，并充有 50kPa 氢压，所以发电机定子绕组出水母管处不会出现负压，在出水温度下不会产生水的汽化。

5. 防漏报警

水氢氢冷发电机一般是氢压高于水压，当发生渗漏时，水难于渗入发电机，而氢则会渗入水系统。当水中溶解的氢达到饱和时，会在缓冲水箱上部空间释放氢气，使水箱压力逐渐升高。为了监测机内的渗漏，平圩电厂的水箱排空管道上装有气体流量计，当一天的排空流量达到 14m³ 时，须停机检查泄漏部位；北仑电厂一期的排空管道上装有气敏元件，当氢气浓度达到某一设定值时发出报警信号；石洞口二电厂则为，当膨胀箱的压力超过 50kPa 时，发出报警信号。

6. 断水保护

平圩电厂以发电机进、出水母管的压力差为整定值，当达到整定值时，将负荷在 2s 内降到 15% 额定出力。如 1h 以内仍不能恢复，则自动跳闸停机。北仑电厂一期以进入定子绕组流量来监视，当达到整定值时，将负荷降至 190MW，如 1h 不能恢复，则跳闸。石洞口二电厂则以水泵出力来监视。当水泵流量降低时，则第二台水泵自起动，如水泵流量仍小于 80m³/h（80% 额定流量）时，则跳闸停机。

第八节 发电机测温

一、发电机测温元件配置

为监视发电机的运行状态，必须有完善的温度监测装置，以测量定子绕组温度、定子铁芯温度、冷氢和热氢的温度、冷却绕组的凝结水（除盐水）温度、氢气冷却器的冷却水的温度、密封油和轴承油的温度，以及励磁系统部件自身轴承油的温度等。

不同型号的 600MW 水氢氢冷汽轮发电机测温元件的配置总体上基本相同。测温元件主要有热电阻和热电偶两种。在此仅介绍国产 QFSN-600-2YH 型汽轮发电机测温元件的配置。

1. 定子铁芯测温

原则上是可能的最热点处都应配置测温元件。

在定子边段铁芯、压指及磁屏蔽上设置热电偶，汽、励两端各 6 个。在定子铁芯中部两个热风区的齿部和轭部各埋设 2 个热电偶，两个热风区共 4 个热电偶。定子铁芯测温元件总计为 14 个热电偶。

2. 定子绕组及主引线测温

在汽端定子槽部上下层线棒之间埋设热电阻测温元件，每槽 1 个共 42 个。在汽端出水汇流管的水接头上设置测出水温度的热电偶，每个接头 1 个共 84 个。

在出线盒小汇流管的水接头上各装 1 个热电偶，测主引线及 6 个出线瓷套端子的回水温度，共6个热电偶元件。

3. 定子绕组冷却水汇流管测温

在励端进水汇流管和汽端出水汇流管上各设1个双支线式（即有三根引出线）热电偶，共2个双支线式热电偶。

4. 冷却器外罩测温

在汽端和励端冷却器罩的冷风侧和热风侧各设置1个双支线式电阻测温元件，两端共4个。

5. 轴承测温

在汽、励两端轴承瓦块上各设一个双支线式热电偶，共2个双支线式热电偶。

二、发电机绝缘工况监视仪

在平圩电厂引进600MW汽轮发电机的氢气系统中设有一台工况监视仪（Condition Monitor），现在国产的类似产品也已经有生产。工况监视仪用于监视发电机内绝缘材料的局部过热，其工作原理如下。

发电机铁芯表面和绕组表面的绝缘涂层如果受到局部过热，当温度升高到150～200℃时，即能从涂层的热分解中产生一些热解粒子，这些粒子的直径1nm～1μm，并扩散到氢气中。仪器的关键部件是一个离子小室，发电机内从氢气的高压区和低压区分别接两根管道到离子小室，有一个可调节流量的装置使离子室中通过一股恒定流量的氢气。离子小室中有以钍－232元素作为微量离子源，气流将离子带入有－10V电极的离子收集室形成一离子电流，其数量级为10～12A，经放大后将信号送到仪表和报警元件。当氢气中有热解粒子时，由于粒子直径大于离子，室中电荷/质量比约下降1000倍，因而使原有离子电流大幅度下降（约下降50%），利用离子流的变化发出报警信号和跳闸信号。仪器的氢气入口处有一试验用的热解粒子发生器，它是一个涂以热解物质的电热元件，当电热元件通电加温时即能产生热解粒子，以便观察本仪器是否正确动作。

工况监视仪灵敏度高，能测出半径为16nm、密度为10μg/m³的粒子，以及半径为1μm、密度为0.1g/m³的粒子。当发电机内有面积大于600mm²、温度高于200℃的局部过热即能反映。所以，工况监视仪实际是一台氢冷发电机局部过热早期故障探测器。

三、无线电频率监视仪

无线电频率监视仪是一台对氢冷发电机的在线局部放电监测仪。平圩电厂600MW发电机上装有这种监测仪。其原理是：当发电机内部发生局部放电时就有高频电流通过发电机中性点的回路，在中性点接地回路中设置一只高频贯穿式电流互感器，其二次侧送至本监测仪，经放大、滤波、限频后，接收其中心频率为1MHz、频宽为5kHz的高频信号，提供指示仪表与报警。当信号达到更高的整定值时，发出停机报警。本仪器能辨别区外电气设备的放电及机器内部的高频噪声，正确测出发电机本身的局部放电。

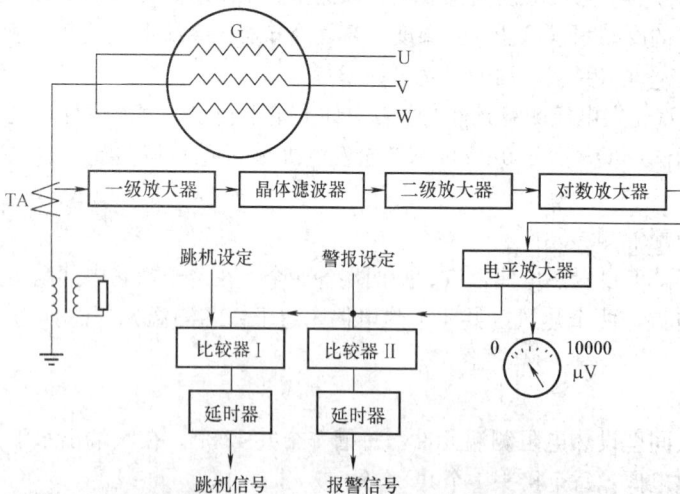

图3-52 无线电频率监视仪原理接线图

无线电频率监视仪原理接线图如图 3-52 所示。第一级放大器设在晶体滤波器之前，作用是将来自高频 TA 的微弱信号放大，并使与晶体滤波器的输入阻抗相匹配。晶体滤波器是本机的首级频带限制元件，其目的是降低频外信号的影响（如放大器噪声和低频电源的暂态效应），并提高增益进入第二级放大器。晶体滤波器的中心频率为 1MHz，具有 3dB、5kHz 的频带宽。第二级放大器提供适当的信号幅度使对数放大器能正确的工作。对数放大器有七级等增益的放大器，从输入到输出逐级放大，总增益大于 3160，送入下一级电平放大器，然后通过比较器和延时器，发出报警信号和停机信号。

复 习 思 考 题

3.1　发电机定子铁芯和机座之间的弹性连接有哪几种？

3.2　大容量发电机铁芯的通风冷却有哪几种方式？

3.3　线棒在槽内各股线为什么要进行换位？如何换位？

3.4　说明定子绕组的股间绝缘、排间绝缘和线棒的主绝缘。主绝缘外面的半导体层起什么作用？

3.5　定子线棒的槽内部分和端部处为什么要固定？如何固定？

3.6　汽轮发电机的冷却方式主要有哪几种？

3.7　转子冷却有气隙取气斜流通风式和两侧高压强迫轴向通风式两种，说明其风道的结构。

3.8　环式油密封主要有哪几种？说明其优缺点。

3.9　说明氢气湿度和氢气纯度的要求和其危害性。

3.10　背画水氢氢冷发电机定子绕组水冷系统图。

3.11　水氢氢冷发电机定子水箱充氢（或充氮）后的目的是什么？如何监视水系统泄漏？

第四章

汽轮发电机正常运行

第一节　大型发电机运行性能和特点

一、功率因数和短路比

发展大电网、大机组后，大机组一般直接接入高压主电网，特别是有的还远离负荷中心，不大可能将发电机的无功功率送到用户。高压电网不同电压等级之间，原则上不进行无功传递。大机组送出的无功功率，主要是满足配出电压网分层平衡的要求。发电厂送出的超高压长线路，由于系统稳定条件的限制，输出的有功功率，不会过多地超过线路的自然功率。一般通过高压长距离送电的大机组的功率因数都比较高。从国外看，接到 400～765kV 电网的发电机的功率因数，大部分在 cosφ＝0.9 以上。随着功率因数的升高，短路比下降，但由于 AVR 的普遍采用，电机的稳定度有了保证且有充分裕度。因此国际上规定，短路比不得小于 0.4。

二、进相运行能力

500kV 线路的充电功率，约为 100Mvar/100km，当线路输送的有功功率低于自然功率时，线路将出现剩余的充电功率。按照无功分层平衡的原则，需要在线路两侧分别加以吸收，一种办法是，装设可投切的电抗器；另一种方法是，由发电机吸收。而后者是最简单、经济而现实可行的办法。发电机在高功率因数或进相运行已成电网的迫切需要。近年来，全国各地对各种类型机组，都做了不少进相运行试验，从试验结果看，合理规定发电机进相运行范围，不会导致失稳或设备损坏。国际大电网会议发电机组认为，根据大量的运行经验及试验结果，对发电机吸收无功功率的能力提出建议：所有短路比不小于 0.4 的发电机，应能在额定有功功率运行时，吸收功率因数为进相 0.95 时的无功功率。

三、失磁问题

发电机失磁，不仅使定子端部发热，而且由送出无功变为吸收无功，严重时会造成端电压过低，影响厂用电动机的正常运行。为此，曾经规定，所有发电机组都应装有失磁保护，一旦失磁，直接跳闸发电机。在大机组满负荷运行时，失磁突然跳闸，从保电网安全的角度看，虽失去部分有功功率，但可避免系统电压崩溃的危险，是可取的方法。

但是，在大量机组失磁事故中，有些发电机失磁而未解列，从而进入了异步运行状态。这时当排除励磁系统故障或投入备用励磁机后，就能重新恢复同步运行。近年来，在一批 100MW 及 200MW 机组上做了失磁试验，积累了不少经验，取得了较好效果。

其他国家对大机组失磁异步运行问题，通过大量研究和试验证明：容量不超过 800MW 的双极汽轮发电机，若失磁机组快速减负荷（有功）到允许水平，只要电网有相应无功储备，即可确保电网电压；若失磁机组的厂用电保持正常工作，失磁机组可不跳闸，尽快在恢复励磁后恢复正常运行。由于失磁运行受到机组设计特点、电网条件等限制，所以机组失磁后的处理，要根据机组本身特点及所处电网条件而定。

四、负序电流能力

当系统发生不对称短路或三相负荷不对称时，汽轮发电机定子绕组会出现负序电流，此时，转子的所有金属部件（包括转子本体、槽楔、阻尼条、护环）上会出现倍频电流，产生局部过热。若机组自然振动频率接近两倍工频时，还可能激发起轴系的机电谐振，造成严重的设备损坏。所以对机组本身而言，不希望出现负序电流，或者使负序电流尽量小些。一般规定：允许长期运行的负序电流数值为 $5\% \sim 10\% I_N$。另外，允许承受的暂态负序电流能力以 $I_2^2 t < A$ 来确定，A 值表示某种程度转子各部损耗的总和，其主要决定于发电机本身设计、结构和应用材料。从机组本身考虑，希望 A 值低些，但从系统运行考虑，A 值太小，将导致运行不灵活。对大机组 I_2 及 $I_2^2 t$ 的值，现在得到广泛支持的建议是：对直接冷却的汽轮发电机，容量在 960MW 以下，$I_2 \leqslant 8\% I_N$；容量在 800MW 以下，$I_2^2 t \leqslant 10\%$。对于 800MW 以上机组，可以按 $A = 10 - 0.0065(S_N - 800)$ 计算，S_N 为发电机容量（MW）。

为了保证机组安全，又要适应系统要求，现在大型机组，都在设计结构和材料上考虑了这些能力，600MW 发电机转子都有阻尼绕组，长、短期的负序能力都能满足以上要求。从电网方面也要采取措施，以保证大机组安全，如防止断路器失灵而造成非全相运行。一旦发生非全相运行，发电机应迅速和电网解列并灭磁。一般发电厂，发电机与主变压器、厂用总变压器连接的发电机—变压器组系统，发电机均未装出口断路器，一旦主变压器出口高压断路器发生非全相运行，唯一的保护是励磁断路器跳闸，即使正常跳闸，也由于大型发电机时间常数很大，通过发电机的 $I_2^2 t$ 值仍然很大，超过允许值，仍然会对发电机有一定危害。如励磁断路器拒跳，将造成严重后果。因此，主变压器高压侧断路器应选用性能好、三相联动操作的断路器，并应将非全相运行、负序、断路器失灵等保护投入运行。

五、快速励磁

大型 600MW 机组，都安装有高起始快速响应励磁系统。对远距离输电的送端机组，快速励磁系统强励倍数高，可提高输送能力；而对受端机组，快速励磁对支撑电压作用也很大，是维持静态稳定的有效措施，它对提高暂态稳定也有很好效果。但它的不良影响是负阻尼效应，会对电力系统动态稳定产生不利影响，有时会引起小幅度的低频（0.2~2.5Hz）振荡。为改善这种特性，可以安装电力系统稳定器（PSS）来解决。例如，通过引入一个附加的与 $\Delta \delta$ 的变化有关的信号，输入到电压调节器，并通过电压调节器向系统提供正阻尼，以提高系统的动态稳定性。附加信号一般取功率、频率或速度，如西屋公司的系统稳定器输入信号，选取的是发电机的转速信号。

六、轴系扭振

国外在 20 世纪 70 年代即开始研究认为：大电网与大机组间相互作用，可产生两种不同性质的冲击，影响轴系强度。第一种是，电网工况异常，如短路、重合闸、系统振荡或误并列。另一种是，大机组发生机械和电气之间的扭应力谐振，如工频与两倍工频谐振以及次同步谐振等。由以上两种因素造成的轴系损害和叶片断裂，是大机组并入大电网后，要引起高度重视的问题。小机组由于强度裕度大，问题不突出。为了保护大机组，除了电力系统在运行方式、继电保护方面尽力避免、躲开或作限制，以及制造单位对电机强度设计标准寻求合理的规定外，尚须加强运行监测。

由于大机组轴系所承受的冲击和扭振，其疲劳损耗是积累的，一旦积累的损耗超出寿命极限，即可突发造成严重的损坏事故。目前，国际上已有一些国家，对 600~700MW 机组装设的监测疲劳损耗的设备运行情况总结发现，这些装置均能完整地记录各种电气和热力参数，打印出定子绕组承受应力程度、联轴器变形、轴系疲劳损耗以及积累值等，提高了对机组的安全监视能力。

第二节　大型发电机出力

大型发电机组的出力，可以分为有功出力和无功出力。有功出力主要是由汽轮机的出力来决定的。大型发电机和汽轮机虽然有的是属于两个工厂分别制造的，但是两者却作为一个整体，以《汽轮发电机组》的形式销售给用户，其出力、效率和其他经济性能，都是对汽轮发电机组整体而言。虽然发电机有其本身的各项技术经济指标（铭牌），也必须符合汽轮发电机组整体的指标。所以发电机的出力，有以下几种与汽轮机相对应工况下的定义。

一、铭牌工况

以铭牌额定功率（当采用自并励静止励磁时，此功率应已扣除了励磁功率）输出的汽轮发电机组，应能在下列条件下，安全、经济连续运行，此工况称为铭牌工况。此工况下的汽轮机进汽量，称为铭牌进汽量，此工况也是出力保证值的验收出力。此时，机组的净热耗值，应不大于卖方的保证值。

(1) 在额定主蒸汽及再热蒸汽参数时，汽水品质符合规定；

(2) 汽轮机低压缸平均排汽压力为设计值，或者冷却水温度为设计值；

(3) 补给水量不大于设计值（设计值一般为3%）；

(4) 设计的最终给水温度；

(5) 全部回热系统正常运行；

(6) 两台汽动给水泵投入运行；

(7) 发电机的电压、频率、功率因数、氢压均为额定值，冷却器冷却水温为设计值。

二、最大保证出力（T-MCR）工况

汽轮机进汽量等于铭牌进汽量，在下列条件下安全连续运行。此工况下发电机输出的功率（当采用自并励静止励磁时，此功率应已扣除了励磁功率）称为最大保证出力（T-MCR），此工况也称为最大保证工况。

(1) 主蒸汽及再热蒸汽参数为额定值，并符合所规定的汽水品质；

(2) 汽轮机低压缸平均排汽压力为设计值，或者冷却水温度为设计值；

(3) 补给水量为零；

(4) 设计的最终给水温度；

(5) 全部回热系统正常运行；

(6) 两台汽动给水泵投入运行；

(7) 发电机的电压、频率、功率因数、氢压为额定值，冷却器冷却水温为设计值。

三、调节阀全开（VWO）工况

汽轮发电机组，应能在汽轮机所有调节阀全部开足（VWO），其他条件同上述二条时，汽轮机的进汽量应不小于105%的铭牌工况（T-MCR）进汽量，此工况称为VWO工况。如果主蒸汽压力再提高到105%额定值，此工况称为VWO+5%OP工况，此时汽轮机的输入功率达到了最大（到了不能再大的程度）。发电机应能与汽轮机VWO+5%OP工况出力相匹配，能够长期连续运行。相对应的主变压器，还能在不带厂用电的工况下，长期通过发电机的输出功率，且其上层油温不超过设计值。

第三节 大型发电机额定值

除了上述发电机的出力概念以外，发电机还有其本身的额定值。如第三章第一节和第四章第一节所述。此外，还有氢、油、水系统的技术指标。

第四节 大型发电机运行可靠性及影响使用寿命因素

一、设备运行可靠性

设备运行的可靠性，与设备制造质量、安装质量、调试水平、运行管理、检修质量等因素有关。国际上的"交钥匙"工程中，设备的安装调试，都由设备供应方负责。有的发电厂，机组运行中的诊断，也请设备供应方咨询，计划检修也委托设备制造方，这样更有把握达到高的运行可靠性。新机的安装调试水平，及投运后第一年的检修质量，对设备以后运行的可靠性非常重要。发电机运行中发生非正常情况，如出口短路、带事故重合闸、失磁或非全相运行、并列操作中的非同期合闸等，这些都将使发电机定子绕组及其构件、转子及轴承等受到剧烈的冲击或过热，被迫停机检查，甚至维修，都将会影响机组的运行可靠性、年可用率及强迫停运率等指标。

发电机的使用寿命，不仅与其定子绕组、铁芯的绝缘及转子部件的耐用性能有关，还与运行和维修情况有关。而绕组及铁芯绝缘的老化一般与使用温度、运行电压及承受的力有关。大容量内冷发电机，正常情况下的交变电磁力的作用及非正常情况下大的电磁力的冲击，往往是主要的。转子零部件的老化，则主要是承受交变力引起的疲劳及非正常情况下大的力矩冲击所引起的材料损耗。

二、汽轮发电机绝缘寿命

汽轮发电机的运行温度，直接影响到绝缘寿命。

众所周知，电机绝缘的允许运行温度，与其定子、转子绕组及铁芯采用的绝缘材料耐热等级有关。现代电机绝缘（材料）耐热等级如表4-1所示。

表4-1　　　　　　　　　　　　　电机绝缘（材料）耐热等级

耐热等级	Y	A	E	B	F	H	200
温度（℃）	90	105	120	130	155	180	200

根据国家标准GB/T7064—2002，氢、水冷却的汽轮发电机定子、转子绕组及定子铁芯允许运行温升限值如表4-2和表4-3所示。汽轮发电机关键部件的允许运行温度，不但与其使用的绝缘材料耐热等级有关，还与其冷却方式、测点位置、测量方法等有关。如一般空气间接冷却时，采用B级绝缘材料，按材料耐热等级的允许运行温度是130℃，但当其定子铁心进风温度为40℃时，用《埋置检温计法》的温升限值是80K，相当于温度120℃；其定子绕组用《槽内层间埋置测温计法》的温升限值是85K，相当于温度125℃；其转子绕组用《电阻法》测温，温升限值是90K，相当于平均温度130℃。水内冷绕组的允许运行温度被降低，是考虑了水在导体内汽化，会影响水的流动。不同部件，测温方法及冷却方式不同，允许运行温度限值都各有不同。

表 4-2　　　　　　　　氢气间接冷却的汽轮发电机定子、转子绕组及定子
铁芯允许运行温升限值（按 B 级绝缘材料考核）

部　　　件	测量位置和测量方法	冷却介质为 40℃时的温升限值
定子绕组	槽内上、下层绕组埋置检温计法	氢气绝对压力（MPa）： 0.15MPa 及以下　　　　　85℃ 0.15MPa～0.2MPa　　　　80℃ 0.2MPa～0.3MPa　　　　78℃ 0.3MPa～0.4MPa　　　　73℃ 0.4MPa≤0.5MPa　　　　70℃
转子绕组	电阻法	85℃
定子铁芯	埋置检温计法	80℃
不与绕组接触的铁芯及其他部件	这些部件的温升在任何情况下都不应达到使绕组或邻近的任何部位的绝缘或其他材料有损坏危险的数值	
集电环	温度计法	80℃

表 4-3　　　　　　　氢气和水直接冷却的汽轮发电机定子、转子绕组及定子
铁芯允许运行温升限值（按 B 级绝缘材料考核）

部　　　件	测量位置和测量方法	冷却方法和冷却介质	温升限值（℃）
定子绕组	直接冷却有效部分的出口处的冷却介质检温计法	水	90
		氢气	110
	槽内上、下层绕组间埋置检温计	水、氢气	90
转子绕组	电阻法	氢气直接冷却转子全长上径向出风区数目： 1 和 2 3 和 4 5～7 8～14 14 以上	100 105 110 115 120
定子铁芯	埋置检温计法		120

经研究，A 级绝缘运行温度每升高 8℃、B 级每升高 10℃、F 级每升高 12℃，使用寿命就会下降一半。上述耐热评定试验与实际使用寿命的相差，一般认为是，由于电机在实际运行中，负荷及环境温度常低于额定值，运行时间也不是每天 24h，每年 8760h。但运行中带基本负荷的汽轮发电机，负荷基本上是满的，大容量机组的进风温度，常保持额定温度，一年运行要达到8000h 以上。其使用寿命，在正常情况下，也能达到 30 年左右。

三、汽轮发电机带电绕组运行中的机械及环境因素对寿命的影响

大容量汽轮发电机采用的电磁负荷较大，300MW 及 600MW 机组，电负荷要达到 1600～2000A/cm。定子线棒电流要达到 10000A 以上。定子绕组在正常运行中就要承受较大电磁力及振动。对 600MW、20kV 的发电机，槽内电磁力可达 10N/mm。运行中的发电机，定子绕组还可能承受出线端的突然短路、误并列、系统中高压线路事故及事故后的自动重合闸等的冲击。这些都将使发电机产生几倍至十几倍的冲击电流，因此而产生成百倍电磁力的冲击。

大容量汽轮发电机，定子绕组端部结构是一个关键。不但要降低附加损耗及发热，还要能承受运行中电磁力引起的振动及瞬时冲击，不致发生磨损而影响绝缘。现代的发电机，其端部固定，一般采用可重复紧固结构，就是考虑在事故后的检修中，能处理可能产生的松动及磨损并重新紧固。

在汽轮发电机运行中，机内的潮湿及污染，对发电机定子绕组绝缘的耐电压性能，也会有很

大的影响，有些运行中的发电机，曾因机内氢气含湿量大或渗、漏水，再加上绝缘又有薄弱环节，在定子端部绕组鼻端将发生了短路烧坏的重大事故。

四、结论

综上所述，汽轮发电机定子绕组的绝缘寿命，在正常情况下，对采用环氧粉云母复合绝缘材料及有适当的冷却者，可达 30 年以上。如运行中承受过定子绕组出线端突然短路及错相合闸等情况，事故后又未能及时停机检修维护，则发电机定子绕组绝缘的寿命就要受到影响。

第五节　冷却条件变化时对发电机出力的影响

对于大容量水氢氢冷汽轮发电机，定子绕组采用水内冷、转子绕组采用氢内冷、定子铁芯采用氢冷。冷却条件变化主要是指氢和冷却水的有关参数不同于其额定值。

一、氢气温度变化的影响

如果发电机的负荷不变，当氢气入口（或冷端）风温升高时，绕组和铁芯温度也会升高，引起加速绝缘老化、寿命降低。这里所指的温度，不是绕组的平均温度，而是最热点处的铜温。因为只要局部绝缘遭到破坏，就会发生故障。

根据上述温度变化与绝缘老化之间的关系可知，当冷却介质的温度升高时，为了避免绝缘的加速老化，要求减小汽轮发电机的出力。减小的原则是：使绕组和铁芯的温度，不超过在额定方式下运行时的最大监视温度。

对于水氢氢冷却汽轮发电机，冷氢温度不允许高于制造厂的规定值，也不允许低于制造厂的规定值。在这一规定温度范围内，发电机可以按额定出力运行。当冷端氢温降低时，也不允许提高出力。这是因为，定子的有效部分分别用不同介质冷却，定子绕组水内冷、铁芯氢冷。这些冷却介质的温度，彼此间互不相依。如果按照两种介质不同温度的配合来规定允许温度，这是困难的，也使运行中出力的监视变得复杂，甚至可能由于一时注意不到，造成绕组的铜线与铁芯的温差超过允许范围。

水氢氢冷汽轮发电机，当氢气温度高于额定值时，要按照氢气冷却的转子绕组温升限额来限制出力。

二、氢气压力变化的影响

随着氢气压力的提高，氢气的传热能力增强，氢冷发电机的最大允许负荷也可以增加。但当氢压低于额定值时，由于氢气传热能力的减弱，发电机的允许负荷亦应降低。氢压变化时，发电机的允许出力，由绕组最热点的温度决定，即该点的温度，不得超过发电机在额定工况时的温度。

当氢压高于额定值时，对水氢氢冷发电机的负荷不允许增加，这是因为定子绕组的热量是被定子线棒内的冷却水带走的，所以提高氢压并不能加强定子线棒的散热能力，故发电机允许负荷也就不能增大。当氢压低于额定值时，由于氢气的传热能力减弱，必须降低发电机的允许负荷。当氢压降低时，发电机的允许出力，应根据制造厂提供的技术条件或容量曲线运行，以保证绕组温度不超过额定工况时的允许温度。

三、氢气纯度变化的影响

氢气纯度变化时，对发电机运行的影响，主要是安全和经济两个方面。

众所周知，在氢气和空气混合时，若氢气含量为 5%～75%，便有爆炸危险。因此在运行中，首先要保证发电机内的混合气体不能接近这个比例区间。所以，一般都要求发电机运行时的氢气纯度应保持在 96% 以上，低于此值时应进行排污，同时补充新氢气。

从经济观点上看，氢气的纯度愈高，混合气体的密度就愈小，风摩损耗就愈小。当机壳内氢气压力不变时，氢气纯度每降低 1%，风摩损耗约增加 11%，这对于高氢压大容量的发电机是很可观的。所以在国外，对于那些容量较大的发电机，宁愿多排几次污，多耗费一些氢气，保证在运行时的氢气纯度不低于 97%～98%。例如，日立公司产 600MW 水氢氢冷汽轮发电机，要求机内氢气纯度为 98%，在氢气纯度降低到 90% 时，设定发出纯度低报警信号。

特别要指出的是，大容量氢冷发电机，不允许在机壳内有空气或二氧化碳介质时启动到额定转速甚至进行试验，以防止风扇叶片根部的机械应力过高。

四、定子绕组进水量和进水温度变化的影响

水氢氢冷式汽轮发电机，用除盐水冷却定子绕组，用氢冷却定子铁芯和转子绕组。在额定条件下，定子绕组铜线和定子铁芯之间的温差并不大，约为 15～20℃，而铁芯的温度高些。当电机运行时，从绕组和铁芯之间，产生的相对位移最小的观点看，这种情况是有利的。因此，定子冷却水入口温度不宜过低，否则会引起铜铁温差过大，使定子主绝缘受伤，一般入口水温不宜低于制造厂规定。

当冷却水量在额定值的 ±10% 范围内变化时，对定子绕组的温度，实际上不产生多少影响。大量的增加冷却水量，会导致入口压力过分增大，使水管壁损坏，故不建议提高流量。

降低冷却水流量，将使绕组出水温度增高，入口和出口的水温差增大，而且会造成绕组温升不均匀，所以也是不允许的。流量过低，甚至会使水在出口端汽化，形成气塞，使线棒过热而损坏。在设计时，考虑绕组进、出口水的温差不超过 30～35℃。当入口水温度为 45℃ 时，相当于出口水温为 80℃，可以防止出口处产生汽化。当发电机定子绕组的冷却水停止循环后，其容许运行的持续时间和处理方式，国内、外各厂（公司）都作出了许多不同但非常具体的规定。大致有：备用泵投入、停水时水的电导率、降负荷值和速度、允许运行时间等。例如，SD 厂规定：5s 内要投入备用泵，如不成功，30s 内跳闸停机。而有的厂则规定：如果绕组冷却水停止循环以前，水的电阻率小于 200kΩ·cm，则在冷却水停止循环后，应迅速减负荷，并在 3min 内将发电机与电网解列。如果水的电阻率大于 200kΩ·cm，则容许发电机带不超过 30% 额定负荷，运行 1h。这种容许值的规定，对运行极为方便，可以在机组不停的情况下，采取措施，恢复绕组冷却水的循环。但是，这就要求在正常运行过程中，保持冷却水有较高的电阻率。进口 600MW 汽轮发电机运行有类似原则，将在后面介绍。

根据上述可知，定子冷却水中断或流量减少时应作如何处理，则应根据制造厂的使用说明书进行。采用调节定子绕组水量的方法，以保持定子绕组的水温是不适当的。

关于绕组冷却水温度，在任何情况下，绕组出口的水温不应超过 85℃（有的定为 90℃），以免汽化。

当绕组进水温度在额定值 ±5℃ 以内时，可不改变额定出力。但不同发电机的技术规定可能与此有些差别。当绕组入口水温超过规定范围上限时，应减小出力，以保持绕组出水的温度不超过额定条件下的允许出水温度。入口水温也不允许低于制造厂的规定值，以防止定子绕组和铁芯的温差过大或绝缘引水管表面结露。

五、600MW 汽轮发电机冷却装置运行状态不正常的影响

水氢氢冷却型 600MW 汽轮发电机的冷却装置运行状态不正常，主要是指氢气冷却器的工作状态、定子绕组冷却水的冷却器的工作状态不正常和定子绕组断水（或流量小于某规定值）三种情况。不同的机组可能有不同的技术规定。

1. 氢气冷却器状态影响

由于发电机组内装设氢气冷却器的数目不同，有的装 2 台，有的装 4 台。每组冷却器各具有

两个独立的水路。氢气冷却器在运行中可以关掉其中一个冷却器进行清洗,关掉一个冷却器后发电机所带的最大安全负荷应根据制造厂规定,一般为80％～100％额定值负荷。其余运行中的冷却器的冷却水量应保持正常,使得水速保持不变。在此情况下,冷风温度允许升高至48℃(额定值为45±1℃)。

2. 定子绕组水冷却器影响

每台发电机组一般都配有两台100％容量的定子水冷却器,任一台水冷却器退出工作时,仍可维持发电机最大输出容量(与汽轮机最大连续额定出力相匹配)。当关掉两个水冷却器时,近似于定子断水,应根据制造厂规定进行处理。

3. 定子绕组断水保护

定子绕组断水保护,各制造厂也有不同的规定和处理方式,如引进型机组,以发电机进、出水母管的压力差为整定值,当达到整定值时,由自动装置在2min内把定子电流降到15％额定值,如果1h内仍不能恢复正常供水,则自动跳开发电机停机。日立公司以定子进水流量来监视,当达到断水(流量降低)整定值时,发电机负荷必须减至额定容量的26％,如果1h内不恢复正常供水,则跳开发电机停机。ABB以水泵出力来监视,当水泵流量降低时,则第二台泵自启动,如流量仍小于80％额定流量时,则跳开发电机。

第六节 电压、频率变化时对发电机出力的影响

一、电压不同于额定值时的运行

发电机正常运行时的端电压,容许在额定电压±5％范围内变化,此时发电机的视在功率,可以保持在额定值不变。因此,当定子电压为$0.95U_N$时,定子电流可增加到$1.05I_N$。当电压升高5％时,定子视在功率可达1.05倍额定值,此时定子绕组或定子铁芯的温升可能高于额定值时的温升,但实践证明,此温升升高值不会超过5℃,因而不会超过容许温升。

当发电机电压超过$1.05U_N$时,必须适当降低发电机的出力。因为此时励磁电流和发电机的磁通密度显著增加,而近代大容量内冷发电机在额定值运行时,其定子铁芯就已在比较高的磁通密度下工作,所以即使电压提高不多,但会使铁芯磁密进入过饱和,并导致定子铁芯温度升高和转子及定子结构件中附加损耗增大。发电机连续运行的最高允许电压,应遵守制造厂的规定,但最高不得大于额定电压值110％。

当电压降低值超过5％,即电压低于$95％U_N$时,定子电流不应超过额定值的5％,此时发电机要减小出力,否则定子绕组的温度将超过容许值。发电机的最低运行电压,应根据系统稳定运行的要求来确定,一般不应低于额定值的90％。因为电压过低,不仅会影响并列运行的稳定性,还会使厂用电动机的运行情况恶化,转矩降低,出力下降,从而使机炉的正常运行受到影响。

二、频率不同于额定值时的运行

按照我国的运行规程,发电机运行的频率范围不超过额定频率(50Hz)±0.5Hz,即为额定频率的±1％时,发电机可按额定容量运行。

国外资料认为,频率(相应转速)偏差在±2.5％范围内时,发电机的温升实际上不受影响。所以,当频率偏差在±2.5％以内时,发电机可保持额定出力运行。不少发电机,允许频率偏差为±5％,如ABB公司600MW汽轮发电机就有此技术规定。

运行频率比额定值偏高较多时,由于发电机的转速升高,通风摩擦损耗也要增多,虽然在一定电压下,磁通可以小些,铁芯损耗也可能有所降低,但总的来说,此时发电机的效率是下降的。

运行频率值比额定值偏低较多时,也有很多不利影响。例如,频率降低,转速下降,使发电

机内风扇的送风量降低，其后果是使发电机的冷却条件变坏，各部分的温度升高。频率降低时，为维持额定电压不变，就得增加磁通，如同电压升高时的情况一样，由于漏磁增加而产生局部过热。厂用电动机也可能由于频率下降，使厂用机械出力受到严重影响。

比较严重的情况是频率低而电压高，在此情况下，包括主变压器在内的所有电机都在高激磁电流、高磁通密度下运行。因此，有可能使发电机、变压器的 V/Hz 保护，即电压与频率的比值超过设定值时跳闸。

由于上述原因，不希望发电机在偏离频率额定值较多的情况下运行。在系统运行频率变化 ±0.5Hz 的容许范围内，由于发电机设计留有裕度，可不计上述影响，容许发电机保持额定视在出力长期连续运行。

正常情况下，发电机的运行频率是电网频率。上述概念仅是从电气角度出发的。但频率反映于转速，因此还有对机械上的影响，特别是对汽轮机的影响。有些汽轮发电机装有"低频保护"，它是累计型保护，累计记录长时期低频率运行小时数，以记录汽轮机叶片长时期受低频疲劳的寿命损耗。

第七节　发电机功角特性与稳定概念

一、汽轮发电机功率和功角关系

如图 4-1 所示，发电机与电网并联运行时，设发电机端电压恒定（$U=$常数），发电机向系统输出电流 $\dot{I}$ 滞后于端电压 $\dot{U}$，功率因数角为 φ。

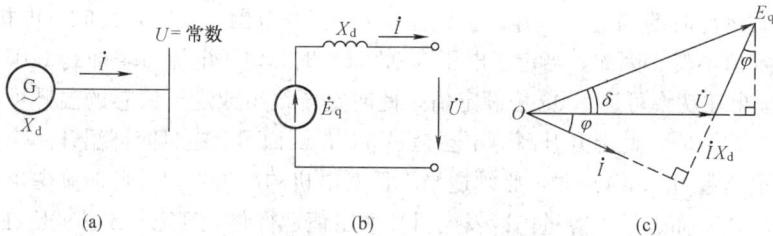

图 4-1　发电机与无限大容量系统母线并联运行
(a) 接线图；(b) 等值电路；(c) 相量图

图 4-1 中发电机电动势 $\dot{E}_q$ 与端电压 $\dot{U}$ 之间的夹角 δ 称为发电机的功率角，简称功角。在同步电机作为发电机运行时，$\dot{E}_q$ 总是超前 $\dot{U}$，设此超前 δ 角为正。

从电工学原理可知，电磁功率 P_e 的表达形式

$$P_e = \frac{UE_q}{X_d}\sin\delta$$

当发电机端电压不变时，则 X_d 亦不变。若励磁电流不变，则发电机电动势 E_q 也不会改变。因此，当发电机端电压 U 和励磁电流都不变，而只改变原动机输入时，发电机的输出功率 P 与功角 δ 之间的关系为一正弦函数变化关系，其关系曲线称为同步发电机的功角特性，如图 4-2 所示。功角 δ 的另外一个物理概念是：E_q 可以想象为转子磁极面中心，U 可以想象为定子磁极面中心。如图 4-3 所示，在空载状态，定子与转子磁极两个中心面重合；在发电机状态，转子"拉"着定子"走"，功率越大，磁力线的偏角越大，也就是功角 δ 越大；在（同步）电动机状态，定子"拉"着转子"走"，机械负荷越大，磁力线的负偏角越大，也就是负功角 δ 越大。

发电机运行时，其输出功率 P，决定于汽轮机输入到发电机转轴的机械功率 P_1。电磁功率即为由气隙磁场传递到定子的功率。若不考虑发电机定子的铜耗、铁耗和附加损耗，P_1 与正弦曲线的交点 a 即为当时发电机的运行点，功角等于 δ_a。当 $\delta=90°$ 时，电磁功率达最大值，其值为 $P_{max}=UE_q/X_d$。如果励磁发生变化，即反映 P_{max} 发生变化，发电机的运行点 a 也会发生变化。

二、静态稳定概念

当发电机直接与无限大容量系统并联运行，其电动势 E_q 和系统电压 U 为某一定值时，发电机可能向系统输出的最大功率为 $P_{max}=E_qU/X_d$。只有发电机的输出功率小于 P_{max} 时，汽轮机和发电机的功率才有可能平衡。当汽轮机输出功率为 P_1 时，它与功角特性曲线有两个交点，即 a 点和 b 点（见图 4-2）。两个交点 a 和 b 都满足功率平衡关系，相应的功角分别为 δ_a 和 δ_b。在这两个功率平衡点是否都能稳定工作呢？那就要看其受到小的扰动以后，能否回到原来的工作点上。如果在某一点工作时受到小的扰动（如负荷、电压、励磁、原动机等的波动）后，能恢复到原来的工作点，人们就称这一工作点是静态稳定的；反之，如果在某一工作点工作时，受小的扰动后，不能回到原来的工作点，人们就称这一工作点是静态不稳定的，或称其为不稳定工作点。据此，可分析 a 和 b 两个工作点是否都能稳定工作。

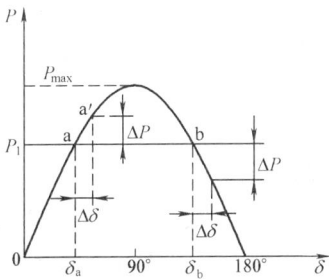

图 4-2　发电机功角特性

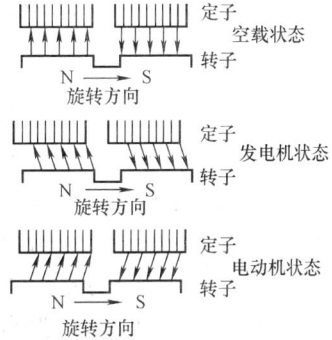

图 4-3　发电机运行方式

先看图 4-2 中的 a 点，假设由于某种原因，使发电机的功角 δ_a 产生一个微小的增量 $\Delta\delta$，在 a 点处，角增量 $\Delta\delta$ 为正，使发电机的输出功率增加 ΔP，但此时汽轮机的功率仍维持恒定值 P_1，发电机功率变化的结果，使发电机和汽轮机间转矩的平衡遭受破坏。扰动后（a' 点），由于发电机的电磁转矩超过了汽轮机的转矩，于是发电机的转速逐渐变慢，角增量 $\Delta\delta$ 渐渐变小直至 0，运行状态又恢复到起始点 a。所以在 a 点运行是静态稳定的。同理，当点 a 处有一个负的角增量 $\Delta\delta$ 时，发电机输出功率减小 ΔP，使发电机的电磁转矩（阻转矩）小于汽轮机的输出转矩，于是机组的转速加快，相应地使发电机电动势 E_q 相对于系统电压 U 的旋转速度加快（功率平衡时 E_q 和 U 都以同步速度旋转，其间夹角为 δ_a，在此负 $\Delta\delta$ 扰动后的夹角为 $\delta_a-\Delta\delta$），因而又使发电机的运行状态恢复到原先的工作点 a，这也说明 a 点工作是静态稳定的。

对于图 4-2 的 b 点处，情况将完全不同。这时正的角增量 $\Delta\delta$，带来的是负的发电机功率变量 ΔP，发电机功率的变化，引起了具有机组加速性质的转矩出现，在它的作用下，功角 δ 非但不会减小，反而增大，而随着功角的增大，发电机的输出功率将继续减小，因而会引起功角的再度增大，同时电动势 E_q 与系统电压 U 的夹角 δ 不断增大，这时发电机的工作点将由 b 点沿特性曲线不断向下移动而失去同步，所以工作点 b 是不稳定工作点。

依据上述分析结果，由图 4-2 所示的功角特性曲线可看出，当 $\delta<90°$ 时，发电机能稳定运行；当 $\delta>90°$ 时，发电机不能稳定运行，为非稳定区。在 $\delta=90°$ 时，就达到稳定极限，此时对应的电磁功率，称为理论静态稳定极限功率。在实际运行中，发电机应在稳定极限范围内运行，且应留有足够的静态稳定储备，发电机正常运行的功角 δ 一般是 $30°\sim45°$。

上述讨论，是以发电机直接与无限大容量系统并联运行为前提。但实际上，发电机都是经过变压器和高压输电线路并入系统的。例如，发电机经变压器和双回输电线路接入系统，如图 4-4 (a) 所示，其等值电路如图 4-4 (b) 所示，图 4-4 (b) 中 X_s 为变压器与线路的阻抗之和。

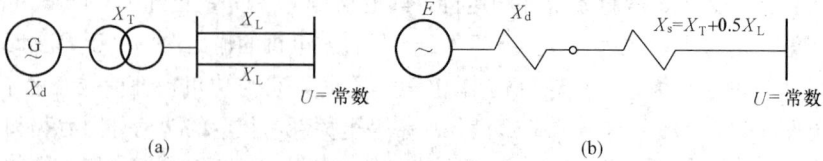

图 4-4 发电机经外阻抗接入无限大容量系统
(a) 系统接线图；(b) 等值电路图

在这种情况下，若保持发电机的励磁电流不变，即保持发电机电动势 E_q 不变，这时发电机的端电压将随发电机的输出功率而变化。人们研究发电机能否稳定运行，是指发电机能否保持与系统频率同步运行，仍以系统母线电压 U 为参考。此时，若不考虑发电机、变压器和线路的有功损耗，则发电机输入系统的功率 P 可根据发电机直接与无限大系统连接时的类似推导得出

$$P = \frac{EU}{X_d + X_s}\sin\delta = \frac{EU}{X}\sin\delta$$

式中 δ——发电机电动势 E 与系统电压 U 之间的夹角；

X——发电机电抗 X_d 与外电抗 X_s 之和。

显然，在相同的发电机电动势 E 下，发电机输入系统的静稳定极限功率 $P_{max} = EU/X$ 将随外电抗 X_s 的增大而减小。另外，在发电机输出功率和励磁电流不变的情况下，由于 X_s 的出现，发电机电动势 E 与系统电压 U 之间的夹角 δ，将随 X_s 的增加而增大，因而静稳定储备随之降低。

600MW 汽轮发电机的设计和结构与中小型机相比，材料的有效利用率提高，转子的转动惯量相对变小，发电机的额定功率因数提高，同步电抗及暂态和次暂态电抗增大。因此，在额定参数下运行的发电机，静稳定储备系数较小。600MW 汽轮发电机，在额定参数下运行时，功角 δ 约为 $45°$，静稳定储备系数为 41.4%，不计自动励磁调节器的作用，100、200、300MW 汽轮发电机的静稳定系数分别为 61.9%、59.2%、51.7%，可见 600MW 机组静稳定储备系数最小。

三、暂态稳定概念

前面讨论的静态稳定，是发电机与系统并联运行时受到小的扰动后，发电机能否恢复到原先的工作点，继续保持与系统同步运行。而暂态稳定是指，输电系统发生突然的急剧的大扰动（如短路故障、输电线路突然切除等）时，发电机继续维持稳定运行的能力，即能否恢复到原来的工作状态或过渡到新的工作点稳定工作，继续保持与系统同步运行。

为了说明暂态稳定的基本原理，下面仍以图 4-4 所示的接线为例，讨论在双回输电线路中，突然切除一回输电线路时所发生的现象。

如果不考虑发电机的电磁暂态过程，即认为 X_d 不变，那么，当输电线路的一条回路被切除后，发电机电动势 E 至系统母线 U 间的总电抗 X，将由 $X = X_d + X_T + 0.5X_L$ 增大为 $X' = X_d + X_T + X_L$，所以这时的功率极限值由 $P_{max} = EU/X$ 减小到 $P'_{max} = EU/X'$。功角曲线将由 1 变为 2（见图 4-5）。

如果在切除一回路前，发电机工作在功率特性曲线 1 的 a 点，那么，在切除一回线路后的工作状态如何变化呢？

在切除一回线路的瞬间，由于发电机转子的惯性，功角不能突变，因此发电机的工作点将由

原来的 a 点，突然转移至新的功率特性曲线 2 的 b 点，使发电机的输出功率突然减小。这时，由于汽轮机调速器不可避免的滞后调节作用，汽轮机的功率 P_1 在短暂时间内可认为仍然保持不变。这样发电机的电磁转矩就小于原动机转矩，于是就引起了转子的加速过程，使原来都等于同步速度旋转、角度相差 δ_a 的发电机电动势 $\dot{E}$ 和系统电压 $\dot{U}$ 中的 $\dot{E}$ 加速。随着 $\dot{E}$ 对 $\dot{U}$ 的相对速度 v（即相量 $\dot{E}$ 与 $\dot{U}$ 旋转速度之差）的产生并加大，引起了角度 δ_a 的加大，于是运行状态从 b 点沿曲线 2 向 c 点移动。在到达 c 点以前，原动机转矩仍大于发电机电磁转矩，这个过剩转矩虽然一直在减小，但其符号不变，所以以相对速度 v 仍在增大。

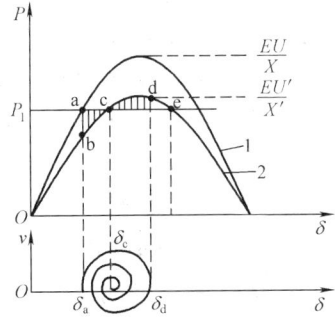

图 4-5 切断一回线路后发电机输出功率和相对速度与功角 δ 的关系

当到达 c 点时，发电机功率与汽轮机的功率相等，过剩转矩等于零，$\dot{E}$ 对 $\dot{U}$ 的相对速度 v 达到最大值，但由于转子惯性关系，工作点将越过 c 点继续移动，使角度 δ 继续增大。

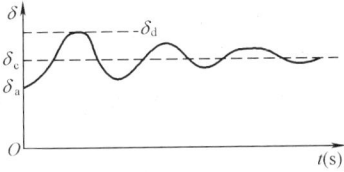

图 4-6 大扰动后的角度 δ 随时间 t 振荡的图形

超过 c 点以后，随着功角 δ 的增大，发电机电磁功率超过了汽轮机的功率 P_1，因而使发电机转子受到减速性的制动转矩的作用而减速，即相对速度 v 逐渐减小。当到达 d 点时，转子在 c 点以前加速运动中所积聚的动能已释放完毕，相量 $\dot{E}$ 对 $\dot{U}$ 的相对速度 $v=0$，角度 δ 达到最大值 δ_d，并且不再增大。但由于此后发电机功率仍大于汽轮机功率，使发电机转速继续减小，相对转速变为负值，于是，角度 δ 开始减小，工作点又返回到 c 点。由于惯性关系，工作点又会越过 c 点，向 b 方向移动，在靠近 b 的某处，δ 到达新的最小值，然后 δ 又开始增大。如此，经多次减幅振荡后，稳定在 c 点运行。此时汽轮机功率仍然是 P_1，而功角则由 δ_a 变为 δ_c 了。相对速度 v 随功角 δ 变化的情况如图 4-4 所示。功角 δ 随时间 t 振荡的图形如图 4-6 所示。

上述情况说明，发电机与系统并联运行，受到突然的急剧扰动之后，能过渡到新的稳定状态继续运行。可是，过渡过程也可能有另一种结局。如果在上述运行状态变化的过程中，角振荡的第一个周期内，相对速度 v 未达零值以前，δ 的最大值已等于或超过临界角 δ_e，即运行状态超过 e 点，发电机转矩又小于原动机转矩，即出现了加速性的过剩转矩，那么就不可能过渡到新的稳定运行状态，相对速度将不断增大，最后导致发电机失去同步。

系统受到较大扰动后，能否重新过渡到稳定状态下运行，可简单地用面积定则来确定。如果加速面积 S_{abc}（见图 4-5）小于最大可能的减速面积 S_{cde}，发电机就能过渡到新的工作点稳定运行，并保持与系统同步。反之，如果加速面积 S_{abc} 大于最大可能的减速面积 S_{cde}，则不能保证暂态稳定。保证暂态稳定的充分必要条件是 $S_{cde} > S_{abc}$。S_{cde} 与 S_{abc} 的比值 K 是暂态稳定储备系数，即

$$K = S_{cde}/S_{abc}$$

要求系数 $K > 1$。

如上所述，暂态稳定的程度，不但受电气量 U、E、X_d、X_s 等的影响，而且受转子惯性的影响，即转子的转动惯量的影响。汽轮发电机制造厂都在技术条件中提供整个轴系的转动惯量。随着单机容量的增大，汽轮发电机组轴向长度与直径之比明显加大，机组的转动博量与机组容量之比，即惯性常数明显地减小。例如，100、200、300、600MW 的汽轮机发电机的转动惯量

(GD^2) 分别为 13、23、29.5、49t·m²，而其惯性常数 $H(s)$ 分别为 2.72、2.4、2.06、1.70。600MW 机组的惯性常数仅为 200MW 机组的 70%。这说明，在同样的电力系统中，在受到一定程度的扰动时，600MW 机组比 200MW 机组更易失稳。

短路故障是破坏系统稳定的主要原因。当发生短路故障时，会引起系统电压及发电机端电压急剧降低，而且短路电流是电感性的，它对发电机产生去磁作用，使发电机电动势降低，从而也降低了功率极限，可能使发电机失去稳定。如果发生故障，使端电压迅速降低时，立即增大发电机的励磁电流，提高其电动势，将有利于保持系统运行的稳定性。这是提高系统暂态稳定的措施之一。励磁系统对发电机静态稳定和暂态稳定的作用将在第六章第一节中描述。

第八节　发电机 $P—Q$ 曲线

一、发电机安全运行极限

在稳态运行条件下，发电机的安全运行极限决定于以下四个条件：

(1) 原动机输出功率极限。

(2) 发电机的额定容量，即定子电流的安全运行极限。

(3) 发电机的最大励磁电流，即转子电流的安全运行极限。

(4) 进相运行时的稳定度。

上述条件，决定了发电机工作的允许范围。

二、发电机 $P—Q$ 曲线

在电力系统中运行的发电机，必须根据系统情况，调节有功功率和无功功率。在额定的电压和电流下，当功率因数下降时，发电机的无功功率增大，有功功率相应减小；而当功率因数上升时，则要减少无功功率、增大有功功率，以确保输出容量不超过允许值。所以，运行人员必须掌握功率因数变化时发电机的容许运行范围。发电机 $P—Q$ 曲线图，就是表示其在各种功率因数下，容许的有功功率 P 和无功功率 Q 的关系曲线，又称为发电机的安全运行极限。

发电机的 $P—Q$ 曲线，是在发电机端电压和冷却介质温度为定值，不同氢压条件下绘制的。发电机在额定电压、额定氢压和额定冷却介质温度下的运行范围图是 $P—Q$ 曲线的基础。

汽轮发电机的 $P—Q$ 曲线，如图 4-7 所示，表明了发电机受定子额定电流、转子绕组额定励磁电流、原动机功率、稳定极限等几方面的限制。

作 $P—Q$ 曲线的基本步骤：①把电压、电动势、功率等参数都以标么值表示。②以 O 点为圆心，以定子额定电流 I_N（即图 4-7 中 OC 线段）为半径画出圆弧。③在横轴 O 点左侧，取线段 $\overline{OM}$ 等于 U_N/X_d，它近似等于发电机的短路比，正比于空载励磁电流。④以 M 点为圆心，以 E_q/X_d 为半径（即图 4-7 中 MC 线段，它正比于额定励磁电流）画出圆弧。⑤以汽轮机额定功率，画一平行于横坐标的水平线 HBG，表示原动机输出限制。⑥从 M 点画一垂直于横坐标的直线 MH，相应 $\delta=90°$，表示理论上的静稳定极限。⑦考虑到发电机有突然过负荷的可能，实际静稳定限制，应留有适当储备，以便在不改变励磁电流的情况下，能承受突然性的过负荷。图 4-7 中的 BF 曲线的画法是：在理论静稳定边界线上先取一些点，然后以 M 点为圆心，至所取点的距离（E_q/X_d）为半径作弧，找出实际功率比理论功率低 $0.1P_N$ 的一些新点，就构成了 BF 曲线（也可采用 $\delta=75°$ 画一斜直线作为静稳定限制线）。

由上述各曲线或直线段所围成的 DCGBFD 区域，就叫做汽轮发电机的安全运行范围或叫做安全运行区。发电机的运行点处于这区域或边界上，均能长期安全稳定运行。

在图 4-7 中，在两个圆弧的交点 C 处，定子电流和转子电流同时达到额定值，一般就是发电机的额定运行工作点（I_N, I_{FN}, $\cos\varphi_N$）相当于本章第二节 1 的"铭牌工况"。它在纵轴上的投影 OE 线段代表发电机的额定有功功率 P_N，相应的功率因数为额定功率因数 $\cos\varphi_N$。当 $\cos\varphi$ 降低（φ 角增大），由于转子发热（相应 I_{FN}）限制，相量端点只能在 CD 弧线移动，此时定子电流未达额定值。当 $\cos\varphi >$ $\cos\varphi_N$（$\varphi < \varphi_N$）时，由于受定子容许电流 I_N 限制，相量端点只能在 CG 弧线上移动，转子电流未达最大值。到了 G 点，汽轮机达到了最大

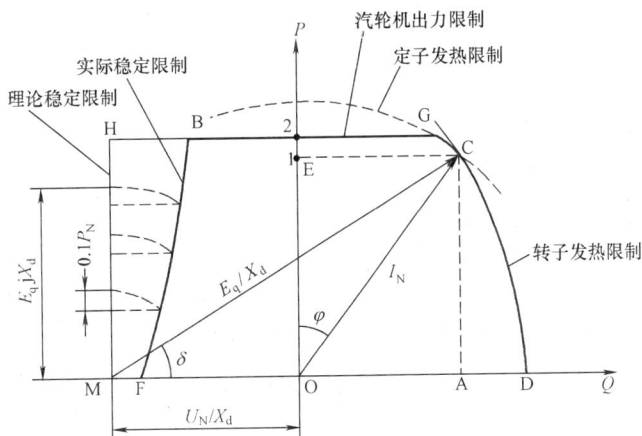

图 4-7　汽轮发电机的 $P—Q$ 曲线图

出力，相当于本章第二节 3 的"调节阀全开（VWO）工况"。当过 G 点后，$\cos\varphi$ 继续增大时，由于发电机出力受原动机出力限制，励磁电流需相应减小，发电机输出的无功功率减小。当工作点在纵轴上时，即 $\cos\varphi_N = 1$，发电机只送出有功功率，不能输出无功功率，此时的励磁电流已比额定值小很多，发电机的静稳定极限功率 E_qU/X_d，已比额定工作点运行时显著降低。当 $\cos\varphi < 1$，转入欠励磁运行（也叫进相运行）时，发电机不但不向系统送出无功功率，而且还吸收系统无功功率，静稳定储备进一步降低，大型内冷汽轮发电机能否在此区域运行，需要进行稳定计算分析后才能确定。

　　还要指出，对绕组直接内冷的汽轮发电机在欠励磁方式运行时，除了要保证并列运行的稳定性之外，还要受定子端部铁芯和定子端部构件温升的附加限制。因此进相运行时，$P—Q$ 曲线上相应的运行区可能还要缩小。

　　发电机的安全运行极限还与发电机的端电压有关。当发电机端电压比额定值高时，在图 4-7 曲线中的 BF 部分将向左移。若发电机端电压降低，BF 部分将向右移。

　　当发电机的允许出力不受原动机出力限制时，$P—Q$ 曲线的上面部分将不再是一水平的直线段，而是由定子容许电流决定的圆弧。

　　汽轮发电机的 $P—Q$ 曲线由制造厂提供，是运行和调度人员必须掌握的资料。

　　下面是三座发电厂由制造厂提供的不同类型的 $P—Q$ 曲线。

　　（1）图 4-8 为石洞口二电厂装设的 ABB 公司 600MW 级水氢氢冷汽轮发电机的 $P—Q$ 曲线。在发电机氢温等于 45℃、氢压 4.6kg/cm² 、额定电压 24kV、功率因数 0.9（滞后）时，其铭牌额定容量为 716MVA。在正常条件下运行时，发电机的最大连续输出容量为 747.7MVA。图 4-7 中示出，电压变化±5％时曲线的变化。左边虚线为自动励磁调节器退出工作（无功角限制器），采用手动调节时的静稳定限制线；左下角圆弧为最小励磁限制线。

　　（2）图 4-9 为东方/日立合作型 600MW 级汽轮发电机的 $P—Q$ 曲线（坐标方向与图 4-8 不相同）。发电机额定参数：$S_N = 728$MVA、$U_N = 22$kV、$I_N = 19.1$kA、$\cos\varphi_N = 0.9$，短路比为 0.5。图 4-9 中说明已指出：在欠励（磁超前）运行的 CD 曲线部分，是受定子铁芯端部发热限制。由图 4-9 可知，其额定有功功率为 728×0.9＝655.2（MW）。

　　（3）图 4-10 为哈尔滨电机厂制造的 QFSN-600-2 型汽轮发电机 $P—Q$ 曲线，其基本步骤为：①把电压、电动势、功率等参数都以标么值表示。②以 O 点为圆心，以定子额定电流 I_N（即图 4-7 中 OC 线段）为半径画出圆弧。③在横轴 O 点左侧，取线段 $\overline{OM}$ 等于 U_N/X_d，它近似等于发电机的

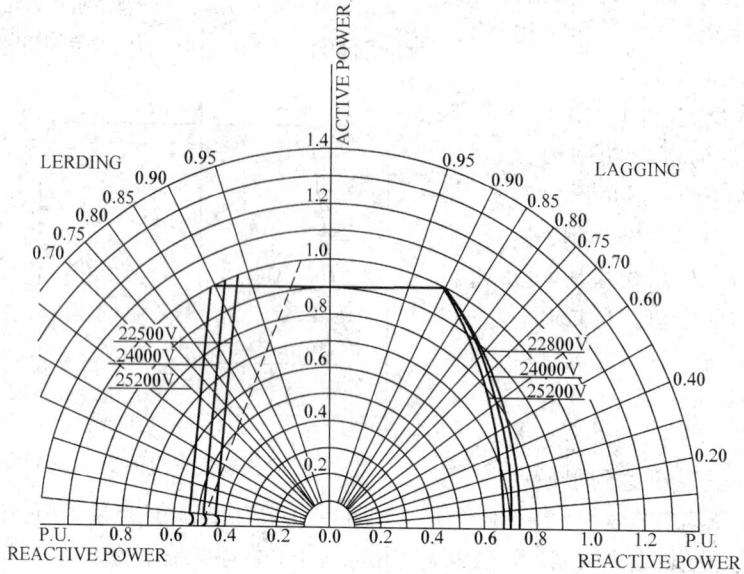

图 4-8 ABB公司 600MW 级汽轮发电机 $P—Q$ 曲线图
短路比＝0.5；基准容量＝719.064MVA

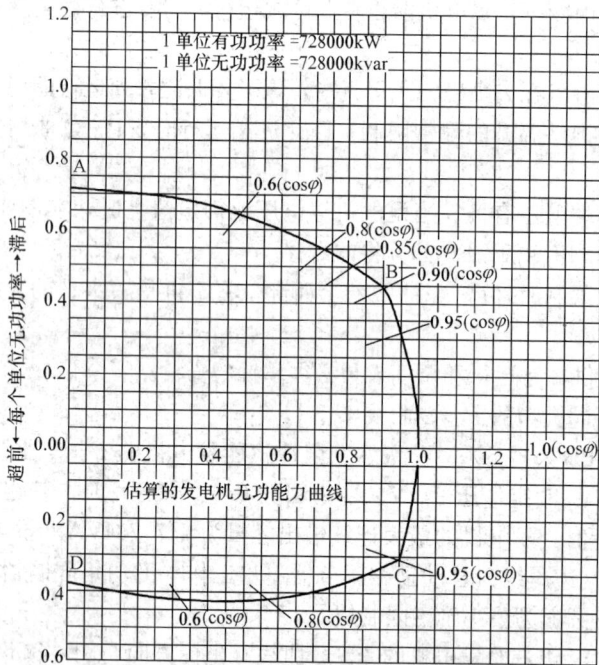

图 4-9 日立公司 600MW 级汽轮发电机 $P—Q$ 曲线图

短路比，正比于空载励磁电流。④以 M 点为圆心，以 E_q/X_d 为半径（即图 4-7 中 MC 线段，它正比于额定励磁电流）画出圆弧。⑤以汽轮机额定功率，画一平行于横坐标的水平线 HBG，表示原动机输出限制。⑥从 M 点画一垂直于横坐标的直线 MH，相应 $\delta＝90°$，表示理论上的静稳定极限。⑦考虑到发电机有突然过负荷的可能，实际静稳定限制，应留有适当储备，以便在不改变励磁电流的情况下，能承受突然性的过负荷。图 4-7 中的 BF 曲线的画法是：在理论静稳定边界线上先取一些点，然后以 M 点为圆心，至所取点的距离 (E_q/X_d) 为半径作弧，找出实际功率比理论功率低 $0.1P_N$ 的一些新点，就构成了 BF 曲线（也可采用 $\delta＝75°$ 画一斜直线作为静稳定限制线）。图 4-10 中示出了在额定氢压 0.517MPa（5.17bar）和氢压降低到 0.414MPa（4.14bar）及 0.31MPa（3.1bar）时的发电机容许出力限制曲线。

在额定氢压 $p_{H2N}＝0.517MPa$（5.17bar），额定功率因数 $\cos\varphi_N＝0.9$（滞后，即过励）时，在图 4-10 的容量曲线上的 a 点，对应的横坐标为 600MW，即为额定有功功率，对应的纵坐标为 290Mvar，即为额定无功功率，此时得到额定容量为

$$S_N = \sqrt{P_N^2 + Q_N^2} = \sqrt{(600)^2 + (290)^2}$$
$$= 666.6 \, (\text{MVA})$$

显然 $P_N = 666.6 \times \cos\varphi_N = 600\text{MW}$，定子额定电流 $I_N = S_N / (\sqrt{3}U_N) = 666.6 / (\sqrt{3} \times 20) = 19.244$（kA）。当氢压降低到 0.414MPa（4.14bar）时，若 $\cos\varphi$ 仍为 0.9，则在曲线上得 b 点，对应横坐标有功功率为 528MW，对应纵坐标无功功率为 258Mvar，视在功率为 $S = \sqrt{p^2 + Q^2} = \sqrt{(528)^2 + (258)^2} = 588$（MVA），定子电流 $I = S/\sqrt{3}U_N = 16.97$（kA）。当氢压进一步降低到 0.31MPa（3.1bar），而 $\cos\varphi$ 仍为 0.9 时，可在相应曲线上得 c 点，对应横坐标有功功率为 450MW，对应纵坐标无功功率为 220Mvar，视在功率 $= \sqrt{(450)^2 + (220)^2} = 500.8$（MVA），定子电流 $I = 500.8/\sqrt{3} \times 20 = 14.46$（kA），此时的容许负荷为 0.75（标幺值）。

由此可见，在不同氢压和不同功率因数下，从 $P-Q$ 曲线上的对应坐标可以很方便地得到容许的发电机出力。

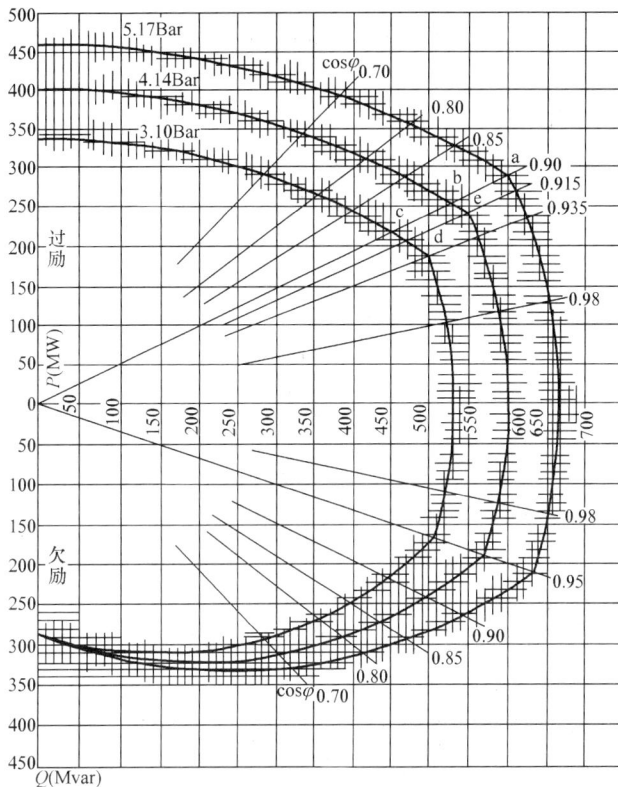

图 4-10　QFSN-600-2 型汽轮发电机 $P-Q$ 曲线图

$S_N = 666.667\text{MVA}$；$\cos\varphi_N = 0.9$；$U_N = 20\text{kV}$；$I_N = 19245\text{A}$；$f_N = 50\text{Hz}$；$n_N = 3000\text{r/min}$

第九节　发电机监测系统

一、监测点设置

发电机的监测点包括温度、振动、对地绝缘电阻、漏水、氢气湿度、无线电射频监测和局部过热监测等。

测温元件是发电机运行中一个重要的耳目。监测发电机内部温度的测温元件分为电阻型和电偶型两大类。它们既可通过温度巡测仪，自动显示并记录温度，亦有一小部分可与其他参数，如氢压、氢气纯度、轴振和 $P-Q$ 曲线的监控等，一起接到汽轮机自动控制（ATC），通过电液调速装置（DEH），自动监测或监控汽轮发电机组运行状态。氢、油、水系统的一些开关量，则从氢油水系统监测柜的端子引出，由 ATC 报警。此外，励磁系统的一些开关量参数也通过 DEH 显示或报警。

1. 监测发电机定子各部温度（以 OFSN—600—2YH 为例）

在定子边段铁芯的齿顶和扼中、压指及磁屏蔽上设置热电偶，汽励两端各 6 个，共设 12 个。铁芯中部两个热风区的齿部和轭部各埋置 2 个热电偶，共埋 4 个。两者总共 16 个铜—康铜热电偶，以监测铁芯温度。

在汽端定子槽部，上下层线棒之间，埋置电阻测温元件，每槽 1 个，共 42 个。元件为铂电阻（Pt100），以监测线棒温度。

在汽端出水汇流管的上下层线棒出水接头上，各装有测温热电偶 1 个，共有 84 个铜—康铜热电偶，以监测回水温度。

在出线盒内，出水汇流管的水接头上各装 1 个热电偶，共有 6 个铜—康铜热电偶，以监测主引线及 6 个出线瓷套端子的回水温度。

2. 监测定子绕组冷却水总进出水管水温

在励端总进水管和汽端总出水管上各设 1 个双支式镍铬—康铜分度热电偶元件（共 2 个），其中各有 1 支接 ATC。

3. 监测氢冷却器的氢温

在汽端和励端氢冷却器罩内，冷风侧和热风侧各设置 1 个双支式铂电阻（Pt100）测温元件，一支显示，另一支可接 ATC，共有 4 支接 ATC。在汽、励两端的上半端盖上，冷氢进风区，各装有一个温度控制器，用于冷氢温度高于上限时报警。温控器有一组触点，可直接通往 ATC。发电机两端热氢出口处，各有一个单支电阻测温元件，监测热氢温度（显示）。

4. 监测轴承温度

在汽、励两端的下半轴承可倾瓦块内，各设 1 个双支式镍铬—康铜 E 分度热电偶，其中 1 支接到 ATC。在汽、励两端的轴承回油管，以及无刷励磁机轴承（或滑环端轴承）回油管上，各设 1 个双支式镍铬—康铜 E 分度热电偶监测回油温度，其中 1 支接 ATC。

5. 监测轴系振动

在发电机两端轴承和励磁机轴承的外挡油盖上，各设一个非接触式拾振器，测量转子轴颈振动，两端共 3 只，均接至 ATC。

6. 监测轴承座、轴承止动销、轴瓦绝缘衬块、密封支座、中间环、高压进油管及外挡油盖的绝缘电阻

在发电机励端轴承座、轴承止动销、上半轴瓦绝缘垫块、下半轴瓦绝缘衬块、密封支座、中间环、高压进油管及外挡油盖处均设双重绝缘，在这些部件上均接有引出到机外的测量引线，供在发电机运行期间监测其绝缘电阻。

7. 发电机漏水监测

在发电机出线盒、机座中部、下部、机座顶部冷却器外置的底部及中性点外罩处，均装设法兰或螺孔，用管道与装设在机外的浮子式液位控制器（即发电机漏水探测器）相连接，以便检测漏水情况，也可从那里排污。

8. 监测机内局部放电的无线射频装置

通过设置在发电机中心点接地线上的频率变送器，来监视机内发电机绕组或其他带电部件的局部放电，详见第三章第八节之三介绍的内容。

9. 监测机内氢气的含湿量

一套在线氢气湿度仪，可直观地反映机内氢气的含湿量，因此可以有效地控制发电机机内氢气的湿度。

二、发电机监测项目

（一）准备启动

发电机准备启动，其转子处于静止状态，此时应投入有关的辅助系统，如氢系统、水系统、密封油系统。为转子盘车和低速运行做好准备，因此必须收集项目内容：

（1）轴承润滑油、密封油的油温、油压和油质（包括励磁机轴承的油温、油压以及机内的空气温度）。

（2）定子绕组冷却水的压力、温度和流量，以及定子冷却水的水质。

（3）轴承、高压进油管、密封支座和中间环等绝缘电阻。

（4）氢气的温度、纯度、湿度和压力。

以上情况正常，应调节有关参数，维持氢压大于水压，定子冷却水温高于氢温，密封瓦进油处氢气侧油压微大于空气侧油压，以防止氢纯度下降，同时确保继电保护正确投入运行。

在进行气体置换的过程中，则尚须收集、掌握 CO_2 和氢气的纯度和压力等，并确认正确的取样位置，以确保气体置换的安全性。

不论是升速之前，还是在机组解列降速之后，或为某种维修工作的需要而使转子进入低速盘车状态，以上各参数均应尽可能地与转子准备启动的静态状况保持一致。

（二）启动

此时必须监测下述参数，将其维持在规定的范围内：

（1）轴瓦钨金温度及出油温度（包括励磁机）。

（2）轴振及轴承座振动（包括励磁机）。

（3）密封油温、密封油进入密封支座在空气侧和氢气侧的压力和温差。

（4）发电机冷氢温度（在升速过程中必须经常测试并调节控制冷氢温度和各冷却器出风的温差和励磁机的冷风、热风温度）。

（5）定子线棒层间温度及出水温度。

注意以下事项：

（1）上层线棒之间或下层线棒之间的温度差，各出水支路上冷却水之间的温度差，应不超过原先数值。当有不正常情况时，必须在并网之前，予以检查并消除。

（2）定子绕组冷却水的电导率不合格或冷却水流量不足，不得投励磁升电压或并网。

（3）要严密监测机内有无漏水、漏油和漏氢等缺陷，必要时迅速予以消缺。

（4）要用每个冷却器出水回路上的调节阀控制水量，水压不要超越规定的上限值以免漏水。各冷却器出风处冷氢温度差要控制在12℃之内。

（三）带负荷运行

除了维持"准备启动"和"启动"两种模式中的各种参数水平外，尚须监测以下参数：

（1）发电机负荷出力，使发电机出力总是处于 $P—Q$ 曲线的限值之内。

（2）带负荷时，定子线棒槽内层间温度及出水温度、温升、温差和总出水管温升。

（3）带负荷时，氢气的平均冷风温度和湿度，以及热氢温度（包括氢冷却器进、出口氢气温度差）。

（4）定子绕组水流量、压降及电导率。

（5）对集电环装置运行工况的监测。

注意以下事项：

（1）不得在机座内充空气的状态下投励磁升电压或并网。

（2）发电机的输出，必须限制在各种氢压下发电机的 $P—Q$ 曲线限值之内。

（3）在任何负载下，如定子绕组上层或下层的出水温差达到12℃，或线棒层间的温差达到14℃，必须立即降低负荷，以验明读数的真伪，如读数是真的，当温差再次达到限值时，则必须立即跳闸解列，否则会严重损伤定子绕组。

（4）在调试阶段测量轴振及轴承振动。

（四）正常运行

1. 定子绕组温度

经常监视槽内线棒层间的温度和上、下层线棒的出水温度。从两者温度的变异，判断定子水支路有无异常迹象。

2. 定子的差胀

定子绕组的输出负荷不仅受到温度的限制，也受到定子绕组和定子铁芯之间周期性差胀的影响。差胀与绕组的温升有关。这就要限制电机的最大负荷，以限制差胀。发电机的 $P—Q$ 曲线表示了发电机运行负荷的限值，在这限值之内，差胀是许可的。

3. 定子铁芯温度

在超前功率因数下运行，即欠激运行，发电机的漏磁通集中分布在定子铁芯的两端，局部区域会产生很大的损耗。在这种情况下，不是定子或转子绕组的温度，而是定子铁芯的局部温度，可能成为限制运行的因素。

4. 冷氢温度及湿度

发电机内部的冷氢温度，是由氢气冷却器吸取和带走热量的能力决定的，应当监视氢气平均温度和冷却水平均温度之差，两者温差取决于所吸取的损耗。这样，当发电机的负荷增大时，不改变氢气压力或冷却水的条件，氢气和冷却水之间的温差必然增大，冷氢温度随之升高。当负荷一定时，如果氢气压力增大，发电机内的氢气温升降低，通过冷却器的氢气温降亦有所减小，这将使冷却氢气的温度略微降低。氢气的湿度过高，特别是在停机时可能会引起结露，将严重威胁定子绝缘及转子护环的安全运行。机内湿度，折算到大气压力下，应控制露点在 $-5 \sim -25$℃ 之间。在正常运行情况下，应投用氢气干燥器，或补入干燥的新氢气以降低湿度。新氢气的露点不得高于 -50℃。

5. 定子绕组进水温度

如供给定子水冷却器的冷却水，其流量与温度保持不变，定子绕组的水流量也不变，则其进水温度由冷却器本身热交换器性能参数所决定。因此，定子冷却水的最高、最低进水温度，在各种不同的负荷下，都可以通过改变水冷却器的冷却水量，以维持在规定限值范围内。

6. 发电机 $P—Q$ 曲线

发电机的 $P—Q$ 曲线，将定子和转子绕组及定子铁芯中热点的温度，限制在切实可行的运行值，这些出力可由计算和厂内试验得出。

在过激、零功率因数和额定功率因数之间运行，其出力受转子绕组的温度限制，这段曲线表示了对应于所设计的氢气压力，而励磁电流则为名牌数据不变时的运行值。

在额定功率因数（过激）和欠激功率因数为 0.95 之间的范围内，出力受定子绕组的温度限制，在该部分曲线运行，对应于定子电流不变。在这段范围内，励磁电流将随着负荷和功率因数而改变，但总是低于其额定值。

7. 氢气冷却器

按所提供的规定方法，调节氢冷却器进水管道的阀门来控制冷却水的流量，以防止冷却器中水压过高。过高的水压，可能会引起冷却管的损坏。因此，在关闭这些阀门时，应细心操作，以避免水压超过规定的最大工作压力。控制氢气冷却器的冷却水流量，提供了一种在不同负荷时，调节冷氢温度的方法。调节冷却水的流量，使冷氢温度维持在大体上不变的数值。氢气温度恒定运行方式下的差胀，总是比绕组温度恒定运行方式的差胀要稍微大些。然而，氢气温度恒定运行方式在负荷低于额定时，具有维持绕组总温度低的优点，这对绝缘寿命是有利的。

当氢气冷却器有 1 台退出运行时，能保证安全运行的最大负荷为 $80\% \sim 100\%$ 额定负荷，此时冷氢温度最高允许值为 48℃。

在运行时，由于工作氢压高于冷却器冷却水的水压，因此一般难以察觉冷却管的漏水现象。冷却器的损伤，会导致大量氢气泄漏到冷却器的循环水管路中，因此氢气冷却器的外部水管路，设有氢气监测器和报警器，以及安全放气措施。当氢气监控系统发出机内漏水报警，如在低氢压运行时，冷却器漏水也可能是一个原因，应给予注意。在运行中，可通过依次关闭每只冷却器的水路加以判断，如确系某冷却器漏水，则应将其关闭，待电机检修时予以处理。少数水管的漏水，可用堵塞两端管口的办法，使此只冷却器仍能继续维持运行。

8. 定子绕组内冷水

在发电机带负荷时，定子绕组内必须有冷却水循环流通。正常情况下，定子绕组一旦通水，发电机中的氢压，都必须维持高于水压，以防止漏水的潜在危险。但在密封油系统出故障，只能维持低氢压运行时，必须保持最低水压不低于 0.15MPa，此时即使水压大于氢压，亦允许作短暂运行，但不推荐长期运行。定子内冷水的冷却器共有两台，并联连接，互为备用。每台水冷却器都能承担额定工况运行的冷却能力。投入备用水冷却器之前，必须先放开阀门排气。

复习思考题

4.1 发电机承受的暂态负序电流能力是用哪几项指标来表示的？超标有什么危害？

4.2 大型发电机组的出力，什么叫铭牌工况？什么叫最大保证出力工况？什么叫调节阀全开工况？

4.3 说明发电机冷却条件变化时对发电机出力的影响（如氢气温度、压力、纯度、冷却水量和温度）。

4.4 影响发电机绝缘寿命有哪些因数？如何延长绝缘寿命？

4.5 利用发电机的 P—Q 曲线的使用方法说明你所在的发电厂的一台发电机参数，并绘制一张 P—Q 曲线图。

4.6 什么叫发电机的静态稳定和暂态稳定？如何提高稳定性？

4.7 在准备启动、启动、带负荷运行和正常运行阶段，发电机的监测项目有哪些？

第五章

发电机非正常运行

第一节 汽轮发电机频率异常运行

随着大电网与大机组的发展，运行频率的变化对大电网与大机组运行安全的影响，愈来愈为大家所重视和关注，其影响主要考虑以下两个方面。

一、防止频率变化损坏发电设备

大型机组对运行频率有着严格限制。如果在运行时，汽轮机叶片自振频率与转速发生机械谐振，那么叶片所受的应力可能比正常运行条件下大若干倍，极易造成疲劳而损坏。为了防止谐振，制造厂设计的汽轮机叶片，其自振频率都要躲开额定转速及其倍数（工频及其整数谐波），并对汽轮机在偏离额定频率运行的情况下提出了允许运行的时间限制。例如，美国某公司提出的运行建议定额，如表 5-1 所示。

表 5-1 美国某公司提出的运行建议定额

全负荷下运行频率 （Hz）	造成损伤的最少时间 （min）	全负荷下运行频率 （Hz）	造成损伤的最少时间 （min）
49.5	连续运行	48.5	10
49	90	48	1

表 5-1 中所列时间是积累的，如在 48Hz 满负荷已经运行了 0.5min，则该机组在该频率下的运行寿命只剩下 0.5min 了。

现代大机组为了自身的安全，都装设了频率保护，我国进口的一些大机组的频率保护整定如下。

(1) 宝钢进口日本的 350MW 机组：

48.5Hz　0s 发信号

47.5Hz　30s 跳闸

47.0Hz　0s 跳闸

(2) 元宝山电厂进口法国的 600MW 机组：

47.5Hz　9s 跳闸

52Hz　　0.258s 跳闸

(3) 姚孟电厂进口比利时的 300MW 机组：

48Hz　　5s 跳闸

二、防止频率变化引起连锁反应而导致电网瓦解

电网运行频率的变化，将会直接影响电厂本身的运行。频率降低，一会严重降低厂用电动机出力，特别是锅炉给水泵、循环水泵、送引风机等；二会使发电机通风系统冷却效率降低，最大连续出力随之而降低。前者影响甚巨，如上述这些重要辅机的出力，将会以频率的二次方、三次

方成反比而降低。后者影响较轻，如某制造厂给出的数据为：当频率由 100% 下降到 92% 时，发电机出力则由 100% 下降到 88%。系统在低频下运行，正是要求机组多发电的时候，但却由于辅机出力剧降而受到限制，并使发电机出力进一步下降，继而又使系统频率进一步降低，如此造成恶性循环，严重时会导致电网瓦解。

核电机组对电网频率还有特殊要求。电网运行频率降低，降低了冷却介质泵的出力，导致蒸汽系统冷却剂的流速降低。而压水堆的设计要求，冷却剂流速与反应堆产生的热能成正比，冷却介质流速降低，将可能引起核燃料棒损坏。为了防止这种严重情况发生，一般采用低频继电器，当电网频率低于一定值时，将反应堆自动退出运行。

从确保电力系统安全的观点，当系统发生突然的较大有功功率缺额，足以引起电网运行频率严重下降时，必须有自动装置，能及时地相应切除相适应容量的负荷，即所谓按频率降低自动减负荷，以迅速恢复电网的正常运行频率。综上所述，在现代电网中，正确实现按频率降低自动减负荷，必须与大容量机组的低频运行性能相协调，即必须与机组低频保护的动作有选择性的配合，而如果在已经有了有功功率缺额的系统中，因配合不当，使运行中的其他机组，在频率大幅度的快速变化过程中发生跳闸，则将使系统有功功率的缺额更为扩大，从而造成恶性连锁反应；另一方面，还必须注意防止负荷容量的过切。如果负荷容量过切很多，在负荷切除后，系统运行频率恢复的过程中，系统将产生过大的频率过调。在水电比重较大的系统中，由于水轮机组调速系统反应慢，比较容易出现这样的过调现象。而频率超调的结果，又可能引起某些大型汽轮发电机组的误跳闸，因而导致系统频率的严重波动。从一些国外的事故报道看，后果往往相当严重。因此，电网按频率降低自动减负荷装置的配置和整定原则是什么？主要考虑哪些因素？这些问题，在电网具体实施前，应进行慎重研究后确定。

由现代大型电厂构成的大电网中，热控自动装置，如协调控制（CCS）、电液调节（DEH）、自动发电（AGC）等的大量投用，上述现象已可得到有效抑制。

第二节　汽轮发电机不对称运行

发电机不对称运行是一种非正常工作状态。出现不对称的原因，可能是负荷不对称（如系统中有大容量单相电炉、电气机车等不对称用电设备），也可能是输电线路不对称（如一相断线或故障检修切除后采用两相运行），也可能是系统发生不对称短路故障。发电机附近发生不对称短路，将出现最大的不对称短时运行（决定于保护动作时间）。

在发电机不对称运行时，三相电压和电流均不对称。不对称的程度，通常用负序电流 I_2 对额定电流 I_N 的比值（或百分数）来表示，亦可用各相电流之间的最大差值对额定电流之比 $(I_{max}-I_{min})/I_N$ 来表示。

一、负序电流对发电机的危害

发电机不对称运行时，其三相不对称电流，可以用对称分量法，分解成正、负、零相序分量。其中，正序分量所产生的正序磁场与转子保持同步速度、同方向旋转，对转子而言是相对静止的，在转子上不会引起感应电流。此时转子发热是由励磁电流决定的。负、零序分量会引起转子的附加发热和机械振动。

当定子三相绕组中，流过负序分量电流时，所产生的负序磁场，以同步速度与转子反方向旋转，在励磁绕组、阻尼绕组及转子本体中，感应出两倍频率的电流，从而引起附加发热。由于这个感应电流频率较高（100Hz），集肤效应较为显著。因此，感应电流造成的附加发热主要集中于转子的表面。此电流在转子表面的分布，与鼠笼式电动机转子电流分布相似，在转子表面沿轴

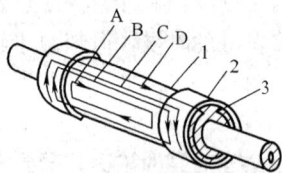

图 5-1　隐极式转子表面
涡流分布
1—转子本体；2—护环；
3—中心环

向流动，在转子端部沿圆周方向流动而形成回路，如图 5-1 所示。这些电流不仅流过转子本体 1（线 A）、护环 2（线 B、C 和 D）以及中心环 3（线 D），还流过转子的槽楔和齿，并经槽楔和齿与套箍的许多接触面，以及槽楔分段处和齿的接触面。这些接触部位接触电阻较高，发热尤为严重，可能产生局部高温，破坏转子部件的机械强度。

除上述的附加发热外，负序电流产生的负序磁场还在转子上产生两倍频率的脉动转矩，使发电机组产生 100 次/s 的振动，并使轴系产生扭振。

负序电流产生的附加发热和振动，对发电机的危害程度，与发电机类型和结构有关。由于汽轮发电机的转子是隐极式的，磁极与轴是一个整体，绕组置于槽内，散热条件不好，所以负序电流产生的附加发热往往成为限制不对称运行的主要条件。

装设阻尼绕组的大型发电机，负序电流被阻尼绕组分流，对转子表面的发热大为改善，因此可以有较大承受负序电流的能力。

二、汽轮发电机不对称负荷的容许范围

汽轮发电机不对称负荷容许范围的确定主要决定于以下三个条件。

（1）负荷最重一相的电流，不应超过发电机的额定电流。

（2）转子最热点的温度不应超过容许温度。

（3）不对称运行时的机械振动不应超过容许范围。

第一个条件，是考虑到定子绕组的发热不超过容许值，第二和第三个条件，是针对不对称运行时负序电流所造成的危害提出来的。发电机承受不对称运行的能力，也称为发电机的负序能力，通常用两个技术参数表示：一是允许长期运行的稳态负序能力，以允许的最大负序电流标么值 $I_{2*} = \dfrac{I_2}{I_N}$ 表示；另一是短时间允许的暂态负序能力，以 $I_{2*}^2 t$ 表示，它代表短时最大容许的负序发热当量。当系统中发生不对称短路时，其容许持续时间 t，根据厂家规定的 $I_2^2 t$ 容许值计算。当发电机不对称运行时，其负序电流的容许值和容许时间都不应超出制造厂规定的范围。此值已列入国家标准《汽轮发电机通用技术条件》（GB7064—1986），如表 5-2 所示。

表 5-2　　　　　　　　　汽轮发电机连续运行和短时运行的负序电流允许值

转子冷却方式	冷却介质或功率	连续运行的最大负序电流分量 I_2	故障运行的最大 $I_2^2 t$
间接冷却	空　气	0.10	30
	氢　气	0.10	15
直接冷却	空　气	0.08	8
	氢　气	0.07	7

在表 5-2 中，I_2 是等值负序电流标么值（略去了标么值记号 $*$），t 为容许持续时间（s）。I_2 由下式决定

$$I_2 = \sqrt{\int_0^t i_2^2 \mathrm{d}t / t}$$

式中　i_2——负序电流的瞬时标么值。

在表 5-2 中，$I_2^2 t$ 代表暂态负序能力，决定转子各部分的温度，所以 $I_2^2 t$ 容许值与发电机类型和冷却方式有关。空气冷却或者氢冷却的汽轮发电机，$I_2^2 t$ 的容许值较大；而对水或氢直接内冷

绕组的汽轮发电机，由于定子电流密度已显著增大，转子表面的涡流损耗密度也增大，其 $I_2^2 t$ 的容许值变小。

三、600MW 级汽轮发电机负序能力

从第三章世界各国 600MW 级汽轮发电机技术数据对照表（见表 3-1）中可以看出，600MW 级汽轮发电机（直接内冷式）的稳态（长时）负序能力 I_2（标么值）多数为 8％（0.08），个别允许值高达 12％（0.12），都比我国规定的允许值 0.07（见表 5-3）高一些。而暂态负序能力 $I_2^2 t$ 都等于 10，与表 5-3 中的允许值相当。因此，发电机在运行时的负序能力，应以制造厂提供的技术数据为依据。国家标准应作为制造厂设计发电机时应遵守的最低允许值。

目前，我国生产的 QFSN-600-2 型汽轮发电机的负序能力，也与世界各国的相一致，其稳态负荷能力为 $I_2 = 8％$，暂态负序能力为 $I_2^2 t = 10$。发电机三相电流不平衡，在最大相电流不大于额定电流的条件下，当负序电流超过 8％的额定电流时，允许按表 5-3 的规定短时运行。

表 5-3   QFSN-600-2 型汽轮发电机负序电流与容许持续时间的关系

I_2 / I_N	0.5	0.4	0.3	0.2	0.1	0.08
允许运行时间（s）	立即停机	66	111	250	1000	连续运行

当发电机不对称运行，负序电流超过允许值时，应尽力设法减小不平衡电流（如减小发电机出力等）至允许值，如已达到不平衡电流所允许的运行时间，则应立即将发电机解列。

第三节　汽轮发电机失磁运行

汽轮发电机的失磁运行，是指这种发电机失去励磁后，仍带有一定的有功功率，以低滑差与系统继续并联运行，即进入失励后的异步运行。

同步发电机突然部分的或全部的失去励磁称为失磁，是较常见的故障之一。引起发电机失磁的原因主要有以下几种。

（1）励磁回路开路，如自动励磁断路器误跳闸、励磁调节装置的自动开关误动、晶闸管励磁装置中的元件损坏等。

（2）励磁绕组短路。

（3）运行人员误操作等。

发电机失去励磁以后，由于转子励磁电流 I_F 或发电机感应电动势 E_q 逐渐减小，使发电机电磁功率或电磁转矩相应减小。当发电机的电磁转矩减小到其最大值小于原动机转矩时，而汽轮机输入转矩还未来得及减小，因而在剩余加速转矩的作用下，发电机进入失步状态。当发电机超过同步转速运行时，发电机的转子与定子三相电流产生的旋转磁场之间有了相对运动，于是在转子绕组、阻尼绕组、转子本体及槽楔中，将感应出频率等于滑差频率的交变电动势和电流，并由这些电流与定子磁场相互作用而产生制动的异步转矩。随着转差由小增大，异步转矩也增大（在未达某一临界转差之前）。当某一转差下产生的异步转矩与汽轮机输入转矩（其值因调速器在电机转速升高时会自动关小汽门而比原先数值小）重新平衡时，发电机就进入稳定的异步运行。

发电机失磁后，虽然能过渡到稳定的异步运行，能向系统输送一定的有功功率，并且在进入异步运行后，若能及时排除励磁故障，恢复正常励磁，亦能很快地自动进入同步运行，对系统的安全与稳定都有好处。但发电机失磁后，能否在短时间内无励磁运行，应受到多种因素限制。

发电机失磁后，从送出无功功率转变为大量吸收系统无功功率，这样在系统无功功率不足时，将造成系统电压显著下降。从国内外试验资料表明，发电机失磁后吸收的无功功率，相当于

失磁前它所发出的有功功率的数量。由于失磁后发电机转变成吸收无功功率，发电机定子端部发热增大，可能引起局部过热，往往成为异步运行的主要限制因素。发电机失磁异步运行时，转子温升一般不是限制异步运行的主要因素。此外，由于转子的电磁不对称所产生的脉动转矩，将引起机组和基础振动。因此，某一台发电机能否失磁运行、异步运行时间的长短和送出功率的多少，只能根据发电机的型式、参数、转子回路连接方式（与失磁状态有关）以及系统情况等进行具体分析，并经过试验后才能确定。

对于大容量发电机，由于其满负荷运行失磁后，从系统吸收较大的无功功率，往往对系统的影响比较大，所以大型发电机一般不允许无励磁运行，在失磁后，通过失磁保护动作于跳闸，将发电机与电网解列。国内的 600MW 汽轮发电机都装有失磁保护，当出现失磁时，一般经 0.5～3s 就跳开发电机断路器，也就是不允许其异步运行。

一、国内大机组失磁运行经验

发电机失磁，不仅定子端部发热并超过允许值，而且发电机的无功功率由正常向电网送出变为从电网吸收，严重时将造成电网电压崩溃。据统计，我国在 20 世纪，由于发电机失磁发展为系统稳定破坏事故多次，占全部稳定破坏事故的 16%，引起重大损失。机组失磁的故障率达 10.4 次/（100 台·年）。

为了吸取过去的事故教训，所有机组都装设了失磁保护，一旦发生失磁，往往直接动作跳闸。大机组在满负荷时突然跳闸，从保电网安全的角度看，虽然失去一定的有功功率，但可以消除由于连锁反应所引起的电压崩溃。但从当时我国电厂热力设备的现状来看，大机组解列后，操作多，易出差错，还可能出现超过规定的温度胀差，使得几天后才能开机并网，有时甚至会引起断油磨瓦、弯轴等问题。所以，大机组一旦发生失磁就直接跳闸，也不是一个解决问题的好办法。

在大量的机组失磁事故中，不少电网发现，有的机组在失磁后未解列，进入了稳态异步运行，在排除励磁系统故障或投入备用励磁后，重新恢复了同步运行。近年来，在一批大机组上，进行了失磁异步运行试验，积累了不少经验。在大量研究及试验的基础上，在大机组失磁保护动作后，采取自动减有功功率，尽量排除故障，恢复励磁，重新恢复同步运行的做法，已取得了较好的效果。

二、国外对大机组失磁运行的研究

其他国家也研究过大机组的失磁异步运行问题，通过大量研究与试验认为，对于水轮发电机，除少数例外，由于其同步电抗相对较小，异步力矩特性差，应在失磁时立即跳闸。而对于汽轮发电机，试验证明容量不超过 800MW 的双极发电机，在满足下列条件下，可以做短时的异步运行。

（1）失磁的机组应快速（最好是自动的）减出力到允许水平。

（2）电网应有相应的无功功率紧急备用，以保持电网的电压。

（3）失磁机组的厂用电保持正常工作，否则应自动地切换到其他电压正常的电源。

采取上述做法，可以而且应该做到：①失磁机组不跳闸；②在短时间内恢复励磁；③如不可能在短时间内恢复励磁，可将失磁机组的有功功率转移到其他电源，再将其切除。

由于失磁异步运行的限制因素与机组容量、设计特点等有关。因此，凡准备做失磁异步运行的机组，至少对每种型式机组中的一台进行实际试验，以决定失磁异步运行的有关参数，并在运行中予以规定。

根据已进行过试验的结果，可以认为：

（1）间接冷却的汽轮发电机，异步运行的条件较为有利，其限制条件，主要是定子端部发热。在接近额定电压时异步运行，可带 0.6 标么值的有功功率，定子电流不应大于 1.0～1.1 额定值；异步运行时间允许 20min。

（2）现在大型直接冷却的汽轮发电机，由于定子端部温度上升较快及异步力矩较小，在接近额定电压时异步运行，可带 0.4 标么值的有功功率，定子电流不应大于 1.0～1.1 额定值，异步运行时间允许 10min。

（3）汽轮发电机组，在送出有功功率较大时失磁，其机械力矩将大于因转子电流降低而减小的发电机异步力矩，使滑差增大，这种运行条件是不允许的。因而应立即自动减出力。对直接冷却的发电机应在 30s 内减到 0.6 标么值，并在不大于 2min 内减到 0.4 标么值。

（4）如发电机有功功率减到上述限额，而电网电压可以维持在一定合理水平时，由于此时滑差很小（一般小于 0.5％），转子的发热不会限制异步运行。转子绕组感应电压也不是限制因素。

对失磁异步运行的实际运用，各个国家根据自己的条件，如电源备用容量、电网条件等，有不同的处理方法。前苏联、德国、瑞士、捷克等一些国家，在一定限制条件下，允许采用短时的失磁异步运行方式。虽然法国、瑞士与英国制造部门，允许他们生产的汽轮发电机短时失磁异步运行，但有的电网考虑，因无功功率备用不足和电压低的原因，而不考虑失磁异步运行。美国在机组失磁后，将立刻或稍带延时地将汽轮发电机切除解列。

三、建议

根据国内外的经验，结合我国的实际情况，建议在有条件的地方对失磁机组采取立即自动减出力，迅速恢复励磁，以尽快恢复同步运行，并做好下列工作，以保证电网及机组的运行安全。

（1）大机组特别是国产机组的励磁系统及其调节装置，包括一些晶闸管等元件仍然存在缺陷，应彻底根除，以降低发电机失磁的故障率。

（2）在已进行的失磁异步运行试验的基础上，对每一种型式的汽轮机组进行认真研究，进行必要的补充试验，通过实测决定各种限制因素及运行参数。

（3）研究电网条件，发电机失磁异步运行必须符合《电力系统安全稳定导则》的要求。研究在各种运行方式下，电网无功功率的备用情况，失磁异步运行时，电网能维持的电压水平以及电网需要采取的措施。

（4）采用技术性能满足要求的失磁保护和自动减负荷设施。大机组的失磁保护，不应在主系统振荡时误动作，并特别注意，不应由于电压闭锁造成拒动。

（5）针对机组可能失磁的原因，准备迅速恢复的措施。在设备及运行操作上都做好准备，以便在规定时间内恢复励磁。

（6）在失磁异步运行时，保证失磁机组厂用电的安全极为重要。

第四节　发电机进相运行

汽轮发电机的进相运行就是低励磁运行，它是调节系统无功过剩，改善首端电压的一种安全、经济、有效、方便的运行方式。发电机在此工作状态下运行时，它的功率因数是越前的，即它从系统中吸收感性无功功率（规定发电机发出感性无功为正，吸收感性无功为负），并发出有功功率。但汽轮发电机的进相运行，受到静稳定极限角、定子端部发热和发电机机端电压下降等因素的限制。

一、静稳定极限角限制

发电机通常是发出有功功率和电感性无功功率，以供给电感性负荷。随着电力系统的发展，电压等级的提高，输电线路的加长，线路的电容电流也愈来愈大，它也相当于发出电感性无功功率。在系统轻负荷时，线路电压会上升。例如，在节假日、午夜等低负荷的情况下，如果不能有效地减少或吸收多余的无功电流（无功功率），枢纽变电所母线上的电压会可能超过额定电压，有时甚至能超过 15%～20%。此时，若利用部分发电机进相运行的能力，以吸收多余的无功功率，使枢纽点上的电压保持在允许限额以内，则可少装设其他吸收无功的调压设施。

如前所述，发电机通常在过励磁方式下运行，如果减小励磁电流，使发电机从过励磁运行转为欠励磁运行，即转为进相运行，发电机就由发出无功功率转为吸收无功功率。励磁电流愈小，从系统吸收的无功功率就愈大，功角 δ 在输出有功不变的条件下，也随之增大。所以，在进相运行时，容许吸收多少无功功率，发出多少有功功率，其限制条件之一，是静稳定极限角。由电磁功率表达式可知，当静稳定极限角一旦成为进相运行的限制条件时，就可以适当降低发电机的有功出力，以保证功角 δ 在安全容许的范围内。

二、定子端部发热对进相运行的限制

当发电机进相运行时，端部发热，是由定子端部绕组漏磁和转子端部绕组漏磁组成的合成磁通。它的大小除与发电机的结构、型式、材料、短路比等因素有关外，还与定子、转子电流的大小、负荷功率因数的高低等因素有关。

当发电机在进相（欠励磁）运行时，其端部发热比迟相（过励磁）运行严重。原因是在相同的视在功率下，发电机随着功率因数 $\cos\varphi$ 由迟相向进相转移时，其电枢反应磁场也逐渐由去磁变为加磁，端部的漏磁通密度增大，引起定子端部的发热也逐步趋向严重。根据理论计算，定子端部漏磁密度 B_e 的平方随功率因数角 φ 之间存在如图 5-2 所示的关系。

从图 5-2 可以看出，当视在功率一定，发电机从迟相向进相转移时，在 $\cos\varphi=1$（即 $\varphi=0°$）附近，定子端部磁密上升很快。此后，随着进相 φ 角增大，$\cos\varphi$ 降低，吸收的无功功率增多，B_e 仍继续增大。而定子端部温升与 B_e 成正比，因此可能在进相运行时使发电机定子端部过热，从而成为限制发电机进相运行容量的因素之一。

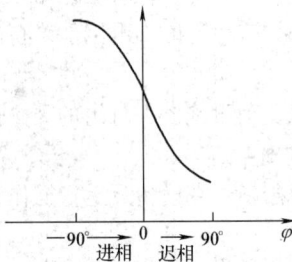

图 5-2 B_e^2 和 φ 角
之间关系曲线图

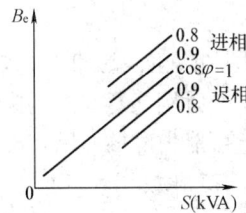

图 5-3 发电机端部漏
磁通与视在功率的关系

上面讨论在视在功率一定时，定子端部漏磁通与功率因数的关系，而当功率因数一定时，端部漏磁通约与发电机的视在功率 S 成正比，如图 5-3 所示。由图 5-3 可以看出，如欲保持定子端部发热为一定值，亦即端部漏磁通为一定值，随着进相程度的增大，视在功率 S 应相应降低。

由于发电机进相运行时的端部漏磁通及温升，随功率因数和输出功率而变化，所以为了在进相运行时，不致使端部温升超过允许值，应作发电机进相运行时定子端部温升限额曲线。根据这一温升限额曲线就可以确定，在不同进相运行深度时，端部温升不超过允许值的条件下，发电机的有功功率和无功功率的限值。由一种近似计算法得出的结论认为：发电机进相运行时的端部温升限制曲线是一圆弧曲线，其圆心 O' 在 Q 轴上（见图 5-4，在此不讨论图的绘制方法）。

图 5-4 为 QFQS-200-2 型汽轮发电机考虑温升限制和静稳定限制的运行曲线，图 5-4 中曲线 1

就是定子端部温升限制曲线，相应的端部允许温度为130℃；图5-4中的曲线2为静稳定限制曲线，它是以发电机运行时保持功角δ不超过65°绘制的，即留有较大的功率储备。并且认为，发电机接于无限大容量系统，即$X_s=0$，取短路比为0.524，没有考虑饱和影响。考虑了发电机静稳定和端部温升条件限制后的运行限制曲线为HTEL。由于各种发电机的参数、结构、端部材料以及连接的系统参数等不相同，故各种发电机进相运行时的限制曲线（容许限值）亦不相同，一般应进行试验来确定。

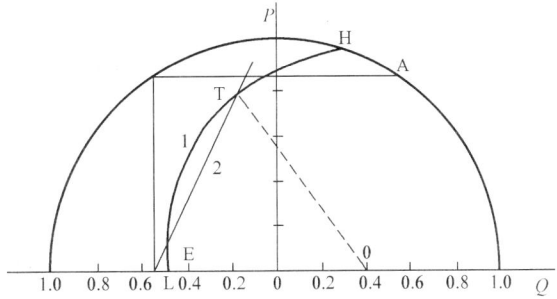

图5-4　发电机进相运行限制曲线图
1—定子端部温升限制曲线；2—考虑稳定储备后的静稳定限制曲线

三、发电机机端电压下降限制

限制发电机机端电压最低值和系统稳定的要求，希望发电机能在更为宽广的无功调节范围内工作。目前虽未对发电机进相运行的能力做统一规定，但大多数国家的汽轮发电机，都已做到在有功功率为额定值时，按进相功率因数为0.95吸收无功。1980年国际大电网会议发电机组的报告，也认同这是最低标准，如我国北仑发电厂，进口的日本东芝公司制造的600MW汽轮发电机，在进相运行工况，发出有功功率657MW的同时，可最大吸收无功215Mvar。因此，在600MW或更大容量发电机的订货及技术条件中应考虑到系统要求。在继电保护配置上，亦应考虑在进相运行工况下，保证系统的稳定性。

第五节　发电机失步运行

600MW汽轮发电机组，在系统稳定破坏发生振荡时，与中小型机组相比，有些特殊问题需要专门研究。

一、发电机失步影响

（1）600MW汽轮发电机失步运行，会产生很大的有功和无功功率的振荡，对系统产生强烈的扰动。

经计算，如某工程有功功率的振荡幅度为2.54倍发电机额定功率，无功功率振荡幅度达3.82倍发电机视在功率。

（2）发电机失步引起的振荡电流很大，威胁着机组和电力设备的安全。

经计算，最严重的情况是功角为180°，系统振荡电流最大，可达3.80倍发电机额定电流。振荡电流引起的发热，大于短路时发热对发电机或电力设备的损害。另外，振荡电流引起机组及其他电力设备持续而又强烈的振动。

（3）发电机失步，会引起系统某些地方电压严重降低而被迫甩负荷。

600MW机组失步，是一个非常严重的异常运行方式，直接关系到机组和电网的安全，影响到系统电压、频率和潮流的稳定。在设计中应专门进行有关系统稳定的计算，在机组配套中应选用可靠的保护装置。

二、国外研究与经验

英国的理论研究认为，在系统失步时，将使汽轮发电机组的电磁力矩达到满负荷时力矩的3

倍（即3标幺值），在汽轮机与发电机轴间连接靠背轮的相应最大机械力矩为2.5标幺值。

美国认为，在系统失步运行时，将使汽轮发电机组的电磁应力超过5标幺值，因此发电机组要装设失步保护，并在第一个振荡周期时将发电机与电网解列。而有的国家则认为，系统对短时间的失步运行，在一定限制条件下是允许的，主要目的是为了采取某些措施后，能够使其再同步运行，以保持电网的完整性。

法国对大机组允许15～20个振荡周期的失步运行。元宝山电厂进口的法国300MW机组，使用BBC的保护，当系统失步后，每一振荡周期都小于2s，振荡延续时间达20s时后发出跳闸；而600MW机组的失步保护反应在5min内，当每次振荡角度超过150°、振荡周期超过20个时后发出跳闸。

前苏联则规定，大机组失步运行超过20s时跳闸，有的国家没有考虑在大机组上装设失步保护，如从日本进口的陡河电厂250MW机组及从比利时进口的姚孟电厂300MW机组等皆没有考虑采用失步保护。

目前国际上对短时间允许失步运行的限制条件，包括机组电流、力矩、轴应力等并无具体规定。1980年国际大电网会议，以发电机组名义发表的论文建议，如果失步时发电机定子电流及其轴的力矩限制在相当于发电机出口三相短路或两相短路时的0.6～0.7倍内，是可以允许短时运行的。

复 习 思 考 题

5.1　大型机组低频率运行时对机组、电网各有什么影响？

5.2　汽轮发电机的失磁运行有哪些原因？过渡到稳定的异步运行有什么限制？

5.3　汽轮发电机的进相运行有哪些限制？

5.4　汽轮发电机失步运行有哪些危害？

第六章

600MW 发电机励磁系统

第一节　励磁系统作用和要求

同步发电机的励磁系统主要由励磁功率单元和励磁调节器（装置）两大部分组成，其构成框图如图 6-1 所示。励磁功率单元，是指向同步发电机转子绕组提供直流励磁电流的电源部分。而励磁调节器，则是根据控制要求的输入信号和给定的调节准则，控制励磁功率单元输出的装置。由励磁调节器、励磁功率单元和发电机本身一起组成的整个系统，称为励磁控制系统。

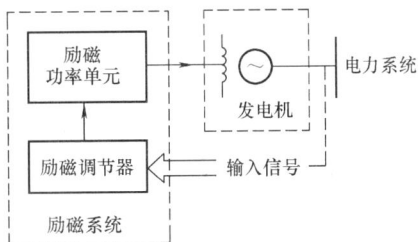

图 6-1　励磁控制系统构成框图

一、励磁系统主要作用

励磁系统是发电机的重要组成部分，它对电力系统及发电机本身的安全稳定运行有很大的影响。励磁系统的主要作用有以下几点：

(1) 根据发电机负荷变化，相应地调节励磁电流，以维持机端电压为给定值。

(2) 控制并列运行各发电机间的无功功率分配。

(3) 提高发电机并列运行的静态稳定性。

(4) 提高发电机并列运行的暂态稳定性。

(5) 在发电机内部出现故障时，进行灭磁，以减小故障损失程度。

(6) 根据运行要求，对发电机实行最大励磁限制及最小励磁限制。

二、励磁系统暂态性能指标

评价励磁系统对严重的暂态过程（即涉及到电力系统暂态稳定的暂态过程）所表现的性能，常用的重要技术指标有：强行励磁顶值电压倍数、励磁电压上升速度（电压响应比）、励磁电压上升响应时间。

1. 强行励磁顶值电压倍数

强行励磁顶值电压倍数，用于衡量励磁系统的强励能力。一般是指，在强励作用下，励磁功率单元输出的最大励磁电压（顶值电压 U_{Fmax}）与额定励磁电压 U_{FN} 的比值，可用下式表示

$$K_u = \frac{U_{Fmax}}{U_{FN}} \tag{6-1}$$

式中　K_u——稳态顶值电压倍数，又称强励倍数。

现代同步发电机励磁系统，强励倍数一般为 1.5～2.0。强励倍数越高，越有利于电力系统的稳定运行。强励倍数的大小，涉及制造成本等因素。大容量发电机受过载能力约束，一般承受强励倍数能力较中小容量发电机低，但在电力系统稳定性要求严格的场合，即使是大容量发电机，也应按需要选取较高的强励倍数。

2. 励磁电压上升速度——电压响应比

励磁电压上升速度，也是励磁系统重要性能指标之一。随着机组容量增大、励磁方式的改进和发展，对励磁电压上升速度衡量的定义有所变化。

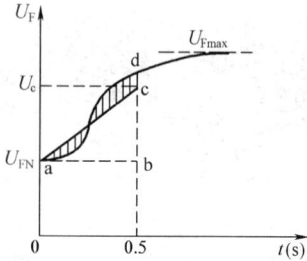

图 6-2　励磁电压上升
速度的确定

对于具有直流励磁机的励磁系统，在继电强励装置动作后，励磁电压上升速度曲线一般如图 6-2 所示。在起始电压（为额定励磁电压 U_{FN}）处作一水平线 ab，再作一斜线 ac，使它在最初 0.5s 时间间隔内，与 ab 线、bc 线所覆盖的面积（三角形 acb），等于同一时段内实际励磁电压上升曲线 ad 与 ab 线、bd 线所覆盖的面积。换句话说，使图 6-2 中画阴影的两部分面积相等，则励磁电压响应比 R_P 可表示为

$$R_P = \frac{U_c - U_{FN}}{0.5 U_{FN}} \qquad (6-2)$$

随着单机容量不断增大，大容量的汽轮发电机，广泛地采用了同轴交流励磁机或无同轴交流励磁机的半导体励磁系统，其励磁电压上升的动态过程，与采用同轴直流励磁机的励磁系统有所不同。目前一般采用励磁机等效时间常数法，来确定励磁电压上升速度。励磁电压上升速度定义为：当强励作用时，在时间间隔为励磁机等效时间常数 T_E 之内，顶值励磁电压与额定励磁电压差值（$U_{Fmax} - U_{FN}$）的 0.632 倍❶的平均上升速度对额定励磁电压 U_{FN} 之比，称为"电压响应比"，可用公式表示为

$$R_P = 0.632 \frac{U_{Fmax} - U_{FN}}{U_{FN} T_E} \qquad (1/s) \qquad (6-3)$$

或写成

$$R_P = 0.632 \frac{K_u - 1}{T_E}$$

式中　T_E——励磁机等效时间常数。

对于励磁电压按指数规律上升的特性，电压响应比的含义如图 6-3 所示（用标么值表示）。在强励作用后第一个 T_E 的瞬时，励磁电压从 U_{FN} 已上升到差值（$U_{Fmax} - U_{FN}$）的 0.632 倍。则直线 ab 的斜率 $\tan\beta$ 就是励磁电压响应比。

3. 励磁电压上升响应时间

目前还采用另一个反映响应速度快慢的指标，即励磁电压上升响应时间。其定义是：励磁电压从额定值 U_{FN} 上升到 95% U_{Fmax} 的时间，称为励磁电压上升响应时间。对于响应时间≤0.1s 的励磁系统，通常称其为高起始响应励磁系统。

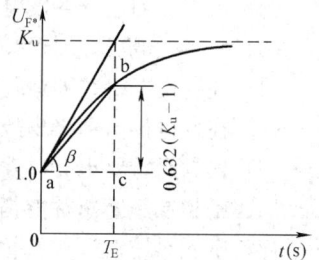

图 6-3　等效时间常数法确定
励磁电压上升速度

三、对 600MW 机组励磁系统的性能要求

600MW 机组的励磁系统，都是高起始响应励磁系统。对其基本要求如下：

（1）励磁能源应满足发电机正常运行或各种故障工况下的需要。

（2）保证发电机运行的可靠性和稳定性。

（3）应能维持发电机端电压恒定并保证一定的精度和并联机组间稳定分担无功功率。

（4）具有一定的强励容量，要求强励倍数为 2 倍时，响应比为 3.5 倍/s。

（5）在欠励区域保证发电机稳定运行。

---

❶ $1 - \frac{1}{e} = 0.632$，e 为自然对数底，$1 - \frac{1}{e}$ 是指数曲线 $t = 0$ 时的斜率。

（6）对于机组过电压、过励磁具有保护作用。

（7）对于机组振荡能提供正阻尼，改善机组动态稳定性。

第二节　发电机调压特性与机组间无功功率分配

电力系统的电压调节和无功功率分配密切相关。调整发电机母线电压水平是电力系统调压的一个重要手段。当系统调度给定了发电厂母线电压曲线或无功负荷曲线后，保证维持给定的母线电压水平和稳定合理地分配机组间的无功功率，就是各个机组自动励磁调节装置的任务。机组间能否合理稳定地分配无功功率，与发电机的调压特性直接有关。

一、发电机调压特性

从同步发电机正常运行的分析可知，发电机正常运行时，由于在同步电抗 X_d 上产生压降，若保持励磁电流为某一定值不变，则发电机端电压将随负荷电流的变化而显著变化。汽轮发电机在额定负荷功率因数（电感性）和额定励磁电流下，从空载到额定负荷时的电压变化，一般达额定电压的 $30\% \sim 50\%$ 或更大。为了保证系统电压的质量，现代同步发电机都装有自动励磁调节器，它能根据端电压的变化，自动调节励磁电流，使发电机电压保持给定水平或基本不变。

在发电机负荷变化时，端电压的变化主要是由定子电流无功分量 I_Q 变化引起的。所以，通常以发电机端电压 U_G 随无功电流 I_Q 的变化，来分析带自动励磁调节器的发电机电压调节问题，并称 $U_G = f(I_Q)$ 特性曲线为发电机的电压调节特性，亦称调压特性、调差特性。

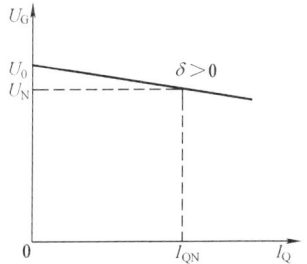

图 6-4　发电机的调压特性

图 6-4 为具有下倾直线的发电机调压特性。其倾斜度通常用调差系数 δ 表示。调差系数 δ 定义为，当负荷电流的无功分量 I_Q 从零增加到额定值 I_{QN} 时，发电机电压的相对变化值，即

$$\delta = \frac{U_0 - U_N}{U_N} \times 100\% \tag{6-4}$$

式中　U_N——发电机额定电压（与 I_{QN} 对应）；

U_0——发电机空载电压。

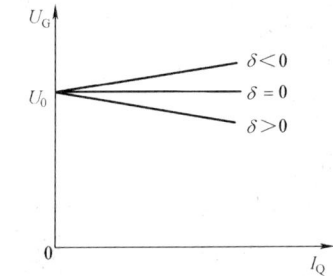

图 6-5　发电机调压特性
三种类型

发电机的调压特性有三种类型（见图 6-5）：①发电机端电压随无功电流增大而降低的，此时 $\delta > 0$，称为正调压特性；②发电机端电压随无功电流增大而升高的，此时 $\delta < 0$，称为负调压特性；③发电机端电压不随无功电流变化，而一直保持不变的，此时 $\delta = 0$，称为无差特性。前两种 $\delta \neq 0$ 的统称为有差调节特性。

一般可认为，特性曲线 $U_G = f(I_Q)$ 是一条直线，调差系数 δ，表达了调节特性曲线倾斜的程度。根据图 6-5 所示的有差调节特性，当发电机电压为任一值时，相应的无功电流 I_Q，可按相似三角形定理得出为

$$I_Q = \frac{U_0 - U_G}{U_0 - U_N} I_{QN} \tag{6-5}$$

其标么值表示为

$$I_{Q*} = \frac{U_{0*} - U_{G*}}{\frac{U_0 - U_N}{U_N}} = \frac{1}{\delta}(U_{0*} - U_{G*}) \tag{6-6}$$

这是调压特性以调差系数 δ 表达的另一种形式。若以增量形式表示，则由式（6-6）又可得

$$\Delta I_{Q*} = -\frac{\Delta U_{G*}}{\delta} \tag{6-7}$$

或

$$\delta = -\frac{\Delta U_{G*}}{\Delta I_{Q*}}$$

式中，负号表示在 $\delta > 0$ 时无功电流增长将引起机端电压下降。

二、发电机经升压变压器后并联工作时的无功功率分配

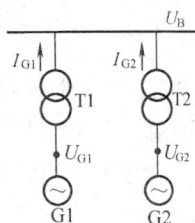

图 6-6　发电机经升压变压器在高压母线上并联运行

装设 600MW 机组的发电厂，通常都采用发电机—变压器组单元接线，在升压变压器高压侧母线上并联运行。如图 6-6 所示，两台发电机 G1 及 G2 分别经双绕组升压变压器 T1 及 T2 在高压侧母线上并联运行。为了简化讨论，先假定两台发电机的调差系数均为零，同时忽略发电机和升压变压器的电阻，只考虑电抗，并把高压母线电压 U_B、变压器电抗 X_T，升压变压器中的电流均已折算到发电机电压侧。若用标幺值表示各量，则发电机电压 U_G 与高压母线电压有如下关系（省略标幺值记号）

$$U_B = U_{G1} - I_{Q1} X_{T1}$$
$$U_B = U_{G2} - I_{Q2} X_{T2} \tag{6-8}$$

当发电机为空载时，$U_B = U_G$。发电机带上负荷电流 I_Q（$I_{Q*} = I_{G*}$）时，根据假设条件，机端电压 U_G 不随负荷电流而变化，所以母线电压 U_B 随负荷电流 I_Q 增大而下降，$U_B = f(I_Q)$ 是正调压特性。也就是说，从母线侧看，每一发电机—变压器组单元接线等值机具有正调压特性。

从以上分析可知，发电机经升压变压器在高压母线上并联运行时，即使发电机是无差特性，也能保证各发电机间无功负荷分配的稳定性，但系统总无功改变时，高压侧母线电压 U_B 仍随负荷变化较大。因此，为了保证高压母线电压维持在所希望的水平上，即补偿负荷电流 I_Q 在变压器电抗 X_T 上的压降，这就要求发电机具有适当的负的调差系数，其负调差系数的取值与变压器的漏抗压降有关。但为了保证机组间无功分配的稳定性，必须使发电机—变压器组单元的调压特性，即变压器高压侧母线上的调压特性 $U_B = f(I_Q)$ 适当向下倾斜，具有一定的正调差系数。

同前所述，为使并联运行于高压母线上的各发电机—变压器组单元，合理地分配无功负荷，各机组单元应具有相同的调差系数。所要求的调差系数值，可以通过对各自发电机本身的自动励磁调节装置中的调差单元的调整来达到。

第三节　600MW 发电机励磁系统

600MW 汽轮发电机的励磁电流约为 4000～6000A，更大的发电机可达上万安，已不可能采用同轴直流励磁机来供给。因为直流励磁机的极限制造容量。已不能满足大容量机组的励磁要求。因此，对大容量汽轮发电机的励磁，只能采用交流电源，经硅整流后供给励磁系统。根据交流电源的来源不同，大体可分为以下两大类。

第一类，交流电源来自与主机同轴的交流发电机，经整流后，供给主机的转子绕组。此交流发电机称为交流励磁机。

这类励磁系统，按整流器是静止还是随发电机轴旋转，又可分为静止硅整流和旋转硅整流两种。而旋转硅整流励磁方式，由于其硅整流元件和交流励磁机电枢与发电机主轴一同旋转，直接

给主机励磁绕组供给励磁电流，不需要经过转子滑环及炭刷引入，故又称其为无刷励磁方式。

第二类，交流电源来自接于发电机出口的变压器（称为励磁变压器），经硅整流后供给发电机励磁。在这种励磁系统中，励磁变压器、整流器等都是静止元件，故又称其为全静态自励磁系统。

全静态自励系统，也有两种不同的方式。如果只用励磁变压器并联在发电机出口，则称为自并励方式。如果除了并联的励磁变压器外，还有与发电机定子电流回路串联的励磁变流器（或称串联变压器），两者结合起来共同供给励磁电流，则构成所谓自复励方式。

此外，还有一种较新型的励磁系统，其励磁电源不同于上述两类，而是在主发电机定子铁芯的少数几个槽中，嵌入附加线棒，构成的独立绕组作为励磁电源，经变压器、整流器整流后，供给发电机的励磁绕组。这种励磁系统仍属于一种自励方式。

600MW级及更大容量机组的励磁系统，用得最多的是：他励无刷励磁（旋转硅整流）和自并励方式两种。表 6-1 列出部分进口机组的励磁系统及有关参数，表 6-2 列出部分国内外大型汽轮发电机励磁系统主要指标。

表 6-1　　　　　　　　　　部分进口机组励磁系统及有关参数

发电机容量（MVA）	生产厂	励磁方式	定子电压/电流（kV/A）	转子电流（A）	励磁容量 / 励磁电压响应比	转子电压（V） / 顶值电压（倍）	运行地点
732.6 cos φ=0.9	日本东芝公司	自并励	20/21149	4700	3×2000kVA / 2.8 倍/s	510 / 2	北仑发电厂
719 cos φ=0.9	ABB 公司	自并励	24/17.3k	5100	3×2400kVA / 4 倍/s	486 / 2	石洞口二电厂
667 cos φ=0.9	西屋公司	无刷励磁	20/19245	5820	3250kW / 3.8 倍/s	471 / 2	平圩电厂
889 cos φ=0.9	原苏联	同轴交流励磁机，静止励磁调节	24/21400	4200	5700kVA 正常 / 9760kVA 强励	610 / 2	—
690 cos φ=0.9	法国A—A公司	同轴交流励磁机，静止励磁调节	20/19919	2963	1754kW / 1.5 倍/s	592 / 2	元宝山电厂

表 6-2　　　　　　　　国内外大型汽轮发电机励磁系统主要指标

制造厂	单机容积（MVA）	励磁方式	强励倍数（p.u.）	电压响应比（p.u./s）	备　注
美国 WH	1420 1400 1300	他励无刷	1.5～2.0	0.5～2	因系统容量大故励磁系统指标较低
美国 CE	1510 1300	他励无刷	1.5～2	0.5～2	—
德国 KWU	1640 1530 1525 1500	他励无刷	1～6	1～5	—
瑞士 BBC	1635 1480 1333	他励无刷	1～6	—	—

制造厂	单机容积 （MVA）	励磁方式	强励倍数 （p. u.）	电压响应比 （p. u. /s）	备　注
法国 A—A	1518 1390 1120	自励和他励 无刷励磁系统	1.5	1.5	—
乌克兰哈尔科夫	1200	自励无刷励磁系统	2～2.5	2	—
哈尔滨电机厂	667 （600MW）	他励无刷系统	1.67	＞2.5	顶值 2，速度响应比 3.6p. u. /s
中国上海电机厂	300MW	他励无刷系统	1.32	1.5	—

一、旋转硅整流励磁系统

1. 有副励磁机的无刷励磁系统

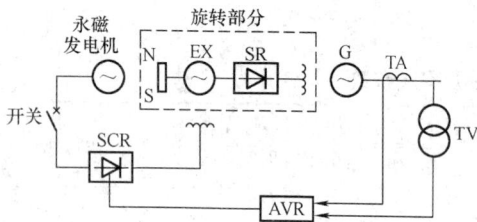

图 6-7　有副励磁机的无刷励磁系统原理接线图

图 6-7 为有副励磁机的无刷励磁系统的原理接线图。发电机 G 的励磁电流，由同轴交流励磁机 EX，经硅二极管整流器 SR 整流后供给，而主励磁机的励磁电流，由永磁发电机（称为副励磁机）输出，经晶闸管整流器 SCR 整流后供给。交流励磁机与通常的交流发电机结构不同，其直流励磁绕组（磁极）是在定子上，而作为转子的三相交流绕组，则与硅二极管整流器和发电机的励磁绕组均装在同一转轴上。因此，交流励磁机的输出经整流后，就可直接送入发电机励磁绕组，中间不再需要滑环和电刷等接触元件，这就实现了无刷励磁。

发电机励磁电流的控制，是利用自动电压调整器（AVR），控制晶闸管 SCR 的导通角，从而控制了交流励磁机的励磁电流，使其输出发生变化，就可达到控制发电机励磁电流的目的。

在这种励磁系统中，由于交流励磁机的励磁电流由永磁发电机提供，因此不需要外界电源来起励，运行独立性好，可靠性高。

2. 无副励磁机的无刷励磁系统

无副励磁机的无刷励磁系统原理接线如图 6-8 所示。发电机 G 的励磁电流由交流励磁机 EX 经旋转硅整流装置供给，而励磁机 EX 的励磁电流，由接于发电机出口处的励磁变压器 EXT，经晶闸管（SCR）整流后供给。电压互感器 TV 输出电压信号，经自动电压调整器 AVR，控制 SCR 的触发角，以对主励磁机 EX 的励磁电流进行调整。这种无刷励磁系统与图 6-7 系统比较，其优点是取消了副励磁机，缩短了发电机轴长，可节省基建投资。但缺点是不能自激，因为励磁机的励磁电流由发电机出口的励磁变

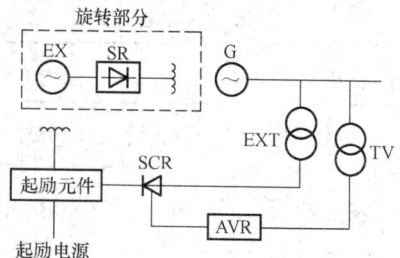

图 6-8　无刷励磁机的无刷
励磁系统原理接线图

压器作电源，当机组起动后，转速接近额定值时，发电机剩磁产生的电压（称残压）较低，一般约为 $(1\%\sim2\%)\,U_N$，可控硅不能开放，还不能使励磁调节器正常工作。所以，在机组起动时，必须给励磁机外加起励电源。起励电源可采用厂用电整流后提供或由厂用 220V 直流系统提供。

GEC-A 公司的无刷励磁系统就是这种系统（见图 6-8），其无刷励磁机结构示意如图 6-9 所

示。其特点是，转动部分是电枢，静止部分是磁极，即电枢铁芯 2、电枢绕组 3、二极管整流系统均固定在一个铁的护环 5 的内侧，护环的一侧被封闭起来，作为联轴器板，悬臂式地安装在发电机轴端。交流励磁机的磁极，则固定在励磁机的外端盖上，因此整个励磁机结构不需要额外的轴承。另外，励磁机还装有一些监测保护装置，例如：①旋转二极管熔断器熔断的监测器（见图 6-9 中 6），当一只二极管开路时，发出报警信号，当同一相第二只二极管又故障时跳开发电机；②转子接地故障指示器等。整个励磁机采用密封氢冷。

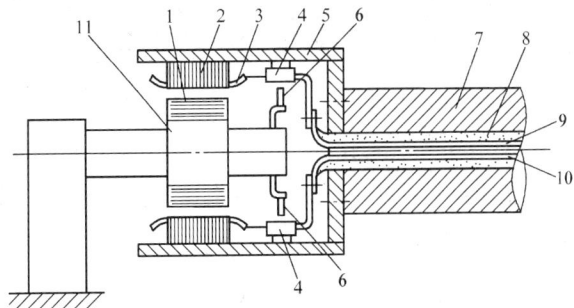

图 6-9　GEC-A 无刷励磁机结构示意图
1—磁极绕组（不转）；2—电枢铁芯（转动）；3—电枢绕组；4—整流二极管；5—护环；6—二极管熔断监测器（不转）；7—发电机大轴；8—绝缘套；9—负极引线；10—正极引线；11—铁轭

3. 无刷励磁系统特点

无刷励磁系统具有如下特点：

（1）属于他励式同轴励磁机范畴，励磁电源可靠。

（2）由于无炭刷和滑环，励磁电流可达很大，不像有刷励磁受滑环极限容量限制，也不必考虑因电刷带来的许多麻烦问题，如电流分配、火花、磨损等。所以，维护工作量大为减少。

（3）交流励磁机的时间常数较大，所以需增加适当的反馈控制或其他措施才能提高励磁系统的反应速度，以满足快速反应要求。

（4）发电机励磁绕组的回路内不能装设灭磁开关、灭磁电阻等设备，所以不能直接灭磁，只能采用对励磁机励磁绕组进行灭磁的方法，故灭磁速度较慢，一般可对励磁机实行晶闸管逆变灭磁。

（5）硅整流器及其相应的保护元件（如快速熔断器、电阻、电容器等）都装在发电机轴上高速旋转，故要求这些元件能承受较大的离心力作用。

（6）励磁系统旋转部分的参数（如转子电压、电流、温度、绝缘电阻等）的测量和监视不方便，需用辅助滑环引出或其他发送设备。随轴转动的用来保护硅整流器的熔断器的监视也比较麻烦。

为了减小交流励磁机励磁绕组的时间常数，无刷励磁系统中的交流励磁机的频率一般选用 150～250Hz 中频，更高的频率对减小时间常数已效果不大。但加大了铁损耗及杂散功率损耗。对于大容量机组，为了提高励磁响应的快速性，主励磁机除采用中频外，在励磁机结构上常采用以下措施：

（1）励磁机所有通过主磁极磁通的部分均为叠片结构。

（2）精心选择导线尺寸、匝数、槽形使所有绕组的电感最小。

（3）取消极面阻尼绕组。

（4）穿过主磁极的螺栓和主磁极叠片完全绝缘。

二、同轴交流励磁机静止晶闸管整流励磁系统

同轴交流励磁机静止晶闸管整流励磁系统的原理接线如图 6-10 所示。发电机 G 的励磁电流，由交流励磁机 EX，经静止晶闸管整流器（SCR1）整流，再经电刷和滑环送入。

交流励磁机的励磁，一般采用晶闸管自励恒压方式，通过 TV2、AVR2、SCR2 供给，使发

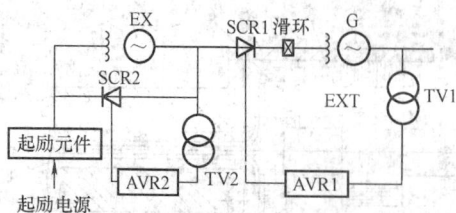

图 6-10 同轴交流励磁机静止晶闸管
整流励磁系统原理接线图

电机在各种运行工况下,励磁机的出口电压总是自动保持在发电机强励顶值电压的水平上。交流励磁机的初始励磁电源,可采用 220V 蓄电池或厂用 220V 交流经整流取得。

前苏联大容量(如 300、500、800MW)汽轮发电机就采用了这种励磁系统。发电机励磁由交流励磁机 EX 输出,经晶闸管整流后供给,并采用强力式励磁装置(AVR1),其时间常数很小,励磁调节的快速性好。发电机采用晶闸管逆变灭磁,灭磁速度快、性能好。其灭磁过程是:发电机转子绕组及交流励磁机绕组同时转入逆变灭磁工况。当开始逆变灭磁后,起动时间继电器,延时打开灭磁开关,交流励磁机采用保护动作断开关。发电机转子绕组及晶闸管整流器的过电压保护采用多次动作的放电器和电阻。

同轴交流励磁机静止晶闸管整流励磁系统的特点如下:

(1)因为发电机励磁电流的调节,是通过自动励磁调节装置,控制发电机转子回路中的晶闸管整流器(SCR1)来完成的,从而避开了交流励磁机的时间常数。所以,这种励磁系统反应速度快,可达较高的顶值电压及电压上升速度,有助于电力系统稳定运行,属于高起始反应的励磁系统。

(2)省去副励磁机,缩短了机组长度。但交流励磁机,因总是工作于顶值电压,故其容量较大,且功率因数低、造价较高。大功率晶闸管整流元件成本也贵,所以整个励磁系统投资较大。

三、自并励励磁系统

我国从日立、东芝、ABB 公司购进的 600MW 汽轮发电机均配置自并励励磁系统,其原理接线如图 6-11 所示。

自并励励磁系统,完全取消了主、副励磁机。发电机的励磁电流,直接由并联接在发电机端的励磁变压器(EXT),经静止晶闸管(SCR)整流后供给。由于不能自激,发电机启动后并网前,必须先接入起励电源。

自并励方式取消了励磁机,缩短了机组长度,结构简单,因而提高了可靠性。此外,晶闸管整流器(SCR)设在发电机励磁绕组回路内,所以励磁调节的反应速度很快,并可实现逆变

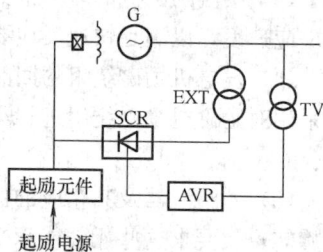

图 6-11 自并励励磁系统
原理接线图

快速灭磁。自并励励磁方式的缺点是:其整流装置的电源电压,在电力系统故障时,将随发电机端电压下降而下降,可能影响暂态过程中的强励能力。其中有两个问题值得研究:第一,发电机近区内短路,机端电压突然降低很多时,能否满足强励要求,机组是否会失磁。第二,由于强励减弱,短路电流迅速衰减,带时限的继电保护是否会拒绝动作。国内、外的分析和试验研究表明:在其他条件相同的情况下,自励方式暂态稳定极限,比他励方式约降低 2%~5%,为了使自并励系统和他励晶闸管励磁系统对电力系统暂态稳定有相同的效果,就要求它的强励倍数提高 20%~30%;在短路刚开始的 0.5s 以内,自励方式与他励方式是很接近的,只在短路 0.5s 以后才发生明显差别。因此,只要配合快速保护,完善转子阻尼系统,采用性能良好的励磁调节器和晶闸管整流装置,并适当提高励磁倍数,就足以补偿其缺点。至于带时限断电保护的问题,也可采用一些措施加以解决。

一般而言,自并励励磁系统的使用,应根据电厂在电力系统中的位置(如负荷中心或末端)、电网结构、故障情况和保护设置等进行具体分析计算而定。

从第三章表 3-1 国内外 600MW 级汽轮发电机技术数据可看出，不少公司或厂家生产的 600MW 级汽轮发电机采用了静止并励方式，即自并励方式。下面简要介绍国内两座电厂 600MW 机组的自并励励磁系统。

1. 北仑发电厂 1 号机自并励励磁系统

图 6-12 为北仑发电厂 1 号机自并励励磁系统原理接线图。励磁调节装置及电源都是日本东芝公司配套产品。发电机的励磁型式为全静态可控硅励磁。它具有高起始响应的特性，电压响应比大于 3.8，响应时间小于 0.1s，励磁顶值电压倍数大于 2。

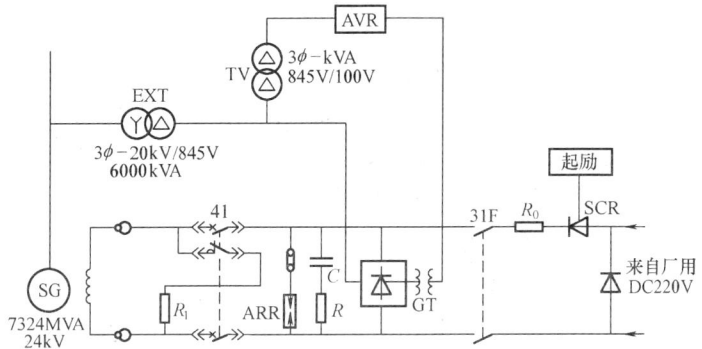

图 6-12　北仑发电厂 1 号机自并励励磁系统原理接线图

励磁电源从装设在发电机端的励磁变压器取得。励磁变压器 EXT 容量 6000kVA、电压为 20/0.845kV，通过晶闸管整流，将交流变为直流，再经灭磁开关 41，并通过电刷和滑环送入发电机励磁绕组。励磁回路中设有线性灭磁电阻 R_1。晶闸管整流输出（励磁电流）大小由自动电压调节器 AVR 中的触发脉冲所控制，控制电压取自励磁变压器 EXT 的二次侧电压。

启动时，发电机剩磁产生的电压，不足以提供晶闸管和电压调节器工作，发电机不能自励，需由 220V 直流系统通过初励接触器 31F、初励晶闸管装置 SCR、灭磁开关 41 送入发电机励磁绕组进行起励。当发电机电压达 $40\%U_N$ 时，起励电源自动断开。

静止晶闸管整流器，采用三相全波桥式整流，由 6 个臂组成，每个臂有 7 条并联整流元件支路，其中任一支路故障退出时，仍能满足强励要求。它总计 42 只晶闸管，晶闸管整流输出端设有过电压保护回路、阻容（RC）吸收回路和放电间隙（ARR）。

在自并励励磁系统中，励磁电流需经电刷和滑环（集电环）引入。这个励磁系统的电刷总数为 128 块，每块尺寸为 25×40×100（mm），正常磨损量为 10mm/1000h，正常更换量为一年两次。发电机自动电压调节器 AVR 为双通道（A 和 B），并在每个通道中，设有手动/自动两种调节方式，通道之间及方式之间均设有自动跟踪装置，以实现平稳无扰动切换。在正常运行时，一个通道工作；另一个通道备用。为尽量保持 AVR 二次回路的独立性，两套 AVR 所输入的发电机电压取自不同的 TV。

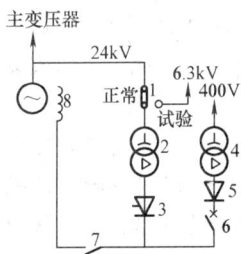

图 6-13　静态励磁系统原理接线图

1—切换连接片；2—励磁变压器；3—晶闸管整流组；4—起励变压器；5—起励整流二极管组；6—起励开关；7—发电机励磁开关（灭磁开关）；8—发电机励磁绕组

2. 石洞口二电厂 600MW 汽轮发电机励磁系统

石洞口二电厂 600MW 汽轮发电机，也是采用自并励方式，图 6-13 为其静态励磁系统原理接线图。励磁电流由接在机端的 3×2400kVA 励磁变压器 2 经 6 个晶闸管整流器组 3 供给，磁场电压 486V，励磁电流 5100A，强励顶值倍数为 2 倍。发电机启动时，由另一套接自厂用 400V 系统的起励整流二极管组 5 供给起励电流，当电压升到 $70\%U_N$ 时，自动切换到励磁变压器 2 供电。

励磁回路装有起励开关 6 及灭磁开关 7，利用压敏灭磁电阻及双向晶闸管对磁场绕组及全控桥整流柜提供过电压保护。

每台晶闸管整流器由 6 只晶闸管组成三相全控桥。正常情况下，6

台晶闸管整流器（功率柜）并联工作，损坏 2 台晶闸管功率柜时，励磁调节器还可以执行强励，一旦损坏 3 台晶闸管就跳闸。发电机装有两套数字式自动电压调节器。在正常运行时，一台工作，另一台自动跟踪备用，可以实现自动无扰切换。该调节器具有励磁变压器差动保护、滑环短路保护和微机型的转子过电压、过负荷、过励磁等保护，还可实现自动无功调节和功率因数调节。

四、GENERREX-PPS 励磁系统

GENERREX-PPS 励磁系统，是美国 GE 公司开发的一种新型励磁系统，于 1984 年应用于 400MW 汽轮发电机中，现已被该公司选为典型励磁方式而用于汽轮发电机。我国东方电机厂亦在 600MW 汽轮发电机上全套引用。

1. 励磁系统特点

GENERREX-PPS 励磁系统的励磁电源来自发电机定子槽内的三根附加"P"线棒。P 线棒分别置于几何空间相隔 120°的三个定子槽内的最上层（下面两层为发电机定子绕组）。三根 P 棒作星形连接，其输出端作为三相励磁电源，接至励磁变压器的一次侧。GENERREX-PPS 励磁系统的原理接线如图 6-14 所示。就励磁方式而言，此励磁系统仍属自励式励磁系统。

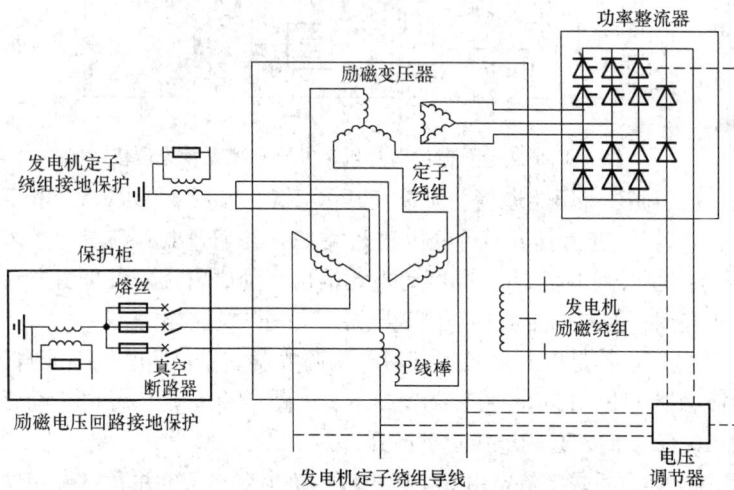

图 6-14　GENERREX-PPS 励磁系统原理接线图

励磁变压器为三相式，置于发电机座外侧，由发电机氢气冷却，与发电机构成一个整体。励磁变压器一次绕组接到发电机 P 棒引出端，变压器二次输出接三相半控桥式整流电路。通过自动电压调节器改变晶闸管的导通角，可使发电机的励磁电压在零与强励电压之间变化，从而改变励磁电流达到自动调压的目的。

为了提高系统工作的可靠性，在 P 线棒回路中接有三相过流保护继电器。当流过 P 棒回路的电流超过某一整定值时，过流继电器动作，使接在 P 线棒中性点的真空断路器跳闸，切断励磁，并使主机跳闸。中性点处的限流熔丝也是用来保护发电机 P 线棒和励磁变压器的。P 线棒回路中性点经高阻抗接地，并设有接地保护。

2. 励磁系统电压响应

GENERREX-PPS 励磁系统，由于采用发电机定子槽内的三根附加 P 线棒作励磁电源，时间常数极小，属于高起始响应励磁系统，易于实现高励磁电压响应比。在发电机额定电压条件下，可提供 1.95 倍顶值电压和 3.5p.u./s 励磁电压响应比；当发电机电压下降到额定值的 80% 时，仍可提供 1.55 倍顶值电压和 2.0p.u./s 励磁电压响应比。励磁系统电压响应比及顶值电压倍数与发电机端电压的关系曲线，如图 6-15 所示。

GENERREX-PPS 励磁系统与传统的自并励励磁系统相比，在相同的系统短路故障条件下，可提供更高的励磁顶值电压倍数和励磁电压响应比。这对提高电力系统运行的稳定性有重要意义，

也是这一励磁系统的主要优点。这一特征是由于在 GEN-ERREX-PPS 励磁系统中，发电机的励磁是由比例于发电机气隙电动势的电压供电，而不是由机端电压供电。根据同步发电机暂态电磁理论可知，在机端短路前后瞬间，与转子励磁绕组磁链成比例的气隙暂态电动势 E'_q 是不变的。而机端电压则由于短路时电流增大而显著减小，这可粗略地说明上述特点。

GENERREX-PPS 励磁系统，由于发电机定子槽内要装 P 线棒，定子槽高增加很多，除三个槽中要加装 P 线棒外，其余槽顶部都空着未能充分利用。因此，这种励磁结构使发电机定子直径增大。

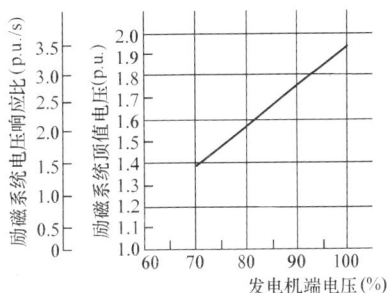

图 6-15　励磁系统电压响应比及顶值电压倍数与发电机端电压的关系曲线

第 四 节 灭 磁 系 统

一、灭磁作用和要求

当发电机内部、出口近区（如引出线、封母、主变压器、高压厂用变压器等）发生短路故障时，虽然继电保护装置能快速地将发电机—变压器组高压断路器跳开，切断故障点与系统的联系，但发电机励磁电流产生的感应电动势，仍会继续维持故障电流。为了快速限故障范围，减小其损坏程度，必须尽快地降低发电机电动势，即需要把励磁绕组电流建立的磁场，迅速地降低到尽可能小。把发电机磁场迅速降低到尽可能小的过程，称为灭磁。

当继电保护动作后，立即断开主断路器及灭磁开关。灭磁装置动作后，发电机电动势最后将下降到剩磁电压。实验表明，只要剩磁电压不超过 500V（一般情况剩磁电压不大于 100～300V），故障点的电弧便不能维持而熄灭。

对灭磁的要求如下：

（1）灭磁时间应尽可能短，这是评价灭磁装置的一项重要技术指标。

（2）发电机励磁绕组两端的过电压不应超过容许值，其值通常取为转子额定励磁电压的 4～5 倍。

灭磁时间是指发电机实行灭磁时，发电机端电压由额定值 U_{GN} 降至 $5\%U_{GN}$ 所需的时间。

二、600MW 汽轮发电机灭磁方式

600MW 汽轮发电机的灭磁方式，按照发电机励磁系统的不同，可分为自然灭磁和晶闸管逆变灭磁两种。

对无刷励磁系统，由于旋转部分不便装设大功率的灭磁开关，故发电机主励磁回路一般不装设任何灭磁装置。当发电机要灭磁时，先对交流励磁机磁场进行逆变灭磁，使励磁机的交流输出电压迅速降低，然后跳开交流励磁机的磁场开关，发电机的磁场是通过整流二极管的续流作用实现自然灭磁。虽然这种自然灭磁方式的灭磁时间较长（一般为 10s 左右），但其安全可靠性已在长期实践中为用户所接受。

对采用晶闸管整流方式的励磁系统（包括自并励和他励静止晶闸管励磁系统），一般都利用晶闸管整流装置，实现逆变灭磁。当逆变进行到发电机励磁绕组中剩余的磁场能量不能再维持逆变时，逆变便结束，将剩余的磁场能量向灭磁电阻放电，直到转子励磁电流衰减到零，灭磁结束。因此这种灭磁方式，在发电机励磁回路中还装设有容量小、阻值较大的灭磁电阻（线性或非线性电阻都有）。

按灭磁电阻接入方式的不同，可构成如下几种灭磁回路：

（1）利用灭磁开关动作，接入线性灭磁电阻（恒值电阻）。其典型灭磁回路见前述的图 6-12。其灭磁过程是：故障开始，先进行逆变灭磁，经一定时延（一般为 2s 左右），励磁绕组磁场能量大部分释放完后，再跳开灭磁开关（灭磁开关动作的顺序是：先接入灭磁电阻，后切断励磁电源），剩余的磁场能量通过灭磁电阻释放完。在励磁直流回路中，还装设有过电压保护装置，以保护晶闸管整流器和磁场绕组。

（2）用非线性电阻固定并联在发电机励磁绕组回路上，不受磁场开关控制。发电机正常运行时，非线性电阻上流过小电流。逆变灭磁开始后，因直流侧过电压倍数不高，非线性电阻上也只流过小部分灭磁电流，直至磁场能量释放完。非线性灭磁电阻同时还作为励磁绕组和晶闸管整流器的过电压保护。

（3）利用固定并联在直流励磁回路中，容量不大但阻值较大的（励磁绕组电阻的数十倍）线性或非线性电阻作灭磁电阻，而且在直流励磁回路中不装设磁场开关，把磁场开关装设在晶闸管整流器的交流侧。逆变灭磁开始后，一般经 2～3s 跳开交流侧的磁场开关，即可完成灭磁。例如扬州第二发电厂 1 号机（600MW），在其磁场回路中，并联有小容量的 400Ω 灭磁电阻（可调），和用于过电压保护的非线性电阻和瞬态过电压保护等装置。在逆变灭磁开始后，经 3s，跳开晶闸管整流器交流侧的磁场开关（为真空断路器），切断发电机的励磁电源。

逆变灭磁的性能与发电机的励磁方式有关，对于他励方式晶闸管整流的励磁系统，晶闸管逆变灭磁能迅速完成，而对于自并励方式晶闸管整流的励磁系统，当发电机内部或外部发生短路时，将使发电机端电压下降，亦即励磁电源电压降低，则晶闸管整流的励磁系统逆变状态下的灭磁速度也降低。

第五节　引进型汽轮发电机无刷励磁系统

本节将具体介绍引进型汽轮发电机的无刷励磁系统，其励磁系统原理接线如图 6-16 所示。它由带有旋转整流器的交流励磁机（电枢 3 和磁场 4）、永磁式副励磁机（电枢 1 和永磁极 2）及自动电压调节器（AVR）三部分组成。发电机的励磁电流由主励磁机旋转电枢 3 的交流输出经不可控整流器 5 整流后供给。主励磁机的励磁电流由永磁式副励磁机电枢 1 的交流输出经晶闸管整流器 8 整流后供给。改变晶闸管导通角就可改变主励磁机的励磁电流，使其输出电压化，进而改变发电机的励磁电流。而晶闸管的导通角，由自动电压调节器控制。

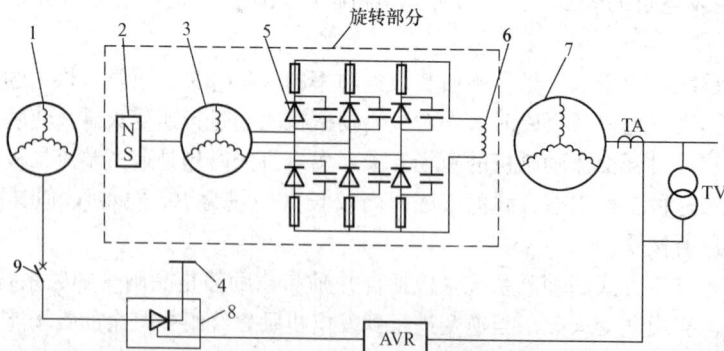

图 6-16　引进型汽轮发电机无刷励磁系统原理接线

1—永磁发电机电枢；2—永磁发电机磁场；3—无刷励磁机电枢；4—无刷励磁机磁场；5—旋转整流装置；

6—主发电机磁场；7—主发电机电枢；8—晶闸管整流装置；9—励磁机磁场开关

一、无刷励磁机

无刷励磁机，由永磁式副励磁机、交流主励磁机和旋转整流器三大部件组成，和发电机同轴旋转。永磁机定子产生的 350Hz 中频电源，经两组三相全控桥式整流器整流后，供给主励磁机定子磁极绕组。主励磁机电枢（转子）输出的三相、200Hz 中频电源，供给同轴上的旋转整流器，整流器的直流输出，通过轴中心孔内的导电杆，馈送给发电机转子的励磁绕组。

（一）无刷励磁机基本数据

无刷励磁机基本数据（见表 6-3）如下：

额定功率	3250kW
额定电压	500V
额定电流	6500A
额定转速	3000r/min
发电机端整流器组件总数	24 件
永磁机端整流器组件总数	24 件
二极管总数	96 件
每极每相并联二极管数	2
二极管串联数	1
二极管额定反向峰值电压	2000V
反向峰值电压泄漏电流极值	50mA
电容器总数	48
熔丝组件总数	48
熔丝总数	96
熔丝电阻值	102～119$\mu\Omega$（25℃时）
熔丝在更换之前的最大电阻值	143$\mu\Omega$（25℃时）
热风电阻温度计报警温度交流励磁机为	87℃
整流环为	80℃
冷风电阻温度计报警温度交流励磁机为	57℃
整流环为	55℃

表 6-3 　　　　　　　　　　　无刷励磁机基本数据表

无刷励磁机组型号　WS16-S			转速 3000r/min		温升 60℃
功率 3250kW	电压 500V	电流 6500A	进风温度 50℃	HIR 高起始	顶值电压 200％
交 流 励 磁 机 数 据					
型号 WJL-3661-8		功率 3295kW	容量 3661kVA		相数 3
功率因数 0.9		电压 417V	电流 5069A		频率 200Hz
转速 3000r/min		每相电枢电阻（75℃）0.00096Ω		磁场电阻（75℃）0.0321Ω	
整流电抗 0.3261Ω		T_{d0} 2.492s	T_{Φ} 0.531s		整流角 39.5°
磁场电感 0.08H		整流型式六相星接桥式	X_d 103.8		X'_d 22.11
永 励 磁 机 数 据					
功率 144.27kW	容量 151.86kVA		功率因素 0.95		相数 3
电压 274V	电流 320A		频率 350Hz		转速 3000r/min

型号 FY-52-14（14—12.7×18）

强 励 数 据

	交流励磁机磁场 F1+F2	永 励 磁 T10、T20、T30	
频　　率	直　　流	350Hz	
最大电压（V）	13.11	300	
最大连续电流（A）	378.6	309	
最大强励电压（V）	31*	300	
最大强励电流（A）	750	613	
	空　　载	常　电　流	常　电　阻
顶值电压倍数计算	2.515	2	1.67
电压反应比计算	5.12	3.78	2.4

* 在常电流特性曲线上强励顶值电压为955V。

整个无刷励磁机组是全封闭在一个整套的卸吊型外罩之内，装备有空气循环系统，以保证在额定温度范围之内运行。

（二）无刷励磁机结构特点

1. 旋转整流器组件

旋转整流器电路是一个 8Y 并联三相桥式全波整流电路，共装有硅整流管 96 个，每二个并联硅整流管与两个并联熔丝串联连接，以便在有个别硅整流管故障时，熔断熔丝，断开故障元件，这种结构能防止对于主励磁机的任何危害。桥式整流电路每条臂上并联 16 个硅整流管，并在每相 25% 的硅整流管受损坏时，励磁系统扔能保证发电机额定负荷连续运行，且满足强励要求。每只熔丝都有一个指示器组成整体结构，当熔丝断开时触发指示器，并由弹簧或离心力作用，沿着径向移出，在设备运转时，从罩上装设的观察窗，用频闪灯能很方便地观察到。每二个并联硅整流管跨接一只电容器，用于峰值过电压保护，每个电容器串联一个小型熔丝，其目的是为了在电容器故障时，断开该电容器。

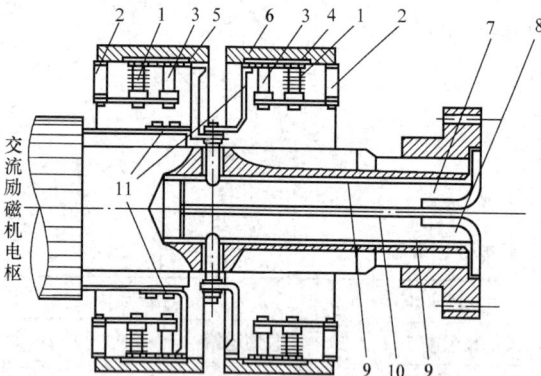

图 6-17 无刷励磁旋转整流环剖面图

1—整流二极管；2—串联保护电容器；3—并联保护电容器；4—绝缘填块；5—负极整料环；6—正极整料环；7—负极导电杆；8—正极导电杆；9—绝缘套；10—绝缘隔板；11—导电片

每个硅整流管固定在两个翼形散热器中，由散热器把产生的热量消散出去。这些二极管、散热器、电容器及其熔丝装配成组件单元，几个组件单元并联连接在电桥电路的每个桥臂上，当需要更换有缺陷的电路元件时，可方便地拆下该故障单元进行更换。为确保励磁机组平衡，换上的元件与有缺陷的元件质量之差必须在 3g 之内。对二极管熔丝电阻值的检查，需按规定进行。

图 6-17 为无刷励磁旋转整流环剖面图，其中整流器部件的熔丝、硅整流管、散热器、电容

器及其熔丝和有关整流电路都是可靠的，分别固定在整流环内表面。正、负极整流环由高强度合金钢加工成鼓形，整流环套放在转轴的绝缘层外面，采取大的过盈配合，机环与转轴之间几个大的绝缘键把整流环可靠地装配到轴上，能承受大的旋转力和短路力矩。

用于整流电路中绝缘件的绝缘等级，全部为 B 级或更高级的。

2. 交流主励磁机

无刷交流主励磁机的结构示意图如图6-18 所示。交流主励磁机是一台三相中频（200Hz）交流发电机。它采用旋转电枢结构，电枢绕组 8 装在转子上，而装有励磁绕组的磁极 2 固定在定子机座 3 上。转子绕组的三相交流输出，经硅整流器整流后送入发电机的励磁绕组。

转子电枢铁芯 7 由高强度、不老化的硅钢片，经绝缘处理后叠压热套于轴上。电枢绕组 8 的结构和股线尺寸也经精心设计，以改善电动势波形和减小损耗。定子磁极 2 是由薄钢片叠成，用螺栓或铆钉紧固，再用螺栓固定在机座 3 上。磁极绕组之间，间隔正、反串联连接，以提供正确的极性。定子机座沿水平中心线，分成上下两半，上半部可以拆开吊走，转子易于取出。轴承必须对地绝缘，以防止产生轴电流烧坏轴瓦。

3. 永磁发电机

永磁发电机作为副励磁机，主要有两种结构，有外转子式结构，也有内转子式结构。图 6-19 所示为外转子式永磁发电机结构示意图。由永久磁铁组成的外转子，悬臂式地安装在主励磁机轴 4 的端部。而电枢绕组 7、电枢铁芯 8 等组成的内定子，固定安装在定子机座 1 上。定子绕组为三相中频（350Hz）交流输出。经晶闸管整流后，给主励磁机励磁绕组供电，并作为 DEH 的后备电源。永磁发电机外转子上装有风扇 10，提供空气通风冷却，此空气也是主励磁机通风冷却空气的一部分。

4. 接地检测系统

机组在运转中，利用《接地检测系统》来测量励磁机电枢、整流器、发电机转子和全部内连接导体的绝缘电阻。《接地检测系统》的检测，既可利用装设在接地检测器仪表板上的手动操作按钮，也可利用装设在控制室中带有仪表板、仪表和电路的自动操作系统。

《接地检测系统》由 4 个检测碳刷的刷架组件和一个交流电磁线圈构成，此电磁线圈将炭刷移入到与炭刷轨道接触。其中一个滑环直接安装在转轴上；另一个滑环用合适的绝缘件与转轴绝

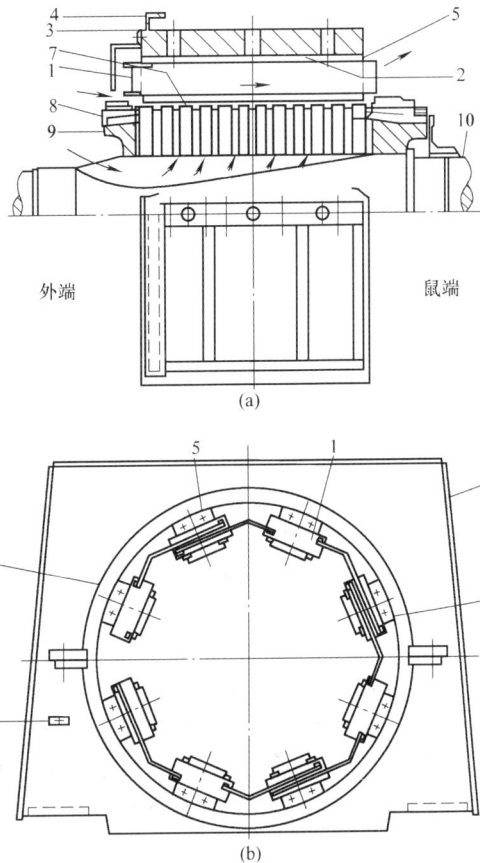

图 6-18　无刷交流主励磁机结构示意图

（a）结构全图；（b）装有磁极的定子部分

1—定子绕组；2—磁极；3—机座；4—励磁密封；5—磁极绝缘螺杆；6—夹具；7—电枢铁芯；8—电枢绕组；9—绕组端部支撑；10—主轴箭头表示气流方向

缘，并连接到励磁机转子的电枢上。

通过引线取得《接地检测器》炭刷的输出，此输出送给装设在励磁机底座上的端子板，然后输送给装设在控制室中的《自动接地检测器》仪表板。

《自动接地检测器》提供对整个励磁系统的接地检查，每24h检查一次，探测时间为1min。依据接地检测的结果，此《接地检测系统》会使相应的报警器和指示器动作。也可手动操作遥控按扭，实施接地检查，手动遥控检查，不会改变自动系统定期执行检查的行为。接地检测的周期过程包括：检测绝缘电阻值、接地检测电路自动与炭刷连接和断开、炭刷与滑环的连接与断开。

当《接地检测器》无论自动或手动动作时，直流试验电压加于滑环上，并产生一个对地接通的小环流，此电流反比于绝缘电阻，接地检测系统能整定报警的绝缘电阻值。

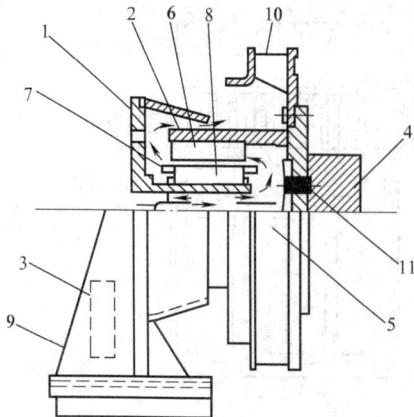

图6-19 永磁发电机结构示意图（外转子式）
1—定子机座；2—转子磁极支撑；3—接线板；
4—主轴；5—连接轴；6—磁极；7—电枢绕组；
8—电枢铁芯；9—永磁机支撑；10—风扇；
11—永磁机安装螺钉

5. 外罩

无刷励磁机用一个可吊走的罩全封闭起来。此罩具有下列特点：

装有门和螺栓固定的盖板，作为通往励磁机的入口。

拆掉盖板，就可维护冷却器。

罩上的观察窗，可通过频闪仪，观察旋转二极管熔丝的运行状态，并用于观察流过轴承座回油管道中的油量，以及记录回油温度计的数值。

6. 通风冷却

无刷励磁机装有两个冷却器，冷却器安装在罩内，整个无刷励磁机组是密闭循环空气冷却的。空气直接通过励磁机罩，一路到二极管整流环，另一路通过交流励磁机。一部分空气，由二极管整流环本身的抽气作用，流经二极管整流环进行冷却；另一部分空气，由装于轴上的风扇驱动，流经交流励磁机进行冷却。

二、引进机励磁系统技术特点

引进型600MW汽轮发电机无刷励磁系统中，采用从美国西屋公司引进的WTA型自动励磁调节器（又称自动电压调节器AVR）。该装置设有自动（AC）、手动（DC）双通道调节功能。AC调节器，能自动地维持发电机端电压，在给定的水平上；DC调节器，能自动地维持发电机励磁电压，在给定水平上。DC、AC调节器可相互自动跟踪与切换。一旦发电机端电压过低或系统出现短路故障，AVR能自动进行强励，以提高系统运行的稳定性，保持机组正常运行。

由于机组采用三机（如副励磁机、主励磁机、发电机）励磁系统，励磁机时间常数 T_{d0}（2.492s）较大，为获得高起始响应（电压响应时间≤0.1s），该系统设置了励磁机时间常数补偿环节，并相应加大了副励磁机的容量，提高了其额定电压。

这种高起始响应（HIR）励磁调节的模式有以下两种：

（1）自动调节，WTA型自动电压调节器能自动地响应发电机端电压和电流、电力系统工况控制和调整发电机的励磁。

（2）手动控制励磁调节器，产生可变直流信号，输入晶闸管触发电路，控制发电机励磁。

当正常运行时，用自动控制模式；当解、并列或自动调节故障时，用手动控制模式。

无刷励磁系统具有以下技术特点：

（1）采用高起始响应的无刷励磁系统，强励顶值电压为 2.0 倍（恒负荷电流时），电压响应比为 3.5 倍/s（恒电流时），电压上升响应时间为 0.085s。

（2）励磁系统的容量可满足发电机额定励磁电流 110％的要求。

（3）强励时间为 10s（决定于磁场绕组热容量允许值）。

（4）自动励磁调节器设有自动跟踪系统，可实现自动与手动控制之间的平滑无扰动切换。

（5）自动电压整定范围可从 85％U_N（满负荷）至 110％U_N（满负荷）；手动电压整定范围可从 40％U_N（空载）至 110％U_N（满负荷）。

（6）自动励磁调节器的稳态调节精度≤±0.5％，稳态调差率为 1％，无功补偿范围≥10％。

（7）自动励磁调节器能提供发电机电压信号丢失检测并自动切换至手动、强励报警、交流主励磁机和发电机磁场回路接地自动检测、电力系统稳定装置等。

（8）励磁系统具有欠励磁限制、最大励磁限制、过励保护、伏/赫（V/Hz）限制和保护等功能。

（9）旋转整流装置在每相 25％的硅整流管损坏时，励磁系统能保证发电机在额定负荷下连续运行，并满足强励要求。

（10）灭磁方式，采用主励磁机磁场先进行逆变灭磁，再断开其磁场开关。

（11）灭磁时间：发电机端三相短路时≤4s；发电机端单相对地短路时≤9.5s。

第六节　自动励磁调节装置原理

一、自动励磁调节装置作用

自动励磁调节装置，是自动励磁控制系统中的重要组成部分，励磁调节器检测发电机的电压、电流或其他状态量，然后按给定的调节准则对励磁电源设备发出控制信号，实现控制功能。其原理框图见图 6-20。

自动励磁调节器最基本的功能，是调节发电机的端电压。调节器输入 TV 二次电压量，它代表被调量—发电机端电压，与给定值（基准值或称参考值）进行比较，得出偏差值 ΔU，然后按 ΔU 的大小输出控制信号，改变励磁机输出的晶闸管整流器的触发角，以调节发电机的励磁电流，使发电机端电压达到给定值。由励磁调节器、励磁电源装置和发电机构成的励磁控制系统，通过反馈控制（又称闭环控制），达到发电机输出电压自动调节的目的。

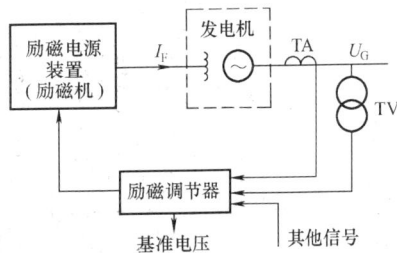

图 6-20　励磁控制系统原理框图

自动励磁调节器，除输入发电机端电压信号，进行反馈控制，完成调压任务外，还可输入其他补偿调节信号。例如在自复励系统中，还加入定子电流（TA）信号，以补偿由于定子电流变化引起的发电机端电压的波动。此外，还可以输入发电机端电压变化速率 dU/dt 信号，以获得调节器快速反应（时间常数小）的效果；也可以输入其他一些信号，如限制补偿信号、稳定补偿信号等。总之，在本章第一节中所述励磁系统的作用，要通过自动励磁调节器来参与完成。

正如前述，自动励磁调节器的基本任务是，实现发电机电压的自动调节，所以通常又简称其为自动电压调节器 AVR（Automatic voltage regulator）。

二、对自动励磁调节器的一般要求

自动励磁调节器除能参与完成本章第一节中所述的任务和要求外，还必须满足下述要求：

（1）具有较小的时间常数，能迅速响应输入信息的变化。

（2）调节精确。自动励磁调节器调节电压的精确度，是指发电机负荷、频率、环境温度及励磁电源电压等在规定条件内发生变化时，受控变量（即被调的发电机端电压）与给定值之间的相符程度。

电压调节精确度有如下两个指标：

1）负荷变化时的电压调节精确度。负荷变化时的电压调节精确度（或称稳态电压调整率），是指在无功补偿单元（即调差装置）不投入的情况下，发电机负荷从零增长至额定值时，端电压变化率。此变化率即励磁控制系统调压特性曲线的自然调差系数 δ_0（也称调压精确度）。δ_0 的大小，主要与励磁控制系统稳态电压放大倍数有关。稳态电压放大倍数越大，自然调差系数 δ_0 就越小，即调压精确度越高。从发电机稳定运行分析中可知，增大励磁控制系统的电压放大倍数，可显著地提高发电机的同步转矩系数，有利于提高电力系统的动态稳定。因此要求自动励磁调节装置，必须保证一定的调压精确度。对于现代的励磁调节装置，其调压精确度（即自然调差系数）δ_0 一般在 $\pm1\%$ 之内。

2）频率变动时的电压调节精确度。这是指发电机在空载状态下，频率在规定范围内变动 1% 时，发电机端电压的变化率。对于现代的半导体型自动励磁调节装置的励磁系统，频率变动 1% 时，发电机端电压的变化率 $<0.5\%$。

（3）要求调节灵敏，即失灵区要小或几乎没有失灵区。这样才能保证并列运行的发电机间，无功负荷分配稳定，才能在人工稳定区运行而不产生功角振荡。

（4）保证调节系统运行稳定、可靠，调整方便，维护简单。

三、半导体励磁调节器原理

随着自动装置元器件的不断更新，励磁调节器经历了机电型、电磁型、半导体型及数字型等发展阶段，励磁调节器的任务，也从单一的电压调节功能，发展为目前的具有多种综合功能。目前新投运的大、中型机组上，广泛采用半导体型自动励磁调节器。此外，数字型励磁调节器也已在大容量机组上应用。

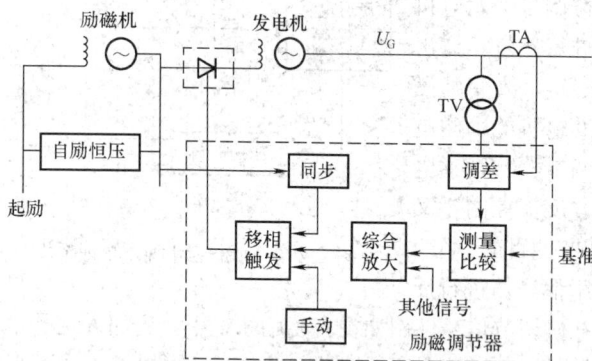

图 6-21　半导体励磁调节器基本框图

（一）半导体励磁调节器构成

半导体励磁调节器的型式很多，但它们的基本框图却很相近。图 6-21 是他励交流励磁机系统中所采用的半导体励磁调节器的基本框图（虚线框内）。励磁调节器的基本部分由调差、测量比较、综合放大和移相触发（触发可控硅）四个基本单元构成。每个单元再由一至若干个环节组成。

1. 调差（无功补偿）单元

调差单元的作用是，使发电机的调压特性曲线 $U_G = f(I_Q)$ 具有必要的调差系数，以保证并列运行机组间无功功率稳定合理地分配。它执行 $U'_G = U_G \pm RI\sin\varphi$ 运算，输出补偿后的交流电压 U'_G（$I = 0$ 时，$U'_G = U_G$），送至测量比较单元。

2. 测量比较单元

测量比较单元的作用，是测量发电机电压（调差单元输出）并变为直流信号，与给定的基准电压进行比较，得出电压的偏差信号。电压偏差信号输入到综合放大单元。测量比较单元由电压测量和比较整定环节组成，其框图如图 6-22 所示。电压测量环节包括测量整流电路、滤波电路，有的还加有正序电压过滤器。正序电压过滤器的作用是：在发电

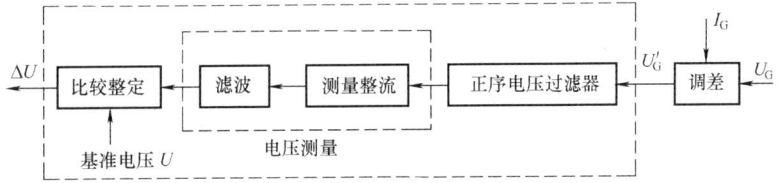

图 6-22　测量比较单元组成框图

机电压不平衡时，输出一个对称的反映电压水平的正序电压，供调节器作为判别电压水平的准则，以提高测量单元的灵敏度。

3. 综合放大单元

综合放大单元，对测量单元输出的信号，和其他辅助单元来的输入信号，起综合和放大作用。为了综合放大单元及各种输入信号，得到调节系统良好的静态和动态性能，除了有上述基本装置来的电压偏差信号外，通常还要根据要求，综合各种辅助单元来的信号，如补偿信号、励磁限制信号、系统稳定信号等，如图 6-23 所示。综合放大后的控制信号 u_K，输入移相触发单元。

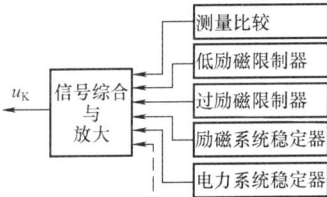

图 6-23　综合放大单元及各种输入信号

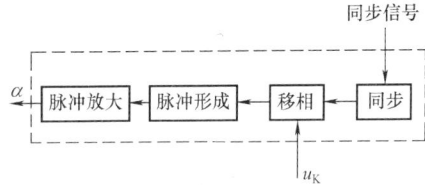

图 6-24　移相触发单元的组成框图

4. 移相触发单元

移相触发单元包括同步、移相、脉冲形成和脉冲放大等环节，其组成框图如图 6-24 所示。移相触发单元根据输入的控制信号 u_K 的大小，改变输出到晶闸管的触发脉冲相位，即改变控制角 α，从而改变晶闸管整流电路的输出，以调节发电机的励磁电流。为了使触发脉冲能可靠地触发晶闸管，通常需要加入脉冲放大环节。

同步信号源，取自晶闸管整流装置的主回路，保证触发脉冲在晶闸管阳极电压为正半周时发出，使控制脉冲与主回路同步。

励磁系统中通常还有手动部分，如前述的图 6-21 所示，当励磁调节器自动部分发生故障时，可切换到手动方式运行。一般还有手动与自动之间的自动跟踪部分，以保证平稳切换。

（二）励磁调节器基本特性

励磁调节器最基本的功能，是调节发电机的端电压。常用的励磁调节器，是比例式励磁调节器，它的主要输入量是发电机端电压 U_G，其输出用以控制励磁功率单元，以调节发电机的励磁电流 I_F。

励磁调节器的简化原理框图（不包括调差单元），如图 6-25 所示。其中 K1、K2、K3、K4 分别表示各单元的增益。励磁调节器的静态工作特性，由各组成单元的工作特性（输出与输入的关系）合成。合成后的励磁调节器静态工作特性 $I_F = f(U_G)$ 如图 6-26 所示。由图可见，励磁调节器在 ab 线段范围内工作，U_G 升高，励磁电流 I_F 急剧减少；U_G 降低，I_F 就急剧增

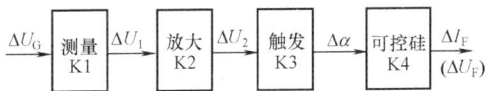

图 6-25　励磁调节器简化框图

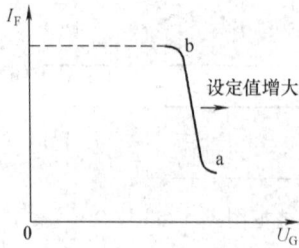

图 6-26 比例式励磁调节器
的静态工作特性

加。据此，可达到维持发电机端电压在某一水平的目的。

图 6-26 所示工作特性，对应于励磁调节器的电压设定值（测量比较单元的基准值）为某一定值时的特性。当设定值改变时（通过调整电位器），调节器的静态工作特性曲线将随给定值变化而向左或向右移动。

励磁调节器的特性曲线，在工作区内的陡度，是调节器性能的重要指标之一，即

$$K = \frac{\Delta I_F}{\Delta U_G} \tag{6-9}$$

式中 K——励磁调节器工作段的放大系数。

因为励磁调节器中，移相触发和晶闸管整流单元为非线性环节，分析时一般是在运行点附近将其线性化。这样，就可得出

$$K = \frac{\Delta I_F}{\Delta U_G} = \frac{\Delta U_1}{\Delta U_G} \times \frac{\Delta U_2}{\Delta U_1} \times \frac{\Delta \alpha}{\Delta U_2} \times \frac{\Delta I_F}{\Delta \alpha} = K_1 K_2 K_3 K_4 \tag{6-10}$$

即励磁调节器总的放大系数，等于各组成单元放大系数的乘积。

（三）发电机调节特性

装有自动励磁调节器的发电机，其调节特性是指发电机端电压 U_G 与定子电流无功分量 I_Q 之间的关系，即 $U_G = f(I_Q)$。它除与发电机本身的特性［U_G 一定时，发电机转子电流 I_F 与 I_Q 的关系 $I_F = f(I_Q)$］有关外，主要决定于调节器的工作特性。如果励磁调节器中没有调差单元，让测量单元直接测量发电机端电压，只按电压偏差（测量值与基准值之差）进行比例调节，则发电机带自动励磁调节器后的调压特性 $U_G = f(I_Q)$ 为略有下倾的直线，如图 6-27 所示，其调差系数很小，无功电流变化时，发电机端电压 U_G 可保持近似恒定不变。

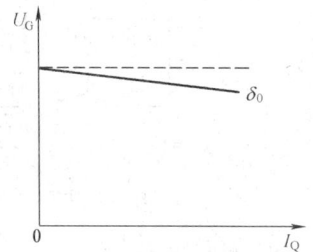

图 6-27 无调差单元时
的调压特性

励磁系统中，励磁调节器均设置有调差单元，即设置有无功补偿单元，用于改变自然调差系数 δ_0，δ 值是随励磁控制系统放大倍数 K 的增大而减小的。对半导体励磁控制系统，放大系数 K 较大，δ 一般在 1% 以内。

由本章第二节的分析可知：①为了使并列运行的各机组间无功负荷得到合理分配，要求各机组的调压特性曲线 $U_{G*} = f(I_{Q*})$ 具有相同的倾斜度，即要求调差系数相同；②为了使并列运行的各机组所带的无功负荷得到稳定地分配，要求并列在发电机电压母线上的机组，其 $\delta=3\% \sim 5\%$，通过升压变压器并列在高压母线上的机组，其 δ 一般取负值。为了达到这些目的，在励磁调节器中都设置有调差单元，使发电机调压特性的调差系数 δ 可在 $\pm 5\%$ 或更大的范围（$\pm 10\%$）内调整，以满足各种运行要求。

发电机的调压特性曲线，可通过励磁调节器测量比较单元中的电压设定值（基准电压）的调节而使其向上或向下平移，达到电压或无功调节目的。

（四）调差单元接线及工作原理

调差单元的基本工作原理是，在励磁调节器测量比较单元的输入侧，不是直接输入（经电压互感器）发电机电压 U_G，而是输入一个经无功电流补偿后的发电机电压 U'_G，即

$$U'_G = U_G \pm kI \sin\varphi \tag{6-11}$$

式中 k——系数。

使测量单元感受到的电压，随发电机无功电流而变化。当无功电流增加或减小时，感受到的电压也增大或减小，通过励磁调节器去减小或增大发电机的励磁，这样就增大或减小了发电机的调差系数。无功补偿的附加电压（$kI\sin\varphi$），是发电机电流互感器输出的电流，在串联于电压测量回路中的调差电阻（见图 6-28 中的 R_U、R_V、R_W）上产生的压降。改变调差电阻的大小，便可整定调差系数。

调差单元的接线方式，有三相式、两相式和单相式三种。三相调差电路接线的一个例子，如图 6-28 所示。由发电机端三个相的电流互感器来的电流，经

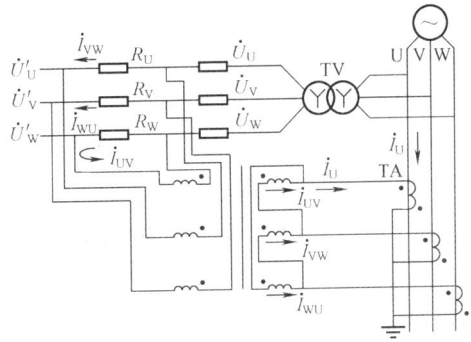

图 6-28　三相调差接线原理

中间电流互感器变换后，相应接入三相同轴可调电阻 R_U、R_V、R_W，在电阻上的电压降，直接叠加在电压互感器的二次侧，这样的接线方法，可使其输出电压大小，只反映电流的无功分量。

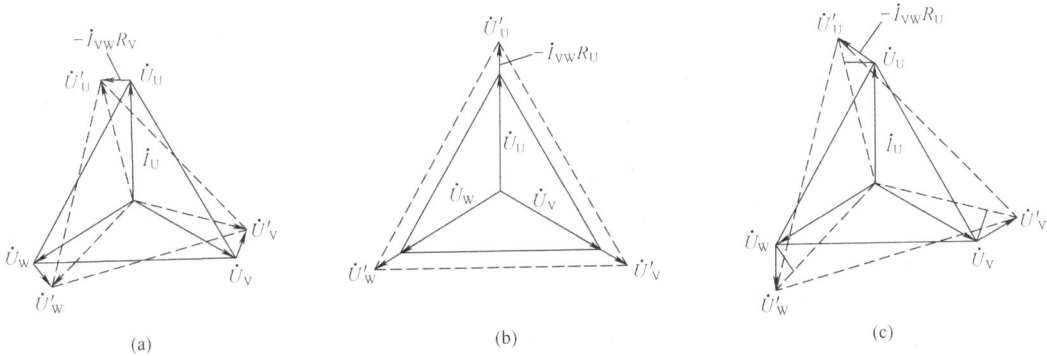

图 6-29　三相调差接线相量图（正调差）
(a) $\cos\varphi=1$；(b) $\cos\varphi=0$；(c) $1>\cos\varphi>0$

现设 $\dot{U}_U$、$\dot{U}_V$、$\dot{U}_W$ 相电压分别与 VW、WU、UV 相电流在电阻上产生的压降合成，即输出电压为

$$\dot{U}'_U=\dot{U}_U-\dot{I}_{VW}R_U$$

$$\dot{U}'_V=\dot{U}_V-\dot{I}_{WU}R_V$$

$$\dot{U}'_W=\dot{U}_W-I\dot{I}_{UV}R_W$$

在发电机功率因数 $\cos\varphi=1$、$\cos\varphi=0$、$1>\cos\varphi>0$ 三种情况下，三相调差接线的电压相量图如图 6-29 所示。

从图 6-29（a）可以看出，发电机负荷功率因率 $\cos\varphi=1$ 时，加于测量单元的三相电压 $\dot{U}'_U$、$\dot{U}'_V$、$\dot{U}'_W$ 仍为一等边三角形。由于各相电阻上的压降只是额定电压的 5% 左右，且电阻上的附加电压相量与电压互感器输出的有关相的电压相量垂直，如 $\dot{U}_{RU}=\dot{I}_{VW}R_U$ 垂直于 $\dot{U}_U$（$\dot{I}_{VW}$ 与 $\dot{U}_{VW}$ 同相位），所以调差单元输出的三相电压（$\dot{U}'_U$、$\dot{U}'_V$、$\dot{U}'_W$）与输入端的三相电压（$\dot{U}_U$、$\dot{U}_V$、$\dot{U}_W$）在幅值上相差无几，调节器所测量到的电压大小，基本上与有功电流无关（$\cos\varphi=1$ 时，只有有功电流分量）。

当 $\cos\varphi=0$（发电机带纯无功负荷）时，从图 6-29（b）可见，$\dot{I}_{VW}$ 比 $\dot{U}_{VW}$ 滞后 90°，加到测量单元的三相电压 $\dot{U}'_U$、$\dot{U}'_V$、$\dot{U}'_W$ 仍为一等边三角形，测量到的调差单元输出电压幅值为，

发电机电压互感器二次侧电压与无功电流所产生的附加电压的代数和，即 $\dot{U}'_U = \dot{U}_U + \dot{I}'_{VW}R_U$，$\dot{U}'_V = \dot{U}_V + \dot{I}'_{WU}R_V$，$\dot{U}'_W = \dot{U}_W + \dot{I}'_{UV}R_W$。这样，测量单元测量到的电压大了一些，经调节器的作用自动减小发电机励磁，使发电机电压下降，因而增大了调差系数。

通常，发电机既带有功负荷又带无功负荷，$1 > \cos\varphi > 0$，这时定子电流可分解为有功电流分量和无功电流分量。运用图 6-29 (c)，结合前面的分析可知，$\dot{U}'_U$、$\dot{U}'_V$、$\dot{U}'_W$ 与 $\dot{U}_U$、$\dot{U}_V$、$\dot{U}_W$ 相比，前三相量的幅值主要随发电机定子电流的无功分量而变化，随无功分量的增大而增大，使测量单元感受到电压"虚假"上升，调节器作用于减小励磁，降低发电机电压，因而增大了调差系数。

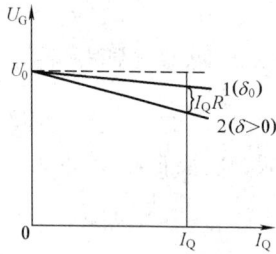

图 6-30　接入调差单元后发电机调压特性

上述分析产生的结果是，发电端电压随感性无功负荷电流的增大而下降，并且调差系数随调差电阻增大而增大。调差单元对发电机调差特性的影响可用图 6-30 表示。图中直线 1 为励磁控制系统的自然调差特性 (δ_0)，$I_Q R$ 是调差单元对调压特性的影响，它与特性 1 综合后就形成直线 2 的正调差特性。

如果将中间电流互感器引到调差电阻的极性进行调换，这时调差环节的输出电压 $\dot{U}'_U$、$\dot{U}'_V$、$\dot{U}'_W$ 将比发电机电压互感器二次侧电压低些，通过励磁调节器的作用增加励磁，升高发电机电压，使电压调节特性向上倾斜，即具有负的调差系数。

两相接线方式和单相接线方式的调差电路，其基本原理和分析方法与三相接线类似，差别在于，引入的附加电压为两相或单相，输出的三相电压有些不对称，但它们的接线简单，可少用发电机电压及电流互感器。

（五）励磁限制和保护

半导体励磁调节器，除了上面介绍的基本组成外，还有一些限制和保护单元。例如，为了避免机组起励升压过程中发生超调，采用起励超调限制（或称空载励磁限制）；为了避免在系统电压或频率长期低落时，励磁电流超过额定值而引起励磁绕组过热，采用励磁过载延时限制与低频过励限制。此外，对于高顶值的励磁系统，常采用瞬时过励限制（或称最大励磁限制）；为了避免在进相运行工况下，欠励过分而引起失步，常采用欠励限制（或称最小励磁限制）。有的调节器上还设有电力系统稳定单元。

当然，并不是所有的半导体励磁调节器，都必须具备上述所有的辅助单元，而是要根据运行要求和机组的具体情况，有选择地配置。下面介绍其中一些有代表性的限制和保护单元。

1. 空载励磁限制

空载励磁限制，主要是避免起励升压过程中电压较低，励磁调节器产生不必要的强励动作和减少电压上升过程的超调量。一般做法，是在机组并网之前，将发电机的励磁电流，限定在对应于额定转速下的空载励磁电流附近，如限定在对应于 1.1 倍空载额定电压时所需的励磁电流。如果励磁调节器测量单元的手动整定电位器，原处于整定电压 $U_{set} > 1.1U_N$ 的位置时，由于空载励磁限制的作用，发电机电压将被限制在 $1.1U_N$。只有手动整定电位器处于 $U_{set} < 1.1U_N$ 位置时，励磁调节器的测量单元才能控制发电机的电压，稳定于整定值 U_{set}。这样就避免了机组起励升压过程中发生过励超调。在发电机并网之后，空载励磁限制单元便自动退出工作，以使发电机能带上无功负荷。

2. 励磁过负荷延时限制

励磁过负荷延时限制是为了避免发电机转子励磁绕组长期过载而采取的限制励磁的措施。例如，当系统电压突然下降时，自动励磁调节器应迅速将发电机励磁增至顶值，进行强励，以保证发电机并联运行的稳定性。短时的强励,不致使转子温度升过高,达到威胁转子绕组绝缘的程度。但是,如果经历了允许的强励时间(按转子温升限制 $10\sim20\mathrm{s}$ 左右)之后,若强励电流还不能自动降下来,则励磁过载延时限制环节动作,退出强励,自动将励磁电流限制到发电机转子温升所容许的电流值附近,故这种励磁限制也称"延时励磁限制"。其延时又分定时限和反时限两种,是避免长时间强励造成转子绕组损坏的一种保护措施。

3. 最大励磁限制(瞬时过励限制)

有的励磁系统,为了获得高起始响应速度,常采用提高转子励磁顶值电压(可控硅阳极电压)而限制励磁电流超过容许值的强励办法,这就需要采用瞬时(非延时)过励限制,以限制强励电流的最大值。例如,某三机无刷励磁系统,因励磁机的时间常数较大,为了获得高起始响应,采用提高励磁机励磁电压的强励倍数(10 倍以上)而同时限制励磁电流倍数的方法。但为了提高励磁系统的可靠性,采用了三级瞬时电流限制:

第一级整定值等于强励倍数(励磁机的强励顶值电流与额定励磁电流之比)。

第二级整定值等于强励倍数的 1.05 倍。

第三级整定值等于强励倍数的 1.1 倍。

三级限制定值逐级升高,后级保护前级,第三级动作,延时 $0.2\mathrm{s}$,跳发电机灭磁开关。如果这个系统,因限制电路故障,不能限制强励电流时,则在很短的时间内,励磁机的励磁电流,就会接近其额定励磁电流的 30 倍,发电机及其励磁系统就会严重损坏。

4. 最小励磁限制(欠励限制)

最小励磁限制的作用,就是在发电机处于进相运行时,将其最小励磁电流值,限制在发电机临界失步稳定极限范围内,并且使该值不致低于发电机进相运行时,定子端部绕组及铁芯部件的发热允许范围。

当发电机端电压在额定值时,发电机定子电流的有功分量和无功分量,分别与有功功率 P 和无功功率 Q 成正比。一般就利用这种关系,构成使发电机运行在稳定极限功率圆图($P—Q$ 曲线)之内的最小励磁限制单元。

5. V/Hz 限制(又称 U/f,电压/频率限制)

人们知道,发电机和变压器的工作磁通密度(磁感应强度)B 与电压、频率比(U/f)成比例,其表达式为

$$U = 4.44fNBA_X \times 10^{-8} \tag{6-12}$$

对于给定的发电机或变压器,绕组匝数 N 和铁芯有效截面积 A_X 都是常数,令 $K = 10^8 / 4.44NA_X$,则其工作磁通密度的表达式可写成

$$B = K\frac{U}{f} \tag{6-13}$$

可见,电压升高或频率降低,都将使工作磁通密度增加。工作磁通密度增加使励磁电流增加,特别是在铁芯饱和后,励磁电流将急剧增大。

V/Hz 限制单元,就是限制发电机的端电压与频率的比值,其目的是,防止发电机和主变压器(发电机—变压器组)在空载、甩负荷和机组启动期间,由于电压升高或频率降低,使发电机及主变压器铁芯过饱和而引起的发热,超过危险值。

V/Hz 限制单元的定值,视机组运行要求而定。例如,某 600MW 机组的励磁调节器,不但设有 V/Hz 限制,而且还设有 V/Hz 保护。其 V/Hz 限制的定值为 1.08 倍额定 V/Hz 值(V 与 Hz 均以标幺值表示,其值为 1)。限制的效果是:当发电机电压上升时,限制发电机的电压,不会升高到使 V/Hz 比值超过给定限值,当发电机转速下降时,限制器使发电机端电压下降。V/

Hz 保护的设定值是：1.1 倍额定 V/Hz 值，动作后报警，并延时 55s 跳发电机灭磁；定值为 1.2 倍额定 V/Hz 值时，动作后报警，并延时 6s 跳发电机灭磁。

四、安全稳定运行限制器

综合上述励磁调节器原理，实际上是个安全稳定运行限制器。它的目的是维护发电机的安全稳定运行，避免由于保护继电器动作而造成的事故停机。如图 6-31 所示的同步发电机典型 P—Q 曲线图和对应的运行极限。

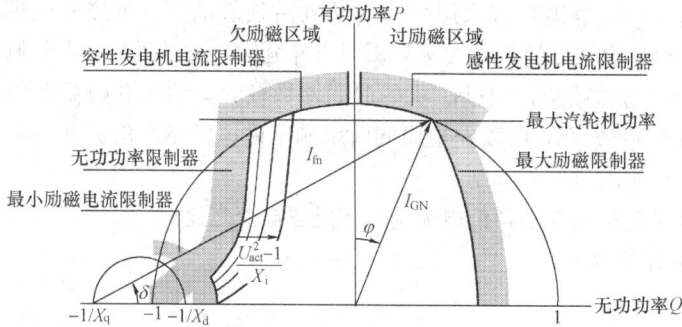

图 6-31　励磁调节器的功能

安全稳定运行限制器提供的限制功能有：①过励限制器；②最大励磁电流限制器；③过励侧定子电流限制器；④欠励限制器；⑤P/Q 限制器；⑥欠励侧定子电流限制器；⑦最小励磁电流限制器；⑧V/Hz 限制器。

为避免发电机组和励磁变压器铁芯过磁通（磁密过饱和），调节器内设 V/Hz 限制器和特性曲线，如果发电机电压超过某一频率下的限制值，将自动降低给定值，使发电机电压符合特性曲线的要求。

限制器工作原理，每个限制器都有其限制量和限制值，当限制量的数值达到限制值时，限制器动作。每个限制器均产生一个限制量与限制值之间的偏差信号 Δ。

1. 过励、欠励限制器

过励限制器动作后，会把励磁减小到一个最大允许水平，而欠励限制器动作后，则将励磁增加到所需要的最小水平。在正常工况时，发电机运行在 P—Q 图的允许范围内。控制器的输入是机端电压的偏差信号 Δ，即主偏差信号。如果运行工况变化，使过励限制器偏差信号 Δ_{lim-} 低于主误差信号，它的优先级将高于主偏差信号。这样，控制器就得到各偏差信号中的最小值。这种原理也同样适用于欠励限制器，但方向相反。

有竞比逻辑门，会分别比较过励限制器的偏差信号 Δ_{lim-}、欠励限制器的偏差信号 Δ_{lim+} 和主偏差信号 Δ，以决定其优先权，保证限制器动作后发电机的稳定运行。

2. 具有反时限特性的最大励磁电流限制器

用于防止转子回路过热。限制器有两个限制值：一个是强励顶值电流限制值；另一个是连续运行允许的过热限制值。与过热限制值关联的两个控制参数，分别是转子等效加热时间和转子等效冷却时间。

综上所述，限制器的基本设定值为：①强励顶值电流限制值；②过热限制值；③转子等效加热时间常数；④转子等效冷却时间常数。

3. 最小磁场电流限制器

最小磁场电流限制器的主要任务是防止失磁，能保证励磁电流不小于最小限制值。最小磁场电流限制器只有一个最小限制值，瞬时动作。

4. 定子电流限制器（过励侧和欠励侧）

用于防止发电机定子绕组过热，在过励和欠励侧均有效。其工作原理与最大励磁电流限制器的工作原理相似。主要差别在于定子电流限制器没有一个确切的最大定子电流限制值，当时间趋于零时，限制值理论上可趋于无限大。通过适当的参数整定，可以得到接近于定子绕组最大允许热能的反时限特性。

定子电流限制器分欠励侧和过励测两部分，其限制量均为定子电流三相的平均值。当发电机过励时，欠励侧定子电流限制器截止，反之亦然。通过检测负载的功率因数，可保证定子电流限制器双方向（过励和欠励）动作的正确性。显然，定子电流限制器，不能影响发电机的有功电流分量。如果发电机的有功电流分量高于定子电流限制器的限制值，为避免误动作，限制器会自动将发电机无功功率调整到零。

5. P/Q 限制器

本质上是一个欠励限制器，用于防止发电机进入不稳定运行区。该限制器的限制曲线，由对应五个有功功率点（$P=0\%$，$P=25\%$，$P=50\%$，$P=75\%$，$P=100\%$）的五个无功功率设定值确定，曲线与发电机的定子电压水平有关，发电机电压变化时，限制曲线随之偏移。

6. V/Hz 限制器

V/Hz 限制器是为避免发电机组和励磁变压器铁芯过磁通，调节器内设 V/Hz 限制器和特性曲线，如果发电机电压超过某一频率下的限制值，将自动降低给定值，使发电机电压符合特性曲线的要求。

7. 恒无功或恒功率因数叠加调节

恒无功调节或恒功率因数调节，可视作对自动电压调节器的叠加控制。投入运行时，其给定值和实际值之间的偏差值，就形成控制信号，通过积分器，作用到自动电压调节器的相加点上。

复 习 思 考 题

6.1 励磁系统的主要作用有哪些？

6.2 强行励磁顶值电压倍数、励磁电压上升速度和励磁电压上升响应时间是什么概念？

6.3 高起始响应励磁系统的基本要求有哪些？

6.4 什么是发电机的调压特性？为什么能够分配机组间无功功率？

6.5 大容量汽轮发电机的励磁可分为哪几大类？

6.6 背画旋转硅整流励磁系统图，并描述它们的原理。

6.7 背画同轴交流励磁机静止可控硅整流励磁系统图，并描述它们的原理。

6.8 背画自并励励磁系统图，并描述它们的原理。

6.9 什么叫灭磁？对灭磁有哪些要求？

6.10 什么叫逆变灭磁？如何逆变灭磁？

6.11 自动励磁调节器最基本的功能是什么？有哪些输入信号？

6.12 什么叫自动励磁调节器的调差系数、调节精度、调节灵敏度？

6.13 空载励磁限制、励磁过载延时限制、最大励磁限制、最小励磁限制、V/Hz 限制各有什么意义？

第七章

大机组与大电网协调

目前我国电力系统基本上进入大电网、大电厂、大机组、高电压输电、高度自动控制的新时代。大机组与高电压、大电网之间的协调，一直是影响系统安全、可靠与经济的重大课题。对两者关系的研究，其间的矛盾与相互协调的极端必要性的认识，也随着重大事故的经验总结和电力工业的发展，日益深化和明确。

近年来，国际上发生了多次大面积停电事故，以及机组重大部件的损坏，电力部门和一些著名制造厂在总结事故教训的基础上，研究了汽轮发电机组如何适应电网运行的问题。

（1）当机组偏离额定频率运行时，在不损伤机组的前提下，提出了允许运行时间的要求；也提出了在异常频率下，电网应该采取的措施。

（2）随着一些大机组的大轴损坏事故的发生，深入分析了在电网异常情况下，机组电磁力矩、机械应力和轴系扭振等与其造成的后果之间的关系，发现了大机组在电网中的一系列特殊运行方式下，都有可能使机组产生远大于机端出口多相短路时的电磁与机械应力。

（3）随着系统串联电容补偿技术的采用，发生了与机组间产生次同步谐振的现象，当在最不利的时间组合条件下，与电厂高压输电线出口三相短路重合，都可能一次就耗尽了机组轴系的疲劳寿命，因而必须由电网采取措施予以防止。

（4）随着远方电厂的建设，出现了长距离超高压输电线路，自然又对发电机提出了吸收无功功率的要求。

（5）随着电气铁道等单相负荷的日益增长和大容量机组转子对连续不对称负荷和不对称短路适应能力的减弱，发电机组适应电网不对称运行的能力也已成为众所关注的问题，如此等等。

以上的一切都说明，合理地协调机组与电网的关系，已成为发展高压大电网与大容量机组的极为重要的技术政策性问题。近年来，我国大陆和台湾，都发生过运行中的大容量机组事故，有的原因迄今尚未查明。这些，都说明了妥善处理这类问题的现实性和迫切性。早在20世纪90年代初，我国电力工业部已经发出过《关于协调大电网与大机组的若干技术问题》的文件，提出了有关的技术政策。

对目前的我国电网而言，一台600MW机组，在地区电网中占有较大的比重，它的投切和故障对系统稳定运行有较大影响，远非中小机组可比；反之，系统的各种异常运行或故障，对600MW机组的威胁比对中小型机组的威胁更大。因此，对电力系统的运行和保护提出了更高、更严格的要求。

为了满足大机组与大电网的协调要求，有的发电厂与设备供应方在供货合同上订有条款，如要求发电机应能承受定子出线端任何形式的突然短路（在规定短路承受时间内），不发生机组的有害变形和损坏。但在承受短路后，要安排停机检查和维修，防止缺陷进一步发展而损坏，我国国家标准规定：发电机能承受的误并列能力为，180°相角差5次或120°相角差2次。还要求发电机应能承受电力系统中高压线路事故后的自动重合闸。这些要求，都将使发电机瞬时产生大的定转子电流及电磁力矩，对发电机定子绕组端部、转子轴颈等造成冲击及材料寿命损耗。另外，还要求发电机具备失磁异步运行能力及三相不对称或非全相运行能力，这些也容易使发电机定子端部和转子表面局部过热而产生裂纹。国外有的发电机制造公司认为，发电机寿命期内，只要上述严重的事故次数少于 10 次，就不会出现大的问题。但在每次事故后，要对发电机进行检查及维修。

有的电厂，要求供方提交轴系扭振固有频率和疲劳寿命损耗分析报告，它包括下列数据：

（1）发电机出口两相或三相短路，疲劳损耗最大值（%/次）；

（2）90°～135°误并列，疲劳损耗最大值（%/次）；

（3）近处短路及切除，切除时间小于 150ms 时，疲劳损耗（%/次）；切除时间大于 150ms时，疲劳损耗（%/次）；

（4）线路单相快速重合闸应不受限制；

（5）发电机带励磁失步时，如振荡中心位于发电机升压变压器组以外，并且振荡电流低于电机出口短路电流的 60%～70% 时，允许振荡持续时间为多少个振荡周期。

······

本章将先介绍当前国内外电力网发展的概况，然后着重介绍大机组在电网中一些主要的特殊运行问题。

第一节 电 力 网

一、电力系统

电力系统是由发电、变电、输电、配电、用电等环节并按规定的分工和技术经济要求组成的，将一次能源转换为电能并输送和分配到用户的一个统一系统，如图 7-1 所示。其中发电厂将一次能源转换为电能，升压后，经过输电网，再降压，送入配电网，再由配电网将电能分配至用户，从而完成了电能从生产到使用的全过程。为了保证系统运行的安全可靠，系统还配置了继电保护和安全自动装置、调度自动化和通信等相应的辅助系统。电力系统的根本任务是向用户提供

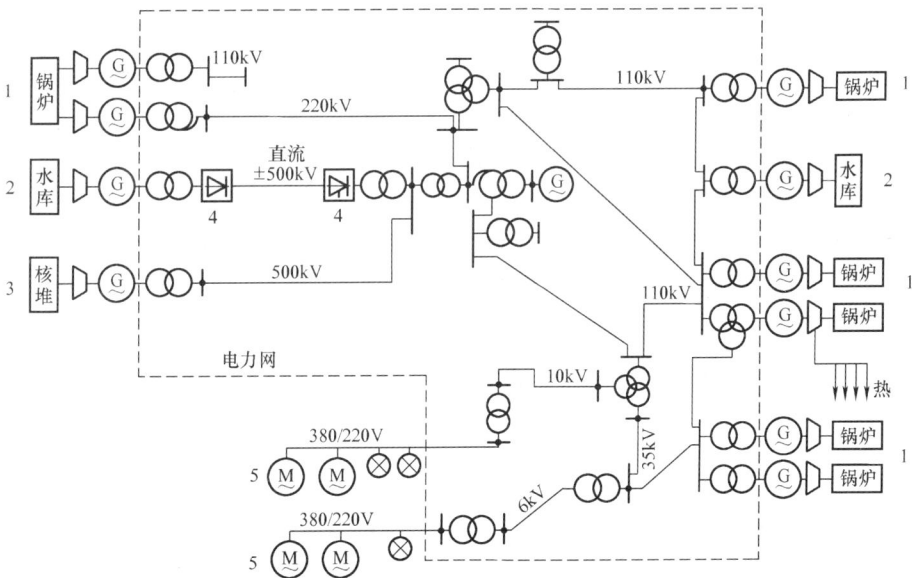

图 7-1 电力系统示意图

1—火力发电；2—水力发电；3—核电站；4—换流站；5—用户

充足、可靠、合格和廉价的电能。

在电力系统中，输送、变换和分配电能的那一部分称为电力网（electric network），如图 7-1 中虚线所框的部分，所以电力网是电力系统的一个组成部分，电力网包括输电网和配电网。

输电网主要是将远离负荷中心的发电厂所发出的电能，经过变压器升高电压并通过高压输电线输送到邻近负荷中心的枢纽变电所。同时，输电线还有联络相邻电力系统和联系相邻枢纽变电所的作用。在我国，现有高压输电网的电压为 220kV、330kV、500kV、750kV 交流和 ±500kV 直流，即将出现 1000kV 交流和 ±800kV 直流。

配电网是将电能从高压变电所经降压后再分配到用户的电力网。按电压，一般又将配电网分为高压、中压和低压三种。在我国，高压配电网电压一般为 35kV、63kV 和 110kV；中压配电网电压一般为 6～10kV（有的城市已在考虑升压为 20kV）；低压配电网电压一般为三相四线制的 380/220V。

输、配电网可按电压等级的高低分层，或按负荷密集的地域分区。不同容量的发电厂和电力用户分别接入不同电压等级的电力网，较大容量的应接入较高电压的电力网，较小容量的可接入较低电压的电力网。

我国已经启动的西电东送工程，将着力推进全国大电网建设与联网，逐步形成大区电网互联的基本格局。发展具有规模经济效益和极强资源配置能力的大电网，这是电力工业发展的基本规律。国内外现有实践均已证明，全国联网能带来多方面的效益，如错峰效益，水、火电互补效益，互为备用和事故支援效益，以及可以最大限度采用高效率高参数的大机组等。西电东送战略的实施将从根本上改变中国未来电力发展的格局，即实行立足于跨大区电网之间以及大区电网与独立省网之间的全国互联。目前，中国将以三峡工程为契机，并以三峡电站为中心，建设东、西、南、北四个方向的联网和送电线路，并在条件成熟的电网间实现周边联网。经过不断开发西部大型水电以远距离输电至东部地区，同时根据需要与条件加快其余大区电网互联，届时中国电网将形成西电东送、南北互联的基本格局以及统一调度的联合电网结构。

二、直流输电

直流输电也是超高压输电的一种方式，而且与交流高压输电相比具有其特殊的优越性。

1. 直流输电基本概念

直流输电就是在甲地将交流功率经过整流站整流变为直流功率，通过直流输电线路送到乙地，再经过逆变站逆变为交流功率送入交流电网。整流站和逆变站统称为换流站，其设备、接线和原理完全相同，并且可以互相改接，仅仅是控制方式不同。

直流输电不能直接送到用户使用，而只是两个交流电网的联络。

直流输电系统中有一特例，就是输电线路长度可以等于零，整流站和逆变站设在同一个站内，这就叫变频站或非同步联络站，这种站的两侧交流网络虽然频率相同但不同步或者频率不同（如一侧为 50Hz 另一侧为 60Hz），两个交流网络之间却有功率交换。

直流线路又可分为：①单极单线制以大地作回路；②单极双线制一正一负两根导线送电；③双极双线制，两根导线，一根以正电位送电，另一根以负电位送电，中性点接大地零电位。

2. 直流输电优越性

（1）经济性。直流输电只有两根导线，如用大地作回路，甚至可只用一根导线，可节省导线、金具、绝缘子、铁塔等基建投资。但需多建两座换流站，两者相抵，与交流投资大致相当。但随着设备生产技术的提高，直流输电的价格优势可能会逐渐显现出来。

（2）系统稳定性。直流没有电抗效应，不受线路长度的限制，输送功率没有静稳定或动稳定的控制，对导线而言，只受热稳定的限制。它可连接两个不同步或不同频率的交流电网，互不干扰。

（3）调节快速性。功率输送量的调节是改变换流站晶闸管的触发角，以毫秒级的速度调节。没有像交流电网中旋转电机机械惯量和原动机输入量的迟缓性。当一侧交流电网紧急事故时，直流输电可以迅速实现潮流翻转进行紧急支援。

（4）限制系统短路容量。两大交流电网用直流联网后，由于换流站的"定电流控制"特性，两侧交流网路的短路容量将得到限制。

（5）损耗小。直流输电没有感抗和容抗，在线路上也就没有无功损耗。直流电流没有集肤效应，导线截面得到充分利用，减少了线路的有功损耗。直流电晕的电场不是交变的，极间或对地的空间电荷将使导线附近的电场减弱，电晕损耗约是同电压交流线路的 50％～60％。

（6）有利于采用电缆送电。在直流电场的作用下，电缆的绝缘强度约为交流电场的 3 倍，35kV 的交流电缆可用于直流 110kV。直流电缆送电不存在容性无功，在交流电网中电缆的长度受容性充电无功电流的限制，而直流电缆送电没有长度限制，最适宜于远距离隔海送电，我国舟山岛就是用直流 110kV 电缆送电的。

3. 换流站主接线及其设备

（1）换流变压器。换流变压器与一般电力变压器原理一样，但又有独特之处。第一，换流变压器二次绕组有直流分量通过，使铁芯产生直流磁化，在交流磁通和直流磁通叠加后，使铁心趋于饱和，增加铁损和噪音；第二，为了防止换流桥短路或阀击穿时产生过大的短路电流，要求换流变压器具有比普通变压器更大的电抗；第三，由于可控硅换流而产生的大量高次谐波将使变压器的杂散损耗加大，引起金属局部过热，因此制造中要求采用非磁性压板并进行磁屏蔽；第四，因为换流桥是由多个整流元件串联而产生高压直流的，因此每只换流变压器的二次绕组绝缘水平不仅要考虑二次交流电压强度，而且要考虑直流对地电压强度。

（2）谐波滤波器与无功补偿设备。由于晶闸管引起的特殊波形，换流变压器交流侧的电流含有大量的谐波，直流侧输出电流也不是完全平滑的。交流侧的谐波次数根据傅立叶级数分析有 5、7、11、13、17、19…等，即 $n = 6k \pm 1$，各次谐波的有效值为 $\frac{\sqrt{6}}{n\pi} I_d$，其中基波分量为 $0.78 I_d$。为了限制这些特征谐波电流，在交流侧安装单调谐滤波器和高通阻尼滤波器。由于调谐器中的电容器也能提供基波的无功功率，因此根据技术经济分析与系统无功补偿装置，统一选择电容量，然后根据调谐频率算出相应的电感，最后根据最佳 Q 值确定电阻。直流侧的平波电抗器使主要的谐波电流已经受到限制，一般不再另设调谐装置。但有时根据需要也可装单调谐滤波器（6次、12次）和高通滤波器。

不管是整流侧还是逆变侧都需要无功功率补偿，所需无功的大小取决于触发角。正常情况下，整流侧所需无功功率约为有功功率的 30％～50％，逆变侧所需无功功率约为有功功率的 40％～60％，无功补偿装置可选用静电电容器或同期调相机。

4. 直流输电运行

一个三相桥式全波整流电路中，交流线电压与直流电压有如下的关系

$$V_d = 1.35 E \cos\alpha - I_d R_1$$

式中　V_d——桥端输出端直流电压；

　　　E——交流侧线电压有效值；

　　　α——触发导通角；

　　　I_d——直流负荷电流；

　　　R_1——换流电抗，相当于换流变压器的内阻。

上式中等号后的前一项相当于内电势（空载电压），后一项相当于内阻压降。

当晶闸管整流桥在逆变方式运行时，则有

$$V_d = 1.35E\cos\beta + I_dR_2$$

式中　β——逆变触发导前角，$\beta = \pi - \alpha$。

上式中等号后的第一项相当于反电势，第二项相当于内阻压降，因为是逆变故符号为正。

5. 直流输电调节

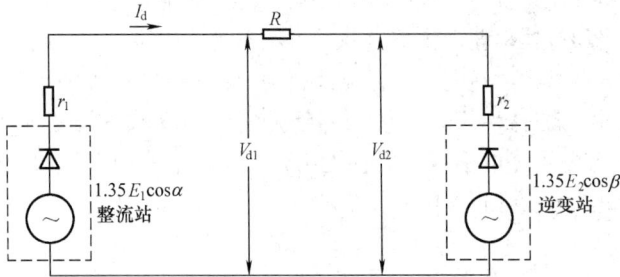

图 7-2　直流输电等效电路图

根据上述关系式，两端系统的直流输电系统的等效电路可简化为如图 7-2 所示。

$$V_{d1} = 1.35E_1\cos\alpha - I_dr_1$$

$$V_{d2} = 1.35E_2\cos\beta + I_dr_2$$

$$V_{d1} - V_{d2} = I_dR$$

$$I_d = \frac{1.35(E_1\cos\alpha - E_2\cos\beta)}{R + r_1 + r_2}$$

式中　R——直流输电线的电阻。

由此可见，直流电流的大小只决定于 E_1、E_2、α、β 四个变量。

E_1、E_2 是两侧换流站的交流侧电压，可用改变换流变压器分接头位置进行粗调；也可用调节两侧晶闸管的触发角度 α、β 进行细调。前者调节速度较慢，每换一挡分接位置约需 5～6s。后者调节速度很迅速，约 20～30ms 就能完成。因此在直流输电功率发生波动时，为了快速调节，首先由控制极进行相位控制，然后变换换流变压器的分头位置再使控制角恢复到合适而又经济的角度（一般 $10° < \alpha < 20°$）。

6. 直流系统故障与保护

直流输电线路故障时其短路电流有瞬间值和稳态值。

短路电流的瞬间值是线路电容的放电电流，放电电流的大小只决定于线路的波阻抗和运行电压，与线路的长度无关，与两侧交流网络的容量无关，即 $I_k = \dfrac{2V_d}{Z_c}$；架空线路的波阻抗约为 300～400Ω，因此 ±500kV 短路电流瞬间值为 2.5～3.3kA。电缆的波阻抗为 15～20Ω，短路电流相对较大。此短路电流瞬间值受到两侧平波电抗器的限制，对换流桥无多大影响。

短路电流的稳态值受到两端调节器的限制，当故障保护监测到故障时，整流侧 α 角迅速增大，限制短路电流在 1.7～2.0 倍额定值。逆变侧进入整流工况，供给反相故障电流。故障点的电流为两侧电流之差，一般为 10%～15% 额定值。要使故障点熄弧，必须使故障电流等于零、恢复电压等于零。由于直流电没有零点，因此必须将两侧同时进入逆变状态，将直流能量转送到两侧交流网路，使线路电压等于零。

线路保护的监测可以有电压导数和电压水平、线路电流差动、线路行波保护等。

由于直流侧没有断路器，保护动作后自动地按顺序进行下列动作：

（1）急速改变换流装置的触发脉冲相位，限制短路电流，泄放直流能量。

（2）停送触发脉冲，闭锁两侧换流站。

（3）投入旁通阀或"旁通对"。

（4）自动再起动（相当于自动重合闸）。

架空线路"跳闸"以后约 0.2～0.5s，故障点已充分去游离，可以重新恢复送电。"自动重合闸"不需要两侧进行同期，也不是像交流重合闸那样对线路突然强行加压。而是由起动控制装置缓慢地、连续地从零按指数曲线升压，启动时间约 100～200ms。如果升到某一电压值以后仍有不正常，则该线路可以降低电压运行，少送些功率；如果是线路单根永久性故障，则可改为单极单线运行，方便灵活。

此外，换流站内部尚有其他类型故障，如变压器故障、换流桥短路、阀击穿、阀失控等，都有相应的保护措施，不再赘述。

三、特高压输电网

随着国民经济持续发展，电力需求快速增长。而我国现有的以 500kV 交流和 ±500kV 直流系统为主的输电网，其输送能力和规模不能满足社会经济发展的需要，电网与电源建设不协调的矛盾较为突出，因此建设国家特高压输电网日益迫切。

我国生产力发展水平地区差异很大，能源需求主要集中在东部和中部经济发达地区，约占需求总量的 3/4 左右。而用于发电的煤炭和水力资源，主要分布在西部和北部。这种资源分布与消费不均衡的状况，决定了能源资源必须在全国范围内优化配置。所以，"必须以大煤电基地、大水电基地为依托，实现煤电就地转换和水电大规模开发，通过建设特高压国家电网，实现跨地区、跨流域水火互济。"我国将加快以特高压电网为核心的国家电网规划建设，提高电力输送能力。规划建设的国家特高压骨干网架是由 1000kV 级交流和 ±800kV 级直流组成的输电网络，具备跨区域、大容量、远距离、低损耗输送电力的基本功能，是国家电网的核心。

1. 我国发展特高压电网的必要性

随着电力工业的快速增长，电厂、电网容量的增大，对发、输电技术提出了许多新的要求，特高压电网技术已成为迫切需要研究解决的问题，其原因如下：

（1）"西电东送"的需要。我国水电资源大多在西部，煤炭资源集中在晋、陕、蒙、宁、贵等省（区），而负荷中心却在东、南沿海，在这些地区建设大容量水、火电厂向东、南部沿海地区送电，必须建设长距离大容量送电工程。

国内外的实践表明，大型水电站在建设初期，主要是向远处负荷中心供电。随着附近及输电线路经过的中间地区用电量的增加，远距离送电量会逐渐减少，在电网规划和建设输变电工程的过程中，需考虑适应这种变化的灵活性。在这方面，采用特高压交流输电方式比超高压直流输电方式有明显的优越性。

（2）现有 500kV 电网送电容量增大及改善电网结构的需要。我国用电比较集中的华东长江三角洲地区、广东珠江三角洲地区，500kV 电网已开始出现输电走廊布置困难、开关断开容量不够等问题。说明输电容量和距离均已超过 500kV 电压等级输电经济、合理的范围，现有 500kV 电网已不能适应发展需要，需研究用更高电压等级——特高压输电的问题。

（3）加强全国联网的需要。实现电源的优化配置，充分发挥互联电网的优越性，在发展"西电东送"的同时，还要在现有基础上，加强建设北、中、南三大联合电网间的大容量联网工程，实现真正意义上的《全国统一电网》。现有的 500kV 电压，已不能满足需要，必须采用特高压联网，有利于提高送电容量，提高送电的稳定性和电网的安全运行水平，也有利于电网分层分级管理的需要。

（4）提高电网安全稳定运行水平的需要。直流输电的可靠性不如交流输电高。当有多条直流输电线同时向电网内的一个地区送电时，一回直流线路发生故障对其他直流输电线的影响尚无资料及经验可供借鉴。目前，我国规划了 7 回直流线路向长江三角洲地区送电，6～7 回直流线路向广东珠江三角洲地区送电。这些直流线路的可靠性比特高压交流输电的差。采用特高压输电可以逐步形成特高压电网，成为电网的主网架，进一步提高电网的安全稳定运行水平。

2. 实施特高压输电需研究的重点技术问题

（1）无功平衡。特高压交流线路的充电功率很大（约为同长度 500kV 线路的 5 倍），无功平衡问题尤显突出。固定电感值的补偿设备——电抗器，可限制甩负荷时的工频过电压和正常运行时的容升效应，但这可能降低特高压线路的输送能力。为有效解决这一问题，需重点研究可控电抗器的技术要求、参数及其对潜供电流和工频、操作过电压的作用。

（2）消除潜供电弧。特高压交流线路的潜供电流大，恢复电压高，潜供电弧难以熄灭，影响单相重合闸的无电流间歇时间和成功率，需研究快速消除潜供电弧的措施，以确保故障相在两端断路器跳开后潜供电弧很快熄灭。国外采用快速接地开关，单相重合闸时间限制在 1s 内，较好地解决了这一问题。故需研究高速接地开关的技术要求和参数。

（3）过电压限制及绝缘配合。在特高压电网中，操作过电压对特高压设备的尺寸、造价影响较大，若出现饱和效应，更会非线性增加尺寸，使造价过高。研究表明：采用带分、合闸电阻的断路器，高性能氧化锌避雷器（MOA）及并联电抗器可限制操作过电压在小于 1.6p.u. 以下时，可以解决这一问题。故应重点研究新措施，降低特高压系统过电压至一个低水平，使绝缘配合中特高压设备对内过电压的要求降低。

（4）串联电容补偿。为提高特高压交流线路的输送容量和增强系统稳定度，需研究特高压系统的串联补偿装置及相关参数和技术要求。

（5）外绝缘。特高压线路和变电所中，各种电极结构空气间隙的放电特性，各类送、变电设备外绝缘的放电特性，不同海拔高度下的海拔修正系数等需结合我国特点试验研究，另外特高压线路的防雷、防污、带电作业也需结合沿线路的雷电活动情况、土壤电阻率情况、污源分布状况，专题研究合理的绝缘配合原则并结合我国的带电作业方式、工具特点，研究最小安全距离和组合间隙，为设计、运行维护提供技术依据。

（6）特高压设备。大多数特高压输变电设备，如变压器、电抗器、避雷器、互感器、绝缘子、导线、金具、杆塔等，国内均有一定生产能力。部分设备，如 GIS、高速接地开关等，在建设初期可以引进。可以预计，发展特高压输电技术，不仅可以促进电网发展，还将有力推动和提升我国高压电器的制造水平和生产能力。

四、灵活交流输电

FACTS 是英文 Flexible AC Transmission System 的缩写。译为"灵活（柔性）交流输电系统"。"灵活交流输电"是对一般交流输电系统的改进、创新和增容，可以提高系统的稳定性。

为 FACTS 开发的新型控制装置，是用大功率电力电子开关器代替传统的机械式开关，从而使电力系统中影响电力潮流分布的几个最主要电气参数：如电压、线路阻抗、功率角可以按照系统的需要迅速地进行调整，是在少改变甚至不改变现有电力系统的主要设备及线路的前提下，使电网输送能力以及潮流和电压的可控性大为提高。

长期以来，人们传统地采用串联电容、并联电容、并联电抗、发电机电气制动、汽轮机快关等手段，按照固定的机械的方式，投切电容、电抗器或调节变压器分接开关等技术措施来改善系统运行条件，使电网的静态稳定、动态稳定得到优化，增强输电能力。但是这些措施，一般只能适用于静态或缓慢变化工况下控制电网的潮流分布，而对动态过程却缺乏足够的快速反应能力。

FACTS 技术之所以能够出现，其重要原因是电力电子技术和电子元器件的蓬勃发展，使FACTS 技术的实施成为可能。所谓电力电子技术，直观地说，就是用电子元器件（弱电）来控制电力系统（强电）的一项跨专业技术。它是一门交叉电气工程三大领域——电子、电力、控制的边缘科学，主要以电力传送、电力变换、电力控制和电力开关为其研究内容。

FACTS 的主要特点是：以微秒（μs）级高速反应的"电子开关"取代了以毫秒（ms）级反应的机械式开关。这就有可能以电网中动态参数的变化量作信号，使用高速反应的"电子开关"

来实时地改变电网的参数。从理论上讲，电子开关的寿命是无限的。

从 20 世纪 90 年代开始，开发的 FACTS 控制装置比较典型的有以下几方面。

1. 晶闸管控制的串联电容补偿装置（TCSC）

常规的串联电容补偿装置，就是在线路上串联一只固定电容量的电容器，使电容器的容抗补偿一部分线路的感抗从而改变了整条线路的阻抗。TCSC 则是，在线路上串联的不是一只固定电容量的电容器，而是串联一只"变流器"，在"变流器"的二次，跨接一只晶闸管控制的可变电容器。其电容量可以快速地受控而改变。反应到"变流器"的一次侧，等价于在线路上串联一只可变电容器。因此，线路阻抗可以随时由系统参数来快速改变。如果电网中许多条线路都有 TCSC，且控制信号取于线路的潮流，则电网的潮流分布就可以得到优化，大大提高了静态稳定度。

2. 快速响应的静止无功补偿装置（SVC）

常规的静止无功补偿装置是一套可变并联电容和可变并联电抗的组合。目前，以门极可关断的晶闸管（GTO）来控制和调节电网各枢纽点的 SVC 的参数，就可以达到控制潮流的功能。由于它的快速调节，控制了电网各枢纽点的电压，改善了系统的静态稳定和动态稳定。电网的稳定储备裕度可以大大减小，从而挖掘了现有电网的输送能力。

3. 潮流控制装置

潮流控制装置，实际上就是 AC-DC-AC 直流输电系统。潮流控制装置与另一条 AC 输电线路并联，则该装置就成为该线路的潮流分配装置，调节直流线路的触发角就可改变交流线路与直流线路之间的潮流分配。如果潮流控制装置跨接于大电网中的电源中心和负荷中心之间，这就相当于把电源和负荷的几何距离拉近了，加强了电网的联系和结构。

4. 次同步振荡阻尼器（SSR）

次同步振荡一般出现在有串联电容补偿装置的电网上，其振荡频率小于 50Hz，故称次同步振荡。次同步振荡既能引起稳定极限的破坏，又能导致大型发电机组轴系扭振而引起的严重后果。SSR 是利用双向晶闸管开关来控制电阻和电感，以形成串联电容的旁路通道。

此外，还有相位角控制器、动态制动器、快速故障电流限制器、可控高能避雷器、有源滤波器及统一潮流控制器等 FACTS 装置，不再在本文详细赘述。

5. 变速同步电机

系统稳定的破坏，往往是由于发电机输出电功率突变（变小），而转子的机械功率，因为原动机的调速系统有一定的迟缓率不可能很快改变，从而导致转子产生加速度。如果有交流励磁发电机在电网上运行，此时，也同时人为给以转子电流频率的突变，则定子输出电功率与转子输入机械功率的不平衡量就会变为转子的动能予以暂时储存，不会导致功角越前超限而失步。与以往的电气制动不同的是：电气制动是将剩余功率消耗到电阻中，而变速同步电机则是将剩余功率储存到转子飞轮惯量的动能中。

20 世纪，也曾经有人把直流励磁发电机的转子绕组分裂为 D 轴和 Q 轴两个互成 90°的绕组。称之为双励磁发电机。配两个励磁机和两个励磁调节器分别供两个绕组的励磁电流。调节两个绕组中励磁电流的大小，使其合成磁场可在 90°范围内偏移，以达到调节功角 δ 的目的。这种设想与上述变速同步电机有相类似的思路，但尚未得出满意的结论。

·······

人们现在已经进入了用电力电子技术来控制电力系统的新时代。国内外专家预测：由于大功率电力电子技术的发展，以及微电子控制、通信技术的应用，21 世纪初叶，电力工业将发生革命性的变革。

五、远距离大容量输电方式的应用前景

我国正在研究的几种新型输电方式有紧凑型输电方式、分频输电方式、四相或多相输电方式和半波输电方式，虽尚处于研究开发阶段，但已显示出其鲜明的特点和潜在的应用前景。

1. 紧凑型输电方式

紧凑型输电的特点是，取消常规线路的相间接地构架，将三相输电线路置于同一塔窗中，使相间距离显著缩小，以增大相间电容，减小电感，从而减小线路的波阻抗，增大线路的自然功率。还有一类紧凑型输电线路，在取消相间接地构架的同时，通过增加每相分裂导线的根数及间距，优化导线的布置方式，使导线表面的电场分布更合理，进一步提高线路的自然功率。相间距离的减小，还可减少线路走廊的宽度，减少占地面积。

表 7-1   紧凑型线路与常规线路的比较

比较项目	常规线路（%）	紧凑型线路（%）	比较项目	常规线路（%）	紧凑型线路（%）
几何均距	100	44～53	自然功率	100	124～131
走廊宽度	100	32～44	走廊利用率	100	182～224

自然功率增大后，线路输送功率极限也随之增大。线路运行在输送自然功率的情况下，沿线电压幅值不变，表现出良好的运行特性。因此，通过增大自然功率来提高线路输送功率极限是一种理想的途径。表 7-1 对紧凑型线路与常规线路进行了比较，表明紧凑型线路的走廊利用率可提高 1 倍，显示了紧凑型输电的实用价值。

我国已经建设了几条试验型线路，如 220kV 的安廊线（河北安定—廊坊），长 23.6km，采用 4 分裂导线，自然功率较常规线路提高 60%；已投运的昌平—房山 500kV 紧凑型线路，线路总长 83km，节省线路走廊宽度 17m，提高自然输送功率 34%。该线并网运行后，经受了 10 级大风及大雾、雨雪等自然条件的考验，运行情况良好。目前正在研究的有结合三峡工程的紧凑型线路。

2. 分频输电方式

电能两个最重要的指标是电压和频率。自从发明了变压器后，从发电、输电到用电，人们可根据需要选取不同的电压等级，以达到提高效率、方便使用的目的，但频率却基本上是一成不变的。实际上，如果能在发电、输电、用电等环节采用不同的频率，则同样可发挥巨大的效益。若采用较低的频率进行远距离输电，可大幅度提高线路输送能力；若采用较高的频率来使用电能，则可显著减少电气设备的体积和质量，节约能源和原材料。随着新型材料的出现及电力电子技术的发展，各种用途的功率变频器正在不断开发出来，为更加科学合理地生产、输送和使用电能开辟了新的途径。

交流输电的限制因素主要表现在输电系统的电抗 X 上。输电系统的最大输送功率 P_{max} 可简单的用下式估计

$$P_{max} = \frac{U^2}{X}$$

式中，U 为系统额定电压。正如前面所指出的那样，输送功率与电压的平方成正比，但同时也与系统的电抗 X 成反比，而电抗 $X = \omega L$ 与频率成正比。因此，降低输电系统频率显然能成比例地提高系统的输送功率极限。

分频输电方式，突破了传统的仅依靠提高电压来提高输送能力的局限，用降低输电系统频率的方式减小输电系统的电抗，可大幅度提高线路输送容量 P_{max}。分频输电系统由水电机组、变压器、输电线路、倍频变压器构成。在图 7-3 中，水轮发电机发出分频电力（如 50/3Hz），经变压器升压后由输电线路输送至末端，经倍频变压器将分频电力转变为工频电力向工频电力系统供

电。

水轮发电机的转速很低，适合发出低频电力，只要将水轮发电机的极对数减少即可。分频输电系统的线路完全可采用同电压等级的工频输电线路，结构较简单。

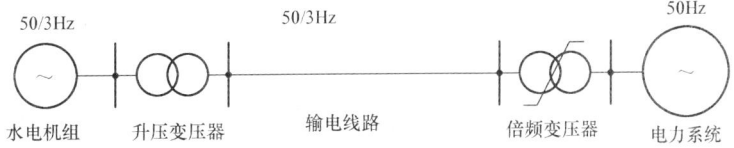

图 7-3　简单的分频输电系统

分频输电系统的关键设备是倍频变压器。倍频变压器分铁磁型和电力电子型。铁磁型倍频变压器具有结构简单、运行可靠、传输功率大等特点，在工业生产中早已获得应用。早在 20 世纪 70 年代，国外就有铁磁型 3 倍频变压器的效率达到 95％以上的报道。西安交通大学对分频输电系统输电方式从基础理论分析、数字仿真计算、初步物理实验、倍频变压器设计等方面进行了深入研究，论证了分频输电方式的可行性。

随着电力电子技术的发展，提出了柔性分频输电系统的概念，即利用电力电子的相控式交—交变频器，充分利用变频器两端均有电源的优势，根据有源逆变的机理，实现交—交变频器功率输送方向的可逆性，电力电子型倍频变压器具有工作效率高，安装运行灵活，易于控制的特点。柔性分频输电系统是分频输电思想与电力电子技术的结合，是种有着经济与技术优势的全新的输电方案，特别是在开发水电时，有着很好的应用前景，值得进一步深入研究。目前柔性分频输电系统已进入试验阶段。

3. 四相输电

我国已研制成功的三相变四相及四相变三相变压器的基础上提出的一种新型输电方式——四相输电，属国内外首创。通过理论研究和动模实验表明，与三相输电相比，在依次线间电压相同，各相导线截面相同的条件下，四相输电容量是三相输电的 1.633 倍，电压损耗较三相输电减少 18.4％。在相电压、相导线截面相同的条件下，四相输电容量是三相输电的 1.333 倍，电压损耗与相邻线间距离均较三相输电减少 18.4％。其主要优点是：增加一相线路，空间电磁场分布更加均匀，虽然输送容量增加，但线路走廊反而减小，从而提高线路的功率输送密度，节省单位输送容量的投资。四相线路是偶数相，可对称地悬挂在单柱杆塔的两侧，结构简单；可采用两相邻相运行，提高输电系统运行可靠性与暂态稳定性；故障组合类型远少于六相及以上输电方式，不会给故障分析和保护整定增加太大的困难。

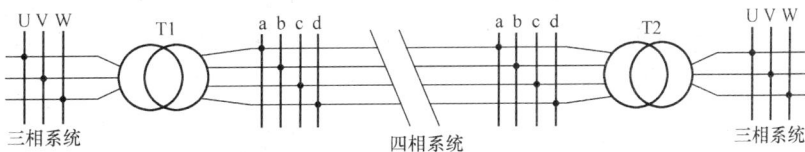

图 7-4　四相输电原理接线

四相输电的原理接线如图 7-4 所示。T1 和 T2 为三相变四相和四相变三相的平衡变压器，发电系统和用电系统仍为三相制，仅在输电网络采用 a、b、c、d 依次相位互为 90°的四相输电方式。T1、T2 是四相输电的关键设备。四相输电与目前国内外研究的交流紧凑型输电方式有本质区别。四相线路每相导线采用常规分裂导线布置，易于与现有三相线路参数匹配协调运行。

4. 多相交流输电

多相交流输电是指用三相的倍数相输电，如六相、九相、十二相等，其中研究最多的是六相输电。我国对多相交流输电的研究不多，但在世界范围内却得到了普遍的重视和快速的发展，部分线路已投入实际运行。六相输电的基本原理是通过接线将六相接于同一中性点上，相间角度为60°。在三相输电体系中，相间角度为120°，相间电压高于相对地电压，而对六相输电来说相间电压等于相对地电压。

正是由于多相输电的相间电压显著降低，因而具有下列优越性：

（1）在电压降和稳定储备相同的条件下，多相输电比三相输电能输送更多的功率。理论计算和物理实验均表明，在相同的相—地电压条件下，一回六相线路比2回并联三相线路的输送功率极限提高73%。

（2）多相输电在输送重负荷时，其维持电压和稳定的性能比三相制好，所需的无功补偿容量也远小于三相输电系统。

（3）多相输电在提高输送能力的同时，由于其相间电压低，结构紧凑，故可减少走廊宽度，提高单位走廊利用率。既可用于设计建设新线路，也可用于改造旧的同杆并联双回线。

（4）多相输电的构成比较简单，利用三相系统的标准绝缘子和金具就可以直接构成多相输电系统的支撑构架，特别应指出的是，多相输电的相间距离小，非常适合于紧凑型输电。

（5）多相输电系统与三相系统可以直接通过变压器相连，不会产生附加谐波等问题。当然，多相输电系统也存在着一些缺陷，主要是线路故障类型较多，继电保护配置相当复杂。

5. 半波输电方式

交流输电本质上是波的传播过程。当线路足够长时，在传输功率极限和沿线电压分布等方面会出现许多与短线显著不同的性质。半波输电正是根据当线路长度相当于半个波长时，输送功率极限从理论上可达到无限大这一特性而确定的输电方式。

根据交流输电线路长线基本方程，线路的极限输送功率为

$$P_{\mathrm{m}} = \frac{U_1 U_2}{Z_{\mathrm{c}} \sin\alpha l} = \frac{P_{\mathrm{n}}}{\sin\alpha l}$$

式中：U_1、U_2 为线路首末端电压；Z_{c} 为波阻抗；α 为相位常数；l 为线路长度；P_{n} 为自然功率。

当 $\alpha l = 2\pi$ 时称为全波长线路；当 $\alpha l = \pi$ 时为半波长线路。当频率为 50Hz 时，半波长度为 3000km。

由上式可见，当 $\alpha l = \dfrac{\pi}{2}$ 时，线路的功率极限为自然功率；当 $\alpha l = \pi$ 时，相当于将电气距离调谐到半波长，输送功率为无穷大。根据这个原理，当输电线路很长（超过1500km）时，可借助附加装置，调谐线路的电气参数，使其接近半波长，故这类线路有时也被称为调谐线路。在最佳长度范围内（频率为 50Hz 时，长度为 2600～3200km）半波输电具有最大的效益，比相同可靠性指标的直流输电相应地节省费用 30%～35%。

第二节　系统扰动与发电机轴系扭振

一、轴系扭振物理概念

从材料力学的角度看，在一段弹性金属轴段的两端施加一对扭矩，轴段就会产生扭转变形。扭转变形从几何上来看，如图 7-5 所示。

变形的轴段在两端的断面上扭转了一个角度（$+\delta$ 和 $-\delta$）。扭转变形的幅值用角度为度量。如在轴段中间取扭幅为零的一个断面作为参考面，参考面的一端扭幅为正，而另一端扭幅为负。此参考面称为"节点"。扭转变形的大小由材料的（扭）应力（扭）应变特性曲线所决定。如果应力在材料的弹性极限以内，当扭矩消失时，变形即恢复。但当扭矩瞬间消失时，变形不会瞬间

恢复。因为有质量有几何形状的轴段是有转动惯量的，应变最大时积聚的能量（势能）转换为应变等于零时的动能，然后形成反向应变（势能）。如此能量反复转换的过程，使扭转变形幅度在±δ之间摆动（见图7-5），这就叫轴段的扭振。轴段在扭振过程中存在的能量，逐步由金属材料分子间

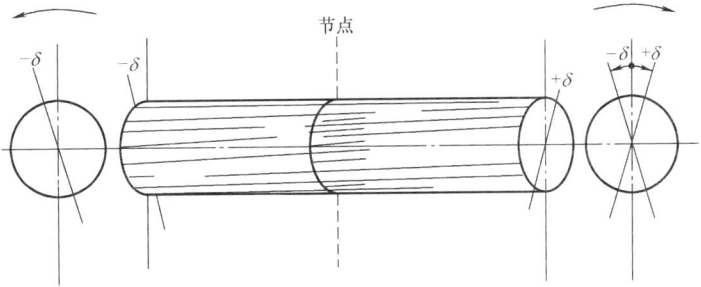

图 7-5　弹性轴段扭曲夸张示意图

的摩擦力所消耗，这就是所谓的"阻尼作用"，使振幅逐渐衰减至零。扭振时的振动频率由轴段的几何形状和质量所决定，一定的轴段或轴系有一定的扭振频率，叫做"自然扭振频率"。自然扭振频率是根据轴段材料和几何形状决定的。

在轴系上以不同方式施加扭矩时，会出现下列不同的现象：

（1）在轴段上施加一恒定不变的扭矩，轴段只产生稳定的扭转变形，不产生扭振。

（2）在轴段上施加一突变（正或负）的扭矩（突然施加或突然消失），就会使轴段产生扭振。其频率为自然扭振频率，然后因阻尼而衰减。

（3）在轴段上多次施加突变（正或负）的扭矩，前一次产生的扭振尚未衰减到零时，后一次扭矩所产生的扭振将按相位叠加到前一次的振幅上，扭振的振幅继续增强或减弱。

（4）在轴段上长期施加周期性的扭矩，就使轴段产生连续扭振。如果所施加扭矩的频率与轴段的自然扭振频率相接近或合拍时，则产生共振，即谐振。

扭振会导致金属材料的疲劳并消耗疲劳寿命。每一次扭振消耗一定的疲劳寿命。其消耗寿命的量决定于外加扭矩（扭应力）的大小。连续扭振将很快导致材料的破坏。

随着超高压大电网和大功率机组的投产运行，机组轴系扭振问题越来越严重，已成为当前电力系统发展中需要研究的重要课题。

二、汽轮发电机轴系扭振特点

大型汽轮发电机组的轴系是由多段轴段组成的，其中包括汽轮机的高压转子、中压转子、低压转子、发电机转子、励磁机转子等。随着单机容量的增大，轴系长度与轴段断面之比相对增大。整个轴系不能再视为一段刚性的轴段，而是一柔性可扭转的轴系。汽轮机的叶片受蒸汽冲击，在每一级叶轮上施加着一正的扭矩；则发电机和励磁机输出电负荷相当于在转子上施加一负扭矩。汽轮机低压缸与发电机之间的靠背轮是扭振的节点。汽轮机的正扭矩又按高、中、低汽缸的功率分布在不同的轴上，每个汽缸中又按各级叶轮的功率分布在轴的不同断面上。沿整个轴系长度方向扭矩的分布是十分复杂的。但最大扭矩出现在发电机与汽轮机（低压转子）的联轴器上，即扭振的节点上。

汽轮发电机在正常稳定运转时，输入的热功率与输出的电功率相平衡。整个轴系保持恒速运转。一个恒定的扭转变形存在于轴上。当蒸汽量的变动或电负荷的变动都会因此而产生短时的扭振。

三、系统扰动对轴系扭振的影响

大型汽轮发电机组在电网上运行时，随时会由于热力系统或电力系统的扰动而激发起轴系扭振。热力方面的原因诸如汽轮机调速汽门的摆动、中压调门的快关等。由于轴系最低自然扭振频率一般都大于10Hz，因此激振扭矩周期必须小于50ms才有可能产生扭振。上述高压调门或中

压调门的动作时间一般都大于 100ms。所以，因热力方面的原因而引起的轴系扭振是轻微的。电力系统扰动的因素相当多，诸如发电机的并列操作、失步、失磁、系统短路、重合闸、甩负荷等，这种扰动都是毫秒级的。此外，系统中存在着负序分量、谐波分量、静态无功补偿、串联补偿、直流输电等，这类扰动是持续的长期的。因此，人们研究轴系扭振的主要方向是电力系统扰动对轴系扭振的影响，这是大电机与大电网协调的主要课题。至于大型水轮发电机组，由于其转子的转动惯量大、轴的长度与断面比相对较小、轴系刚度较大、自然扭振频率较高等原因，因此系统扰动对其扭振影响不大。

四、电气扰动对轴系扭振的机理分析

电气方面的任何扰动都会或多或少的影响汽轮发电机组轴系的扭振。影响的程度与扰动的类型有关。同样扰动又与系统的运行方式有关。轻微者可以忽略不计，较重者可能消耗轴系的疲劳寿命，严重者可导致轴系在短时内破坏。

现就各种电气扰动分析如下。

1. 倍频与工频谐振

任何形式三相不平衡电流都有负序分量存在。这是由于系统中存在着不对称负荷和不对称的系统元件参数所致。发电机定子绕组中的负序电流，产生反向 100Hz 的旋转磁场。以往只研究这个磁场在转子表面涡流发热所造成的影响。制造厂只规定所谓 A 值（$I_2^2 t$），而没有提供负序电流对轴系扭振影响的数量级概念。如果轴系的某一自然扭振频率正好在 100Hz 附近，就会产生谐振。谐振的强度与"靠近度"有关。因为负序电流分量是长期存在的，所以这类扭振对轴系疲劳寿命的影响是严重的。负序电流还能在机组转轴上产生两倍工频的扭矩，也有激发轴系扭振的可能。因为这种谐振频率接近 100Hz，所以叫做"超同步谐振"。

如果机组的轴系自然扭振频率接近工频，当发生出口短路、误并列或切除多相故障时，定子电流的突变和其中的直流分量会在转子上产生幅值很大的工频频率的扭矩而可能引起谐振。这种谐振称为"工频谐振"。

因此，汽轮机组轴系的自然扭振频率必须从设计上避开工频及两倍工频。原电力工业部《关于协调大电网与大机组的若干技术问题》规定："大机组每一轴段的自然扭振频率不应处在工频的 0.9～1.1 倍及 1.9～2.1 倍范围内"，且在制订机组的允许运行频率范围及时间时，注意与上述规定相配合，并留有适当裕度。

2. 开关操作

电力系统元件的投切操作，可能导致机组负荷和系统参数的突变。这相当于对机组的轴系施加一突变的扭矩，使轴系发生一次扭振，消耗一定的轴系疲劳寿命。如果负荷的变化量超过 ±0.5 标幺值，其影响就会比较显著。大机组的'Runback'功能，使机组负荷突减限制到 0.5 额定值，所以这种突变引起的轴系扭振是轻微的。

发电机在同期并列操作时，如果不是理论上的同期，都会发生一次电磁功率的突变过程。这时，对轴系扭矩冲击的大小决定于相位角差的大小。研究表明，不同相位角差时的最大扭矩如表 7-2 所示。

表 7-2　　　　　　　　不同相位角差时的最大扭矩

相位角差	60°	90°	120°	150°	180°
最大扭矩/额定扭矩	4.4	5.3	5.1	3.9	2.4

由此表 7-2 可见，最大扭矩出现在 90°，而不是在 180°。

此外，还有所谓等效并列。例如，发电厂两组母线之间的合环、环形输电网络的合环或开

环、两种电压等级的电磁环网操作、发电厂厂用电源的切换操作等。由于合环操作前后的潮流和功角的突变，发电机组也会受到一次相当于并列操作的冲击，这叫等效并列。当潮流变化很大时，对轴系扭振的影响也颇为显著。

3. **系统短路**

发电厂出线近距离发生短路，也是一次电磁功率突变的过程，对机组轴系，也将受到一次冲击。特别是"短路→短路切除→重合闸→再切除"这一循环过程，对轴系扭振疲劳寿命的消耗是严重的。这是由于数次电磁暂态过程，会对轴系产生"应力叠加"的原因。在暂态过程中，发电机的电磁转矩可以分解为同步电磁转矩、暂态电磁转矩和直流分量引起的扭矩。研究证明：直流分量引起的扭矩冲击最严重。短路持续时间的长短和短路切除后电压恢复时相角差的大小，直接影响直流分量的大小和对轴系冲击的严重性。每一次冲击后的轴系扭振，按其固有的时间常数衰减（一般达 10s 左右），在未衰减到零时又出现第二次、第三次冲击，前后应力叠加，达到轴系不能承受的程度时，将导致轴系被破坏！

4. **次同步谐振**

次同步谐振（SubSynchrous Resonance SSR）物理概念比较复杂。当高压远距离输电采用串联电容补偿时，电容量 C 与线路的电感量 L 组成一个固有谐振频率

$$f_s = \frac{1}{2\pi \sqrt{LC}}$$

此频率 f_s 一般低于 50Hz。发电机定子也出现频率为 f_s 的三相自激电流，在气隙中产生频率为 f_s 的旋转磁场。此旋转磁场的转速，低于主磁场的同步转速。气隙中两个磁场同时存在对轴系产生一个交变扭矩，其频率为

$$f_t = f - f_s$$

式中 f_t——交变扭矩的频率；

  f——电网频率；

  f_s——串联电容补偿固有频率。

如果轴的自然扭振频率 f_v 正好等于交变扭矩频率 f_t，即

$$f_v = f_t = f - f_s \quad 或 \quad f_v + f_s = f$$

此时，发电机组轴系的自然扭振频率 f_v 与串联补偿产生的电磁谐振频率 f_s 相加恰好等于电网频率 f_0，相互"激励"，形成"机—电谐振"。因为 f_s 低于电网频率，所以叫"次同步谐振"。次同步谐振会长期作用于轴系上，对轴系疲劳寿命造成严重的威胁，可能在短期内导致轴系的严重破坏。

"次同步谐振"还有可能是由晶闸管控制的电力设备引起的。由于机组在某一自然扭振频率下，机组与晶闸管控制的设备相互作用的总阻尼很小，甚至是负阻尼。所以，如果靠近发电机组，装设由晶闸管控制的静止补偿器，则也有可能发生次同步谐振。

5. **高起始响应的励磁调节器和电力系统稳定器**

发电机采用快速励磁后，带来的一个副作用是，引起系统负阻尼，造成系统动态稳定降低的问题，为此而需加装电力系统稳定器（PSS）。但过去在设计电力系统稳定器时，未考虑到在某些次同步频率下，可能引起的谐振问题。

电力系统稳定器本身，是为电网稳定和电网低频振荡而采取的一项有效的技术措施。一事物总有其两面性。由于励磁电流的响应速度极快，从电网稳定角度看，减小了暂态过程的功角摆动，但从轴系扭振角度看，由于高速反应的电磁力矩与"慢速"反应的汽轮机调速系统产生了"剩余"扭矩，从而引起对轴系的冲击。

6. 直流输电

直流输电一般是采用定功率调节。从交流电网看，直流换流站可以视为一恒定负荷，而直流逆变站可以视为一恒定电源。直流输电的触发角调节速度是微秒级的。当大幅度的调整输送功率甚至"潮流反转"，会引起交流网络中发电机相位角的较大变化。发电机相位角的变化，又导致直流输电系统触发角的变化，再引起直流输送功率的变化，形成一个闭式自激系统。在换流站附近的汽轮发电机组也会按"闭式自激系统"的频率使轴系产生次同步谐振。

五、各种电气扰动对轴系疲劳的影响

综上所述，各种类型的电网扰动对轴系的影响，有的是长期的，有的是短期的，而且与运行方式有关。应力对金属材料的寿命消耗有其统计规律，很难定量确定。根据国外研究，各种电气扰动对轴系的影响参见图7-6。

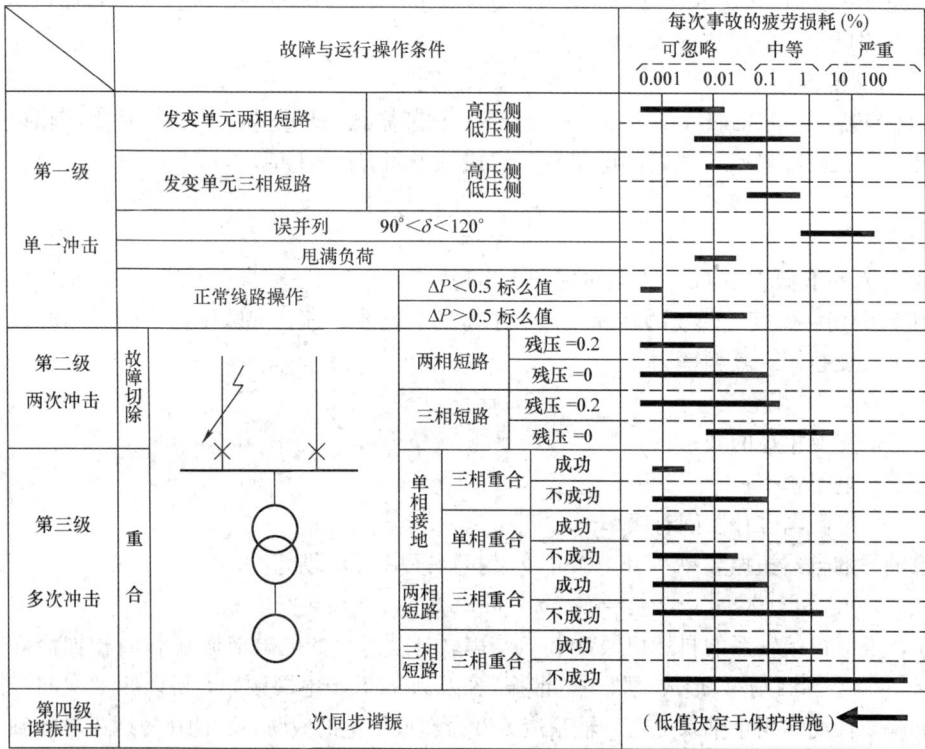

图 7-6　各种冲击造成汽轮发电机的轴机械系统疲劳损耗

六、轴系动平衡的影响

大型汽轮发电机组的静平衡与动平衡一般是在制造厂完成的。在制造厂进行平衡时，是每一个转子（高压转子、中压转子、低压转子、发电机转子）加工完成后，分别到高速动平衡机上进行的。其平衡精度较高，同时测出了转轴的转动惯量。

可是在发电厂的生产现场，有时也有作平衡的需要。对中小型机组作平衡时，一般是把机组启动起来，在低转速运转的工况下，采用试加质量法，也能够达到整个轴系的静平衡和动平衡。但是，试加质量往往是用相等的质量加在各个转子不同的端面上，这可以在不影响静平衡的前提下，解决整个轴系的动平衡，但不能达到每一个转轴的动平衡。因此，在大型汽轮发电机组做静平衡与动平衡时，用这种试加质量的办法要谨慎。因为每一个转轴的动平衡的差异，会使较敏感的细长轴系产生自然扭振频率的变动而发生扭振现象。

七、国内外对轴系扭振研究现状

轴系扭振引起金属疲劳而导致设备严重损坏的事件，是在大电网和大机组出现之后才逐渐引起人们的注意。

现在，国内外都已经开始对轴系的扭振现象，进行了广泛研究，有些已进入应用阶段。这一课题涉及的学科较多，如电力系统专业、电力电子专业、电机和汽轮机制造和设计专业、自动控制专业、材料应力与寿命专业、计算技术等，并相互交叉渗透。其主要研究领域，大致有以下几个方面。

1. 轴系建模问题

为了分析计算轴系的扭振频率对扰动的影响，必须建立完正的数学模型。

由于汽轮发电机组的轴系，具有很复杂的几何形状，又是有多段轴段联结而成的，因此轴系的扭振也有其复杂的多阶的固有振动频率。为了简化轴系的模型，可以有以下几种方式：

（1）简单集中模型。将每一个转子视作一质量集中。即 n 个转子视作为 n 个质量的转动惯量，有 $n-1$ 个弹性连接成一串的轴系，这个轴系共有 $n-1$ 个自然扭振频率。

（2）多段集中模型。将每一道叶轮视作一质量集中。即 m 道叶轮视作为 m 个质量的转动惯量，有 $m-1$ 个弹性连接成一串的轴系，这个轴系共有 $m-1$ 个自然扭振频率。

（3）连续质量模型。即按轴向实际几何尺寸和质量分布，求出各轴段正确的各阶自然扭振频率。

2. 轴系自然扭振频率的计算与测试

计算轴系自然扭振频率的准确性与可信性取决于建模。而实测轴系自然扭振频率，现采用激振方法有：盘车激振法、小相位差并网法、切合电容装置法、不对称短路法和励磁变频法等，可根据现场实际采用。

3. 在线监测仪表

轴系扭振研究中最有现实意义的是研制在线监测仪表。现国内外已经研制出各种这类多功能仪表。其功能包括：显示和打印转速、扭振角度、扭振频率、越限报警、应力分析等。测试仪表的传感器是一对磁阻齿轮。一只装在一汽轮机高压缸的第一轴承箱内，另一只装在副励磁机的外伸端。必要时还可利用盘车齿轮作为中间传感器。

4. 轴系扭振的抑制和预防措施

这方面研究主要从抑制装置和控制手段两方面着手，并已经有实用性的成果。如以滤波器与阻尼装置，为防止次同步谐振的放大作用，设置静止滤波器抑制器等。控制手段如利用静态无功补偿器改善次同步谐振，在有串补的交流网络中，并联直流输电线路的方法以抑制次同步谐振等。

第三节　重合闸对机组轴系扭振的影响

一、单一故障冲击

当发电机—变压器组发电机出口或升压变压器出口故障时，继电保护动作，使发电机组与系统解列，同时切除发电机励磁开关。这种情况对机组仅是一次冲击。

据统计，发电机出口短路的概率不大于 1 次/（100 台·年），升压变压器高压侧出口短路的概率为 1 次/（5 台·年）。

过去认为对机组最为严重的出口三相短路所引起的疲劳损耗，如图 7-7 所示，尚不大于 1%。

二、两次故障冲击

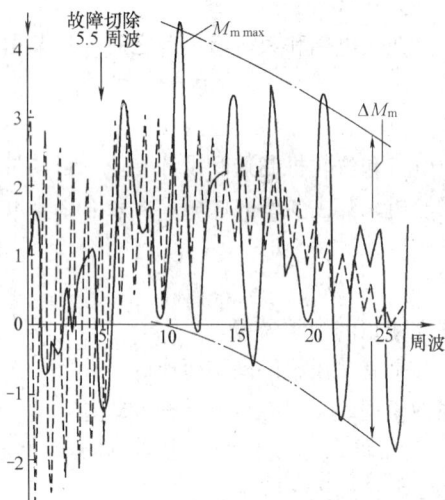

图 7-7　高压线路三相短路
切除时发电机力矩的变化

实线—电磁力矩 M_e；虚线—机械力矩 M_m

当线路发生故障而被切除，对大机组而言，将构成两次冲击。首先，故障开始瞬间就产生突然的扭矩传到轴机械系统，这一扭矩以该机组轴系自然扭振频率与衰减时间常数（2.5～10s）作振荡衰减。当故障被切除时，机组承受了第二次冲击，由此而产生的第二次附加扭矩将叠加在正在扭振中的轴系上，可能使原来扭振的幅度减少，也可能使其更为放大（见图 7-7），这主要决定于故障切除瞬间的相位。

高压线路出口发生三相短路并随之切除，是一种严重的冲击。研究结果认为，出现这种冲击时的最大轴扭矩将达 4 标么值（以正常满负荷运行时的扭矩为 1 以下同），比发电机出口三相短路高 1.3～1.9 倍。

对于这种故障，当有关条件变化时进行的一些分析，结果如下：

（1）若故障点稍远，例如故障时电厂高压母线的残压 $U_r=0.2$ 时，寿命损耗百分比差不多减少一个数量级。

（2）系统短路容量减小时，承受的轴扭矩也减小。

（3）发电机采用快速励磁或通常的励磁调节，影响不大。

（4）发电机少发或吸收无功功率时，轴扭矩稍减小。

（5）由于故障切除时产生的扭矩将叠加在故障发生时的扭振力矩上，所以故障切除时间的少许变化对轴扭矩影响很大。

（6）在同等的条件下，比较不同的故障类型，得出表 7-3 的结果（以三相短路为 1 比较）。

表 7-3　　　　　　　　　不同故障类型两次冲击时的扭矩与疲劳损耗

故障类型	单相接地	两相短路	三相短路
最大扭矩	1/3	2/3	1
疲劳损耗	0.01	0.1	1

当高压线路发生发展性故障，如单相发展为两相或三相故障，或者两回并列运行的线路中一回线出口发生故障，近故障侧与远故障侧的断路器往往不会同时切除，都可能构成比两次更多的冲击。如处在不利条件，也会发生比两次冲击更严重的轴系扭振现象。

但总的趋势是故障切除时间愈长，轴扭矩愈大，因而很多国家对故障切除时间作了规定，如德国规定小于 90ms，比利时规定小于 125ms 等。

三、不同故障类型两次冲击时的扭矩与疲劳损耗

当线路故障时，近故障侧与远故障侧的断路器往往不会同时切除，都可能构成比两次更多的冲击。如处在不利条件，也会比两次冲击更严重。

衰减时间常数一般很长（2.5～10s，个别的甚至达 20s），即使采用一般常用的重合闸时间（1～1.5s），当重合于故障并再次切除时，原来的扭振幅度并无较大衰减。如果第三、四次冲击也发生在最不利的时间，如图 7-8 所示，则会对轴系造成更大的极其危险的扭矩，严重的可能使轴的疲劳寿命耗尽。

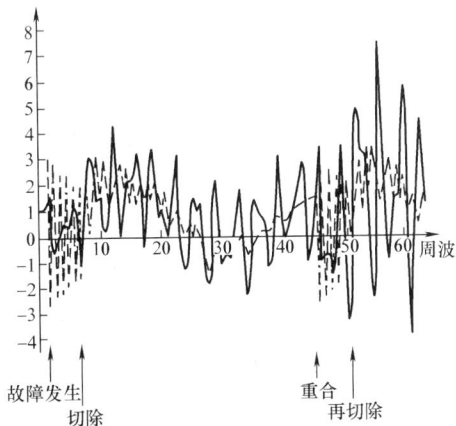

图 7-8　高压线路三相短路重合
不成功时发电机力矩的变化

实线—电磁力矩 M_e；虚线—机械力矩 M_m

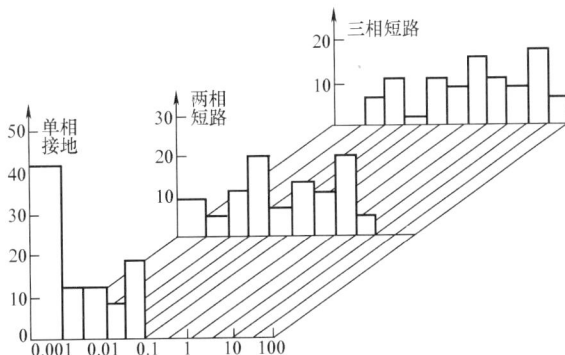

图 7-9　线路出口不同类型故障
重合不成功时汽轮发电机的轴疲劳损耗

在高压线路出口，发生不同类型故障，且重合不成功再跳闸，故障切除时间在 1～4.5 周波范围，重合闸时间在 2.5～28 周波范围。对机组造成轴系疲劳损耗的研究结果如图 7-9 所示。从图 7-9 可见：

1）单相故障重合不成功时，最大的寿命损耗不超过 0.1%，影响甚微；

2）两相故障三相重合不成功，最大寿命损耗可能达到 10%；

3）对于三相故障，即使重合成功，最大寿命损耗也将达到 1%～10%，而重合不成功时，将有百分之几的概率达到 100%。这是一种对大机组最危险的故障冲击。

美国在 20 世纪 30 年代开始，就广泛而习惯地采用三相快速重合闸。1982 年，美国 IEEE 专门组织工作组对重合闸问题进行了研究并提出报告，建议改变使用三相快速重合闸的技术政策，改为：①同步检定；②延长三相重合时间（10s 或更长）；③改用单相重合闸；④不用重合闸。到目前，在美国几个主要电力公司的一些 500kV 线路上，已采用了单相重合闸。法、德等国家一直主张采用单相重合闸。

20 世纪 50 年代，我国也曾使用三相快速重合闸。1961 年开始，研究使用单相重合闸非常成功，并得到广泛的使用。三相重合闸都改为慢速重合闸。1978 年以来，结合系统稳定的需要，并考虑了对大机组的影响，推荐采用合理的重合闸方式及重合时间。目前，500kV 线路已全部使用单相重合闸，大电厂的 220kV 出线，考虑系统稳定需要，也主要采用单相重合闸。对联系紧密的网络，为了简化保护，加速故障切除时间，而采用三相慢速重合闸。

第四节　快关汽门与电网稳定

如果输电系统的"结构强度"，不足以适应事故后（如故障切除一回关键线路）的有功功率传输要求，为了保持电力系统继续稳定运行，最重要也是最为有效的方法是，在故障发生后，快速地减去相应的电源功率输出。为了平稳地达到这一目标，采用"快关汽门"这一技术，是一种两全其美的办法，不但可以减少对机组的冲击，而且比"自动切机"更有利于电力系统的稳定运行。这就是"快关汽门"的优越之处。

所谓"快关汽门"，是汽轮机组一种人为的特殊运行工况，在小于 0.5s 的时间内，快速关闭中压调门（或者也包括中压主汽门），迅速降低汽轮机功率输入至 30%左右，同时也就降低了发电机的电功率输出，经 1s，重新开启中压调门或主汽门，在 3～10s 内，使汽轮机功率恢复到快关前的输出值。

作为一种电力系统的稳定措施，"快关汽门"所需的投资极少。但由于涉及对汽轮机阀门的紧急控制，而且还可能对锅炉的安全运行带来影响，因而为了实现快关汽门，必须对炉、机、电一体的整个工况及其控制进行综合的研究分析，并取得制造厂家的密切配合。

"快关汽门"的作用，是利用短时间降低发电机的机械功率输入所产生的减速效应，与发电机组因短路故障而减少的电功率输出所产生的加速效应相平衡，避免发电机组过快加速而失稳，从而保持发电机组在事故后与电力系统继续同步运行。"快关汽门"起到了部分切机的效果。

"快关汽门"技术的应用，在正常送电时，可以保证所需要的静稳定裕度（这是绝对必要的），而在电网故障后失稳的特殊情况下，通过快关汽门减去发电机组的部分出力，对整个系统的频率影响也是很小的，因为在正常运行情况下，电力系统具有一定的旋转备用容量。因此，在某些发电机组上采用快关汽门技术，和采用单相重合闸一样，对发展中的电力系统，特别具有现实意义和实用价值。

一、快关时对电厂热力系统的影响

汽轮机汽门快关是对热力系统的一次短暂扰动。如果人们粗略地分析这一扰动对热力系统和热力设备的影响，担忧是完全可以消除的。中间再热式汽轮机正常运行时，是由高压调门的开度来调节汽轮机的进汽量，改变汽轮机的输入功率 P_0，而中压调门则是在全开状态。汽轮机各汽缸的功率分配一般是：高压缸占 30%、中压缸占 30%、低压缸占 40%。当中压调门完全关闭后，由于高压调门开度未变，进入汽轮机的蒸汽量仍与快关前的相等，但在中压调门被关闭的情况下，蒸汽在高压缸内做功后，被排入密闭的锅炉再热器（包括冷段热段管道），向再热器充汽升压。但是再热器的总容积较大，在 1s 内充入再热器的蒸汽不会使再热器安全门动作。

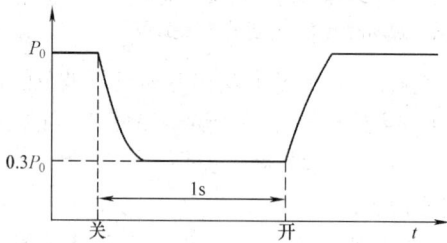

图 7-10　快关过程汽机功率变化曲线

在这 1s 内，高压缸仍近似发出快关前的功率，即额定功率的 30%。中压调门关闭后，中压缸和低压缸内的剩余蒸汽继续膨胀做功，功率很快下降到零。在 1s 后，中压调门重新开启，再热器内蓄储的蒸汽很快进入中、低压缸，恢复快关前的功率。整个汽轮机在快关过程中的功率变化曲线，如图 7-10 所示。

在快关过程中，发电机的输出有功功率虽有大幅度波动，但三相是对称的，不存在次同步谐振或倍频谐振，因此对机组的轴系不存在促使扭振的扰动力，仅轴系各段的扭矩有所变化。正常工况时，轴系的最大扭矩，发生在发电机与低压缸连接的这一轴段上。当中压调门关闭时，中、低压转子的输入扭矩消失，从高压缸出轴端开始到发电机靠背轮，这一轴段（包括中、低压大轴）的扭矩，在各端面上是相等的，而且等于额定扭矩的 30%。轴系上扭矩的变化，比起甩负荷或发电机出口短路时的扭矩突变要小得多，完全在设计许可范围以内。

总之，1s 的扰动，对热力系统和热力设备的影响是很小的，可是对电力系统的稳定却起了决定性的作用。相反，如果不用"快关"而用"切机"，将会使热力系统和电力系统产生大幅度的波动，需要运行人员进行大量操作调整，几十分钟内难以恢复，增加了扩大事故的可能性。同时，对热力设备的寿命影响也较大。因为每一次切机后，再空转 20min，对汽机热应力循环疲劳的寿命消耗约 0.035%，附加热应力可达 7MPa（70kg/mm²）以上，而快关 1s，汽机各部金属温度来不及反应，也不会有热应力的变化，相比要安全得多。

二、快关时对电气设备和厂用电系统的影响

大型发电机都选用快速响应的励磁调节器。一秒钟过程的扰动，足够让励磁调节器作出响

应，改变励磁电流。中压调门关闭以后，有功功率下降到原有的 30%，而无功功率将比原有值

略有增大，功率因数降低（滞后），引起发电机端电压的升高。励磁调节器的测量元件将测出端电压与给定值的偏差 ΔU，又测量出无功电流对 ΔU 的补偿，调节器的输出信号将使转子电流减小。但为了保持机端电压在给定值（此给定值是快关前 100% 负荷时的给定值），无功功率减小不多，不会减到 30%。因此，快关后的功率因数比快关前为低。这对系统稳定是有好处的，因为端电压

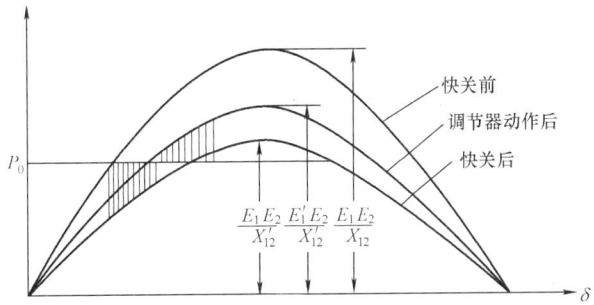

图 7-11 汽轮机快关过程的功率曲线

不变情况下，功率因数降低就是提高发电机的内电势 E_1，由 E_1 升高到 E_1'，相应于功率特性曲线峰值的升高$\left(\text{因为 } P = \dfrac{E_1' E_2}{X_{12}'} \sin\delta\right)$，如图 7-11 所示。功率曲线峰值的提高就减小了加速面积，同时加大了减速面积。因此，调节器的反应对动稳定起到阻尼作用。

三、快关逻辑框图设计和整定

"快关汽门"由专门设计的继电逻辑回路起动，对回路的技术性能要求，主要是速度及选择性。利用线路继电保护起动以获得"快速性"，由运行人员给定系统状态和由计量仪表求得机组负荷水平以取得"选择性"。

1. 触发信号

快关的起动触发指令，可以有外部指令与内部指令两大类。外部指令可以由值班人员或调度值班员的手起动指令，也可以根据系统稳定计算得出的某一元件跳闸指令或某一元件功率高限值的指令。这些指令的开关量，通过传输通道，从远方传送到发电厂，启动"快关"。内部指令则是，取汽轮机输入功率和发电机输出功率的差值信号，将该差值与设定的差值进行比较，当差值等于或大于设定值时，发出快关信号，关闭中压调门。汽轮机各级蒸汽压力，都是进汽参数的函数，采用中压缸排汽压力，经过函数换算，来代表汽轮机输入功率是比较理想的。发电机输出功率可以从机端功率变送器获得。为了保证这些信息的真实性，防止误动作，应采用双通道进行真伪辨识。功率变送器输入最好从不同的 TV 和 TA 获得，防止 TV 熔丝熔断而误动作。定值设定器是一个以额定功率为基础的百分数，可以从 10% 调到 100%。设定值的大小应根据系统稳定计算来决定，一般可整定在 30%～50%。如果设在 100%，相当于快关功能停用。

2. 延时回路

中压调门关闭后，汽轮发电机相当于发生一次"制动"，系统的动稳定一般在一秒钟内即可得到保证，见图 7-12 快关逻辑框图。中压调门关闭的持续时间不允许过长，否则会引起热力系统

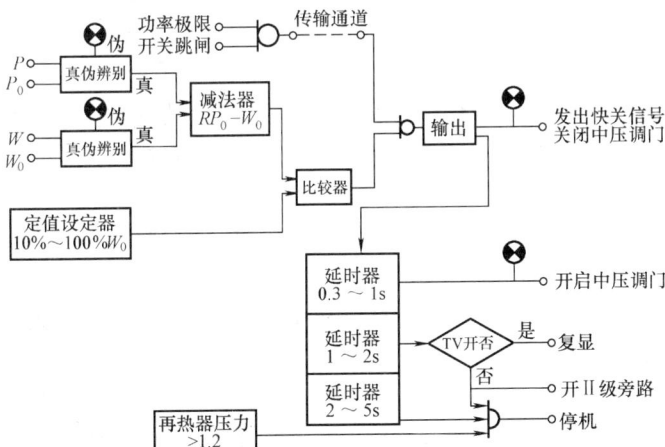

图 7-12 汽轮机快关逻辑框图

的过大扰动。延时器的作用是：在设定的延时时间以后，重新开启中压调门。延时器的定值可在0.3～1s范围内调整。中压调门开启后，再经1～2s的延时完成复置。复置后再重新比较功率差值，如仍在设定值以上可能再进行一次快关动作；2s后，如中压调门因故障打不开，则开启Ⅱ级旁路，5s后将机组跳闸。

3. 制造厂支持

为了在运行中实现"快关汽门"，和有关制造厂的配合是极为重要的，首先必须由建设方在设备订货时提出要求，然后由汽轮机制造厂家牵头，同炉、机、电、自动化及其他设备制造部门、设计部门会商，获得明确结果，签订有关协议（合同），为机组投入系统后的安全运行确立基础。

第五节 电网谐波污染

电能质量，包括电压幅值、频率和波形等。随着工业的发展，电压波形的畸变已受到越来越多的重视。电力系统中的谐波，主要源自冶金、化工、电气化铁路、灵活交流输电（FACTS）等换流设备和其他非线性负荷。电能波形的畸变，给发、供、用电设备以及通信带来严重危害。为向国民经济各部门提供质量合格的电能，必须对各种非线性用电设备的使用予以规范，给注入电网的谐波予以有效的监测和治理。

1994年3月1日起，正式实施的国家标准《电能质量　公用电网谐波》（GB/T 14549—1993），规定公用电网谐波电压（相电压）限值，见表7-4。

表 7-4　　　　　　　　　公用电网正弦波电压（相电压）限值

用户供电电压 (kV)	总电压正弦波形畸变率极限 (%)	各奇、偶次谐波电压正弦波形畸变率极限	
		奇次（%）	偶次（%）
0.38	5.0	4	2.0
6～10	4.0	3.2	1.6
35～66	3.0	2.4	1.2
110	2.0	1.6	0.8

一、谐波对电网中各种电气设备的影响

1. 谐波对输电线路的影响

超高压输电线路常采用单相重合闸来提高电力系统的暂态稳定性。较大的高次谐波电流能显著地延缓潜供电流的熄灭，导致单相重合闸失败，或不能采用较短的自动重合闸时间。

2. 谐波对变压器的影响

谐波会导致变压器绕组附加发热，变压器外壳和某些紧固件，也会引起发热和局部过热。变压器的谐波损耗数值较大，据日本中部电力公司介绍，当谐波含量为10％时，变压器的损耗增大10％，而且随变压器容量的增大，损耗的百分比也愈大。谐波还会使变压器噪声增大。

3. 谐波对感应电动机的影响

单相牵引负荷在电力系统中产生的负序电流，将反映到变压器的低压侧，而在低压侧运行的电动机势必会受到影响。电动机的负序阻抗比正序阻抗要小得多，感应电动机在很小的负序电压

下，可产生数倍于负序电压百分数的不平衡电流，这个倍数等于电动机启动电流倍数，将引起电动机的附加温升，严重时将烧毁电动机。

高次谐波还会引起电动机本体局部过热，严重时将烧毁电机。国外经验表明，3、5、7次谐波电压达到基波的$6\%\sim20\%$时，可导致电动机在短时间内损坏。高次谐波还会导致电动机较大的机械振动。

4. 谐波对电缆的影响

电缆是电容性设备，由于电缆分布电容对谐波电流有放大作用，一方面谐波电压波形的畸变易在绝缘介质中诱发局部放电，绝缘寿命又和局部放电功率成反比；另一方面谐波使绝缘介质损耗和温升升高。

5. 谐波对开关设备的影响

谐波电流波形的畸变，当电流过零时，$\dfrac{\mathrm{d}i}{\mathrm{d}t}$很高，使开关的遮断能力降低；当谐波严重时，常不能有效地把电弧吹入灭弧栅，使电弧时间延长，导致开关设备的损坏。

6. 谐波对电容器的影响

谐波对电容器的影响很大，主要表现在电容器谐波容抗和系统谐波感抗配合时，将造成并联谐振和谐波放大。使电容器和串联电抗器产生谐振过电流和谐振过电压，电容器局部放电增加，加速绝缘老化，促使电容器和串联电抗器过热损坏。因此，当接入电容器组时，必须进行校核计算。

谐波对电容器的危害具体表现为电效应、热效应和机械效应。

电效应：由于波形的畸变，可能引起电容器端电压有效值和幅值的增高，如3、5、7次谐波与基波叠加时可使电压波形呈尖顶波。试验表明，尖顶波很容易在电容器介质中诱发局部放电，绝缘介质加速老化，同时介质损耗$\tan\delta$升高。

7. 谐波对继电保护和自动装置的影响

继电保护和自动装置通常都是以检测被保护回路和控制回路电流电压的变化来反映其运行状态的，并都是按基波设计的，电网谐波和负序分量将影响其动作的正确性。由于继电器的类型和动作原理不同，它们对谐波和负序的响应也就不同。根据继电器的动作原理分析，谐波和负序分量对电磁型继电器和感应型继电器的影响较小；而对利用负序启动元件的各种继电保护和自动装置影响最敏感，如带负序电流启动的距离保护的振荡闭锁装置、负序电流启动的发电机负序电流保护、负序电流启动的相差高频保护、负序电压和零序电流启动的故障录波器及负序电压启动的设备电流保护等，当受电铁谐波和负序影响后，将会启动频繁；谐波对整流型继电器影响较大，对晶体管高频相差保护和晶体管差动保护影响最大，因这两种保护都用积分比相器，谐波使比相器发生的脉冲变化，可能造成保护装置误动或拒动。

8. 谐波对电气计量的影响

按照国家标准规定，常用的模拟式计量仪表，如电压表、电流表、有功功率表、无功功率表、电能表和仪用互感器等，应工作在正弦电压、电流波形下，只允许含有少量高次谐波分量。当电网含有高次谐波分量超过国标规定时，如电能表将因供电频率偏高，电能表将呈现负误差。

理论分析和试验表明，波形畸变率的大小，决定了计量仪表的误差大小，在相同条件下，畸变率越大，误差也越大；谐波潮流的流向决定表计误差的正负，谐波潮流和基波潮流同向或反向时误差变化最大。电力机车这样的谐波源，基波功率从电网流向电力机车，而谐波功率是从电力机车流向电网和其他用电设备，由于功率方向相反，通过电能表的是基波功率减谐波功率，可见将少计了电能。电子式电能表对电力机车这种非线性负荷也不能正确计量。随谐波次数增加，对计量准确度的影响相应地下降，感应式电能表对 3 次谐波功率可反应 0.66，对 5 次谐波功率可反应 0.44，对 7 次谐波功率可反应 0.28。

为提高电网电能质量和经济效益，必须采取有效措施，例如：将基波功率与谐波功率分别计量，合理收取电费；对向电网注入谐波的用户，超过国标允许值时，采取惩罚性措施；研制能准确计量谐波电量的电能表、宽频带的电压互感器和电流互感器等。

9. 谐波对通信的影响

谐波电流在输电线上传输，主要通过静电感应和电磁感应对通信网络造成影响。在通信网路中引起高频杂音，产生干扰，信号失真，降低传输质量。

静电感应的影响，是通过电力线和通信线间的电容，耦合到通信线上去的，谐波电流和三相电压不平衡度越大，影响越大。电磁感应的影响，是电力线路的交流电流产生的交变磁场在邻近通信线上感应干扰信号。电磁感应是严重的干扰源，可能在通信电路中产生危险电压，使通信设备绝缘破坏，甚至危及人身安全。

二、电气化铁道是主要的谐波源

随着电气化铁道的发展，电铁的谐波和负序电流，将成为电网中主要的谐波源和负序源。

电力机车是单相可控硅整流负荷，它是一种非线性负荷不仅向电网大量注入各奇次谐波，而且它跨接于馈电网的两相，属于"两相"负荷而非一般的"单相"负荷。其基波电流和谐波电流都只能分解成正序和负序分量。牵引负荷对电力系统的影响，就是负序分量和谐波造成的。负序分量和谐波的出现，如前所述，对发电机、变压器、电能质量、继电保护、自动装置和通信等都产生很大的影响和危害。

电铁负荷还有频繁的暂态工况，这时电流波形畸变得更为严重。最频繁且影响较大的暂态过程是电力机车中变压器的合闸涌流。涌流幅值以第一周期为最大，在极不利条件下可以达千余安（25kV 侧）。

另外，电铁谐波会注入公用电网，在电网参数（L、C、R）匹配时，会出现谐波谐振，对电网和用电设备危害相当严重。

发电机对负序电流也十分敏感，它会增加绕组中的附加损失，引起转子附加发热和发电机的倍频振动等，详见第五章第二节内容。

电网比较薄弱的地区，只有少数大机组向电气化铁道供电时，受电铁谐波和负序电流的干扰，会使发电机受损或跳闸。临近电铁的中小型发电机组，更难免遭受其害。

复 习 思 考 题

7.1　为什么大机组与大电网之间必须协调？由于不协调国际上发生过哪些重大事件？

7.2　什么叫电力系统？什么叫电力网？

7.3　我国输配电网电压等级有哪些？今后特高压输电电压等级有哪些？

7.4　直流输电有哪些优越性？

7.5　直流输电为什么能连接两个不同频率的系统？

7.6　换流变压器有哪些主要设备？

7.7　直流输电系统的故障与自动再起动是怎么样的过程？

7.8　特高压输电还有哪些重点技术问题？

7.9 什么叫灵活交流输电？

7.10 说明轴系扭振的物理概念，为什么系统扰动会影响轴系扭振？

7.11 为什么重合闸会影响机组轴系扭振？

7.12 试述汽轮机快关汽门对电网稳定的影响。

7.13 谐波污染对电网供、用电设备有哪些危害？

第八章

变 压 器

第一节 变压器分类与基本概念

电力变压器按相数来区分，可分为三相变压器和单相变压器。当容量过大受到制造条件或运输条件限制时，有时也考虑节省备用变压器时，在三相电力系统中也可由三台单相变压器连接成三相组使用。

电力变压器按其每相绕组数分，有双绕组、三绕组或更多绕组的等型式。

大容量机组的厂用变压器，为安全起见，常采用"分裂低压绕组变压器"，简称"分裂变"。分裂变有一个高压绕组和两个低压绕组，高压绕组采用两段并联，其容量按额定容量设计；两个低压绕组其容量分别按 50% 额定容量设计。其运行特点是，当一个绕组的低压侧发生短路时，另一个低压绕组仍能维持较高的电压，以保证该低压侧母线上的设备能继续正常运行，并能保证该母线上的电动机紧急启动，这是一般结构的三绕组变压器所不及的。绕组在铁芯上的布置应满足以下两个要求：

(1) 两个低压分裂绕组之间应有较大的短路阻抗；

(2) 每一分裂绕组与高压绕组之间的短路阻抗应较小，且应相等。

此外，连接电压级差不大的两个高压系统，常用自耦变压器。自耦变压器的高压绕组以抽头为界分为两段，抽头以上部分称串联绕组，抽头以下部分称公共绕组，三相自耦变压器常连接成星—星形。星—星形连接的变压器，由于铁芯的磁饱和特性，在绕组的感应电动势中有较大的三次谐波出现。为了消除三次谐波，以及减小自耦变压器的零序阻抗以稳定中性点电位，在三相自耦变压器中，除公共绕组和串联绕组外，一般还增设了一个接成三角形的第三绕组。第三绕组与公共绕组、串联绕组之间只有磁的联系，没有电路上的直接联系。第三绕组通常制成低压 6～35kV，除用于消除三次谐波外，还可用于对附近地区供电，或连接调相机或补偿电容器等。

电力变压器除了油浸式变压器外，还有适用于需要防火等场合、电压不高、无油的干式变压器。在 600MW 机组厂房内的厂用低压变压器，就出于防火要求而普遍采用干式变压器。

电压互感器和电流互感器，统称仪用互感器，其原理和变压器一样，所以也看作为变压器。

第二节 变压器主要结构部件

较大容量的油浸式变压器一般是由铁芯、绕组、油箱、冷却装置、绝缘套管、绝缘油以及其他附件所构成。图 8-1 所示为 500kV755MVA 三相主变压器的外形。

一、铁芯

铁芯是变压器的磁路部分。为了降低铁芯在交变磁通作用下的磁滞和涡流损耗，铁芯采用厚

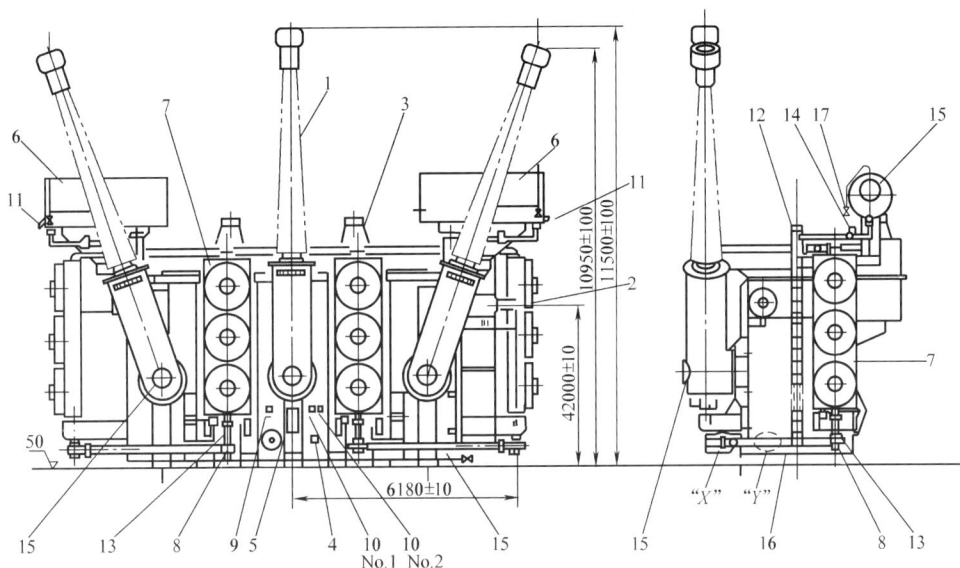

图 8-1　500kV 755MVA 三相主变压器外形图

1—高压套管；2—高压中性套管；3—低压套管；4—分接头切换操作器；5—铭牌；6—油枕；7—冷却器及风扇；8—油泵；9—油温指示器；10—绕组温度指示器；11—油位计；12—压力释放装置；13—油流指示器；14—气体（瓦斯）继电器；15—人孔；16—干燥和过滤阀（有采样塞）；17—真空阀

度为 0.35mm 或更薄的优质硅钢片叠成。目前广泛采用导磁系数高、单位损耗小的冷轧晶粒取向硅钢片，以缩小变压器的体积和质量，节约铜材、钢材、降低损耗。为充分利用这种硅钢片的导磁方向性，铁芯常采用全斜接缝叠装法。

一般三相变压器铁芯为三相三柱式，而大容量三相变压器，常受运输高度限制，多采用三相五柱式。三相五柱式是在三相三柱式外侧加两个旁轭构成，两个旁轭上不设绕组。

由于三相五柱式铁芯各相磁通可经旁轭而闭合，故三相磁路可看作是彼此独立的，宛如三台单相变压器组成的变压器组。因此当有不对称负载时，各相零序电流产生的零序磁通可经旁轭而闭合，故其零序励磁阻抗与对称运行时励磁阻抗（正序）相等。

大容量单相变压器铁芯，有壳式（也称外铁式）和心式（也称内铁式）两种。壳式铁芯有一个中间铁芯柱和两个分支铁芯柱（也称旁轭），中间铁芯柱的断面积约为两个分支铁芯柱断面积之和。绕组放在中间的铁芯柱上，有时亦称其为单相三柱式变压器。心式铁芯则呈"口"字形，两柱面积相等，绕组对称安装于两柱上。

在大容量变压器中，为了使铁芯损耗发出的热量能被绝缘油在循环时充分地带走，从而达到良好的冷却效果，通常在铁芯中还设有冷却油道。冷却油道的方向可以做成与硅钢片的平面平行，也可以做成与硅钢片的平面垂直。

二、绕组

变压器的绕组一般都采用同心式绕组，高压绕组和低压绕组均做成圆筒形，但圆筒的直径不同，然后同轴心地套在铁芯柱上。为了绝缘方便，通常低压绕组装得靠近铁芯，高压绕组则套在低压绕组的外面，低压绕组与高压绕组之间，以及低压绕组与铁芯之间都留有一定的绝缘间隙和散热油道，并用绝缘纸筒隔开。在三绕组变压器中，为了满足短路阻抗的要求，也有把中压绕组装在靠近铁芯柱。

同心式绕组根据绕制特点又分为圆筒式、螺旋式、连续式和纠结式等几种型式。

1. 圆筒式绕组

圆筒式绕组是最简单的一种绕组，它是用绝缘导线沿铁芯高度方向连续绕制，绕制完第一层后，垫上层间绝缘纸再绕第二层、第三层……。绕制适当层数后，用绝缘撑条隔出纵向油道，以利散热。这种绕组一般用于小容量变压器。

2. 螺旋式绕组

螺旋式绕组，是由多根绝缘扁导线沿着径向并联排列，然后沿铁芯柱轴向高度，像螺纹一样一匝跟着一匝地绕制而成，一匝就像一个线盘。匝间用绝缘垫块隔出径向油道，以利散热。

当螺旋式绕组并联导线太多时，可把并联导线分成两排或多排，绕成双螺旋式或多螺旋式。为了减小导线中的附加损耗，并联导线要进行换位。这种绕组一般用在大容量、低电压的大电流绕组上。

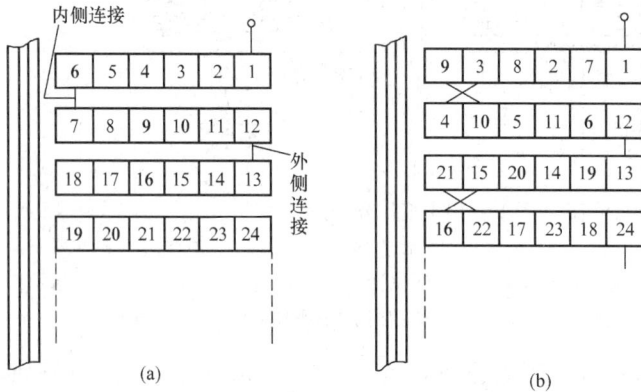

图 8-2　连续式绕组与纠结式绕组的区别
(a) 连续式绕组导线排列；(b) 纠结式绕组导线排列

3. 连续式绕组

连续式绕组是用扁导线连续绕制成若干线盘（也称线饼）构成，线盘间用绝缘垫块隔出径向油道，以利散热。相邻线盘间的连接是交替地在绕组的内侧和外侧，都用绕制绕组的导线自然连接，没有任何接头。这种绕组应用范围较大，一般用于三相容量为 630kVA 以上、电压为 3 ～ 110kV 的绕组。

4. 纠结式绕组

纠结式绕组的外形与连续式相似，主要不同是，连续式绕组的每个线盘中电气上相邻的线匝是依次排列的，而纠结式绕组电气上相邻的线匝之间插入了绕组中的另一线匝，其导线排列如图 8-2 所示。

纠结式绕组使实际相邻的匝间电位差增大，焊头多、绕制费时。其目的是为了增加绕组的纵向电容，在雷电波入侵时，使起始电压比较均匀地分布于各线匝之间，提高匝间绝缘的安全性。纠结式绕组还有"全纠"与"半纠"之分。所谓"全纠"，就是整只绕组都用纠结式绕法，所谓"半纠"，则在绕组开头部分和分接部用纠结，其他用"连续"绕法。纠结式绕组一般用于电压在 110kV 以上的高压绕组上。

三、变压器油

油浸式变压器中使用的变压器油，是从石油中提炼出来的矿物油，其介质强度高、黏度低、闪燃点高、酸碱度低、杂质与水分极少。工程中用的净化的变压器油的耐电压强度一般可达 200～250kV/cm。它在变压器中既作绝缘介质又是冷却介质，在使用中要防止潮气侵入油中，即使进入少量水分，也会使变压器的绝缘性能大为降低。

四、油箱及附件

1. 油箱

油浸式变压器的器身装在充满变压器油的油箱中，油箱用钢板焊成。中、小型变压器的油箱由箱壳和箱盖组成，变压器的器身就放在箱壳内，将箱盖打开就可吊出器身进行检修。大、中型变压器，由于器身庞大和笨重，起吊器身不方便，都做成箱壳可吊起的结构。这种箱壳好像一只钟罩，当器身要检修时，吊去较轻的箱壳，即上节油箱，器身便全部暴露出来了。

大容量变压器的油箱广泛采用全封闭结构，即主油箱与箱盖或上节油箱与下节油箱之间都采用焊接结构，不使用密封垫，以防止密封不牢靠，但在必要时，焊接部分仍可打开。为便于检修，在适当部位开有人孔门或手孔门。

2. 储油柜（俗称油枕或油膨胀器）、油位计及呼吸器

油箱内的变压器油，当温度变化时，其体积会膨胀或收缩。为了使油面能自由地升降，而又要求油箱内始终充满变压器油，都在变压器油箱上部加装一只圆筒形的储油柜，见图 8-3，储油柜用钢板卷制，底部有管道与主油箱连通。变压器油一直充到储油柜内适当高度，其油面随油温而变动。油面变动的幅度，必须满足油温变化的需要。在储油柜的一侧装有油位表，以便观察油位的高低。

大型变压器为了加强绝缘油的保护，不使油与空气接触，以免氧化，常采用在储油柜中加装隔膜或充氮等措施。图 8-3 所示为一种隔膜式储油柜。储油柜为圆柱体，分成上下两半，水平放置，在中分面的法兰中，夹着一层薄膜，把储油柜内部空间分隔成上、下两部分，薄膜以下是变压器油，薄膜以上是空气。薄膜的材料是尼龙布上覆盖着腈基丁二烯橡胶，具有极低的透气性和较高的抗油性及低温适应性（－43℃）。薄膜寿命，在 60℃ 油温驱动薄膜 10 万次后仍正常。

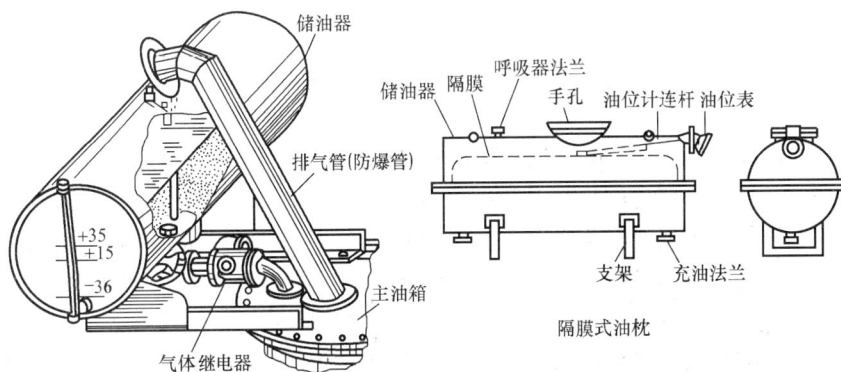

图 8-3 储油器

储油柜的顶部，接有一个呼吸器与大气相通。呼吸器内装有可再生的变色硅胶（吸湿剂），以吸收进入的空气中的潮气。呼吸器的下部有空气过滤器，内装颗粒状的吸附剂（活性氧化铝——Al_2O_3）及变压器油，以吸收空气中的灰尘。为了能使储油器内的油面自由地升降，而又防止空气中的水分和灰尘进入储油器内油中，中、小型变压器的储油柜通过一根管道，再经一个呼吸器（又称换气器）与大气连通。呼吸器内装有干燥剂，通常采用硅胶。图 8-4 所示的为一种小型的吸湿过滤式呼吸器，它包括硅胶容器、带油槽的过滤器和位于顶部的连接法兰。当变压器储油柜内的油位升降时，外界空气通过油槽和过滤器进入，滤除进入的空气中的灰尘，然后使清洁后的空气通过硅胶，吸收掉所有的水分，仅使干燥的空气进入变压器储油柜内。利用油封使硅胶与大气隔开，从而使硅胶仅吸收进入空气中的水分，这样可延长硅胶的使用寿命。吸湿室内装的干燥剂是

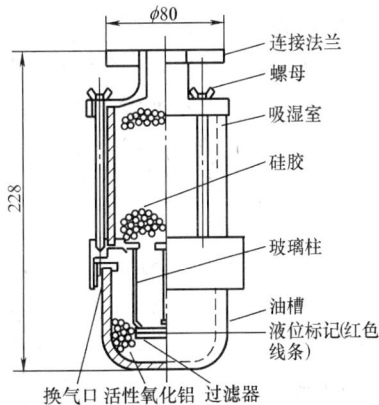

图 8-4 吸湿过滤式呼吸器

浸有氯化钴的硅胶，在干燥时是蓝色的，但吸收水分接近饱和时，就转变成粉红色，说明硅胶已失效了。受潮后的硅效可通过加热烘干再生，当颜色变成钴蓝色时，再生工作就完成了。

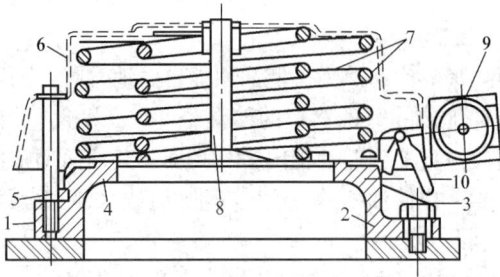

图 8-5　压力释放器

1—法兰；2—垫圈；3—阀盘；4—密封环（内）；5—密封环（外）；6—罩盖；7—弹簧；8—动作指示器；9—报警开关；10—手动复位器

3. 压力释放装置

压力释放装置在保护电力变压器方面起重要作用。当变压器内部出现短路故障，电弧放电就会在瞬间使油汽化，导致油箱内压力骤增。如果不能极快释放，油箱就会变形甚至破裂，易燃油、气喷出引起火灾，造成更大破坏。过去曾用过一种叫《防爆筒》的装置，实践证明，可靠性很差，现在大、中型变压器上已普遍采用《阀式压力释放器》。压力释放器装在变压器油箱顶部。

《阀式压力释放器》的作用类似锅炉上的安全阀。当油箱内压力超过规定值时，压力释放器密封门（阀门）被顶开，压力减小后，密封门靠弹簧压力又自行关闭。压力释放器的动作压力，可在投入前或检修时将其拆下，在实验室内进行测定和校正。

压力释放器动作压力的调整，必须与气体继电器动作流速的整定相协调。防止因释放器的动作压力过低，使油箱内压力释放过快而导致通过气体继电器的流速减低而拒动，使故障扩大（详见本章第八节之四）。

图 8-5 所示为一种快速动作的压力释放器。它利用一个可调节的弹簧 7 压往阀盘（盘状门）3，当油箱内部压力高于弹簧压力时，阀盘被顶起，排气阀打开。在正常状态下，油箱内压力作用到阀盘上的总推力是阀盘内密封环 4（直径较小）以内的总面积上的压力。一旦阀盘起座（顶起），作用在阀盘上的总推力是阀盘外密封环 5（直径较大）以内的总面积上的压力，阀盘起座力更大。因此，一旦阀盘起座，就能在几毫秒之内达到全开。

罩盖 6 中装有鲜明颜色编码的动作指示器 8，阀盘打开时，将动作指示器上端推至露出罩外，并利用指示器套管的 O 形环将其保持在开启位置，在较远处仍清晰可见，表示它已动作过。该指示器不会自动复位，但可手动复位，方法是将其下推至落在阀盘 3 上。压力释放器内，装有一对动合触点，动作后，触点闭合，发信号报警。此触点也可以与气体继电器跳闸触点并联，作为重瓦斯保护的后备。

4. 气体继电器

气体继电器俗称瓦斯继电器。它装在油枕与主油箱之间的连接管路上。当变压器发生故障时，内部绝缘物气化，产生的气体，从油箱上升进入油枕前，先在气体继电器内积聚，当积聚到相当数量时，上浮筒下沉，触点闭合，发出信号，此为《轻瓦斯》。当油流速度达到整定值时，推动挡板，使跳闸触点闭合，断路器跳闸，此为《重瓦斯》。气体继电器的原理结构将在本章第八节第三条款中介绍。

5. 分接开关

变压器分接头切换开关，简称分接开关，是变压器为适应电网电压的变化，用来调节绕组（一般为高压绕组）匝数的一种装置。如果切换分接头必须将变压器从电网切除后进行，称为无载调压，这种分接开关称为无载分接开关。如果切换分接头可以在变压器带负荷下进行，则为有载调压，这种开关称为有载分接开关，装有有载分接开关的变压器称为有载调压变压器。

无载分接开关一般安装在油箱的顶部，开关本体埋入油箱内，其手操机构安装在箱顶上，并刻有和分接位置相对应的数字，便于操作。无载分接开关，是在不带电情况下切换，其结构比较简单。有载分接开关的本体，一般也埋入油箱内，操动机构则装在油箱侧面的下部，两者通过连杆和换向齿轮连接。可以自动或手动操作。因为有载分接开关是在不停电情况下切换的，为了在切换过程中不致造成两切换抽头间线匝短路，必须接入一个电阻或电抗跨接在切换中的两抽头之间的过渡电路，所以结构比较复杂。

五、绝缘套管

变压器绕组的引出线从箱内穿过油箱引出时，必须经过绝缘套管。绝缘套管主要由中心导电杆和瓷套组成。导电杆在油箱内的一端与绕组连接，在外面的一端与线路连接。

绝缘套管的结构主要取决于电压等级。电压低的一般采用简单的纯瓷套管。当电压较高时，为了加强绝缘能力，在瓷套和导电杆间留有一道充油层，这种套管称为充油套管，主要用在老式的 35kV 变压器上。现在，电压在 35kV 及以上时，普遍采用电容式套管，电容式套管，除了在瓷套内腔中充油外，在中心导电杆上包有，电容式绝缘体，作为法兰（接地）与导电杆之间的主绝缘。电容式绝缘体是用油纸（或单面上胶纸）加铝箔卷制而成。

卷制时，是在绝缘纸每卷到一定厚度，如 1～2mm 时，夹卷一层铝箔，从内到外形成多个同心圆柱形电容串联。目的是利用电容分压原理，使径向和轴向电位分布趋于均匀，以提高绝缘强度，最外面两层电容屏的铝箔，用专用导线引到两只小瓷套上，最外层的一只接地，另一只用来测量绝缘，称为《末屏》。有一种老式的电容式套管，则是环绕着导电杆，套着几层贴有铝箔的绝缘纸筒，纸筒之间还留有油道，用以散热，以提高载流容量。一种高压电容式充油套管的结构，如图 8-6 所示。

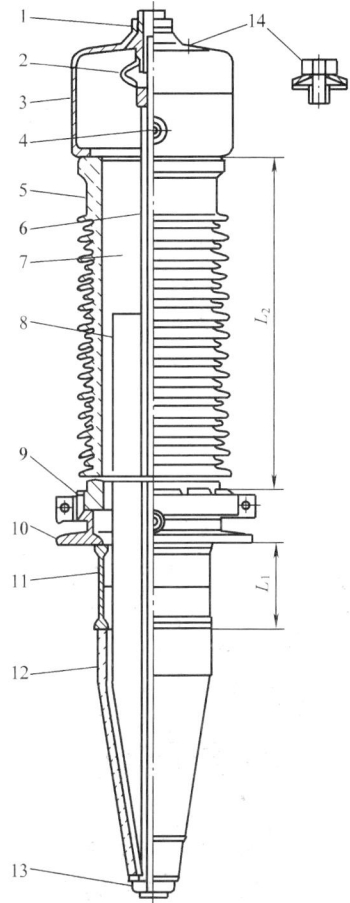

图 8-6　高压电容式充油套管

1—顶端螺帽；2—可伸缩连接段；3—顶部储油室；4—油位计；5—空气侧瓷套；6—导电管；7—变压器油；8—电容式绝缘体；9—压紧装置；10—安装法兰；11—安装电液互感器处；12—油侧瓷套；13—底端螺帽；14—密封塞

第三节　变压器冷却方式

油浸式电力变压器的冷却系统包括两部分：①内部冷却系统，它保证绕组、铁芯的热散入油中；②外部冷却系统，保证油中的热散到变压器体外。

油浸变压器的冷却方式可分为：油浸自冷式、油浸风冷式、强迫油循环风冷式、强迫油循环水冷式等几种。

一、油浸自冷式

油浸自冷式冷却系统没有特殊的冷却设备，容量很小的变压器采用结构最简单的、具有平滑表面的油箱；容量稍大的变压器采用具有散热管的油箱，即在油箱周围焊有许多与油箱连通的散热管或片；容量更大些的变压器，则在油箱外加装若干散热器，散热器就是具有上、下联箱的一组散热管。散热器通过法兰与焊在油箱上的专用管头连接，中间装有一个平面阀门，便于拆卸。

变压器运行时，因铁芯和绕组损耗产生的热，先传导给油，热油上升至油箱顶部，从散热管的上端入口进入散热器（管）内，散热器（管）的外表面与外界空气接触，靠自然风使油得到冷却。冷油在散热管内靠自身的密度下降，由散热器（管）的下端流回变压器油箱下部，自动进行油循环，使变压器铁芯和绕组得到有效冷却。

油浸自冷式冷却系统结构简单、可靠性高，广泛用于容量 10000kVA 以下的变压器。

二、油浸风冷式

油浸风冷式冷却系统，也称油自然循环、强制风冷式冷却系统。它和自冷式一样，只是在每只散热器上安装了一个或几个风扇，把自然风改变为强制风，以增强散热器的散热能力。它与自冷式系统相比，冷却效果可提高 150％～200％，相当于变压器输出能力提高 20％～40％。为了减少损耗。在负荷较小时，可把风扇停掉，使变压器以自冷方式运行；当负荷超过某一规定值，例如 70％时，可使风扇自动投入运行。这种冷却方式广泛应用于 10000kVA 以上的中等容量变压器。

三、强迫油循环风冷式

强迫油循环风冷式冷却系统用于中、大容量变压器。这种冷却系统，是在油浸风冷式的基础上，在散热器下部与油箱连接的管道上，装了一台潜油泵。当油泵运转时，加快了油的流动速度，提高了冷却效果，故称"强迫油循环"。为监视油泵的运转情况，在油泵附近管路上装有流量指示器，流量指示器用磁耦合的原理传动外部指针，指示油流的流量和方向。实际上，"强迫油循环"还有"导向"和"非导向"之分。上述冷却系统属于"非导向"，用于中等容量变压器。大、巨型变压器都用"强迫油循环导向"冷却系统。所谓"导向"，就是潜油泵输出的油，进入下节油箱中专门设置的一个"夹层"，然后用专用的水平方向布置的绝缘导管，把"夹层"中的油导入绕组的底部，此导管有两根，高、低压侧个一。再用四根纵向导管把油均匀导入绕组的纵、横向油道，最后从绕组的顶部排出进入散热器，循环不息，使绕组得到有效而均匀的冷却。

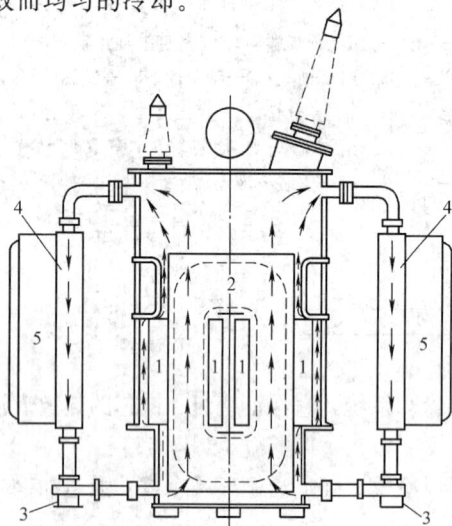

图 8-7　"非导向"强迫油循环风冷壳式
变压器中油循环通道
1—铁芯；2—绕组线圈；3—油泵；
4—散热器；5—风扇框

为了增强散热器的散热能力，减少散热器组数，用铝合金管经特殊工艺加工成了一种大功率散热器，其单只散热能力可达数百千瓦。但这种散热器散热片间的距离非常小，极易被灰尘、蚂蚱、飞蛾等小昆虫堵塞，影响散热，根据运行情况，应不定期进行冲洗。可以用测量散热器进、出油温差的办法来大致判断散热器的散热情况。大功率散热器一般也装在变压器油箱上，但也可远离变压器集中安装。

图 8-7 所示为一种大型"非导向"强迫油循环风冷壳式变压器中的油循环通道示意图。图 8-8 为强迫油循环"导向"风冷却示意图。

四、强迫油循环水冷式

强迫油循环水冷式冷却系统，实际上和风冷系统相同，只是把风冷却器换成了水冷却器，水冷却器可以远离变压器，安装到室内，用管道连通，为使变压器内油流比较均匀，一般把进、出

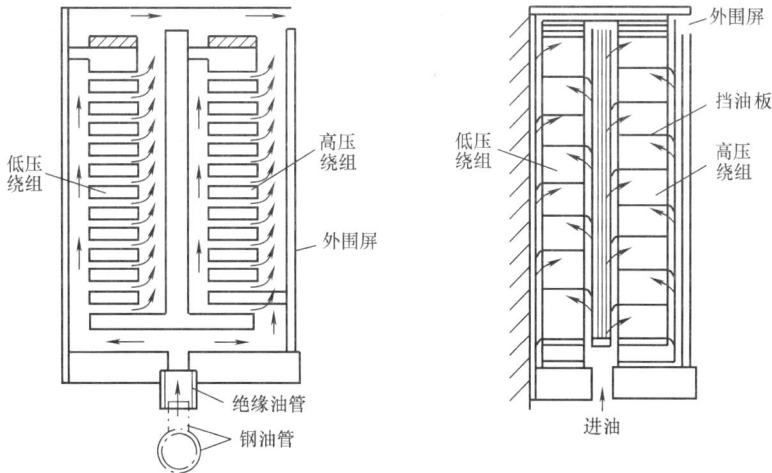

图 8-8　强迫油循环"导向"风冷却示意图

油管道布置在变压器油箱的两侧。水冷却器的冷却功率更大，一组可做到 500kW。水冷却器最为担心的是漏水问题，新型的 YSSG 型油水冷却器，采用"双重散热管"结构，据说可有效的防止水漏入油中。其冷却系统的原理结构如图 8-9 所示。

五、干式变压器

发电厂的室内变压器，为了满足防火要求，一般都采用干式变压器。

干式变压器的铁芯和绕组不浸在可燃的绝缘油中，而用气体或固体作绝缘介质。按不同的绝缘介质和结构，一般可分为密封型、全封闭型、封闭型、非封闭型、包封绕组型等。

（1）密封型，具有密封的保护外壳，内部充空气或其他气体（如 SF_6 气体），内部气体不与外界交换不设呼吸器；

（2）全封闭型，具有保护外壳但不密封，内部空气能与大气通过呼吸装置进行交换，但不用与大气循环的方式进行冷却；

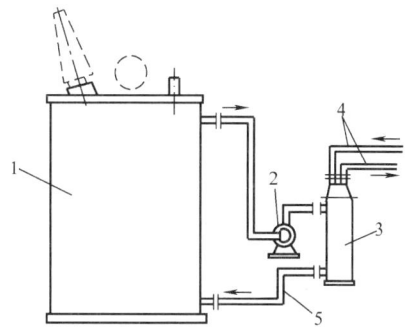

图 8-9　强迫油循环水冷式冷却
系统原理结构图
1—变压器；2—潜油泵；3—冷油器；
4—冷却水管道；5—油管道

（3）封闭型，与全封闭型的不同点是内部空气与外界空气进行循环，以对流的方式冷却铁芯和绕组；

（4）非封闭型，没有保护外壳，铁芯和绕组直接暴露在空气中，但需经专门的防潮、防霉处理；

（5）包封绕组型，变压器绕组用固体绝缘树脂包封（如树脂浇注型变压器），一般不加保护外壳。

不同绝缘耐热等级的干式变压器，其温升限值如表 8-1 所示。

干式变压器的温升限值与其绝缘材料的耐热等级有关，表 8-1 中列出了部分数值。对于干式变压器，在运行中必须保证任何情况下不得出现使铁芯本身、其他金属部件和相邻材料受损害的温度。

表 8-1

部 位	绝缘系统温度 (℃)	最高温升 (K)	绝缘材料 耐热等级	部 位	绝缘系统温度 (℃)	最高温升 (K)	绝缘材料 耐热等级
绕 组 (用电阻法测量 的平均温升)	105	60	A	绕 组 (用电阻法测量 的平均温升)	155	100	F
	120	75	E		180	125	H
	130	80	B		220	150	C

干式变压器的绝缘和冷却特性一般不如油浸式变压器,特别是非密封型干式变压器,其绝缘强度易受环境条件的影响,通常只能在洁净而干燥的室内使用,且室内应有良好的通风。干式变压器的主要优点是可以避免事故时引起的着火和爆炸,故通常也被用于地下铁道、高层建筑等对防火要求较为严格的场所。干式变压器的发展趋势主要是:减小安装尺寸,防止环境对其性能的影响,提高可靠性以及扩大单台容量。目前树脂浇注型变压器和六氟化硫绝缘变压器正在逐渐取代普通的空气绝缘干式变压器。

第四节 变压器技术参数

变压器的技术参数主要有:额定容量 S_N、各绕组的额定电压 U_N 和额定电流 I_N、额定频率、额定温升 τ_N、阻抗电压 $U_d\%$、相数、接线组别、调压方式及分接范围,对 8000kVA 或 60kV 及以上的变压器,还应标明空载损耗、空载电流、负荷损耗及总质量和主要部件的吊质量等。

一、额定容量 S_N

额定容量是设计规定的在额定条件使用时能保证长期运行的输出能力,单位为 kVA 或 MVA。对于三相变压器而言,额定容量是指三相总的容量。

对于双绕组变压器,一、二次侧的容量是相同的。对于三绕组变压器,当各绕组的容量不同时,变压器的额定容量是指容量最大的一个绕组(通常为高压绕组)的容量,一般在技术规范中都分别写明三侧绕组的容量。例如,某变压器,其额定容量为 48/36/12MVA,一般就称这个变压器的额定容量为 48MVA。

二、额定电压 U_N

额定电压是由制造厂规定的,即变压器在空载额定分接头(一般在铭牌上都作标明)时,加在其线路端子上的电压,在此电压下能保证长期安全可靠运行,单位为 V 或 kV。对应一次侧额定电压 U_{1N},在二次侧感应出的端电压即为二次侧额定电压 U_{2N}。如不作特殊说明,在铭牌上所标的额定电压,对于三相变压器,是指线电压;而对单相变压器,则是指相电压(如 525 // 3kV)。额定分接头一般是指中间一个(如有 5 个分接头,3 为额定分接头;有 7 个分接头,4 为额定分接头),如 550±2×2.5%/18kV 是指分接头在 3 时的变比为 550/18kV。

三、额定电流 I_N

变压器各侧的额定电流是由相应侧的额定容量和额定电压计算出来的线电流值,单位为 A 或 kA。

对于单相双绕组变压器

一次侧额定电流　　　　$I_{1N} = S_N / U_{1N}$

二次侧额定电流　　　　$I_{2N} = S_N / U_{2N}$

对于三相三绕组变压器,如不作特殊说明,铭牌上标的额定电流是指线电流,即

$$I_{1N} = \frac{S_N}{\sqrt{3}U_{1N}}$$

$$I_{2N} = \frac{S_{2N}}{\sqrt{3}U_{2N}}$$

$$I_{3N} = \frac{S_{3N}}{\sqrt{3}U_{3N}}$$

四、额定频率 f_N

我国规定标准工业频率为 50Hz，故电力变压器的额定频率都是 50Hz。

五、额定温升 τ_N 及额定冷却介质温度

变压器的额定温升是指：在额定负荷下，绕组平均温度或上层油温与变压器外围空气的温度（对空冷变压器）或冷却水入口温度（对水冷变压器）之差的限值。我国《国家标准》规定：当在额定冷却介质温度（环境最高气温为 +40℃，冷却水进水最高温度为 30℃）时，绕组温升的限值为 65℃，上层油温升的限值为 55℃。但当正常设计的空冷变压器在海拔超过 1000m 运行时，其温升限值应予相应减少。当变压器的温升限值不是标准规定值时，应在铭牌上标明。

六、阻抗电压百分数 $U_d\%$

阻抗电压百分数，在数值上与变压器的阻抗百分数相等，表明变压器内阻抗的大小。阻抗电压百分数又称为短路电压百分数，它可以通过短路试验得到。

短路电压百分数是变压器的一个重要参数，它表明了变压器在额定负荷运行时变压器本身的阻抗压降的大小，也对变压器短路电流的大小，有决定性意义；为便于变压器的并联运行，各种型式变压器的阻抗电压百分数必须符合相应的国家标准。

变压器短路电压百分数的大小，与变压器的设计参数有关，如绕组匝数、直径、轴向与轴向尺寸以及两个绕组之间的距离等。

第五节 变压器允许温升

一、变压器温度分布

在变压器运行时，绕组和铁芯中的电能损耗都转变为热量，使变压器各部分的温度升高，它们与周围介质存在温差，热量便散发到周围介质中去。在油浸式变压器中，绕组和铁芯热量先传给油，受热的油又将其热传至油箱及散热器，再散入外部介质（空气或冷却水）。

图 8-10 示出油浸自冷式变压器各部分的温度分布。

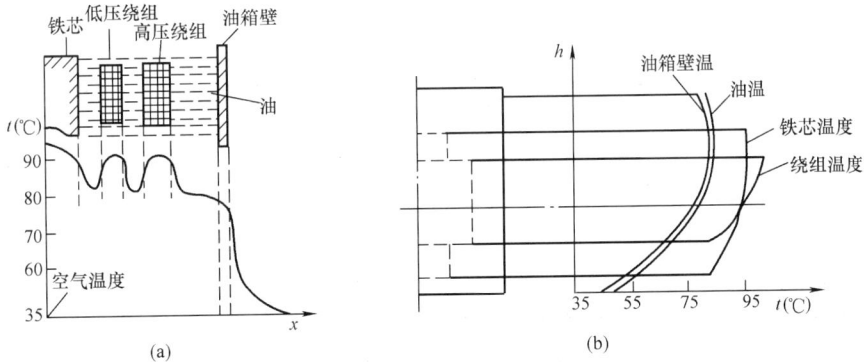

图 8-10 油浸自冷式变压器的温度分布
(a) 沿横截面分布；(b) 沿高度分布

图 8-10 (a) 表明，绕组和铁芯内部与它们的表面之间有小的温差，一般只有几度；绕组和铁芯的表面与油有较大的温差，一般约占它们对空气温升的 20%～30%；油箱壁内外侧也有一不大的温差；油箱壁对空气的温升较大，约占绕组和铁芯对空气温升的 60%～70%。

图 8-10 (b) 表明，变压器各部分沿高度方向的分布也是不均匀的。例如，运行时变压器油沿着变压器器身上升时，不断吸收热量，温度不断升高，接近顶端又有所降低。绕组和铁芯的温度也随高度增高而增高。在变压器中，温度最高的地方是在绕组上。

二、变压器各部分允许温升

变压器的允许温升决定于绝缘材料。油浸电力变压器的绕组一般用纸和油作绝缘，属 A 级。我国电力变压器允许温升的国家标准是基于以下条件规定的：变压器在环境温度为 +20℃下带额定负荷长期运行，使用期限 20～30 年，相应的绕组最热点温度为 98℃。

对于自然油循环和一般的强迫油循环变压器，绕组最热点的温度高出绕组平均温度约 13℃；而对于导向油循环变压器，则约高出 8℃。因此，对于自然油循环和一般强迫油循环变压器，在保证正常使用期限下，绕组对空气的平均温升限值为 98－20－13＝65（℃）；同理可得出，导向强迫油循环变压器的绕组对空气的平均温升限值为 98－20－8＝70（℃）。

在额定负荷下，绕组对油的平均温升，设计时一般都保证：自冷式变压器为 21℃，一般强迫油循环冷却和导向强迫油循环冷却变压器为 30℃。

为了保证绕组在平均温升限值内运行，变压器油对空气的平均温升应为绕组对空气的温升减去绕组对油的温升，即：

自冷式变压器，油对空气的平均温升为 65－21＝44（℃）；

一般强迫油循环变压器，油对空气的平均温升为 65－30＝35（℃）；

导向强迫油循环变压器，油对空气的平均温升为 70－30＝40（℃）。

在一般情况下，自冷式变压器，其顶层油温高出平均油温约为 11℃；一般强迫油循环和导向强迫油循环变压器，则高出约 5℃。所以，为保证绕组在平均温升限值内运行，变压器顶层油对空气的温升要求如下：

自冷式变压器，顶层油对空气的温升为 44＋11＝55（℃）；

一般强迫油循环变压器，顶层油对空气的温升为 35＋5＝40（℃）；

导向强迫油循环变压器，顶层油对空气的温升为 40＋5＝45（℃）。

表 8-2 列出我国标准规定的，在额定使用条件下变压器各部分的允许温升。额定使用条件为：最高气温 +40℃；最高日平均气温 +30℃；最高年平均气温 +20℃；最低气温 -30℃。

表 8-2 变压器各部分的允许温升

温　升　　　　　　冷 却 方 式	自然油循环	强迫油循环风冷	导向强迫油循环风冷
绕组对空气的平均温升（℃）	65	65	70
绕组对油的平均温升（℃）	21	30	30
顶层油对空气的温升（℃）	55	40	45
油对空气的平均温升（℃）	44	35	40

表 8-1 所列的温升是对额定负荷而言。但对强迫油循环变压器，当循环油泵停用时，一般仍可以自然油循环冷却方式工作，带比额定负荷小的负荷运行，这也是强迫油循环变压器的一种运行方式，此时顶层油对空气的温升限值就是 55℃。因此，我国电力变压器标准 GB1094—1981 的规定中，对顶层油的允许温升限值就不分冷却方式，定为 55℃。

第六节　变压器绝缘老化

变压器的绝缘老化，是指绝缘材料受到热或其他物理化学作用而逐渐失去机械强度和电气强度的现象。只按电气强度并不能判断绝缘的老化程度。因为绝缘材料失去机械强度、变得干燥脆弱时，电气耐压强度仍可能很高；但在变压器运行时，若受振动和电动力的作用就可能很快损坏。因此，绝缘材料的老化程度，不能由电气强度的降低来定，还必须考虑机械强度的降低程度，而且主要由机械强度降低程度来确定。

变压器的绝缘老化，主要是由于温度、湿度、氧气和油中的某些分解物所引起的化学反应造成的，但绝缘老化速度又主要决定于温度。运行时，绝缘的工作温度愈高，化学反应（主要是氧化作用）进行得愈快，绝缘老化的速度也愈快，变压器的使用年限（寿命）就愈短。

一、绝缘老化与温度的关系

一般认为，当变压器绝缘的机械强度降低至 15%～20% 时，变压器的寿命就算终结。现在还没有一个简单的准则来判断变压器的真正寿命，因此工程上通常用相对寿命和老化率来表示变压器老化的快慢。

如果一台标准变压器，在一直保持额定负荷和额定环境温度下运行时，相应的绕组最热点温度为 98℃，变压器的寿命（约为 20～30 年），定为正常使用年限。

绕组最热点维持在任意温度下的寿命与额定的 98℃ 下的正常寿命之比，称为相对寿命。

相对寿命的倒数称为相对老化率 v，以表示任意温度下绝缘老化的相对速度。老化率的表达式为可近似表示为

$$v = 2^{(\theta-98)/6} \tag{8-1}$$

式中　θ——长期运行的绕组最热点温度。

这就意味着绕组温度每增加 6℃，老化速度加倍，寿命缩短一半。此即为绝缘老化的六度规则。根据式（8-1）可计算出任一温度下的相对老化率（老化速率），若干结果列于表 8-3。

表 8-3　　　　　　　　　　　各温度下的绝缘老化率

温度（℃）	80	86	92	98	104	110	116	122	128
老化率 v	0.125	0.25	0.5	1	2	4	8	16	32

二、等值老化原则

如上所述，变压器运行时，如维持变压器最热点温度在 98℃，变压器可获得正常寿命。实际上，绕组温度随负荷变化或随气温变化而变化，不会一直维持绕组最热点温度在 98℃ 下运行。如果将绕组最高允许温度定为 98℃，则大部分运行时间内绕组温度不会达到此值，变压器的负荷能力就未得到充分利用（不考虑增加寿命）。反之，如果不规定绕组的最高允许温度或者将该值定得过高，变压器又可能达不到预期的正常使用寿命（20～30 年）。

为了正确地解决上述问题，可应用等值老化原则，即在一定时间隔 T_0（一昼夜、一季度或一年）内，有些时间允许绕组热点温度高于 98℃，而另一些时间绕组热点温度低于 98℃，只要使变压器在温度高于 98℃ 的运行时间内多消耗的寿命与在温度低于 98℃ 运行时间内少消耗的寿命相互补偿，则变压器的使用寿命和恒温 98℃ 运行时的寿命相等，此即所谓等值老化原则。

第七节　变压器过负荷能力

变压器的过负荷能力,是指为满足某种运行需要而在某些时间内允许变压器超过其额定容量运行的能力。按过负荷运行的目的不同,变压器的过负荷一般又分为正常过负荷和事故过负荷两种。

一、变压器正常过负荷能力

变压器运行时的负荷是经常变化的,日负荷曲线的峰谷差可能很大。根据等值老化原则,可以在一部分时间内允许变压器超过额定负荷运行,即过负荷运行,而在另一部分时间内小于额定负荷运行,只要在过负荷期间多损耗的寿命与低于额定负荷期间少损耗的寿命相互补偿,变压器仍可获得原设计的正常使用寿命。变压器的正常过负荷能力,就是以不牺牲变压器正常寿命为原则制定。同时还规定,过负荷期间负荷和各部分温度不得超过规定的最高限值。我国的限值为:绕组最热点温度不得超过140℃;自然油循环变压器负荷不得超过额定负荷的1.3倍,强迫油循环变压器负荷不得超过额定负荷的1.2倍。

二、变压器事故过负荷

变压器的事故过负荷,也称短时急救过负荷。当电力系统发生事故时,保证不间断供电是首要任务,变压器绝缘老化加速是次要的。所以,事故过负荷和正常过负荷不同,它是以牺牲变压器寿命为代价的。当事故过负荷时,绝缘老化率容许比正常过负荷时高得多,即容许较大的过负荷,但我国规定绕组最热点的温度仍不得超过140℃。

我国《电力变压器运行规程》(DL/T 572—1995)对油浸电力变压器事故过负荷运行时间允许值的规定,列于表8-4和表8-5中。

表 8-4　　　　油浸自然循环冷却变压器事故过负荷运行时间允许值 (h：min)

过负荷倍数	环境温度 (℃)				
	0	10	20	30	40
1.1	24：00	24：00	24：00	19：00	7：00
1.2	24：00	24：00	13：00	5：50	2：45
1.3	23：00	10：00	5：30	3：00	1：30
1.4	8：00	5：10	3：10	1：45	0：55
1.5	4：00	3：00	2：00	1：10	0：35
1.6	3：00	2：05	1：20	0：45	0：18
1.7	2：05	1：25	0：55	0：25	0：09
1.8	1：30	1：00	0：30	0：13	0：06
1.9	1：00	0：35	0：18	0：09	0：05
2.0	0：40	0：22	0：11	0：06	＋

表 8-5　　　　油浸强迫油循环冷却变压器事故过负荷运行时间允许值 (h：min)

过负荷倍数	环境温度 (℃)				
	0	10	20	30	40
1.1	24：00	24：00	24：00	14：30	5：10
1.2	24：00	21：00	8：00	3：30	1：35
1.3	11：00	5：10	2：45	1：30	0：45
1.4	3：40	2：10	1：20	0：45	0：15
1.5	1：50	1：10	0：40	0：16	0：07
1.6	1：00	0：35	0：16	0：08	0：05
1.7	0：30	0：15	0：09	0：05	＋

三、发电厂主变压器过负荷能力

讨论发电厂主变压器的过负荷能力是没有意义的，因为主变压器的负荷必定是发电机的负荷减去厂用变压器的负荷，而发电机的最大出力已经在第四章第二节第三条中"调节阀全开（VWO）工况"说明过不可能再大了，因此发电厂的主变压器是不可能过负荷的。发电厂主变压器的容量、温度、温升、寿命等应该是在向制造厂订货时就明确的。一般要求是：当汽轮发电机在调节阀全开（VWO）工况下运行时，厂用变压器的负荷为零（即厂用电由备用厂用变压器供电），在此工况下主变压器应能够长期连续运行，且绕组温升不超过 65℃。

第八节　变压器本体监测和保护装置

对大容量变压器，在本体上均设有监测顶部油温的温度计，监测高、低压绕组温度的温度计，监测油箱油位的油位计，并设有瓦斯保护及压力释放装置。对于强迫油循环变压器，还设有流量计或油流计，以监视潜油泵的运转情况，并提供对冷却器控制的信号及报警。此外，有的大容量变压器还安装有氢气监测装置或气体分析器，用以连续在线监测变压器油中溶解气体的主要成分。下面分别介绍大容量变压器上的各种监测和保护装置。

一、温度测量装置

（一）油温测量装置

1. 压力式温度计

压力式温度计，也称温包型温度计，常用于变压器油温的就地指示和远方报警。它的构造示意图如图 8-11 所示，其工作原理是以在密闭的测温系统中，感温包内低挥发液体的饱和蒸汽压力与温度之间的对应关系为依据。

在图 8-11 中，感温包 1，接一根细长的毛细管 2 连通到布尔登弹簧管 3，组成一个密闭的测量系统，在系统内充有低挥发液体。测量时，将感温包插在变压器油中（通常是将它插在变压器油箱顶部的测温管内），当油温变化时，感温包内的液体便会产生出与油温相对应的饱和蒸汽压力，经毛细管传给布尔登管，使其产生形变，形变的大小与系统内的饱和蒸汽压力有关。布尔登管的形变经拉杆 4 带动齿轮传动机构 5，使指针 6 转动，指示出相应的油温值。温度计带有电触点，其动触点装在转动的指针 6 上，两个静触点 7 和 8 的位置可调。电触点可用于发出超温信号。

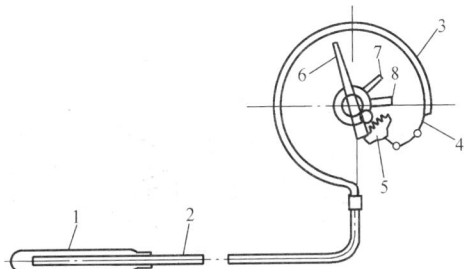

图 8-11　压力式温度计构造示意图
1—感温包；2—毛细管；3—布尔登管（弹簧管）；
4—拉杆；5—齿轮传动机构；6—指针（带动触点）；
7、8—静触点

这种温度计的毛细管长度，通常只能在 10～20m 范围内，因此只能在变压器就地使用，使用时也不可将毛细管过分折弯，其弯曲半径应尽量大些。油温计的温包应全部浸没在油中，同时电触点的负荷不能超过其允许值。

2. 电阻式温度计

电阻式温度计，常用于变压器油温的远方监测。它的温度传感元件不是充液的温包，而是导电率随温度变化线性关系较好且稳定的铂或铜电阻元件。传感元件插在变压器油箱顶部的"测温管"内，元件的电阻值利用电桥原理进行检测。电桥输出端接有磁电式仪表，刻度盘上指示温度值。

（二）绕组温度测量装置

由于变压器绕组带高电压，其温度不便于直接测量。目前用得较多的是采用"间接模拟法"。

间接模拟法可用于测量绕组的最热点温度或平均温度。其原理依据是：变压器绕组最热点温度（或平均温度）与上层油温之间有一个温差，该温差与变压器绕组电流的平方成正比。因此，利用变压器上层油温加上一个与绕组电流平方成比例的温差，就可间接测出绕组的温度。据此，可构成温包型或电阻型绕组温度测量装置。

1. 温包型绕组温度测量装置

温包型绕组温度测量装置，用于绕组温度就地监测。图 8-12 所示为变压器温包型绕组温度测量装置的结构原理图。结构之一［见图 8-12（a）］是在通用的温包型油温测量装置的基础上，串联一只反映绕组电流、并随绕组电流大小而变化的附加温包（充液器）3 组成。附加温包 3 感受发热电阻元件（加热器）4 传来的热量，而发热电阻元件通过的电流是变压器上套管式专用测温电流互感器 5 的二次侧电流，以模拟变压器的负荷电流引起的绕组温度与上层油温之差。由于附加温包 3 与反映变压器顶层油温的感温包 1 是串联的，故温包中所充液体的压力间接地反映了该油温下变压器负荷引起的绕组温度。

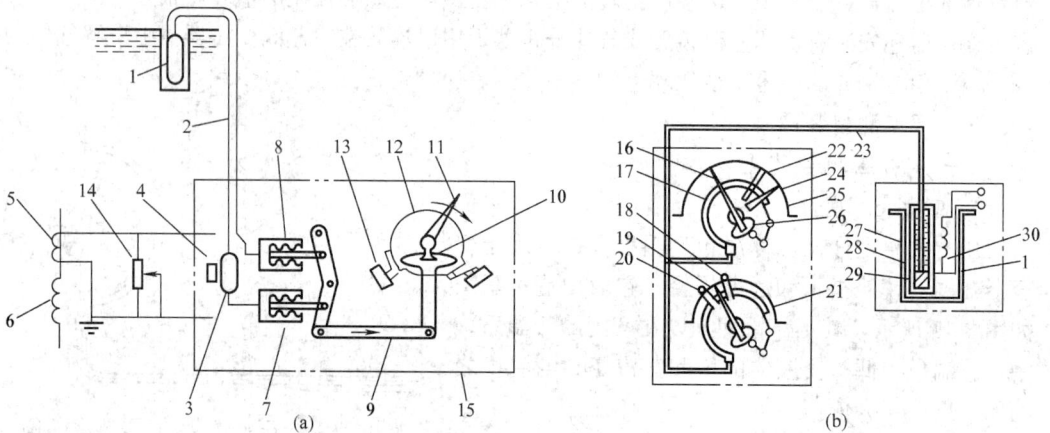

图 8-12　温包型绕组温度测量装置结构原理图
(a) 结构之一；(b) 结构之二

1—感温包；2—毛细管；3—附加温包（充液器）；4—发热电阻（加热器）；5—电流互感器；6—变压器绕组；7—测量波纹管；8—补偿波纹管；9—连杆；10—齿轮传达机构；11—指针；12—凸轮；13—微作开关；14—匹配电阻；15—指示单元；16—指针；17—布尔登管；18—上限触点整定；19—可动触点；20—下限触点整定；21—冷却器控制整定；22—最大值指示；23—毛细管；24—报警触点整定；25—刻度板；26—齿轮机械；27—容器；28—小油缸；29—挥发性液体；30—电加热线圈

结构之二［见图 8-12（b）］是在变压器油箱顶设有圆柱形铁制小油缸 14，其容积约为 500mL。油缸插入主油箱顶部，其上法兰在主油箱外，上盖有套管式接线柱。小油缸内注入变压器油，在变压器稳定空载时，小油缸内的油温等于变压上层油温。变压器上层油温与变压器绕组最热点温度有一个差值，该差值与变压器负荷电流的平方成正比。在小油缸内放置一个电加热线圈（电阻元件）15，将变压器套管的二次电流通入电加热线圈来模拟变压器负荷电流在绕组中的发热，使小油缸内油温升高，与变压器上层油温有一个温差，调节电加热线圈的抽头（共有六个抽头）就可以使小油缸内的油对变压器上层油的温差等于变压器绕组对上层油的温差。因此，小油缸的油温就是绕组温度，并随负荷电流而变。在小油缸内插入温度检测元件就可测量绕组温度。插入小油缸内的温度检测元件（或称传感元件）是感温包 13，所以叫温包型。

2．电阻型绕组温度测量装置

如果插入小油缸内的温度检测元件不是感温包，而是电阻元件，就构成电阻型绕组温度测量装置。

图 8-13 所示为电阻型绕组温度测量装置中的一种绕组温度变换器。

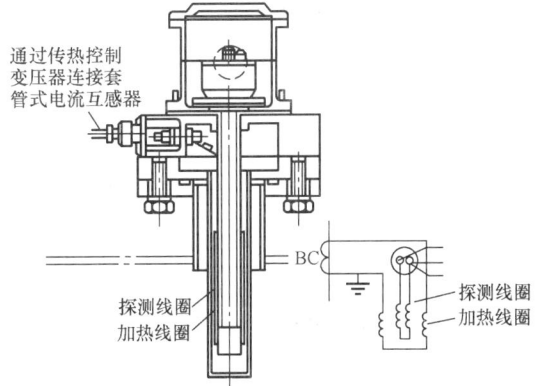

图 8-13 用于绕组温度探测的电阻式元件

二、变压器内油中含氢量的监测

当变压器内因存在缺陷而发生局部过热或放电时，会使油分解而产生氢气和其他烃类等气体；产气速率、成分和产气量随放电能量的大小而变化。因此，油中含气量的多少和成分及其增加速度可用来判断变压器内部是否存在放电和过热现象和其程度。氢是其中特征气体之一，监测氢的含量，可以间接判断变压器内部的故障情况。我国原水电部的标准是：油中含氢量的正常值为 $100\mu L/L$，注意值为 $150\mu L/L$。

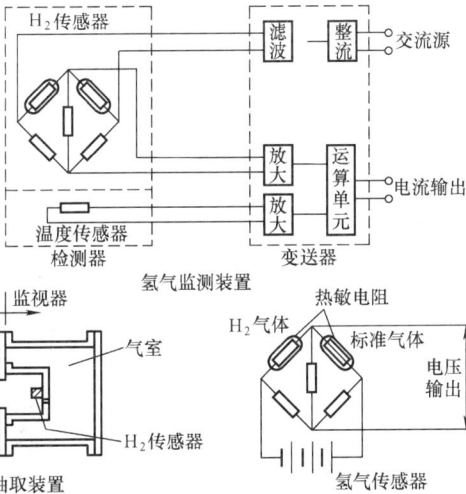

图 8-14 变压器内油中含氢量的监测

为了连续在线监测变压器油中的含氢量，有些大型变压器安装了一套基于"半渗透隔膜"原理制成的氢气监测装置。该装置主要由检测器（包括氢气抽取装置）和变送器两部分组成，见图 8-14。检测器装在变压器油箱上，通过连接线接到变送器。其工作原理简述如下。

变压器绝缘油中溶解的氢气由半渗透隔膜抽取到气室。在气室中有一个对氢气很敏感的"氢气传感器"。它是由两只热敏电阻和其他几只普通电阻组成的电桥电路，其中一只热敏电阻置于标准气体中，另一只热敏电阻则被半渗透隔膜抽取出来的氢气所包围。由于两种气体的性质不同和氢气浓度的不同，使电桥电路有不同的电压输出，于是将氢气的浓度转换成电气量。

为了减少环境温度的影响，在检测器中装了一只温度传感器，连接到变送器中进行温度补偿。经温度补偿后的氢气浓度以电流形式输出。

此外，我国还研制出对多种气体敏感的元件，如氢（H_2）、甲烷（CH_4）、乙炔（C_2H_2）、二氧化碳（CO_2）和总烃等，并已在实践中得到应用。

三、气体继电器

气体继电器，又称瓦斯继电器，常用作变压器内部故障保护。它安装在变压器主油箱和储油柜的连通管路上。

1．挡板式气体继电器

挡板式（亦称浮子式）气体继电器，是目前使用最多的一种气体继电器。其原理结构如图 8-15 所示，在继电器内装有由浮球 2 和挡板 4 带动的上、下两个开关系统：上部开关系统包括磁性开关 1、支架 6 及浮球 2，而磁性开关是由永久磁铁和一对干簧触点（磁性触点）组成；下部

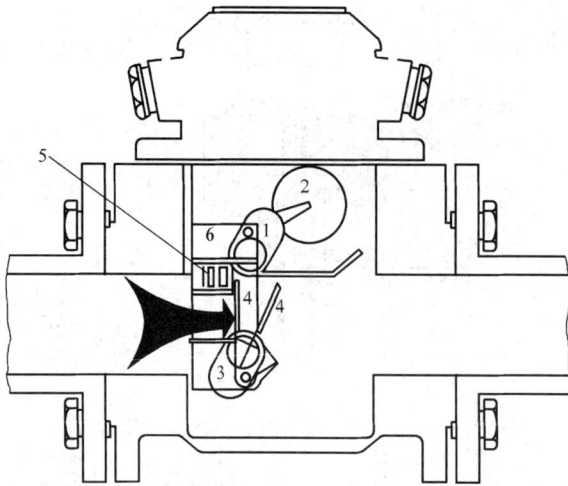

图 8-15　挡板式气体继电器工作原理图

1、3—磁性开关；2—浮球；4—挡板；5—磁铁；6—支架

开关系统包括磁性开关 3、支架 6、挡板 4 和磁铁 5。其工作原理如下：

变压器正常运行时，气体继电器中充满变压器油，油的浮力使浮球 2 处于最高位置，挡板处于垂直位置，挡住主油道。

当变压器内发生轻微故障时，因油分解产生的气体向上进入储油柜之前，途经瓦斯继电器，会聚积在其壳内的上部空腔，迫使壳内油位下降，导致浮球 2 因失去浮力也随着下降，引起跟浮球连在一起的永久磁铁（在 1 内）接近干簧触点，当油位降到一定程度后（相当于集气量 400～500mL），便吸动干簧触点使其闭合，发出报警信号。此时，挡板并不改变位置。继续产生的多余气体将顺着管道排入储油柜。此为轻瓦斯。

当变压器内部发生严重故障时，产生大量气泡的同时产生急速的油流涌向瓦斯继电器，当流速超过一定值，油流的冲力大于磁铁 5 吸住挡板的吸力时，便迫使挡板倒向油流动的方向（如图 8-15 中所示方向），使相应的开关触点闭合，发出跳闸命令。当油流速度降低时，挡板会自动恢复到原来的垂直位置，此为重瓦斯。

2. 皮托管式气体继电器

皮托管式气体继电器，其构造原理与一般的气体继电器不同，它能防止由于地震而引起的误动作。这种型式的气体继电器的剖面图如图 8-16 所示。

其特点是，反应重瓦斯动作是利用"皮托管"（pitot）原理，即测量油流的动压和静压，将动压和静压引到一个膜盒 8 的两侧。当压力差达到整定值时，膜盒变形，带动微动开关 6，发出跳闸脉冲。因此，它只反应流速，不反应振动。

反应轻瓦斯部分，与一般气体继电器相同。

四、气体继电器整定流速与压力释放阀整定值的匹配问题

变压器内部故障的主保护只能是气体继电器，它能瞬间切断电源。但气体继电器的灵敏度却决定于整定值（流速）。

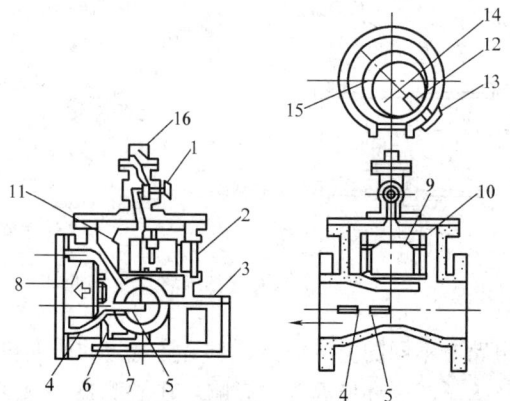

图 8-16　皮托管式气体继电器剖面图

1—取气样阀；2—观察窗；3—接线盒；4—动压测头；5—静压测头；6—微动开关；7—引线；8—膜盒；9—浮筒；10—导杆；11—导汽管；12—磁铁；13—行程开关；14—导杆；15—平衡块；16—帽

压力释放阀（安全气道）主要是保护主油箱不受变形。当内部发生电弧故障时，主油箱压力的升高与气体继电器中油的流动是同时产生的。按照我国的惯例，气体继电器流速的整定是由变压器运行部门的继电保护专业人员进行的，而压力释放阀的整定则是由变压器制造部门的设计人员决定的。前者不一定考虑到当压力释放阀一旦先于气体继电器动作时，气体继电器将会拒动；

而后者也未必研究压力释放阀与气体继电器的配合问题。

1. 气体继电器整定值的讨论

当内部电弧故障时，故障点附近的油将被高温电弧裂解为气态的烃类等气体，就在故障区域产生"气泡"。油是几乎不能压缩的液体，故障产生的"气泡"占了油的空间，因此故障瞬间必定有同等容积的油被挤向储油柜。气体继电器中油的流速与故障点产气是同时发生的，一定的产气速率必定有一定的油流速通过气体继电器。而产气的速率则决定于电弧功率。

国内重瓦斯的常规整定流速一般选 0.8～1.2m/s。这个定值的理论依据是什么？可能是 20 世纪 50 年代引用前苏联技术沿用至今。暂先不谈这个定值的合理性。

通过计算：油要达到 1m/s 的流速，相当于产气速率约为 5L/s。而要达到这样的产气速率，按照有关资料介绍，变压器油裂解（液体转化为气体）功率约有 150～200kW。也就是说，变压器的故障点有 150～200kW 故障功率，其对变压器的破坏程度是可想而知。实践证明，通常由气体继电器切断的故障变压器，绝大多数其损坏程度总不止一匝而是很多匝甚至很多"线段（Disk）"。

2. 压力释放阀整定值的分析

内部故障产生"气泡"时，主油箱内的压力必然升高到一定的数值。这一升高值需克服四项的阻力：①从油箱到储油柜之间管道中油的流动阻力（流速的函数）；②储油柜内橡皮油囊体积压缩的阻力；③呼吸器向大气排气的阻力；④储油柜中油位与主油箱静油位差。如整定流速为 1m/s，按流体力学计算总阻力约有 150～200cm 水柱。要克服 150～200cm 水柱，油箱内的压力升约为 $\Delta P = 166 \times 0.9 \times g = 14.6 \text{kPa}$。

制造厂对压力释放阀动作值的设计不完全统一，主要是从主油箱的强度考虑。查阅国内外几个制造厂，动作值一般在 10～50kPa 之间。由此可见，如果气体继电器的整定流速为 1m/s，当主油箱压力升高到 14.6kPa 时气体继电器才能动作。假如压力释放阀提前动作（10kPa），则主油箱压力不可能再升高，气体继电器也就不可能动作。因此气体继电器的整定流速与压力释放阀的动作值之间存在着匹配问题。

3. 结论与建议

根据以上的计算与分析，提出一以下两点建议：

（1）降低气体继电器流速整定值。为了使变压器故障时，把损坏的范围限制在尽可能小的区域，气体继电器流速应整定得愈小愈好，但是必须在地震时具备足够的安全系数。因此，不同地震烈度的地区推荐气体继电器流速整定值，如表 8-6 所示。

表 8-6　　　　　　　　　　　**气体继电器流速整定值**

地震烈度	建议整定流速	安全系数	地震烈度	建议整定流速	安全系数
7 度	0.3m/s	3.58	9 度	0.5m/s	2.54
8 度	0.4m/s	3.24	10 度	0.7m/	2.48

（2）压力释放阀本身带有触点，压力释放阀动作后，其触点动作，将此触点接于跳闸回路，动作于跳闸。

第九节　变压器油气相色谱分析

实践证明，应用气相色谱分析，以检测变压器油中气体的组成和含量，是早期发现变压器内部故障征兆（如局部放电或过热）和掌握故障发展情况的一种有效方法，也是判断故障类型的重要手段之一。所以，对变压器，即使装有在线含氢或含烃量监测装置，都要求定期进行油中溶解气体色谱分析。

检测变压器油中溶解的气体成分和含量，所采用的气相色谱分析方法，包括取油样、从油中脱出气体、气体色谱分析等几个步骤。

气体色谱分析的对象有：氢（H_2）、甲烷（CH_4）、乙烷（C_2H_6）、乙烯（C_2H_4）、乙炔（C_2H_2）以及一氧化碳（CO）和二氧化碳（CO_2）。在以上气体中，CH_4、C_2H_6、C_2H_4 与 C_2H_2 四种气体的总和称为总烃。

通常，对变压器油采用气相色谱仪进行分析。分析的结果用每升油中所含各气体成分的微升数以 $\mu L/L$ 表示。

一、油中气体成分与故障的关系

变压器在正常情况下，油及固体有机绝缘材料在热和电的作用下，会逐渐老化和分解，并缓慢地产生少量的 H_2、低分子碳化氢（烃类）、CO 和 CO_2 气体。由于缓慢分解释放，这些气体大部分被溶解在油中。

当变压器内部存在故障时，产气速率加快，而且溶解于油中的气体种类和含量与故障的类型和严重程度密切相关。不同性质的故障，油及固体绝缘材料将产生不同的特征气体。对于同一性质的故障，如果故障程度不同，产生气体的速度和数量也不同，各种气体的比例关系也将发生变化。

当出现局部过热时，随着温度的升高，氢（H_2）和烃类中的甲烷（CH_4）、乙烷（C_2H_6）、乙烯（C_2H_4）等气体明显增加，但乙炔（C_2H_2）含量极少，如果有固体材料加入热分解，也会有相当数量的一氧化碳（CO）和二氧化碳（CO_2）产生。

当变压器出现放电现象时，可分为局部放电（能量密度一般很低）、火花放电（是一种间歇性放电，其能量密度一般比局部放电高些，属低能量放电）、电弧放电（属高能量放电）三种类型。局部放电产生的特征气体主要是氢气（H_2），其次是甲烷（CH_4），并有少量乙炔（C_2H_2），但总烃值并不高。火花放电时，乙炔（C_2H_2）明显增加，气体的主要成分是氢（H_2）和乙炔（C_2H_2），并有相当数量的甲烷、乙烷和乙烯。当发生电弧放电时，氢气（H_2）大量产生，乙炔（C_2H_2）亦显著增多，其次有大量的乙烯、甲烷和乙烷。不论哪一种放电，只要有固体绝缘介入，就会产生 CO 和 CO_2。表 8-7 列出各种异常及故障下产生的气体成分及特征。

表 8-7　　　　　　　　　　　不同异常和故障下油中产生的气体成分及特征

气体名称	放　电			局　部　放　电		
	弧光放电	火花放电	局部放电	高于 1000	300～1000	低于 300
H_2	a	a	a	c	d	d
CH_4	b	c	c	b	c	c
C_2H_6	d	d	d	d	d	a
C_2H_4	b	c	d	a	a	c
C_2H_2	a	a	c, e	c	d	—

注　a—本故障的主要气体；b—特征气体（高含量）；c—特征气体（低含量）；d—非特征气体；e—只在高能量密度时才产生的气体。

二、油中气体含量正常值和注意值

变压器内部是否正常或存在故障，常用气相色谱分析结果的三项主要指标（总烃、乙炔、氢）来判断。当变压器内部一切都正常时，油中溶解的气体含量一般不应大于表8-8所列的正常值。当油中溶解的气体含量达到表8-8中所列"注意值"时，应进行追踪分析，查明原因。

表 8-8　变压器油中溶解气体含量正常值和注意值

气体名称	正常值（$\mu L/L$）	注意值（$\mu L/L$）
总　烃	100	150
乙炔（C_2H_2）	5	5
氢 H_2	100	150

三、判断故障性质的特征气体法

利用不同类型的故障产生不同气体的主要成分、不同的特征气体和它们的不同含量来判别故障性质的方法，称为特征气体法。表8-9给出我国采用特征气体法判别故障性质的标准。

表 8-9　判断故障性质的特征气体法

故障性质	气　体　特　征
一般过热	总烃较高，$C_2H_2 < 5\mu L/L$
严重过热	总烃高，$H_2 > 5\mu L/L$，C_2H_2 未构成总烃的主要成分，H_2 含量较低
局部放电	总烃不高，$H_2 > 100\mu L/L$，CH_4 为烃中主要成分
火花放电	总烃不高，$C_2H_2 > 10\mu L/L$，H_2 较高
弧光放电	总烃高，C_2H_2 高，并构成总烃中主要成分，H_2 含量高

仅仅根据表8-9中所列气体含量的绝对值很难对故障的严重程度作出正确判断，还必须考察故障的发展趋势，这与故障点的产气速率密切相关。

产气速率分为绝对产气速率和相对产生速率两种。绝对产气速率一般是指在两次取样时间间隔中的实际运行时间 Δt（小时或月数）内，平均每小时（或月数）某种气体的增量。其计算式为（以 h 计）

$$r_a = \frac{C_{i2} - C_{i1}}{\Delta t} \times \frac{G}{\rho} \times 10^{-3}$$

式中　r_a——绝对产生速率，mL/h；

C_{i1}、C_{i2}——分别为第一次与第二次取样测得油中某种气体的含量（浓度），$\mu L/L$；

G——设备总油量，t；

ρ——油的密度，t/m^3。

相对产气速率，一般表示为：在两次取样时间间隔中的实际运行时间 Δt 个月内，平均每个月某种气体的增量与原有值之比的百分数，以 r_r 表示，可用下式计算

$$r_r = \frac{C_{i2} - C_{i1}}{C_{i1}} \times \frac{1}{\Delta t} \times 100\% \quad （\%/月）$$

我国的规范是：对于密封式（隔膜式）变压器，总烃产气速率的注意值为 0.5mL/h。当产气速率达到注意值时，应进行追踪分析。相对产气速率也可用来判断充油变压器内部状况，总烃的相对产气速率大于 10% 时应引起注意。

四、判断故障性质的三比值法

三比值法是利用气相色谱分析结果中五种特征气体含量的三个比值 $\left(\dfrac{C_2H_2}{C_2H_4}、\dfrac{CH_4}{H_2}、\dfrac{C_2H_4}{C_2H_6}\right)$ 来判断变压器内部故障性质。实践表明，采用这一方法判断故障性质的准确率相当高。当采用不完全脱气方法脱气时，各成分（也叫组分）的脱气速率可能相差很大；但在三比值法中，每一对比值之两种气体脱气速率之比都接近于1。所以采用三比值法，克服了因脱气速率的差异所带来的不利影响。

三比值法按照比值范围，把三个比值以不同的编码来表示，编码规则见表8-10，并用比值范围的编码来判断故障性质，见表8-11。

五、判断故障步骤

判断变压器内部故障，通常按以下步骤进行。

表 8-10   **三比值法的编码规则**

特征气体比值	比值范围编码			说 明
	$\dfrac{C_2H_2}{C_2H_4}$	$\dfrac{CH_4}{H_2}$	$\dfrac{C_2H_4}{C_2H_6}$	
<0.1	0	1	0	例如：$\dfrac{C_2H_2}{C_2H_4}=0.1\sim3$，编码为 1
0.1~1	1	0	0	$\dfrac{CH_4}{H_2}=0.1\sim3$，编码为 2
1~3	1	2	1	$\dfrac{C_2H_4}{C_2H_6}=0.1\sim3$，编码为 1
>3	2	2	2	

表 8-11   **判断故障性质的三比值法**

序号	故障性质	比值范围编码			典 型 例 子
		$\dfrac{C_2H_2}{C_2H_4}$	$\dfrac{CH_4}{H_2}$	$\dfrac{C_2H_4}{C_2H_6}$	
0	无故障	0	0	0	正常老化
1	低能量密度的局部放电	0无意义	1	0	由于不完全浸渍引起含气孔穴中的放电或气体过饱和或高湿度引起的孔穴中的放电
2	高能量密度的局部放电	1	1	0	与上例相同，但已导致固体绝缘材料出现放电痕迹或穿孔
3	低能量放电①	1~2	0	1~2	不同电位间的油的连续火花放电或对悬浮电位不良的连续火花放电。固体材料之间油的击穿
4	高能量放电	1	0	2	有工频续流的放电。绕组之间或线圈之间或线圈对地之间油的电弧击穿。选择开关切断电流
5	低于150℃的热故障②	0	0	1	一般性绝缘导线过热
6	150~300℃低温范围内的过热故障③	0	2	0	由于磁通集中引起的铁芯局部过热，热点温度增加，从铁芯中的小热点发展到铁芯短路。由于涡流引起的过热或接触不良，形成焦炭，以及铁芯和外壳的环流等
7	300~700℃中等温度范围内的热故障	0	2	1	
8	高于700℃高温范围内的热故障④	0	2	2	

① 随着火花放电强度的增加，特征气体有如下增加的趋势：C_2H_2/C_2H_4 从 0.1~3 增加到 3 以上；C_2H_4/C_2H_2 从 0.1~3 增加到 3 以上。

② 在此情况下，气体主要来自固体绝缘分解，这说明了 C_2H_4/C_2H_6 比值的变化。

③ 这种故障情况通常由气体浓度不断增加来反映。CH_4/H_2 的比值大约为 1。实际值大于或小于 1 与很多因素有关，如油保护系统的方式，实际的温度水平和油的质量等。

④ C_2H_2 含量的增加表明热点温度可能高于 1000℃。

（1）将油中气体色谱分析结果的几项主要指标（如总烃、乙炔、氢）与注意值进行比较，并分析 CO 及 CO_2 的含量。

（2）当主要指标达到或超过注意值时，应进行追踪分析、查明原因。可根据历次测试记录或重复取样试验的结果，考察其产气速率，从而对变压器内部是否存在故障或故障的程度及其发展趋势作出估计。

（3）经上述比较判断，变压器内部可能发生故障时，用判断故障性质的特征气体法或三比值法，对可能存在的故障类型作初步判断。一般用三比值法判断的准确性较高。

（4）在气体继电器内出现气体的情况下，应将气体继电器内气样分析的结果与油中取出的气体分析的结果进行比较。比较时，首先应把气、液两相气体进行换算，把气体继电器中自由气体各成分浓度，换算成油中气体浓度理论值或相反将油中溶解气体各成分浓度，换算成自由气体浓度理论值。换算后进行比较。若自由气体各成分含量与油中溶解气体各成分含量近似相等，则有两种情况：一是故障气体各成分均很少，说明设备是正常的；二是溶解气体各成分含量略高于自由气体各成分含量，说明设备存在产气较慢的潜伏性故障。如果气体继电器中的气体各成分含量明显超过油中溶解气体各成分含量，则说明产气源释放气体较多，设备存在产气较快的故障。

（5）根据上述结果，结合其他预防性试验项目和设备的结构、运行、检修等情况，作综合性分析，判断故障的性质和部位。然后，根据具体情况采取不同措施，如缩短试验周期、加强监视、限制负荷、近期安排内部检查或立即停运检查等。

第十节　高压并联电抗器

高压并联电抗器的作用，是补偿超高压系统容性无功，但它们的原理和结构与变压器基本相同，为了绝缘的需要，一般都做成单相铁芯式，外形和结构与变压器相仿，使用时直接接在系统上，见图8-17。

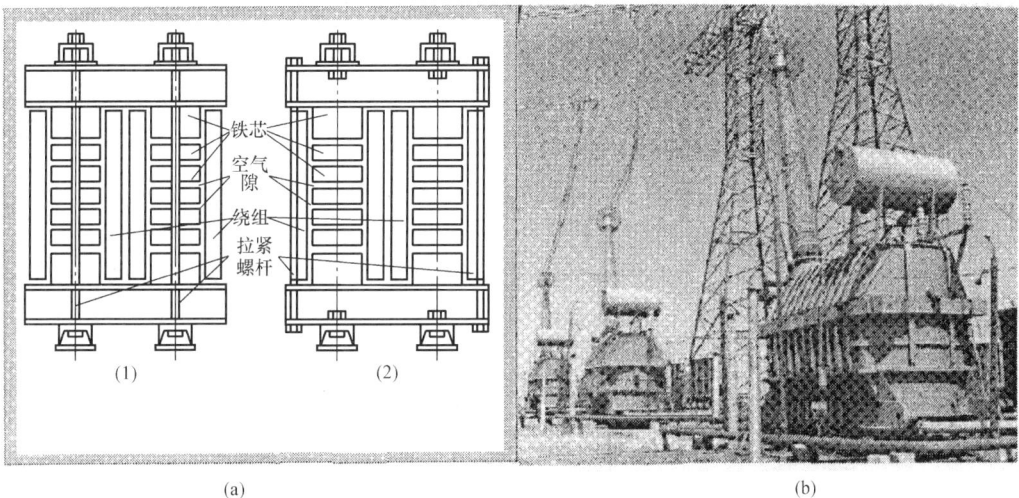

图 8-17　高压电抗器
（a）剖面图；（b）外形图
（1）拉紧螺杆穿过铁柱与绕组之间；（2）拉紧螺杆位于绕组外面

并联电抗器只有一个绕组，为了使绕组的电抗为常数，所以必须在铁芯电抗器的磁路中加入若干个间隙（见图8-17），使其回路导磁率以非磁物质为主导，避免铁芯饱和的影响。间隙用瓷柱或电工纸板分隔。

第十一节 互 感 器

互感器是电力系统中获取电气一次回路信息的传感器。有电流互感器和电压互感器两大类，电磁式互感器有一个一次绕组，多个二次绕组。它将高电压、大电流，根据电磁感应原理，按比例变成低电压和小电流的测量信号。其一次绕组直接接在高压系统中，二次绕组则根据不同要求，分别接入各种测量设备，如仪表、继电保护和自动装置等。

互感器的作用如下：

(1) 使高压装置与测量设备在电气方面很好的隔离，保证设备和工作人员的安全；

(2) 使测量设备标准化和小型化，并可采用小截面电缆进行远距离测量；

(3) 当电路上发生短路时，保护测量设备不受大电流的损害；

(4) 能使用简单而经济的标准化测量设备，并使二次回路接线简单化。

为充分发挥互感器的作用，对互感器的基本要求有以下几点：

(1) 有足够的保证测量精确度的容量；

(2) 有满足测量精度要求的变比（比差）；

(3) 有满足测量精度要求的一、二相量误差（角差）。

为此，电磁式互感器在设计时，和变压器不一样，有它的一些特殊考虑。

为了确保工作人员和测量设备的安全，互感器的每一个二次绕组都必须有一个可靠的接地点，以防绕组间绝缘损坏而使二次部分长期存在高电压。

当前在用的互感器，主要是电磁式的。但在超高压系统中，则广泛应用电容式电压互感器，其他新型互感器，如光电耦合式、电容耦合式及无线电电磁波耦合式电流互感器目前使用不多。

一、电流互感器

（一）电流互感器工作原理

电力系统中广泛采用的是电磁式电流互感器（以下简称电流互感器）。它的工作原理与变压器相似，其特点有以下两点：

(1) 一次绕组串联在被测电路中，匝数很少。一次绕组中的电流完全取决于被测电路的电流，而与二次电流无关。

(2) 二次绕组匝数多，且所串联接入的仪表或继电器的电流线圈阻抗很小，所以正常运行时，电流互感器接近在短路状况下工作。

（二）电流互感器误差

电流互感器一、二次额定电流之比，称为电流互感器的额定变（流）比 K_i，可表示为

$$K_i = \frac{I_{N1}}{I_{N2}} \approx \frac{N_2}{N_1} \approx \frac{I_1}{I_2} \tag{8-2}$$

式中　N_1、N_2——一、二次绕组匝数。

由于电流互感器是测量用的，因此一、二次的电流比必须准确。根据磁势平衡原理得

$$\dot{I}_1 N_1 + \dot{I}_2 N_2 = \dot{I}_0 N_1 \tag{8-3}$$

可以看出，由于铁芯中的交变磁通，以及二次绕组和二次回路导线中通过电流，都要发热，消耗能量，使一次电流 $\dot{I}_1$ 与 $\dot{I}_2$ 在数值和相位上都会产生差异，即测量结果有误差。这种误差通常用电流变比误差和相位误差表示。

（三）电流互感器准确级和额定容量

1. 电流互感器准确级

电流互感器的误差大小，集中反映在励磁电流 I_0 的大小，而 I_0 的大小，除与电流互感器的铁芯材料、设计参数和结构有关外，还与一次电流及二次负荷有关。为了分析互感器的误差并限定其工作范围，给出如下定义。

电流互感器准确级，是在规定的二次负荷范围内，一次电流在额定值附近时的最大误差限值。

根据测量时误差的大小，电流互感器划分为不同的准确级。我国电流互感器准确级和误差限值，如表 8-12 所示。

表 8-12 电流互感器准确级和误差限值

准确级次	一次电流为额定电流的百分数（%）	误 差 限 值		二次负荷变化范围
		电流比误差（±%）	相位误差（±'）	
0.2	10	0.5	20	$(0.25\sim1)S_{N2}$
	20	0.35	15	
	100～120	0.2	10	
0.5	10	1	60	
	20	0.75	45	
	100～120	0.5	30	
1	10	2	120	
	20	1.5	90	
	100～120	1	60	
3	50～120	3	不规定	$(0.5\sim1)S_{N2}$

2. 保护型准确级

继电保护用电流互感器，按用途可分为稳态保护用（P）和暂态保护用（TP）两类。稳态保护用电流互感器的准确级常用的有 5P 和 10P。由于短路过程中 i_1 与 i_2 关系复杂，故保护级的准确级是以额定准确限值一次电流下的最大复合误差 $\varepsilon\%$ 来标称的，即

$$\varepsilon\% = \frac{100}{I_1} \times \sqrt{\frac{1}{T} \int_0^T (K_i - i_1)^2 \, dt}$$

所谓额定准确限值一次电流即一次电流为额定一次电流的倍数，也称为额定准确限值系数，见表 8-13。

表 8-13 稳态保护电流互感器的准确级和误差限值

准 确 级	电流误差（±%）	相位误差（±'）	复合误差（%）
	在额定一次电流下		在额定准确限值一次电流下
5P	1.0	60	5.0
10P	3.0	—	10.0

在旧型号产品中 B、C、D 级为保护级，为了继电保护整定的需要，制造厂提供这类保护级电流互感器 10% 误差曲线，该曲线为在保证电流误差不超过 -10% 的条件下，一次电流的倍数 n（$n = I_1/I_{N1}$）与允许最大二次负荷阻抗 Z_{2L} 的关系曲线，如图 8-18 所示。

3. 暂态保护型准确级

随着电力系统电压等级的提高，系统短路时间常数大为增加。与此同时，500kV 线路的负荷

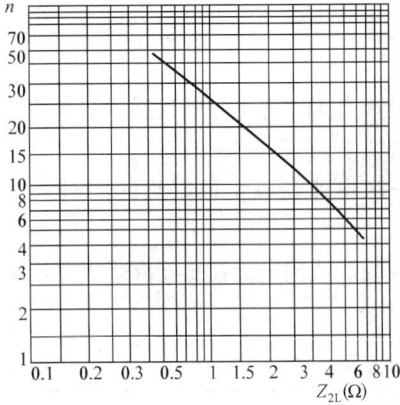

图 8-18　电流互感器 10％误差曲线

很大，从系统稳定运行的观点来看，又要求快速切除故障。此外，重合闸的使用，都要求互感器在暂态过程中有足够的准确级（误差不大于 10％），且能不受短路电流直流分量的影响。暂态保护型的电流互感器即能满足这一要求。这一类型电流互感器分为 TPX、TPY、TPZ 三种级别。

TPX 是一种在其环形铁芯中不带气隙的暂态保护型电流互感器。在额定电流和负荷下，其比值误差不大于 ±0.5％，相位误差不大于 ±30′；在额定准确限值的短路全过程中，其瞬间最大电流误差不得大于额定二次短路电流对称值峰值的 5％，电流过零时的相位误差不大于 3°。

TPY 是一种在铁芯上带有小气隙的暂态保护型互感器。它的气隙长度约为磁路平均长度的 0.05％。由于有小气隙的存在，铁芯不易饱和，剩磁系数小，二次时间常数 T_2 较小，有利于直流分量的快速衰减。TPY 在额定负载下允许的最大比值误差为 ±1％，最大相位误差为 1°；在额定准确限值的短路情况下、在互感器工作的全过程中，最大瞬间误差不超过额定的二次对称短路电流峰值的 7.5％，电流过零点时的相位误差不大于 4.5°。

TPZ 是一种在铁芯中有较大气隙的暂态保护型电流互感器，气隙的长度约为平均磁路长度的 0.1％。由于铁芯中的气隙较大，一般不易饱和。因此，特别适合于在有快速重合闸（无电流时间间隙不大于 0.3s）的线路上使用。

4. 电流互感器额定容量

电流互感器的额定容量 S_{N2} 是指电流互感器在额定二次电流 I_{N2} 和额定二次阻抗 Z_{N2} 下运行时，二次绕组输出的容量

$$S_{N2} = I_{N2}^2 Z_{N2}$$

由于电流互感器的二次电流为标准值（5A 或 1A），故其容量也常用额定二次阻抗来表示。

因电流互感器的误差和二次负荷有关，故同一台电流互感器使用在不同准确级时，会有不同的额定容量。例如，某一台电流互感器当在 0.5 级工作时，其额定二次阻抗为 0.4Ω；而在 1 级工作时，其额定二次阻抗为 0.6Ω。

二次额定电流采用 1A 可降低电流互感器二次侧电缆的伏安损耗。

（四）电流互感器二次侧开路影响

电流互感器正常工作时二次侧接近于短路状态，当 $Z_{2L} = \infty$，即二次绕组开路时，电流互感器由正常短路工作状态变为开路工作状态，$I_2 = 0$，励磁磁通势由正常为数甚小的 $\dot{I}_0 N_1$ 骤增为 $\dot{I}_1 N_1$，由于二次绕组感应电动势是与磁通的变化率 $d\Phi/dt$ 成正比的，因此二次绕组将在磁通过零前后，感应产生很高的尖顶波电动势，其值可达数千甚至上万伏（与电流互感器额定互感比及开路时一次电流值有关）将危及工作人员人身安全、损坏仪表和继电器的绝缘。由于磁感应强度骤增，会引起铁芯过热。此外，在铁芯中还会产生剩磁，使互感器准确级变低。因此，当电流互感器一次绕组通有（或可能出现）电流时，二次绕组是不允许开路的。

（五）电流互感器分类和结构

1. 电流互感器分类

（1）按安装地点分，可分为户内式和户外式。35kV 以下电压级一般为户内式。

（2）按安装方式分，可分为穿墙式、支持式和装入式。穿墙式装在墙壁或金属结构的孔中，可节省穿墙套管；支持式，安装在平面或支柱上；装入式，套在 35kV 及以上变压器或多油断路器油箱内的套管上，故也称套管式。

（3）按绝缘方式分，可分为干式、浇注式、油浸式和气体绝缘式。干式的适合于低压户内使用；浇注式用环氧树脂作绝缘适合于 35kV 及以下电压级户内用；油浸式多用于户外型设备；气体绝缘式通常用空气、六氟化硫作绝缘，特别是六氟化硫气体绝缘适用于高电压等级。

（4）按一次绕组匝数分，可分为单匝式和多匝式。单匝式又分为本身没有一次绕组（如母线型、套管型或钳型）和有一次绕组（如一次绕组做成 U 形或杆形）；多匝式可分为线圈型、8 字型等。

2. 电流互感器结构

电流互感器通常由铁芯、一、二次绕组及相应的绝缘、瓷套、二次接线盒等组成。额定电流在 400A 以下通常采用多匝式；单匝式"U"字形绕组的电流互感器，由于采用圆筒式电容串结构绝缘，电场分布均匀，在 110kV 及以上电压等级得到广泛应用。

有一种电流互感器，它具有多个没有磁联系的独立铁芯，所有铁芯上的一次绕组是公共的，而每个铁芯上都有一个二次绕组，构成一个多绕组电流互感器。多个二次绕组可有相同或不同的变比、不同或相同的准确级。

对于 110kV 及以上的电流互感器，为了适应一次电流的变化和减少产品的规格，常将一次绕组分成几组，通过绕组的串、并联，以获得 2～3 种变比。

（六）电流互感器的极性及接线方式

1. 电流互感器极性

电流互感器的极性按减极性原则标准。

2. 电流互感器接线方式

（1）一相式接线方式。电流表通过的电流为一相的电流，通常用于负荷平衡的三相电路中。

（2）两相 V 形接线方式。也叫不完全星形接线，公共线中流过的电流为两相电流之和，所以这种接线又叫两相电流和接线，由 $\bar{I}_U + \bar{I}_V = -\bar{I}_W$ 可知，二次侧公共线中的电流，恰为未接互感器的 V 相的二次电流，因此这种接线可接三只电流表，分别测量三相电流，所以广泛应用于无论负荷平衡与否的三相三线制中性点不接地系统中，供测量或保护用。

（3）两相电流差接线方式。这种接线二次侧公共线中流过的电流 I_f，等于两个相电流之差，即 $\bar{I}_f = \bar{I}_U - \bar{I}_W$，其数值等于一相电流的 3 倍，多用于三相三线制电路的继电保护装置中。

（4）三相 Y 形接线方式。三只电流互感器分别反映三相电流和各种类型的短路故障电流。广泛用于负荷不论平衡与否的三相三线制电路和低压三相四线制电路中，供测量和保护用。

二、电压互感器

目前电力系统广泛应用的电压互感器，按其工作原理可分为电磁式和电容分压式两种。对于 500kV 电压等级，我国只生产电容分压式。

（一）电磁式电压互感器

1. 电磁式电压互感器工作原理

电磁式电压互感器的工作原理、构造和接线方式都与变压器相似。它与变压器相比有如下特点：

（1）容量很小，通常只有几十到几百伏安。

（2）电压互感器一次侧的电压 U_1 为电网电压，不受互感器二次侧负荷的影响，一次侧电压高，需有足够的绝缘强度。

（3）电压互感器二次侧负荷主要是测量仪表和继电器的电压线圈，其阻抗很大，通过的电流很小，所以电压互感器的正常工作状态接近于空载。

电压互感器一、二次绕组额定电压之比称为电压互感器的额定变（压）比，即

$$K_u = \frac{U_{N1}}{U_{N2}} \approx \frac{N_1}{N_2} \approx \frac{U_1}{U_2}$$

式中 N_1、N_2——互感器一、二次绕组匝数；

　　　U_1、U_2——互感器一次实际电压和二次电压测量值。

U_{N1} 等于电网额定电压，U_{N2} 统一为 100（或 $100/\sqrt{3}$ ）V。

2. 电压互感器误差

电压互感器的等值电路与普通变压器相同。由于存在励磁电流和内阻抗，使得从二次侧测算的一次电压近似值 $K_u U_2$ 与一次电压实际值 U_1 大小不等，相位差也不等于 180°，产生了电压比误差和相位误差，两种误差定义如下。

电压比误差（亦称变比误差）为

$$f_u = \frac{K_u U_2 - U_1}{U_1} \times 100\%$$

当 $K_u U_2 < U_1$ 时，f_u 为负，反之为正。

相位误差为旋转 180° 的二次电压相量 $-\dot{U}'_2$ 与一次电压相量 $\dot{U}_1$ 之间成夹角 δ_u，并规定 $-\dot{U}'_2$ 超前于 $\dot{U}_1$ 时相位误差为正，反之为负。

电压互感器的准确级，是指在规定的一次电压和二次负荷变化范围内，负荷功率因数为额定值时，电压误差的最大值。我国电压互感器准确级和误差限值标准，见表 8-14。

表 8-14　　　　　　　　电压互感器准确级和误差限值

准确级	误差限值		一次电压变化范围	频率、功率因数及二次负荷变化范围
	电压误差（±%）	相位误差（±′）		
0.2	0.2	10		
0.5	0.5	20		$(0.25\sim1)S_{N2}$
1	1.0	40	$(0.8\sim1.2)U_{N1}$	$\cos\varphi_2 = 0.8$
3	3.0	不规定		$f = f_N$
3P	3.0	120		
6P	6.0	240	$(0.05\sim1)U_{N1}$	

这两种误差除受互感器构造影响外，还与二次侧负荷及其功率因数有关，二次侧负荷电流增大，其误差也增大。国家规定电压互感器准确级等级分为 0.2、0.5、1、3 级共四级。

由于电压互感器误差与二次负荷有关，所以同一台电压互感器对应于不同的准确级便有不同的容量。通常，额定容量是指对应于最高准确级的容量。电压互感器按照在最高工作电压下长期工作容许发热条件，还规定了最大容量。

电压互感器二次侧的负荷为测量仪表及继电器等电压线圈所消耗的功率总和 S_2；选用电压互感器时要使其额定容量 $S_{N2} \geq S_2$，以保证准确级等级要求。其最大容量是根据持久工作的允许发热决定的，即在任何情况下都不许超过最大容量。

3. 电磁式电压互感器的分类和使用特点

电磁式电压互感器由铁芯和绕组等构成。

根据绕组数不同，电压互感器可分为双绕组式和三绕组式。

按相数分，电压互感器可分为单相式和三相式，20kV 以下才有三相式，且有三相三柱式和

三相五柱式之分。在中性点不接地或经消弧线圈接地的系统中，三相三柱式一次侧只能接成 Y，其中性点不允许接地，这种接线方式不能测量相对地电压。而三相五柱式电压互感器一次绕组可接成 Y0。

按绝缘方式分，电压互感器可分为浇注式、油浸式、干式、充气式。

油浸式电压互感器按其结构可分为普通式和串级式。3～35kV 的电压互感器均制成普通式，它与普通小型变压器相似。110kV 及以上的电磁式电压互感器普遍制成串级式结构。其特点是：绕组和铁芯采用分级绝缘，以简化绝缘结构；绕组和铁芯放在瓷套中，可减少质量和体积。

电压互感器接线方式一般为单相接线方式、Vv 接线方式，三台单相的接线方式为 YNyn，三相三柱式的接线方式为 Yyn。

电磁式电压互感器安装在中性点非直接接地系统中，且当系统运行状态发生突变时，有可能发生并联铁磁谐振。为防止此类铁磁谐振的发生，可在电压互感器上装设消谐器，亦可在开口三角端子上接入电阻或白炽灯泡。

电压互感器与电力变压器一样，严禁短路，为此应采用熔断器保护。但 110～500kV 电压级一次侧没有熔断器，直接接入电力系统（一次侧无保护）。35kV 及以下电压级一次侧通过带限流电阻或不带限流电阻的熔断器接入电力系统。电压互感器的一次电流很小，熔断器的熔件截面只能按机械强度选取最小截面，它只能保护高压侧，也就是说只有一次绕组短路才熔断，而当二次绕组短路和过负荷时，高压侧熔断器不可能可靠动作，所以二次侧仍需装熔断器，以实现二次侧过负荷和过电流保护。

但需注意在以下几种情况下，不能装熔断器：

(1) 中性线、接地线不准装熔断器；

(2) 辅助绕组接成开口三角形的一般不装熔断器；

(3) V 形接线中，V 相接地，V 相不准装熔断器。

用于线路侧的电磁式电压互感器，可兼作释放线路上残余电荷的作用。如线路断路器无合闸电阻，为了降低重合闸时的过电压，可在互感器二次绕组中接电阻，以释放线路上残余电荷，并且此电阻还可以消除断路器断口电容与该电压互感器的谐振。

（二）电容式电压互感器

随着电力系统输电电压的增高，电磁式电压互感器的体积越来越大，成本随之增高，因此研制了电容式电压互感器，又称 CVT。目前我国 500kV 电压互感器只生产电容式的。

1. 电容式电压互感器的工作原理

电容式电压互感器采用电容分压原理，是用 2 台串联电容器 C_1 和 C_2 连接到电网电压 $\dot{U}_1$，分压比为

$$K_u = \frac{C_1}{C_1 + C_2}$$

由于 U_2 与一次电压 U_1 成比例变化，故可以 U_2 代表 U_1，即可测出相对地电压。

2. 电容式电压互感器的基本结构

电容式电压互感器基本结构如图 8-19 所示。其主要元件有电容（C_1、C_2）、非线性电感（补偿电感线圈）L_2、中间电磁式电压互感器 TV。为了减少杂散电容和电感的有害影响，增设一个高频阻断线圈 L_1，它和 L_2 及中间电压互感器一次绕组串联在一起，L_1、L_2 上并联放电间隙 E_1、E_2，以资保护。

电容（C_1、C_2）和非线性电感 L_2 和 TV 的一次绕组组成的回路，当受到二次侧短路或断路等冲击时，由于非线性电抗的饱和，可能激发产生高次谐波铁磁谐振过电压，对互感器、仪表和

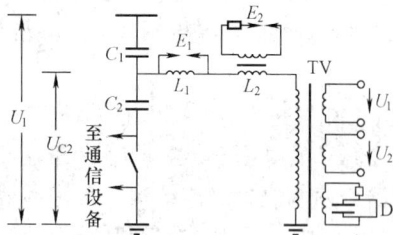

图 8-19 电容式电压互感器结构原理图

继电器造成危害，并可能导致保护装置误动作。为了抑制高次谐波的产生，在互感器二次绕组上设阻尼器 D，阻尼器 D 具有一个电感和一电容并联，一只阻尼电阻被安插在这个偶极振子中。阻尼电阻有经常接入和谐振时自动接入两种方式。

3. 电容式电压互感器的误差

电容式电压互感器的误差是由空载电流、负载电流以及阻尼器的电流流经互感器绕组产生压降而引起的，其误差由空载误差 f_0 和 δ_0、负载误差 f_L 和 δ_L、阻尼器负载电流产生的误差 f_D 和 δ_D 等几部分组成，即

$$f_u = f_0 + f_L + f_D$$
$$\delta_u = \delta_0 + \delta_L + \delta_D$$

以上两式中的各项误差，可仿照本节前述的方法求得。当采用谐振时自动投入阻尼器者，其 f_D 和 δ_D 可略而不计。

电容式电压互感器的误差除受一次电压、二次负荷和功率因数的影响外，还与电源频率有关，当系统频率与互感器设计的额定频率有偏差时，也会产生附加误差。

电容式电压互感器由于结构简单、质量轻、体积小、占地少、成本低，且电压愈高效果愈显著，分压电容还可兼作载波通信的耦合电容。因此它广泛应用于 110～500kV 中性点直接接地系统。电容式电压互感器的缺点是输出容量较小、误差较大，暂态特性不如电磁式电压互感器。

4. 电容式电压互感器的典型结构

电容器的每一电容元件由高纯度纤维纸张——优质的 VOLTAM 和铝膜卷制而成，组装成一个电容器单元，经真空、加热、干燥，予以除气和去湿。然后装入套管内，浸入绝缘油中。在高压电网中，电容部分由若干个叠装的单元构成，可拆卸运输。互感器最上部（首部）有一帽盖，是由铝合金制成，上有阻波器的安装孔。电压连接端也直接安置于帽盖的顶部，是一种圆柱状或扁板状的连接端子，可供选择。帽盖内含有一个弹性的腰鼓形膨胀膜盒，用以补偿运行时随温度变化而改变的油的容积。侧面的油位指示器可观察油面的变化。整个膨胀膜盒均与外界隔绝，密封面不与气室相接触。

三、直流电流互感器

直流电流互感器利用被测直流改变带有铁芯上扼制线圈的感抗，间接地改变辅助交流电路的电流，从而来反映被测电流的大小。

直流电流互感器通常是由两个相同的闭合铁芯所组成，在每一个铁芯上有两个绕组，即一次绕组和二次绕组。一次绕组串联接入被测电路，二次绕组则连接到辅助的交流电路里。其连接方式有串联和并联两种，前者称二次绕组串联直流互感器，后者称二次绕组并联直流互感器。由于二次绕组接法不同，这两种互感器的静态特性和动态特性有很大差别，用途也各不相同。其中二次绕组串联直流互感器用来测量电流，二次绕组并联直流互感器则多用来测量电压。直流互感器也有一次绕组为一匝的母线型互感器。

在直流互感器里，当使用的铁芯材料具有理想的磁化特性时，如果忽略辅助交流电路的阻抗，从理论上可以证明，交流电路电流的平均值正比于被测直流。实际上这种理想情况是不可能实现的，因此直流互感器存在比较大的误差，特别是当被测电流相对互感器的额定电流来说较小时，误差更大。这是直流互感器难以克服的缺点。

直流互感器的准确级不高（一般在 50%～120% 额定电流下，误差为 0.2%～0.5%），同时

也易受外磁场影响。尽管这样，由于它稳定可靠、功率消耗比分流器小、同时又能承担一定负载（指仪表），所以目前应用仍然比较普遍。

图 8-20 为二次绕组串联的直流互感器的接线图。在图中两个二次绕组应反向串联，否则这种双铁芯直流互感器与单铁芯直流互感器一样，在性能上不会有任何改善。

可以证明，当铁芯具有理想磁化特性时，$i_2(t)$ 为矩形曲线，并在任何瞬时都存在如下关系

$$i_2 = I_1 \frac{N_1}{N_2}$$

如果一次侧直流 I_1 增大，相应的二次侧交流瞬时值 i_2 也必然增大。因此一次侧直流电流的变化在二次侧交流电路中可以再现。在这种理想条件下，二次侧交流电路中电流的平均值 $I_{2.av} = I_1 \frac{N_1}{N_2}$ 或 $I_1 = KL_{2.av}$，K 为直流互感器的变

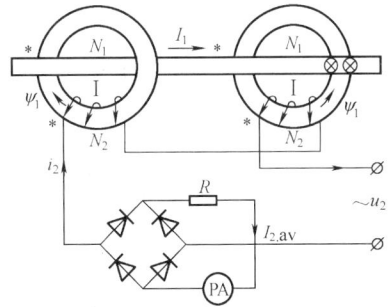

图 8-20 二次绕组串联的直流
电流互感器接线圈

比。因此二次侧电流经整流后，用磁电系仪表测量其平均值，便可以确定一次侧电流 I_1。

在发电厂使用的直流互感器的二次绕组一般由 UPS 供电，以保证互感器的正确性。

复习思考题

8.1 大容量油浸式变压器有哪些主要结构部件？

8.2 说明圆筒式绕组、螺旋式绕组、连续式绕组和纠结式绕组的特点。

8.3 说明油浸变压器各种冷却方式（油浸自冷式、油浸风冷式、强迫油循环风冷式、强迫油循环水冷）的特点。

8.4 什么叫相对寿命？什么叫老化率？什么叫绝缘老化的六度规则？什么叫等值老化原则？

8.5 为什么说，讨论发电厂主变压器的过负荷能力是没有意义的？

8.6 变压器绕组带高电压，其温度是如何测量？

8.7 说明连续在线监测变压器油中含氢量的原理。

8.8 为什么要研究压力释放阀与气体继电器的配合问题？

8.9 变压器油中气体色谱分析主要有哪几种特征气体？各反应何种性质故障？

8.10 互感器有哪些作用？有哪些基本要求？

8.11 电流互感器准确级是如何表示的？什么是保护型准确级？什么是暂态保护型准确级？

8.12 电流互感器的额定容量应该如何理解？

8.13 什么叫电流互感器的极性？什么是减极性原则？极性接线错误有什么影响？

8.14 说明电磁式电压互感器和电容式电压互感器的工作原理。

8.15 电压互感器二次回路的接线方式。

第九章

开 关 电 器

开关电器是指断路器、隔离开关、熔断器、负荷开关、闸刀开关、接触器、启动器等电器设备。

开关电器主要用来闭合/开断正常电路和故障电路或用来隔离电源的。据统计,在电力系统中,每1万kW发电设备需配置100～120台断路器、400～500台隔离开关和其他相应的配套设备,可见开关电器是电力系统的重要设备之一。

根据开关电器在电路中担负的任务,可以分为下列几类:

(1) 仅用来在正常工作情况下,断开或闭合工作电流。如高压负荷开关、低压闸刀开关、接触器、磁力启动器等。

(2) 仅用来断开故障情况下的过负荷电流或短路电流。如高、低压熔断器。这种电器,在电路开断后,必须更换部件才能再次使用。

(3) 既用来断开或闭合正常工作电流,也用来断开或闭合过负荷电流或短路电流。如高压断路器、低压自动空气断路器等。

(4) 不要求断开或闭合工作电流,但具备一定的切、合电容电流和环流的能力,在检修时则用来隔离电压。如隔离开关等。

其中,高压断路器是电力系统中担负任务最繁重、地位最重要、结构也最复杂的开关电器。

第一节　高压断路器分类和性能

一、高压断路器分类

根据断路器所采用的灭弧介质不同,断路器可分为下列几种类型。

1. 油断路器

采用油作为灭弧介质的断路器叫油断路器。油断路器有多油断路器和少油断路器之分。油除了作为灭弧介质和触头开断后的弧隙绝缘外,还承担了带电部分与接地外壳之间的绝缘任务,这种断路器用油量比较多,故称多油断路器;而油只作灭弧介质和触头开断后的弧隙绝缘外,带电部分对地绝缘采用瓷套,这种断路器的用油量少,故称少油断路器。少油断路器和多油断路器相比,除用油量少外,体积也相应小得多,耗用钢材和有色属也少得多。

2. 压缩空气断路器 (简称空气断路器)

采用压缩空气作为灭弧介质的断路器,叫做压缩空气断路器。压缩空气除了作灭弧介质外,还作为触头开断后的弧隙绝缘介质。空气断路器具有灭弧能力强、动作迅速等特点,但结构较复杂、有色金属消耗量较大,因此它一般应用于220kV及以上电压级的大系统中。

3. 六氟化硫 (SF$_6$) 断路器

采用具有优良灭弧性能和绝缘性能的SF$_6$气体作灭弧介质的断路器称为SF$_6$断路器。它具有开断能力强、体积小等特点,但结构较复杂,价格较贵。SF$_6$断路器除作为一般开断电器单独使用外，还常与以 SF_6 作绝缘的其他电器组成封闭式组合电器（GIS），可以大量节省占地面积。SF_6 断路器常用于 110kV 电压级及以上的电力系统中。

4. 真空断路器

利用真空的高介质强度来灭弧的断路器，称真空断路器。此种断路器具有灭弧速度快、触头材料不易氧化、寿命长、体积小、维护简单等特点。

二、高压断路器性能

下面从运行角度出发，介绍高压断路器的有关参数。

1. 额定电压及额定电流

额定电压 U_N 是指断路器长期工作的标准电压。电力系统在运行中允许 $\pm 5\% U_N$ 的电压波动，断路器必须适应在允许电压变化范围内长期工作。断路器还规定了最高工作电压，对额定电压在 $3\sim 220kV$ 范围内的断路器，其最高工作电压较额定电压高 15% 左右；对 330kV 以上者，最高工作电压较额定电压高 10%。断路器额定电压与最高工作电压对应值，见表 9-1。

表 9-1　　　　　断路器额定电压和最高工作电压对应值（kV）

额定电压	3	6	10	20	35	63	110	220	330	500
最高工作电压	3.5	6.9	11.5	22	40.5	66	126	252	363	550

额定电压的大小影响断路器的外形尺寸和绝缘水平，额定电压越高要求绝缘强度越高、外形尺寸越大、相间距离亦越大。选择断路器时，额定电压是首先应满足的条件之一。

额定电流 I_N 是指在额定频率下长期通过断路器且使断路器无损伤、各部分发热不超过长期工作的最高的允许发热温度的电流。我国规定断路器的额定电流为 200、400、630、（1000）、1250、（1500）、1600、2000、3150、4000、5000、6300、8000、10000、12500、16000、20000A。

额定电流的大小，决定断路器导电部分和触头的尺寸和结构，在相同的允许温升下，电流越大，则要求导电部分和触头的截面积越大，以便减小损耗和增大散热面积。

2. 额定短路开断电流

断路器在开断操作时，首先起弧的某相电流称为开断电流。在额定电压下，能保证正常开断的最大短路电流称为额定短路开断电流 I_{brN}。它是标志断路器开断能力的一个重要参数。

我国规定额定短路开断电流的周期分量有效值为：1.6，3.15，6.3，8，10，12.5，16，20，25，31.5，40，50，63，80，100kA 等。

由于开断电流和电压有关，因此在不同的电压下，对同一断路器所能正常开断的最大电流值也不相同。断路器的开断能力既与开断电流有关，又受给定电压的限制，因此以往常采用断流容量这一概念，即把额定条件下的开断能力称为额定断流容量，三相电路的额定断流容量以 $S_{brN}=\sqrt{3}U_N I_{brN}$ 表示。必须指出：断路器在起弧时的开断电流与熄弧后的工频恢复电压，在时间上并非同时产生，这两者相乘并无具体物理意义，亦不能确切地表征开断能力。根据国际电工委员会（IEC）的规定，现只把额定开断电流作为表征开断能力的唯一参数。而断流容量这一名词已经不再使用了。

3. 关合能力（making capacity）

当电力系统未带电时已经存在短路故障，断路器一合闸就会有短路电流流过，这种故障称为"预伏故障"，这种操作，专业术语称为"带故障合闸"。当断路器"带故障合闸"时，在动、静触头接触前（可能尚距几毫米）就会发生击穿，这种现象称为"预击穿"，随之出现短路电流，这给断路器关合提出了特殊要求，它会影响动触头合闸速度及触头的接触压力，当操动机构合闸功率不足时，甚至出现触头弹跳、熔化、焊接以至断路器爆炸等事故，这远比在合闸状态下通过极限电流的情况更为严重。

衡量断路器关合短路故障能力的参数为额定短路关合电流 i_{mc}。其数值以关合操作时，瞬态电流第一个大半波峰值来表示，制造部门对关合电流一般取额定开断电流 I_{brN} 的 $1.8 \times \sqrt{2}$ 倍，即

$$i_{mc} = 1.8\sqrt{2}I_{brN} = 2.55I_{brN}$$

断路器关合短路电流的能力除与灭弧装置性能有关外，还与断路器操动机构的合闸功的大小有关。因此，在选择断路器的同时，应选择与之匹配的操动机构，方能保证足够的关合能力。

4. 耐受性能

断路器在开断短路故障时，短路电流也将流过动、静触头，因此，要求断路器不致因发热和电动力的冲击而损坏，即断路器应有足够的耐受短路电流作用的能力，简称为耐受能力。

(1) 额定热稳定电流和额定热稳定电流的持续时间：断路器在合闸位置，在规定的时间内可能经受的额定短路开断电流即为"额定热稳定电流"，用 I_t 表示，故 $I_t = I_{brN}$。其规定的时间即为"额定热稳定时间"。额定热稳定时间在《断路器技术条件》中规定：330kV 及以下为 4s；500kV 及以上为 3s。

I_t 通过断路器时，各零部件的温度不应超过短时发热最高允许温度，且不致出现触头熔接或软化变形，以及其他妨碍正常运行的异常现象。

(2) 额定动稳定电流：在规定的使用条件下，断路器在合闸位置时所能经受的最大电流峰值称为额定动稳定电流 I_{am}。它与额定关合电流 i_{mc} 不同的是，i_{am} 是断路器处于合闸位置时通过的短路电流，而 i_{mc} 则是断路器在关合过程中所产生的短路电流。额定动稳定电流也是以短路电流的第一个大半波峰值电流来表示，且

$$i_{am} = i_{mc} = 2.55I_{brN}$$

显然，额定动稳定电流反映了断路器承受由于短路电流产生的电动力的耐受性能，它决定于断路器的导电部分和绝缘支持件的机械强度以及触头的结构形式。

5. 操作性能

全开断时间 t_t：这是指断路器接到分闸命令瞬间起到电弧熄灭为止的时间，全开断时间由两部分组成，即

$$t_t = t_1 + t_2$$

式中：t_1 称为固有分闸时间，是指从断路器接到分闸命令瞬间到所有各相的触头都分离的时间间隔；t_2 称为燃弧时间，是指某一相首先起弧瞬间到所有相电弧全部熄灭的时间间隔。

全开断时间 t_t 是说明断路器开断过程快慢的主要参数。它直接影响故障对设备的损坏程度、故障范围、传输容量和系统的稳定性。断路器开断单相电路时，各个时间的关系如图 9-1 所示，其中 t_0 为继电保护装置动作时间。

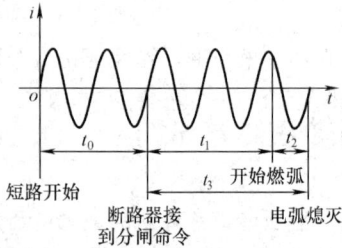

图 9-1 断路器开断时间示意图

6. 自动重合闸性能（循环操作性能）

架空线路的短路故障，大多是暂时性故障。当短路电流切断后，故障亦随之消除。为了提高供电的连续性，故多数装有自动重合闸装置。自动重合闸就是断路器在故障跳闸后，经过一定的时间间隔，自动进行关合。重合后，如果故障已消除，即恢复正常供电，称为自动重合成功。如果故障并未消除，则断路器必须再次开断故障电流，这种情况称为自动重合失败。在重合失败后，如已知为永久性故障，应立即组织检修。但有时运行人员无法判断故障是暂时性还是永久性，而该电路供电又很重要，允许 3min 后再强行合闸一次，称为"强送电"。同样，强送电也可能成功或失败。但失败时，断路器必须再开断一次短路电流。断路器的前述动作程序，称为自动

重合闸的操作循环。

操作循环时间示意图如图 9-2 所示。其中 t_0 为短路开始继电保护动作到发出分闸命令；t_1 为接收分闸命令到电弧熄灭；θ 为自动重合闸动作到预击穿；t_3 为预击穿到触头接触；t_4 为触头接触金属短接时间；t_5 为燃弧时间。

断路器允许的无电流间隔时间取决于第一次开断后，断路器恢复熄弧能力所需要的时间。如果间隔时间太短，当

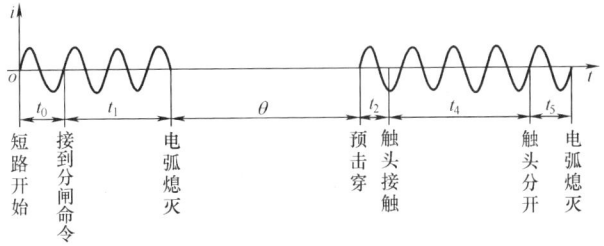

图 9-2　自动重合闸操作循环中的有关时间示意图

断路器重合后再次分闸时，尚未恢复其熄弧能力，则断路器在第二次分闸时的断流容量便要下降。

用于架空输电线路中的断路器，必须满足自动重合闸的要求。应能在短时间内连续可靠的关合两次短路故障、开断三次短路电流，以保证电力系统运行的可靠性。

第二节　油断路器

油断路器按用油量的多少，有多油与少油之分。因多油断路器有很多缺点，除老设备尚有少量遗留外，现在已很少选用。

少油断路器也有户内式和户外式之分。我国生产的 20kV 及以下的都为户内分相式，油箱多用钢板卷制，为防磁短路，中间焊缝都用非磁材料——黄铜，灭弧室则装在钢筒中。35kV 以上都为户外式，均采用高强度瓷筒作为油箱。35kV 电压级有户内式，也有户外式。

新型的户内式少油断路器，灭弧室改用环氧玻璃钢布卷成。这样既能节省钢材，也可以减少涡流损耗。

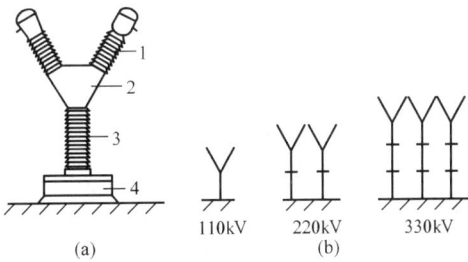

图 9-3　户外少油断路器
(a) 一个外形体构成单元；(b) 积木式结构示意图
1—灭弧室；2—机构箱；3—支持瓷套；4—底座

电压在 110kV 及以上的户外式少油断路器，采用串联灭弧室积木式结构，如图 9-3 (a) 中呈 Y 形体的结构，两个灭弧室分别装在两侧，组成 V 形排列，构成双断口的结构。一个 Y 形体构成一个单元，根据电压要求，可用几个单元串联起来。如每个单元的电压为 110kV，则用两个单元串联即成 220kV，3 个单元串联即成 330kV，如图 9-3 (b) 所示。这种结构的优点是：灭弧室及零部件均可采用标准元件、通用性强，使产品系列化、便于生产和维修；灭弧室研制工作量相对减少，便于向更高电压等级发展。少油断路器的灭弧室有很多结构形式，但其灭弧方法不外是纵吹、横吹和压油吹弧等。下面以纵吹和横吹灭弧室为例加以分析。

一、纵吹灭弧室

图 9-4 为 SW6-220 型断路器一个臂灭弧室结构示意图，其灭弧室由六块灭弧片和五块衬环相叠而成。各灭弧片之间形成油囊，采用逆流原理（即开断时，动触头往下运行，电弧产生的气泡往上运动，动触头端部的弧根总是与下面冷态的新鲜油接触），动触头向下运动产生电弧后，电弧直接接触油囊内的油，油被分解成气泡，由于油囊的限制，气泡产生高压，并通过灭弧片中间

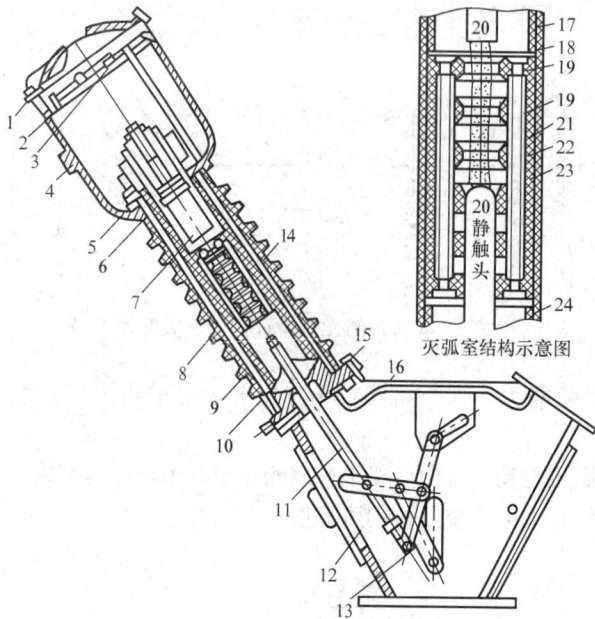

图 9-4 少油断路器一臂灭弧室结构示意图

1—盖；2—安全阀片；3—上盖板；4—铝帽；5—逆止阀；6—压油活塞；7—静触头；8—灭弧室；9—玻璃钢筒；10—中间触头；11—导电杆；12—中间机构箱；13—直线机构；14—瓷套；15—下铝法兰；16—导电板；17—上衬筒；18—调节垫；19—灭弧片；20—静触头；21—衬环；22—绝缘管；23—绝缘筒；24—下衬筒

的圆孔不断对电弧向上吹拂，使电弧冷却并熄灭。

油断路器在开断电流时，是借助于电弧能量使灭弧介质（油）汽化，产生气压来进行灭弧的，这称之为自能式灭弧断路器。这种断路器在开断小电流时，往往由于电弧能量较小，产生的气压不足而造成熄弧困难，在开断电容电流时，还可能出现过电压。220kV 以上的少油断路器，常采用压油活塞装置来提高开断电容电流的能力，且可做到不致重燃。

新鲜而冷的变压器油，其耐压是比较高的，如电流过零后，断口间充满新鲜油，则断口间的距离只要几毫米就能保证足够的介质强度，不致出现重燃。但实际上，由于油的惯性，在触头分断过程中动触头向下运动后让出的空间不可能立刻充油，因而出现了短时的"真空"现象，介质强度大大降低。

静触头上装有压油活塞后，当触头分断时，弹簧力推动活塞向下运动，将活塞下面的油压入弧隙中，可以消除"真空"现象，从而提高介质强度。此类断路器导电部分装有铜钨合金触头、触指、保护环，以提高开断能力，延长使用周期。

二、横吹灭弧室

图 9-5 为少油断路器的横吹灭弧室，共有 5 块灭弧片重叠组成。第一块的中心孔旁开有一个斜吹口，起预排油和斜吹弧的作用；其下有三块灭弧片组成三个横吹口，最下部的一块构成纵吹室。断路器在关合位置时，横吹口被导电杆堵住。当开断时，导电杆向下运动。触头分离后产生电弧，在横吹口未打开之前，电弧在封闭空间内燃烧，因此，气泡压力迅速增加，并开始向斜吹口喷射。一旦横吹口依次被打开，就开始横吹电弧。此外，由于导电杆向下运动，灭弧室下部新鲜油被挤上形成油流，集中向第一横吹口喷射，起到压油吹弧的作用。在斜吹、横吹和压油吹弧作用

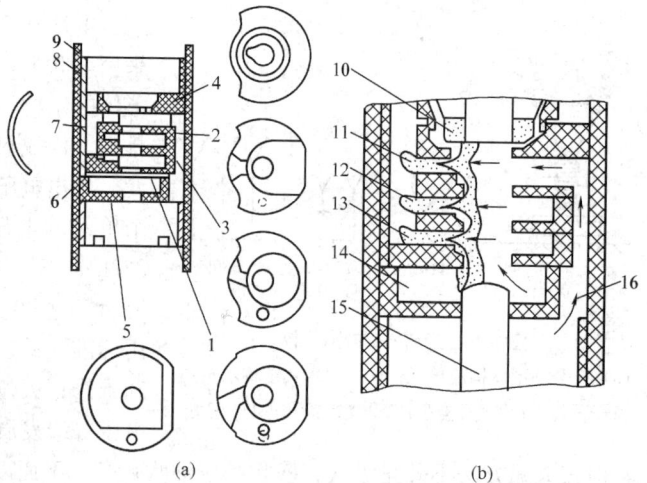

图 9-5 少油断路器横吹灭弧室示意图
(a) 灭弧室结构示意图；(b) 灭弧过程示意图

1～5—灭弧片；6—垫圈；7—隔弧板；8—压环；9—绝缘筒；10—静触头；11—第一横吹口；12—第二横吹口；13—第三横吹口；14—纵吹室；15—导电杆；16—油流

下，电弧被强烈冷却而熄灭。

在切断小电流时，由于压力很低，吹弧作用较弱，所以，电弧被拉入灭弧室下面纵吹部分，依靠纵吹作用和压油作用吹弧而后熄灭。必须指出，压油吹弧作用对熄灭小电流电弧起很重要作用。

由于熄灭大电流电弧依靠横吹，熄灭小电流电弧依靠纵吹，所以，这种灭弧室又叫纵横吹灭弧室。

第三节　压缩空气断路器

压缩空气断路器是利用预先贮存的压缩空气来灭弧，气流不仅带走弧隙中大量的热量、降低弧隙温度，而且直接带走弧隙中的游离气体，代之以新鲜压缩空气，使弧隙的绝缘性能很快恢复。所以，压缩空气断路器比油断路器可有较大的开断能力，动作迅速，开断时间较短，而且在自动重合闸中可以不降低开断能力。

压缩空气断路器的灭弧性能与空气压力有关，空气压力愈高，绝缘性能愈好，灭弧性能也愈好。我国一般选用的压力为2.0MPa。

触头开距对断路器的灭弧性能亦有影响。研究表明，各种灭弧结构都存在一最合适的触头开距，即当触头间开距达此距离时，可以得到最有利的灭弧条件。但这个距离通常很小，不能满足断口的绝缘要求。因此，为得到最有利的灭弧条件，又能保证断口的绝缘要求，便出现了不同结构形式的空气断路器。

一种常充式空气断路器，无论是在闭合位置还是在开断位置，都充有压缩空气，排气孔只在开断过程中打开，形成吹弧。开断前，在灭弧室内已充满压缩空气，触头刚一分离，就能立即强烈地吹弧，所以，开断能力较大。开断以后，灭弧室内也充满压缩空气，用以保证触头间所必要的绝缘强度，故可取消隔离器。这种断路器的结构简单，对空气压力利用得较好，气耗量较少。我国目前生产的空气断路器，如KW3、KW4和KW5型都属于这种结构。

下面以KW5型为例，分析空气断路器的灭弧原理。

图9-6为KW5型断路器的灭弧室结构示意图。断路器在合闸位置时，电流经一侧的导电杆1、静触头座2、静触指3、动触头4、导电板5，再到另一侧，形成通路。

当分闸时，通过控制系统的作用，使排气阀10向上运动，打开排气孔11，此时，灭弧室内的压缩空气，通过喷口8高速喷出，排往大气。在排气孔打开后，拉杆6立即向上运动，带动动触头4作高速分断运动。因此，电弧开始产生后就立即受到强烈气流的作用，电弧则从动触头和静触指之间，迅速转到静触头7之间。

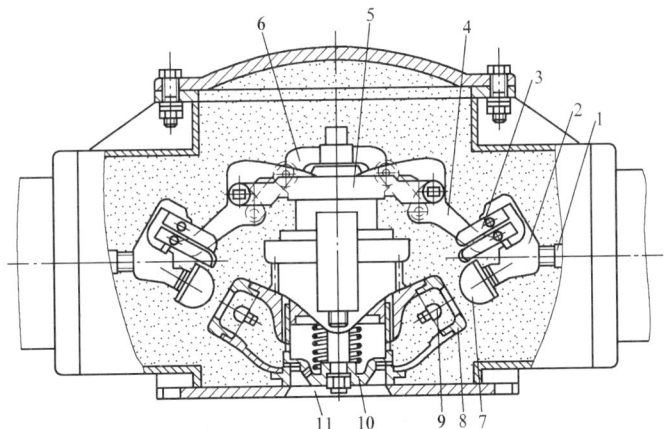

图9-6　压缩空气断路器的灭弧室结构示意图

1—导电杆；2—静触头座；3—静触指；4—动触头；5—导电板；6—拉杆；7—静触头；8—喷口；9—定弧触头；10—排气阀；11—排气孔

随后，电弧继续移动到静触头和定弧触头9之间。在喷口中燃烧的电弧，在气流的强烈纵吹

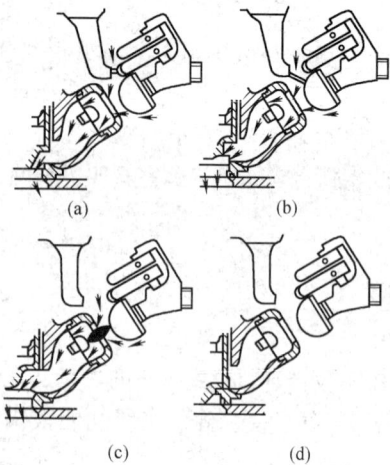

图 9-7 灭弧过程示意图

(a)、(b)、(c)电弧移动过程，
(d) 电弧熄灭

作用下迅速熄灭。整个灭弧过程，如图 9-7 （a）、（b）、（c）、（d）所示。

电弧熄灭后，排气阀在弹簧力的作用下，自动向下运动复位，关闭排气孔，分闸即告完成。此时，灭弧室内仍充满压缩空气，以保证触头之间的绝缘强度。

KW5 系列断路器包括有 110、220、330、380kV 电压等级，不同电压等级的断路器由图 9-6 所示的单元组合而成。如 110kV 级只用一个单元、一个灭弧室、双断口；330（380）kV 级由三个灭弧室、六个断口组成。

第四节 SF₆ 断 路 器

SF₆断路器是利用 SF₆气体作为绝缘介质和灭弧介质的新型高压断路器。SF₆断路器可分为两大类：

（1）第一类，为瓷瓶式 SF₆断路器，可用于 110kV 及以上的电力系统中。该系列产品除 110kV 断路器三相共用一个机构外，其他均为三相分装式结构。110～220kV 断路器每相一个断口，整体呈"I"型布置。330～500kV 断路器每相两个断口，整体呈"T"型布置。每个断口由灭弧室、支柱（支持绝缘子）、机构箱组成，其中 330～500kV 断路器还带有均压电容器、合闸电阻等，其结构示意图如图 9-8 所示。

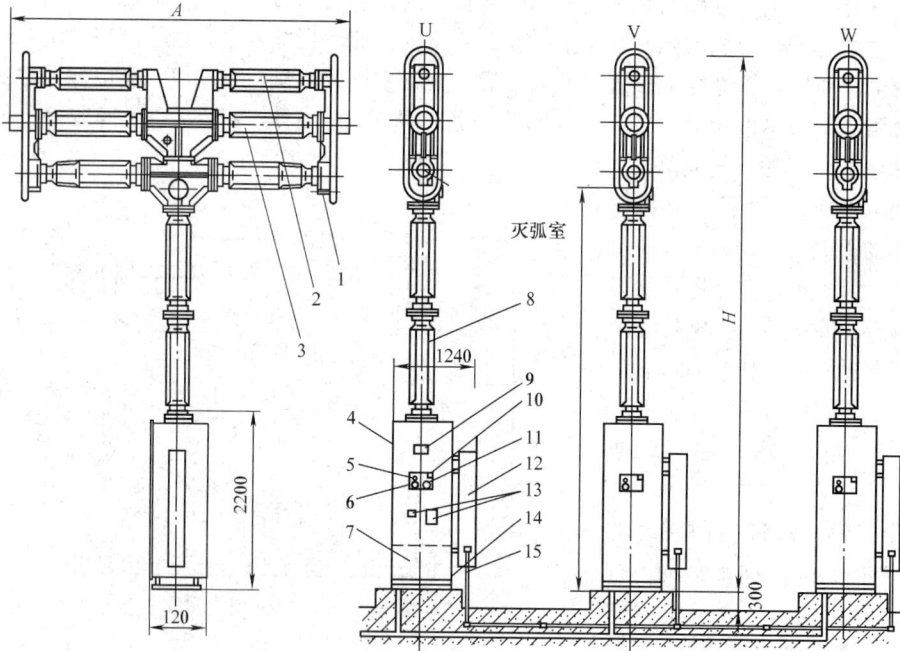

图 9-8 330、500kV SFM 型高压 SF₆ 断路器结构意示图

1—接线端子；2—电容量；3—合闸电阻；4—机绝箱；5—分合指示牌；
6—SF₆ 压力表；7—空气压缩机；8—支柱；9—铭牌；10—操作计数器；
11—空气压力表；12—贮气罐；13—铭牌（空压机）；14—接地端（面积
20.250mm²）；15—放水阀

（2）第二类，落地罐式 SF_6 断路器，是把断路器装入一个外壳接地的金属罐中。该产品除 110kV 级及部分 220kV 级产品的三相分装在一个公用底架上并采用三相联动操作外，其余各电压等级及部分 220kV 产品均为三相分装结构，每相由接地的金属罐、充气套管、电流互感器、操动机构和底架等部件组成。其外形示意图如图 9-9 所示。

为充分利用 SF_6 气体优良的绝缘性能，将 SF_6 断路器与隔离开关、接地开关、电流互感器、电压互感器和部分母线按主接线要求，依次连接，组成一个整体。各元件的高压带电部分均装在一个用 SF_6 气体绝缘的金属外壳中，构成全封闭组合电器 GIS，其优越性更为显著。SF_6 组合电器的发展极为迅速，我国现已有自行设计和制造的 SF_6 全封闭组合电器投入运行，详见第十章第七节内容。

一、SF_6 气体性能

SF_6 气体是无色、无味、无毒、不可燃亦不助燃的非金属化合物，在常温常压下，其密度为空气的五倍。它具有很高的电气绝缘特性和灭弧能力。

1．SF_6 气体的绝缘性能

SF_6 的电子结构具有如图 9-10（a）所示的共价键结构；其分子结构如图 9-10（b）所示，呈正八面体，属于完全对称型，硫原子被六个氟原子浓密包围，呈强电负性，体积较大。

当电场具有一定能量的散射电子时，它可能导致碰撞游离，但 SF_6 呈强烈的电负性，而且体积较大，对电子捕获较易，并吸收其能量生成低活动性的稳定负离子。这种直径更大的负离子在电场中自由行程很短，难以积累发生碰撞游离的能量；同时，正负离子的质量都较大，行动迟缓，再结合的几率将大为增加。因此，在 1 个大气压下，SF_6 的绝缘能力超过空气的 2 倍；当压力为 3 个大气压时，其绝缘能力就和变压器油相当。

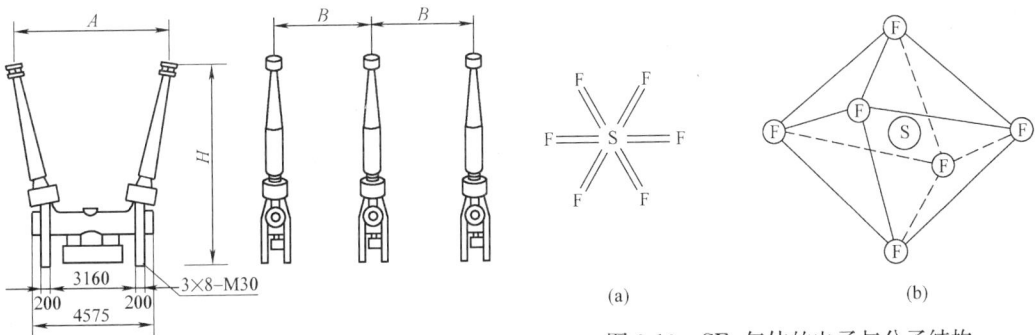

图 9-9　LW13-500 型罐式 SF_6 断路器结构示意图

图 9-10　SF_6 气体的电子与分子结构

（a）电子结构；（b）分子结构

2．SF_6 气体的灭弧性能

SF_6 在电弧作用下接受电能而分解成低氟化合物，但电弧电流过零时，低氟化合物则急速再结合成 SF_6，故弧隙介质强度恢复过程极快。所以，SF_6 的灭弧能力相当于同等条件下空气的 100 倍；此外，电弧弧柱的电导率高、燃弧电压低、弧柱能量小。

二、SF_6 断路器灭弧室结构

SF_6 气体作为灭弧介质时，只需要较小的气压和压差，所以，SF_6 断路器的灭弧室可以按压气活塞原理制成单压式，其气流是直接在开断过程中产生的，其压力一般在（3.5～7）$\times 10^5$ Pa 范围内。国产的 SF_6 断路器均为单压式。目前，单压式灭弧室有定开距和变开距两种结构。

1．定开距灭弧室

图 9-11 为定开距灭弧室结构示意图。断路器的触头由两个带喷嘴的空心静触头 3、5 和动触

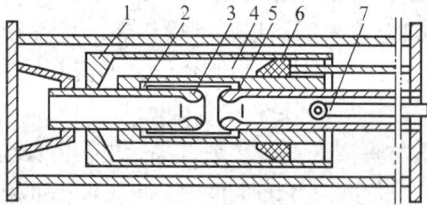

图 9-11　定开距灭弧室结构示意图

1—压气源；2—动触头；3，5—静触头；
4—压气室；6—固定活塞；7—拉杆

头 2 组成，断路器开断操作时，电弧产生于两个静触头之间，而两个静触头则保持固定的开距，故称之为定开距。下面简要描述断路器的开断过程：断路器在关合位置时［图 9-12 (a)］，动触头 2 跨接于两个静触头之间，构成电流通路。由绝缘材料制成的固定活塞 6 和与动触头连成整体的压气罩 1 之间围成压气室 4。分闸操作时，压气罩由操作机构带动的拉杆 7 拉动，随动触头向右移动，使压气室内的 SF_6 气体压缩并提高压力［图 9-12 (b)］，动触头继续向右移动，当动、静触头脱离瞬间，产生电弧，弧口亦同时打开，被压缩的 SF_6 气体从弧口经静触头中心吹出［图 9-12 (c)］，电弧熄灭，断路器保持分闸位置［图 9-12 (d)］。

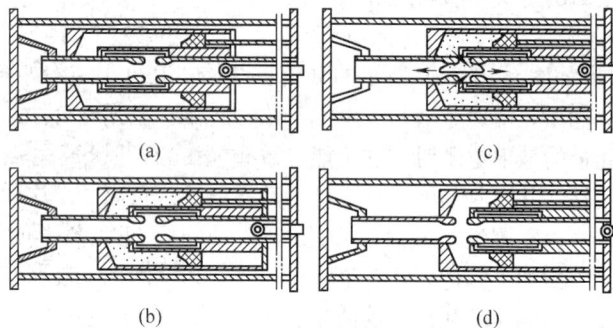

图 9-12　定开距灭弧室灭弧过程示意图

(a) 断路器在合闸位置；(b) 压气室内的 SF_6 气体被压缩；
(c) 产生的气流向喷口吹弧；(d) 熄弧后的开断位置

本结构的特点是：由于利用了 SF_6 气体介质强度高的优点，触头开距设计得比较小，110kV 电压的开距只有 30mm。触头从分离位置到熄弧位置的行程很短，因而电弧能量小，熄弧能力强，燃弧时间短，但压气室的体积比较大。前述 LW13（SFMT）型罐式高压 SF_6 断路器，均采用此种型式的灭弧室结构。

2. 变开距灭弧室

变开距灭弧室的结构示意图如图 9-13 所示。其结构与少油断路器相似。触头系统有主触头、弧触头和中间触头。主触头的中间触头放在外侧，以改善散热条件，提高断路器的热稳定性。灭弧室的可动部分由动触头、喷嘴和压气缸组成。为了在分闸过程中使压气室的气体集中向喷嘴吹弧，而在合闸过程中不致在压气室形成真空，故设有逆止阀。合闸时，逆止阀打开，使压气室与活塞内腔相通，SF_6 气体从活塞的小孔充入压气室；分闸时，逆止阀堵住小孔，让 SF_6 气流集中向喷嘴吹弧。

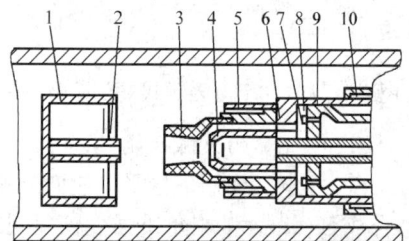

图 9-13　变开距灭弧室结构示意图

1—主静触头；2—弧静触头；3—喷嘴；4—弧动触头；5—主动触头；6—压气缸；7—逆止阀；8—压气室；9—固定活塞；10—中间触头

变开距灭弧室的灭弧过程见图 9-14。图 9-14 (a) 为合闸位置。分闸时，可动部分向右运动，此时，压气室内的 SF_6 气体被压缩并提高压力，如图 9-14 (b) 所示。主触头首先分离，然后，弧触头分离产生电弧，同时也产生气流向喷嘴吹弧，如

图 9-14（c）所示。熄弧后的分闸位置如图 9-14（d）所示。

从上述动作过程可以看出，触头的开距在分闸过程中是变化的，故称之为变开距灭弧室。本结构的特点是：触头开距在分闸过程中不断增大，最终开距较大，故断口电压可以做得较高、起始介质强度恢复速度快。喷嘴与触头分开，喷嘴的形状不受限制，可以设计得比较合理，有利于改善吹弧效果，提高开断能力。但绝缘喷嘴易被电弧烧损。前述 LW（SFM）型绝缘子式高压六氟化硫断路器，均采用这种形式的灭弧室结构。

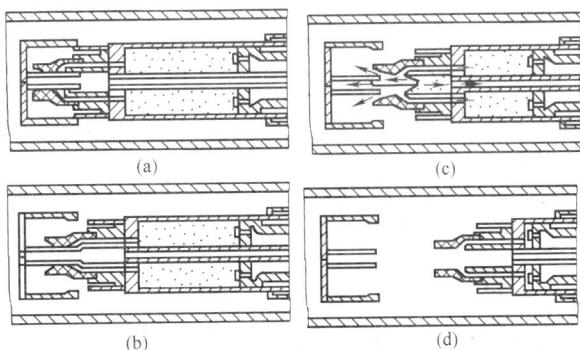

图 9-14 变开距灭弧室灭弧过程示意图

(a) 合闸位置；(b) 压气室内 SF$_6$ 气体被压缩并提高压力；(c) 触头分离，产生电弧、气流，向喷嘴吹弧；(d) 熄弧后的分闸位置

三、SF$_6$ 断路器特点

（1）断口耐压高。SF$_6$ 断路器的单元断口耐压与同电压级的其他断路器相比要高，所以 SF$_6$ 断路器的串联断口数和绝缘支柱较少，因而零部件也较少、结构简单，使制造、安装、调试和运行都比较方便。

（2）允许断路次数多，检修周期长。由于 SF$_6$ 气体分解后可以复原，且在电弧作用下的分解物不含有碳等影响绝缘能力的物质，在严格控制水分的情况下，生成物没有腐蚀性。因此，断路后 SF$_6$ 气体的绝缘强度不下降，检修周期相应也长。

（3）开断性能很好。SF$_6$ 断路器的开断电流大、灭弧时间短、无严重的截流和截流过电压。无论开断大电流或小电流，其开断性能均优于空气断路器和油断路器。

（4）占地少。与其他断路器相比，在电压等级、开断能力及其他性能相近的情况下，SF$_6$ 断路器的断口少、体积小，尤其是 SF$_6$ 全封闭组合电器，可以大大减少变电所的占地面积，对于负荷集中、用电量大的城市变电所和地下变电所更为有利。

（5）无噪声和无线电干扰。

（6）要求加工精度高、密封性能良好。

SF$_6$ 气体本身虽无毒，但在电弧作用下，少量分解物（如 SF$_4$）对人体有害，一般需设置吸附剂来吸收。运行中要求对水分和气体进行严格检测，而且要求在通风良好的条件下进行操作。

虽然 SF$_6$ 断路器的价格较高，但由于其优越的性能和显著的优点，故正得到日益广泛的应用。在我国，SF$_6$ 断路器在高压和超高压系统中将占有主导地位，并且正在向中压级发展，在 10～60kV 电压级系统中也正逐步取代目前广泛使用的少油断路器。

第五节 真空断路器

所谓"真空"是相对而言的，从广义上讲，指的是绝对压力低于 101325Pa（相当于 1atm）的气体稀薄的空间。气体稀薄程度用"真空度"表示。气体的绝对压力值愈低"真空度"就越高。

气体间隙的击穿电压与气体压力有关。在"真空"这一区间内，击穿电压随气体压力的提高而降低，当气体压力高于 1.33×10^{-2} Pa（相当于 10^{-4} mmHg）以上时，击穿电压迅速降低。所以，在真空断路器内的"真空"，指的是气体压力在 1.35×10^{-2} Pa 以下的空间。

在这种气体稀薄的空间里，不同介质的绝缘间隙，击穿电压不一样，其绝缘强度愈高，电弧愈容易熄灭。图 9-15 表示在均匀电场作用下，不同介质的绝缘间隙的击穿电压。由图可见，真空的绝缘强度比变压器油、101325Pa气压下的SF_6和空气的绝缘强度都高得多。

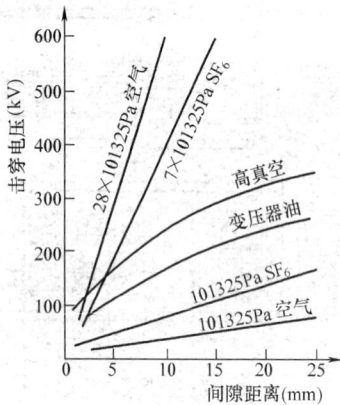

图9-15 不同介质的绝缘
间隙击穿电压

真空间隙内的气体稀薄，分子的自由行程大，发生碰撞的几率小，因此，碰撞游离不是真空间隙击穿产生电弧的主要因素。真空中的电弧是在由触头电极蒸发出来的金属蒸汽中形成的，电极表面即使只有微小的突起部分，也会引起电场能量集中，使这部分发热而产生金属蒸汽。因此，电弧特性主要取决于触头材料的性质及其表面状况。

目前，使用最多的触头材料是以良导电金属为主体的合金材料，如铜—铋（Cu—Bi）、铜—碲—硒（Cu—Te—Se）、铜—铬（Cu—Cr）等三个系列，前两个主要用于制造电压等级较低、分断大电流的触头；后一个适用于制造中、高电压等级，分断大电流的触头。由于CuBi合金存在许多缺点，从发展看，有被CuCr合金取代的可能。为进一步提高开断能力，国外正在研究在CuCr合金的基础上，加入Ta、Nb、Ti、Zr、Al等元素的触头材料。此外，还有采用Cu—Co—Ta合金、Cu—Fe—Ta合金和Cu—Cr—TaB$_2$合金等来提高开断能力。

真空断路器的特点如下：

（1）触头开距短。10kV级真空断路器的触头开距只有10mm左右。因为开距短，可使真空灭弧室做得小巧，所需的操作功小、动作快、机械寿命也长。

（2）燃弧时间短，且与开断电流大小无关，一般只有半个周波，故有半周波断路器之称。

（3）熄弧后触头间隙介质恢复速度快，对开断近区故障性能较好。

（4）由于触头在开断电流时烧损量很小，所以触头寿命长。

（5）体积小，质量轻。

（6）能防火防爆。

真空灭弧室宛如一只大型电子管，所有的灭弧零件都密封在一个玻璃外壳内，如动触杆与动触头的密封靠不锈钢波纹管来实现。在动触头外面四周装有金属屏蔽罩，此罩通常由无氧铜板制成。屏蔽罩的作用是为了防止触头间隙燃弧时飞出电弧生成物（如金属离子、金属蒸气、炽热的金属液滴等）沾污玻璃外壳内壁而破坏其绝缘性能。屏蔽罩固定在玻璃外壳的腰部，燃弧时，屏蔽罩吸收的热量容易通过传导的方式散发，有利于提高灭弧室的开断能力。

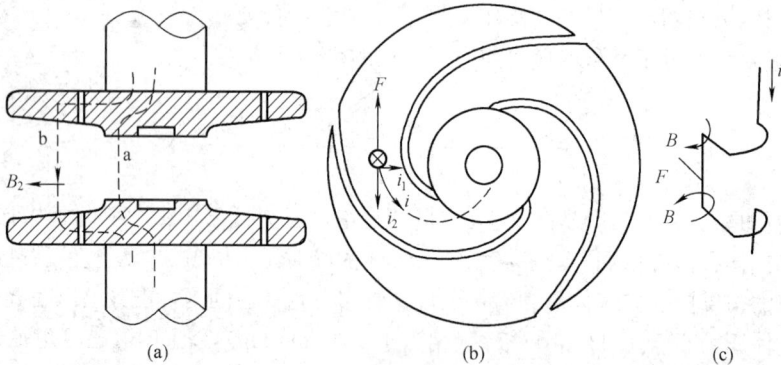

图9-16 真空断路器的触头结构示意图
（a）纵剖面图；（b）下触头顶视图；（c）电流线和磁场

真空断路器的触头结构如图 9-16 所示，触头的中部是一圆环状的接触面，接触面的周围是开有螺旋槽的吹弧面，触头闭合时，只有接触面相接触。当开断电流时，最初在接触面上产生电弧，电流回路呈 Ⅱ 形，在流过触头中的电流所形成的磁场作用下，电弧沿径向向外缘快速移动，即从位置 a 向外移动到 b。电流在触头中的流动路径受螺旋线的限制，因此，通过电极内的电流路径是螺旋形的，如图 9-16（b）中的虚线所示。电流可分解为切向分量 i_2 和径向分量 i_1。其中切向分量电流 i_2 在弧柱上产生沿触头方向的磁感应强度 B_2，它与电弧电流形成的电动力是沿切线方向的，在此力的作用下，可使电弧沿触头作圆周运动，在触头的外缘上不断旋转，于是可避免电弧固定在触头某处而烧坏触头，同时能提高真空断路器的开断能力。例如：直径为 46mm 的铜－铋－铈触头：当做成圆盘状的结构时，在 10kV 电压下只能开断 5、6kA 的电流；而做成具有螺旋槽的结构时，开断电流可超过 10kA。

第六节　熔　断　器

一、高压熔断器

利用串联于电路中的一个或多个熔体，在过负荷电流或短路电流的作用下，于一定的持续时间内熔断以切断电路的电器称为熔断器。电压在 1kV 以上的熔断器称为高压熔断器。

高压熔断器主要由熔体和本体两部分构成。熔体是由铅、锡、铜、银等金属组成的合金，能承受正常工作电流。熔体通常做成丝状、片状或柱状，在过负荷和短路电流作用下，熔体被熔断，在熔体的两端头之间形成电弧，随着被熔断的熔体两端头之间距离的增加，最后电弧熄灭，电路即被切断，在更换新的熔体后熔断器便能恢复使用。熔断器的本体包括安装在熔体外面的纤维管、瓷套管和管座。

高压熔断器又分为限流型和非限流型两种。限流型高压熔断器的瓷套管内部往往充满石英砂，起限流和灭弧作用。非限流型使用最广泛的是跌落式熔断器，其熔体放置于产气的绝缘纸管中，依靠作用在熔体上的拉力使熔断器保持在合闸位置，当熔体熔断后，锁扣脱扣，绝缘纸管跌落，将电路切断，并形成可见的断开点。

高压熔断器是一种使用最早的保护电器，结构简单轻巧，维护方便，价格便宜，在我国 10kV 及以下的配电线路和变电所中得到广泛应用。也有的将高压熔断器与负荷开关配合使用，以代替昂贵的断路器。此外还发展了 35kV 户外自动重合闸的跌落式高压熔断器，用于 35kV 配电系统的出线回路中。我国还开发了一种名为"高压限流熔断器组合保护装置"，用于大容量机组的厂用变压器和励磁变压器的保护。有些国家已将高压熔断器用于更高的电压等级中，例如美国用于 170kV 系统，前苏联用于 220kV 系统。

二、低压熔断器

低压熔断器与高压熔断器的结构和原理完全一样，只是使用电压在 1kV 以下。低压熔断器一般没有限流型和非限流型之分。

第七节　断路器操动机构

断路器是一种开关电器，通过触头的分、合动作达到开断与关合电路的目的，因此必须依靠一定的机械操动系统才能完成。在断路器本体以外的机械操动装置称为操动机构，而操动机构与断路器动触头之间连接的部分称为传动机构和提升机构。上述关系可用图 9-17 表示。

断路器操动机构接到分闸（或合闸）命令后，用电能或预先存储好的各种能量，如：弹簧势

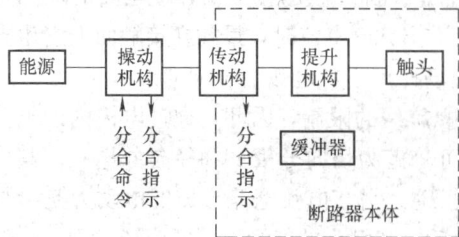

图 9-17　断路器操动机构的组成

能、重力势能、气体或液体的压缩能等，推动操动机构动作，连动传动机构、提升机构，达到使断路器分、合闸的目的。

操动机构一般做成独立产品。一种型号的操动机构可以操动几种型号的断路器，而一种型号的断路器也可配装不同型号的操动机构。

断路器操作时的速度很高。为了减少撞击，避免零部件的损坏，需要装置分、合闸缓冲器，缓冲器大多装在提升机构的近旁。在操动机构及断路器上应具有反映分、合闸位置的机械指示器。

一、操动机构性能要求

断路器的全部使命，归根结底是体现在触头的分、合动作上，而分、合动作又是通过操动机构来实现的。因此，操动机构的工作性能和质量的优劣，对高压断路器的工作性能和可靠性起着极为重要的作用，对于操动机构的主要要求如下：

(1) 合闸。不仅能关合正常工作电流，而且在关合故障回路时，能克服短路电流产生的电动力的阻碍，关合到底。在操作能源（如电压、气压或液压）在一定范围内（80%～110%）变化时，仍能正确、可靠的工作。

(2) 保持合闸。由于合闸过程中，合闸命令的持续时间很短，而且操动机构的操作力也只在短时内提供，因此操动机构中必须有保持合闸的部分，以保证在合闸命令和操作力消失后，断路器仍能保持在合闸位置。

(3) 分闸。操动机构不仅要求能够遥控分闸，在某些特殊情况下，应该可能在操动机构上进行手动分闸，而且要求断路器的分断速度与操作人员的动作快慢和下达命令的时间长短无关。操动机构应有分闸省力机构。

(4) 自由脱扣。断路器在合闸过程中，又接到分闸命令，则操动机构不应继续合闸而应能立即分闸。

(5) 防跳跃。断路器关合短路后又自动分闸，即使合闸命令尚未解除也不会再次合闸。

(6) 复位。断路器分闸后，操动机构中的每个部件应能自动地恢复到准备合闸的位置。

(7) 闭锁。为了保证操动机构的动作可靠，要求操动机构具有一定的闭锁装置。常用的闭锁装置有：①分合闸位置闭锁。保证断路器在合闸位置时，操动机构不能进行合闸操作；在分闸位置时，不能进行分闸操作。②低气（液）压与高气（液）压闭锁。当气体或液体压力低于或高于额定值时，操动机构不能进行分、合闸操作。③弹簧操动机构中的位置闭锁。弹簧储能不到规定要求时，操动机构不能进行分、合闸操作。

二、操动机构种类及其特点

1. 手动操动机构（CS）

靠人手的力量直接合闸的操动机构称为手动操动机构。它主要用来操动电压等级较低、额定开断电流很小的断路器。除工矿企业用户外，电力部门中手动操动机构已很少采用。手动操动机构结构简单、不要求配备复杂的辅助设备及操作电源；缺点是不能自动重合闸，只能就地操作，不够安全。因此，手动操动机构应逐渐被淘汰。

2. 电磁操动机构（CD）

靠电磁力合闸的操动机构称为电磁操动机构。电磁操动机构的优点是结构简单、工作可靠、制造成本较低；缺点是合闸线圈消耗的功率太大，因而用户需配备价格昂贵的蓄电池组。电磁操动机构的结构笨重、合闸时间长（0.2～0.8s），因此在超高压断路器中很少采用，主要用来操作110kV及以下的断路器。

3. 电动机操动机构（CJ）

利用电动机经减速装置带动断路器合闸的操动机构称为电动机操动机构。电动机所需的功率决定于操作功的大小以及合闸作功的时间，由于电动机作功的时间很短（即断路器的固有合闸时间，约在零点几秒左右），因此要求电动机有较大的功率。电动机操动机构的结构比电磁操动机构复杂、造价也贵，但可用于交流操作。用于断路器的电动机操动机构在我国已很少生产，有些电动机操动机构则用来操动额定电压较高的隔离开关，对合闸时间没有严格要求。

4. 弹簧操动机构（CT）

利用已储能的弹簧为动力使断路器动作的操动机构称为弹簧操动机构。弹簧储能通常由电动机通过减速装置来完成。对于某些操作功不大的弹簧操动机构，为了简化结构、降低成本，也可用手力来储能。

5. 气动操动机构

图9-18为配用压气式SF$_6$断路器的一种气动操动机构的动作原理图。由于这种断路器的分闸功比合闸功大，所以分闸时由压缩空气活塞2驱动，并使合闸储能弹簧1储能。合闸时由合闸弹簧驱动。机构的操作程序如下：

（1）分闸。如图9-18所示，分闸电磁铁5通电，分闸启动阀6动作，压缩空气向A室充气，使主阀3动作，打开储气筒4通向工作活塞2的通道，B室充气，活塞向右运动，一方面压缩合闸弹簧1使其储能，另一方面驱动断路器传动机构使之分闸。分闸完毕后，分闸电磁铁断电，分闸启动阀复位，A室通向大气，主阀3复位，B室通向大气。工作活塞被保持机构保持在分闸位置。

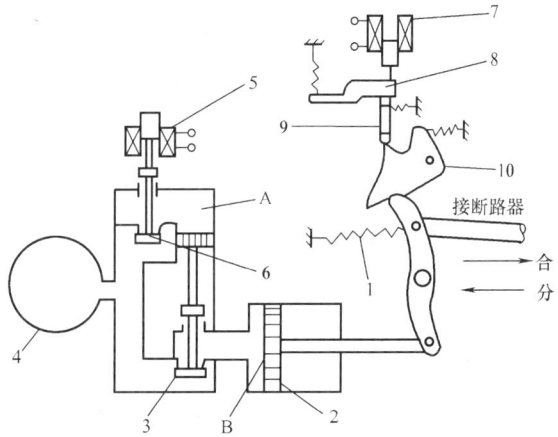

图9-18 气动操动机构的动作原理图

1—合闸弹簧；2—工作活塞；3—主阀；4—储气筒；5—分闸电磁铁；6—分闸启动阀；7—合闸电磁铁；8、9、10—合闸脱扣（分闸保持）机构

（2）合闸。合闸电磁铁7通电，使合闸脱扣机构10动作，在合闸弹簧力的驱动下，断路器合闸。

气动操动机构的压缩空气压力约为0.6～1.0MPa。气动操动机构的主要优点是：构造简单、工作可靠、出力大，操作时没有剧烈的冲击。缺点是：需要有压缩空气的供给设备。

6. 液压操动机构

液压操动机构是利用液压传动系统的工作原理，将工作缸以前的部件制成操动机构，与断路器本体配合使用。工作缸可以装在断路器的底部，通过绝缘拉杆及四连杆机构与断路器触头系统相连。

图9-19为液压操动机构的简图，其动作程序如下：

（1）升压。运行时，先将油泵9开动，低压油箱2的低

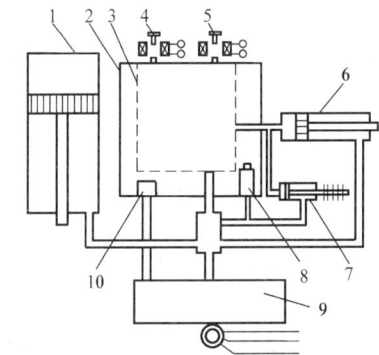

图9-19 液压操动机构简图

1—储压筒；2—低压油箱；3—两级控制阀系统；4—合闸电磁铁；5—分闸电磁铁；6—工作缸；7—信号缸及辅助触头；8—安全阀；9—油泵；10—过滤器

压油经过过滤器 10，经油泵 9 变成高压油后输到储压筒 1 内，使储压筒内活塞上升，压缩上腔氮气储能。

（2）合闸。合闸电磁铁 4 通电，使高压油通过两级控制阀系统 3 到工作缸 6 活塞的左边，活塞向右运动，断路器合闸。

（3）分闸。分闸电磁铁 5 通电，两级控制阀系统 3 切断通向工作缸 6 活塞左边的高压油道，并使该腔通向低压油箱 2，工作活塞向左动作，断路器分闸。

（4）信号指示。信号缸 7 的动作是与工作缸 6 一致的，通过信号缸内活塞的位置，接通或开断辅助开关的信号触点，显出分、合位置的指示信号。

（5）为了保证液压系统内的压力不超过安全运行的范围，在图 10-26 中采用安全阀 8。

我国液压操动机构的工作压力有 20、33MPa 等多种。因为液压油的性能受温度的影响很大，在操动机构箱壳内有的装有电热器，以保证液压油的工作温度不低于规定的数值。

第八节　隔　离　开　关

一、隔离开关功用

隔离开关是开关电器中使用最多的一种电器，它本身的工作原理和结构虽比较简单，但由于使用量大、工作可靠性要求高，对变电所、电厂的设计、建设和安全运行的影响均很大。

隔离开关的主要特点是在有电压、无负荷电流情况下分、合线路。其主要功用为：

（1）分闸后，建立可靠的绝缘间隙，将需要检修的线路或电气设备与电源隔开，使有可见的断开点，以保证检修人员及设备的安全。

（2）根据运行需要，换接线路。

（3）可用来分、合线路中的小电流，如套管、母线、连接头和短电缆的充电电流，断路器均压电容的电容电流，双母线换接时的环流以及电压互感器的励磁电流等。

（4）根据不同结构类型的具体情况，可用来分、合一定容量的空载变压器的励磁电流。

二、对隔离开关的要求及其结构特点

对隔离开关的要求如下。

（1）应具有明显可见的断口：使运行人员能清楚地观察隔离开关的分、合状态。

（2）绝缘稳定可靠：特别是断口绝缘，一般要求比断路器高出约 10％～15％，即使在恶劣的气候条件下，也不能发生漏电或闪络现象，确保人员的人身安全。

（3）导电部分要接触可靠：除能承受长期工作电流和短时动、热稳定电流外，户外产品应考虑在各种严重的工作条件下（包括母线拉力、风力、地震、冰冻、污秽等不利情况），触头仍能正常分合和可靠接触。

（4）尽量缩小外形尺寸：特别是在超高压隔离开关中，缩小导电闸刀运动时所需要的空间尺寸，有利于减少变电所的占地面积。

（5）隔离开关与断路器配合使用时，要有机械的或电气的闭锁，以保证动作的次序：即在断路器开断电流之后，隔离开关才能分闸；在隔离开关合闸之后，断路器再合闸。

（6）在隔离开关上装有接地刀闸时，主刀闸与接地刀闸之间应具有机械的或电气的连锁，以保证动作的次序：即主刀闸在合闸状态时，保证接地刀闸不能合闸；接地刀闸在合闸状态时，保证主刀闸不能合闸。

（7）隔离开关要有好的机械强度，结构简单、可靠；操动时，运动平稳，无冲击。

三、户内式隔离开关

户内式隔离开关的结构简单，操动机构通过连杆机构接在转轴上，使转轴转动，产生分、合闸动作。

隔离开关除配有常见的手动操动机构外，视需要也可配置电动、气动、液压等操动机构。与断路器的操动机构比较，隔离开关操动机构的分、合闸速度不高，动作时间长，主要是要求平衡、少冲击。

在电流较大的户内式隔离开关中，为了增强对短路电流的稳定性，有时采用磁锁装置。磁锁装置的作用原理如图 9-20 所示。当短路电流沿着并行刀闸 1 流经静触头 3 时，由于铁片 2 的磁力作用使刀片互相吸引，因此增加了刀片对静触头的接触压力，增加了触头系统对短路电流的稳定作用。

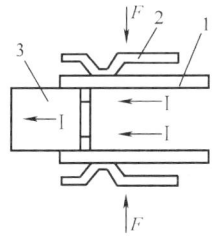

图 9-20 磁锁装置
的作用原理
1—并行刀闸；2—铁
片；3—静触头

四、户外式隔离开关

在 35kV 及其以上电压级系统中，一般隔离开关采用户外式结构。户外式隔离开关与户内式的比较，具有下列特点：

（1）支柱绝缘子要采用具有大裙边的户外式绝缘子。

（2）要求能开断小电流，有的结构上装置有灭弧角。

（3）为了保证在结冰的情况下，隔离开关能可靠地分、合，在有的结构上还采用"破冰机

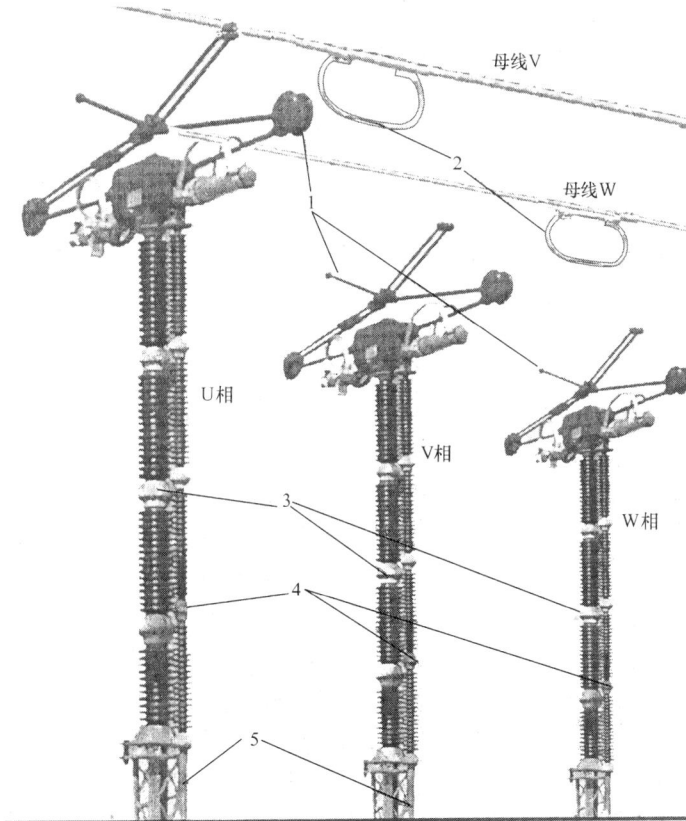

图 9-21 国产 GW6-500D 型 500kV、户外单柱式隔离开关
1—剪刀式动触头；2—母线静触头；3—支柱绝缘子；
4—传动绝缘子；5—传动杆

构"。

(4) 在电压较高时，为了保证检修线路时的安全，有时还装有接地刀闸。此时，在隔离开关的主刀闸打开后，随即将接地刀闸接地。

户外隔离开关按其绝缘支柱结构的不同可分为单柱式、双柱式和三柱式。此外还有 V 形隔离开关。

图 9-21 为国产 GW6-500D 型 500kV、户外单柱式隔离开关。这种开关配用电动机操动机构。电动机操动机构操作时，使操动绝缘子（图中靠右边较细的瓷瓶柱）转动，通过传动机构，使导电刀闸像剪刀一样上下运动，夹住或者释放装在母线上的静触头。

单柱式隔离开关在架空母线下面直接将垂直空间用作断口的电气绝缘，因此具有明显的优点，即显著地节约占地面积，减少引接导线，同时分、合状态特别清晰。在超高压输电情况下，变电所中采用单柱式隔离开关后，带来的节约占地面积的效果更为显著。

第九节 低 压 开 关

一、接触器

接触器是一种远距离控制的非手动开关电器（见低压电器）。接触器的主要控制对象有交流电动机、直流电动机、照明灯、电阻炉等。在自动控制与电力拖动系统中，有时要求电动机连续地进行启动、停止或改变转动方向，因此要求接触器有较高操作频率和较高工作寿命。

接触器动触头的动作，靠电磁铁线圈通电时产生的电磁力使主触头接通。当电磁铁线圈失电后，由于激磁消失，衔铁在本身质量作用下（或返回弹簧的作用下），向下跌落，将触点分离。接触器的灭弧室是由陶土材料制成，并根据狭缝熄弧原理（电弧在灭弧片中被拉长，同时冷却）使电弧熄灭。为了自动控制的需要，接触器除主触头外，还有为实现自动控制而接在控制回路中的辅助触点。

接触器的技术参数有：额定工作电压、额定工作电流或额定工作功率（指负载功率）、额定工作制（又分为 8h 工作制、长期工作制、间断周期工作制或间断工作制和短时工作制）、使用类别（用以区分使用负载性质，如电阻性负载、滑环电动机负载、笼型电动机负载以及直流并励或串励电动机负载）、额定接通电流能力、额定分断能力、电寿命与机械寿命等。

分类：①按被控电路电流性质不同，可将接触器分为直流接触器和交流接触器。有些产品设计成既可用于直流电路也可用于交流电路，即交直流接触器。②按极数不同，可将接触器分为单极、二极、三极等。直流接触器仅有单极和二极的，交流接触器多为三极的。③按灭弧介质不同，可将接触器分为空气式、油浸式和真空式。空气接触器的触头置于大气环境中，以空气作为灭弧介质；油浸接触器的触头置于绝缘油中，以油作为灭弧介质；真空接触器的触头置于真空灭弧室中，以真空作为绝缘介质。一般空气接触器和油浸接触器装有隔弧板或灭弧室，用以熄灭触头在通断电流时产生的电弧，而真空接触器触头间的电弧在密封的真空灭弧室中熄灭，因而真空接触器可直接用于有易燃、易爆粉尘或气体等场所，如煤矿井下和化工厂等。④按驱动机构不同，可将接触器分为电磁式、液压式和气动式。电磁接触器是用交流或直流电磁机构驱动的，电磁机构由铁芯和线圈组成，线圈通电时，电磁铁产生电磁吸力，衔铁吸合带动触头支架使触头动作，这种型式的接触器使用最为普遍，如图 9-22 所示；液压接触器通常用油通过液压机构来驱动触头的动作；气动接触器用压缩空气作驱动源。⑤按触头有无，可将接触器分为有触头接触器和无触头接触器。有触头接触器也称为机械接触器，无触头接触器也称为半导体接触器。

二、真空接触器

真空接触器利用真空灭弧室灭弧，用以频繁接通和切断正常工作电流的低压电器。通常用于远距离接通和断开额定电流150A以下的低压线路，频繁启停380V交流电动机，调节可变电阻的电阻值等。

真空接触器主要由真空灭弧室和操动机构组成。真空灭弧室具有通过正常工作电流和频繁切断工作电流时可靠灭弧两个作用，但不能切断过负荷电流和短路电流。操动机构是由带铁芯的吸持线圈和衔铁构成。线圈通电，吸引衔铁，接触器闭合；线圈失电，接触器断开。吸持线圈一般又有直流和交流两种形式。

我国生产的真空接触器有单极、双极、三极和多极等各种类型。真空接触器除单独使用外，也可以与熔断器配合使用，真空接触器用于频繁接通和切断正常工作电流，而熔断器用于切断过负荷电流和短路电流。

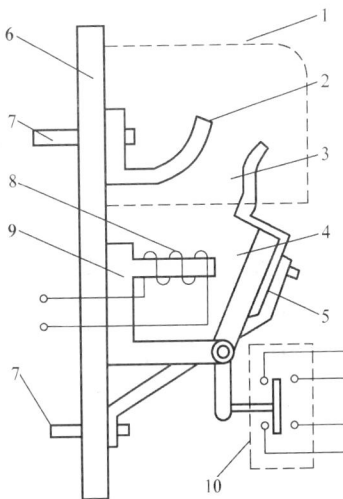

图 9-22　接触器工作
原理及结构示意图

1—灭弧罩；2—静触头；3—动触头；
4—衔铁；5—连接导线；6—底座；7—接线端子；8—电磁铁线圈；9—铁芯；
10—辅助触点

三、磁力启动器

磁力启动器由电磁接触器、热继电器、外壳等组成，用于控制交、直流电动机的启、停或反转。设有过载继电器或脱扣器等过载保护，有的还带有欠压和其他保护。

磁力启动器又分为不可逆磁力启动器和可逆磁力启动器。不可逆磁力启动器是用一台交流接触器和热继电器组成，用外接（或内附）按钮控制电动机向一个方向转动的启动与停止；可逆式磁力启动器是用两台交流接触器和热继电器组成，其中一台接触器操作电动机的正转，另一台操作反转，两台接触器之间设有电气闭锁与机械连锁，防止两台接触器同时通电造成电源的短路。以上两种磁力启动器属于直接全压启动，适用于启动容量在几十千瓦以下的交流鼠笼型异步电动机。

四、低压自动空气开关

自动空气开关（简称自动开关或空气开关）是低压开关中性能最完善的开关，它不仅可以切断负荷电流，而且可以切断短路电流。广泛用作低压配、变电所的总开关和大负荷电力线路和大功率电动机的控制开关等。但因受灭弧结构限制，不适用于频繁操作的电路。

自动开关可分为万能式（框架式）和封闭式（塑料外壳式）。

万能式自动开关外型结构是敞开地装在框架上的。它的保护方案和操作方式较多，具有较完善的灭弧罩，断流能力较大，合闸操作方式较多，可直接由手柄操作或通过杠杆手动操作，也可由电磁铁操作和电动机操作等，故称万能式自动开关。

封闭式自动开关，其全部结构和导电部分都装在一个塑料外壳内，仅在壳盖中央露出操作手柄，供手动操作用。

自动开关的主触头，是靠锁键和锁扣维持在闭合状态的。过流脱扣器（瞬时脱扣）和热脱扣器（延时脱扣）的线圈串接在电路中。当电路发生故障时，较大的电流吸住衔铁的一端，另一端克服弹簧的拉力向上转动，并顶撞锁扣，释放锁键，触头即自动断开，电路切断。自动开关还装有失压保护，失压脱扣器线圈并联在线电压上，当电压正常时，吸住衔铁，而当电压降低到约为$60\%U_N$时，由于吸力小于弹簧拉力，衔铁撞击锁扣，触头断开。目的是为了不致因电压过低而烧坏电动机等，或是为了恢复电网电压必须切除不重要的用户。

五、磁吹断路器

磁吹断路器是利用磁吹原理灭弧的低压断路器。利用磁场对弧柱的电磁力驱使电弧进入由一组栅片形成的灭弧室，由于电弧与栅片壁接触，加速了电弧的冷却，去游离作用加强，使电弧快速熄灭。按照栅片材质的不同，磁吹断路器一般分为金属栅片式和绝缘板栅片式两种。

金属栅片式磁吹断路器的结构原理如图 9-23 所示，其栅片是金属导体，电弧在电磁力作用下进入一组金属栅片后，被分割成若干短电弧，当电流过零后，每个短弧隙上的介电强度可高达数百伏（由于阴极效应，介电强度可恢复到 200V）。在金属栅片中的炽热气体是金属蒸气和空气的混合体。据一般的规律，高电离电位、低沸点材料栅片间隙的阴极效应，使得栅片间隙具有较高的介电强度。

绝缘栅片式磁吹断路器具有"之"字形迷宫式的窄缝，多用于 15kV 及以下的系统中。其原理与金属栅片式相同。但因电压较高，为了加长电弧，并使动、静触头间的电弧能很快进入栅片组，采用了能形成强烈磁吹的几个线圈，它们在正常工作状态下并不接入线路，而是跨接在电弧路径中的几个区段上。当电弧向栅片内延伸时，这些磁吹线圈被依次接入主回路，电磁力迫使电弧进入栅片区，电弧被拉长，弧柱与绝缘栅片表面接触后，栅片受热释放出大量气体，电弧被冷却而熄灭（不是由于阴极效应）。

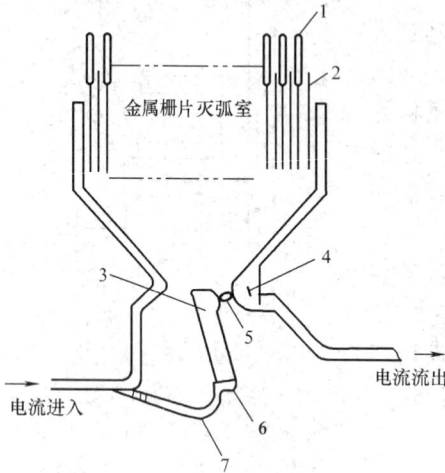

图 9-23　磁吹断路器的结构
1—绝缘平板；2—金属平板；3—动触头；
4—静触头；5—电弧；6—转轴；7—软连线

磁吹断路器通常难于开断电力电缆线路的短路故障。因为，电缆线路形成的恢复电压上升率较低，电弧在发展初期较易熄灭，此时电弧路径尚未发展到栅片区，只处在离触头不远的空间内。这一区域充满高温电离化蒸气，在高的恢复电压峰值到来时形成热击穿。电缆线路电容中储存的能量释放出来，使这种短路难于顺利开断。

磁吹断路器以其无油、无火灾危险，能适应频繁操作的优点而得到广泛应用。但是，它的开断能力和电压等级都不高，且价格较贵。在更高电压等级的系统中，其地位被空气断路器、六氟化硫断路器或真空断路器所取代。

复 习 思 考 题

9.1　断路器按灭弧介质不同可分为哪几种类型？

9.2　什么叫断路器额定电流？什么叫额定短路开断电流？什么叫关合能力？什么叫耐受性能？什么叫操作性能？什么叫循环操作性能？

9.3　说明 SF_6 气体的绝缘性能和灭弧性能。

9.4　真空断路器有哪些特点？

9.5　高压熔断器与高压断路器有什么区别？

9.6　高压断路器操动机构有哪些技术要求？什么叫防跳跃原理？

9.7　隔离开关有哪些技术要求？

9.8　灭磁开关是属于哪一类开关，如何消弧的？

第十章

配 电 装 置

第一节 概　　述

一、配电装置分类及其要求

配电装置是发电厂和变电所的重要组成部分。它按主接线的要求，由开关设备、保护和测量电器、母线装置和必要的辅助设备构成，用来接受和分配电能，是一种电工建筑物或称"电工装置"。

配电装置按电气设备安装地点的不同，可分为屋内和屋外配电装置。按其组装方式，又可分为装配式和成套配电装置。电气设备在现场组装的称为装配式配电装置；在制造厂预先将开关电器、互感器等安装成套，然后运至安装地点，这样的配电装置称为成套配电装置。配电装置应满足以下基本要求：

（1）保证运行可靠。按照系统需要和自然条件合理选择电气设备，在布置上力求整齐、清晰、保证具有足够的安全距离，采取防火、防爆和蓄油、排油措施，考虑设备防冰、防阵风、抗振、耐污等性能。

（2）便于检修、巡视和操作，装设防误操作的闭锁装置及连锁装置，以防止带负荷拉合隔离开关、带接地线合闸、带电挂接地线、误拉合断路器、误入屋内有电间隔等。

（3）在保证安全的前提下，电气设备的布置应紧凑，力求节约土地、材料和降低造价。

（4）安装和扩建方便。

二、屋内外配电装置最小安全净距

为了满足配电装置运行和检修的需要，各带电设备应相隔一定的距离。

在各种间隔距离中，最基本的是带电部分对接地部分之间和不同相的带电部分之间的空间最

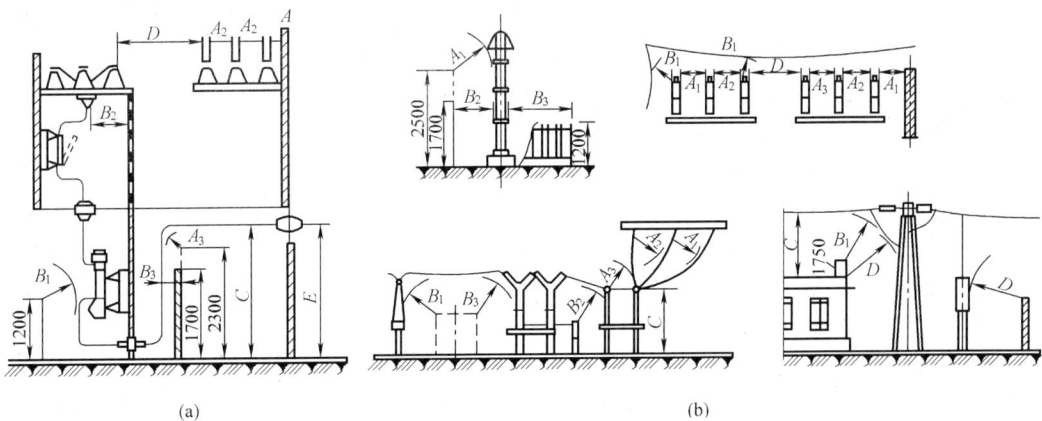

(a)　　　　　　　　　　　　　　　　　　(b)

图 10-1　屋内、外配电装置安全净距
（a）屋内配电装置安全净距校验图；（b）屋外配电装置安全净距校验图

小安全净距，即所谓 A、B、C、D、E 值，其含义见图 10-1。在这一距离下，无论是在正常最高工作电压还是在出现内、外过电压时，都不致使空气间隙击穿。A 值可根据《交流电气装置的过电压保护和绝缘配合》（DL/T 620—1997）确定。一般来说，影响 A 值的因素：$35\sim220kV$ 电压级的配电装置，大气过电压起主要作用；330kV 及以上电压级的配电装置，内过电压起主要作用。采用残压较低的避雷器时，A_1 和 A_2 值可减小。

在设计配电装置确定带电导体之间和导体对接地构架的距离时，还要考虑减少相间短路的可能性及减少电动力。例如：软绞线在短路电动力、风摆、温度等因素作用下，使相间及对地距离的减小；隔离开关开断允许电流时，不致发生相间和接地故障；减少大电流导体附近的铁磁物质的发热。对于 110kV 以上电压级的配电装置，还要考虑减少电晕损失、带电检修等因素。

第二节　屋内配电装置

一、屋内配电装置特点

屋内配电装置的特点是：

（1）由于允许安全净距小和可以分层布置，故占地面积较小。

（2）维修、巡视和操作在室内进行，不受气候影响。

（3）外界污秽空气对电气设备影响较小，可减少维护工作量。

（4）适宜于一些非标准设备的安装，如槽形母线、大电流母线隔离开关。

（5）房屋建筑投资较大。

大、中型发电厂和变电所中，35kV 及以下（包括厂用配电装置）电压级多采用屋内配电装置。

二、屋内配电装置布置

屋内配电装置的结构，除与电气主接线及电气设备的型式（如电压级、母线容量、断路器型式、出线回路数和方式、有无出线电抗器等）有密切关系外，还与施工、检修条件，运行经验和习惯有关。随着新设备和新技术的采用，运行、检修经验的不断丰富，配电装置的结构和型式将会不断地更新。

屋内配电装置，有两层和单层两种布置方式。它应能满足的要求是：①同一回路的电器和导体布置在一个间隔内，以满足检修安全的需要和限制故障范围。②尽量将电源间隔布置在每段母线的中部，以使母线通过较小的电流。③双层布置的配电装置，尽量将较重的设备（如电抗器）布置在下层，以减轻楼板的荷重并便于安装。④充分利用间隔的位置。⑤布置对称，对同一用途的同类设备布置在同一标高，便于操作。⑥便于扩建。⑦各回路的相序排列尽量一致，一般为面对出线电流流出方向自左至右、由远到近、从上到下按 U、V、W 相顺序排列；对硬导体涂色，色别为：U 相黄色、V 相绿色、W 相红色。对绞线一般只标明相别。⑧为保证检修人员在检修电器及母线时的安全，电压为 63kV 及以上的配电装置，对断路器两侧的隔离开关和线路隔离开关的线路侧，宜配置接地开关；每段母线上宜装设接地开关或接地器，其装设数量主要按作用在母线上的电磁感应电压确定。在一般情况下，每段母线宜装设两组接地开关或接地器，其中包括母线电压互感器隔离开关的接地开关在内。母线电磁感应电压和接地开关或接地器安装间距离需经计算确定。⑨为便于设备操作、检修和搬运，应设置：用来维护和搬运各种电器的维护通道；用来操作断路器、隔离开关、就地控制屏等的操作通道；与防爆小室相通的防爆通道。⑩应可以开窗采光和通风，但应采取防止雨雪、风沙、污秽和小动物进入室内的措施。⑪按事故排烟要求，应装设足够的事故通风装置。

第三节 屋外配电装置

一、屋外配电装置特点

屋外配电装置的特点是：

(1) 土建工程量和费用较小，建设周期短。

(2) 扩建比较方便。

(3) 相邻设备之间距离较大，便于带电作业。

(4) 占地面积大。

(5) 受环境影响，设备运行、维修和操作条件较差。

二、屋外配电装置类型

屋外配电装置有中型、半高型和高型等布置方式。

中型布置的配电装置，是把所有电器都安装在同一水平面内，并装在一定高度的基础上，以便工作人员能在地面安全地活动。而母线所在的水平面，稍高于电器所在的水平面，这种布置是我国屋外配电装置普遍采用的一种方式。

高型和半高型布置的配电装置，其母线和电器分别装在几个不同高度的水平面上，并重叠布置。凡是将一组母线与另一组母线重叠布置的，称为高型配电装置。如果仅将母线与断路器、电流互感器等重叠布置，则称为半高型配电装置。由于高型与半高型配电装置可大量节省占地面积，因此，近年来110kV和220kV配电装置高型和半高型布置得到广泛的应用，但亦因其检修和维护比较麻烦而并不受到运行维护人员的欢迎。

三、超高压配电装置特殊问题

超高压配电装置系指330kV及以上电压的配电装置。超高压配电装置与高压配电装置相比，由于设备高大、笨重，因而没有半高型及高型布置，常采用各种中型布置。

超高压配电装置，由于其电压高、设备容量大，与220kV及以下电压级的配电装置比，有以下几个特点。

1. 内过电压在绝缘配合中起决定作用

220kV及以下电网的绝缘配合主要由大气过电压决定，大气过电压可以采用避雷器限制。而超高压电网的内过电压（包括工频过电压及操作过电压）很高，设备的绝缘水平和配电装置的空气间隙主要由内过电压决定，因此要采取措施限制操作过电压不超过规定水平（330kV系统不超过最高工作电压的2.75倍，500kV系统不超过最高工作电压的2.0～2.3倍）。

2. 必须考虑静电感应对人体危害的防护措施

在高压输电线路下或配电装置的母线下和电气设备附近有对地绝缘的导电物体或人时，由于电容耦合而产生感应电压。当人站在地上而与地绝缘不好时，就会有感应电流流过，如感应电流较大，人就有麻电感觉。

我国220kV及以下电压级的高压配电装置的最小安全净距都是按绝缘配合的要求决定的。但从运行经验来看，自220kV电压级开始，静电感应的影响逐步增大，例如当汽车进入220kV配电装置区时，人碰汽车有麻电感觉等。因此，在设计330kV及以上超高压配电装置时，除了要满足绝缘配合的要求外，还应作静电感应的测定及考虑防护措施。

国内外的设计和运行经验指出，地面电场强度在5kV/m以下为无影响区，多数国家认为配电装置允许的电场强度为7～10kV/m。在电场强度不超过允许值的超高压配电装置中，不会发生静电感应对人体的病理影响。但需要指出的是：在高电场下，静电感应电击与低电压下的交流稳态电击感觉界限不同。对于静电感应放电在未完全接触时已有感觉，所以感觉电流即使是100~200μA，亦会有针刺感，不注意时会发生受惊而造成事故，故在检修工作中应特别注意。

限制配电装置的静电感应可以采取两方面措施：

（1）人体的防护措施。如在登高检修时，在感应电压较高的部位，可以考虑穿导电鞋及屏蔽服，以防止检修人员受到静电感应的影响而引起事故；在检修设备时，可考虑设置活动的金属网将高场强处隔开；在变电所内应划定安全的巡视及检修攀登路径；亦可参考国外办法，规定各种电场强度下允许的停留时间。

（2）配电装置布置上的措施。如尽量避免电气设备上方出现软导线，以防止在检修设备时受静电感应的影响，在电场强度大于10kV/m的设备旁可设置简单的屏蔽措施，使场强降低；为了限制地面场强值，导线对地面的安全净距 C 值除满足过电压要求外，尚需满足静电感应的要求，故 C 值应适当提高。

3. 要满足电晕和无线电干扰允许标准的要求

超高压电力系统由于电压高、导线表面场强比较大（场强随导线外径不同而变化），故在导线周围空间产生电晕放电。在每一个电晕放电点将不断地发射出不同频率的无线电干扰电磁波，这些干扰波大到一定程度，将会影响近旁的无线电广播、通信、电视及发生噪声。因此，在超高压配电装置中所用导线除应满足大载流量要求外，还需要满足电晕无线电干扰允许标准的要求。从限制无线电干扰出发，变电所应尽量避免出现可见电晕，以可见电晕作为验算导线截面的条件。

各国都规定了变电所综合干扰允许标准值及电气设备电晕无线电干扰允许值。对配电装置产生的无线电干扰允许值，我国暂定为：离配电装置围墙外（距出线边相导线投影的横向距离20m外）20m处的1MHz无线电干扰不大于50dB。

为了防止超高压电气设备产生的电晕干扰影响无线电通信装置和接收装置的工作，要求在1.1倍最高工作电压下的晴天夜晚电气设备上应没有可见电晕，1MHz时的无线电干扰电压不大于2500μV。

4. 超高压配电装置中的导线和母线

由于载流量大和防止电晕对无线电的干扰，超高压配电装置中的导线和母线，需要采用扩径空芯导线、多分裂导线、大直径或组合铝管。

5. 要限制噪声

由于变压器等电气设备的容量加大和电压级的提高，使噪声问题日益突出，需考虑防噪声措施。配电装置中的主要噪声源是主变压器、电抗器及电晕放电。

如果在变电所和发电厂设计中合理地选择设备和布置总平面，就能使变电所和发电厂的噪声得到限制。采取限制噪声的措施后，噪声水平不应超过规定数值。根据规定，在控制室、通信室的最高连续噪声级不大于65dB，一般应低于55dB；对职工宿舍在睡眠时的噪声理想值是35dB，极大值为50dB。

对500kV电气设备距外壳2m外的噪声水平，宜不超过下列数值：

（1）断路器：连续性噪声水平85dB；非连续性噪声水平，屋内90dB，屋外110dB。

（2）电抗器：80dB。

（3）变压器等其他设备：85dB。

四、屋外配电装置布置实例

屋外配电装置的结构形式与主接线、电压等级、容量及母线、构架、断路器和隔离开关的类型都有密切关系，必须合理布置，保证电气安全净距，同时还要考虑带电检修的可能性。

图 10-2 为 500kV、3/2 断路器接线、断路器三列布置的进出线断面图。

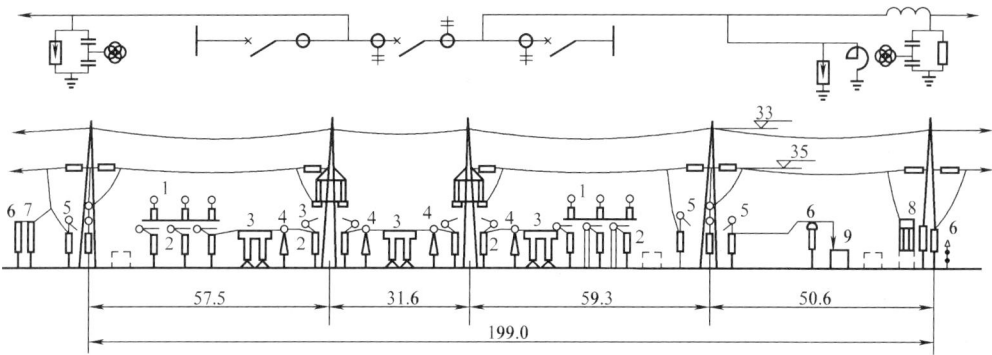

图 10-2　500kV、3/2 断路器接线、断路器三列布置的进出线断面图（尺寸单位：m）

1—硬母线；2—单柱式隔离开关；3—断路器；4—电流互感器；5—双柱伸缩式隔离开关；

6—避雷器；7—电容式电压互感器；8—阻波器；9—并联电抗器

母线隔离开关分相直接布置在母线的正下方，这种布置称为分相布置。

采用硬圆管母线及单柱式隔离开关，可减少母线相间距离，降低构架高度，节约占地面积，减少母线、绝缘子串和控制电缆。出线电抗器布置在线路侧，可减少跨线。

断路器采用三列式布置，且所有出线都从第一、二列断路器间引出，所有进线均从第二、三列断路器间引出，具有接线简单、清晰、占地面积小的特点。但当只有两台主变压器时，这种接线可靠性较差。此时，应将其中一台主变压器和出线交叉引线，为了不使交叉引线多占间隔，可与母线电压互感器及避雷器共占用两个间隔，以提高场地利用率。

由于在每一间隔中设有两条相间纵向通道，故省去断路器侧的横向车道，仅在管形母线外侧各设一条横向车道，以构成环形道。为了满足检修机械和带电设备的安全净距和降低静电感应场强，所有设备支架都抬高到使最低瓷裙对地距离大于 4m。

图 10-3 为 500kV 双母线四分段带旁路母线的一种配电装置的出线间隔断面图。软母线、跳线由 V 形串绝缘子悬吊，母线正下方分相布置单柱式隔离开关，采用了 SF$_6$ 组合电器——断路器与电流互感器组合，可节省用地。离组合电器较远的母线隔离开关与组合电器之间的连接导线，由其间设置的支持绝缘子托起。

图 10-4 为 500kV 双母线按相排列带旁路母线配电装置断面图。母线排列分别为 U1、U2、V1、V2、W1、W2，1 为 1 号母线，2 为 2 号母线。在 U 相母线下面是 2 台 U 相隔离开关，在 V

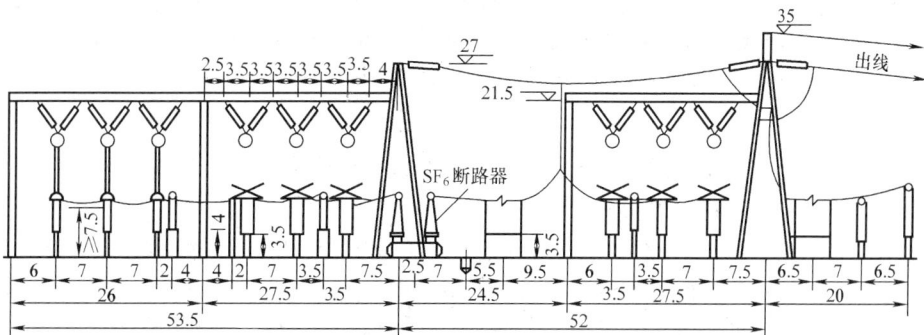

图 10-3　500kV 双母线四分段带旁路母线的

一种配电装置出线间隔断面图

相母线下面是 2 只 V 相隔离开关，在 W 相母线下面是 2 台 W 相隔离开关。图中所示该出线是连接在 U 相母线运行。

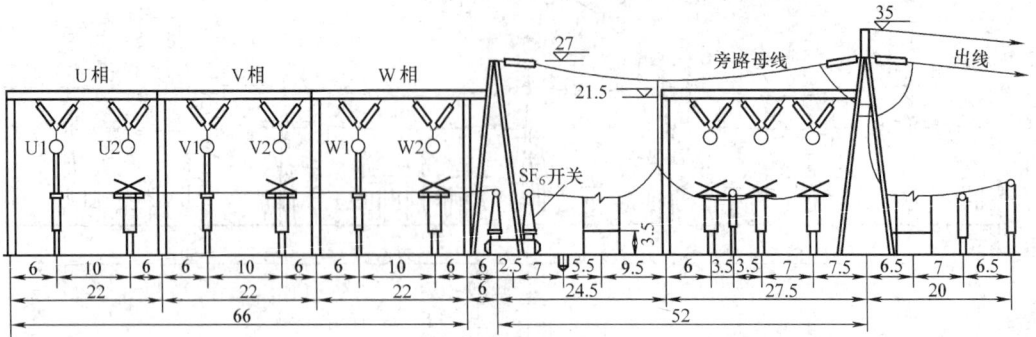

图 10-4　500kV 双母线（按相排列）带旁路母线配电装置出线间隔断面图

第四节　发电厂升压变电所污秽

一、污秽测定

发电厂升压变电所电气设备上的污秽物，通常包含水溶性导电介质和不溶物质两部分。水溶性导电介质常以等值附盐密度来表示。其测量方法是：用一定量的蒸馏水，将电气设备和绝缘子给定表面上的污秽物清洗下来，测量其导电率，以在同量蒸馏水中产生相同导电率的氯化钠盐量作为其等值盐量，则

$$等值附盐密度 = \frac{W}{A} \qquad (\text{mg/cm}^2)$$

式中　W——等值盐量，mg；

　　　A——绝缘体给定表面面积，cm^2。

对于不能拆卸下来清洗污秽物的电气设备，通常采用擦洗的方法来测定，即在容器内放一定量的蒸馏水，用清洁纱布浸入适量水分将绝缘体表面上的污秽物擦洗下来。纱布的浸水量以不使水流失为度，擦洗次数以将绝缘体上的污秽物完全清洗下来为准。将擦洗后的纱布放在容器内的蒸馏水中漂洗，待纱布上的污秽物完全溶解在蒸馏水中之后，此污秽溶液即可供测量之用。

目前使用的测量仪器有直读式盐量表和电导率仪两类。直读式盐量表可直接读出污秽溶液每 100ml 中的等值盐量浓度（mg/100ml），再用水量系数（实际用水量为 100ml 的倍数）乘以仪表读数即可得出实际的等值盐量。用电导率仪测出溶液的电导率后，先校正到标准温度为 20℃时的电导率，再查盐量浓度与电导率的关系曲线得盐量浓度，最后乘以水量系数即求得实际等值盐量。

不溶物质的测定方法是：用已知质量的干燥滤纸将污秽溶液过滤，再将滤纸和污秽物加以干燥和称重，即可求得不溶物质的质量。

国际电工委员会（IEC）介绍了五种现场的测量方法：①用定向量器收集到的污秽的体积电导率；②绝缘子表面的等值附盐密度；③不同长度的绝缘子串的闪络总次数；④样品绝缘子的表面电导；⑤运行电压下的绝缘子泄漏电流。第①、②两种方法不需要昂贵的设备，并且可以容易地完成。第③种基于闪络总次数的方法需要昂贵的试验设备。第④、⑤两种方法需要一个电源和专门的记录设备，它们具有能连续地监视污秽影响的优点。

电气设备及其系统

二、污秽分级

污秽等级是选择升压站或变电所户外电气设备外绝缘水平的重要依据。污秽分级标准通常是依据自然污秽环境条件和运行经验确定的。

国际电工委员会在IEC815中按表10-1所描述的污秽水平分成4个等级，并提出了绝缘子相应的最小公称爬电比距（见表10-2）。爬电比距是电气设备外绝缘的爬电距离与设备最高运行线电压有效值之比，单位为mm/kV。该爬电比距数值已被许多国家采用。英国、法国、前苏联的国家标准采用了相同的污秽等级和爬电比距，德国采用了相同的污秽等级和近似（相差0.6%～3.3%）的爬电比距。中国的国家标准GB 5582《高压电力设备外绝缘污秽等级》与IEC标准相比，只多了一个0级污秽等级，其余与IEC的规定相同（见表10-2）。0级适用于无明显污秽地区，不需进行人工污秽试验。

表 10-1　　　　　　　　　　　　污秽水平与典型环境举例（IEC815）

污秽水平	典 型 环 境 举 例
Ⅰ-轻	没有工业，装供热设备的房屋密度较高的地区；工业或房屋密度较小，但经常有风和（或）雨的地区；农业地区；山区。所有这些地区，至少都离海边10～20km，且不能直接遭受劲海风的作用
Ⅱ-中等	具有不产生特别污染烟灰的工业区和（或）装供热设备的房屋密度中等的地区；房屋和（或）工业密度较大，但经常有风和（或）雨的地区；会遭受海风作用但离海岸不太近（至少相隔几千米）的地区
Ⅲ-重	工业密度较大地区和具有能产生污染的供热设备密度较大的城市郊区；靠近海岸的地区或是在任何情况下都会遭受到相当强的海风作用的地区
Ⅳ-很重	能遭受到导电粉尘和能产生特别厚的导电沉积物的工业烟灰作用的地区，范围适度；很接近海岸和会受到海水雾气喷溅或会受到很强的污染性海风作用的地区，范围适度；长期无雨，受到夹有砂和盐的强风作用且常有凝露的地区和沙漠地区

表 10-2　　　　　　　　　　　　最小公称爬电比距分级数值

污秽水平	IEC815		GB5582
	最小公称爬电比距（mm/kV）	外绝缘污秽等级	最小公称爬电比距（mm/kV）
		0	14.8
Ⅰ-轻	16	Ⅰ	16
Ⅱ-中等	20	Ⅱ	20
Ⅲ-重	25	Ⅲ	25
Ⅳ-很重	31	Ⅳ	31

三、污秽闪络及其防治

发电厂的升压站或变电所周围各种污染源排放出的污秽物沉降在电气设备瓷件和绝缘子的表面上，当它吸收了潮湿空气中的水分后，使外绝缘强度急剧下降，承受不住工作电压而发生绝缘闪络，俗称污闪，后果十分严重。

1. 造成污闪的主要外部条件

（1）污源。污源种类很多，主要有化工厂、化肥厂、冶金厂、水泥厂、石灰窑、发电厂的冷水塔、燃煤工厂烟囱的煤烟，砂石公路的沙尘、盐碱地区沿海地区的盐雾等。

（2）气象条件。在各种气象条件中，雾和毛毛雨是造成污秽闪络的主要原因，所以大家常把

"污闪"叫作"雾闪",雨和雪也常引起污秽闪络。

（3）设备条件。发电厂的升压站或变电所中,发生污闪的主要原因是因为选用设备的爬距未能达到当地环境所要求的值,或是设备在运行过程中,环境条件逐步恶化所致。

2. 防治污闪的主要措施

（1）选址尽量远离各种污源,无法避免时,所址要选在各种污源主导风向的上风侧。

（2）根据污源性质和严重程度正确地确定污秽等级,并选择相应的绝缘子和电气设备外绝缘的爬电比距。

（3）根据电气设备和绝缘子的绝缘水平和运行条件,在雾季到来之前进行停电清扫或带电水冲洗。

（4）定期涂刷防污涂料。

（5）必要时,更新为防污型瓷件,增大爬距。

（6）在严重污秽地区,可以考虑采用屋内配电装置或气体绝缘变电站（GIS）。

第五节　高压开关设备闭锁装置

一、安全闭锁装置

为了防止高压开关设备的误操作,在隔离开关与其相应的断路器之间,或者在同一组或不同组隔离开关的主刀闸与接地开关之间,设置了安全闭锁装置。高压开关设备的闭锁装置有电磁锁（见图 10-5）和机械锁两种。按实现闭锁的方式不同,分为电气闭锁、电磁闭锁和机械闭锁三种。利用微机技术的逻辑性强、结构严密、能简化外部接线等特征来实现联闭锁,是近年来开发的一种趋向。

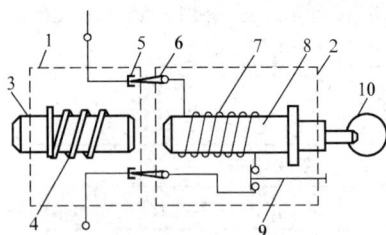

图 10-5　电磁锁

1—电磁锁；2—电钥匙；3—可动铁销闩；
4—弹簧；5—铜管插座；6—插头；7—线圈；
8—电磁铁；9—解除按钮；10—金属环

1. 电气闭锁

当隔离开关操动机构由电动机或压缩空气驱动时,在其操作回路中串入各相应隔离开关及断路器的辅助触点,只有在所串入的辅助触点皆处于闭合状态时,才能接通操作回路,启动电动机的电源开关或空气阀门的电磁线圈去操动隔离开关。

当隔离开关或断路器的辅助触点数量不够时,可先将辅助触点通过中间继电器的转换以增加触点,再将继电器的触点串入闭锁回路。

2. 电磁闭锁

凡用手力操动的隔离开关,其闭锁装置一般都采用电磁锁（见图 10-5）,按其闭锁要求,在电磁锁的线圈回路中,串入各相应隔离开关及断路器的辅助触点,只有在所串入的辅助触点皆闭合时,电磁锁的线圈才能接通电源,吸出可动铁销闩 3,实现手动操作隔离开关。

3. 机械闭锁

利用挡板等机械结构来直接实现对隔离开关操作手柄的闭锁。机械闭锁大多用于简单的开关设备,如装在成套开关柜上的具有手力操动机构的 6～10kV 隔离开关和断路器。此外,在同一组隔离开关的主刀闸与接地开关之间,也多采用机械闭锁。

二、开关柜"五防"功能

结合我国多年来的运行实践经验,对开关柜的安全操作,总结了所谓"五防",即:

（1）防止带负荷拉隔离开关。

（2）防止带负荷合隔离开关。

（3）防止带地线合闸。

（4）防止带电合接地开关。

（5）防止人员误入带电间隔。

失去了这"五防"中的任何一项，都可能酿成严重的系统事故或人身事故。

对于屋外式配电装置可以按照不同的电气主接线所要求的闭锁条件，对隔离开关实现电气闭锁或电磁闭锁，对栅栏的门亦可用电磁锁来实现闭锁。

对于屋内式的成套配电装置必须具有以下功能：

（1）当断路器处于合闸状态时，与断路器联动的机械闭锁挡块挡住推进机构上的连杆，使得推进螺杆无法转动，断路器手车不能拉出；反之，只有手车处于试验位置和工作位置时，断路器才能合闸，在其他任何位置，机械闭锁将提起上述推进机构连杆，该连杆抵住与断路器联动的挡块，使断路器无法合闸。同时，与推进机构闭锁的微动开关也断开合闸回路，实现电气、机械双重保护，保证了只有当断路器处于分闸位置时，手车才能在柜内移动。

（2）手车推进机构还与接地开关操动机构一起实现了防止带电合接地开关以及在接地状态下合断路器。当手车进入工作位置时，推进机构的档杆抵住接地开关合闸机构的帘板装置，使帘板无法打开，接地开关不能合闸；反之，接地开关合闸后，帘板装置挡板将阻挡手车进入柜体，从而避免了接地状态下合断路器的可能性。

（3）手车退到试验位置以后，接地的金属隔板就自动落下遮住带电的静触头部分，此时如拉出手车，进入柜体检修，也不会触及带电部分，有效地实现了"防止误入带电间隔"。

第六节 成套配电装置

成套配电装置分为低压配电屏（或开关柜）、高压开关柜、F+C 柜、箱式变电站和 SF_6 全封闭组合电器（GIS）等，按安装地点不同，又分为屋内和屋外式。低压配电屏只做成屋内式；高压开关柜有屋内和屋外两种，由于屋外有防水、锈蚀问题，故目前大量使用的是屋内式。

一、成套配电装置特点

成套配电装置的特点如下：

（1）电气设备布置在封闭或半封闭的金属外壳中，相间和对地距离可以缩小、结构紧凑、占地面积小。

（2）所有电器元件已在工厂组装成一整体，现场安装工作量大大减小，有利于缩短建设周期，也便于扩建和搬迁。

（3）运行可靠性高，维护方便。

（4）耗用钢材较多，造价较高。

国内生产的 3～35kV 高压成套配电装置，广泛应用在大、中型发电厂和变电所中。

二、低压配电屏（柜）

低压配电屏（柜），电压等级为 380/220V，主要用作发电厂低压厂用配电屏。我国目前生产的主要有固定式 PGL 型和金属封闭抽屉式 GCK1 型。

1. PGL 系列低压配电屏

图 10-6 （a）为 PGL-1 型低压配电屏结构示意图。其框架用角钢和薄钢板焊成，屏面有门，维护方便。在上部屏门上装有测量仪表，中部面板上设有隔离开关的操作手柄和控制按钮等，下

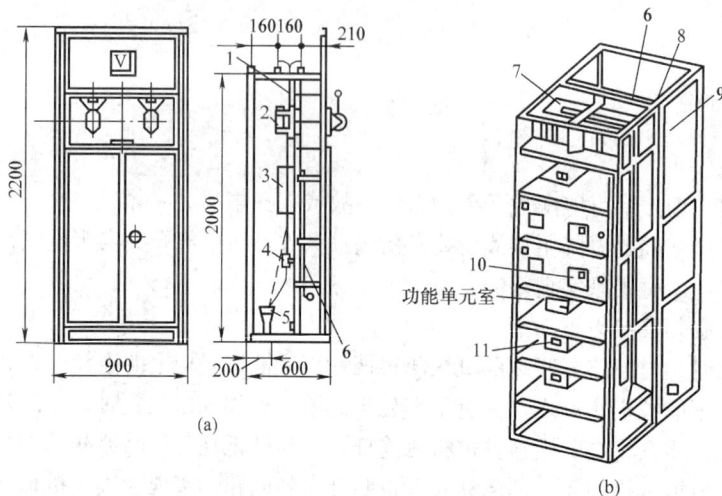

图 10-6　低压配电屏结构示意图

(a) PGL-1 型；(b) GCK1 型

1—母线及绝缘框；2—闸刀开关；3—低压断路器；4—电流互感器；

5—电缆头；6—继电器；7—水平母线室；8—水平母线；9—电缆出线

区；10—控制板；11—垂直母线室

部屏门内有继电器、二次端子和电能表。母线布置在屏顶，并设有防护罩。其他电器元件都装在屏后。屏间装有隔板，可限制故障范围。

低压配电屏结构简单、价廉，并可双面维护，检修方便。一般几回低压线路共用一块屏。

2. GCK1 系列低压配电屏

图 10-6（b）为 GCK1 系列低压配电屏结构示意图。其特点是：密封性能好、可靠性高、主要设备均装在抽屉内；当回路故障时，可拉出检修或换上备用抽屉，便于迅速恢复供电。抽屉式低压配电柜还具有布置紧凑、占地面积少的优点；但结构比较复杂、工艺要求较高、钢材消耗较多、价格较高。目前主要用于大机组的厂用电和粉尘较多的车间。

三、高压开关柜

高压开关柜主要指 3～35kV 成套配电装置，我国目前生产 3～35kV 高压开关柜，分为固定式和手车式两类。

1. 手车式高压开关柜

手车式高压开关柜多为单母线结构，3～10kV 常见的有 GFC、JYN、GC 等系列，35kV 的为 GBC-35 型。其结构基本相同，都采用空气和瓷（或塑料）绝缘子作绝缘材料，并选用普通常用电器组成。

电厂厂用电系统多采用 6～10kV 的高压开关柜。

图 10-7 为 GC-2 型手车封闭式高压开关柜。GC 系列通常由下述几部分组成。

（1）手车室：柜前正中部为手车室，断路器及操动机构均装在手车上，断路器手车上部为推进机构，用脚踩手车下部闭锁脚踏板，车后母线室面板上的遮板提起，插入手柄，转动蜗杆，可使手车在柜内平稳前进或后移。当手车在工作位置时，断路器通过隔板插头与母线及出线相通。检修时，将手车拉出柜外，动静触头分离，手车室后壁通向母线室的活动遮板自动关闭，起安全隔离作用。如果急需恢复供电，可换上备用小车，既方便检修，又可减少停电时间。手车与柜相连的二次线采用插头连接。当断路器离开工作位置后，其一次隔离插头虽然断开了，但二次线仍可接通，以便调试断路器。手车推进机构与断路器操动机构之间有防止带负荷推拉小车的安全闭锁装置。手车两侧及底部设有接地滑道、定位销和位置指示等附件。柜门外设有观察窗，运行时可观察内部情况。

（2）仪表、继电器室：测量仪表、信号继电器和继电保护用的压板装在小室的仪表门上，小室内有继电器、端子排、熔断器和电能表。

（3）主母线室：位于开关柜的后上部，室内装有母线和静隔离触头。母线为封闭式，不易积灰和短路，故可靠性高。

（4）出线室：位于柜后部下方，室内装有出线侧静隔离触头、电流互感器、引出电缆（或硬母线）等。

（5）小母线室：在柜顶的前部设有小母线室，室内装有小母线和接线座。

由于手车式结构具有良好的互换性，可缩短用户停电时间、检修方便，并能防尘和防止小动物侵入而造成短路、运行可靠、维护工作量小，故广泛用作发电厂 3～10kV 厂用配电装置。

2. 固定式高压开关柜

固定式高压开关柜（GG 系列）有双母线（GSG型）和单母线结构，断路器固定装在柜内。固定式高压开关柜与手车式的相比，体积大、封闭性能较差、现场安装工作量大、检修不够方便；但其制造工艺简单、消耗钢材少、价廉、有双母线结构且检修经验丰富。因此，固定式高压开关柜仍广泛用作发电厂厂用配电装置和变电所的 6～10kV 屋内配电装置。

全国联合设计的 KGN 系列开关柜为金属封闭铠装固定式屋内型开关柜，该产品符合 IEC 标准，将逐渐用来替代 GG 系列产品。

四、熔断器＋接触器柜

熔断器＋接触器柜是由熔断器（FU）与接触器
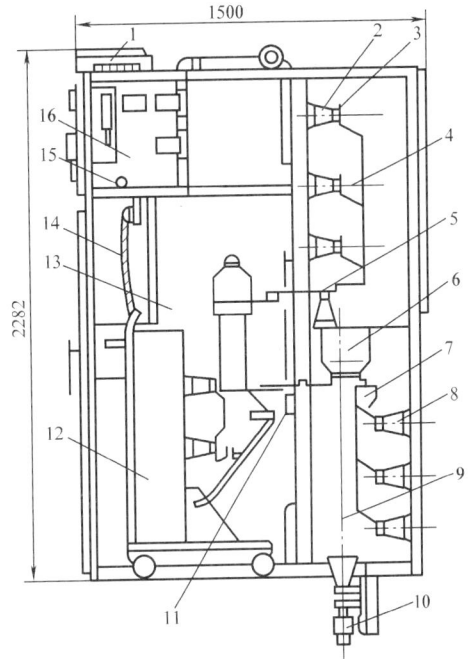

图 10-7　GC-2 型手车封闭式高压开关柜
1—小母线室；2—主母线室；3—母线；4—引下线；5—静隔离触头；6—电流互感器；7—出线室；8—绝缘子；9—引出电缆；10—零序电流互感器；11—自动遮板；12—断路器手车；13—手车室；14—二次电缆；15—端子排；16—仪表、继电器室

（KM）的组合结构。熔断器（FU）作为短路保护用，接触器（KM）作为启动与停止操作用。熔断器＋接触器柜由固定的柜体及可移动的手车两部分组成，分左右并列布置两个熔断器＋接触器回路。各功能单元之间由接地的金属隔板分隔，能有效地防止各隔室之间事故的蔓延。

手车在柜内有工作位置及断开/试验位置，当手车位于断开/试验位置时，接地的金属隔板可自行关闭，遮住上、下静触头，起到保护作用。

所有的操作都应在柜门关闭的情况下进行，从而确保运行操作人员的安全。

柜体正面上部是低压室，门上可以装设指示仪表、操作开关、信号灯具和综合继保。门内是继电屏板，用以安装各类继电器及其他二次元件。柜体前下方是手车室，柜后上部是母线室，柜后下部是电缆室。

真空接触器手车结构如下：

（1）手车的上部是熔断器，中部是螺旋式推进机构，下部是真空接触器，正面上方是二次插件，后面是一次动触头及导向件，底部是四只移动滚轮。

（2）为确保紧凑结构中的电气绝缘强度，手车采用了电场、磁场的优化设计；触头、触臂都是圆形结构，使磁场、电场对称匀布，避免了局部放电和局部过热；同时，上下触臂触头均浇注在绝缘块内，高压熔断器和接触器分别通过与上下触臂浇注在同一绝缘块内的嵌件与触臂相连，形成通路，电流互感器也与下静触头浇注一体，这种结构极大地提高了机械强度和绝缘水平。

五、箱式变电站

箱式变电站是将电力变压器和高、低压配电装置等设备组合在一个或几个箱体内的可整体吊装运输的配电变电所。箱式变电站的成套性强，安装周期短，节省占地。有的箱式变电站使用式变压器、难燃性电容器和不用油的断路器，以提高防火性能。箱式变电站在配电网内，既可连接为放射式供电，又可连接为环网式供电。箱体造型和颜色通常还具有美化环境的作用。

箱式变电站可分为气体绝缘封闭式、空气绝缘开关柜式和开关元件组装式三种类型。

（1）气体绝缘封闭式。是高压充气开关柜在箱式变电站中的一种应用型式。目前多采用 SF$_6$ 气体绝缘，其充气压力约为 0.02～0.05MPa，采用真空断路器或六氟化硫断路器，有的还将连接变压器的导线采用气体绝缘封闭结构。这种结构型式特别适用于 35kV 级的箱式变电站，其尺寸紧凑，不受大气环境影响，检修周期长，运行可靠。

（2）空气绝缘开关柜式。是常规的开关柜在 10kV 箱式变电站中的一种应用型式。高压开关设备用真空、SF$_6$ 断路器或负荷开关，也常用产气负荷开关和少油断路器。因其结构简单，价格低廉，特别适应高压主接线多变的要求。但因易受大气条件影响，运行可靠性较低。

（3）开关元件组装式。常用于农村配电网终端的小容量箱式变电站。高压配电装置不另配柜，直接组装在箱内。一般采用高压跌落式熔断器或负荷开关熔断器组合电器作为高压开关控制和保护设备。这种结构型式比较简单，造价较低。

箱式变电站内所装的主变压器有多种类型，目前国际上主要采用环氧树脂浇注结构的干式变压器和不燃油变压器，中国还有采用油浸式变压器的。主变压器大都为无励磁调压，也有的为有载调压。

箱式变电站外壳采用铝合金板、钢板、钢筋混凝土预制板、塑料板等金属或非金属材料制成，并具有防潮、通风、隔热措施。为防止变压器箱内部温度过高，采取自启动散热措施。封闭式箱式变电站的防护不小于 IP2X 防护等级。箱体分为带操作走廊（即工作人员可在箱内操作）和不带操作走廊两种。

20 世纪 40 年代，世界上一些国家开始研制和应用箱式变电站。70 年代起，一些工业发达国家已普遍采用。中国在 80 年代初开始生产箱式变电站。随着电子技术的发展，将逐步实现对箱式变电站的遥控操作和自动化电力计量抄表。近年来，箱式变电站的体积和发热在不断增大，为此，正向着将变压器露天安装，而只将高、低压配电装置装在 1～2 个箱内的组合式变电站方向发展。

六、厂用配电室

大型发电厂厂用配电室大多采用成套配电装置。高压开关柜一般采用手车式。其布置位置主要取决于机组的容量大小和机组的型式以及汽轮机、制粉设备、除氧设备的布置方式等因素。对于大容量机组还应尽可能靠近高压厂用变压器，以减少连接电缆、共箱封闭母线或电缆母线的长度和电能损耗，也相应减少共箱封闭母线或电缆母线布置上的困难，且应尽量避免水气和煤粉的影响。

高压厂用配电装置可布置在汽机房中的二层，也可单独置于电气楼。这一配电室在两台汽轮发电机之间，高压开关柜分两排布置，均通过电缆与外界相连。

低压厂用配电装置也采用成套配电装置，电动机控制中心（MCC）一般就近布置在负荷附近，如锅炉房、煤仓间、除氧间环境条件恶劣的地方，多采用密封性能好的抽屉式低压配电柜。

第七节　SF$_6$ 全封闭组合电器（GIS）

GIS（gas insulated substation）。意为采用气体作为绝缘介质的一种配电装置。它是将所有的高压电器元件，包括断路器、母线、隔离开关、电压互感器、电流互感器、避雷器、套管、电缆终端盒、接地开关等高压电器密封在接地金属筒中组合而成。GIS采用的气体是绝缘性能和灭弧性能优异的六氟化硫（SF_6）。因此，与传统敞开式配电装置相比，GIS具有占地面积小、不受环境影响、运行可靠性高费用低、检修周期长、维护工作量小、安装迅速、无电磁干扰等优点。GIS技术已被广泛应用于世界各国的电力系统。

一、结构

全封闭组合电器（GIS）由各个独立的标准元件组成，各标准元件制成独立气室，再辅以一些过渡元件（如弯头、三通、伸缩节等），便可适应不同形式主接线的要求，组成成套配电装置。

一般情况下，断路器和母线筒的结构型式对布置影响最大。例如屋内式全封闭组合电器：若选用水平布置的断路器，一般将母线筒布置在下面，断路器布置在最上面；若断路器选用垂直断口时，则断路器一般落地布置在侧面。屋外式SF_6全封闭组合电器，断路器一般布置在下部，母线布置在上部，用支架托起。

图10-8为525kV双母线SF_6全封闭组合电器配电装置的断面图。为了便于支持和检修，母线布置在下部，断路器（双断口）水平布置在上部，出线用电缆，整个回路按照电路顺序，成∏布置，使装置结构紧凑。母线采用三相共箱式（即三相母线封闭在公共外壳内），其余元件均采用分箱式。盆形绝缘子用于支撑带电导体和将装置分隔成不漏气的隔离室。隔离室具有便于监视、易于发现故障点、限制故障范围以及检修或扩建时减少停电范围的作用。在两组母线汇合处设有伸缩节，以减少由温差和安装误差引起的附加应力。另外，装置外壳上还设有检查孔、窥视孔和防爆盘等设备。

1. GIS的金属铠装

GIS组合电器金属铠装可用钢板或铝板制成，形成封闭外壳，有三相共箱和三相分箱式两种。其功能是：容纳SF_6气体，气体压力一般为$0.2\sim0.5MPa$；保护活动部件不受外界物质侵蚀；又可作为接地体。

金属外壳内各标准元件用盆形绝缘子相互分隔形成独立气室。分隔的目的是：①将泄漏的影响限制在发生泄漏的气隔内；②将内部电气故障的影响限制在一个气隔内；③需拆卸部分设备时，不必将整个变电所卸载。独立气室中装有防爆膜，以防止内部发生电弧性故障时，产生超压力现象致使外壳破裂。大容积的气室及母线管道，一般不会产生危及外壳的超压力现象，不需要装防爆膜。

2. 组合元件

（1）断路器。它是全封闭组合电器的主要元件，它可以是单压式或双压式SF_6断路器，目前使用最多的是单压式。这种断路器有水平断口和垂直断口两种类型。水平断口的断路器布置在组合电器的上层，下层为其他元件，因此检查断路器的灭弧室比较容易，但监视其他底部元件就比较困难。这种断路器的高度低，但宽度较大。垂直断口的断路器在组合电器内仅为一层，高度大，较窄，检查断口时不如水平结构的方便。断路器采用液压操动机构或气动操动机构。图10-8中所用断路器为水平断口的单压式、定开距的SF_6断路器。

（2）隔离开关。隔离开关一般是在无电流下操作，但希望它能开断小电容电流和环流。隔离开关有两种可供选择的基本方案：直角型隔离开关和直线型隔离开关，如图10-9所示。

合闸操作时对于直角型隔离开关，控制轴带动曲柄，曲柄带动绝缘杆，绝缘杆带动触头向右运动，使动、静触头闭合，则合闸操作完成。对于直线型隔离开关，控制轴带动拐臂转动，拐臂的销柱在曲柄的槽内移动，使曲柄和绝缘杆转动，驱动动触头向右，与静触头接通，则隔离开关合闸操作完成。

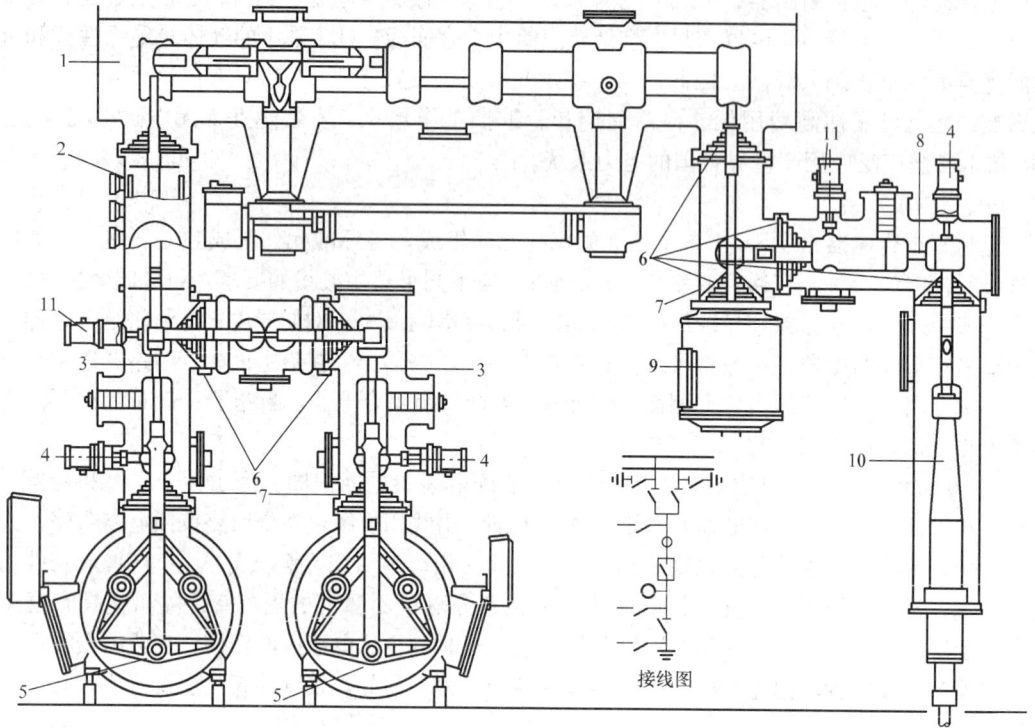

图 10-8　GIS 装置剖面图

1—断路器；2—电流互感器；3—母线隔离开关；4—母线接地开关；5—母线；6—气封；
7—盘形绝缘子；8—出线隔离开关；9—电压互感器；10—电缆终端；11—维修接地开关

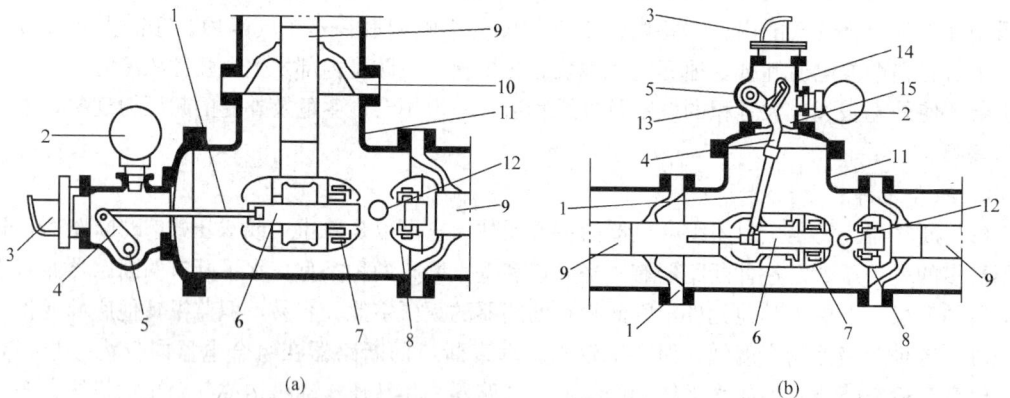

(a)　　　　　　　　　　　　　　　　　(b)

图 10-9　直角型和直线型隔离开关

（a）直角型隔离开关；（b）直线型隔离开关

1—绝缘杆；2—压力开关；3—超压限制装置；4—曲柄；5—控制轴；6—动触头；7—滑动触头；
8—静触头；9—导体；10—绝缘子；11—外壳；12—观察窗；13—拐臂；14—曲柄箱；15—轴

分闸操作，动作与上相反、控制轴向相反方向旋转。

隔离开关可锁定在"分"或"合"的位置。正常操作，仅需将外部操动机构锁住；在外部机构拆除的情况下，需锁住隔离开关的驱动机构。隔离开关的操作由电动操动机构完成，分闸和合闸操作都是缓慢的。

隔离开关操作时，动作很慢，在运动过程中，常发生放电现象，并可发生多次重击穿，在组合电器内部要产生前沿陡峻的行波。这种行波在套管端点经过折射反射，并与外壳耦合，可以使接地外壳的电位瞬时升高，幅值可达100kV，存在的时间为几微秒。这种接地电位瞬时升高，可以使外壳与其底架之间产生火花，使保护回路与控制回路失效，引起保护继电器误动作。

这种接地电位的瞬时升高所产生的电压冲击，根据波形和能量估计，对于某些典型的全封闭组合电器，冲击强度可超出当前生物医学上所规定的人身能耐受的安全数值。

为了限制接地电位的瞬时升高，可以采取的措施有：①改变外壳形状；②采用屏蔽技术；③改进操作措施（例如快速操作）。

（3）接地开关。接地开关或与隔离开关制成一体或单独作为元件制造。接地开关视其功用不同有两种类型：①工作接地开关，在检修时，将导电部位接地，保证人身安全。这类开关不要求有闭合短路电流的能力。②保护接地开关，当设备内部闪络，为了避免事故的扩展，使带电部位很快接地。这类开关要求有闭合短路电流的能力。

图10-10为一接地开关内部结构。外壳内装有接地体，并与静触头相连。滑动触头包括：有接触片的端部，其上装有绝缘套管，有导体从滑动触头经套管接至接地回路。

动触头为管形触头，上端装滑块，滑块可沿导柱滑动，向下接通，向上断开。在滑块上装有光学位置指示器与动触头连成一体。

当接到合闸操作指令时，操动机构通过连杆使控制轴转动，由控制轴带动曲柄，曲柄带动与滑块在一起的动触头及其光学位置指示器，在操作终点，滑块与消振器相碰。防止接地开关合闸时的振动。

动触头向下插入静触头，使导体与接地体相接，完成合闸操作指令。

设备投入运行前，必须使接地开关分闸。接地开关的分闸操作与合闸操作一样，但方向相反。接地开关可锁定在"分"或"合"的位置。锁定方法同隔离开关。接地开关操作可由电动操动机构完成，分闸缓慢，合闸可缓慢或快速。

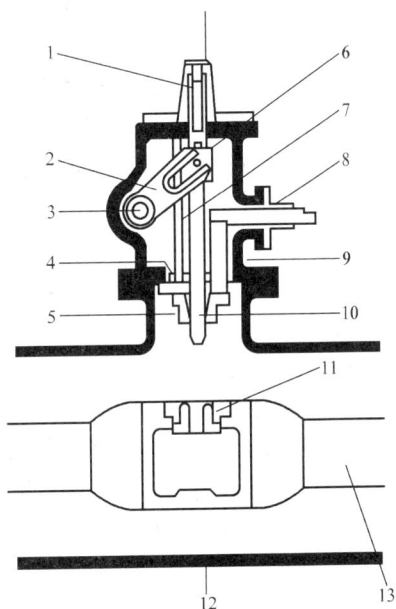

图10-10　接地开关内部结构

1—光学位置指示器；2—曲柄；3—控制轴；4—消震器；5—滑动触头；6—滑块；7—导柱；8—绝缘套管；9—曲柄箱；10—动触头；11—静触头；12—外壳；13—接地体

（4）电流互感器。全封闭组合电器中的电流互感器有两种结构：①装在充气金属壳内的穿芯式，以SF_6为主绝缘、径向尺寸较大、质量亦较大，既可以用于断路器侧，又可以用于母线侧。②开口式电缆结构，只能用于电缆侧，它的径向尺寸小、质量轻、拆卸方便。每相共有一个测量线圈和三个保护线圈，每个线圈外部用环氧树脂浇铸。

（5）电压互感器。主要有电容式和电磁式两种，前者用于220kV及其以上的电压，后者用于110kV以下的电压。

（6）避雷器。保护SF_6全封闭组合电器的避雷器基本上有下列几种情况：①常规的带间隙的避雷器，装在组合电器的入口处。②无间隙氧化锌避雷器或金属封闭的SF_6绝缘的避雷器。③上述两种方式的混合应用。

（7）母线和封闭连接线。母线的结构有分相式与三相共筒式两种。分相式母线的导电部分装在接地的金属圆筒中心，用盆式绝缘子支持。这种母线符合同轴圆柱体的结构原则，电场分布较好、结构简单、相间电动力小、可避免相间短路的故障。三相共筒式母线的三相导电部分，匀称地布置一个共同的接地金属圆筒内，各相导体对圆筒分别用支持绝缘子支持，相间绝缘主要由 SF_6 气体担任。三相共筒式与分相式比较，可以缩小三个导体绝缘圆筒的截面，壳体上的发热效应较低。

（8）充气引线套管与电缆终端。充气引线套管为空心塔形套管，内装导电杆并充有 SF_6 气体。引线套管也可以采用油纸电容套管，它的尾部放在封闭电器的壳体中，SF_6 气体与套管的油腔隔绝。

全封闭组合电器若选用电缆进出线时，就要采用封闭型的电缆终端。与变压器或架空线路相连接时，可以采用套管。

二、SF_6 全封闭组合电器特点

SF_6 全封闭组合电器与常规的配电装置相比，有以下优点：

（1）大量节省配电装置所占面积和空间。电压越高，效果越显著。

（2）运行可靠性高。暴露的外绝缘少，因而外绝缘事故少；内部结构简单，机械故障机会减少；外壳接地，无触电危险；SF_6 为非燃性气体，无火灾危险；气压低，爆炸危险性也小。

（3）运行维护工作量小。平时不需冲洗绝缘子；设备检修周期长，几乎在使用寿命内不需要解体检修。

（4）环境保护好。无静电感应和电晕干扰，噪声水平低。

（5）适应性强。因为重心低、脆性元件少，所以抗震性能好；因为是全封闭，不受外界环境影响，还可用于高海拔地区和污秽地区。

（6）安装调试容易。因为制造厂在厂内经过组装密封，又是单元整体运输，所以现场只需整装调试，安装方便，建设速度快。

其缺点是：

（1）SF_6 全封闭电器对材料性能、加工精度和装配工艺要求极高，工件上的任何毛刺、油污、铁屑和纤维都会造成电场不均。当个别点电场强度达到气体放电的电场强度时，就会发生局部放电，甚至可导致个别部位的击穿。绝缘气体的气压愈高，则局部放电降低击穿电压或沿面放电电压的影响愈强烈。

（2）需要专门的 SF_6 气体系统和压力监视装置，且对 SF_6 的纯度和水分都有严格的要求。

（3）金属消耗量大。

（4）目前造价较高。

SF_6 全封闭式电器应用范围为 110kV 及以上电压，并在下列情况下采用：地处工业区、市中心、险峻山区、地下、洞内、用地狭窄的水电厂及需要扩建而缺乏场地的电厂和变电所；位于严重污秽、海滨、高海拔以及气象环境恶劣地区的变电所。

三、可靠性与安全运行

1. GIS 的可靠性

GIS 全封闭组合电器的事故和故障，可以分为：与常规设备有同样性质的事故（如断路器的机械事故）和组合电器的特殊事故（如绝缘系统事故）两大类型。

第一种类型的事故次数，比常规设备的次数略少。因组合电器中 SF_6 断路器与其他类型断路器比较，灭弧室数量少、零件数少、故障率降低。

所有故障中，机械原因造成的故障占 80%～90%，电气原因的故障占 10%～20%。故应特别重视产品的机械试验。根据一些 SF_6 全封闭组合电器的事故统计，现在的运行事故率很低，一个变电所一年中发生的重要事故大约为 0.1～0.2 次。通常认为，有些组合电器的特殊事故，可以通过在使用中的定期耐压试验予以避免。

根据一些用户的意见和对事故率的比较，说明常规变电所的事故率比 SF_6 全封闭组合电器要高出一个数量级；但组合电器发生事故后，平均停电时间则高达数个星期，比常规变电所的时间长得多。

2. GIS 的试验

GIS 的试验包括型式试验、出厂试验及现场试验。其中型式试验是检验产品的正确性，验证 GIS 装置的各项性能；出厂试验是在每一间隔上进行的，以检验加工过程中是否存在缺陷；现场试验是检查 GIS 配电装置在包装、运输、储存和安装过程中是否出现异常现象行之有效的监测方法，是 GIS 在投运之前必须进行的，也是前两种试验无法替代的。

大量的现场试验结果表明：①现场绝缘试验中往往会发生零件松动、脱落、导电表面刮伤；②强烈的振动造成绝缘子开裂；③安装错位引起电极表面缺陷；④安装过程中造成导电微粒进入；⑤由于疏忽将工具遗忘在装置内；⑥原来潜伏在装置内的导电微粒在工厂试验时未能检测出来，后来在运输和安装过程中被振荡出来或漂浮在装置内等。这些因素都会导致绝缘故障。这些绝缘缺陷一般分为两大类：一是由自由微粒和灰尘诱发的绝缘事故，称为活动绝缘缺陷（A 类）；二是由于安装运输中的意外造成的固定绝缘缺陷（B 类）。

3. GIS 的外壳接地问题

GIS 的外壳接地方式有两种，一种是一点接地方式，另一种是多点接地方式。一点接地方式是在 GIS 外壳的每个分段中一端绝缘，另一端用一点接地的方式。在结构上，串联的壳体之间一般是在法兰盘处绝缘，对地之间是在壳体支座处绝缘。这种接地方式的优点是：因为长时间没有外壳电流通过，故即使电流额定值大，外壳的温升也较低，损耗也较小；因为没有电流流入基础部位，故土建钢筋中没有温升。当然它的缺点也很突出，即事故时不接地端外壳感应电压较高，外界的磁场也较强，当导体中流过的电流较大时，往往会使外壳周围的钢筋发热，由于只有一根接地线，因此可靠性较差。目前国内 GIS 设计一般不采用这种外壳接地方式。

多点接地方式是在 GIS 的某个分段内，用导体连接外壳和大地，并且采用两点以上的多点接地。一般在结构上，串联的法兰盘之间不设绝缘，设备的支座不绝缘，并用固定螺栓导通，接地线也装于壳体。多点接地的优点很多：外部漏磁少，感应过电压低；由于 GIS 外壳有两点以上的接地点，因而可大大提高其可靠性及安全性；不需要使用绝缘法兰等绝缘层，施工方便；外壳和导体电流几乎抵消，因此外部磁场较小，使钢构发热和流过控制电缆外皮的感应电流都很小。由于外壳中有感应电流流过，因此外壳中的温升和损耗比一点接地方式大。但电站 GIS 工程中外壳损耗本身不大，因此在工程中可以忽略不计。

4. GIS 的维修

为了保持 SF_6 全封闭组合电器的安全运行和人身安全，除了在维护检修时，需要加强对绝缘、漏气和水分管理外，还应采取下列有关措施：

（1）对气体绝缘的监视。气体绝缘监视装置有密度监视和压力监视两种。当密封气室内的气体密度或压力达不到运行的规定值时，监视装置动作发信。

（2）控制安装 GIS 室内空气中的含尘量。安装或检修 GIS 设备时，对室内空气含尘量应该进行严格的控制，一般不超过 $0.2mg/m^3$，以防止灰尘进入设备内部影响绝缘强度或进入密封面上造成气体泄漏量的增加。

（3）控制安装 GIS 的室内允许的 SF_6 气体含量。经过试验研究表明，当 SF_6 含量在 20000×10^{-6} 的浓度时，尚没有发现动物有异常现象。但 SF_6 气体经电弧和电晕作用后，会产生少量的有毒物质。为了保证工作人员的安全，室内的 SF_6 浓度建议控制在 1000×10^{-6} 以下，并加强室内通风，因 SF_6 比重比空气大，通风机应装在下部。

在检修过程中，工作人员应戴上防毒面具，带上防护手套、护目镜，穿上工作服。

GIS 技术还在不断发展。目前，已经出现更优越的 500kV 户外式复合组合电器（HGIS），见图 10-11。HGIS 为单相式结构，除了主母线外，还将断路器、电流互感器和隔离开关、接地开关全部组合形成一个整体，承袭传统 GIS 的优点，又兼具灵活性，结构显得更加紧凑、体积小、安全、稳定、可靠性高、维护检修工作量少，是近年开始流行的一种新型户外配电装置。

图 10-11　500kV 户外式复合组合电器

复习思考题

10.1　屋内、外配电装置的最小安全净距中，何谓 A、B、C、D、E 值？

10.2　屋内配电装置的布置方式和原则有哪些？

10.3　超高压配电装置有哪些特点？

10.4　什么叫"污闪"？"污闪"有哪些外部条件？防治"污闪"有哪些主要措施？

10.5　隔离开关与其相应的断路器之间，隔离开关的主刀闸与接地开关之间，为什么要设置安全闭锁装置？

10.6　什么叫配电装置的"五防"吗？

10.7　什么叫 SF_6 全封闭组合电器？它组合了哪些高压电器元件？

10.8　全封闭组合电器有哪些优缺点？

第十一章

发电厂防雷与过电压保护

第一节　雷电放电、雷电流及雷过电压

一、雷电放电

空中云层受强气流作用，内部剧烈的相对运动使云的各部分带有不同极性的电荷，形成雷云。雷云中的电量分布是很不均匀的，往往形成多个电荷密集中心，每个电荷密集区的电量约为 $0.1\sim10C$，而一大块雷云同极性的总电量可达数百库仑。当雷云中电荷密集处的场强达 $25\sim30kV/cm$ 时，就会发生放电。大部分的雷云放电是在云间或云内进行的，只有小部分是对地放电。对地放电的雷云，90%左右是负极性（云带负电）。据推算，雷云电荷中心对地的电动势约为 $50\sim100MV$。

雷云对地放电通常可分为：先导放电、主放电、余光放电三个主要阶段。先导放电过程约延续几毫秒，它是从雷云处开始，以游离的方式逐级向下发展，形成一条高温、高电导、具有极高电位的通道（常称先导通道）伸向大地。沿着先导通道充满密集的与雷云同极性的电荷，当向下伸展的先导通道前端和大地接近而将空气间隙击穿时，就发生对地的主放电过程。在主放电过程中，通道突发明亮的闪光，发出巨大的声响，这就是常见的"闪电"和"雷鸣"，同时，沿着雷电通道流过幅值很大的冲击电流，最大可达数百千安，但持续时间极短，一般不超过 $100\mu s$，平均约为 $40\sim50\mu s$。正是这主放电过程造成雷电放电最大的破坏作用。主放电过后，云中的剩余电荷沿雷电通道继续流向大地，这时，在展开的照片上看到的是一片模糊发光的部分，称为余光放电，放电电流也逐渐衰减到 $1000\sim10A$，延续时间约为几毫秒。可见一次雷云放电的功率很大：可达 $100MV\times100kA=10^7MW$，因为放电时间极短，其能量仅为：$10^7MW\times50\mu s=50\times10^7Ws=139kWh$。实际上，雷云放电具有冲击特性，在雷云对地的电动势达 $100MV$ 时还没有放电，而放电时对地的电动势已经等于零，$100MV$ 与 $100kA$ 并非同时发生，而雷电流也不是在 $50\mu s$ 内持续 $100kA$。

通常，雷云放电不只发生上述一次三阶段的放电过程，而是一个接一个的多次重复过程。每次放电（简称分量）也是由重新使雷电通道充电的先导阶段、使通道放电的主放电阶段和余光放电阶段所组成。一般是第一分量幅值最大，后续分量幅值依次减小。各分量中的最大电流和电流增长的陡度，是造成被击物体破坏（包括过电压、电动力和热破坏）的主要因素，而在余光阶段中，流过较长时间的电流，是造成雷电热效应的重要因素。

二、雷电流波形与雷电流幅值

雷电主放电过程中的电流具有冲击特性，一般在 $1\sim4\mu s$ 内上升到最大幅值，再经几十微秒（平均为 $40\mu s$ 左右）由最大值降到很小的数值。通常把电流上升段称为波头，最大值（幅值）后的下降段称为波尾。雷电流波形如图 11-1 所示，其特征一般用幅值、上升陡度和波头波形来表示。

雷电流的波头形状对防雷设计有影响，在一般线路防雷设计中波头形状取为斜角波头，而在设计特殊高塔时常取半余弦波头。

雷电流的幅值 I_{Lm} 与雷云中的电量多少有关，又与气象、自然条件等有关，是个随机变量，只有通过大量实测才能正确估计其概率分布规律。图 11-2 是符合我国大部分地区使用的雷电流幅值概率分布曲线。

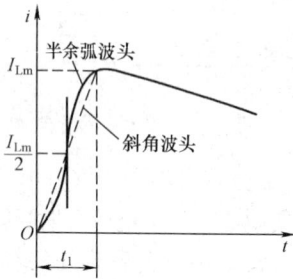

图 11-1　雷电流波形

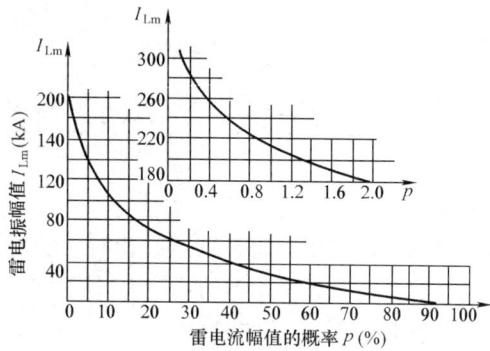

图 11-2　我国雷电流幅值概率曲线

三、雷电过电压

雷电过电压又称为大气过电压。雷电过电压有两种：一种是雷直接击于输电线路或电气设备引起的，称为直击雷过电压；另一种是雷击输电线路附近的地面或设备时，由于电磁感应引起的，称为感应雷电压。最危险的是直击雷过电压。雷击输电线路往往造成跳闸事故，同时，雷电波沿输电线路入侵变电所或升压变电所，也对其中设备造成威胁。

雷电过电压的大小主要决定于雷电流的幅值和被雷击线路或设备的波阻抗。在一定的雷电流幅值下，设备的波阻抗及接地阻抗越小，直击雷过电压也就越小。

第二节　避雷针与避雷线保护范围

为了防止设备受到直接雷击，最常用的措施是装设避雷针或避雷线。它由金属制成，高于被保护物，并具有良好的接地装置，其作用是将雷电引向自身并安全地将雷电流导入地中（因此，就其实质而言，应称"引雷针"），从而保护其附近比它低的设备免受直接雷击。

避雷针包括接闪器（针头）、引下线和接地体三部分。接闪器可用直径 10mm 以上、长 1～2m 的圆钢制作，引下线用直径 6mm 以上的圆钢制作，接地体一般可用几根 2.5m 长的 40mm×40mm×4mm 的角钢打入地中再并联后与引下线可靠连接。铁件必须作防腐处理，如果用铜件当然最好。

避雷针一般用于保护发电厂和变电所的配电装置及其建筑物、构筑物。66kV 及以上配电装置，且土壤电阻率在规定限值以下时，允许将避雷针装在配电装置的构架上，亦可独立装设。35kV 及以下则必须独立装设，且离构架和路口保持一个规定的距离，详见《交流电气装置的过电压保护和绝缘配合》（DL/T 620—1997）。

避雷线是悬挂在空中的水平的接地导线，又称架空地线，主要用于保护架空输电线路，也可用于峡谷地区发电厂和变电所作直击雷保护。

　　　　　　　　电气设备及其系统

一、避雷针保护范围

单支避雷针的保护范围，见图 11-3，它似一个圆锥形的"罩"。如用公式表示保护范围，则在某一高度 h_x 的水平面上，其保护半径 r_x 计算式为

$$\left.\begin{array}{ll} 当\ h_x \geqslant \dfrac{h}{2}\ 时 & r_x = (h - h_x)p \quad (m) \\[3mm] 当\ h_x < \dfrac{h}{2}\ 时 & r_x = (1.5h - 2h_x)p \quad (m) \end{array}\right\} \tag{11-1}$$

式中　h——避雷针的高度，m；

　　　p——高度影响系数，当 $h \leqslant 30m$ 时，$p=1$；当 $30 < h \leqslant 120m$ 时，$p = \dfrac{5.5}{\sqrt{h}}$。

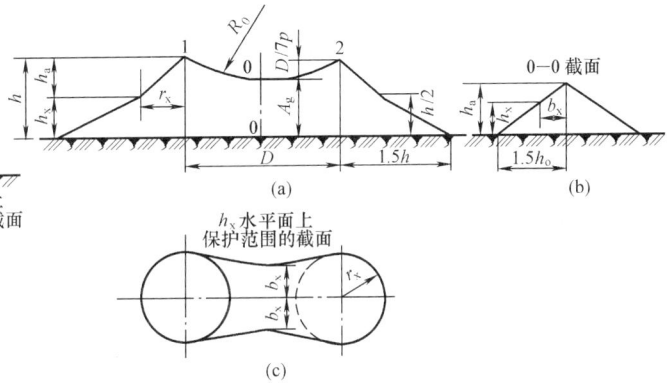

两支等高避雷针的联合保护范围，见图 11-4。两针的联合保护范围要比两针各自的保护范围的叠加要大些。因为在用单支避雷针进行保护时，雷受针吸引往往可以被吸到离针脚较近的地面上；但在用两支避雷针进行联合保护时，对于在两避雷针之间上空的雷电，由于受到其吸引，就较难击于离两避雷针脚较近的两避雷针之间的地面上。

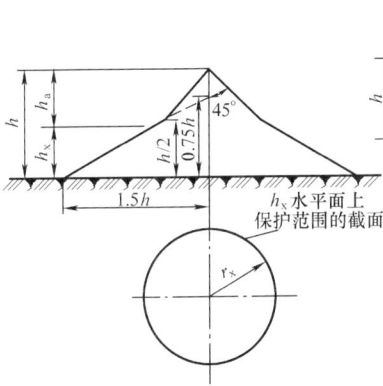

图 11-3　单支避雷针的保护范围　　　　图 11-4　两支等高避雷针的联合保护范围

两支避雷针外侧的保护范围，可按单支避雷针计算方法确定。两支避雷针之间的保护范围，其上部则是以经两针顶点 1、2 及两顶点连线中间下方某点 0 的圆弧来确定。0 点的高度 h_0 按下式计算

$$h_0 = h - \frac{D}{7p}$$

式中　D——两支避雷针之间的距离，m。

p 的含义同式（11-1）。

三支等高避雷针的联合保护范围，可以两支两支地分别进行计算，然后就可确定三支避雷针组成的三角形内的保护范围。对于四支及四支避雷针以上的联合保护范围，可以三支三支地进行计算，即可确定多支避雷针的联合保护范围。

二、避雷线保护范围

避雷线又称架空地线。单根避雷线的保护范围见图 11-5，可按下式进行计算

$$\left.\begin{array}{ll} 当\ h_x \geqslant \dfrac{h}{2}\ 时 & r_x = 0.47(h - h_x)p \\[3mm] 当\ h_x < \dfrac{h}{2}\ 时 & r_x = (h - 1.53h_x)p \end{array}\right\} \tag{11-2}$$

式中，系数 p 含义同前。

两根等高平行避雷线的保护范围的确定参见图 11-6。其外侧的保护范围按单根避雷线计算，其间横截面的保护范围可通过两避雷线 1、2 点及其连线中间下方某点 0 的圆弧所确定。0 点的高度应按下式计算

$$h_0 = h - \frac{D}{4p}$$

式中　D——两避雷线间的距离，m。

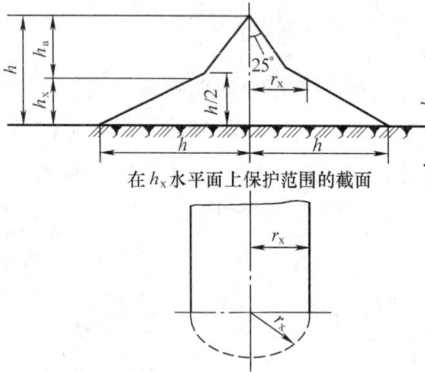

图 11-5　单根避雷线的保护范围

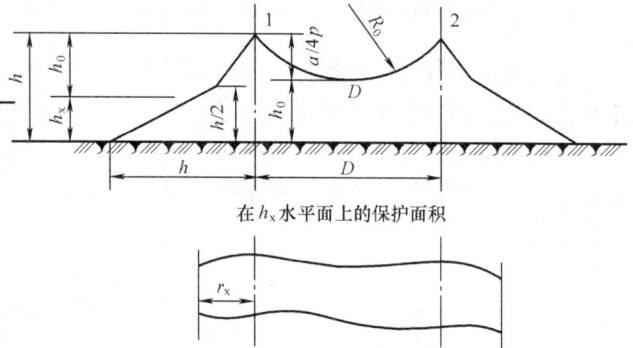

图 11-6　两平行避雷线的保护范围

第三节　避　雷　器

避雷器的作用是限制过电压以保护电气设备。避雷器的类型主要有保护间隙、阀型避雷器和氧化锌避雷器。保护间隙主要用于限制大气过电压，一般用于配电系统、线路和变电所进线段保护。阀型避雷器与氧化锌避雷器用于变电所和发电厂电气设备的保护。在 220kV 及以下系统主要用于限制大气过电压，在超高压系统中还将用来限制内过电压或作内过电压的后备保护。

一、保护间隙

保护间隙，一般由两个相距一定距离的、敞露于大气的电极构成，将它与被保护设备并联，如图 11-7 所示，适当调整电极间的距离（间隙），使其放电电压低于被保护设备绝缘的冲击放电电压，并留一定的安全裕度，设备就可得到可靠的保护。

当雷电波入侵时，主间隙先击穿，形成电弧接地。过电压消失后，主间隙中仍有正常工作电压作用下的工频电弧电流（称为工频续流）。对中性点接地系统而言，这种间隙的工频续流就是间隙处的接地短路电流。由于这种间隙的熄弧能力较差，间隙电弧往往不能自行熄灭，将引起断路器跳闸，这是保护间隙的主要缺点，也是其应用受限制的原因。此外，由于间隙敞露，其放电特性也受气象和外界条件的影响。

二、阀型避雷器

阀型避雷器由装在密封瓷套中的间隙（又称火花间隙）和非线性电阻（又称阀片）串联构成，如图 11-8 所示。阀片的电阻值与流过的电流有关，具有非线性特性，电流愈大电阻愈小，其伏安特性曲线如图 11-9 所示，亦可用下式表示

$$U = CI^\alpha$$

式中　U——阀片上的电压；

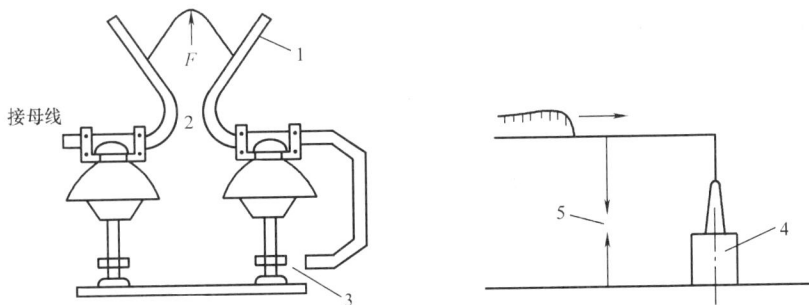

图 11-7　角型保护间隙及其与被保护设备的连接

1—圆钢；2—主间隙；3—辅助间隙；4—被保护物；5—保护间隙

I——通过阀片的电流；

C——与阀片材料尺寸有关的系数；

α——非线性系数，其值小于 1，一般为 0.2 左右，与材料有关。

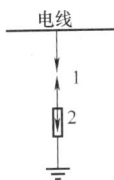

图 11-8　阀型避雷器原理结构图

1—间隙；2—非线性电阻（阀片）

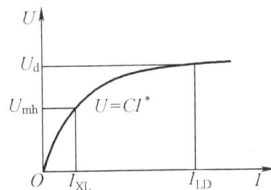

图 11-9　阀片电阻的
伏安特性曲线

非线性系数 α 越小，当有大的冲击电流（图 11-9 中 I_{LD} 附近）通过阀片时，阀片上的电压降（称为残压）越接近于常数，阀片的性能越好。

在正常情况下，火花间隙将带电部分与阀片隔开。当雷电波的幅值超过避雷器的冲击放电电压时，火花间隙被击穿，冲击电流经阀片流入大地，阀片上出现电压降（残压）。只要使避雷器的冲击放电电压和残压低于被保护设备的冲击耐压值，设备就可得到保护，而且残压愈低设备愈安全。

避雷器保护性能的主要指标是保护比 K_b，它等于冲击电流下的残压 U_c 与工频续流 I_{XL} 下的灭弧电压 U_{mh}（幅值）之比，即

$$K_b = \frac{U_c}{U_{mh}}$$

保护比愈小，说明残压愈低或灭弧电压愈高，则避雷器的保护性能越好。K_b 值都大于 1，一般在 1.7～2.5 之间。

显然，避雷器的灭弧电压必须高于所在系统的最高工作电压，这样才能保证雷电波过后，顺利熄灭工频续流电弧。

根据实测统计，按标准防雷要求设计的 35～220kV 的变电所中，流经阀型避雷器的雷电流超过 5kA 的概率很小，因此我国对 35～220kV 的阀型避雷器以 5kA 作为设计依据。对 330kV 及更高电压的电网，由于线路绝缘水平较高，入侵雷电波的幅值也高，故流经避雷器的雷电流较大，我国规定取 10kA 作为计算标准。

阀型避雷器分普通型和磁吹型两类。普通型避雷器的火花间隙由许多如图 11-10 所示的单个

间隙串联而成。单个间隙的电极由黄铜板冲压而成，两电极间用云母垫圈隔开形成间隙，间隙距离为 $0.5\sim1.0\text{mm}$，这种间隙的伏秒特性（指一定冲击电压波形下，其电压幅值与击穿时间的关系）曲线很平坦且分散性较小、性能较好。单个间隙的工频放电电压约为 $2.7\sim3.0\text{kV}$。避雷器动作后，工频续流电弧被许多串联的单个间隙分割成许多段短弧，使其熄灭。减小工频续流有利于间隙电弧的熄灭，因此在工频电压下，希望阀片有较大的电阻。

由于阀片电阻是非线性的，在很大的雷电流通过时电阻值很小，残压不高（不会危及设备绝缘）。当雷电流过去之后，在工频电压作用下，电阻值变得很大，因而大大地限制了工频续流，以利于火花间隙灭弧。利用阀片电阻的非线性特性，解决了既要降低残压又要限制工频续流的矛盾，并且不致产生危险的截波。

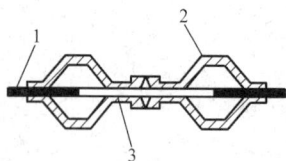

图 11-10　单个火花间隙
1—云母垫圈；2—电极；
3—工作间隙

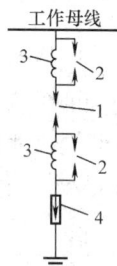

图 11-11　磁吹型避雷器的原理接线图
1—主间隙；2—辅助间隙；
3—磁吹线圈；4—电阻阀片

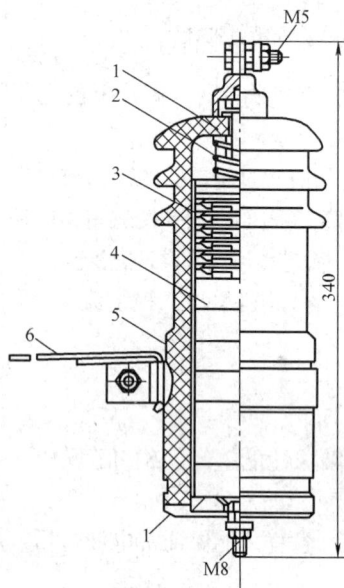

图 11-12　FS3-10 型阀型避雷器结构示意图
1—密封橡皮；2—压紧弹簧；
3—间隙；4—阀片；5—瓷套；
6—安装卡子

磁吹型避雷器的火花间隙也由许多单个间隙串联而成，但每个间隙的结构较复杂，利用磁场使每个间隙中的电弧产生运动（如旋转或拉长）来加强去游离，以提高间隙的灭弧能力。磁场是由与间隙串联的线圈所产生，其原理接线图见图 11-11。磁吹线圈两端设置的辅助间隙的作用，是为了消除磁吹线圈在冲击电流通过时产生过大的压降而使保护性能变坏。在冲击电压作用下，主间隙被击穿，放电电流通过磁吹线圈，其上的压降使辅助间隙击穿，放电电流便经过辅助间隙、主间隙和电阻阀片而流入大地，使避雷器的压降不致增大。当工频续流通过时，磁吹线圈上的压降减小，迫使辅助间隙中的电弧熄灭，工频续流也就很快转入磁吹线圈，产生磁场起吹弧作用。

如前所述，阀型避雷器的火花间隙是由许多单个间隙串联而成，由于各间隙对地和对高压端存在寄生电容，故电压在各间隙上的分布将是不均匀的。为充分发挥每个间隙的灭弧能力，常在间隙组（若干间隙为一组）上并联适当的均压电阻。

上述两类阀型避雷器，其阀片的主要作用是限制工频续流，使间隙电弧能在工频续流第一次过零时就熄灭。其电阻阀片都是金刚砂 SiC 和结合剂烧结而成，称为碳化硅阀片。普通型避雷器的阀片是在低温下烧结而成，非线性系数较低

（约为 0.2），但通流容量小，不能承受持续时间较长的内过电压冲击电流；磁吹型避雷器的阀片，是在高温下烧结而成，非线性系数较高，但通流容量大，能用于限制内部过电压。

目前我国生产的普通型避雷器有 FS 系列和 FZ 系列两种型号。FS 系列避雷器，其通流容量较小，主要用于保护小容量的 3～10kV 配电装置中的电气设备（如变压器等），图 11-12 为 FS3-10 型避雷器结构示意图。

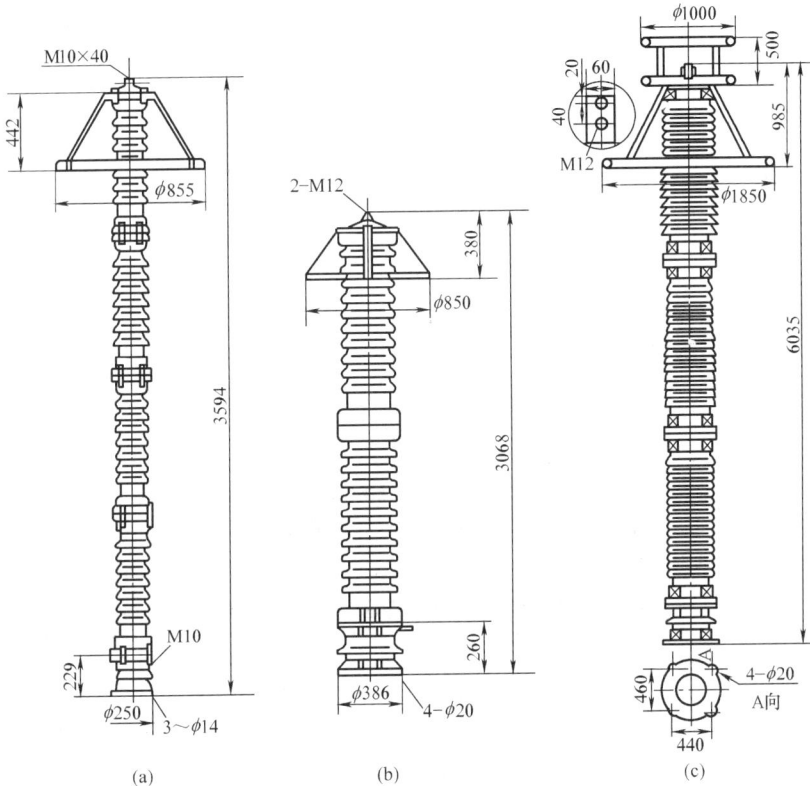

图 11-13　阀型避雷器外形及安装尺寸

(a) FZ-110J 型；(b) FCZ3-220J 型；(c) FCZ-500J 型

FZ 系列避雷器，其特性较好、通流容量较大，主要用于保护大中型变电所的变压器和电容器等设备。对于 FZ 系列避雷器：电压低的制成单体形式；35～220kV 的避雷器由若干标准单元串联组成，如 FZ-110J 型避雷器（适用于 110kV 中性点接地系统）就是由四个 FZ-30 型的串联而成，见图 11-13 (a)；110kV 及以上电压等级的阀型避雷器，在其顶部装有均压环，以减少对地电容引起的电压不均匀现象。

磁吹型避雷器主要有 FCZ 电站型和保护旋转电机用的 FCD 系列。图 11-13 (b)、(c) 为 FCZ3－220J 型和 FCZ-500J 型避雷器的外形及安装尺寸。

表 11-1、表 11-2 给出电站用普通型 FZ 系列和磁吹型 FCZ 系列避雷器的技术数据。

三、氧化锌避雷器

氧化锌避雷器实际上也是一种阀型避雷器，其阀片以氧化锌（ZnO）为主要材料，加入少量金属氧化物，在高温下烧结而成。ZnO 阀片具有很好的伏安特性，其非线性系数 $\alpha=0.02\sim 0.05$。图 11-14 示出 SiC 避雷器、ZnO 避雷器及理想避雷器的伏安特性曲线，以作比较。图中，假定 ZnO、SiC 阀片在 10kA 电流下的残压相同；但在额定电压（或灭弧电压）下，ZnO 伏安特性曲线所对应的电流一般在 10^{-5}A 以下，可以近似认为其续流为零，而 SiC 伏安特性曲线所对应的续流却为 100A 左右。也就是说，在工作电压下 ZnO 阀片可看作是绝缘体。

表 11-1　　　　　　　　　　　**普通型 FZ 系列避雷器的技术数据**

产品型号	系统标称电压(有效值，kV)	避雷器额定电压(有效值，kV)	工频放电电压(有效值，kV)		冲击放电电压预放电时间 1.5~20μs(峰值，不大于，kV)	8/20μs5kA冲击电流残压(峰值，不大于，kV)	电导电流		外形尺寸	
			不小于	不大于			直流试验电压(kV)	电流(μA)	外径(mm)	高度(mm)
FZ-3	3	3.8	9	11	20	13.5	4	400~600	284	340
FZ-6	6	7.6	16	19	30	27	6			420
FZ-10	10	12.7	26	31	45	45	10			560
FZ-15	(15)	20.5	41	49	73	67	16	400~600	284	645
FZ-20	(20)	25	51	61	85	81.5	20			787
FZ-30	(30)	25	56	67	110	81.5	24			832
FZ-35	35	41	82	98	134	134		400~600	284	1554
FZ-44	(44)	50	102	122	163	163				1838
FZ-66	(66)	75	153	183	244	244				2627
FZ-110J	110	100	224	268	326	326		400~600	855	3594
FZ-220J	220	200	448	536	620	652			3070	7120

注　1. F 表示阀型避雷器，Z 表示电站用，J 表示中性点直接接地系统。

　　2. "系统标称电压"，即电力系统的额定电压；"系统标称电压"栏中有括号者为元件的电压。

　　3. "避雷器额定电压"即避雷器灭弧电压。

表 11-2　　　　　　　　　　　**磁吹型 FCZ 系列避雷器的技术数据**

型　号	系统电压(有效值，kV)	额定电压(有效值，kV)	工频放电电压(有效值，kV)		冲击放电电压(峰值，不大于，kV)		8/20μs 冲击电流压残(峰值，不大于，kV)		元件电导电流		外形尺寸	
			不小于	不大于	雷电冲击(1.5~20μs 和 1.5/40μs)	操作冲击(100~1000μs)	5kA	10kA	直流试验电压(kV)	电流(μA)	外径(mm)	高度(mm)
FCZ3-35	35	41	70	85	112		108	122	50	250~400	432	1070
FCZ3-110J	110	100	170	195	260		260	285	110	250~400		1715
FCZ3-220J	220	200	340	390	520		520	570	110	250~400	850	3068
FCZ1-330J	330	290	510	580	780	820	780	820	160	500~700	1500	4220
FCZ-500J	500	440	640	790	1100	1080	1100		160	1000~1400	1850	6035

注　C 表示磁吹型。

ZnO 避雷器与 SiC 避雷器相比较，由于 ZnO 避雷器采用了非线性优良的 ZnO 阀片，使其具有以下诸多优点：

（1）无间隙、无续流。在工作电压下，ZnO 阀片呈现极大的电阻，续流近似为零，相当于绝缘体，因而工作电压长期作用也不会使阀片烧坏，所以一般不用串联间隙来隔离工作电压。

（2）ZnO 避雷器的通流容量较大，更有利于用来限制作用时间较长（与大气过电压相比）的内部过电压。

（3）可使电气设备所受过电压降低。在相同雷电流的作用下，ZnO 避雷器比 SiC 避雷器的残压更低，这就可降低作用在设备上的过电压。

（4）在绝缘配合方面可以做到陡波、雷电波和操作波的保护裕度接近一致。

（5）ZnO 避雷器体积小、质量轻、结构简单、运行维护方便。

ZnO 避雷器的主要特性常用起始动作电压及压比等表示。起始动作电压又称转折电压，从这一点开始，电流将随电压升高而迅速增加，也即其非线性系数迅速进入 0.02～0.05 的区域。通常以 1mA 时的电压作为起始动作电压，其值约为其最大允许工作电压峰值的 105%～115%。

ZnO 避雷器的压比是指 ZnO 避雷器通过大电流时的残压与通过 1mA 直流电流时的电压之比。压比越小，意味着通过大电流时的残压越低，则 ZnO 避雷器的保护性能越好。目前，压比约为 1.6～2.0。

目前生产的 ZnO 避雷器，大部分是无间隙的。对于超高压避雷器或需大幅降低压比时，也采用并联或串联间隙的方法；为了降低大电流时的残压而又不加大阀片在正常运行时的电压负担，以减轻阀片的老化，往往也采用并联或串联间隙的方法。

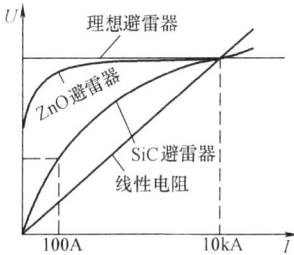

图 11-14　ZnO、SiC 和
理想避雷器伏安特
性曲线的比较

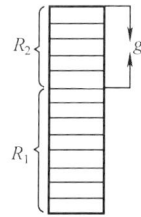

图 11-15　ZnO
避雷器有并联间
隙的原理图

图 11-15 表示 ZnO 避雷器有并联间隙的原理图。在正常情况下，间隙 g 是不导通的，工作电压由阀片电阻 R_1 和 R_2 两部分分担，单个阀片上所受电压较低。当有雷击或操作过电压作用时，流经 R_1、R_2 的电流迅速增大，R_1、R_2 上的压降（残压）也随之迅速增加，当 R_2 上的残压达到某一值时，并联间隙 g 被击穿，R_2 被短接，避雷器上的残压仅由 R_1 决定，从而降低了残压，也就降低了压比。

氧化锌避雷器是一种新型避雷器，我国已用它来取代有串联间隙的普通型避雷器和磁吹型避雷器。

表 11-3 给出 Y5WZ 系列电站用无间隙氧化锌避雷器的技术数据。表 11-4 给出 Y10W5 系列中部分氧化锌避雷器的技术数据。

表 11-3　　　　　　　　Y5WZ 系列电站用无间隙氧化锌避雷器的技术数据

型　　号		避雷器额定电压（有效值，kV）	系统额定电压（有效值，kV）	持续运行电压（有效值，kV）	标称电流下最大残压（kV）		通流容量		
新型号	旧型号				陡　波	雷电波	8/20μs 波	2000μs 方波	4/10μs 波
Y5WZ-3.8	FYZ-3	3.8	3	2	15.5	13.5	5kA	150A	40kA
Y5WZ-7.6	FYZ-6	7.6	6	4	31.0	27.0			
Y5WZ-12.7	FYZ-10	12.7	10	6.6	51.0	45			
Y5WZ-41	FYZ-35	41	35	23.4	154	134			

注　本避雷器适用于与真空断路器配套防止操作过电压和大气过电压对各种变压器的危害。

表 11-4   **Y10W5 系列氧化锌避雷器的技术数据（A 类产品）**

型 号	系统标称电压(有效值,kV)	避雷器额定电压(有效值,kV)	持续运行电压(有效值,kV)	工频参考电压(峰值,kV)	8/20μs 最大雷电冲击残压(峰值,kV) 5kA	10kA	20kA	30/60μs 24kA最大操作冲击残压(峰值,kV)	1/5μs、10kA大陡波冲击残压(峰值,kV)	外绝缘耐受电压 工频干、湿(有效值,kV)	1.2/50μs标准雷电波(峰值,kV)	250/2500μs操作冲击波(峰值,kV)	高度(mm)
Y10W5-45/135	35	45		64	124	135				100	231		795
Y10W5-100/248	110	100	73	142		248	266		273	206	500		1375
Y10W5-192/476	220	192		272		476	510	414	524	395	950		
Y10W5-200/496	220	200	146	283		496	532	431	546	395	950		2690
Y10W5-228/565	220	228		323		565	606	491	622	395	950		
Y10W5-300/693	330	300	210	425		693	740	602	755	460	1050	850	2936
Y10W5-396/896	500	396	318	560		896	967	788	986	740	1675	1175	5040
Y10W5-420/950		420		594		950	1026	826	1045	740	1675	1175	
Y10W5-444/995		444		628		995	1075	875	1095	740	1675	1175	
Y10W5-468/1058		468		662		1058	1143	920	1165	740	1675	1175	

第四节　发电厂接地装置

接地装置是由埋入土中的金属接地体（角钢、扁钢、钢管等，新设计的电厂也有用铜材的）和连接用的接地线构成。

电气设备接地按其用途可分为工作接地、过电压保护接地、人身安全保护接地和仪控接地。

（1）工作接地：是为了保证电力系统正常运行所需要的接地。例如，大电流接地系统中的变压器中性点接地、大容量发电机中性点和小电流接地系统中变压器中性点经电阻或电抗的接地等。

（2）过电压保护接地：是指针对内、外过电压保护的需要而设置的接地。例如避雷针（线）、避雷器、间隙的接地等。

（3）人身安全保护接地：也称安全接地，是为了人身安全而设置的接地，如电气设备、仪器仪表的金属外壳、电力电缆的金属外皮以及金属隔离遮栏等。

（4）仪控接地：亦称电子系统接地。如发电厂、变电所及其相关场合的热力控制系统、数据采集系统、计算机监控系统、晶体管或微机型继电保护系统和远动通信系统等，为了稳定电位、防止干扰而设置的接地。

一、接地电阻基本概念

接地电阻是指电流经接地体进入大地并向周围扩散时所遇到的电阻。当没有接地电流通过时，大地各处的电位是相等的，并认为其电位为零。但大地不是理想导体，它具有一定的电阻率，称为大地电阻率或土壤电阻率，大地电阻率在不同的地质条件下是不同的。如果有电流流过，则大地各处就出现了不同的电位。注入大地的电流，它以电流场的形式向四处扩散，如图 11-16 所示。离电流注入点愈远，半球形的散流面积愈大，地中的电流密度就愈小，一般认为在较远处（15～20m 以外），单位扩散距离的电阻及地中电流密度已接近零，该处电位已近似为零电位。显然，当接地点有电流流入大地时，接地点电位最高，离接地点愈远，电位愈低，图 11-16 中曲线 $V = f(r)$ 表示地表面的电位分布情况（式中 r 为离接地电流注入点的距离）。

人们把接地点处的电位 V_M 与接地电流 I 的比值定义为该点的接地电阻 $R = \dfrac{V_M}{I}$。当接地电流为定值时，接地电阻 R 愈小，则电位 V_M 愈低，反之则愈高。

接地装置的接地电阻 R 主要决定于接地装置的结构、尺寸、埋入地下的深度及当地土壤的电阻率。因金属接地体的电阻率远小于土壤电阻率，故接地体本身的电阻在接地电阻 R 中可以忽略不计。

二、接地电阻允许值

接地电阻的允许值是根据接地电流 I 的大小、接地装置上出现电压时间的长短和接触几率多少，并考虑不同土壤电阻率下投资的合理性而制定。

在大电流接地系统中，接地电流都是由接地短路故障引起的，电流值较大，但故障切除时间快，接地装置上出现电压的持续时间也很短。所以规定接地网电压不得超过 2000V，其接地装置的接地电阻为

图 11-16 接地电流的散流场和地面电位分布

V_M—接地点电位；I—接地电流；U_l—接触电压；U_k—跨步电压；δ—地中电流密度；$U = f(r)$—大地表面的电位分布曲线

$$R \leqslant \frac{2000}{I} \quad (\Omega) \tag{11-3}$$

式中　I——流经接地装置的（短路）电流。

当 $I > 4000A$ 时，可取 $R \leqslant 0.5\Omega$。在大地电阻率很高时允许将 R 值放宽到 $R \leqslant 5\Omega$，但在这种情况下，必须验证人身安全。

在小电流接地系统中，接地故障电流 I 较小，继电保护常动作于信号，不切除故障，接地装置上出现电压的持续时间较长，因此，接地电压应限制得较低。当接地装置仅用于高压设备时，规定接地电压不得超过 250V，即

$$R \leqslant \frac{250}{I} \quad (\Omega) \tag{11-4}$$

当接地装置为高低压设备所共用时，考虑到人与低压设备接触的机会更多，规定接地电压不得超过 120V，即

$$R \leqslant \frac{120}{I} \quad (\Omega) \tag{11-5}$$

式中　I——计算用接地故障电流，A。

一般在小电流接地系统中，接地电阻不应超过 10Ω。大地电阻率较高时，接地电阻允许取大些。

对工作接地及人身安全保护接地而言，接地电阻是指直流或工频电流流过时的电阻；对过电压保护接地而言，是指雷电冲击电流流过时的电阻，简称冲击接地电阻。同一接地装置在工频电流和冲击电流作用下，将具有不同的电阻值，通常用冲击系数 α 表示两者的关系

$$\alpha = \frac{R_{ch}}{R_g} \tag{11-6}$$

式中　R_g——工频接地电阻；

　　　R_{ch}——冲击接地电阻，是接地体上的冲击电压幅值与流经该接地体中的冲击电流幅值之比值。

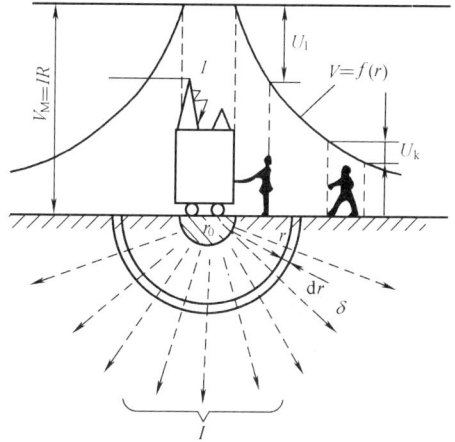

一般情况下，$\alpha < 1$，也有时 $\alpha \geqslant 1$，这与接地体的几何尺寸、雷电流的幅值和波形及土壤电阻率等因素有关。

三、接触电压和跨步电压

从人身安全考虑，一般人体通过 50mA 以上电流就有生命危险。人体皮肤处于干燥、洁净和无损伤时，人身电阻高达几十千欧以上，而皮肤有伤口或处于潮湿状态时，可降到 1000Ω 左右。因此在最不利的情况下，人接触的电压只要达 $0.05 \times 1000 = 50$（V）左右，即有致命危险。

在电气设备发生接地故障，外壳带电时，人可能有两种方式触及不同电位点而受到电压的作用：①人站在离设备外壳 0.8m 的地面上，手触及设备外壳离地面高为 1.8m 处所受到的电压；②人的两脚，着地点跨距为 0.8m 时，两脚之间所受到的电位差。前者称为接触电压，后者称为跨步电压，如图 12-16 中所示的 U_j 和 U_k。

人体所能耐受的接触电压和跨步电压的允许值，与通过人体的电流值、持续时间的长短、地面土壤电阻率及电流流经人体的途径有关。

在大电流接地系统中，接触电压 U_j 和跨步电压 U_k 的允许值为

$$\left. \begin{aligned} U_\text{j} &= \frac{250 + 0.25\rho}{\sqrt{t}} \\ U_\text{k} &= \frac{250 + \rho}{\sqrt{t}} \end{aligned} \right\} \tag{11-7}$$

在小电流接地系统中，接触电压和跨步电压的允许值为

$$\left. \begin{aligned} U_\text{j} &= 50 + 0.05\rho \\ U_\text{k} &= 50 + 0.2\rho \end{aligned} \right\} \tag{11-8}$$

式中　ρ——人脚站立处地面土壤电阻率，$\Omega \cdot \text{m}$；

t——接地短路电流持续时间，s。

四、发电厂接地装置

接地装置由接地体和连接导体组成。接地体可分为自然接地体和人工接地体。自然接地体包括埋在地下的金属管道、金属结构和钢筋混凝土基础，但可燃液体和气体的金属管道除外；人工接地体是专为接地需要而设置的接地体。

人工接地体有垂直接地体和水平接地体之分。垂直接地体一般是用长约 $2.5 \sim 3\text{m}$ 的角钢、圆钢或钢管垂直打入地下，顶端深入地下 $0.3 \sim 0.5\text{m}$；水平接地体多用扁钢、圆钢或铜导体，埋于地下 $0.5 \sim 1\text{m}$ 处或埋于厂房、楼房基础底板以下，构成环形或网格形的接地系统。

发电厂要求有良好的接地装置，一般是根据安全和工作接地要求设置一个统一的接地网，然后在避雷器和避雷针下面增加独立接地体以满足防雷接地的要求。

发电厂的接地装置除利用自然接地体外，还应敷设水平的人工接地网。人工接地网应围绕设备区域连成闭合形状，并在其中敷设成方格网状的若干均压带（见图 11-17）。水平接地网应埋入地下 $\geqslant 0.6\text{m}$，以免受到机械损伤，并可减少冬季土壤表层冻结和夏季地表水分蒸发对接地电阻的影响。

随着电力系统的发展，超高压电力网的接地短路电流日益增大。在发电厂和变电所内，接地网电位的升高已成为重要问题。为了保证人身安全，除适当布置均压带外，还采取以下措施：

（1）因接地网边角外部电位梯度较高，边角处应做成圆弧形。

（2）在接地网边缘上经常有人出入的走道处，应在该走道下不同深度装设与地网相连的帽檐式均压带或者将该处附近铺成具有高电阻率的路面。

对大容量电厂，其 500kV 和 220kV 配电装置、汽轮机房、锅炉房等主要建筑物下面，常将

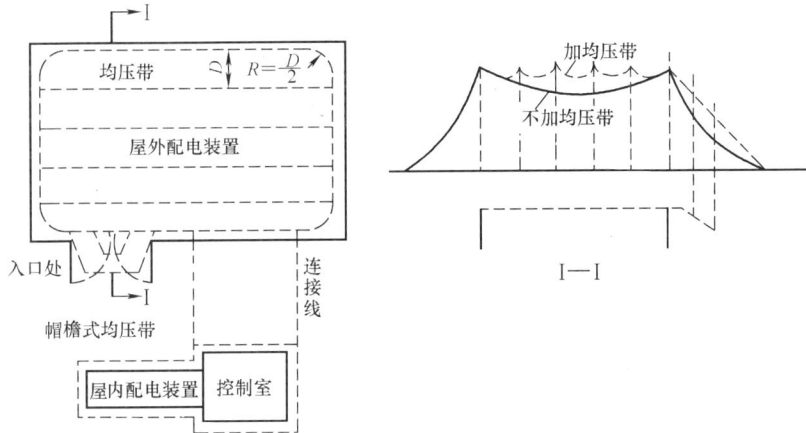

图 11-17　水平闭合式接地网及其电位分布

深埋的水平接地体敷设成方格网。一般在主厂房接地网和升压变电所接地网连接处设接地井，井内有可拆卸的连接部件，以便分别测试各个主接地网的接地电阻。主接地网的接地电阻一般要求在 0.5Ω 以下。

在地下接地网的适当部位，用多股绞线引出地面，以便连接需要接地的设备或接地母线（总地线排），或与厂房钢柱连接，形成整个建筑物接地。室外防雷保护接地引下线与接地网的连接点，通常设在地表下 $0.3\sim0.5m$ 以下。

发电厂中，大量电气设备外壳或其他非载流金属部分：如配电盘的框架、开关柜或开关设备的支架、电动机底座、金属电缆架、电缆的金属外包层、移动式或手持式电动工具等，都必须接地。所有的接地可用适当截面的接地线直接连接到固定的接地端子、接地母线或已接地的建筑金属构件上，也可用单独的绝缘地线与电缆等敷设在同一条电缆走道、管道内，再接到适当的接地端子或接地母线上。接地线和绝缘地线都必须符合部颁《电业安全工作规程（发电厂和变电所电气部分）》的有关规定。

五、仪控系统接地特殊要求和接地方式

电厂中大量的电子设备或电子系统，对于"噪声"或干扰是十分敏感的，必须通过适当的接地方式来降低"噪声"或干扰电平。考虑电子设备接地时，有两项重要的原则：一是安全，二是把通过公共接地部分的干扰减至最小。为此，仪控系统的接地必须遵循以下各项要求：

（1）所有安装容易受到或能产生射频干扰的电子设备的建筑物或综合机房，必须设置专用的低阻抗参考地或总地线排（接地母线）。

（2）不同类型的电子系统地线排之间，必须相互绝缘，防止地电位差产生飞弧。

（3）装有电子设备的机架或机箱，必须有效地直接连接到专用的参考接地点，也可采用树干式接地中的一个分支。

（4）同一电子系统的接地线之间，必须避免形成闭合回路。

（5）当灵敏的电子设备与电磁干扰源设置在同一建筑物内时，电缆和机箱必须屏蔽，并且在这些屏蔽体与电磁干扰源之间提供低阻抗通路。

在大范围接地系统中，一般认为电子设备的接地有两种方式，即多点接地方式和一点接地方式。在多点接地方式中，要求有一个供系统使用的等电位的"地面"，所有的接地线都接到这个"地面"上，但实际上，只有接地系统在实质上没有电阻或几乎没有电阻时，才是真正的高质量

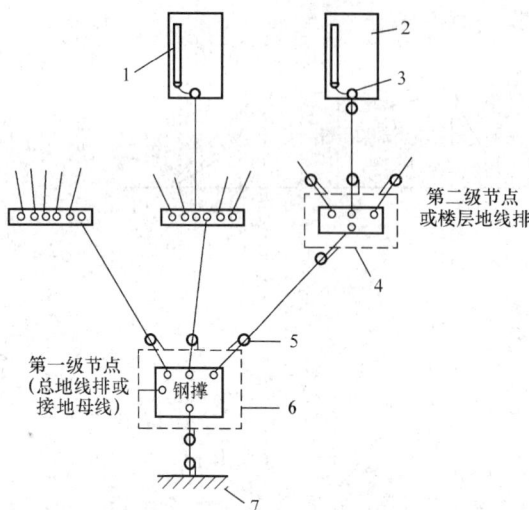

图 11-18 节点型的接地分配系统

1—第四级节点（机箱内）；2—机箱和机架；3—第三级节点；4—防止干扰的特殊接地节点；5—绝缘金属管（需要时）；6—屏蔽箱（需要时）；7—地网

的等电位面，所以这个"地面"的质量有时可能是不高的。在一点接地方式中，全部设备都以一点作为参考点，而这个参考点是与建筑物的地下接地网连接的。机箱内所有电子电路的接地端，都连接在这一个接地参考点上。采用一点接地方式可使地电流和建筑物接地中流动的电流都减至最小。

电子系统、分支系统和设备可用节点型的接地分配系统，如图 11-18 所示。从理论上讲，这是用来防止电磁脉冲干扰影响的一点接地概念的发展，要求接地分配系统按树干形或星形结构设置，以免形成磁场敏感环路，引起干扰。典型的布置是将接地母线（总地线排）作为第一级节点，第二级节点是分区接地馈线分配点（接地汇流排），第三级节点是机架和机箱的接地分配点，第四级节点是底盘或面板的接地分配点。

电子设备室（楼）、综合机房或通信楼一般都有许多十分不同的设备，包括电源系统、配电系统、采暖通风系统、电子系统、通信设备等，为了安全、消除故障、保护设备和降低干扰而必须接地。如果所有要接地的设备都接到一个单独的共用地线上，这个接地系统的效果最好。一点接地为楼室所有设备提供一个公共参考点，不受地电流和电位差的影响。这个公共的接地汇总点就是系统接地点，亦称总地线排或接地母线，一般用铜排或铜板构成。从地下接地网引出的铜辫连接到这个总地线排。总地线排或接地母线，如果用适当粗的馈线与接地网连接，也可以设置在其他地方（如楼上）。在预计会有干扰的地方，接地馈线应设置在铁管内，而总地线排则要装设在屏蔽箱内。屏蔽箱连接总地线排。馈线管道直接连接在屏蔽箱上，除此之外，管道的其他部分应在电气上绝缘。

各种设备的接地馈线必须按照接地设备的位置，并根据设备产生干扰或对干扰的灵敏度特性分群设置。图 11-19 是典型接地馈线的配置情况。

一个总地线排（接地母线）与设备之间的最大空间距离一般不宜超过 30m，否则需要设置第二个总地线排。两个总地线排之间用较大截面的绝缘导线连接。

在 600MW 机组电厂中，一般每个单元控制室及其附近的一些相关设备要设置一个总地线排，并构成一个相对独立的接地系统。

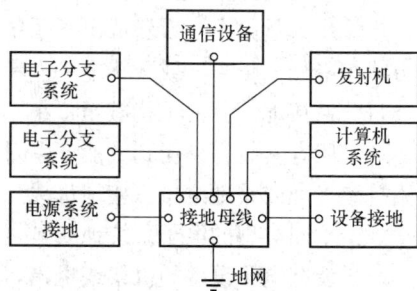

图 11-19 典型接地馈线的配置情况

六、阴极保护

发电厂和变电所的接地装置是埋入地中的大量金属接地体（角钢、扁钢、钢管等），为了防止地下钢构件的腐蚀，需要利用电化学腐蚀原理进行阴极保护，使接地体寿命要求达到 40 年以上。一般的地质条件，地下钢构件的年腐蚀率在 0.1～0.5mm/年之间。为了满足要求，在 40 年自然腐蚀后导体截面仍要能满足电气性能要求，则接地线的厚度至少应在 10mm 以上。钢材的耗量至少为一般设计的三倍，同时给施工敷设带来很大的难度。

为了解决这一矛盾，在地下钢构件上施加一强制电流系统，迫使钢体的表面进行阳极化，使金属表面的电化锈蚀速度大大地放慢下来，从而达到了金属防腐的目的。

阴极保护就是一种用于防止金属在电介质（海水、淡水及土壤等介质）中腐蚀的电化学保护技术，该技术的基本原理是对被保护的金属表面施加一定的直流电流，使其产生阴极极化，当金属的电位负于某一电位值时（钢体的腐蚀电位相对硫酸铜参考电极的电位达到$-0.85V$以下），腐蚀的阳极溶解过程就会得到有效抑制。

根据提供阴极电流的方式不同，阴极保护又分为牺牲阳极法和外加电流法两种，前者是将一种电位更负的金属（如镁、铝、锌等）与被保护的金属结构物电性连接，通过电负性金属或合金的不断溶解消耗，向被保护物提供保护电流，使金属结构物获得保护。后者是将外部交流电转变成低压直流电，通过辅助阳极将保护电流传递给被保护的金属结构物，从而使腐蚀得到抑制。不论是牺牲阳极法还是外加电流法，其有效合理的设计应用都可以获得良好的保护效果。

阴极保护不但保护了埋入土中接地装置的大量金属接地体，而且同时也保护了地下一切金属设施，如：循环水管道、上下水管道、直埋电缆等。

阴极保护的费用通常只占被保护金属结构物造价的$1\%\sim5\%$，而结构物的使用寿命则可因此而成倍甚至几十倍地延长，因此，这项技术得到人们的普遍认可，并已在船舶、港工设施、海洋工程埋地管线以及石化、电力、市政等领域得到越来越广泛的应用，前景十分广阔。

第五节　电厂防雷保护

发电厂遭受雷害有两种形式：一种是雷直击于发电厂的升压变电所、主厂房、烟囱、冷水塔等，另一种是雷击输电线路时沿线路入侵发电厂的雷电波。

对直击雷的保护，一般采用避雷针或避雷线；对入侵雷电波的主要保护措施是，在发电厂升压变电所内设置避雷器，以限制入侵雷电波的幅值。

一、发电厂直击雷保护

为了防止雷电直击发电厂，可以装设避雷针或避雷线，应使所有设备都处于避雷针（线）的保护范围之内。独立设置的避雷针与被保护物及道路之间应有一定距离，以免雷击避雷针时造成反击伤及人身和设备。

对于66kV及以上电压的配电装置，由于其绝缘水平较高，且当地土壤电阻率达到标准要求时，允许将避雷针（线）直接装设在其构架上，但装设避雷针的配电装置构架应装设独立的接地装置，并要求此接地装置与主接地网连接。此连接点离开主变压器接地装置与主接地网的连接点之间的距离不应小于15m，其目的是使绝缘相对较弱的主变压器更加安全。由于变压器绝缘较弱又是重要设备，故在变压器门型架上一般不应装设避雷针（采取了某些特殊措施后除外）。某些火电厂在厂房A排柱上装设避雷针，保护主变压器。大容量发电厂，经常利用厂内的高大建筑物，例如：超过230m的烟囱，超过150m的冷却水塔，超过200m的微波天线等，这些建筑物上装设独立的避雷针来防直接雷击，其保护范围可达整个厂房，甚至可达主变压器。但这些避雷针的接地引下线应避开其顶部航空信号灯的电缆，电缆应直埋，直埋电缆的长度应大于50m，以免高电压引入发电厂的照明系统。

峡谷地区的发电厂和变电所中，宜用架空避雷线作直击雷保护。另外，厂内的一些重要建筑物、构筑物也都必须列入直击雷保护范围之内，如：油处理室、燃油泵房、露天油罐、易燃材料仓库、制氢站、露天氢气罐、乙炔发生站、输煤系统的高建筑物等。

二、发电厂入侵波与避雷器保护作用

雷直击输电线路远比直击发电厂的概率大，所以沿线路入侵发电厂升压所的雷电过电压是很常见的，即使沿线路全长都装有避雷线，雷击避雷线时，线路上的感应过电压波也会入侵发电厂。因线路的绝缘水平要比升压所内变压器或其他设备的冲击耐压强度高得多，所以发电厂防入侵波的保护也十分重要。

发电厂配电装置中，必须装设阀型避雷器或氧化锌避雷器，以限制雷电波入侵时的过电压，使所有电气设备绝缘都得到可靠保护。避雷器一般应装设在被保护设备的前面（指面对入侵波方向），才能起到较好的保护作用。

配电装置中有很多电气设备，不可能在每个设备旁都装设一组避雷器，一般只在母线上装设避雷器。由于主变压器和启动/备用变压器离母线上的避雷器较远，往往还必须在这些变压器旁加装避雷器，否则会由于波的反射而使变压器得不到保护。

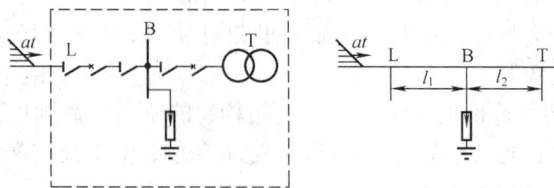

为何离避雷器较远的设备会得不到保护？这是因为雷电波入侵时，离避雷器不同距离处将出现不同的电压。图 11-20 所示为一简单主接线及其等值接线图，在等值接线图中不计各设备的对地电容，设雷电入侵波为斜角波，根据行波理论并考虑波的反射可导出，避雷器附近设备上所受冲击电压的最

图 11-20　分析避雷器保护范围的简单接线与电路

大值 U_s 与避雷器距附近设备的距离 l 有下式关系

$$U_s = U_f + 2a\frac{l}{v} \tag{11-9}$$

式中　U_f——避雷器冲击放电电压（或残压）；

　　　　a——入侵雷电波陡度；

　　　　l——避雷器与设备的电气距离；

　　　　v——入侵波传播速度。

实际上，由于升压所（变电所）具体接线方式的复杂性以及电容的存在，设备上的电压将与式（11-9）有出入。一般可将式（11-9）修改为

$$U_s = U_f + 2a\frac{l}{v}k$$

式中　k——设备电容等因素而引入的系数。

当雷电波入侵时，若设备上受到的最大电压 U_s 小于设备的冲击耐压强度 U_j，则设备不会发生事故。因此，为了保证设备的安全，必须满足 $U_s \leqslant U_j$，即

$$U_f + 2a\frac{l}{v}k \leqslant U_j \tag{11-10}$$

或写成

$$l \leqslant \frac{U_j - U_f}{2a} \times \frac{u}{k} \tag{11-11}$$

由式（11-11）可知，降低避雷器的残压 U_f 和减小入侵波的陡度 a 可增大避雷器的保护范围。沿线路全长架设避雷线或通过设置进线段保护可减小入侵波的陡度。

由式（11-11）亦可知，入侵波陡度 a 为某定值时，避雷器有一定的保护范围，设备愈靠近避雷器就愈安全。由于接线形式等因素的影响，避雷器保护范围（电气距离）需要通过模拟试验（用防雷分析仪）或计算机计算来确定。

第六节 操 作 过 电 压

电力系统中的过电压，除了前面讲的雷过电压（或称大气过电压）外，另一种就是内部过电压。内部过电压是指电力系统中由于断路器的操作、各种故障或其他原因，使系统参数发生变化，引起电网内部电磁能量的转化和积累所导致的电压升高。

内部过电压也分为两类：①因断路器分、合操作及短路或接地故障引起的暂态电压升高，称为操作过电压；②因断路器操作引起电网回路被分割或带铁芯元件趋于饱和，导致某回路感抗和容抗符合谐振条件，引起谐振而出现的电压升高，称为谐振过电压。

内部过电压的能量，来源于电网本身，所以它的幅值，大体上随着电网额定电压的升高成比例增大。内部过电压的大小，常用过电压倍数 k_0 表示，倍数 k_0 是指内部过电压幅值与该处工频相电压幅值之比。一般情况下，$k_0 = 2.5 \sim 4$。

目前我国有关规程规定选择绝缘水平时，计算用过电压倍数值如下：

（1）相对地绝缘：电压为 35~60kV 及以下（电网中性点非直接接地），可取 4.0.P.U.；电压为 110~154kV（电网中性点经消弧线圈接地），可取 3.5.P.U.；电压为 110~220kV（电网中性点直接接地），可取 3.0.P.U.；电压为 330kV 的，可取 2.75.P.U.；电压为 500kV 的，可取 2.0.P.U.。

（2）相间绝缘：对于 35~220kV 的相间操作过电压，可取对地操作过电压的 1.3~1.4 倍；对于 330kV 的相间操作过电压，可取相对地操作过电压的 1.4~1.45 倍；对于 500kV 的相间操作过电压，可取相对地操作过电压的 1.5 倍。

在 220kV 及以下电压等级的系统中，系统的绝缘水平主要决定于雷过电压（大气过电压）；在超高压系统中，系统的绝缘水平主要决定于操作过电压（内部过电压）。

一、工频电压升高

在内部过电压中，有一种持续时间长、频率为工频的过电压，称为工频过电压或称工频电压升高。常见的几种工频过电压有：空载线路电容效应引起的电压升高；不对称短路时正常相上的电压升高；甩负荷时引起发电机的端电压升高等。

工频电压升高对系统中绝缘正常的电气设备一般是没有危险的，但伴随着工频电压升高而同时发生的操作过电压却会达到很高的幅值，它等于升高后的工频电压叠加上高频分量，可能影响到要求提高设备的绝缘水平。另一方面，工频电压升高又是决定保护电器工作条件的重要因素，例如避雷器的最大允许工作电压就是按照电网中单相接地时非故障相的工频电压升高来决定的，工频电压升高幅值越大，要求避雷器的灭弧电压越高，即在同样保护比的条件下，就要提高设备的绝缘水平。

（一）空载长线路的电容效应

对于长的高压或超高压输电线路，其线路容抗远大于感抗。在空载的情况下，线路中只流过对地电容电流，线路末端电压 U_2 将高于首端（即电源侧）电压 U_1，即 $U_2 > U_1$。这种由于线路对地电容的作用，引起线路末端电压高于首端电源电压的现象，称为空载线路的电容效应（即所谓"容升"）。

电容效应引起的电压升高，除与线路长度有关外，还与电源容量有关。当电源容量有限时，其内阻抗会增强电容效应，犹如增加了导线长度一样。电源容量愈小，工频电压升高愈严重。对于由两端电源供电的长线路，为了减小工频电压升高，线路两端的断路器必须遵循一定的操作步骤：当线路合闸时，先合电源容量较大的一侧，后合电源容量较小的一侧；当线路切除时，则先分电源容量小的一侧，后分电源容量大的一侧。这种操作顺序或者采取其他措施，由电力系统调度规程中规定，发电厂的运行人员应按调度员的操作命令执行。

当电容效应引起工频电压升高超过一定限度时，可在线路上加装并联电抗器来补偿电容电流，使线路上流通的容性电流减小，从而减小其在线路电感上引起的压降，以限制这种工频过电压的升高。

（二）不对称短路引起的工频电压升高

不对称短路是电力系统中最常见的故障，在单相或两相接地短路时，非故障相的电压一般都会升高，其中单相对地短路时可能达到更高的数值。不对称短路往往是由雷击引起的，因此应该考虑非故障相的避雷器动作后，必须能在不对称短路引起的工频电压升高下熄弧，所以单相对地短路时的电压升高是确定避雷器灭弧电压的依据。

（三）突然甩负荷引起的电压升高

突然甩负荷引起工频电压升高的主要因素有：

（1）线路输送大功率时，发电机的电动势高于母线电压。甩负荷后，发电机磁链不能突变，将在短暂时间内维持其暂态电动势 E'_d。跳闸前输送的功率愈大，则 E'_d 愈高，甩负荷时的工频电压升高就愈大。

（2）原动机的调速器和制动设备有惰性，甩负荷后它们不能立即起作用，使发电机转速增加，造成电动势和频率都上升，于是工频电压升高更严重。

二、切除空载长线路时的过电压

切除空载线路是电网中最常见的操作之一。对空载长线路而言，通过断路器的电流乃是线路的电容电流，在高压系统中通常只有几十安到几百安，比开断短路时的电流要小得多。但是，某些依靠电弧能量灭弧的断路器（如油断路器）在切断小电流时或断路器在开断纯容性、纯感性电流时，却不一定能够在电流第一次过零时不重燃地切断。这是因为灭弧能量不足或在电流第一次过零时，弧隙电压正好是最大值，断路器触头间的抗电强度耐受不住高幅值的恢复电压作用而引起电弧重燃。电弧多次重燃是切除空载线路产生过电压的根本原因。

切除空载线路时的等值电路如图 11-21（a）所示，QF 代表断路器，L_S 为系统电源等值电感，线路以 T 形等值电路表示，L_L 为线路电感，C 为线路对地电容。分析时可用图 11-21（b）进行分析，L 代表 L_S 与 $L_L/2$ 合并后的等值电感，通常 $\omega L \ll \dfrac{1}{\omega C}$。

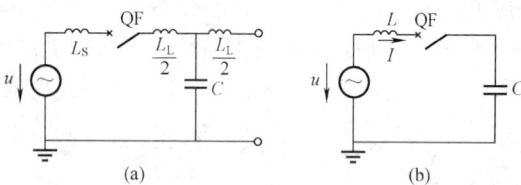

图 11-21　开断空载线路时的等值电路

（a）一般等值电路；（b）简化后等值电路

在切除空载长线（或电容负荷）的过程中，断路器触头之间若发生电弧多次重燃，将引起电磁能的强烈振荡，对电容进行反复充电，可能使其电压愈升愈高，且作用在全部线路上。

图 11-22 表示了切除空载线路时过电压的发展过程。u 为电源电压，u_C 为电容上的电压（即线路对地电压），i_h 为电弧电流。在 $t = t_0$ 时，断路器 QF 开断，产生电弧。当 $t = t_1$ 时，电流过零电弧熄灭，假若略去电感和电阻上的压降，则此时的电容电压 $U_C = -U_m$（电源电压幅值）。熄弧后，电容上的电荷无处泄漏，其电压将保持不变，而电源电压 u 仍按正弦规律变化，由 $-U_m$ 向 U_m 变化，加在断路器两触头间（称弧隙）的电压，即恢复电压 $u_{hf} = u - u_C$ 随着增大。在电流过零熄弧后再经半个周波，即图 11-22 中 t_2，弧隙恢复电压升高至 $2U_m$。假设此时弧隙被击穿，接通电路，相当于电源电压为

U_m 的直流电源经电感 L 突然加在充有电压为 $-U_m$ 的电容上，将产生以电源电压 U_m 为基准、幅值为 $2U_m$ 的振荡充放电过程，电容上的最高电压可达 $U_m + 2U_m = 3U_m$。另一方面，弧隙击穿后将出现高频 $\left(\omega_0 = \dfrac{1}{\sqrt{LC}}\right)$ 电流 i_h。当高频电流过零时，电容上的电压已达最大值 $3U_m$，如果高频电流过零后电弧又熄灭，U_C 将保持 $3U_m$ 不变，此后随着电源电压又向负方向变化，弧隙恢复电压又将由 $2U_m$（即 $3U_m - U_m$）开始增大，经半周波（0.01s），在 t_3 时弧隙恢复电

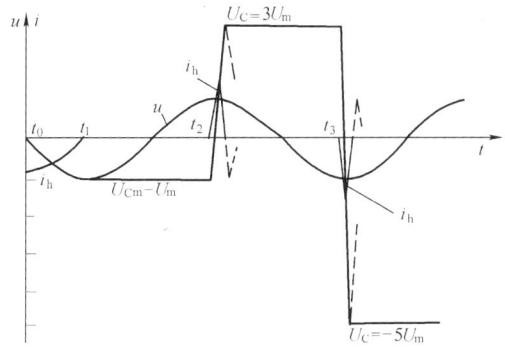

图 11-22 切除空载线路时过电压的发展过程

压可达 $4U_m$。假定此时弧隙又被击穿，相当于电压为 $-U_m$ 的电源对充有 $3U_m$ 的电容充电，将发生以电源电压 $-U_m$ 为基准，电压幅值为 $4U_m$ 的振荡过程，电容上的最高电压可达电源电压的五倍，即 $U_C = -5U_m$。依此类推，在最不利的条件下，电容电压将按三、五、七…倍增长。

实际上，由于受到一系列复杂因素的影响，过电压幅值不可能无限增大。

首先是开断空载线路时，电弧是否会重燃及重燃次数有多少与断路器的性能有关。一般而言，油断路器的重燃次数较多，压缩空气断路器的重燃次数较少或不重燃，六氟化硫断路器一般不会重燃。即使发生重燃，也不一定在电源电压为最大值并与线路残余电压 U_C 呈反极性的时刻，还有线路电阻的阻尼作用，因此每次电弧重燃时，电容上的电压升高不会像上述极端条件那么大。在实际工程中，切除空载线路时曾出现幅值为相电压幅值 4 倍多的过电压。

切除空载路时的过电压是选择线路绝缘水平和确定电气设备试验电压的重要依据。采取措施消除或限制这种过电压，对于保证系统安全运行和进一步降低电网绝缘水平具有重大经济意义。

限制这种过电压的根本措施是采用灭弧能力（包括小电流的灭弧能力）强、介质恢复速度快的断路器，如 SF_6 断路器，使电弧不致重燃或几乎不会重燃。采用带并联电阻的断路器也能达到这一效果，但其结构较复杂。有并联电阻的断路器，切除 110～220kV 空载线路的过电压一般被限制在 2.2 倍以下。

在超高压电网中，由于使用了 SF_6 断路器或带并联电阻的断路器，基本上消除了电弧重燃现象，也基本上消除了这种过电压。我国 330kV 线路上的试验结果表明，切除空载长线路多次均未发生电弧重燃，最大过电压只测到 1.2 倍左右，而最大合闸过电压却达 2 倍多一些。国外的实测试验结果也与此大致相符。这就表明，在超高压电网中，合闸空载线路时的过电压成了主要矛盾，成为对超高压电网绝缘水平起决定性作用的因素。

三、空载线路合闸过电压

空载线路的合闸有两种情况：一种是按计划接通线路的合闸操作，简称计划性合闸或正常合闸；另一种是故障跳合后的自动重合闸。

1. 计划性合闸引起的过电压

对正常合闸，合闸前线路正常，线路上初始电压为零。在合闸后，电源电压通过系统等值电感 L 对空载线路电容 C 充电，回路中将产生高频 $\left(\omega_0 = \dfrac{1}{\sqrt{LC}}\right)$ 振荡过程，若不计电阻的阻尼作用，线路上的最高电压可达 $2E_m$，E_m 为电网工频相电压 $e(t)$ 的幅值。这种合闸过电压并不严重。

2. 自动重合闸引起的过电压

自动重合闸是线路发生故障跳闸后，断路器靠重合闸装置，经 Δt（约 0.3～0.5s）再自动重

合。

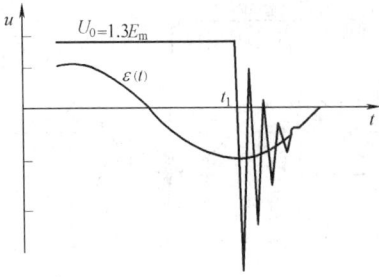

图 11-23　重合闸时的过电压

在中性点直接接地系统中，发生单相接地故障时，非故障相的对地电压将上升为 $(1.3 \sim 1.4) E_m$，设上升到 $1.3 E_m$，断路器跳闸后非故障相电流过零熄弧时，线路上的残余电压 U_0 也为 $1.3 E_m$，若不考虑线路的残余电荷泄漏，则 $U_0 = 1.3 E_m$ 保持不变。若经 Δt 时间断路器重合时刻的电源电压恰好与线路残余电压 U_0 反极性，且为峰值 $-E_m$，如图 11-23 所示的 t_1 时刻，则重合闸时的过渡过程中，在不考虑电阻的阻尼作用下，最大过电压将为

$$U_m = -E_m + (-E_m - 1.3 E_m) = -3.3 E_m$$

若考虑重合时，线路残压一般比熄弧时已下降了 30%，则

$$U_m = -E_m + (-E_m - 1.3 E_m \times 30\%) = -2.39 E_m$$

若考虑到重合闸时刻电源电压不一定恰好为最大值，也不一定和线路残压反极性，还有回路电阻的阻尼作用，过电压就较上述计算值低。

上面讲的是三相重合闸，若采用单相重合闸，只切除和重合故障相，则因故障相线路上不存在残余电荷，重合时就不会出现很高的过电压。故在空载线路合闸过电压中，最严重的是三相重合闸引起的过电压。

限制合闸过电压特别是重合闸过电压的主要措施是，采用带并联电阻或合闸电阻的断路器。合闸（或并联）电阻 R 的大小，在满足限制过电压要求下，与线路长度、线路波阻抗和电源容量等有关。当其他条件相同时，R 值大小与线路长度大致成反比，线路长度增加一倍，则要求 R 值大约减小一半，所以 R 值要适合线路长度要求。目前我国 500kV 断路器上使用的合闸电阻多为 400Ω，国外 500kV 断路器的合闸电阻在 $400 \sim 1200Ω$ 范围内。对于更高电压等级的电网，要求操作过电压限制在两倍以下，断路器可采用多级并联（或合闸）电阻，以更好的限制合闸过电压，如美国的一种超高压 SF_6 断路器是两级电阻，合闸时先投入 1500Ω，然后短接 1200Ω，最后短接剩余的 300Ω。

采用接在线路侧的电磁式电压互感器，以泄放线路残余电荷，作为降低线路残留电压的措施，也能限制此类过电压。

值得指出，有些国家的高压断路器一般没有合闸电阻，以氧化锌避雷器作过电压保护的第一道防线。氧化锌避雷器的优点是：残压低、阀片通流容量大。在我国的 500kV 系统中，由外国供货的 SF_6 断路器，有的也没有合闸电阻。例如，法国 MG 公司供货的 500kV 断路器就没有合闸电阻，所以操作过电压比较严重，为此要求正常运行时，500kV 避雷器不得退出运行，以作为操作过电压的主保护。

四、切除空载变压器引起的过电压

切除空载变压器等几近纯电感小电流时，都有可能在被切除的电器和断路器上出现过电压。因为开断的电流小，有的大容量变压器的激磁电流，只有其额定电流的 0.2% 左右，输入电弧中的能量少，而断路器的灭弧能力又很强，因此往往在电流过零之前的某一电流值（见图 11-24 中 i_0）时，电弧会突然熄灭，这种现象称为"截流"。电感电路中电流的突变，就会产生很高的过电压，过电压的大小与变压器本身及附近线路的分布电容有关，也与电压升高过程中电弧是否会重燃有关。电容增大、电弧重燃（电感中的磁场能返回给电源）都将使过电压降低。

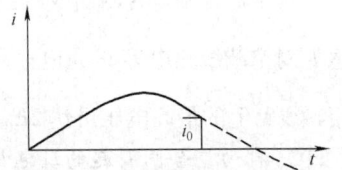

图 11-24　开断小电感电流时

电气设备及其系统

断路器在开断带负荷的变压器时，一般不会产生过电压。这是因为，在开断较大电流时，断路器触头间的电弧是在工频电流自然过零时熄弧，在电流过零时，电感元件中储存的磁场能量已为零，所以不会产生过电压。

我国对 110～220kV 空载变压器进行的不少试验表明：在中性点直接接地电网中，这种过电压一般不超过相电压幅值的 3 倍；在中性点不接地电网中，一般不超过相电压幅值的 4 倍。这种过电压可用避雷器加以限制，采用带并联电阻的断路器也可限制这种过电压。

五、间歇电弧过电压

间歇电弧接地过电压，一般是对中性点不接地系统而言。在中性点不接地电网中发生单相金属接地时，非故障相对地电压将升高到线电压。如果单相接地为不稳定的电弧接地，即接地点的电弧，间歇性地熄灭和重燃，则在电网非故障相和故障相上都将会出现很高的过电压。

在中性点不接地系统中发生单相接地时（假设 A 相接地），流过接地点的电流 $\dot{I}_{jd}$ 为非故障相的对地电容电流，$\dot{I}_{jd} = \dot{I}_2 + \dot{I}_3$，如图 11-25 所示。

设 $C_0 = C_1 = C_2 = C_3$，相电压为 U_{ph}，根据图 12-25（b）所示相量关系可得

$$I_{jd} = I_2 \cos 30° + I_3 \cos 30° = 2\sqrt{3} U_{ph} \alpha C_0 \cos 30° = 3\alpha C_0 U_{ph}$$

一般当接地点的电容电流超过一定值时（3～10kV 电网约为 20A，20kV 以上电网约为 10A），故障点电弧不易熄灭，会形成间歇性电弧。

通过分析计算可知，当接地点发生间歇性电弧时，在最不利的情况下，非故障相的最大过电压可达相电压幅值的 3.5 倍，故障相最大过电压为相电压幅值的 2 倍。

通常，这种电弧接地过电压，尚不会使符合标准的电气设备的绝缘发生损坏。但系统中常有一些绝缘存在缺陷的设备，遇到这种过电压时，就可能绝缘被击穿。由于这种过电压波及面比较广，单相不稳定电弧接地故障发生的机会又较多，且这种过电压一旦

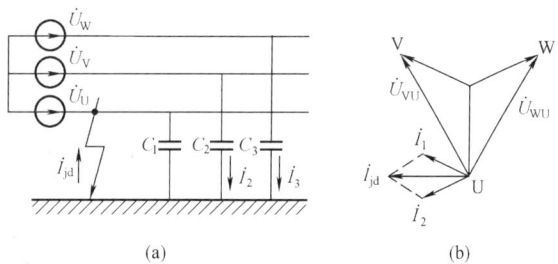

图 11-25　中性点不接地系统单相接地故障
（a）电流分布；（b）相量关系

发生，持续时间又长（因中性点不接地系统发生单相接地时仍允许运行 0.5～2h），因此电弧接地过电压仍需采取措施加以限制。一般要求限制在 2.6 倍以下。

第七节　谐振过电压

电力系统中含有许多电感和电容（包括分布电容）元件，当系统进行断路器操作或发生故障时，某些电感、电容元件构成的回路可能发生串联谐振，从而在有关元件上出现严重的谐振过电压。

电力系统中的谐振过电压不仅会在操作或事故的过渡过程中产生，而且还可能在过渡过程结束以后较长时间内稳定存在，直到进行新的操作或谐振条件受到破坏为止，所以谐振过电压的持续时间比操作过电压的长得多。出现串联谐振时，过电压可能危及电气设备的绝缘，也可能因持续的过电流而烧坏小容量的电感元件（如电压互感器等），还可能影响保护装置的工作条件，如影响避雷器的灭弧等。

谐振过电压可在各种电压等级的电网中产生，尤其是在 35kV 及以下电压的小电流接地或不

接地电网中，由谐振造成的事故较多，已成为普遍注意的问题，必须在设计和操作时，事先进行必要的计算和安排，避免形成不利的谐振回路或采取一定的附加措施（如装设阻尼电阻等），以防止谐振的产生或降低谐振过电压的幅值及缩短其存在时间。

电力系统中的有功负载，能起阻尼振荡和限制谐振过电压的作用，因此通常只是在系统空载或轻载下可能发生谐振。但对零序回路参数配合不当形成的谐振，是不受系统的正序有功负载影响的。

电力系统中的电容和电阻元件，一般可认为它们的阻抗参数是线性的，而电感元件则不然，有的电感元件（如输电线路、消弧线圈、电抗器等）可认为是恒定不变的，有的电感元件（如空载变压器、电压互感器等）则是非线性的。此外，还有一些元件（如凸极同步机）的电抗却是周期性变化的，它的同步电抗在直轴电抗 X_d 与交轴电抗 X_q 之间周期性地变动着，每经过一个电周期，电抗将变动两个周期。因此，按谐振回路中电感元件特性的不同，谐振可分为线性谐振、非线性揩振（铁磁谐振）和参数谐振三种不同的类型。

线性谐振，就是通常的线性参数 R、L、C 串联回路的谐振，在一般电工书中都有分析。电感周期变化的参数谐振较少遇到，下面只分析铁磁谐振。

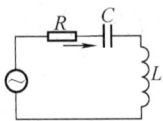

图 11-26 铁磁谐振回路

图 11-26 所示为最简单的铁磁谐振电路，由电阻 R、电容 C 和非线性铁芯电感 L 串联而成。假设在正常运行条件下，铁芯未饱和，工作于线性段，电感较大，其初始电抗大于容抗 $\left(\omega L > \dfrac{1}{\omega C}\right)$，电路不具备线性谐振的条件。但是，由于某种原因，使铁芯电感两端的电压升高导致铁芯趋于饱和时，其电感随之减小，当减小到 $\omega L = \dfrac{1}{\omega C}$（$\omega_0 = \dfrac{1}{\sqrt{LC}} = \omega$，即回路自振频率 ω_0 等于电源频率）时，便满足串联谐振条件，此时回路电流迅速增大，在电感、电容两端出现过电压，这种现象称为铁磁谐振现象。

因为回路电感不是常数，回路没有固定的自振频率，因此同一回路具有各次谐波谐振的可能性，这是铁磁谐振的重要特点。下面分析基波谐振。

先不考虑回路电阻，可用图解法进行分析。在图 11-27 中，分别画出电感和电容上的电压随电流的变化曲线 $U_L = f(I)$、$U_C = f(I)$，电压和电流都用有效值表示。显然，$U_C = f(I)$ 是一根直线 $(U_C = I/\omega C)$，$U_L = f(I)$ 为一非线性曲线，两曲线必须有交点，才能满足铁磁谐振产生的必要条件。而满足"两曲线必须有交点"的必要条件是：铁芯电感起始值 L_0 满足 $\omega L_0 > \dfrac{1}{\omega C}$（感抗大于容抗）。

从图 11-27 可知，电感与电容上的总压降

$$\Delta U = U_L - U_C$$

因 $\dot{U}_L$ 与 $\dot{U}_C$ 相位相反，故总压降可写成

$$\Delta \dot{U} = \dot{U}_L + \dot{U}_C$$

ΔU 随电流的变化曲线亦画在图 11-27 中。若不考虑回路电阻，则电源电动势 $E = \Delta U$。从图 11-27 可见，在一定的电源电动势 E 下，将出现三个

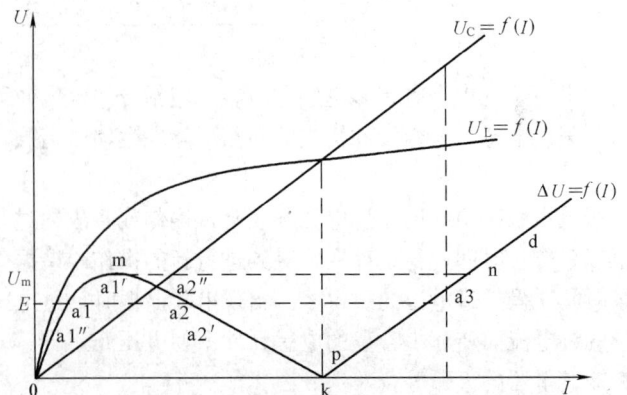

图 11-27 串联铁磁谐振特性曲线

平衡点 a1、a2 和 a3，都满足 $E=\Delta U$，但不是每一平衡点都能稳定工作。一般可用"小扰动"法来判断平衡点的稳定性，即假定有一个小的扰动使回路状态离开平衡点，然后分析回路状态能否回到原来的平衡点。若能回到平衡点，说明此平衡点是稳定的，能成为回路的实际工作点，否则不能成为回路的工作点。

对 a1 点，若回路中电流由于某种扰动而有微小的增加，沿 ΔU 曲线偏离到 a'1 点，则外加电动势 E 将小于总压降 ΔU，使电流减小回到原来平衡点 a1；相反，若扰动使电流略有减小，偏离到 a''1，则 $E>\Delta U$，又使电流增加回到 a1 点，可见 a1 点是稳定的。用同样的方法可以证明，平衡点 a3 也是稳定的。

对于 a2 点，则与 a1、a3 不一样。当回路中电流有微小扰动，如稍有增大，a2 移至 a'2，则 $E>\Delta U$ 使电流继续增大，直至到达新的平衡点 a3 为止；若扰动使电流稍有减小，a2 点移至 a''2，则 $E<\Delta U$ 使回路电流继续减小，直到稳定的平衡点 a1 为止。可见 a2 点经不起任何微小的扰动，是不稳定的，不能成为回路的实际工作点。

当外加电动势 E 由零逐渐增大时，回路工作点将由零点逐渐上升到 m 点，然后突变到 n 点，回路电流也突然增大，并由电感性（$X_L>X_C$）突然变为电容性（$X_L<X_C$），这种跃变使回路电流相位发生 180° 变化的现象，称为"相位反倾"。与此同时，回路电流及电容和电感上的电压都将大幅度提高，这就是"铁磁谐振"，这种现象，对电路的危害是非常严重的。若 E 再继续上升，工作点将沿 n→d 方向上升。如果随后电动势下降，则工作点不会经 n 再跳回到 m 点，而沿 n→p 方向下降。

图 11-27 中的 p 点，$U_L=U_C$，这时，回路自由振荡角频率 ω_0 等于电源角频率 ω。但是，由于铁芯电感的非线性，在电源电动势作用下，p 点是不稳定点，最终将稳定在 a3 点。因此，我们把 a3 点称为铁磁谐振的谐振点。

从前面的分析可知，电动势 $E<U_m$ 时，回路存在两个可能的工作点 a1 和 a3。正常工作或电源电动势没有扰动时，回路只能处于非谐振工作点 a1；若回路受到过电压作用或突然合闸等强烈的冲击扰动，使回路电流幅值达到谐振所需的数量级时，就可能使工作点从 a1 转移到稳定的谐振工作点 a3，这就叫激发起铁磁谐振。如果电路条件没有很大变化，谐振状态可能维持很长时间而不衰减。

铁磁谐振的主要特点可归纳如下：

（1）对串联谐振回路，产生铁磁谐振的必要条件是 $\omega_0=\dfrac{1}{\omega C}<\omega$（即 U_L、U_C 随电流变化的特性曲线有交点），对于在一定的起始电感 L_0 值下，电容 C 值在较大范围内（即 $C>\dfrac{1}{\omega^2 L_0}$）都可能产生铁磁谐振。

（2）对铁磁谐振回路，在正常电源电动势作用下，回路处于非谐振工作状态（a1 点），只要受到外界强的冲击扰动就可能激发起铁磁谐振，过渡到谐振工作点（a3）。随着产生过电流和过电压的同时，电路从感性突然变成容性，发生相位反倾现象。

（3）非线性铁磁特性是产生铁磁谐振的根本原因，但铁磁元件的饱和效应本身又限制了过电压的幅值。此外，回路损耗也使谐振过电压受到阻尼和限制，当回路电阻大于一定的数值时，就不会产生铁磁谐振，这就说明为什么电力系统中的铁磁谐振过电压往往发生在变压器或电压互感器处于空载或轻载的时候。

上面分析了基波谐振过电压的基本性质。实际运行和实验分析表明，在铁芯电感的振荡回路中，如果满足一定条件，还可能出现持续性的其他频率的谐振现象。若其谐振频率等于工频的整数倍，称为高次谐波谐振过电压；若谐振频率等于工频的分数倍 1/2、1/3、1/5、2/5 等，则称为分次谐波谐振过电压。

与基波铁磁谐振的条件相类似，可以得出产生第 k 次谐波谐振的条件是，电路中的非线性电感的第 k 次谐波初始感抗大于或接近于第 k 次谐波容抗，即

$$k\omega L > \frac{1}{k\omega C}$$

在发电厂中铁磁谐振往往发生在以下两种运行工况：①发电机不带主变压器和厂用变压器单独零起升压的过程中；②用厂用变压器向厂用中压空母线送电时。

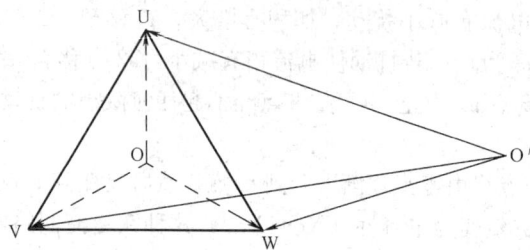

图 11-28　铁磁谐振时相对地电压向量图

第一种工况时，如果发电机中性点不接地，而发电机带的是 3 台单相 TV，则每相对地电压是由相对地电容与每相 TV 的电感来决定的，TV 是非线性电感，就产生了铁磁谐振的条件，而三台 TV 的 $U_L = f(I)$ 曲线不可能完全一致。铁磁谐振时，发电机出口的相对地电压可能很高，而相间电压正常。如图 11-28 所示，中性点电位从 O 移动到 O′，移动的位置与三台 TV 非线性电感的值和三相对地电容量有关。这种现象的产生，一般是当发电机单独做空载特性试验，电压升到 $1.0 \sim 1.3 U_n$ 时更容易发生。为了防止铁磁谐振的产生，可以在 TV 的二次侧并进一只非线性电阻。"土"办法是将三只 TV 的二次侧连接成开口三角跨接一只 100W 白炽灯泡。"洋"办法是加装一种所谓"消谐器"，最好的办法是选择不易饱和的电压互感器。

第二种工况时，其机理与第一种工况完全一样。

复 习 思 考 题

11.1　什么叫直击雷过电压？什么叫感应雷过电压？

11.2　避雷针防止设备受到直接雷击的原理是什么？

11.3　试述避雷器与避雷针的作用原理。

11.4　发电厂的接地装置用途有哪些？

11.5　何谓接地电阻？各种场合接地电阻的允许值是如何确定的？

11.6　什么叫"接触电压"和"跨步电压"？

11.7　仪控系统有哪些接地方式和特殊要求？

11.8　阴极保护是保护什么的，其原理是什么？

11.9　什么叫操作过电压？是什么因素引起的？

11.10　什么叫谐振过电压？是什么因素引起的？

第十二章

继 电 保 护

本章将介绍大型发电机—变压器组和输电线路的继电保护及其实现原理。

电力系统对继电保护装置提出了以下最基本的四条要求。

1. 选择性

选择性是指保护装置动作时，仅将故障元件与运行中的电力系统隔离，使停电范围尽量缩小，以保证系统中无故障部分仍能继续安全运行。

2. 速动性

在发生故障时，应力求保护装置能迅速切除故障。快速切除故障，可以提高电力系统并列运行的稳定性、减少用户在电压降低的情况下工作的时间、缩小故障元件的损坏程度、防止大电流流过非故障设备引起损坏等。

3. 灵敏性

灵敏性是指对于其保护范围内，发生故障或不正常的运行状态的反应能力。实质上是要求继电保护装置应能反应在其保护范围内所发生的所有故障和不正常运行状态。

4. 安全性和依附性

要求保护装置在应该动作时可靠动作；在不应该动作时不应误动作，即既不应该拒动也不应该误动。

600MW 发电机—变压器组，由于造价昂贵，地位重要，如果发生故障，不仅机组本身受到损伤，而且会对系统产生严重的影响。因此，对大机组的继电保护装置，必须精心设计，合理配置。着眼点不仅限于机组本身，而且要从保障整个系统安全运行的角度综合考虑。

对于大型机组继电保护的配置并没有统一的规定，一般地说，机组容量越大，采用的保护种类也就越多，要求的性能指标也就越高。

600MW 发电机—变压器组保护的配置原则，应该以能可靠地检测出，发电机可能发生的故障及不正常运行状态为前提。同时，在继电保护装置部分退出运行时，应不影响机组的安全。在对设备故障进行处理时，应保证满足机组和系统两方面的要求。

第一节 微 机 保 护

一、微机保护硬件与软件发展

20 世纪 80 年代以来，我国微型计算机及其应用技术发展很快，在电力系统继电保护和自动装置的领域里，影响深远。虽然我国在微机保护方面的研究工作起步较晚，但进展却很快，并卓有成效。1984 年，投入我国第一代采用单 CPU 结构及多路转换的 ADC 模数变换模式微机保护产品以来，进入 20 世纪 90 年代后，广泛采用单片机做保护的核心，为继电保护技术的发展提供了极为有利的条件，由此产生了第二代微机保护装置。第二代微机保护装置，除采用多单片机并行工作外，总线不引出插件，数模变换采用 VFC 方式，使保护精度与速度及可靠性有了大幅度提高。

接着，开发了微机保护装置的第三代产品，其最大特点是，采用不扩展的单片机，总线不引出芯片及较先进的网络通信结构技术，使得我国微机保护装置的硬件结构，提高到国际先进水平。

以上所述的三代产品，主要是从硬件结构的角度来划分的，但任何微机产品，都离不开软件的开发和发展，微机保护装置更是如此。相同硬件结构的保护装置，配以不同保护原理的软件，将直接影响保护装置的选择性、灵敏性、速动性、可靠性。因此，开发出新型保护原理的软件，其意义十分重大。我国许多研究所和专业厂家，都投入了极大的力量，研究和开发新型保护软件。尤其是最近十年来发展很快，对电力系统影响最大的是，反映故障分量的高速继电保护软件，从本质上突破了我国快速保护的现状。

现在，无论是输电线路的保护，还是电力主设备保护，我国都有一系列成套实用的微机保护装置。在220～500kV变电所内，已形成了基于不同原理的双套微机主保护系列装置。在35、110kV变电所内，微机保护装置也应用得较为广泛。在综合自动化的变电所和电站里，微机型继电保护装置与监控系统已综合形成一个网络系统。保护装置通过微机监控系统的通信网络，将保护的状态、动作、信号等传送给集控站或调度所，值班员可以在远方投切保护装置，查看保护状态，修改保护定值等。总之，微机保护还在不断地发展、提高之中，我国电力系统微机保护，将进入一个更加辉煌繁荣的时代。

二、微机保护主要特点

1. 调试维护方便

过去大量使用的整流型或晶体管型继电保护装置，调试工作量很大，尤其是一些复杂的保护，调试一套保护往往需要好多天。其原因是：每一种逻辑功能都由相应的硬件构成，逻辑越复杂，硬件就越多，试验也越麻烦。而微机保护除了输入量的采集外，所有的计算、逻辑判断都是由软件完成，成熟的软件，一次性设计测试完好后，就不必在投产前再逐项试验。而且微机保护，对硬件和软件都有自检功能，装置上电后，硬、软件有故障，就会立即报警。所以说，对微机保护装置几乎不用调试，需要调试的主要项目也是在厂家完成，只要在投运前做一次静态和动态试验就能试运行了。

2. 可靠性高

微机保护的软件设计已经考虑了电力系统中各种复杂的故障，具有很强的综合分析和判断能力，几乎就是一个专家智能系统。而常规保护装置，由于是各种器件组成的，不可能做得很复杂，否则硬件越多越复杂，本身出故障的概率就越大，可靠性当然就降低了。另外，微机保护装置自身具备的自检与巡检功能也大大提高了其可靠性。

3. 动作正确率高

鉴于计算机软件计算的实时性特点，微机保护装置能保证在任何时刻均不断迅速地采样计算，反复准确地校核，在电力系统发生故障的暂态时期内就能正确判断故障。如果故障发生了变化或进一步发展，也能及时做出判断和自纠，如在保护延时动作或重合闸延时的过程中都能监视系统故障的变化等，因此微机保护的动作正确率很高。

4. 易于获得各种附加功能

由于计算机软件的特点，使得微机保护可以做到硬件和软件资源共享，在不增加任何硬件的情况下只需增加一些软件就可以获得各种附加功能。例如在微机保护中，可以很方便地附加低周减载、自动重合闸、故障录波、故障测距等自动装置的功能。

5. 保护性能容易得到改善

由于计算机软件可方便改写的特点，保护的性能可以通过研究许多新的保护原理来得到改善。而且许多现代新原理的算法在常规保护中是很难或根本不可能用硬件来实现的。

6.使用灵活方便

目前微机保护装置的人机界面做得越来越好，也越来越简单方便。例如汉化界面、微机保护的查询、整定更改及运行方式变化等，都十分灵活方便，受到现场继电保护工作人员的普遍欢迎。

7.具有远方监控特性

微机保护装置都具有串行通信功能与变电所微机监控系统的通信联络，使微机保护具有远方监控的特点，并将微机保护纳入变电所综合自动化系统。

三、微机保护装置典型结构

微机型保护装置，实质上是一种依靠单片微机，智能地实现保护功能的工业控制装置。一般典型的微机保护结构由信号输入电路、单片微机系统、人机接口部分、输出通道部分、电源部分共五个部分构成，如图12-1所示。

1.信号输入电路

微机保护装置输入信号主要有两类，即开关量和模拟量。信号输入电路部分就是要妥善处理这两类信号，完成单片微机系统输入信号接口功能。

通常，输入的开关量信号不能满足单片微机的输入电平要求，因此需要信号电平转换。为了提高保护装置的抗干扰性能，通常还需要经整形、延时、光电隔离等处理。

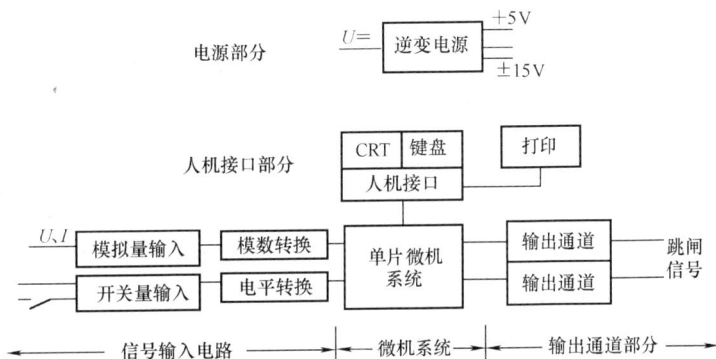

图 12-1　典型微机保护系统框图

输入的电压和电流信号是模拟量信号。由于计算机是一种数字电路设备，只能接受数字脉冲信号，所以，就需要将这一类模拟信号转换为计算机能接受的数字脉冲信号，完成模拟量至数字脉冲的变换，称为模数变换。输入模拟量信号的模数变换电路也称作输入信号调理电路。

2.单片微机系统

微机保护装置的核心是单片微机系统，它是由单片机和扩展芯片构成的一台小型工业控制微机。除了这些硬件之外，还有存储在存储器里的软件系统。这些硬件和软件构成的整个单片微机系统，主要任务是完成数值测量、计算、逻辑运算及控制和记录等智能化任务。除此之外，现代的微机保护应具有各种远方功能，它包括发送保护信息并上传给发电厂微机监控系统，接收集控站、调度所的控制和管理信息。

这种单片微机系统，可以是单CPU或多CPU系统。一般为了提高保护装置的容错水平，目前大多数保护装置已采用多CPU系统，尤其是较复杂的保护装置，其主保护和后备保护都是相互独立的微机保护系统，它们的CPU是相互独立的，任何一个保护的CPU或芯片损坏，均不影响其他保护。除此之外，各保护的CPU总线均不引出，输入及输出的回路均经光隔处理。各种保护都具有自检和互检功能，能将故障定位到插件或芯片，从而极大地提高了保护装置运行的可靠性。但是，对于比较简单的微机保护，由于保护功能较少，为了简化保护结构，多数还是采用单CPU系统。

3．人机接口部分

在许多情况下，单片机系统必须接受操作人员的干预，例如整定值的输入、运行方式的变更、对单片机系统状态的检查等，都需要人机对话。这部分工作在 CPU 控制之下完成，通常可以通过键盘、汉化液晶显示、打印及信号灯、音响或语言告警等来实现人机对话。

4．输出通道部分

微机保护的输出通道部分是对控制对象（一般是断路器）实现控制操作的出口通道。通常，这种通道的主要任务是：将小信号转换为大功率输出，满足输出信号的驱动功率要求。在出口通道里，还要防止控制对象对微机系统的反馈干扰，因此出口通道也需要光隔离。总的说来，输出通道仍然是一种被控对象与微机系统之间的接口电路。

5．电源部分

微机保护系统对电源的要求较高，通常这种电源是逆变电源，即将强电系统的直流逆变为交流，再把交流整流为微机弱电系统所需的直流。通过逆变后的直流电源具有极强的抗干扰水平，对来自变电所中因断路器跳合闸操作等原因产生的强干扰可以完全隔离开。

目前，微机保护装置均按模块化设计，也就是说，各种元件和线路成套的微机保护都是用上述五个部分的模块化电路组成的，所不同的仅是软件系统及硬件模块化的组合与数量不同。不同的保护，用不同的软件来实现，不同的使用场合，按不同的模块化组合方式构成。这样的成套微机保护装置，对于设计、运行及维护、调试人员都带来了极大方便。

四、微机保护结构框图

在实际应用中，微机保护装置分为单 CPU 和多 CPU 的结构方式。在中、低压变电所中，多数简单的保护装置，采用单 CPU 结构，而在大型发电厂和高压及超高压变电所中，复杂的保护装置，广泛采用多 CPU 的结构方式。

（一）单 CPU 的结构原理

单 CPU 的微机保护装置是指整套微机保护共用一个单片机，无论是数据采集、处理或开关量采集，人机接口及出口信号等，均由一个单片微机控制。如图 12-2 所示。

从图 12-2 可见，模拟量输入回路部分由隔离与电压形成、低通滤波回路、多路开关及模数变换等组成；单片微机系统由 CPU、EPROM、RAM、E^2PROM 组成；开关量输入由光隔输入组成；人机接口部分由键盘和显示器、实时时钟、打印电路组成；开关量输出通道由 I/O、信号和出口回路组成。全套装置由逆变稳压电源供电。

从图 12-2 还可以看出，模拟量输入回路、单片微机系统、开关量输入、人机接口和开关量输出各插件均通过总线（BUS）联系在一起，由 CPU 通过 BUS 实现信息数据传输和控制的。该总线（BUS）称为三总线：AB 地址总线，DB 数据总线，CB 控制总线。CPU 通过 AB 地址总线

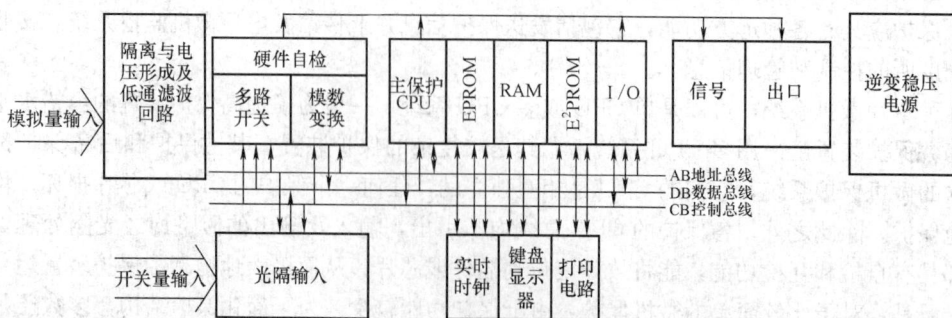

图 12-2 单 CPU 结构的微机保护硬件框图

选通各功能芯片，通过 CB 控制总线控制各功能芯片的工作方式，最终由 DB 数据总线传送信息和数据。

单 CPU 结构微机保护的基本原理为：各交流量分别经信号输入回路、模拟低通滤波器送到 CPU 控制的多路开关，经模数转换后，由 DB 数据总线送到数据存储器（RAM）。CPU 通过调用程序存储器（EPROM）内的程序对采集的数据进行计算，其计算结果与存放在电可擦存储器（E^2PROM）中的整定值进行比较，作出相应判断。再通过输入输出端口（I/O）将处理信号送到相应外设（信号与出口）发出报警信号，或执行跳闸。键盘、显示器、打印机用于人机对话，以便对整个保护系统进行调试、整定、监视。开关量输入电路用于将高压断路器或隔离开关的辅助触点引入，对于变压器保护还需将瓦斯、温度等触点引入，以便 CPU 检测，作出相应控制。硬件自检电路用来检测 CPU 程序工作是否正常，一旦 CPU 工作不正常即闭锁保护并发出报警信号。

单 CPU 结构的微机保护虽然结构简单，但其容错能力不高，一旦 CPU 或其中某个插件工作不正常，就会影响到整套保护装置。由于后备保护与主保护共用同一个 CPU，因此主保护不能正常工作时，往往也影响到后备保护，其可靠性必然下降。

（二）多 CPU 微机保护装置的结构原理

为了提高微机保护的可靠性，目前对大型发电厂及超高压变电所的微机保护，都已采用多 CPU 的结构方式。所谓多 CPU 的结构方式，就是在一套微机保护装置中，按功能配置有多个 CPU 模块，分别完成不同保护原理的多重主保护和后备保护及人机接口等功能。显然，这种多 CPU 结构方式的保护装置中，如有任何一个模块损坏，均不影响其他保护的正常工作，有效地提高了保护装置的容错水平，防止了一般性硬件损坏而闭锁整套保护。多 CPU 结构的保护装置，还提供了采用三取二保护启动方式的可能性，大大提高了保护装置的可靠性。多 CPU 结构的保护装置硬件框图如图 12-3 所示。

该套保护装置，由四个硬件完全相同的保护 CPU 模块构成，分别完成高频保护、距离保护、零序电

图 12-3 多 CPU 结构的保护装置硬件框图

流保护以及综合重合闸等保护功能。另外，还配置了一块带 CPU 的接口模板（MONITOR），完成对保护（CPU）模块巡检、人机对话和与监控系统通信联络等功能。从框图可见，整套保护装置仍然由模拟量输入、单片微机系统、人机接口及开入开出回路、电源等组成。模拟量输入回路包括有交流输入①、模数变换②、模数变换③；单片微机系统即保护 CPU 模块由高频④、距离⑤、零序电流⑥、综合重合闸⑦等保护组成；人机接口模块由接口⑧和打印机构成；开关量输入由开入⑨、开入⑩组成，开关量输出通道由逻辑⑪、跳闸⑫、信号⑬、告警⑭组成。此外还有逆变电源⑮。

多 CPU 结构中，某一种保护的工作原理，同单 CPU 结构的保护基本相同。在图 12-2 和图 12-3 中都有模拟量输入部分，所不同的仅仅是数据采样的方式区别。这里的模拟量输入部分的作用同样是完成模拟量信号的强弱电变换、隔离、VFC 模数变换等任务。输入的交流信号是三

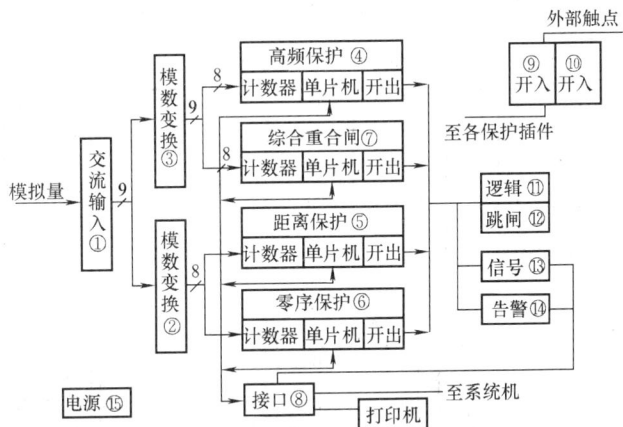

相电压和三相电流，$3U_0$、$3I_0$ 及重合闸鉴定同期的线路抽取电压 U_L 等九个模拟量的输入。单片微机保护部分由四个独立的保护 CPU 模块组成，其中高频保护和综合重合闸保护共用③号模数变换插件板，距离保护和零序电流保护共用②号模数变换插件板。这样的接线方式增加了保护的冗余量，从而进一步提高了保护的可靠性，但相对增加了保护的复杂性。

多 CPU 结构的保护装置中，每个保护 CPU 插件都可以独立工作。各保护之间不存在依赖关系。例如高频保护是由高频距离和高频零序方向两个主保护组成，其中距离元件和零序方向元件都是独立的，不依赖于距离保护 CPU 和零序保护 CPU 插件中的距离元件及零序方向元件。保护 CPU 的完整性和独立性，又极大的提高了保护的可靠性。

人机接口的媒介是键盘、液晶（数码管）显示器、打印机、信号灯。工作人员通过命令和数值键入，完成对各保护插件定值的输入、控制方式的输入及对系统各部分的检查；计算机将系统自检结果及各部分运行状况数据，通过液晶（数码管）显示器或打印机输出，完成人机对话。人机接口部分的任务，还包括对各 CPU 保护插件的集中管理、巡检等。

多 CPU 结构的保护装置，实质上是主从分布式的微机工控系统，人机接口部分是主机，完成集中管理及人机对话的任务。而单片机保护部分是四个智能从机，它们分别独立完成部分智能保护任务。四种保护综合，完成一条高压输电线路的全部保护，即输电线路各类相间和接地故障的主保护和后备保护，并能各自独立完成综合重合闸功能。

（三）第三代微机保护装置的硬件结构

1. 硬件框图

第三代微机保护其结构框图如图 12-4 所示。该图是 CST-200 系列变压器保护硬件框图。

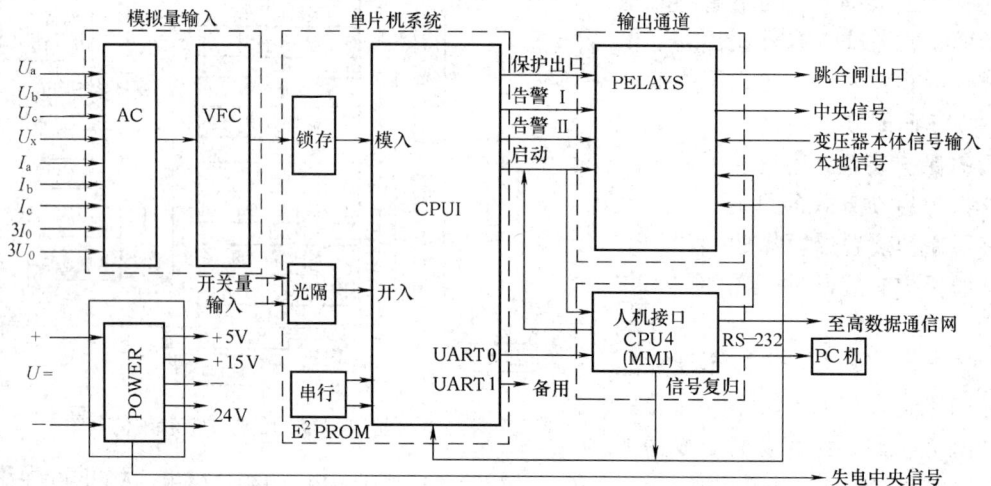

图 12-4　CST-200 系列变压器保护插件硬件框图

2. 模拟量输入部分

第三代微机保护装置的结构，仍与图 12-1 所示的典型微机保护系统框图相类似。模拟量输入回路由交流插件 AC 和模数变换插件 VFC 构成。VFC 采用第三代模数变换技术，分辨率高达 14 位，提高了保护的精度。

3. 单片机系统

CS 系列变压器保护的单片机系统，包括信号锁存、开关量输入和输出、主保护 CPU1、高压侧后备保护 CPU2、低压侧后备保护 CPU3（见图 12-4，未画出 CPU2 和 CPU3，其框图与

CPU1 相同），显然它仍然是多 CPU 系统。第三代微机保护的 CPU，总线不引出芯片，是一种不扩展的单片机，因此抗干扰能力很强，调试也简单。在 CPU 芯片内，集成了微处理器、RAM、EPROM。E²PROM 未集成在芯片内，采用串行 E²PROM，可避免总线引出芯片，因此它仅需要两根 I/O 线与 CPU 芯片相连，一根作串行数据线（SD），另一根作串行时钟线（SC）。

在 CPU 插件上设置了锁存器，在 CPU 的控制下，锁存经 VFC 插件来的信号，可以使外部异步脉冲信号变成同步脉冲信号，对抗干扰有利，同时还起了脉冲整形的作用。为了进一步提高抗干扰能力，避免单片机的任一端子不经隔离直接引出插件，开关量输入和输出的光隔电路均安装在 CPU 插件上，而不另外设置开关量输入和输出插件。

4. 输出通道（继电器插件）

开关量输出通道有启动、闭锁、跳闸及信号继电器，此外还有告警和复位继电器。

5. 人机接口（MMI）部分

人机接口部分，其硬件包括单片机（CPU4）、键盘、液晶显示器、串行硬时钟及与保护 CPU 和 PC 机的串行通信。

CS 系列人机接口的最大特点是：单片机芯片内集成了很强的计算机网络功能，可以通过在片外的网络驱动器，直接连至高速数据通信网，与变电所内监控网络相连。

人机接口的串行通信口，可以与 PC 机及保护 CPU 的 UARTO 串口通信。当保护 CPU 发讯时，PC 机和 MMI 都能收到，通过键盘命令，可切换 PC 机或 MMI 对保护 CPU 的发讯。MMI 还设有开入及开出量，开入量用于监视启动继电器的状态，开出量用于驱动告警（MMI 本身出错）、复位、启动。启动继电器动作时发绿色闪光信号及控制液晶显示背景光。

MMI 还设置了一个时钟芯片，并带有可充电的干电池，保证装置停电时，时钟不停。

6. 结束语

第三代微机保护装置的硬件，采用了当前世界上超大规模集成电路（VLSI）技术的最新成就；具备了总线不引出芯片的不扩展单片机高抗干扰的特性；采用了高分辨率的 VFC 模数变换技术，提高了保护的精度和速度；具有直接连网的高速数据通信接口，极大地提高了保护的通信速度和可靠性；可以方便地利用 PC 机对保护调试及离线分析系统故障的录波记录；主要芯片均采用先进的表面安装技术，主要插件采用多层电路板。总之，这些主要特点使 CS 系列保护装置的硬件达到了国际先进水平。

五、微机保护管理机屏

每台机组设置一块保护管理机屏，负责该机组的各套保护装置的通信接口的组合，并分别与机组的 DCS 进行通信接口；同时提供与保护的数据网的接口，传输保护装置的各种信息以及进行远方诊断和整定，并在该屏上配置喷墨彩色打印机。

保护管理机具有以下功能：保护管理机利用 URPC 软件，实现电气接线画面。画面分为总画面和分画面，在分画面上，可以选出各保护装置内的保护配置内容，调用并分析各保护装置的各种信息，对各保护装置进行整定等。各保护装置向保护管理机屏提供的信息至少包括：定值清单、保护事件记录、装置告警及异常、故障跳闸报告（含故障类型、故障波形等）。保护管理机屏，至少应有能接入各保护装置的串行口，并提供一定数量的备用接口，以便扩建各种保护接入，还应有串行输出接口。在保护管理机内，应有操作许可密码，密码分为三级：一级为运行人员查看，二级为检修人员投入和退出保护，三级为继保专业人员整定。保护装置的参数、整定和投运情况，可作为分画面显示。在 CRT 画面上，应有光字牌报警功能。

保护装置应具备事件记录（至少 1024 个）及故障录波（采样：64/周波）等功能，且当直流电源消失时，所记录的信息量不应丢失。事件记录的分辨率应不大于 1ms。故障录波记忆，从 8

～128周波（31－1个记录）可调。

保护管理机应同时配置GPS（全球定位系统），使内部时钟与GPS时钟同步，以便与各级调度部门的SCADA系统相同步。

六、继电保护双重化原则

600MW及以上的发电机组和超高压输电线路的保护，必须遵循双重化原则，即：

（1）每一种保护必须配置两个不同原理的保护装置或两个多CPU微机保护装置。

（2）每一种保护必须独立安装在各自的屏内，之间没有任何电气联系。

（3）每一种保护必须使用两套互相独立的信号输入（即独立的电压互感器、电流互感器、开关辅助触点）。

（4）每一种保护必须提供互相独立的两套蓄电池直流电源，并有各自独立的充电设施。

（5）每一种保护必须有各自独立的控制电缆及控制电缆的走向（即不同的电缆隧道和电缆架）。

（6）每一种保护必须使用两个各自独立的断路器脱扣执行机构。

这种双重化原则，可以保证一套失灵时，另一套仍能起作用。完全体现了"宁可误动，不可拒动"的设计思想。双通道保护装置还能做到在运行中作整组试验，试验时一套运行，一套试验。

第二节　发电机和变压器故障

一、发电机故障和不正常状态及其保护方式

发电机是电力系统中最主要的设备，特别是600MW机组成为主力机组后，如何保障机组的安全运行，就显得更加重要。由于大容量机组一般采用直接冷却技术，体积和质量并不随容量成比例增大，从而使得大型发电机各参数与中小型发电机已大不相同，因此故障和不正常运行时的特性，也与中小型机组有了较大的差异，给保护带来了复杂性。大型发电机组与中小型发电机组相比，主要的不同点表现在以下几个方面：

（1）短路比减小，电抗增大。大型发电机的短路比约为0.5左右，各种电抗都比中小型发电机大。因此大型发电机组承受短路的各种能力反而比中小型机组低，这对继电保护是十分不利的。发电机电抗的增大，还使其平均异步转矩减低，约从中小型发电机的2～3倍额定值减至额定值左右。于是失磁后异步运行时滑差增大，一方面，要从系统吸取更多的无功功率，对系统稳定运行不利，另一方面，也容易引起发电机本体某些部件的过热。

（2）时间常数增大。大型发电机组T_a值及T_a/T_d'值均显著增大。短路时直流分量（或非周期分量）衰减较慢，整个短路电流偏移在时间轴一侧若干工频周期，使电流互感器更容易饱和，影响大机组保护正确工作。

（3）惯性时间常数降低。600MW发电机的惯性时间常数在1.75左右，在扰动下，机组更易于发生振荡。

（4）热容量降低。中小型发电机组定子绕组在1.5倍额定电流下允许持续运行2min，转子励磁绕组在2倍额定电流下允许持续运行30s；而600MW机组在同样的工况下，只能持续运行30s和10s。负序过电流能力I_2^2t值，随着容量的增加而显著下降，对中小型机组为30左右，而600MW机组，则减小到4.0。

1. 发电机的故障

发电机正常运行时，比较常见的故障有如下几种：

（1）定子绕组相间短路。定子绕组发生相间短路，若不及时切除，将烧毁整个发电机，会引起极为严重的后果，必须有两套或两套以上的快速保护反应此类故障。

（2）定子绕组匝间短路。定子绕组发生匝间短路，也会在短路环内产生很大的短路电流，若不及时切除，后果和相间短路同样严重。国内外都有因匝间短路烧伤甚至烧毁发电机的报道。因此发生定子绕组匝间短路时，也应快速将发电机切除。

由于大型发电机结构设计的特点，相间、匝间短路大多发生在定子绕组的端部，特别是水内冷绕组。槽部的相、匝间短路，都是先由接地（线棒对铁芯）故障扩大而造成的。

（3）定子单相接地。定子单相接地虽不属于短路性故障，但由于以下几方面的原因，对单相接地故障却要求灵敏而又可靠地反应：①很多 600MW 机组中性点都经高阻接地；②电容电流会灼伤故障点的铁芯；③绝大部分短路都是首先由于单相接地没有及时进行处理发展而成；④接地时非接地相电压升高，影响绝缘。

（4）失磁。由于励磁系统故障，会引发失磁（全失磁或部分失磁），使发电机进入异步运行，对系统和发电机的安全运行都有很大影响。大机组要求及时准确地监测出失磁故障。

（5）转子回路接地故障。转子回路一点接地，短时间内对汽轮发电机组的运行影响尚不太大，一般都允许继续运行一段时间。如果发展为两点接地，则有可能发生失磁，甚至烧坏设备。因此，接地故障也必须正确检测，及时处理。

2. 发电机不正常运行状态

由于发电机是旋转设备，加上在设计制造时考虑的过载能力比较弱，一些不正常的运行状态将会严重威胁发电机的运行安全，因此对以下这些状态的处理也同样必须及时，准确：

（1）定子负序过流。发电机承受负序电流的能力非常弱，很小的负序电流流经定子绕组就可能会引起转子部件的严重过热，甚至会烧损转子铁芯、槽锲和护环。大机组上，一般都配置两套反应负序过流的保护。

（2）定子对称过流。当外部发生对称三相短路时，会引起发电机定子过热，因此应有反应对称过流的保护。

（3）过电压。由于强行励磁等原因引起定子过电压时，会影响发电机定子的绝缘寿命，因此必须有反应定子过电压的保护。

（4）过励磁。当定子电压升高、频率降低时，可引起发电机和主变压器过励磁，从而可能使发电机、主变铁芯过热而损坏，需装设反应过励磁的保护。

（5）频率异常。发电机在非额定频率下运行可能会引起共振，使发电机和汽轮机疲劳损伤，应配置频率异常保护。

（6）发电机与系统之间失步。当发电机和系统失步时，巨大的交换功率使发电机无法承受而损坏，应配有监测失步的保护装置。

（7）误上电。由于 600MW 发电机—变压器组出线一般为 3/2 断路器接线，在发电机并网前误合发电机断路器的几率增大，国外有由于误合闸而导致发电机损伤的报道。

（8）启停机故障。发电机组在给励磁前，有可能已发生了绝缘被破坏的故障，若能在加励磁升压前及时检测，就可以避免更大的事故发生。对于大型发电机组，具有启停机故障检测功能，对发电机组的安全将十分有利。

（9）逆功率。发电机组在运行中从系统吸收有功时，会引起汽轮机的鼓风损失而引起汽轮机发热损坏。

3. 发电机保护方式

发电机保护配置的原则是：在发电机故障时，应能将损失减到最小；在非正常状况时，应能在充分利用发电机自身能力的前提下，确保机组本身的安全。根据上述原则，发电机配置的保护及其功能如下：

（1）发电机纵差动保护。切除定子相间短路，传统的差动保护不反应匝间短路故障，瞬时跳开机组。

（2）发电机匝间保护。切除发电机定子匝间短路，瞬时跳开机组。

（3）发电机定子接地保护。切除发电机 100％定子绕组的单相接地故障。

（4）发电机负序过流保护。区外发生不对性短路或非全相运行时，保护机组转子不过热损坏。一般采用反时限特性。

（5）发电机对称过流保护。当区外发生对称过流短路时，保护发电机定子不过热，一般采用反时限特性。

（6）发电机过压保护。反应定子过电压。

（7）发电机过励磁保护。反应发电机过励磁。

（8）发电机失磁保护。反应发电机全失磁或部分失磁。

（9）发电机失步保护。反应发电机和系统之间的失步。

（10）发电机过流、低压过流、复合电压过流、阻抗保护等。作为线路和发电机的后备保护，这些保护可灵活配置。

（11）发电机过负荷保护。反应发电机过负荷。

（12）发电机低频保护。反应发电机低频运行。

（13）转子一点接地保护。反应转子一点接地。

（14）转子两点接地保护。反应发电机转子发生两点接地或匝间短路。

（15）励磁绕组过负荷保护。反应发电机励磁机的过负荷，采用反时限特性或定时限特性。

（16）误上电保护。检测发电机在启停机期间可能的误合闸。

（17）启停机保护。在启停机过程中检测绕组的绝缘变化。

以上所述各保护的作用仅是它们的主要任务，事实上，保护还有一些其他的辅助功能，如过流保护等，它既是外部短路故障的远后备，也同样是发电机本身短路故障的近后备，在此不一一说明。

发电机保护既是发电机本身的主保护，又是电网最后一级后备保护。它的出口不仅需要切断发电机—变压器组的主断路器，而且必须同时切断发电机的灭磁开关、工作厂变开关、汽轮机主汽门等。

二、变压器故障和不正常状态及其保护方式

根据我国的实际情况，变压器与发电机和高压输电线路元件相比，故障几率比较小。但其故障后对电力系统的影响却很大，因此，由于保护装置本身的任何不合理动作，都将给电力系统或变压器本身造成极大的危害。

1. 变压器的故障

变压器的故障主要包括以下几类。

（1）相间短路。这是变压器最严重的故障类型。它包括变压器箱体内部和引出线（从套管出口到电流互感器之间的电气一次引出线）的相间短路。由于相间短路会损坏变压器本体，严重时会使得变压器整体报废。因此，当变压器发生这种类型的故障时，要求瞬时切除故障。

（2）接地（或对铁芯）短路。显然这种短路故障只会发生在中性点接地的系统一侧。对这种故障的处理方式和相间短路故障是相同的，但同时要考虑接地短路发生在中性点附近时的灵敏度。

（3）匝间或层间短路。这是大型变压器最为常见也是最为严重的故障。对于大型变压器，为改善其承受冲击过电压的性能，广泛采用纠结式绕组，匝间和层间电压显著升高，匝间短路故障发生的概率有增加的趋势。当短路匝数少，保护对其反应灵敏度不足时，在短路环内的大电流往往会引起线圈的严重烧损，甚至会伤及铁芯。如何选择和配置灵敏的匝间短路保护，对大型变压器就显得更为重要。

（4）铁芯局部发热和烧损。由于变压器、制造上的缺陷，铁芯片间存在局部短路，会使铁芯局部发热和烧损，如不及时发现，继而会引发严重的铁芯故障。因此，要求保护应能及时检测这一类故障。

（5）变压器的故障还有很多，如电流回路的接头松动、漏磁回路的局部过热和放电、高压电场内的局部放电、铁芯的多点接地等。都应有相应的检测手段予以正确、及时的检测。但有些检测手段，从当前的分工方式看，可能已不属于继电保护专业的范畴，但与气体保护（瓦斯保护）却有许多相似之处。

2. 变压器不正常运行状态

变压器不正常运行状态，是指变压器本体没有发生故障，但外部环境变化后引起了变压器如下的非正常工作状态。这种非正常运行状态如不及时处理或告警，预示着将会引发变压器的内部故障。因此，从这种观点看，这一类保护也可称之为故障预测保护。

（1）过负荷：变压器有一定的过负荷能力，但若长期处于过负荷下运行，会使变压器绕组的绝缘水平下降，加速其老化，缩短其寿命。运行人员应及时了解过负荷运行状态，以便能作相应处理。

（2）过电流：过电流一般是由于外部短路后大电流流经变压器而引起的。由于变压器在这种电流下会烧损，一般要求和区外保护配合后，经延时切除变压器。

（4）其他故障：如通风设备故障、冷却器故障、油位降低等。这些故障也都必须作相应的检测和处理。

3. 变压器保护配置

继电保护的任务，是对上述的故障和不正常运行状态应作出灵敏、快速、正确的反应。因此，以下所述的，仅是当前在变压器保护中普遍采用的保护方式，但并不限制其他原理的采用。特别是微机元件保护问世以后，各种新方法新原理的不断出现，必将使保护水平提高到一个新的高度。

（1）差动保护：能反应变压器内部各种相间、接地以及匝间短路故障，同时还能反应引出线的短路故障。它反应迅速，瞬时切除，是变压器最重要的保护。

（2）气体〔重（轻）瓦斯〕保护：能反应铁芯内部烧损、绕组回路短路及接触不良、局部过热、局部放电、绝缘老化、油面下降等故障，不能反应变压器本体以外的故障。它的优点是几乎能反应变压器本体内部的所有故障。其缺点是灵敏度不高，动作时间较长。

（4）零序电流保护：能反应变压器内部或外部发生的接地性短路故障。一般是由零序电流、间隙零序电流、零序电压共同构成完善的零序电流保护。

（5）后备保护：阻抗保护、复合电压过流保护、低压过流保护、过流保护都能反应变压器的过流状态。但它们的灵敏度不一样，阻抗保护的灵敏度最高，过流保护的灵敏度最低。

（6）开关量保护：温度保护、油位保护、通风故障保护、冷却器故障保护等。反应相应的温度、油位、通风等故障。

（7）中性点过电压保护：保护大型变压器半绝缘绕组中性点过电压。

（8）油箱压力保护：油箱上装有压力释放阀，内部重大短路故障时，保护油箱不变形，出口接信号。也可接跳闸，作为重大故障的多重保护。与重瓦斯保护极为相似。

第三节 发电机和变压器差动保护

不论是发电机差动保护还是变压器差动保护，它们都是发变组保护中最重要的保护。由于它们的动作速度很快，又能及时地切除发电机、变压器内部绝大部分短路性故障，因此一直是大型发变组保护首选的保护之一。下面介绍各自的原理和实现方法。

一、发电机纵差动保护

发电机纵差动反应发电机定子绕组的两相或三相短路，它的特点是灵敏度高、动作时间短、可靠性高，但它一般不能反应匝间短路故障。

目前广泛采用的有两种原理：比率制动式和标积制动式两种，下面分别予以介绍。

1. 比率制动式差动保护

（1）接线方式。从发电机机端和中性点同时引入三相电流。

（2）原理。发电机比率制动式差动保护动作方程为

$$| I_T - I_N | > K | I_N + I_T | / 2 \qquad (12\text{-}1)$$

式中　　I_N——中性点侧电流；

　　　　I_T——机端侧电流；

　　　　K——比例制动系数。

电流方向设定为：从机端流出、由中性点流入发电机的电流为正方向。

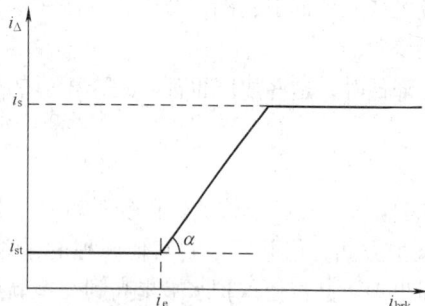

图 12-5　发电机比例制动式
差动保护动作特性

（3）动作特性。发电机比率制动式差动保护动作特性参见图 12-5，其中 I_Δ 为差电流，I_{brk} 为制动电流，I_{st} 为启动电流，I_s 为速断电流，I_e 为制动曲线的拐点电流，$\tan\alpha$ 为斜率。阴影部分为动作区。严格意义上讲，$\tan\alpha$ 和 K 是不相等的。

（4）循环闭锁特点。由于发电机中性点一般都不直接接地，因此就不存在单相差动动作的问题，可以检测两相或两相以上同时出口跳闸的循环闭锁方式。该方法的特点如下。

1）两相或两相以上差动保护动作，判为内部短路故障。

2）一相差动保护动作，同时有负序电压存在，认为发生了一点在区内、一点在区外的短路性故障。

3）仅一相差动保护动作，认为是 TA 断线，这样就不需另设 TA 断线闭锁环节。

（5）评价。比率方式差动保护是在传统差动保护原理的基础上逐步完善起来的。它的优点有：①灵敏度高；②在区外发生短路或切除短路故障时，躲不平衡电流能力强；③可靠性高。它的缺点是：不能反应发电机内部匝间短路故障。

2. 标积制动式差动保护

发电机标积制动式差动保护动作方程为

$$| I_T - I_N |^2 > K I_N I_T \cos\theta \qquad (12\text{-}2)$$

标积制动式差动保护动作量和比率制动式的相同，其差别就在于制动量。在区内发生故障时，由于 θ 一般都大于 $90°$，此时制动量表现为负，成为动作量，从而使得标积制动式差动保护在区内

故障时有更高的灵敏度；但在区外发生短路时，标积制动式和比率制动式都有同等的可靠性。

标积制动式差动保护原理，在理论上可以从比率制动式推得。但由于在同等内部故障的条件下，标积制动式差动保护的动作量和制动量的差异要远比比率制动式的大，因此灵敏度更高。

二、变压器差动保护

发电厂中变压器差动保护用得较多。它除了用于主变压器、高压厂用变压器、高压备用变压器、励磁变压器等单台变压器外（俗称小差），还用于发电机—变压器组（俗称大差）。它们的保护原理都一样，所不同的主要是引入的电流量有差异。

1. 接线

主变压器、高压备用变压器、高压厂用变压器、励磁变压器差动保护：引自该变压器各侧的三相电流。

发电机—变压器组差动保护：引自主变压器高压侧、发电机中性点侧、厂用变压器、励磁变压器低压侧的三相电流。

2. 原理

变压器比率制动式差动保护动作方程

$$| I_1 + I_2 + \cdots + I_N | > K_{\max}\{| I_1 |、| I_2 |、\cdots、| I_N |\} \tag{12-3}$$

其中各电流的方向，设定流入变压器为正。

由于在空投变压器时，有涌流存在，为防止差动保护误动，一般采用二次谐波制动或间断角制动。

3. 特性曲线

变压器差动保护特性曲线和发电机差动保护特性曲线形状是一致的，其差别在于它们的整定参数有较大的差异。由于变压器差动保护的误差来源比发电机的多，所以各参数的选择一般都偏安全。

4. 灵敏度

变压器差动保护的灵敏度比发电机差动保护低一些。它不仅能反应变压器内部的相间短路，也能反应变压器内部的匝间短路。但不能反应变压器△接法一侧的内部开路问题。

从更进一步理论分析可知，变压器差动保护从严格意义上讲是正序和负序差动保护。

5. 变压器保护应该注意的问题

随着变压器容量不断增大，原先在变压器保护中存在的不很突出的问题，已变得相对突出了。

(1) 新材料带来的新问题：大型变压器铁芯，普遍采用晶粒定向的冷轧硅钢片，其磁化特性既"陡"又"硬"，励磁涌流最高可达额定电流的十几倍。但涌流中，二次谐波的含量相对较小，有时仅占 5%～8%左右。根据二次谐波分量大小，已不能很好地区分是涌流还是变压器的内部故障。

(2) 涌流和过励磁期间短路：变压器差动保护在变压器空载合闸涌流和发生过励磁期间，一般都简单地被闭锁起来。然而，这时正是较容易引发变压器内部短路故障的时候。如果此时简单地闭锁差动保护，就可能会延缓短路故障的切除时间。

第四节　发电机和变压器其他保护

一、发电机单相接地保护

采用 $3U_0$ 零序电压保护和三次谐波定子接地保护，可构成 100%定子接地保护，也可用外加电源方式构成。

1. 发电机 $3U_0$ 定子接地保护

（1）接线。引入发电机机端 TV 开口三角处的零序电压 $3U_0$ 或者引入发电机中性点处接地变压器二次侧 $3U_0$ 电压。$3U_0$ 电压来自机端时应考虑 TV 断线闭锁环节。

（2）原理。在发电机出口处发生单相接地时，$3U_0$ 电压为 100V；在中性点发生单相接地时，$3U_0$ 电压为 0V。因此，$3U_0$ 间接反应了接地故障点的位置。

若 $3U_0$ 保护整定为 5V，则就保护了从机端开始的 95% 定子绕组。

由于三次谐波分量也能在零序网络中反应出来，因此要将正常时的三次谐波分量滤除，以提高灵敏度。

对于大型发电机，由于对地电容电流一般都比较大，此时出口应接跳闸。

（3）该保护可靠性高，能切除绝大部分定子绕组发生的单相接地故障。但它无法检测发电机中性点附近发生的单相接地故障。

2. 三次谐波式定子接地保护

三次谐波式定子接地保护的主要任务是检测发电机中性点附近的单相接地故障。

（1）接线方式。从发电机机端 TV 开口三角处引入机端三次谐波电压。从发电机中性点 TV 或消弧线圈引入发电机中性点侧三次谐波电压。

（2）出口逻辑电路。三次谐波保护出口可发信或跳闸。

（3）原理。三次谐波式定子接地保护的构成原理是：反应机端和中性点三次谐波大小和相位的变化。

总体而言，三次谐波保护原理受诸多因素影响。首先是受发电机定子绕组对地电容大小的影响，第二是受中性点接地方式的影响，第三受发电机出力的影响。

（4）整定计算。由于整定计算受运行机组参数影响较大，一般采用现场调试整定的办法。现在微机保护大多采用自动整定的方法，以简化现场整定。

（5）三次谐波定子接地保护。在发电机中性点附近发生单相接地时能灵敏反应，弥补了 $3U_0$ 定子接地保护的不足。但由于三次谐波保护存在以下几个方面的特点，使得应用起来比较复杂，若不采用微机保护，则要有相当的经验和手段才能将三次谐波保护调试整定好：

1）三次谐波正常值较小，一般只有几伏。

2）三次谐波电压的大小和相位，受发电机定子对地分布电容的影响较大，规律性也不强。

3）发电机绕组的连接方式将会改变三次谐波电势的分布。

4）中性点经高阻或消弧线圈的接地方式会影响灵敏度。

5）三次谐波大小和相位，随着发电机的出力变化而变化。

二、发电机负序过电流保护

当发电机在外部或内部发生不对称短路或当发电机供给的负荷不对称时，定子绕组就会流过负序电流。负序电流所建立的发电机气隙旋转磁场的转动方向与转子的运动方向相反，因此该磁场就以两倍的同步速度切割转子，在转子本体、阻尼条及励磁绕组中感生出倍频电流。该电流在转子中引起额外的损耗和发热，如果负序电流足够大，会使发电机转子严重烧伤。另一方面，负序电流的旋转磁场，产生两倍频率的交变电磁转矩，也会使机组产生 100Hz 的振动，引起金属疲劳和机械损伤。

1. 发电机短时承受负序电流能力

发电机承受负序电流能力较弱，具体的分析参见第五章第二节的有关内容。

2. 接线方式

一般构成发电机负序电流保护的电流来自发电机中性点侧三相电流，这样可以兼作发电机并网前的内部短路故障的后备保护。

　　3. 原理

　　负序电流保护有定、反时限两种，大机组用反时限特性。

　　反时限特性曲线一般由三部分组成：①上限定时限；②反时限；③下限定时限。

　　当发电机负序电流大于上限整定时，则按上限定时限动作；如果负序电流超过下限整定值，但不足以使反时限部分动作时，则按下限定时限动作；负序电流在此之间，则按反时限规律动作。

　　负序反时限特性，能真实地模拟转子的热积累过程，并能模拟散热，即发电机发热后若负序电流消失，热积累并不立即消失，而是慢慢地散热消失，如此时负序电流再次增大，则上一次的热积累将成为该次的初值。

　　负序电流保护反时限动作方程

$$(I_2^2 - K_{22})t \geqslant K_{21} \tag{12-4}$$

式中　I_2——发电机负序电流标么值；

　　　K_{22}——发电机发热时的散热效应（一般不考虑散热时 $K_{22}=0$）；

　　　K_{21}——发电机的 A 值（由制造厂提供）。

　　4. 负序电流保护

　　负序电流保护是大机组保护中一个很重要的部分，因为 600MW 这样的大机组 A 值都比较小，承受负序电流的能力很小，因此，一般要采用反时限特性的负序过电流保护，以保证发电机运行的安全。

三、发电机失磁保护

　　发电机低励和失磁是常见的故障形式。造成低励、失磁的原因，主要是励磁回路的部件发生故障、自动励磁调节装置发生故障以及操作不当或由于系统事故造成的。

　　对各种失磁故障综合起来看，有以下几种形式：励磁绕组开路、励磁绕组短路、励磁绕组经励磁机电枢或整流器闭路等。不论是哪种形式，失磁的发电机将会过渡到异步运行，使转子出现转差、定子电流增大、定子电压降低、有功输出将下降。电气量的这些变化，在一定条件下，将破坏电力系统的稳定运行、威胁发电机的自身安全。

　　失磁的危害主要表现在以下几个方面：

　　(1) 低励或失磁的发电机，从电力系统吸收无功功率，引起电力系统电压下降。对于大型发电机组，若电压下降幅度太大，可能会引起电力系统的振荡，甚至会导致电力系统电压崩溃而瓦解。

　　(2) 失磁后，由于出现转差，在发电机转子回路中出现差频电流。差频电流在转子回路中产生的损耗，如果超出允许值，将使转子过热。特别是直接冷却的大型机组，其热容量的裕度相对比较小，转子更易过热。而流过转子表层的差频电流，还可能在转子本体与槽楔、护环的接触面上发生严重的局部过热。

　　(3) 失磁的发电机进入异步运行之后，由机端观测的发电机等效电抗降低，从电力系统中吸收的无功功率增加。失磁前带的有功功率越大，转差就越大，等效电抗就越小，所吸收的无功功率就越大。因此，在重负荷下失磁进入异步运行后，如不采取措施，发电机将因过电流使定子绕组过热。

　　(4) 对于直接冷却的大型汽轮发电机，因其单位容量有效材料消耗较少，所以平均异步转矩的最大值较小，惯性常数也相对降低，转子在纵轴和横轴方面也呈现较明显的不对称。由于这些原因，在重负荷下失磁后，这种发电机的转矩、有功功率要发生周期性摆动。在这种情况下，将有很大的超过额定值的电磁转矩，周期性地作用在发电机轴系上，并通过定子传到机座上，转差也会发生周期性变化，其最大值可能达到 $4\% \sim 5\%$，使发电机周期性地超速。这些情况，都直接威胁着机组的安全。

（5）低励或失磁运行时，定子端部漏磁增强，将使端部和边段铁芯过热，实际上，这一情况通常是限制发电机失磁异步运行能力的主要条件。

1. 失磁时静稳边界圆

现规定发电机向外送出感性无功功率时，Q 为正。当发电机失磁时，发电机机端感受到测量阻抗 Z 的变化是个圆。由于假定失磁时有功功率 P 不变，该圆也称等有功圆，其曲线如图 12-6 所示，其中 X_s 为系统等值电抗，U_s 为系统电压。

当发电机失磁时，测量阻抗从负荷点沿等有功圆向第四象限变化。与系统并列运行的发电机在失磁过程中，当励磁电流（即感应电动势）降到一定数值时，发电机功率角 δ 达到静稳极限角，发电机临界失步。在不同有功功率 P 下，临界失步时机端测量阻抗（导纳）的轨迹曲线，称为静稳边界或称临界失步曲线。隐极机与凸极机的静稳边界不同。

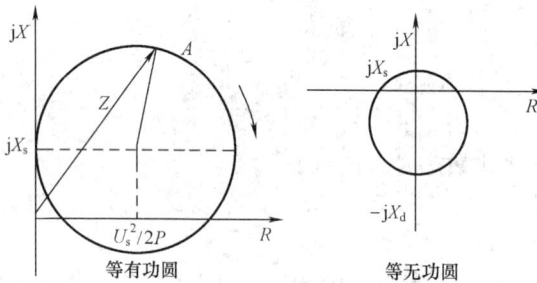

图 12-6　发电机失磁时测量阻抗

隐极发电机静稳边界曲线是个圆，称等无功圆，如图 12-6 所示，其中 X_s 为系统等值电抗，X_d 为发电机纵轴电抗。

当测量阻抗变化到等无功圆边界时相应的功角 $\delta = 90°$，也即到了静稳边界，以后将进入异步运行。

2. 失磁保护接线

一般大型发电机失磁保护需引入主变压器高压侧电压、发电机中性点（或机端）电流、发电机机端电压以及非无刷励磁系统的励磁电压。

3. 保护出口逻辑

失磁保护由发电机机端测量阻抗判据、转子低电压判据、变压器高压侧低电压判据、定子过流判据构成。发电机失磁保护出口逻辑图如图 12-7 所示。一般情况下阻抗整定边界为静稳边界圆，但也可以为其他形状。

当发电机需进相运行，如按静稳边界整定圆整定不能满足要求时，一般可采用以下方式来躲开进相运行区：

（1）下移阻抗圆，按失步边界整定。

（2）采用过原点的两

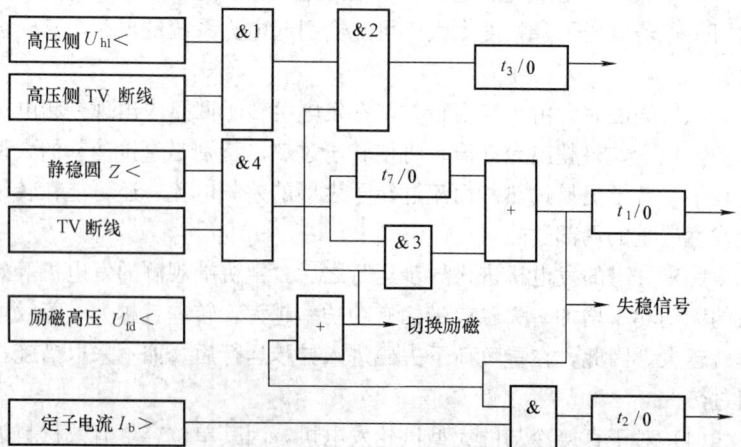

图 12-7　发电机失磁保护出口逻辑

根直线，将进相区躲开。此时，进相深度可整定。

转子低电压动作方程是一条和发电机有功功率有关的制动曲线。

下面以静稳边界判据为例说明失磁保护原理构成。

转子低电压判据满足时，发失磁信号，并输出切换励磁命令。此判据可以预测发电机是否因失磁而失去稳定，从而在发电机失去稳定之前及早地采取措施（切换励磁等），防止事故扩大。

对于无功储备不足的系统，当发电机失磁后，有可能在发电机失去静稳之前，高压侧电压就达到了系统崩溃值。所以，转子低电压判据满足并且高压侧低电压判据满足时，说明发电机的失磁已造成了对电力系统安全运行的威胁，经"&2"电路发出跳闸命令，迅速切除发电机。

转子低电压判据满足并且静稳边界判据满足，经"&3"电路发出失稳信号。此信号表明，发电机由失磁导致失去了静稳。当转子低电压判据在失磁中拒动（如转子电压检测点到转子绕组之间发生开路时），失稳信号由静稳边界判据产生。

发电机失磁时，允许异步运行一段时间。此期间，可用过流判据监测汽轮机的有功功率。若定子电流大于 1.05 倍的额定电流，表明平均异步功率已超过 0.05 倍的额定功率，应发出压出力命令，压低汽轮机的出力，使发电机继续作稳定异步运行。稳定异步运行时间一般允许为 2～15min（t_1），所以经过 t_1 之后再发跳闸命令。在 t_1 期间，运行人员可有足够的时间去排除故障，重新恢复励磁，这样就避免了跳闸，这对经济运行具有很大意义。如果出力在 t_1 时间内不能压下来，而过电流判据又一直满足，则发跳闸命令，以保证发电机组本身的安全。

保护方案体现了这样一个原则：600MW 发电机失磁后，电力系统和发电机本身的安全运行遭到威胁时，将故障的发电机切除，以防止故障扩大。

四、发电机匝间短路保护

1. 负序功率方向闭锁的定子纵向零序电压保护

（1）接线。

1）引入纵向零序 TV 的开口三角形电压 $3U_0$，作为匝间短路保护的主要判据。

2）引入机端电压和电流构成负序功率方向保护。

3）引入纵向（专用）TV 及普通 TV 的电压，构成 TV 断线闭锁保护。

（2）保护原理。该保护反应纵向零序电压，用负序功率方向区分区内、区外的故障，用断线闭锁来防止 TV 断线时的误动。

（3）由于大型发电机发生匝间短路的匝数较少，因此，要保证该方案有足够的灵敏度，就必须将该保护整定值降低。但整定值降低后，带来的问题是当区外发生短路故障时会引起误动。

该保护的负序功率方向环节和 $3U_0$ 判别环节，如何合理地在灵敏度上进行配合、如何避免在动作速度上的相互竞争，是该保护成功应用的基础。

另外，TV 断线会引起 $3U_0$ 保护误动，要将其闭锁。但由于 $3U_0$ 保护的定值太低，当 TV 断线处于接触不良的状态时，如何防止误动，也是值得注意的问题。

2. 三次谐波闭锁式定子纵向零序电压保护

原理是用零序电压中的三次谐波分量替代负序功率方向来闭锁发电机匝间短路保护，使得匝间保护的安全性得以大大提高。

600MW 发电机定子绕组都是单匝线棒，不存在匝间绝缘。同相同一槽内的上下线棒之间绝缘则是两倍对地主绝缘，匝间短路故障概率极小。匝间短路较易发生的部位是端部绕组上下层连接的鼻部，尤以双水内冷发电机绕组为多，系渗、漏水和手包绝缘存在缺陷所致。

五、发电机—变压器组其他保护

1. 主变压器高压侧零序过流保护

主变压器所连接的高压系统，都是大电流接地系统，在变压器中性点接地线上都配有零序过流保护，用于反应接地故障，作为本变压器及线路的后备保护。

600MW 发电机组出线一般都是 500kV，而变压器中性点的绝缘水平仅为 38kV，所以只能直接接地，不允许将中性点接地回路断开运行。但对于出线为 220kV 的变压器，由于其中性点绝缘水平相对较高，可以直接接地运行，也可以在电力系统中不失去接地点的情况下不接地运行，以利稳定零序网络的运行方式。所以，对于 220kV 的主变压器构成零序接地保护方案更要复杂一些。

2. 间隙零序电压电流保护

主变压器间隙零序电压电流保护能反应变压器间隙零序电流大小和零序电压大小。

对于 500kV 系统变压器，由于其中性点绝缘水平很低（38kV），应全接地运行；对于 220kV 系统变压器，由于其中性点绝缘水平较高（110kV），可在接地系统中不接地运行。该保护可设计成仅在变压器中性点不接地时投入使用。

间隙零序电流取自变压器中性点间隙 TA 电流，即测量中性点间隙击穿后的电流值。

零序电压取自变压器高压侧 TV 开口三角绕组的零序电压。

3. 零序电流保护

有 500kV 出线的主变压器可以仅用此零序电流保护。

该保护反应变压器零序电流大小、反应接地故障，仅在变压器中性点接地时起作用，零序电流取自变压器中性点 TA 电流。

该保护可分成二段四延时出口。

4. 阻抗保护

阻抗保护是主变压器经常采用的主要后备保护之一。它对线路和发电机—变压器组起后备保护作用。

该保护反应测量阻抗的大小。阻抗元件用的电压电流，可根据需要取自主变压器的同一侧或不同侧。阻抗元件的工作原理和线路阻抗的相同，其阻抗特性一般采用偏移阻抗特性。

5. 过励磁保护

变压器的工作磁密与电压成正比、与频率成反比。由于大型变压器工作磁密和饱和磁密相差非常小，当变压器的 U/f 有少许的变化时，就有可能引起过励磁。而这一励磁电流是非正弦的，会有一定量的高次谐波，而铁芯和其他金属部件的涡流损耗与频率平方成正比，所以将会导致变压器严重过热。因此，对于大型变压器都必须要装设过励磁保护。

对于发电机，当 U/f（标么值）大于 1 时，也会引起发电机过励磁。过励磁主要表现为发电机铁芯饱和之后谐波磁密增加，使附加损耗增加，引起过热。另外由于定子铁芯背部漏磁场增强，处于这一漏磁场中的定子定位筋，也要感应出电动势，并且相邻定位筋中的感应电动势存在相位差，并通过定子铁芯形成闭路，流过电流。当过励磁时，漏磁场急剧增强，铁芯中的电流也将随之增大，使之在定位筋附近的部位电流密度很大，将引起局部过热，造成机组局部烧伤。

一般来说，发电机承受过励磁能力比变压器要弱一些，当发电机和变压器之间没有断路器相接时，过励磁保护可按发电机过励磁特性来整定。

过励磁保护可采用定时限和反时限两种。对于大型机组一般采用反时限特性。

过励磁保护是通过反应 U/f 的增加而动作的。

6. 发电机逆功率保护

发电机逆功率保护，主要用于保护汽轮机。当主汽门误关闭时，或机炉保护动作于主汽门关闭而发电机并未从系统解列时，发电机就变成了同步电动机运行，从电力系统吸收有功功率。这种工况，对发电机并无危险。但由于汽轮机的鼓风损失，其尾部叶片有可能过热，造成汽轮机事故。因此发电机组不允许在这种状况下长期运行。

逆功率保护有两种实现方法。其一是反应逆功率大小的逆功率保护，当发现发电机处于逆功率运行时该保护动作。另外一种是习惯上称为程序跳闸的逆功率保护。程序跳闸的逆功率保护动作时，保护出口先关闭汽轮机的主汽门，然后由逆功率保护与主汽门触点联动跳开发电机—变压器组的主断路器。在发电机停机时，可利用该保护的程序跳闸功能，先将汽轮机中的剩余功率向系统送完后再跳闸，从而更能保证汽轮机的安全。

该保护是以反应发电机从系统吸收有功功率的大小而动作的，是以主汽门是否关闭的条件来决定动作时间的。

7. 发电机失步保护

发电机失步保护是反应发电机机端测量阻抗变化速率的保护。

失步保护只反应发电机的失步情况，能可靠地躲过系统短路和稳定振荡，并能在失步摆摆过程中区分加速失步和减速失步。

该保护动作特性可采用易于实现的双遮挡器原理特性。它将阻抗平面在 R 轴上用 R_1、R_2、R_3、R_4 将阻抗平面分为 0～4 共五个区。加速失步时，测量阻抗从 $+R$ 向 $-R$ 方向变化，0～4 区依次从右到左排列；减速失步时，测量阻抗轨迹从 $-R$ 向 $+R$ 方向变化，0～4 区依次从左到右排列。当测量阻抗从右向左穿过 R_1 时，判断为加速；当测量阻抗从左向右穿过 R_4 时，判定为减速。然后，当测量阻抗穿过 1 区进入 2 区，并在 1 区及 2 区停留的时间分别大于某一设定时间后，对于加速过程发加速失步信号，对于减速过程发减速失步信号。加速失步信号或减速失步信号作用于降低或提高原动机出力。若在加速或减速信号发出后，没能使振荡平息，测量阻抗继续穿过 3 区进入 4 区，并在 3 区及 4 区停留的时间分别大于某一设定时间后，表示滑极一次。当滑极累计达到整定值 N_0 即出口跳闸。

无论在加速过程中还是在减速过程中，只要测量阻抗在任一区（1～4 区）停留的时间，小于对应的延时时间就进入下一区，则判定为短路。

当测量阻抗轨迹，部分穿越这些区域后以相反的方向返回，则判断为可恢复的振荡（或称稳定振荡）。

8. 发电机低频保护

发电机低频保护，主要用于保护汽轮机不受低频共振的影响。汽轮机各级叶片都有一共振频率，当系统频率接近或等于共振频率时，将引起叶片的共振而损坏。

低频运行对于汽轮机而言是个疲劳过程，一般汽轮机低频运行累计达一定时间，汽轮机将达到疲劳寿命。因此，低频运行的时间是个积累的过程，而且不同的低频有不同的积累速度。保护装置停运，不影响"低频运行的时间"积累值。

低频保护反应系统频率的降低，并受出口断路器辅助触点闭锁，即发电机退出运行时低频保护也自动退出运行。

9. 发电机误上电保护及断路器闪络保护

容量在 600MW 及以上的发电机组，要求装设误上电保护，以防止发电机启停机期间的误操作。当发电机盘车或转子静止时，发生误合闸操作，定子电流（正序电流）在气隙中产生的旋转磁场，能在转子本体中感应工频或接近工频的电流，会引起转子过热而损伤。目前，500kV 升压变电所中，广泛采用的 3/2 断路器接线，增加了误上电的几率。

误上电保护原理多种多样，此处介绍其中之一。以开机为例（下同），它是将开机过程分为两个阶段，第一阶段：开机→合磁场开关，在这期间，由于无励磁，发电机不可能进行并网操作，因此，只要出口断路器合闸和定子有电流，则必然为误上电，立即"瞬时跳闸"。第二阶段：合磁场开关→并网，在这期间，用阻抗元件来区分并网和误上电，并且误上电情况越严重，跳闸也越快。

误上电保护，在发电机并网后自动退出运行，解列后自动投入运行。

如果断路器未合闸而发电机定子有电流，则认为是"断路器发生闪络"。

第五节 母线保护和断路器失灵保护

一、母线保护

母线的主要保护是母线差动保护，而在 500kV 母线上，通常使用高阻抗式差动保护。

所谓高阻抗式差动保护，就是在差动回路中，串联接入一个很大的阻抗，其值高达数百欧甚至上千欧。因而，在外部故障时，进入继电器的不平衡电流大大减小。但在内部故障时，通过回路的应是全部短路电流，将使差动回路的电压大大升高，在此情况下，反应差动回路两端电压的过电压保护动作，将差动回路中串联阻抗短接，使差动回路变成低阻抗，继电器即动作跳闸。这种保护的动作速度很快，仅有几个毫秒。

二、断路器失灵保护

所谓断路器失灵保护，是指：当保护跳断路器的跳闸脉冲已经发出，而断路器却没有跳开（拒绝跳闸）时，由断路器失灵保护以较短的延时，跳开同一母线上的其他元件，以尽快将故障从电力系统隔离的一种紧急处理办法。

实现断路器失灵保护的方式很多，但最重要的是，如何保证断路器失灵保护的安全性，因为断路器失灵保护的误动所造成的后果相当严重。

一般断路器失灵保护的原理是同时满足下面几个条件：

（1）跳闸脉冲已经发出。

（2）断路器却没有跳开。

（3）经延时，故障依然存在（可用电流或母线电压来确定）。

第六节 高压输电线路保护

超高压输电线路，由于种种原因会发生各种短路故障。为了电网的安全，要求尽快切除故障。高压网络上出现的振荡、串补等问题，又使得高压网络的继电保护更趋复杂化。

一、零序电流保护和方向性零序电流保护

超高压输电线路故障，一般可以划分为两类：相间故障和接地故障。相间故障一般指两相短路、两相短路接地和三相短路；接地故障一般指两相接地和单相接地。用零序电流保护可以灵敏地反应接地故障。

零序电流保护分 I 段、II 段和 III 段，其保护原理和电流保护相同，本节仅简单说明一下其整定原则。

1. 零序电流速断（零序 I 段）保护

零序电流速断保护的整定原则如下：

（1）躲开下一条线路出口处单相或两相接地短路时可能出现的最大零序电流 $3I_{0max}$。

（2）躲开断路器三相触头不同期合闸时所出现的最大零序电流 $3I_{0.bt}$。

如果保护装置的动作时间大于断路器三相不同期合闸的时间，则可以不考虑条件（2）。

保护整定值应选取（1）、（2）中较大者。但在有些情况下，如按照条件（2）整定将使整定电流过大。因此当保护范围小时，也可以采用在手动合闸以及三相自动重合闸时，使零序Ⅰ段带有一个小的延时（约0.1s），以躲开断路器三相不同期合闸的时间，这样在整定值上就无须考虑条件（2）了。

（3）当采用单相自动重合闸时，按上述条件（1）、（2）整定的零序Ⅰ段，往往不能躲开在非全相运行状态下又发生系统振荡时所出现的最大零序电流。而如果按这一条件整定，则正常情况下发生接地故障时，其保护范围又要缩小，不能充分发挥零序Ⅰ段的作用。因此，为了解决这个矛盾，通常是设置两个零序Ⅰ段保护。其中：一个是按条件（1）或（2）整定（由于其整定值较小，保护范围较大，因此，称为灵敏Ⅰ段），它的主要任务是对全相运行状态下的接地故障起保护作用，具有较大的保护范围，而当单相重合闸启动时，则将其自动闭锁，需待恢复全相运行时才能重新投入；另一个是按条件（3）整定，由于它的定值较大，因此称为不灵敏Ⅰ段，装设它的主要目的，是为了在单相重合闸过程中，其他两相又发生接地故障时，用以弥补失去灵敏Ⅰ段的缺陷，尽快地将故障切除。当然，不灵敏Ⅰ段也能反应全相运行状态下的接地故障，只是其保护范围较灵敏Ⅰ段为小。

2. 零序电流限时速断（零序Ⅱ段）保护

零序Ⅱ段主要是其启动电流，要和下一条线路的零序Ⅰ段相配合，并带有高出一个 Δt 的时限，以保证动作的选择性。

但是，应当考虑分支线路的影响，因为它将使零序电流的分布发生变化。

3. 零序过电流（零序Ⅲ段）保护

零序Ⅲ段在一般情况下，作为后备保护使用，但在终端线路上，也可以作为主保护使用。

在零序过电流保护中，其启动电流整定，原则上是躲开下一条线路出口处，相间短路时所出现的最大不平衡电流 $I_{unb.max}$。同时还必须要求各保护之间的灵敏系要互相配合，满足灵敏系数和选择性的要求。

因此，实际上对零序过电流保护的整定计算，必须按逐级配合的原则来考虑。具体地说，就是本线路零序Ⅲ段的保护范围，不能超出相邻线路零序Ⅲ段的保护范围。

4. 方向性零序电流保护

在双侧或多侧电源的网络中，电源侧变压器的中性点，至少有一台要接地，由于零序电流的实际流向是由故障点流向各个中性点接地的变压器，因此，在变压器接地数目比较多的复杂网络中，就需要考虑零序电流保护动作的方向性问题。

零序功率方向继电器，接入零序电压和零序电流，它只反应零序功率的方向而动作。当保护范围内部故障时，按规定的零序电流、零序电压正方向看，$3I_0$ 超前于 $3U_0$ 为 $90°\sim110°$（对应于保护安装地点背后的零序阻抗角为 $85°\sim70°$ 的情况）时，继电器应正确动作，并应工作在最灵敏的条件之下，亦即继电器的最大灵敏角应为 $-95°\sim-110°$（电流超前于电压）。

二、线路距离保护

1. 距离保护作用原理

在线路发生短路时，阻抗继电器测到的阻抗 $Z_K = U_K / I_K = Z_d$，等于保护安装点到故障点的（正序）阻抗。显然，该阻抗和故障点的距离成比例。因此，习惯地将用于线路上的阻抗继电器称距离继电器。

三段式距离保护的原理和电流保护是相似的，其差别在于，距离保护反应的是电力系统故障时测量阻抗的下降，而电流保护反应是电流的升高。

距离保护Ⅰ段：保护范围不伸出本线路，即保护线路全长的 $80\%\sim85\%$，瞬时动作。

距离保护Ⅱ段：保护范围不伸出下回线路Ⅰ段的保护区。为保证选择性，延时 Δt 动作。

距离保护Ⅲ段：按躲开正常运行时负荷阻抗来整定。

2. 影响距离保护正确工作的因素及防止方法

（1）短路点过渡电阻的影响。电力系统中，短路一般都不是纯金属性的，而是在短路点存在过渡电阻，此过渡电阻一般是由电弧电阻引起的。它的存在，使得距离保护的测量阻抗发生变化。一般情况下，会使保护范围缩短。但有时候也能引起保护超范围动作或反方向动作（误动）。

在单电源网络中，过渡电阻的存在，将使保护区缩短；而在双电源网络中，使得线路两侧所感受到的过渡电阻不再是纯电阻，通常是线路一侧感受到的为感性，另一侧感受到的为容性，这就使得在感受到感性一侧的阻抗继电器测量范围缩短，而感受到容性一侧的阻抗继电器测量范围可能会超越。

解决过渡电阻影响的办法有许多。例如：①采用躲过渡电阻能力较强的阻抗继电器；②采用瞬时测量的技术，因为过渡电阻（电弧性）在故障刚开始时比较小，而时间长了反而增加，根据这一特点，采用在故障开始瞬间测量的技术，可以使过渡电阻的影响减到最小。

（2）电力系统振荡对距离保护影响。电力系统振荡对距离保护影响较大，不采取相应的闭锁措施将会引起误动。防止振荡期间误动的手段较多，下面介绍两种情况。

1）利用负序（或零序）分量元件启动的闭锁回路。电力系统振荡是对称的振荡，在振荡时没有负序分量。而电力系统发生的短路，绝大部分是不对称故障，即使三相短路故障，也往往是刚开始为不对称然后发展为对称短路的。因此，在短路瞬时，会出现负序分量或短暂出现负序分量，根据这一原理可以区分短路和振荡。

2）利用测量阻抗的变化速度构成闭锁回路。电力系统振荡时，距离继电器测量到的阻抗会周期性变化，变化周期和振荡周期相同。而短路时，测量到的阻抗是突变的，阻抗从正常负荷阻抗突变到短路阻抗。因此，根据测量阻抗的变化速度可以区分短路和振荡。

（3）串联补偿电容的影响。高压线路的串联补偿电容，可大大缩短其所连接的两电力系统间的电气距离，对提高输电线路的输送功率，和电力系统稳定性有很大作用。但它的存在，对继电保护装置将产生不利影响，保护设备使用或整定不当，可能会引起误动。

串联补偿电容（简称"串补"）的存在，使得阻抗继电器在电容器两侧分别发生短路时，感受到的测量阻抗发生了跃变，这种跃变使三段式距离保护之间的配合变得复杂和困难，常常会引起保护非选择性动作和失去方向性。为防止此情况发生，通常采用如下措施：

1）用直线型阻抗继电器或功率方向继电器闭锁误动作区域。即在阻抗平面上将误动的区域切除。但这也可能带来另外一些问题。例如，为解决背后发生短路失去方向性的问题而使用直线型阻抗继电器，就会带来正前方出口处发生短路故障时有死区的问题，为此可以另外加装电流速断保护来补救。

2）用负序功率方向元件闭锁。因为串补电容一般都不会将线路补偿为容性。对于负序功率方向元件，由于在正前方发生短路时，反应的是背后系统的阻抗角，因此串补电容的存在不会改变原有负序电流、电压的相位关系，因此负序功率方向仍具有明确的方向性。

3）利用特殊特性的距离继电器。利用带记忆的阻抗继电器，可以较好地防止因串补电容可能引起的误动。

（4）分支电流的影响。在高压网络中，母线上接有不同的出线，有的是并联分支，有的是电厂。这些支路的存在，对测量阻抗同样有较大影响。

如在本线路末端母线上接有一发电厂，当下回线路发生短路时，由于发电厂对故障点也提供短路电流，使得本线路距离保护测量到的阻抗 Z_K，会因为电厂对故障有助增作用而增大。同样对于下回线路为双回线路的情况，则又会引起测量阻抗的减少，这些变化因素，都必须在整定时充分考虑，否则就有可能会发生误动或拒动。

（5）TV 断线。当电压互感器二次回路断线时，距离保护将失去电压，在负荷电流的作用下，阻抗继电器的测量阻抗变为零，因此就可能发生误动作。对此，应在距离保护中，采用防止误动作的 TV 断线闭锁装置。

3. 距离保护评价

从对继电保护所提出的基本要求来评价距离保护，可以作出如下几个主要的结论：

（1）根据距离保护的工作原理，它可以在多电源的复杂网络中保证动作的选择性。

（2）距离保护 I 段是瞬时动作的，但是它只能保护线路全长的 80%～85%。因此，两端合起来，就会有全长 30%～40%的线路，故障时不能从两端瞬时切除，而要经 0.5s 的延时，由距离 II 段动作才能切除，这在 220kV 及以上电压的网络中，有时仍不能满足电力系统稳定运行的要求。

（3）由于阻抗继电器同时反应于电压的降低和电流的增大而动作，因此，距离保护较电流、电压保护具有较高的灵敏度。此外，距离 I 段的保护范围，不受系统运行方式变化的影响，其他两段受到的影响也比较小，因此，保护范围比较稳定。

（4）由于距离保护中，采用了复杂的阻抗继电器和大量的辅助继电器，再加上各种必要的闭锁装置，因此接线复杂、可靠性比电流保护低，这也是它的主要缺点。

三、高频保护

由于距离保护存在部分线路故障要经 0.5s 延时切除的缺陷，不能满足系统稳定的要求，因此，距离保护就不能完全代替线路的主保护。为此，线路主保护就由全线速动的保护——高频保护来实现。

1. 高频保护工作原理

所谓高频保护，就是将线路两端的电流相位（或功率方向）转化为高频信号，然后，利用输电线路本身，构成一高频电流通道，将此信号送至对端，以比较两端电流相位（或功率方向）的一种保护装置。就其原理看，它不反应于保护范围以外的故障，在参数选择上也无需和下一条线路相配合，因此，高频保护的动作不带延时，实现全线速动。目前，高频保护是 220kV 及以上电压等级复杂电网的主要保护方式。

目前广泛采用的高频保护，按其工作原理的不同，可以分为两大类，即方向高频保护和相差高频保护。方向高频保护的基本原理是：比较被保护线路两端的功率方向；而相差高频保护的基本原理则是：比较线路两端电流的相位。

以高频通道的工作，可以分成：经常无高频电流（即所谓故障时发信）和经常有高频电流（即所谓长期发信）两种方式。在这两种工作方式中，以其传送的信号性质不同，又可以分为传送闭锁信号、允许信号和跳闸信号三种类型。

所谓闭锁信号是指："收不到这种闭锁信号是高频保护动作跳闸的必要条件"。结合高频保护的工作原理来看，就是当区外故障时，由一端的保护发出高频闭锁信号，将两端的保护闭锁；而当区内故障时，两端均不发高频闭锁信号，因而也收不到闭锁信号，保护即可动作于跳闸。

所谓允许信号是指："收到这种允许信号是高频保护动作跳闸的必要条件"。因此，当区内故障时，两端保护应同时向对端发出允许信号，使保护装置能够动作于跳闸；而当区外故障时，则因近故障点端不发允许信号，故对端保护不能跳闸。近故障点的一端，则因判别故障方向的元件不动作，也不能跳闸。

所谓跳闸信号则是指："收到这种跳闸信号是保护动作于跳闸的充分而必要的条件"。实现这种保护时，实际上是利用装设在每一端的电流速断、距离保护Ⅰ段或零序电流速断等保护，当其保护范围内部故障而动作于跳闸的同时，还向对端发出跳闸信号，可以不经过其他控制元件而直接使对端的断路器跳闸。

2. 方向高频保护

(1) 高频闭锁方向保护的基本原理。目前广泛应用的高频闭锁方向保护，是以高频通道经常无电流而在外部故障时发生闭锁信号的方式构成的。此闭锁信号由短路功率方向为负的一端发出，这个信号被两端的收信机所接收，而把保护闭锁，故称为高频闭锁方向保护。

这种保护的工作原理是，利用非故障的线路发出闭锁该保护的高频信号，而不是利用故障线路两端同时发出高频信号使保护动作于跳闸，这样就可以保证在内部故障并伴随有通道的破坏时（例如通道所在的一相接地或是断线），保护装置仍然能够正确地动作，这是它的主要优点，也是这种高频信号工作方式得到广泛应用的主要原因之一。

(2) 高频闭锁负序方向保护的构成原理。利用负序功率的高频闭锁负序方向保护，可以反应于各种不对称短路，又由于三相短路的开始瞬间，总有一个不对称的过程，因此，如果负序方向元件能够在这个过程中来得及启动，并采取措施把它们的动作固定下来，则也是可以反应三相短路的。

(3) 高频闭锁距离保护和高频闭锁零序保护的基本原理。高频闭锁方向保护，可以快速地切除保护范围内部的各种故障，但却不能作为变电所母线和下一条线路的后备保护。至于距离保护，正如以前所讲的，它只能在线路中间 60%～70% 的范围内瞬时切除故障，而在其余的 30%～40% 长度的范围内，要以一端带有第Ⅱ段的时限来切除。由于在距离保护中所用的主要继电器（如启动元件、方向阻抗元件等）都是实现高频闭锁方向保护所必需的，因此，在某些情况下，把两者结合起来，做成高频闭锁的距离保护，使得在内部故障时能够瞬时动作，而在外部故障时具有不同的时限特性，起到后备保护的作用，就可以兼有两种保护的优点，并且能简化保护的接线。

高频闭锁零序保护的工作原理与高频闭锁距离保护相同，只需用三段式零序元件代替上述三段式距离元件并和高频部分相配合即可实现。

3. 相差高频保护

相差动高频保护的基本原理，是比较被保护线路两端短路电流的相位。如果采用电流的给定正方向，是由母线流向线路，这样，当在保护范围内部故障时，在理想情况下，两端电流相位相同，两端保护装置应动作，使两端的断路器跳闸；而当在保护范围外部故障时，两端电流相位相差 180°，保护装置则不应动作。

为了满足以上要求，若采用高频通道经常无电流工作方式，当短路电流为正半周时，使它操作高频发信机发出信号，而在负半周则不发信号，如此不断地交替进行。

这样，当在保护范围内部故障时，由于两端的电流同相位，它们将同时发出信号也同时停止信号，因此，从两端收信机所收到的信号就是间断的。

当在保护范围外部故障时，由于两端电流的相位相反，两个电流仍然在它自己的正半周发出高频信号。因此，两个高频信号发出的时间就相差 180°，这样，从两端收信机中所收到的总信号就是一个连续不断的高频信号。

当保护范围内部故障时，收信机收到间断的高频信号，继电器动作即可跳闸。当保护范围外部故障时，收信机收到连续的高频信号，继电器不能动作。

由以上分析可以看出，对于相差动高频保护：当在保护范围外部故障时，由对端送来的高频脉冲信号正好填满本端高频脉冲的空隙，使本端的保护闭锁。填满本端高频脉冲空隙的对端高频脉冲就是一种闭锁信号。当在保护范围内部故障时，没有这种填满空隙的脉冲，就构成了保护动作跳闸的必要条件。因此相差动高频保护也是一种传送闭锁信号的保护。

相差高频保护是比较线路两侧电流"I_1+KI_2"的相位的保护。

四、自动重合闸

1. 自动重合闸装置重要性

在电力系统的故障中，大多数是输电线路（特别是架空线路）的故障，因此，如何提高输电线路工作的可靠性，就成为系统工作的重要任务之一。

电力系统的运行经验表明，架空线路故障大都是瞬时性的。例如，由雷电引起的绝缘子表面闪络、大风引起的碰线、通过鸟类以及树枝等物掉落在导线上引起的短路等，当线路被断路器迅速断开以后，电弧即行熄灭，故障点的绝缘强度重新恢复，外界物体（如树枝、鸟类等）也被电弧烧掉而消失。此时，如果把断开的线路断路器再合上，就能够恢复正常的供电，因此，称这类故障是瞬时性故障。除此之外，也有永久性故障。例如由于线路倒杆、断线、绝缘子击穿或损坏等引起的故障，在线路被断开之后，它们仍然是存在的。这时，即使再合上电源，由于故障仍然存在，线路还要被继电保护再次断开，因而就不能恢复正常的供电。

由于输电线路上的故障具有以上的性质，因此，在线路被断开以后再进行一次合闸，就有可能大大提高供电的可靠性和连续性。为此，在电力系统中采用了自动重合闸，即当断路器跳闸之后，经一时间间隔，能够自动地将断路器重新合闸的装置。

在线路断路器上装设重合闸以后，不论是瞬时性故障还是永久性故障都得完成一次重合。因此，在重合以后可能成功（指恢复供电不再断开），也可能不成功。用重合成功的次数与总动作次数之比来表示重合闸的成功率，根据运行资料的统计，成功率一般在$60\%\sim90\%$之间。

采用重合闸的技术经济效果，主要有：

（1）减少线路停电次数，提高供电可靠性，特别是对单侧电源的单回线路尤为显著。

（2）可以提高电力系统并列运行的稳定性。

（3）在电网的设计与建设过程中，在某些情况下，由于考虑了重合闸的作用，可以暂缓架设双回线路，以节约投资。

（4）对因机构不良或保护误动作而引起的断路器误跳闸，能起到纠正的作用。

当重合闸重合于永久性故障时，将带来如下不利影响：

（1）使电力系统又一次受到故障的冲击。

（2）断路器要在很短的时间内，连续切断两次短路电流，使断路器的工作条件变得更加严峻。因而，在短路容量比较大的电力系统中，往往要限制使用重合闸。

2. 对自动重合闸装置的基本要求

（1）在下列情况下，重合闸不应动作：

1）由值班人员手动操作或通过遥控装置将断路器断开时。

2）手动投入断路器，即被保护动作将其断开时。

（2）动作次数应符合预先的规定。如一次重合闸就应该只动作一次，当重合于永久故障而再次跳闸以后，就不能再重合。

（3）动作成功以后，应能自动复归，准备好下一次再动作。

（4）在双侧电源的线路上实现重合闸时，应考虑合闸时两侧电源间的同步问题，并满足所提出的要求。

（5）当断路器处于不正常状态（例如操动机构中使用的气压、液压降低等）而不允许实现重合闸时，应将自动重合闸装置闭锁。

（6）应有可能在重合闸以前或重合闸以后加速继电保护的动作（即所谓前加速、后加速），以便更好地和继电保护相配合，加速故障的切除。

前加速方式广泛用于中低压电网中。后加速方式广泛用于超高压电网中。

后加速保护的优点如下：

1）第一次是有选择性的切除故障，不会扩大停电范围。

2）保证了重合到永久性故障能瞬时切除，并仍然有选择性。

3）和前加速保护相比，使用中不受网络结构和负荷条件的限制，一般说来是有利而无害的。

3. 综合自动重合闸

综合自动重合闸，是单相自动重合闸和三相自动重合闸的综合。因为在超高压线路上，实现单相自动重合闸有以下许多显著的优点：

（1）能在绝大多数的故障情况下，保证对用户的连续供电，从而提高供电的可靠性。当由单侧电源单回线路向重要负荷供电时，对保证不间断地供电，更有显著的优越性。

（2）在双侧电源的联络线上，采用单相重合闸，可以在故障时，极大地加强两个系统之间的联系，提高系统并列运行的稳定性。对于联系比较薄弱的系统，当三相切除后，用三相重合闸很难恢复同步时，采用单相重合闸，可避免两系统的解列。

采用单相重合闸的缺点如下：

（1）需要有分相操作的断路器。

（2）需要专门的选相元件与继电保护相配合，再考虑一些特殊的要求后，使重合闸回路的接线比较复杂。

（3）在单相重合闸过程中，由于非全相运行，可能会引起本线路和电力网中其他线路的保护误动作，因此，就需要根据实际情况，采取措施予以防止。这将使保护的接线、整定计算和调试工作更为复杂化。

由于单相重合闸具有以上特点（优点和缺点），所以在220kV以上电压等级的线路上获得广泛应用的是综合自动重合闸。

实现综合自动重合闸时，应考虑以下基本原则：

（1）单相接地短路时，跳开单相，然后进行单相重合，如重合不成功，则跳开三相，不再进行重合。

（2）各种相间短路时，跳开三相，然后进行三相重合，如重合不成功，仍跳开三相，不再进行重合。

（3）当选相元件拒绝动作时，应能跳开三相并进行三相重合。

（4）对于非全相运行中可能误动作的保护，应进行可靠的闭锁；对于在单相接地时可能误动作的相间保护（如距离保护），应有防止单相接地误跳三相的措施。

（5）当一相跳开后，重合闸拒绝动作时，为防止线路长期非全相运行，应将其他两相自动断开。

（6）任两相的分相跳闸继电器动作后，应联跳第三相，使三相断路器均跳闸。

（7）无论单相或三相重合闸，在重合不成功之后，均应考虑能加速切除三相，即实现重合闸后加速。

（8）在非全相运行过程中，如又发生另一相或两相的故障，保护应能有选择性地予以切除。上述故障如发生在单相重合闸的脉冲发出以前，则在故障切除后能进行三相重合；如发生在重合闸脉冲发出以后，则切除三相不再进行重合。

（9）对气压或液压传动的断路器，当气压或液压低至不允许实行重合闸时，应将重合闸回路自动闭锁；但如果在重合闸过程中，气压或液压下降到低于允许值时，则应保证重合闸动作的完成。

600MW发电机组，对三相重合闸的电气扰动，往往会导致汽轮发电机轴系扭振疲劳寿命的损耗，达到不能承受的程度，故上述第（2）、第（3）两项的三相重合闸不准使用。

第七节　600MW发电机组厂用电系统保护

一、厂用变压器保护

1. 高压厂用变压器

（1）差动保护Ⅰ。

（2）差动保护Ⅱ（可和大差动保护合用）。

（3）（复合）低压过流。

（4）（分支）过流。

2. 低压厂用变压器

（1）差动保护。

（2）电流速断。

（3）（复合）低压过流。

（4）（分支）过流。

二、厂用馈线保护

厂用馈线一般配置以下保护：

（1）电流速断保护。

（2）过流保护。

（3）接地保护。

三、高压电动机保护

高压电动机一般配置以下保护：

（1）差动保护（可选）。

（2）正序短路电流保护。反应正序短路电流，正序保护的定值在电动机启动过程中自动加倍，启动结束后恢复原值。

（3）负序短路电流保护。该保护包括断相和反相、反时限特性保护。

（4）接地保护。该保护反应零序电流大小。

（5）过、欠压保护。该保护反应电网电压的大小。

（6）过热保护。该保护综合计及电动机正序电流和负序电流的热效应，对电动机过载、启动时间过长和堵转提供保护。

（7）热记忆保护。该保护在电动机过热保护跳闸后，不能立即启动，需等到电动机散热到允许启动的温度时才能启动。

四、柴油发电机保护

柴油发电机一般配置以下保护：

（1）低电压保护。

（2）过电压保护。

(3) 低频保护。

(4) 逆功率保护。

(5) 失磁保护。

(6) 低压过流保护。

(7) 零序过压保护。

(8) 超速保护等。

五、直流系统接地寻找

一般采用电压继电器监视直流系统对地的绝缘水平。当发现直流系统接地后，应依次拉开每一条直流线路查找接地点；若拉开某一直流线路后绝缘恢复，则该线路即为直接地故障的直流线路。

现在已研制出了有选择地查找故障直流线路的和仪器（包括微机保护）。

第八节　600MW发电机—变压器组保护配置实例

一、按双重化配置

发电机—变压器组的微机型保护装置按双重化配置（非电气量除外）：

(1) 两套发电机—变压器组的微机型保护装置（包括出口跳闸回路）完整、独立安装在各自的屏内，之间没有任何电气联系。任何一套退出或检修时，不影响另一套运行。

(2) 每套保护装置，均配置了完整的差动、后备保护。

(3) 每套装置的交流电压和交流电流，分别取自电压互感器和电流互感器互相独立的绕组，其保护范围交叉重叠，没有死区。

二、发电机保护

1. 差动保护

差动保护具有以下主要功能：

(1) 具有防止区外故障误动的比例制动特性。

(2) 当电流互感器回路发生断线时，可发出报警信号。

(3) 在同一相上出现两点接地故障（一点区内、一点区外）时，可动作出口。

(4) 动作电流的整定范围为 0.1～1.0 倍额定电流可调。

(5) 动作时间（2倍整定电流时）不大于 30ms。

(6) 差动保护动作跳闸。

2. 负序电流保护

负序电流保护由定时限和反时限两部分特性构成，满足电机厂提供的 A 值。

(1) 定时限部分具有灵敏的报警单元。

(2) 反时限部分，动作电流按照制造厂提供的发电机承受负序电流的能力整定，且能反应负序电流变化时，发电机转子的热积累过程。

(3) 反时限特性，由定时限段、反时限段、速断段三部分组成。反时限特性的长延时，可整定到 1000s。

(4) 保护固有延时不大于 50ms。

(5) 负序电流保护动作跳闸。

3. 失磁保护

失磁保护的主要功能如下：

（1）失磁保护由双下抛圆特性的阻抗元件、主变压器高压侧低电压元件、机端低电压元件、负序电压闭锁元件组成。

（2）能检测机组的异步边界和不同负荷下，各种全失磁和部分失磁。

（3）能防止机组正常进相运行时和电力系统振荡时的误动；能防止系统故障、故障切除过程中以及电压互感器断线时的误动。当电压互感器回路断线时，能发出报警信号。

（4）固有延时不大于50ms。

（5）失磁后：①当主变压器高压侧电压低于设定值、机端负序电压、TV1断线、TV2断线闭锁时，经 t_1 延时，动作于跳闸；②当机端电压低于设定值，阻抗继电器动作，负序电压闭锁，经 t_2 延时，动作于跳闸。低电压判据用软件投退。

4. 逆功率保护

逆功率保护分为两个部分：①作为保护装置程序跳闸的启动元件；②作为逆功率保护（即电动机运行方式保护）元件。其主要功能如下：

（1）作为程序跳闸启动元件：在汽机主汽门关闭并且逆功率继电器动作的情况下，经0.5s启动跳闸；作为电动机运行方式保护元件：当发电机—变压器组在线运行时，逆功率继电器动作，但未得到主汽门关闭信号时，经2s启动跳闸。

（2）有功测量原理与无功大小无关。

（3）当电压互感器回路断线时，闭锁保护装置，并发出报警信号。

（4）有功最小整定值，小于1W。

（5）返回系数，不小于0.9。

（6）固有延时（1.2倍整定值时），不大于50ms。

（7）逆功率保护动作跳闸。

5. 过负荷保护

过负荷保护，由定时限和反时限两部分组成。定时限启动报警。反时限部分，具有与发电机定子绕组过载容量相匹配的特性，可以模拟定子绕组的热积累过程，启动跳闸。

6. 定子接地保护

保护装置由机端零序过电压保护和三次谐波电压保护构成。保护装置具有以下功能：

（1）保护范围为定子绕组的100%。

（2）三次谐波式，能通过参数监视功能，提供整定依据。

（3）能满足在机组启动过程中，对发电机接地故障提供保护。

（4）固有延时不大于30ms。

7. 低频保护

低频保护的主要功能如下：

（1）能反应频率下降和分段计时。

（2）在停机过程和停机期间自动闭锁。

（3）在发电机—变压器组断路器合闸后，自动投入。

（4）当电压互感器回路断线时闭锁装置，并发出报警信号。

（5）频率测量范围为20～65Hz；频率测量允许误差±0.01Hz。

（6）第一时限动作于发信号，第二时限动作于程序跳闸。

8. 过励磁保护

其主要功能如下：

（1）保护装置设有定时限和反时限两个部分，以便于同发电机和变压器的过励磁特性近似匹配。低定值定时限动作于信号，低定值反时限及带延时的高定值动作于跳闸。

(2) 当电压互感器回路断线时闭锁装置，并发出报警信号。

(3) 适用频率范围 20～200Hz；电压整定范围：1.0～1.5 倍额定电压。

(4) 过激磁返回系数不小于 0.97～0.98。

(5) 装置固有延时（1.2 倍整定值时）不大于 70ms。

(6) 反时限长延时可整定到 1000s。

9. 过电压保护

保护发电机在启动或并网过程中发生电压升高而损坏发电机绝缘的事故。其主要功能和技术要求如下：

(1) 电压整定范围：0～3 倍额定电压。

(2) 返回系数不小于 0.97～0.98。

(3) 固有延时不大于 30ms。

(4) 采用跳闸方式动作出口继电器。

10. 突加电压保护（误上电保护）

突加电压保护用于当汽轮发电机在盘车的情况下，发电机—变压器组的断路器意外合闸，突然加上电压，发电机投入运行后应能可靠退出。突加电压保护动作跳闸。

11. 失步保护

失步保护的主要功能如下：

(1) 能检测加速和减速失步。

(2) 能区分短路故障与失步、机组稳定振荡与失步。

(3) 具有区分振荡中心在发电机变压器组内部或外部的功能。

(4) 能记录滑极次数。

(5) 具有选择失磁保护闭锁或解除失步保护以及当电流过大危及断路器安全跳闸时应闭锁出口的功能。

(6) 电压互感器回路断线时闭锁装置并发出报警信号。

(7) 固有延时不大于 70ms。

(8) 保护动作于跳闸。

12. 定子匝间保护

定子匝间保护装置具有以下主要功能：

(1) 区外故障不误动，区内故障有足够的灵敏度。

(2) 保护装置采用电压型，发电机中性点侧有专用的电压互感器。

(3) 保护装置带有负序功率方向闭锁。

(4) 动作时间（1.2 倍定值时）不大于 30ms。

(5) 电压互感器回路断线闭锁，并发出断线信号。

(6) 保护动作于跳闸。

三、主变压器保护

1. 差动保护

(1) 具有防止区外故障误动的谐波制动和比例制动特性，防止变压器过激磁时误动。

(2) 电流互感器回路断线闭锁，发报警信号。

(3) 在同一相上出现两点接地故障（一点区内、一点区外）时，动作出口。

(4) 具有高整定值，无制动功能的电流速断，动作电流整定范围（5～25）I_n。

（5）有防止励磁涌流引起误动的功能。

（6）由于各侧电流互感器的变比可能不同，有平衡差动保护各侧电流的措施，能满足两侧电流互感器有 32 倍差别的调节范围。

（7）具有 4 组穿越故障制动输入口。

（8）动作电流的整定范围为 0.1～1.0 倍额定电流。

（9）动作时间（2 倍整定电流时）不大于 30ms。

（10）保护动作于跳闸。

2. 高压侧接地保护

保护高压绕组单相接地故障，经延时动作于跳闸。

3. 断路器非全相保护

断路器非全相保护的主要功能如下：

（1）保护由断路器的辅助触点启动。

（2）负序电流整定范围：0～0.8 倍额定电流。

（3）装置返回系数不小于 0.9。

（4）固有延时不大于 70ms。

以第一时限动作于跳闸，如果故障仍然存在，以第二时限启动。

四、励磁变压器保护

1. 差动保护

（1）具有防止区外故障误动的谐波制动和比例制动特性，防止变压器过激磁时误动。

（2）电流互感器回路断线闭锁，发报警信号。

（3）在同一相上出现两点接地故障（一点区内、一点区外）时，可动作出口。

（4）具有高整定值，无制动功能的电流速断，动作电流整定范围（5～25）I_n。

（5）有防止励磁涌流引起误动的功能。

（6）动作电流的整定范围为 0.1～1.0 倍额定电流。

（7）动作时间（2 倍整定电流时）不大于 30ms。

（8）保护动作于跳闸。

2. 速断保护

速断保护动作于跳闸。

3. 过流保护

过流保护动作于跳闸。

4. 主变压器及励磁变压器本体保护（非电量保护）

本体保护包括：重瓦斯、轻瓦斯、压力释放、油位高、油位低、油温高、油温过高、绕组温度高，绕组温度过高、冷却系统故障、冷却器失电等，其主要功能如下：

（1）重瓦斯、冷却器全停、油温高-高和绕组温度高-高动作于独立的全停出口继电器。

（2）轻瓦斯、压力释放、油位高、油位低、油温高、绕组温度高、冷却系统故障和冷却器失电等动作于信号。

注：①在非电量保护屏中另外装设 10 个备用的辅助继电器，继电器输出接点为六开二闭。

五、高压厂用变压器保护

1. 差动保护

功能同主变压器差动保护，但调节电流互感器变比不同的调节范围为 8 倍。

2. 速断保护

保护动作于跳闸。

3. 低电压闭锁过流保护

低电压闭锁信号取自 6kV 工作进线侧 TV 保护动作于跳闸但不启动 6kV 厂用电源快速切换。

4. 中性点过流保护

高压厂变中性点的接地故障电流为 600A（一次侧），保护动作于跳闸。

5. 非电量本体保护

保护包括：重瓦斯、轻瓦斯、压力释放、油位高、油位低、油温高、油温过高、绕组温度高、绕组温度过高、冷却系统故障和冷却器失电等，其主要功能如下：

(1) 重瓦斯、油温高－高和绕组温度高－高动作于独立的全停出口继电器。

(2) 轻瓦斯、压力释放、油位高、油位低、油温高、绕组温度高和冷却系统故障等动作于信号。

六、启动备用变压器 220kV 侧保护

保护范围为：220kV 断路器至启动备用变压器高压侧套管。

1. 数字式电流差动保护装置

数字式电流差动保护装置具有以下主要功能：

(1) 有平衡差动保护各侧电流的措施，能满足两侧电流互感器变比有 8 倍差别的调节范围。

(2) 保护具有 3 组穿越故障制动输入口。

(3) 保护动作后跳 220kV 断路器和 6kV 备用进线断路器。

(4) 其余同主变压器差动保护。

2. 速断保护

动作后跳 220kV 断路器和 6kV 备用进线断路器。

3. 复合电压闭锁过流保护

复合电压闭锁信号取自 220kV 母线 TV 电压回路，保护动作后跳 220kV 断路器和 6kV 备用进线断路器。

4. 220kV 侧断路器失灵保护

提供负序电流元件作为断路器失灵保护的电流判据，输出断路器失灵保护的出口逻辑。

5. 速断保护

保护动作后跳 220kV 断路器和 6kV 备用进线断路器。

6. 低电压闭锁过流保护

低电压闭锁信号取自各自的 6kV 备用进线侧 TV 电压回路，保护动作后跳 220kV 断路器和 6kV 备用进线断路器。

7. 高压侧接地保护

保护启动备用变压器高压绕组单相接地故障，经延时后跳 220kV 断路器和 6kV 备用进线断路器。

8. 中性点过流保护

启动备用变压器中性点的接地故障电流为 600A（一次侧），启动备用变压器中性点过流保护动作后跳 220kV 断路器和 6kV 备用进线断路器。

9. 非电量本体保护

功能同高压厂用变压器要求。

七、保护装置配置

保护装置配置一览表，见表 12-1。

表 12-1　　　　　　　　　　　　　　保护装置配置一览表

	序　号	设　备　名　称	数　量
发电机—变压器组保护柜	A	保护柜（发电机—变压器组保护柜1），每柜包括：	4
	1	数字式发电机管理继电器，包括下列发电机保护： 发电机差动保护 100％定子接地保护 15％定子接地保护—3次谐波低电压 发电机定子过负荷保护 发电机负序电流保护 发电机失磁保护（由发电机电压和500kV电压闭锁） 发电机过激磁保护 发电机逆功率保护 电压制动过流 发电机低频保护 发电机过电压保护 突加电压保护 发电机失步保护 定子匝间保护（负序功率方向闭锁） TV1断线保护，闭锁 TV3断线保护，闭锁 30个输出，4个输入 2×（4TA＋4VT）	1
	2	数字式变压器管理继电器，包括下列主变压器保护： 主变压器差动保护 主变压器高压侧接地保护 500kV断路器断口闪络保护（负序电流＋断路器触点） 断路器非全相保护（负序电流＋断路器触点） 12个输出，8个输入 2×8TA	1
	3	数字式变压器管理继电器，包括下列励磁变压器保护： 励磁变压器差动保护 励磁变压器速断过流保护 励磁变压器过流保护 500kV低电压闭锁失磁保护 14个输出，4个输入 12TA＋4VT	1
	4	保护柜，包括：	
		中间继电器，出口继电器及操作继电器	1套
		电流实验端子	1套
		其他附属设备	1套
	B	保护柜（发电机变压器组保护柜2），（与A屏完全相同）	4
	C	保护柜（非电量保护柜），每柜包括：	4

	序　号	设　备　名　称	数　量
非电量保护柜	1	输出入控制器 主变压器非电量保护继电器及出口继电器（独立电源） 主变压器非电量保护继电器及出口继电器 励磁变非电量保护及出口继电器 断路器监视继电器12只 辅助继电器10只（备用） 18个输出，12个输入	1套
	2	保护柜，包括：	
		中间继电器，出口继电器及操作继电器	1套
		其他附属设备	1套
高压厂用变压器A/B保护柜1	D	（高压厂用变压器 A/B 保护柜1），每柜包括：	4
	1	数字式变压器管理继电器，包括高压厂用变压器下列保护： 高压厂用变压器差动保护 高压厂用变压器高压侧速断过流保护 高压厂用变压器高压侧低压过流保护 高压厂用变压器低压侧单相接地保护 8个输出 $2\times$（4TA+4VT）	2
	2	保护柜，包括：	
		中间继电器，高压厂用变压器 AB 非电量保护继电器，出口继电器及操作继电器	1套
		电流实验端子	1套
		其他附属设备	1套
高压厂用变压器A/B保护柜2	E	（高压厂用变压器 A/B 保护柜2），每柜包括：	4
	1	数字式变压器管理继电器，包括高压厂用变压器下列保护： 高压厂用变压器差动保护 高压厂用变压器高压侧速断过流保护 高压厂用变压器高压侧低压过流保护 高压厂用变压器低压侧单相接地保护 8个输出 $2\times$（4TA+4VT）	2
	2	保护柜，包括：	
		中间继电器，出口继电器及操作继电器	1套
		电流实验端子	1套
		其他附属设备	1套
	F	（A/B 启动备用变压器），包括：	2

	序 号	设 备 名 称	数 量
A/B启动备用变压器	1	数字式变压器管理继电器，包括启动备用变压器下列保护： 启动备用变压器差动保护 启动备用变压器高压侧速断过流保护 启动备用变压器高压侧低压过流保护 启动备用变压器高压侧零序过流保护 启动备用变压器低压侧接地过流保护 12 个输出，8 个输入 2×（4TA＋4VT） 64 个 DirectI/O	2
	2	保护柜，包括：	
		启动备用变压器 A、B 非电量保护中间继电器及出口继电器（独立的电源）	1套
		中间继电器，出口继电器及操作继电器	1套
		电流实验端子	1套
		其他附属设备	1套
启动备用变压器 220kV 电缆电流差动	G	保护柜（启动备用变压器 220kV 电缆电流差动），包括：	2
	1	数字式变压器管理继电器，包括启动备用变压器电缆下列保护： 电缆电流差动保护 电缆高压侧速断过流保护 电缆复合电压闭锁过流保护 220kV 断路器失灵保护（负序电流判据） 12 个输出，8 个输入 2×（4TA＋4VT） 64 个 DirectI/O	2
	2	保护柜，包括：	
		中间继电器，出口继电器及操作继电器	1套
		电流实验端子	1套
		其他附属设备	1套
发电机—变压器组保护管理机柜	H	发电机—变压器组保护管理机柜，每柜包括：	4
	1	保护管理机 IntelPentiumIV 2 GHz（主频） 256MB RAM（内存） 1.44 MB 3.5 FDD（软驱） 48X CD ROM DRIVE（光驱） 40 GB HARD DRIVE（硬盘） VIDEO CONTROLLER（显示卡） 17LIQUID CRYSTAL DISPLAY（液晶显示器） COMMUNICATION MODEM（通信 MODEM） PARALLEL PORT（并行口） 2XRS232 SERIAL PORTS，8XRS485 PORT MOUSE PORT（鼠标口） KEYBOARD PORT（键盘口） WINDOWS NT V4.0（ENGLISH） 屏间通信连接电缆一套 保护管理机间的连接光缆一套（含光接口）	1套
	2	鼠标，键盘	1套
	3	彩色喷墨打印机，A4	1套
	4	URPC 软件及管理功能	1套

复习思考题

12.1 电力系统对继电保护装置提出了哪些最基本的四条要求?

12.2 微机保护有哪些主要特点?

12.3 详细说明继电保护的双重化原则。

12.4 发电机有哪些故障? 一般应有哪些继电保护?

12.5 变压器有哪些故障? 一般应有哪些继电保护?

12.6 发电厂的母线保护的作用是什么?

12.7 发电机—变压器组应设哪些继电保护?

12.8 发电厂升压变电所母线保护的作用是什么?

12.9 何谓断路器失灵保护? 它是防止断路器失灵吗?

12.10 高压输电线路有哪几种类型的保护?

12.11 高压输电线路为什么要设置自动重合闸装置? 什么叫综合自动重合闸?

12.12 厂用高压电动机一般配置哪些保护?

第十三章

直 流 系 统

第 一 节   直 流 电 源 设 置

直流系统是发电厂厂用电中最重要的一个部分，它应能保证在任何事故情况下，都能可靠和不间断地向其用电设备供电。直流系统的供电对象主要有：继电保护、自动装置、信号设备、通信系统、开关电器操作、直流动力负荷、事故照明等。

蓄电池组是一种独立可靠的直流电源，在发电厂中得到普遍应用。它能在发电厂内发生任何事故时，甚至在全厂交流电源都停电的情况下，仍能保证直流用电设备可靠而连续的工作。

在有大机组的电厂中，设有多个彼此独立的直流系统。例如，单元控制室直流系统、网络控制室直流系统（又称升压所或升压站直流系统）和输煤直流系统等。

对装有 600MW 及以上机组的大型电厂，单元控制室和网络控制室直流系统的设置，应能满足继电保护装置直流电源双重化配置的原则。

近年来，从国外引进的用于大机组的发电厂和超高压变电所的直流系统，大多不设端电池，国内最近设计的一些发电厂，也采用无端电池的直流系统。多年来运行经验证明，无端电池的直流系统具有很多优点：接线简单、运行维护工作量小、能满足可靠性要求。

无端电池的蓄电池组，其蓄电池的个数有如下规定：

（1）若为铅酸蓄电池组，110V 直流系统蓄电池个数一般为 52～53 个，220V 直流系统蓄电池个数一般为 104～107 个。

（2）若为中倍率镉镍电池组，110V 直流系统蓄电池个数一般为 83～88 个，220V 直流系统蓄电池个数一般为 158～168 个。

一、单元控制室直流系统

每一 600MW 机组单元，设置两套 110V、一套 220V、一套 24V 直流电源系统。110V 为操作电源，220V 为动力电源，24V 为通信电源。

两套 110V 直流系统，均采用单母线、两线制、不接地系统。每套直流系统各设有相应电压的一组铅酸蓄电池、一套充电器。另外，还设一套可切换的公共备用充电器，跨接在两直流系统的母线上，如图 13-1 所示。

上述各直流系统中，工作充电器的电源均从相应机组的 400V 交流保安母线引接。备用充电器的电源，一般也从 400V 交流保安母线引接，但有的则从其他厂用低压母线上引接，以防因保安母线故障，使得所有充电器失去电源。

图 13-2 为某厂 600MW 机组、单元控制室直流系

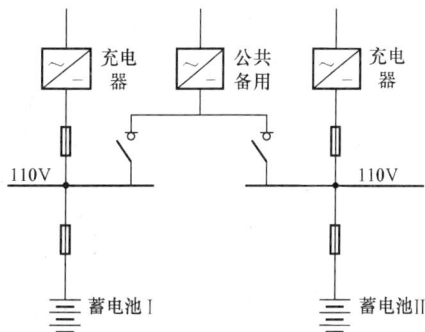

图 13-1　单元控制室直流系统典型接线

统充电器回路接线图。两组 115V 蓄电池组，每组由 54 个蓄电池串联而成，容量为 1874Ah；一组 230V 蓄电池组，由 108 个蓄电池串联而成，容量为 2500Ah。还有一组 24V 蓄电池组，由 12 个蓄电池串联而成。直流系统的工作充电器和备用充电器的交流电源均从 400V 保安母线引接，正常工作由厂用电供电，一旦厂用电失去时，由柴油发电机供电，以确保直流系统供电的可靠性。

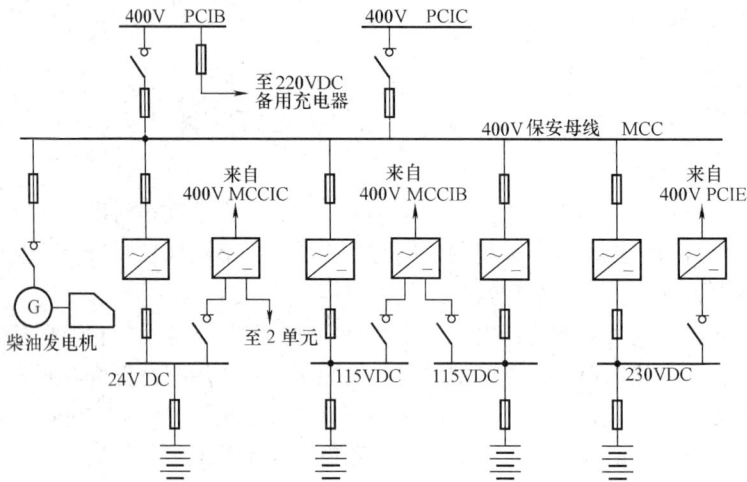

图 13-2　某 600MW 机组单元控制室直流系统充电器接线图

蓄电池组不设端电池，也就不用设置端电压调节器，采用恒压充电。正常工作时，蓄电池处于浮充电运行方式（下一节详述）。事故放电后，采用均衡充电，以恢复蓄电池的容量。每个蓄电池的最终放电电压约为 1.82V。115V 蓄电池组电压变化范围为 95～125V。230V 蓄电池组电压变化范围为 190～250V。每段直流母线都装设一套接地检测装置，当任一极（正极或负极）发生接地故障时，即发出报警信号。

二、网络控制室直流系统

网络控制室直流系统，又常称为升压所直流系统。当发电厂升压所的控制对象有 500kV 的设备时，根据保护与控制双重化配置要求，一般设置两套 110V 直流系统，两套直流系统均采用单母线、两线制、不接地的接线方式。每套直流系统配置一组铅酸蓄电池、一套工作充电器。另设一套可切换的跨接在两套直流系统母线上的公共备用充电器。两套独立的直流系统一起用于向网络控制室的控制、保护、信号等直流负荷供电。

对于升压所的 110V 直流系统，通常其接线形式及有关的技术条件等参数与单元控制室的相同；所不同之处在于升压所 110V 直流系统的充电电源，接自升压所的低压厂用母线。

三、动力直流系统

每一台机组设一套 220V（或 230V）动力直流系统，为发电机组事故润滑油泵、事故氢密封油泵、汽动给水泵的事故润滑油泵、不停电电源系统（UPS）等直流动力负荷及控制室的事故照明供电。系统均采用单母线、两线制、不接地的接线方式，设一组蓄电池，配置一套工作充电器，另设一套备用充电器，如图 13-3 所示。系统的特点是，平时运行负荷很小，而机组发生事故时负荷很大。

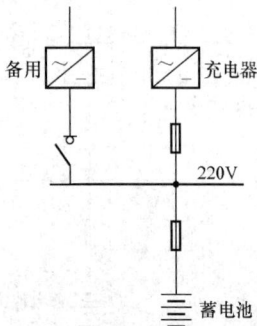

图 13-3　动力直流系统

四、输煤直流系统

输煤系统一般设有 6kV（或 3kV）交流配电装置，为了便于集中管理、提高可靠性，避免与其他直流电源相互干扰，设置了独立的输煤直流系统。

输煤直流系统一般也为 110V 单母线、两线制、不接地系统，一组蓄电池，两套充电器（一套工作、另一套备用）。因输煤系统对防酸要求较高，多采用封闭式铅酸蓄电池或镍镉蓄电池。

例如，某电厂的 110V 输煤直流系统，由 90 只镍镉蓄电池组成，容量为 60Ah，每只蓄电池放电终止电压不小于 1.1V；蓄电池组未设端电池，采用恒压充电，浮充电电压为每只电池 1.42V，均衡充电电压为每只电池 1.52V；直流母线电压波动范围为 +12.5%～15%。又如：北仑港电厂运煤系统，设置了 115V 直流系统，由 90 只镍镉蓄电池组成，并配置两套充电器，蓄电池容量为 50Ah/5h 率。

第二节 蓄电池组运行方式

蓄电池组的运行方式有两种：充放电方式与浮充电方式。电厂中的蓄电池组，普遍采用浮充电方式。

一、充放电方式运行特点

所谓蓄电池组的充放电方式运行，就是对蓄电池组进行周期性的充电和放电，当蓄电池组充足电以后，就与充电装置断开，由蓄电池组单独向经常性的直流负荷供电，并在厂用电事故停电时，向事故照明和直流电动机等负荷供电。为了保证在任何时刻都不致失去直流电源，通常，当蓄电池组放电到约为 60%～70% 额定容量时，即开始进行充电，周而复始。

按充放电方式运行的蓄电池组，必须周期地、频繁地进行充电。在经常性负荷下，一般每隔 24h 就需充电一次，充至额定容量。充电末期，每个蓄电池的电压可达 2.7～2.75V，蓄电池组的总电压（直流系统母线电压）可能会超过用电设备的允许值，母线电压起伏很大。为了保持母线电压稳定，常需要增设端电池。这些，都可能是这种运行方式不被电厂普遍采用的主要原因。

二、浮充电方式运行特点

所谓蓄电池组浮充电方式：就是充电器经常与蓄电池组并列运行，充电器除供给经常性直流负荷外，还以较小的电流——浮充电电流向蓄电池组充电，以补偿蓄电池的自放电损耗，使蓄电池经常处于完全充足的状态；当出现短时大负荷时，例如当断路器合闸、许多断路器同时跳闸、直流电动机、直流事故照明等，则主要由蓄电池组供电，而硅整流充电器，由于其自身的限流特性决定，一般只能提供略大于其额定输出的电流值。

在浮充电器的交流电源消失时，便停止工作，所有直流负荷完全由蓄电池组供电。

浮充电电流的大小，取决于蓄电池的自放电率，浮充电的结果，应刚好补偿蓄电池的自放电。如果浮充电的电流过小，则蓄电池的自放电就可能长期得不到足够的补偿，将导致极板硫化（极板有效物质失效）。相反，如果浮充电电流过大，蓄电池就会长期过充电，引起极板有效物质脱落，缩短电池的使用寿命，同时还多余地消耗了电能。

浮充电电流值，依蓄电池类型和型号而不同，一般约为 $(0.1～0.2)\,C_N/100$ （A），其中 C_N 为该型号蓄电池的额定容量（单位为 Ah）。旧蓄电池的浮充电电流要比新蓄电池大 2～3 倍。

为了便于掌握蓄电池的浮充电状态，通常以测量单个蓄电池的端电压来判断。如对于铅酸蓄电池，若其单个的电压在 2.15～2.2V，则为正常浮充电状态；若其单个的电压在 2.25V 及以上，则为过充电；若其单个的电压在 2.1V 以下，则为放电状态。因此，为了保证蓄电池经常处于完好状态，实际中的浮充电，常采用恒压充电的方式。标准蓄电池的浮充电电压规定如下：

(1) 每只铅酸蓄电池（电解液密度为 $1.215g/cm^3$），其浮充电电压一般取 $2.15\sim2.17V$。

(2) 每只中倍率镉镍蓄电池，其浮充电电压一般取 $1.42\sim1.45V$。

(3) 每只高倍率镉镍蓄电池，其浮充电电压一般取 $1.35\sim1.39V$。

按浮充电方式运行的有端电池的蓄电池组，参与浮充电运行的蓄电池的只数应该固定，运行人员应监视直流母线的电压为恒定，去调节浮充电机的输出，而不应该用改变端电池的分头去调节母线电压。

按浮充电方式运行的蓄电池组，每 $2\sim3$ 个月，应进行一次均衡充电，以保持极板有效物质的活性。

三、蓄电池均衡充电

均衡充电是对蓄电池的一种特殊充电方式。在蓄电池长期使用期间，可能由于充电装置调整不合理、表盘电压表读数偏高等原因，造成蓄电池组欠充电，也可能由于各个蓄电池的自放电率不同和电解液密度有差别，使它们的内阻和端电压不一致，这些都将影响蓄电池的效率和寿命。为此，必须进行均衡充电（也称过充电），使全部蓄电池恢复到完全充电状态。

均衡充电，通常也采用恒压充电，就是用较正常浮充电电压更高的电压进行充电，充电的持续时间与采用的均衡充电电压有关。对标准蓄电池，均衡充电电压的一般范围是：

(1) 每个铅酸蓄电池，一般取 $2.25\sim2.35V$，最高不超 $2.4V$。

(2) 每个中倍率镉镍蓄电池，一般取 $1.52\sim1.55V$。

(3) 每个高倍率镉镍蓄电池，一般取 $1.47\sim1.50V$。

均衡充电一次的持续时间，既与均充电压大小有关，也与蓄电池的类型有关。例如按浮充电方式运行的铅酸蓄电池，一般每季进行一次均衡充电。当每只蓄电池均衡充电电压为 $2.26V$ 时，充电时间约为 $48h$；当均衡充电电压为 $2.3V$/只时，充电时间约为 $24h$；当均衡充电电压为 $2.4V$/只时，充电时间约为 $8\sim10h$。

有的蓄电池，均衡充电一次的持续时间则比上述长得多。如美国 NAX 铅锑型铅酸蓄电池（电解液密度 $1.215g/cm^3$）：当均衡充电电压为 $2.27V$/只时，充电时间大于 $60h$；当均衡充电电压为 $2.3V$/只时，充电时间大于 $48h$；当均衡充电电压为 $2.39V$/只时，充电时间大于 $24h$。而另一种 NCX 铅钙型铅酸蓄电池，均衡充电一次的持续时间又比 NAX 型的长得多。总之，充电方法要按生产厂家说明而定。

以浮充电方式运行的蓄电池组，每一次均衡充电前，应将浮充电器停役 $10min$，让蓄电池充分地放电，然后再自动地加上均衡充电电压。

有端电池的蓄电池组，均衡充电开始前，应该先停用浮充电机，再逐步升高端电池的分头，调节母线电压保持恒定，直至端电池的分头升到最大时，重新开启浮充电机，以均衡充电电压进行充电。均衡充电开始后，逐步降低端电池的分头，调节母线电压保持恒定，直至端电池的分头降到最低时，停用浮充电机，均衡充电结束。然后再逐步升高端电池的分头，调节母线电压保持恒定，直至端电池的分头升到原先浮充电方式的分头位置时，开启浮充电机，恢复浮充电方式，再以直流母线电压为恒定，调节浮充电机的输出。如此操作方式，可以使包括所有端电池在内的全部蓄电池都进行了一次均衡充电。

第三节　铅酸蓄电池构造与特性

铅酸蓄电池分固定式和移动式两种。移动式铅酸蓄电池主要用于车辆和船舶，设计时着重考虑使其体积小、质量轻、耐振动和移动方便；固定式铅酸蓄电池在设计时则可少考虑移动的要求，而着重考虑容量大、寿命长，可制成大容量蓄电池。目前，发电厂中普遍采用固定式铅酸蓄电池。

一、铅酸蓄电池基本构造

铅酸蓄电池的主要组成部分为正极板、负极板、电解液和容器。

正极板一般做成玻璃丝管式结构，增大极板与电解液的接触面积，以减小内电阻和增大单位体积的蓄电容量。玻璃丝管内部充填有多孔性的有效物质，通常为铅的氧化物，玻璃丝管可以防止多孔性有效物质的脱落。

负极板为涂膏式结构，即将铅粉用稀硫酸及少量的硫酸钡、松香等调制成糊状混合物，填在铅质（或铅合金）栅格骨架上。为了增大极板与电解液的接触面积，表面有棱纹凸起。

极板经过特殊处理后，正极板的有效物质为褐色的二氧化铅（PbO_2），负极板的有效物为灰色的铅棉（海绵状铅 Pb）。

为了防止极板之间发生短路，在正、负极板之间，用微孔材料隔板隔开。而正、负极板浸没于电解液中，上缘比电解液面低 10mm 以上。

电解液是由纯硫酸（H_2SO_4）和蒸馏水配制而成的稀硫酸。电解液密度的高低，影响着蓄电池容量的大小。电解液密度过小，产生的离子少，蓄电池的内阻相应加大，使放电时消耗的电能加大，容量减小。电解液密度愈大，蓄电池容量愈大。但如果电解液密度过高，蓄电池极板受腐蚀和隔离物损坏也就愈快，缩短了蓄电池的寿命。实验表明，采用温度为 15℃、密度为 $1.215g/cm^3$ 的电解液最合适。一般，固定式铅酸蓄电池电解液的密度在 $1.2\sim1.25g/cm^3$ 左右，指定温度为 15℃或 20℃不等。国产固定式铅酸蓄电池电解液的密度多为 $1.215g/cm^3$。

电解液的密度与温度有关，温度升高，密度减小。若电解液密度以 15℃时为标准，则温度每升高或降低 1℃，电解液密度将下降或升高约 $0.0007g/cm^3$。电解液密度可按经验公式计算，即

$$r_c = r_T + 0.0007(T - 15) \tag{13-1}$$

式中 r_c——15℃时的电解液密度；

r_T——T℃时的电解液密度；

T——实时温度。

举例：将温度为 T 时实测的密度 r_T 化成 15℃时的密度。

【例 13-1】 某电解液温度为 35℃时，测得其密度为 $1.201g/cm^3$，问该电解液 15℃时的密度为多少？

解： $r_c = 1.201 + 0.0007 \times (35 - 15) = 1.215$ （g/cm^3）

答： 该电解液 15℃时的密度为 $1.215g/cm^3$。

固定式铅酸蓄电池的容器，目前普遍采用透明塑料制成，以便于观察电解液面高度。图 13-4 为电厂中使用的一种 GGF 型固定式铅酸蓄电池的结构图，外壳与上盖之间用封口剂密封，构成封闭状态。盖上装有防爆排气装置（防酸帽），可防止充电过程中酸雾析出蓄电池外部，减少酸雾对蓄电池室及设备的腐蚀。

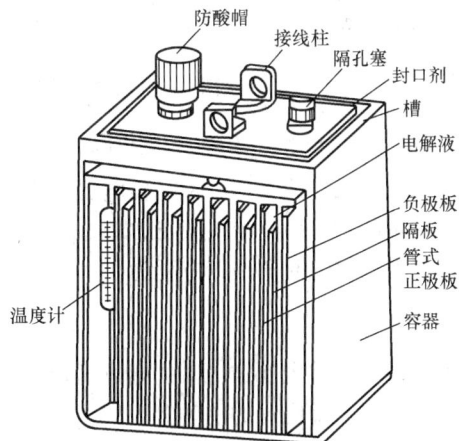

图 13-4　GGF 型固定式铅酸蓄电池的结构图

二、蓄电池电动势

不同导电材料制成的两块极板，放入同一电解液中时，由于它们的电化次序不同，产生不同的电位。两极板在外电路断开时的电位差，就是蓄电池的电动势。在正、负极板材料一定时，电动势的大小主要与电解液的密度有关。电动势的大小也受电解液温度的影响，但在容许温度范围内其影响很小。因此，蓄电池的电动势 E 可近似地用以下经验公式决定：

$$E = 0.85 + d(V)$$

式中 d——电解液的密度。

一般固定式铅酸蓄电池的密度（充足电时）为 $1.215g/cm^3$，故其电动势为

$$E = 0.85 + 1.215 = 2.065(V)$$

三、蓄电池放电特性与蓄电池容量

1. 蓄电池放电特性

完全充电的蓄电池，当正、负两极板用外电阻接成通路时，则在其电动势作用下产生放电电流 I_f，如图 13-5 所示。

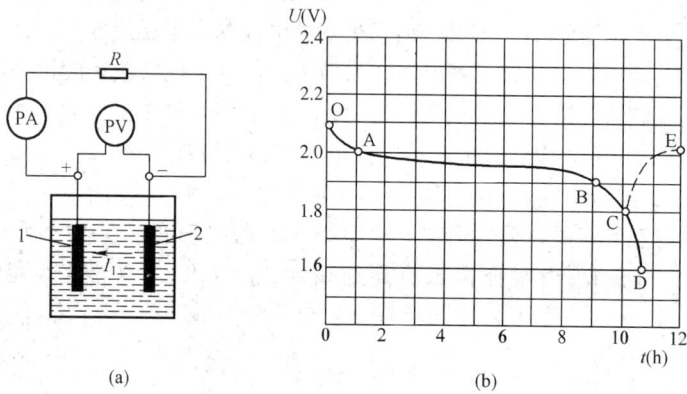

图 13-5　铅酸蓄电池的放电
（a）放电电路；（b）恒流放电时端电压随时间的变化曲线
1—正极板；2—负极板

蓄电池放电时的化学反应方程可写成

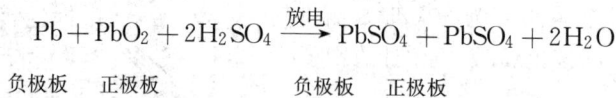

$$Pb + PbO_2 + 2H_2SO_4 \xrightarrow{放电} PbSO_4 + PbSO_4 + 2H_2O$$

负极板　正极板　　　　　　负极板　正极板

从化学反应式可知，铅酸蓄电池在放电时，正、负极板都变成了硫酸铅 $PbSO_4$，消耗了电解液中的硫酸 H_2SO_4，同时析出水 H_2O，使电解液的密度减小。

蓄电池放电时的回路方程为

$$U_f = E - I_f r_n$$

式中 U_f——蓄电池放电时的端电压，V；

　　　E——蓄电池的电动势，V；

　　　I_f——放电电流，A；

　　　r_n——蓄电池的内阻，Ω。

如果蓄电池以恒定电流进行连续放电，例如以 10h 放电电流（经 10h 将蓄电池容量全部放完

的电流）放电，则端电压随放电时间的变化曲线如图 13-5（b）所示。

开始放电时，由于极板表面和有效物质细孔内的电解液密度骤减，使蓄电池电动势减小得很快，因而蓄电池端电压下降很快（曲线 OA 段）。在放电中期，极板细孔中生成的水量与从极板外渗入的电解液量，取得了动态平衡，从而使细孔内的电解液密度下降速度大为减慢，故电动势下降缓慢，端电压主要随着内阻的增大而减小（曲线 AB 段）。到放电末期，极板上的有效物质大部分已变成硫酸铅，由于硫酸铅的体积较大，在极板表面和细孔中形成的硫酸铅堵塞了细孔，使极板外面的电解液渗入困难，因此在细孔中已稀释的电解液很难和容器中密度较大的电解液相互混合，同时内阻也迅速增大，所以蓄电池的电动势下降很快，于是端电压也迅速下降（曲线 BC 段）。至 C 点，电压为 1.8V 左右，放电便告终了。

如果放电到 C 点后继续放电，此时极板外面的电解液几乎停止渗入有效物质内部，细孔中的电解液也几乎变成了水，因此电动势急剧下降，内电阻迅速增大，于是端电压骤降（曲线 CD 段）。但是，如果在 C 点停止放电，则蓄电池的电动势将会立即上升，并随着容器中的电解液向极板有效物质细孔中渗透，电动势可能回升至 2.0V 左右（曲线 CE 段）。

可见，曲线上的 C 点，为蓄电池电压急剧下降的临界点，称为蓄电池的放电终止电压。如果继续放电，将在极板表面和有效物质细孔内部形成硫酸铅的晶块，影响蓄电池的使用寿命。如过度放电，极板将发生不可恢复的翘曲，使蓄电池极板报废。

以上所述，是以 10h 放电电流放电的过程。如果蓄电池以更大的电流放电时，则到达终止电压的时间将缩短。同时，蓄电池放电时的电压的变化与放电电流的大小有关，放电电流愈大，蓄电池的端电压下降愈快。这是因为电解液向极板细孔内渗入的速度受到限制，同时蓄电池内电阻压降随放电电流的增加而增加。所以，以不同的电流放电时，蓄电池的初始电压、平均电压和终止电压均不相同，如图 13-6 所示。图中，放电电流 $I_{f1} > I_{f2} > I_{f3} > I_{f4} > I_{f5}$，放电电流愈大，终止电压愈低。

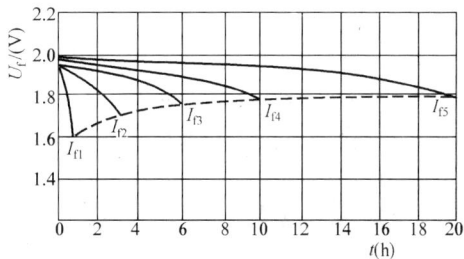

图 13-6　铅酸蓄电池不同放电电流的放电特性曲线

放电电流的大小，常用蓄电池额定容量的倍数表示。设放电电流以 I_f 表示，则

$$I_f = K_m C_{10} (\text{A})$$

式中　K_m——放电率（也称放电倍数或放电速率），$K_m = 1/h$；

　　　h——放电小时数；

　　　C_{10}——蓄电池 10h 放电容量（Ah），铅酸蓄电池一般以 10h 放电容量为额定容量。

图 13-7 所示为一般固定式铅酸蓄电池以不同放电率 K_m 放电时的放电特性曲线 $U_f = f(t)$。

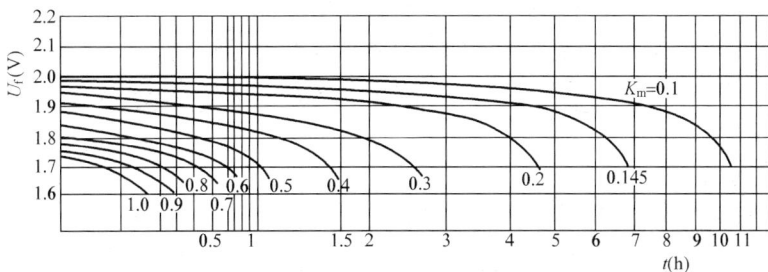

图 13-7　固定式铅酸蓄电池的放电特性曲线

最上一条曲线标明放电率 $K_m=0.1$，表示放电电流 $I_f=0.1C_{10}$（A），亦即为 10h 放电电流下的放电曲线。

2. 蓄电池容量

蓄电池的容量是指蓄电池以某一恒定的电流放电到终止电压时所能放出的电量，即放电电流安培数与放电时间小时数的乘积，可用下式计算

$$C = I_f t_f$$

式中　C——蓄电池的容量，Ah；

　　　I_f——放电电流，A；

　　　t_f——放电至终止电压（1.75～1.8V）的时间，h。

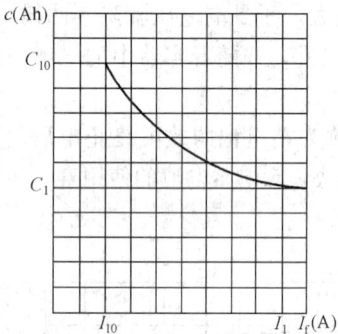

图 13-8　蓄电池容量与放
电流的关系曲线

I_1—1h 放电电流；C_1—1h 放电容量；
I_{10}—10h 放电电流；C_{10}—10h 放电容量

蓄电池的容量决定于起化学反应的有效物质和数量，它和许多因素有关，如极板的类型、面积、数目、电解液密度和数量、放电电流的大小、最终放电电压的数值以及温度等。

在正常工作温度范围内，蓄电池的容量随放电电流的增大而减小。蓄电池容量与放电电流的关系曲线如图 13-8 所示。这是因为蓄电池以较小电流放电时，有效物质细孔内电解液的密度下降缓慢，有效物质能充分参加放电反应。与此相反，当放电电流较大时，细孔内电解液密度下降较快，细孔中的硫酸铅的形成也较快，而迅速堵塞有效物质的细孔，使电解液难以渗入极板内部，有效物质难以参加放电反应。因此，放电电流越大，蓄电池所能放出的电量就越少，即蓄电池容量越小。

铅酸蓄电池的额定容量，一般以 10h 放电容量作为额定容量（也有以 8h 放电电流下的放电容量定为额定容量的）。

铅酸蓄电池容量和放电电流的关系，可用以下经验公式决定

$$C_f = C_{10} \left(\frac{I_{10}}{I_f} \right)^{n-1}$$

式中　C_{10}——10h 放电容量；

　　　I_{10}——10h 放电电流；

　　　C_f——非 10h 放电容量；

　　　I_f——非 10h 放电电流；

　　　n——放电容量指数。

当 $\dfrac{I_f}{I_{10}} < 3$ 时，n 为 1.313；当 $\dfrac{I_f}{I_{10}} \geqslant 3$ 时，n 为 1.414。

蓄电池的容量还与电解液的温度有关。因为温度改变时，电解液的黏度就会改变，影响电解液的渗透和扩散作用，从而影响到蓄电池的电动势和容量。温度降低引起蓄电池容量有所减小，运行中蓄电池室的温度不得低于 +10℃。几种固定型铅酸蓄电池的主要技术参数见表 13-1 和表 13-2。

四、蓄电池充电与充电特性

蓄电池充电时的一般化学反应式为

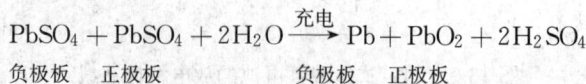

$$PbSO_4 + PbSO_4 + 2H_2O \xrightarrow{充电} Pb + PbO_2 + 2H_2SO_4$$

负极板　正极板　　　　　　负极板　正极板

表 13-1　　　　　**GFD 固定型铅酸蓄电池主要技术参数**

蓄电池型号	不同放电率蓄电池容量、放电电流及终止电压											
	10h 率			5h 率			3h 率			1h 率		
	容量(Ah)	电流(A)	终止电压(V)	容量(Ah)	电流(A)	终止电压(V)	容量(Ah)	电流(A)	终止电压(V)	容量(Ah)	电流(A)	终止电压(V)
GFD-200	200	20		170	34		150	50		100	100	
GFD-250	250	25	1.80	215	43	1.77	139	63	1.75	125	125	1.70
GFD-300	300	30		255	51		225	75		150	150	
GFD-350	350	35		300	60		284	88		175	175	
GFD-420	420	42	1.80	360	72	1.77	315	105	1.75	210	210	1.70
GFD-490	490	49		425	85		360	123		245	245	
GFD-600	600	60		510	102		450	150		300	300	
GFD-800	800	80	1.80	690	138	1.77	600	200	1.75	400	400	1.70
GFD-1000	1000	100		865	173		750	250		500	500	
GFD-1200	1200	120		1040	208		900	300		600	600	
GFD-1500	1500	150		1260	252		1080	360		750	750	
GFD-1875	1875	187.5		1575	315		1360	450		937.5	937.5	
GFD-2000	2000	200	1.77	1680	336	1.74	1450	484	1.71	1000	1000	1.70
GFD-2500	2500	250		2100	420		1600	600		1250	1250	
GFD-3000	3000	300		2520	504		2160	720		1500	1500	

表 13-2　　　　　**几种固定型铅酸蓄电池主要技术参数**

蓄电池型号		放电率								
		20h		10h		1h		0.5h		10s
		终止电压 1.80V				终止电压 1.75V		终止电压 1.70V		
密闭式	消氢式	电流(A)	容量(Ah)	电流(A)	容量(Ah)	电流(A)	容量(Ah)	电流(A)	容量(Ah)	电流(A)	容量(Ah)
GGM-200	GGX-200	11	220	20	200	100	100	150	75	250	0.69
GGM-250	GGX-250	14	280	25	250	125	125	188	94	313	0.87
GGM-300	GGX-300	16	320	30	300	150	150	225	112.5	375	1.04
GGM-500	GGX-500	28	560	50	500	250	250	375	187.5	625	1.74
GGM-600	GGX-600	33	660	60	600	300	300	450	225	750	2.08
GGM-800	GGX-800	44	880	80	800	400	400	600	300	1000	2.78
GGM-1000	GGX-1000	55	1100	100	1000	500	500	750	375	1250	3.47
GGM-1200	GGX-1200	66	1320	120	1200	600	600	900	450	1500	4.17
GGM-1500		84	1680	150	1500	750	750	1125	562.5	1875	5.21
GGM-1800		99	1980	180	1800	900	900	1350	675	2250	6.25
GGM-2000		110	2200	200	2000	1000	1000	1500	750	2500	6.94
GGM-2500		138	2760	250	2500	1250	1250	1875	937.5	3125	8.68
GGM-2800		154	3080	280	2800	1400	1100	2100	1050	3500	9.72
GGM-3000		165	3300	300	3000	1500	1500	2250	1125	3750	10.42

化学反应式表明，蓄电池充电后，正极板恢复为原来的二氧化铅（PbO_2），负极板恢复为原来的铅棉（Pb），并生成硫酸（H_2SO_4），电解液由稀变浓，即其密度将恢复为原来的规定值。

从充电和放电的化学反应式可看出，蓄电池的充电和放电过程是一个可逆的化学变化过程，充、放电的一般化学反应式可写成

$$Pb + PbO_2 + 2H_2SO_4 \underset{充电}{\overset{放电}{\rightleftharpoons}} PbSO_4 + PbSO_4 + 2H_2O$$

负极板　　正极板　　　　　　　负极板　　正极板

放电时，电解液密度减小；充电时，电解液密度增大。

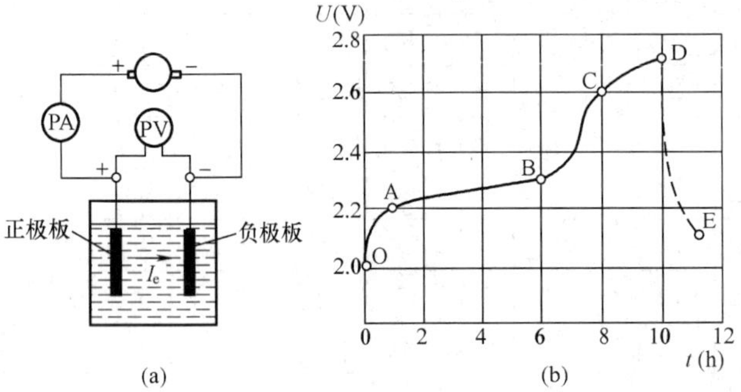

图 13-9　铅酸蓄电池的充电

(a) 充电电路；(b) 充电时端电压随时间的变化曲线

1. 恒流充电特性

当蓄电池以恒定不变的电流（10h 充电电流）进行连续充电时，端电压随充电时间的变化曲线，如图 13-9 所示。

充电开始时，两极板上立即有硫酸析出，有效物质细孔内的电解液密度骤增，蓄电池电动势很快上升，必须提高外加电压，才能保持恒定的电流充电（曲线 OA 段）。充电中期，电动势增加缓慢，而内电阻逐渐减小，故维持恒定电流，只需缓慢提高电压（曲线 AB 段）。充电至 AB 段末期，正、负极板上的硫酸铅已大部分还原为二氧化铅和铅棉，此时充电电压约为 2.3V。如果继续充电，则使大量的水被电解，在正极板上释出氧气，负极板上释出氢气，吸附在极板表面的气泡使内电阻大大增加。因此为了维持恒定的充电电流，必须急速提高外加电压到 2.5～2.6V（曲线 BC 段）。

此后如果继续充电，到达曲线 CD 段后期，有效物质已全部还原，充电电能将全部用于电解水，析出大量的氢气和氧气，蓄电池的电解液呈现沸腾现象，而电压稳定在 2.7V 左右（D 点），便算充电完毕。

蓄电池停止充电时，其端电压立即降到 2.3V 左右。以后，随着极板细孔中电解液的扩散、密度逐渐下降，容器中的电解液浓度趋于均匀，蓄电池的电动势将慢慢降到 2.06V 左右的稳定状态，即曲线上的 E 点。

上述充电过程，是以 10h 充电电流（$0.1C_{10}$）为例讨论的。如果以较大的电流充电，则极板有效物质的还原速度加快，细孔内电解液密度急剧增大，蓄电池内电压降也增大，所以充电特性曲线将高于 10h 充电特性曲线，而需要的充电时间将缩短。

必须指出，蓄电池的最大容许充电电流不得过大。因充电电流太大时，可能在有效物质还没有全部还原以前，电解液就开始出现沸腾现象，而被误认为充电已完毕。这不仅消耗大量电能，而且会使极板翘曲，有效物质受气泡冲击而脱落，影响蓄电池寿命。同时，没有完全充电的蓄电池，极板易于硫化（生成白色的硫酸铅结晶体不能再还原）。

为了减少在蓄电池充电时，用于电解水阶段的电能消耗，应在电解液开始冒气泡时就减小充电电流，一般不超过额定充电电流的 50%，使蓄电池的充电更充分和合理。此充电方法亦称二阶段充电法。

2. 恒压充电与限流恒压充电

恒压充电是蓄电池组运行时常用的充电方法，有些蓄电池的初充电也使用这种充电方法。恒

压充电的充电电压一般取每只为 $2.25\sim2.35V$，比蓄电池的电动势高。充电开始时电流较大，随着蓄电池电动势的升高，充电电流逐渐减小。这种充电方法用于蓄电池初充电或深放电后再充电时，开始阶段的充电电流将大于合理值，但一般不超过允许值。

限流恒压充电，是对恒压充电的改进，但充电设备较复杂，要求有限流功能。对一般固定铅酸蓄电池的充电电压一般仍是每只取 $2.25\sim2.35V$，限流值一般宜取 $(0.07\sim0.1)$ C_{10} （A）。有的密封铅酸蓄电池允许承受较大的充电电流，其限流值允许取至 $0.2C_{10}$ （A）。

图 13-10 是一种电解液密度为 $1.25g/cm^3$ 的全密封型铅酸蓄电池的限流恒压充电特性曲线（100％放电后进行充电）。限流恒压充电，是在蓄电池经 100％放电后进行充电的，采用恒压 $2.27V/$只，限流最大值为 $0.2C_{10}$。图中的曲线反映了在充电过程中，蓄电池充电参数及其变化。

曲线 1 表明，在充电初始阶段，充电电流处于限流状态，然后，充电电流随着充电时间增加而减小。

曲线 2 表明，蓄电池电压由 $2.12V/$只较快增至 $2.27V/$只并恒定。在限流期间，蓄电池端电压是变化的。

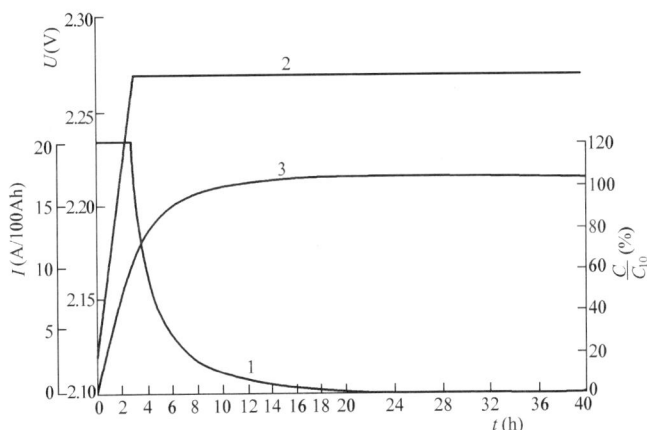

图 13-10　电解液密度为 $1.25g/cm^3$ 的全密封型铅酸蓄电池的限流恒压充电特性曲线（100％放电后进行充电）

1—充电电流特性曲线；2—充电电压特性曲线；3—充电容量特性曲线

曲线 3 表明，蓄电池的容量随着充电时间增加而逐渐恢复。在恒压 $2.27V/$只下，约经 12h，容量已恢复到 100％；充电约经 36h，容量可达 105％，即可停止充电。

这种蓄电池，如果充电的恒压提高到 $2.35V/$只，则经 6h，蓄电池的容量就可恢复到 100％，再经 2h，容量可恢复到 105％。

应当指出，不同型号蓄电池的技术参数和充电要求不尽相同，要严格按厂家说明书进行充电。

3. 蓄电池的初次充电

新安装的蓄电池以及极板经过干储藏或将极板抽出大修后，均应进行初充电。

初充电的实质，就是使正极板的有效物质变成二氧化铅（PbO_2），负极板的有效物质变成铅棉（Pb）的过程。也就是使正、负极板进行充分的化学反应（又叫活性化）。初充电操作是否正确，对蓄电池的寿命以及投入运行后的电性能有极大的关系。

蓄电池初次充电时，要严格按照厂家说明书的技术参数和有关规定进行，以保证初次充电的质量。如果初充电电流过大、中途停顿、电解液温度过高等，都会直接影响到极板上有效物质参加化学反应的数量，使蓄电池的极板损坏、容量降低、寿命缩短。

如无原始资料可查时，初次充电的电流值（恒流充电）可取 $0.07C_{10}$ （A），初次充电的时间一般为 $20\sim30h$ 左右。

初次充电是否完成，可由下列现象来判断：

(1) 每个蓄电池均产生强烈的气泡。

(2) 单个蓄电池的电压上升到 $2.6V$ 以上。

(3) 电压和电解液的密度升至稳定，在 3h 内不再继续上升。

还应指出：给蓄电池初充电时，往往经过一次充电后，尚不能使极板上的全部有效物质变成二氧化铅（PbO_2）和铅棉（Pb），所以蓄电池还达不到额定容量。因此，给蓄电池进行初充电时，必须经过若干次的"充电——放电"循环，并要进行放电容量试验，直到蓄电池达到额定容量之后，初充电才算完成。

蓄电池的初充电，除了上述恒流充电方法以外，有的蓄电池也采用恒压（定压）充电法。例如，美国 GNB 公司生产的铅—锑型和铅—钙型固定铅酸蓄电池，说明书说明，采用恒压法进行初次充电，其中电解液密度为 $1.215g/cm^3$ 的 NAx 铅锑型蓄电池，进行初充电的电压和电池温度在 $21\sim32℃$ 时的最少充电时间为：充电电压 2.3V/只，充电时间 120h；充电电压 2.36V/只，充电 75h；充电电压 2.39V/只，充电 60h。充电开始后，充电电流逐渐减小并达到稳定，3h 内不再降低，初充电便告完成。

蓄电池的型式不同，对初充电的要求也有些不同，应按厂家说明进行。

五、蓄电池自放电

充足电的蓄电池，不接任何外负荷，经过一定时期后会自动失去电量的现象称为蓄电池自放电。

蓄电池自放电现象，是运行维护中应特别注意的问题，也是使运行维护复杂化的原因之一。

蓄电池自放电的主要原因是由于电解液和极板含有杂质。电解液的杂质可能形成内部漏电导，引起自放电；极板中的杂质会形成局部的小电池，小电池的两极又形成短路回路，引起蓄电池的自放电。其次，由于蓄电池电解液上下密度不同，使极板上下电动势不等，因而在极板上下之间产生均压电流，也会引起蓄电池自放电。

通常，铅酸蓄电池一昼夜内，由于自放电，会使其容量减少 $0.5\%\sim1\%$，且会使极板硫化。因此，为防止极扳的硫化，对充足电而搁置不用的蓄电池，一般应每月进行一次补充充电。

六、密封铅酸蓄电池

普通固定式铅酸蓄电池的早期产品为开口玻璃缸式，结构简单、价格便宜。但其电解液易蒸发，充电时产生的含酸气体大量逸出，影响环境卫生，需经常补充、调整电解液浓度，维护工作量大，新建电厂中已不再采用这种蓄电池。

目前电厂中广泛使用的是防酸隔爆式固定铅酸蓄电池，如：GF 型，GGF 型，GGM 型，消氢式 GM 型，消氢式 GGM 型等。其容器加盖密封，盖上装有防酸雾帽或称防爆排气装置。防爆排气装置有各种型式。例如，装有以氧化铝为主要成分的烧结式防爆排气装置，它能将蓄电池内部产生的含酸气体排到外部，硫酸飞沫被泡沫板和过滤帽凝集回流，故酸雾基本不向外扩散，但排出的气体中，仍含有少量的氢气，如果蓄电池室内空气不流通，当氢气积聚浓度超过 1% 时，若遇电火花或明火，仍有爆炸的危险性。所以，这种蓄电池只能算是非消氢式半密封蓄电池。

所谓全密封式铅酸蓄电池，则要求内部气体的生成和吸收（或复合）达到平衡。采用的方式有多种，一种是催化剂方式，使氢气和氧气化合成水，回到容器（电槽）内。另一种是电极方式，在容器内设置氢气消失电极（第三电极）和氧气消失电极（第四电极）。再一种是采用气体重新组合技术，使水的消耗现象不再发生，这种蓄电池，出厂时已加满了密度为 $1.25g/cm^3$ 或 $1.30g/cm^3$ 的电解液，以充好电的方式向用户提供，用户不必再去管理电解液，故又常称其为少维护或免维护蓄电池，这种蓄电池，不必设置专门的蓄电池室，可直接置于需用的地方，正常使用寿命在 10 年以上，是目前使用较多的一种全密封铅酸蓄电池。

气体重新组合技术的原理如下：

当充电电流通过已充足电的铅酸蓄电池时，电解液中的水将被电解，在负极上产生氢气，正极上产生氧气。这意味着水的消耗，常规的蓄电池必须定期的补充蒸馏水。所谓气体重新组合技术，就是使氢气和氧气在蓄电池内部重新组合成水，避免水分消耗。

因为蓄电池正极板的再充电效率不如负极板，所以氧气和氢气不是同时析出，在氢气从负极板析出之前，氧气早已从正极板析出。当氧气从正极板上析出时，在即将析出氢气的负极板上，存在着大量的高度活性的海棉状铅，如能将氧移至负极板，则氧气和活性铅将快速反应形成氧化铅，其反应式为

$$2Pb + O_2 \longrightarrow 2PbO$$

全密封式蓄电池采用特制的高孔隙度的微细玻璃纤维间隔板，能使正极板上产生的氧气，顺利地扩散到负极板，从而导致上述反应的发生。

在铅酸蓄电池中，由上所述产生的氧化铅将与电解液中的硫酸起反应生产硫酸铅，反应式为

$$2PbO + 2H_2SO_4 \longrightarrow 2PbSO_4 + 2H_2O$$

由于硫酸铅沉积在能析出氢气的正极板表面上，它将还原成为铅和硫酸，反应式为

$$2PbSO_4 + 2H_2 \longrightarrow 2Pb + 2H_2SO_4$$

如果将这些化学方程加在一起，并将方程两侧同类项去掉，便得出如下方程

$$2H_2 + O_2 \longrightarrow 2H_2O$$

上述所有的反应式，概述了气体复合的过程。蓄电池的各组成部分，经过精心设计，可以得到高达 99％以上的气体复合率。

利用这种原理的全密封式铅酸蓄电池，仍装有自封型压力释放阀，又称安全阀，自动开启压力约在 7kPa 以下，并可以阻止空气中的氧侵入。

第四节　镉镍蓄电池构造与特性

镉镍蓄电池具有体积小、寿命长、产生腐蚀性气体少等优点。按所能承受的放电电流的能力，镉镍蓄电池可分为中倍率型、高倍率型和超高倍率型三种。其放电持续时间为 0.5s 的冲击负载电流，中倍率型的不小于 $0.5 \sim 3.5 C_5$ * （A），高倍率型的不小于 $7C_5$（A），超高倍率型的大于 $7C_5$（A）。超高倍率型镉镍蓄电池的内阻很小，瞬时放电倍率高达 $20 \sim 30$。某些电厂输煤直流系统中使用的镉镍蓄电池，一般为中倍率型的。

* C_5 为蓄电池 5h 放电容量（Ah），镉镍蓄电池常将 5h 放电容量定为额定容量。

一、镉镍蓄电池基本构造

镉镍蓄电池，按正、负极板的制造工艺，可分为压接式和烧结式，按使用要求，可分为开启式和密封式，但它们的原理相同。压接式、密封式多为小容量蓄电池，烧结式或半烧结式和开启式多为大容量蓄电池。

镉镍蓄电池的正极板，多为镍的氧化物或氢氧化物，负极板主要为镉加少量铁粉，正、负极板之间的隔膜一般为热塑性材料注塑成的栅状板。镉镍蓄电池的外壳（容器），有铁质外壳和塑料外壳两种。铁质外壳由优质钢板经冲压或焊接后、镀镍而成。塑料外壳由具有较高机械强度、耐老化、耐腐蚀的透明或半透明的塑料注塑而成。镉镍蓄电池的容器盖上，设有带自动排气阀的注液孔，为防止锈蚀，极柱、螺母等连接用的金属零件都是镀镍的；电解液多为氢氧化钾（苛性钾）或氢氧化钠（苛性钠），故镉镍蓄电池是一种碱性蓄电池。

二、镉镍蓄电池工作原理

镉镍蓄电池充电后，正极板上的有效物质是三氧化二镍（Ni_2O_3）或氢氧化镍 $[Ni(OH)_3]$；负极板上的有效物质主要是镉（镉与铁的混合物）。

放电后，正极板上的有效物质是氧化镍（NiO）或氢氧化镍 $[Ni(OH)_2]$；负极板上的有效物质是氧化镉（CdO）或氢氧化镉 $[Cd(OH)_2]$。

碱性电解液在充放电过程中，只起传导电流和介质的作用，其成分不变，浓度变化甚微，一般认为浓度是不变的。

镉镍蓄电池充、放时，其整个过程的化学反应式比较复杂，一般反应式可表示为

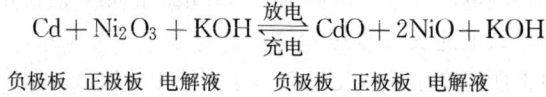

$$Cd + Ni_2O_3 + KOH \underset{充电}{\overset{放电}{\rightleftharpoons}} CdO + 2NiO + KOH$$

负极板　正极板　电解液　　负极板　正极板　电解液

或

$$Cd + 2[Ni(OH)_3] + 2KOH \underset{充电}{\overset{放电}{\rightleftharpoons}} Cd(OH)_2 + 2Ni(OH)_2 + 2KOH$$

负极板　　正极板　　　电解液　　负极板　　正极板　　电解液

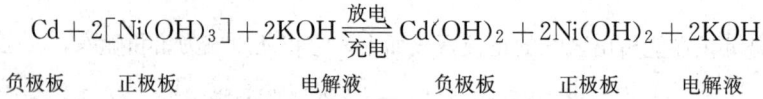

镉镍蓄电池的电解液，有氢氧化钾水溶液和氢氧化钠水溶液两种。氢氧化钾和氢氧化钠都是白色固体，易溶于水。其水溶液呈强碱性，能烧伤皮肤及其他有机物。氢氧化钾和氢氧化钠的固体或水溶液都能吸收二氧化碳而形成碳酸钾（钠），使电解液逐渐失效，故不允许空气中的二氧化碳侵入容器。容器盖上注液孔的自动排气阀，平时经常关闭，防止空气进入；充电时，其内部气体压力增加到一定值时，阀盖自动开启排出气体，而外界的空气却不能进入，这时可听到排气的嘘嘘声或嚓啪声。

电解液的密度，依温度不同而选用。当温度为 $10 \sim 35℃$ 时，可采用密度为 $1.17 \sim 1.19 g/cm^3$ 的氢氧化钾纯水溶液；当温度为 $-15 \sim 35℃$ 时，可用密度为 $1.19 \sim 1.21 g/cm^3$ 氢氧化钾溶液和液体氢氧化锂组成的混合液。液体氢氧化锂的添加量为每升氢氧化钾溶液添加 $20 \pm 1g$。

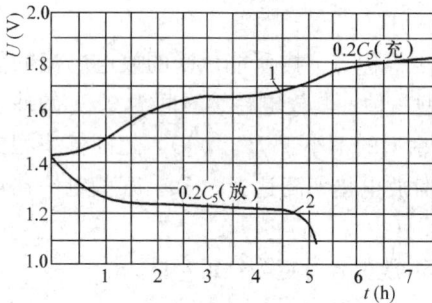

图 13-11　GNZ 型镉镍蓄电池 0℃充放电曲线

1—充电特性曲线；2—放电特性曲线

三、镉镍蓄电池特性

1. 充、放电特性

镉镍蓄电池的恒流充、放电特性曲线见图 13-11。

正常恒流充电时（图中曲线 1），充电初期端电压上升较缓，然后端电压随蓄电池电动势的增高而上升，以维持恒流充电；当正、负极板都大量冒出气泡（正极板析出氧，负极板析出氢）时，说明充电已进入终期阶段。当端电压达到 1.8V/只左右并保持稳定时，则充电完成。

正常按 5h 放电率进行恒流放电，起始端电压约在 1.4V/只左右；当端电压下降到 1.1V/只左右时，已到终止放电电压。当以较大的电流放电时，其终止放电电压还要略低些，一般可放电到 1.0V 为止。此后必须及时充电，以免影响蓄电池的容量与寿命。

充、放电电流的大小为

$$I_f = K_m C_5 (A)$$

目前使用较多的 GNZ 型中倍率镉镍蓄电池，其不同倍率的放电特性曲线如图 13-12 所示。

各类镉镍蓄电池的主要技术数据如表 13-3 所示。

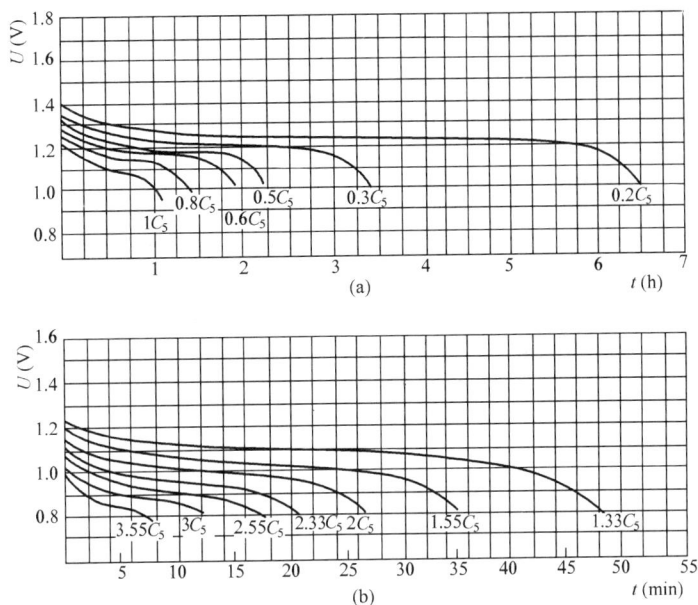

图 13-12　GNZ 型镉镍电池不同倍率放电特性曲线

（a）0.2～1C_5 放电特性曲线；（b）1.3～3.5C_5 放电特性曲线

表 13-3　　　　　　　　　　　　　　镉镍蓄电池主要技术数据

类型	型式	额定电压 (V)	额定容量 (Ah)	正常充电			正常放电			1h 率放电		
				电流 (A)	时间 (h)	电压 (V)	电流 (A)	时间 (h)	终止电压 (V)	电流 (A)	电压 (V)	时间 (min)
高倍率蓄电池	GNG20	1.2	20	4～5	6～7	1.5～1.8	4	5	1	20	0.9	54～60
	GNG40		40	8～10			8			40		
	GNG60		60	12～15			12			60		
	GNG80		80	15～20			15			80		
	GNG100		100	20～25			20			100		
中倍率蓄电池	GNZ70	1.2	70	14	8	1.9～2.2	14	4.75	1	70	0.9	40
	GNZ100		100	20			20			100		
	GNZ150		150	30			30			150		
	GNZ300		300	60			60			300		
	GNZ500		500	100			100			500		
	GNZ800		800	160			160			800		

2. 容量及其影响因素

蓄电池的容量定义为：在一定温度、放电电流值（即放电率）、起始电压和终止电压下，蓄电池能释放出的实际电量，称为蓄电池的容量，通常以 C 表示，单位为安培小时（Ah）。

镉镍蓄电池，通常以温度为 20 ± 5℃，起始电压为 1.4V/只，终止电压为 1V/只，以 5h 恒流放电率所释放出的电池容量为额定容量，用 C_5 表示，这时期的放电电流为 $0.2C_5$（A），并以此作为放电电流的额定值（I_N）。镉镍碱性蓄电池的自放电较小，其容量有以下特点：

（1）新电池开始使用时，容量不大。经过若干次充、放电后，其容量明显增加，并超过额定值。继续使用一个时期后，才逐渐退到额定容量。此后，随着放电次数的增加，容量会逐渐减小。

（2）在氢氧化钾电解液中加适量氢氧化锂，可使容量维持较长时期。

（3）用高放电率放电时，极板上会生成不易还原的物质，从而使容量降低、寿命缩短。

（4）电解液中吸收的二氧化碳愈多，容量就愈小，更换电解液后，容量就能恢复。

此外，蓄电池容量随放电电流的增大而减少，也随温度的降低而减少，但温度过高时，易引起极板中铁的迅速溶解，并有可能和正极板的氧化镍发生反应，生成不易还原的物质，使蓄电池容量降低。

GNZ型中倍率镉镍蓄电池的寿命，在$20\pm5℃$下，全充、全放电循环次数不少于900次。浮充电使用时，使用寿命一般为15～20年。

四、镉镍蓄电池运行方式

镉镍蓄电池（蓄电池组）的运行方式也有两种：充放电方式和浮充电方式。电厂中常使用浮充电方式。

1. 正常充电法

镉镍蓄电池的正常充电，是以$0.2C_5$（A）恒流充电6～8h。

在充电期间，电解液的温度不得超过30℃。若为加有氢氧化锂的电解液，其温度不得超过40℃。在温度过高时应停止充电，待冷却后接着再充。

充电时，不要取下注液孔上的自动排气阀，以免空气中的二氧化碳进入蓄电池。自动排气阀的橡胶套应保持有良好的弹性，使充电时产生的气体能自动排出，排气时会发出"嘘嘘"声。

蓄电池充电终了的判断是测量两极的电压，镉镍蓄电池的电压升至1.75V以上，经1h后电压无明显变化，且充入电量已达到放出电量的140%，即认为充电终了。

2. 过充电法（加强充电）

所谓过充电，就是用正常充电电流充电6h，使电池容量充至额定容量，然后再用正常充电电流的1/2继续过充6h。

由于镉镍蓄电池在充放电工作期间，同样不允许将全部容量放完后再充电，必须留有适当储备容量，这种运行方式，使极板上的有效物质不能全部参加化学反应，经长期使用后，也会逐渐发生容量减退现象，但不像铅酸蓄电池那样显著。为了保持蓄电池容量，所以也要定期进行过充电。一般，蓄电池经过10～12次充放电循环以后，应进行一次过充电。对于经常使用的蓄电池，最好每月进行一次。

3. 快速充电

所谓快速充电，是用$0.5C_5$（A）恒流对蓄电池充电2h。这种充电方法对蓄电池寿命有影响，只能在紧急需要时使用，一般不采用此法。

4. 正常放电

镉镍蓄电池的正常放电，是以$0.2C_5$（A）的电流值进行恒流放电。

判断蓄电池放电是否已终止，应根据在各种放电率电流下的终止电压和放电的容量来确定。正常放电电流下的终止电压为1V/只。

5. 恒压浮充电

镉镍蓄电池的浮充电，同样是为了弥补蓄电池的自放电损耗，以1～5mA/Ah的电流对蓄电池进行持续的恒压充电，使电池保持其容量。浮充电时，每只蓄电池的端电压按电池型号而定，中倍率镉镍蓄电池的浮充电压一般为1.42～1.49V/只，高倍率镉镍电池的浮充电压一般为1.35

～1.39V/只。

6. 恒压均衡充电

恒压均衡充电，简称均衡充电，是过充电的方法之一。均衡充电电压比浮充电电压高，按蓄电池型式而定。中倍率镉镍蓄电池的均衡充电电压一般每只为1.52～1.55V，高倍率镉镍蓄电池的均衡充电电压一般每只为1.47～1.50V。

复习思考题

13.1 发电厂直流系统的供电对象主要是什么?

13.2 发电厂动力直流系统的供电对象主要是什么?

13.3 说明蓄电池组的充放电方式运行的具体操作方法。

13.4 说明蓄电池组的浮充电方式运行的具体操作方法。

13.5 说明蓄电池组的均衡充电运行的具体操作方法。

13.6 说明蓄电池组初次充电的具体操作方法。

第十四章

发电厂电气控制、测量与信号

大容量机组由于参数的提高、系统的复杂，因而在运行中需要监视的参数和操作的项目大量增加。300～600MW 机组，需要监视的参数有 1000 个以上，操作项目有 500 个以上。如果用常规仪表及运行人员手动操作，其紧张程度是可想而知的。参数变化的快速性、操作的多样性和急迫性，稍一疏忽，就可能造成重大事故。所以随着大机组的发展，以计算机为核心的监视和控制自动化系统是大机组所必需的。

（1）监测系统，又称数据采集系统（DAS）。它能每秒钟将全厂 1000 多个仪表量（如压力、温度、电流、水位等）和 1000 多个开关量（如开关的通断、阀门的开闭等）自动巡回检测一次。任何一个参数越限，就自动报警、自动打印。还能在屏幕上显视几十幅系统图，供运行人员选择，并具有操作指导功能。

DAS 还有事故分析功能。事故发生时，能以 1ms 的分辨率，打印出各个信号发出的先后顺序，并打印出每个参数的变化过程。

DAS 还能定期制表，按时、日、月打出各个参数，包括最大值，最小值、平均值、累计值。

（2）控制系统，包括分布式微机控制系统（DCS）、数字电液控制系统（DEH）、协调控制系统（CCS）、程控系统（SCS）等。它能使汽轮发电机组自动冲转、升速、暖机、升电压、同期、并网、带负荷，并能按照运行人员的指令，自动改变到某一目标负荷。

CCS 可以将汽机和锅炉作为一个整体，协调地调节负荷，使各项参数达到最优值。

当某一辅机故障时，能自动降低负荷到预定值（RUNBACK）；当甩负荷时，能快速返回到空负荷，维持厂用电（FCB）。

第一节　发电厂控制方式

大机组发电厂的控制方式，有单元控制室和网络控制室合一和分立两种类型。当高压出线回路较少或远景规划明确时，往往采用两者合一的方式，否则，则分立为两个控制室。

一、单元控制室和网络控制室的控制方式

600MW 及以上大型火电机组，为了提高热效率，趋向采用亚临界或超临界参数。其热力系统和电气主接线都是单元制，在进行机组启动、停机和事故处理时，与相临机组之间的横向联系较少，而单元机组内部的纵向联系特别多，因此，通常将一个单元的机、炉、电的所有设备和系统，集中在一个单元控制室控制，以便于机、炉、电之间的控制和协调。

在单元控制室内，电气部分控制的设备主要有：汽轮发电机及其励磁系统、主变压器、高压厂用变压器（或称高厂变）、高压备用变压器（或称启/备变）、高压厂用电源线、作为主厂房内专用备用电源的低压厂用变压器以及该单元其他必须集中控制的设备。对全厂共用的设备，都集中在第一单元控制室控制，其他单元控制室，只设必要的信号及少量调节手段。

采用单元制方式的发电厂，当高压出线较少或远景规划明确时，网控部分可设在第一单元控

制室内，各种操作都在网控屏上进行。在网控屏上控制的设备主要有：联络变压器、高压母线设备、110kV 及以上线路、高压或低压并联电抗器等。此外，在网控屏上还设有：各单元发电机—变压器组、高压厂用变压器、启动/备用变压器等高压侧断路器的信号和必要的表计。

高压网络采用一个半断路器接线时，发电机—变压器组设备较为重要，为防止误操作，与此有关的两台断路器，集中在单元控制室控制，在单元控制室的网控屏上（或在网络控制室内），设有上述断路器的位置信号，以使网控人员掌握发电机—变压器组的运行状态，尤其是中间断路器的运行状态。

二、单元控制室布置

大型发电厂的单元控制室，通常设计成"单机一控"或"两机一控"，布置在主厂房机炉间的适中位置。当技术经济比较合理时，单元控制室也可布置在汽轮机房 A 排柱外侧，使电气控制离开关站较近。

控制室内的布置，对"两机一控"的单元控制室，炉、机、电屏（BTG）多采用"∏"型布置；两台机组控制屏的布置，按相同的炉、机、电顺序排列，整体协调一致。由于单元控制室受面积的限制以及技术经济条件等因素的影响，网络部分的继电保护、自动装置和变压器屏，布置在靠近高压配电装置的"继电器室"内，发电机组的调节器、保护设备、自动装置及计算机等电子设备屏，均布置在主厂房内的"电子设备室"内。

特别是装有 600MW 机组的大型电厂，通常采用分布式微机控制系统（DCS），其显示操作器（CRT）是人机联系的主要手段，因而，通常将 DCS 的 CRT 布置在 BTG 屏的前面，以便通过 CRT 实现全厂的控制和监视。

图 14-1 为一种有两台 600MW 机组，单元控制室与网控室合一的平面布置方式。从值长台看去，BTG 屏、网控屏呈∩型，网控屏在中间。

三、网控屏屏面布置

控制屏通常选用制造厂的定型产品，BTG 屏应统一配套。控制屏上一般有开关控制手柄或按钮、指示灯、光字牌、仪表、调节手柄等设备。操作设备与安装单位的模拟接线相对应，功能

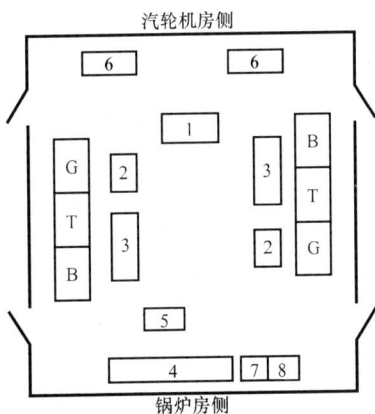

图 14-1　单元控制室的平面布置图

B、T、G—炉、机、电控制屏；1—值长台；2—汽轮机电液控制操作员站；3—操作员站；4—网控屏；5—远动通信站；6—打印机；7—消防控制盘；8—暖通报警盘

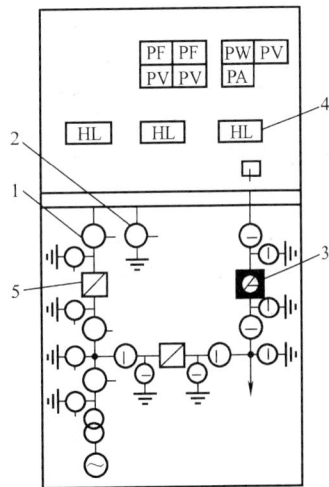

图 14-2　网控屏屏面布置图

1—隔离开关位置指示器；2—接地开关位置指示器；3—同步选择开关（控制开关）；4—光字牌；5—500kV 断路器灯光模拟

相同的操作设备，布置在相对应的位置上，为避免运行人员误操作，操作方向全厂应一致。

图 14-2 为网控屏屏面布置的一种布置型式。

此屏模拟接线为 500kV、3/2 断路器接线。与发电机—变压器组有关的 500kV 断路器控制，设在发电机 BTG 屏上，在网控屏上只设模拟灯光信号。500kV 线路母线侧断路器控制开关，为手柄带灯的不对应指示接入式操作开关，正常灭灯表示运行，当被控对象的状态位置与控制开关手柄指示位置不一致时，指示灯亮。

第二节　断路器控制

一、断路器控制方式

断路器的控制方式，按其操作电源，可分为强电控制与弱电控制两种，前者一般为 110V 或 220V 电压，后者为 48V 及以下电压；按操作方式，可分为一对一控制和选线控制两种。

根据不同特点，强电控制一般分为下列三类：

（1）根据控制地点，可分为集中控制与就地控制两种。

（2）按跳、合闸回路监视方式，可分为灯光监视和音响监视两种。

（3）按控制回路接线，可分为控制开关具有固定位置的不对应接线与控制开关触点自动复位的接线两种。

弱电控制方式有以下两类：

（1）弱电一对一控制。重要的电力设备，如发电机—变压器组、高压厂用变压器及启动/备用变压器等，其重要性较高，但操作概率较低，宜采用一对一控制。

（2）弱电选线控制。常用的选线方式有按钮选线控制、开关选线控制和编码选线控制等方式。

大型发电厂高压断路器多采用弱电一对一控制方式，断路器跳、合闸线圈仍为强电，两者之间增加转换环节。这样设计，控制屏能采用小型化弱电控制设备、操动机构强电化、控制距离与单纯的强电控制一样。

下面举例介绍 500kV 断路器的控制回路接线。

二、对 500kV 断路器控制回路的要求

500kV 断路器的重要性极高，在对其控制回路进行设计时，应满足以下各项要求。

（1）满足双重化的要求。要准确可靠地切除电力系统中的故障，除了继电保护装置要准确、可靠的动作外，作为继电保护的执行元件——断路器，是否能可靠地动作，这对于切除故障是至关重要的。在 220kV 以上系统中，断路器的拒动率约为 1.8×10^{-3}，其中 72% 是由控制回路故障引起的。对控制回路电缆和断路器的跳闸线圈采用双重化措施以后，拒动率降低到 0.5×10^{-3}。所以，为了保证可靠地切除故障，500kV 断路器采用双重化的跳闸回路是非常必要的。通常，500kV 断路器的操动机构，都配有两个独立的跳闸回路，两跳闸回路的控制电缆也分开。

（2）跳、合闸命令应保持足够长的时间。为确保断路器可靠地跳、合闸，即一旦操作命令发出，就应保证整个跳闸或合闸过程执行完成。所以，在跳、合闸回路中应设有命令的保持环节。在合闸回路中，一般可利用合闸继电器的电流自保持线圈来保持合闸脉冲，直到三相全部合好后，才由断路器的辅助触点来断开合闸回路。在跳闸回路中，保持跳闸脉冲的方式和"防跳"接线有关。当采用串联"防跳"接线时，可利用"防跳"继电器的电流线圈和其动合（常开）触点来保持跳闸脉冲；在采用并联"防跳"接线时，一般在保护的出口继电器和跳闸继电器的触点回路中加电流自保持。跳闸回路也是由断路器的辅助触点在完全跳开后断开。

（3）有防止多次跳合闸的闭锁措施。即跳、合闸操作命令一旦发出，只容许断路器跳、合闸一次。这就是所谓的断路器"防跳"措施，在500kV断路器的控制接线中，常用的"防跳"接线有两种，一种是采用串联"防跳"，另一种是并联"防跳"。

（4）对跳合闸回路的完好性要能经常监视。在500kV断路器的控制回路中，一般用跳闸和合闸位置继电器来监视跳合闸回路的完好性。

（5）能实现液压、气压和SF_6浓度低等状态的闭锁。在空气断路器、SF_6断路器以及其他采用液压、气压机构的断路器中，这些工作介质——气体及液体的压力、纯度，只有在规定的范围内时，断路器才能正常运行。否则，应闭锁断路器的控制回路，禁止操作。

通常，断路器的跳闸、合闸和重合闸所规定的气压或液压的允许限度是不同的。所以，闭锁断路器跳闸、合闸或重合闸的压力值也不同。在设计断路器的压力闭锁回路时，应按断路器制造厂的要求进行。

反应气体或液体压力的压力表或压力继电器的触点容量一般较小，不能直接接到断路器的跳、合闸回路中，需经中间继电器去控制断路器的跳、合闸。断路器在操作过程中，必然要引起气压或液压的瞬时降低，此时闭锁触点不应断开跳闸或合闸回路，否则会导致断路器的损坏。一般可采用带延时返回或带电流自保持的中间继电器作为闭锁继电器，以确保在断路器的操作过程中闭锁触点不断开。

此外，SF_6断路器当SF_6气体密度低到一定值时，应闭锁跳、合闸回路。

（6）应设有断路器的非全相运行保护。在500kV系统中，断路器出现非全相运行的情况下，因出现零序电流，有可能引起网络相邻段零序过电流保护的后备段动作，而导致网络的无选择性跳闸。所以，当断路器出现非全相状态时，应使断路器三相跳开。

（7）断路器两端隔离开关拉合操作时应闭锁断路器操作回路。

第三节　信号系统与测量系统

一、信号系统

1. 信号系统的分类及要求

在发电厂中设置信号装置，其用途是供值班人员经常监视各电气设备和系统的运行状态，按信号的性质，可分为以下几种：

（1）事故信号。表示发生事故，断路器跳闸的信号。

（2）预告信号。反应机组及设备运行时的不正常状态。

（3）位置信号。指示开关电器、控制电器及设备的位置状态。

（4）继电保护和自动装置的动作信号。

（5）全厂事故信号。当发生重大事故时，通知各值班人员坚守岗位、加强监视，并通知有关人员进入现场进行紧急处理。

按信号的表示方式，可分为灯光信号和声音信号。灯光信号又分为平光信号和闪光信号以及不同颜色和不同闪光频率的光信号。声音信号又分为不同音调或语音的声音信号。计算机集散系统在电厂应用后，使信号系统发生了很大变化。

信号装置是值班人员与各设备的信息传感器，对电厂的可靠运行影响甚大，故对发电厂的信号装置提出以下要求：

（1）信号装置的动作要准确可靠。

（2）声、光信号要明显：不同性质的信号之间有明显的区别；动作的和没动作的信号之间应有明显区别；在较多信号中，动作的信号属于哪个"装置"，应有明显的标记。

（3）信号装置的反应速度要快。

2. 事故信号和预告信号

事故信号和预告信号，合称为中央信号。最近引进国外技术建设的发电厂，大多采用新型中央信号装置。这些装置，除具有常用的中央信号装置的功能外，信号系统由单个元件构成积木式结构，接受信号数量没有限制。现将某电厂采用的信号装置作简单介绍。

信号装置采用微机闪光报警器，除具有普通报警功能外，还具备对报警信号的追忆、记忆信号的掉电保护、报警方式的双音双色、报警音响的自动消音等特殊功能。装置的控制部分，由微处理器、程序存储器、数据存储器、时钟源、输入输出接口等，组成微机专用系统。装置的显示部分（光字牌）采用新型固体发光平面管（冷光源）。

该装置的特殊功能分述如下：

（1）双音双色。光字牌的两种颜色，分别对应两种报警音响，从视觉、听觉上，可明显区别事故信号与预告信号。报警时，灯光闪光，同时音响发声；确认后，灯光平光，音响停；正常运行为暗屏运行。

（2）动合（常开）、动断（常闭）触点可选择。可对64点输入信号的动合、动断触点状态，以8的倍数进行设定，由控制器内的主控板上拨码器控制。

（3）自动确认。信号报警若不按确认键，能自动确认，光字牌由闪光转平光、音响停止，自动消音时间可控制。

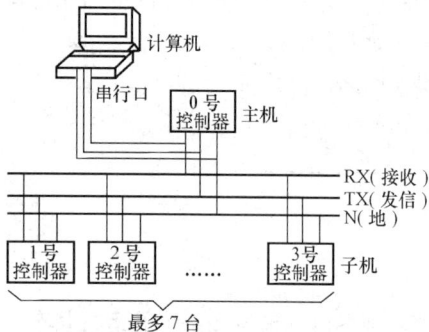

图 14-3 多台控制器连接示意图

（4）通信功能。控制器具有通信线，可与计算机进行通信，将断路器动作情况，通过报文形式报告给计算机。当使用多个信号装置时，通信线可并网运行，由一台控制器作主机，其他控制器分别做子机，且子机计算机地址各不相同。其连接示意图如图14-3所示。

（5）追忆功能。报警信号可追忆，按下追忆键，已报警的信号，按其报警先后顺序，在光字牌上以每秒一个的速度逐个闪亮，最多可记忆2000个信号，追忆中报警优先。

（6）清除功能。若需清除报警器内的记忆信号，操作清除键即可。

（7）掉电保护功能。报警器若在使用过程中断电，记忆信号可保存60天。

（8）触点输出功能。在报警信号输入的同时，对应输出一动合触点，可起辅助控制的作用。

二、测量系统

大型电厂，一般都设有远动装置，或采用计算机、微处理机实现监控，其模拟输入量都为弱电系列。在同一装置的相同被测量，可以共用一套变送器，这样不仅简化了测量回路，同时也有利于减轻互感器的二次负担，从而可提高测量的准确度。测量表计直接接在变送器的输出端，变送器将被测量变换成辅助量，一般为4～20mA或0～5mV，经弱电电缆送到控制室的毫安表或毫伏表上（表的刻度按一次回路的互感器变比折算到一次电流或电压）。

常规电气计量仪表有电流表、电压表、有功功率表、无功功率表、频率表、有功电能表、无功电能表、功率因数表等，这些仪表都是由变送器输出到DCS系统通过CRT显示。

第四节 电能计量系统

电能计量功能，已成为继"监控与数据采集（SCADA）"、"自动发电控制（AGC）"功能之后，电网调度自动化的又一个基本功能，并在电能作为商品走向市场的进程中发挥着重要的作用。

随着电力行业体制改革不断深化，电网的运营和管理正逐步向市场开放，为了实现公平、公正、公开的电力交易原则，电能计量系统的重要性，比以往任何时候都更加突出。

电能计量系统，主要实现电厂上网、下网和联络线关口点电能的计量，分时段存储、采集和处理，为结算和分析提供基本数据。若为计量计费系统，则还应包括对各种费率模型的支持和结算软件。

一、电能计量系统设计原则

1. 电能计量系统应成为一个独立完整的系统

电能是各级电力企业的唯一产品，用电能作为其计费、考核、奖惩的主要依据，因此必须有一个独立完整的系统来保证电能量的采集、传送、处理过程的可靠性、唯一性、准确性和连续性。

2. 电能量采集对同时性要求较高

电能计量系统只是一个准实时系统，同时性要求较高，采集周期应满足分时段计量精度要求，一般设置为5～30min，最短为1min。其传送周期应满足结算和统计报表的要求，一般以h计。

3. 电能量采集精度要求高

电能量是一个累计值，因此即使是微小的误差，日积月累后，其误差值也会达到难以置信的程度，而对售电和用电双方来说，此累积值就是经济上的"盈或亏"。因此，计量精度的选择原则，应是容量越大、精度越高，大容量的电厂和输电线，宜使用0.2级及以上精度的电能表计。

4. 数据源唯一性原则

（1）关口点的设置，要遵循唯一性原则，不能出现多数据来源的情况。

（2）为确保存储数据的唯一性，任何单位和个人，不能随意修改原始数据，对数据库的修改，须经有关各方同意，并打上永久性标志。

（3）计费模型惟一性。对计费系统来说，其计费模型必须严格按合同执行，任何一方不得单方面修改。

5. 软件高可靠性原则

除了配置上要求系统各个环节具有高可用率，能独立运行外，针对系统的特点，软件设计应考虑以下要求：

（1）安全性。采用成熟的应用软件，实现快速平稳的故障恢复过程，还应采用适当加密防护措施，保证数据和系统的安全，防止"黑客"的攻击。

（2）连续性。能适应全年365天、每天24h的连续运转，系统可用率达到99.5%以上。

（3）开放性。应用程序开发平台，应符合IEC-61970标准，平台包括操作系统、历史数据库、进程管理、网络通信、图形报表管理等，其应用编程接口均应充分开放，支持第三方应用软件在系统上的集成。

6. 计费关口点设置原则

（1）发电厂上网电能量，应设置计费关口点（通过发电厂母线的电能量应设置计费关口点）。

（2）下网电能量，应设置计费关口点（用于负荷预测计算和某些考核功能）。

（3）跨省、区电能量交易，应设置计费关口点（一般设置在联络线的两侧）。

（4）过网电能量应设置计费关口点，单独计算过网费的子网、线路及变电站应设置相应的计费关口点。

（5）直供（或允许直接从市场上购买）用户（或零售商、配电公司）应设置计费关口点。

（6）按实际需要可设置无功电能量计费关口点。

二、接入方案

1. 与 EMS/SCADA 的接入方案

（1）统一平台模式。电能计量系统，应与能量管理系统（EMS）和监控与数据采集系统（SCADA）运行在统一的软件平台上，网络、图形、报表、数据库等，均应兼容统一的接口标准和通信协议、相同的软件设备和维护管理工具，特别是部分硬件和通道资源应可以共享（例如前置系统和通道设备），从而降低投资或运行维护费用。统一接口标准，可保证两个系统之间的数据一致性，能直接互访数据而无须中间转换，既提高了访问效率，又保证了系统之间的安全性。

（2）互联模式。电能计量系统与已有的 EMS/SCADA 系统，互为独立系统，可以是不同的软、硬件平台，相互之间联结，称为互联模型。这种模式下，各系统相对独立运行，属于松散联结，各自可有自己的软硬件平台和通信协议。

2. 终端（表计）接入方式

（1）电能表直接接入方式。电能表内置 MODEM，经公用电话交换网，直接接入主站系统，或由 RS485/RS232C 串口与数据网络连接，将信息接入主站系统。

（2）计量终端接入方式。电能表以脉冲或经 RS-485/RS-232 接入计量终端，计量终端经 MODEM 或网络接入设备，通过公用电话网或数据网接入主站系统。

（3）终端服务器接入方式。电能表经终端服务器，通过数据网接入主站系统。

（4）混合接入方式。以上三种接入方式的混合方式为混合接入方式。

三、主要特点和功能实施

电能计量系统与传统的 SCADA 系统有其相似之处，更有其自身的特点，诸如分时电能计量、线损、网损计算、计费与考核、旁路代功能、精度和可靠性要求高等。

1. 电能计量系统的主要特点

（1）分时电能计量。由于电能在不同时段的上网电价、下网电价和销售电价不同，因此电能表或计量终端，应支持电能量分时段累计、存储的功能，调度计划下发周期与交易时段相对应。

（2）数据采集。为保证电量读取的同时性，系统须与电能表或计量终端定时同步，即具备与全球定位系统（GPS）时钟对时的功能。时钟设置误差小于 1s/日。

系统应支持自动重发功能，在通道中断时能保存数据，当通信恢复后，系统能以自动或召唤方式，获取丢失的数据，以保证数据的完整性和连续性。

（3）数据处理。万一发生数据丢失或数据无效时，允许用户以人工输入方式进行数据替代，可以单值也可批量输入。输入替代值后，原始值在历史数据库中的位置不会改变，替代值仅作为原始值的派生数据，在数据库中，替代值会打上一个不可擦除的标志，但可参与统计与分析。

（4）数据管理和信息服务。电能计量系统与发电公司、供电公司和广大用户关系密切，直接面向各类用户，应支持基于 WEB 浏览技术的客户在网上查询业务。其 WEB 服务器系统，应支持安全隔离，建立数据从系统传送到 WEB 服务器的机制；提供数据库安全性管理。用户在访问系统的数据库之前，必须先访问提供数据库接口的页面，以确定用户对该数据库访问的权限。对不同权限的用户，提供相对应的数据页面、图形等查询范围。

（5）计费和考核。电能计量系统的数据处理结果，是考核和计算电费的基础，因此，系统还应支持有关计费的处理功能，例如系统应提供对各种计费规则、费率模型的建立和管理维护手段，提供灵活、方便的费率及其结构的定义和处理手段，并具有较强的报表处理和综合运算处理能力，并能自动生成相应的报表和图形以提供方便直观的查询和显示。

2. **旁路代功能实施**

旁路代问题，不仅在电能计量系统中存在，而且在 SCADA/EMS 系统中也是存在的，只不过对前者的影响更为突出。电网运行设备定期检修，故障处理或运行方式改变时，经常会遇到用旁路开关或备用开关替代某路开关送电的情况。从而造成电量统计上的困难。目前解决旁路代问题有以下三种方案。

（1）最常用的还是依靠人工设置方式来解决由于旁路代而引起的电量改变问题。通过与 SCADA 系统的互联，将 SCADA 系统采集到的相关遥信开关位置信息，输入电能计量系统，由后者进行逻辑判断，或由 SCADA 系统将已判断好的旁路代结果传给后者，由后者综合上述信息，进行电量旁路代的计算和统计。

（2）由电能表（或计量终端）采集相关开关信息，输入电能计量系统，由该系统综合相关信息，作出相应逻辑判断，进行电量旁路代的计算和统计。

（3）根据线路切换过程，必然引起相关线路的电量变化的原理，通过对相关线路切换过程中电量变化的定性判断和定量比较，来实现旁路代时的电量计算和统计。为此，需预先生成一张参加旁路代的出线开关的软件列表，然后在旁路代切换过程中，逐次扫描各相关出线的电量变化，经必要的逻辑运算和计算，从而作出相应的判别。

四、发电厂报价辅助决策系统

针对发电企业面临的市场竞争，为适应电网商业化运营的需要，满足发电厂竞价上网的要求，发电厂可配置一套发电报价决策系统，为参与电力市场运营和"竞价上网"提供技术条件。在电力市场发展的初期阶段，系统主要实现发电报价（技术数据和经济数据的申报）、电网和市场信息的浏览、接收调度计划等功能。

随着电力市场的逐步完善，系统还能逐步开发和实现成本分析、市场分析、电厂最优发电计划、市场边际价格预测、风险分析和决策、结算和评估，以及电量考核等功能。还可以让网上的大用户直接向发电厂协议购电。

发电报价决策系统，是一套满足电力市场环境下，发电公司运营需求而开发的软件系统。为"厂网分开、竞价上网"提供了优化申报报价曲线的解决方案：通过电价预测，估计电力市场的电力清算价格，根据预测结果，综合考虑包括机组开停机约束、出力变化速率等限制条件，对本厂资源进行优化，提出多种供选择的报价方案。对于单一拥有火电机组的火电公司，优化机组组合，使整个企业的动态生产成本在满足市场需求的同时达到最小，从而使发电公司的利润最大化；对于同时拥有水电厂、火电厂的发电公司，还要考虑水火电联调可能带来的经济效益。发电报价决策系统，还可以集成其他功能，如结算核算、数据查询、经济指标分析等功能，以满足发电企业的需要。

报价决策系统框图，见图 14-4。

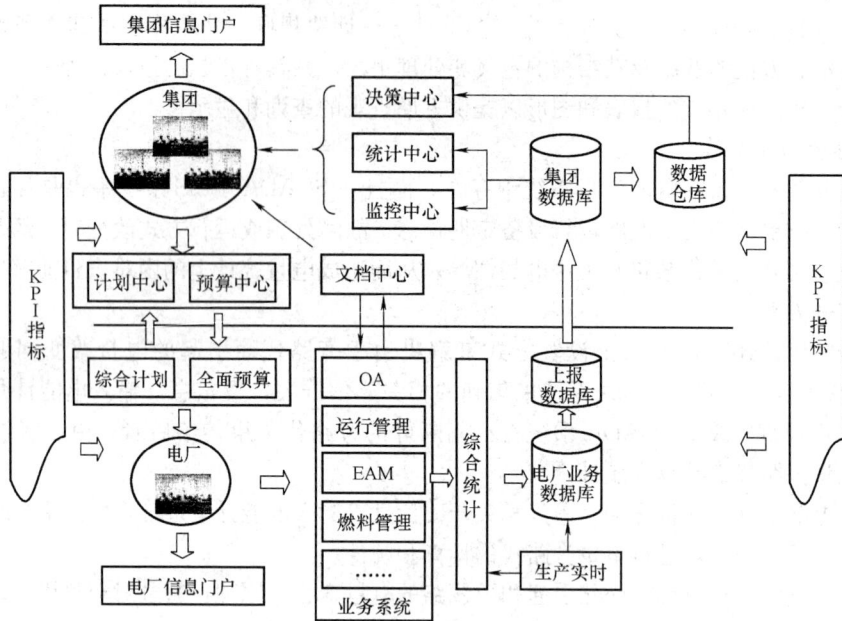

图 14-4 某集团层和下属发电企业层报价决策系统总体方案构想

第五节 同期与同期装置

一、概述

大容量机组与电网并列，通常采用准同期方式。

准同期并列的基本要求是：

（1）投入瞬间，发电机的冲击电流和冲击力矩不超过允许值。

（2）系统能把投入的发电机拉入同步。

准同期并列，在待并发电机与系统相序一致的前提下，其理想条件是：

（1）待并发电机与系统频率相等。

（2）待并发电机与系统在并列点的三相电压幅值相等。

（3）合闸瞬间，两电压在并列点的相角相同。

满足上述三个条件，两系统并列瞬间，不但冲击电流等于零，而且并列后，发电机与系统立即进入同步运行状态，不会发生任何扰动现象。

发电厂的单元控制室，应装设自动准同期装置和带有同期闭锁的手动准同期装置。

独立的网控室，应装设带有同期闭锁的手动准同期装置。

自动准同期装置有集成电路型。近期引进的一些大型机组，也有微机型数字式同期装置。

二、自动准同期装置

1. 自动准同期方式

自动准同期有两种方式：一是集中自动准同期方式，即全厂所有需同期的断路器共用 1～2 台自动准同期装置；另一种是分散自动准同期方式，即每台发电机断路器分别装设一台自动准同期装置。

目前国内使用的自动准同期装置，主要有 ZZQ-3A、ZZQ-3B 和 ZZQ-5 型的。ZZQ-3A 型的只能自动调频、自动合闸，不能自动调压。ZZQ-3B 型的为双通道准同期装置，是 ZZQ-3A 的改进型。ZZQ-3B 型和 ZZQ-5 型的均能自动调频、自动调压和自动合闸。

2. 微机自动准同期装置

微机自动准同期装置以 16 位单片机为核心，配以高精度交流变换器，准确快速的交流采样，计算断路器两侧电压、频率及相角差，输入/输出光电隔离，装置能自检，参数设置方便，可实现监控。

3. 自动准同期装置与 DEH 的联合动作

600MW 汽轮发电机组均配有数字电液调节系统（DEH）。具有从汽轮机冲转直到带满负荷的全过程自动化功能。当转速接近额定转速时，DEH 发出信号，自动将自动准同期装置投入，实现自动调节转速、自动调节电压、自动发出合闸脉冲、自动带 5% 初负荷、…，此时，自动准同期装置成为 DEH 功能的一个组成部分。

第六节 发电厂微机监控系统概述

在我国大型电厂中，对于 600MW 机组，大多采用了分布式微机控制系统（DCS），对单元发电机组进行数据采集、协调控制、监视报警和联锁保护，在技术上和经济上都已取得良好的效果，使我国火力发电机组的自动控制和技术经济管理水平发展到了一个新的阶段。

一、发电厂微机监控系统组成

在发电厂中，电气设备较多，各种信息也很多。通常将凡涉及发电机、主变压器、厂用变压器和厂用电的保护信号、断路器及隔离开关状态信号以及电流、电压、有功/无功功率、有功/无功电量等开关量、模拟量都送入机组 DCS 系统，实现事件记录、打印和画面显示，机组有关电气部分的参数及接线方式在 CRT 上实现画面显示。而将在网控屏上控制的与高压系统有关设备的开关量、模拟量显示和记录，通过远动装置 RTU 来实现。DCS 系统与 RTU 之间，通过数据通道相连，交换信息。其基本连接框图如图 14-5 所示。

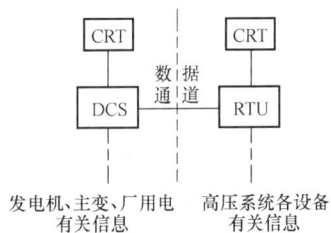

图 14-5 DCS 与 RTU 连接框图

目前，国内 600MW 机组的电气量（模拟量和开关量）都已进入 DCS 系统。对于电气系统和设备的调节、控制信号，是否进入 DCS 系统，由计算机控制，在国内正逐步扩大使用范围，已取得不少经验。

二、发电厂微机监控系统功能

发电厂微机监控系统的功能主要包括：数据采集、一次参数处理、事故报警分析、机组启停监视、二次参数及经济指标计算、直接数字控制和显示、打印等。此外，针对火电厂的特点和要求，还可实现设备的寿命管理、能量损耗分析和运行操作指导等高级处理功能。

第七节 电气系统在 DCS 中的监控

在大机组上利用已经成熟的分散控制系统（DCS），将电气量控制纳入 DCS，这样可以充分利用 DCS 的手段，使电气防误操作等功能实现更方便，并且将相关量的显示报警与电气设备的控制调节有机地结合起来，有效提高了整个电气控制的安全性和可靠性。实现真正意义上的炉、机、电集中控制，使一个操作员监视和控制整台机组成为可能。

一、电气系统控制特点

与其他电气系统相比，发电厂电气系统控制有其自身的特点，主要有以下几点：

（1）控制对象可靠性要求高，动作速度快：如发电机—变压器组保护动作速度要求在 40ms 以内；自动准同期采用同步电压方式时，转速、电压调整和滑压控制要求在 5ms 以内；电压自动调整装置（AVR）快速励磁要求反应的时间不大于 0.1s；厂用电快切装置快速切换时间一般不大于 60~80ms，同步鉴定相位差要求控制在 5°~20°范围内。

（2）既要求独立，又要求互切：大机组电气接线方式均为单元制，因此任一机组检修，其控制系统都不能影响另一台机组的正常运行。对共用部分的控制，只能确保有一台机组的 DCS 来实现，另一机组的 DCS 能够同时实现实时监视，并且这种操作控制权能实现互相切换。

（3）电气设备电气系统的连锁逻辑较简单，但电气设备本身操动机构复杂。

（4）操作频率低：有的系统或设备运行正常时，可能几个月或更长时间才操作一次。

因此，电气系统纳入 DCS 控制，要求控制系统具有很高的可靠性。除了能实现正常启停和运行操作外，尤其要求能够实现实时显示异常运行和事故状态下的各种数据和状态，并提供相应的操作指导和应急处理措施，保证电气系统自动控制在最安全合理的工况下工作。

二、在 DCS 中的监控范围

除了电气本身的辅助设备以外，厂内所有辅机的高/低压电动机都原已列入 DCS 的监控范围。现在可以进一步将发电机—变压器组和厂用电源等电气系统的控制都纳入 DCS 监控。主要系统有：发电机—变压器组系统；发电机励磁系统；高压厂用电源系统（包括厂用电源正常切换）；主厂房低压厂用电源系统、柴油发电机组和保安电源系统；启动/备用变压器电源系统；直流系统和 UPS 系统；自动同期系统以及 400V 公用母线系统等。

为了确保"电气纳入 DCS 系统"的安全可靠，DCS 系统的时钟同步装置（GPS 系统）必须涵盖全厂汽机岛、锅炉岛和仪控（I&C）岛所有的电气的继电保护和自动装置；也必须涵盖全厂其他的微机控制系统，以期全厂微机控制系统时钟同步系统的统一。

三、运行特点

1. 自动启、停及并网控制

（1）机组正常启动：当发电机达到额定转速时，DCS 将自动投入 AVR。当发电机电压达到额定值时，DCS 将自动投入同期装置。发电机与电网的同期由同期装置自动实现。在同期过程中，DCS 通过控制汽轮机转速来调节频率，通过 AVR 来调节电压。当同期条件满足时，由 DCS 向发电机高压断路器发合闸指令。同期后 DCS 即接带 5% 的初负荷，待暖机完成继续提升负荷时，DCS 发出"切换厂用电"的指令，厂用负荷从启动/备用变压器切换到高压厂用变压器。

（2）机组正常停机：由 DCS 控制降低机组负荷，当机组负荷降到某一定值时，DCS 将高压厂用电系统快速切换到启动/备用变压器系统供电；当机组负荷继续降到零，发电机逆功率保护动作断开主开关，联跳汽轮机（主汽门关闭），发电机灭磁。

2. 厂用电源系统自动控制

在机组启动时，由启动/备用变压器向厂用负荷供电；在机组正常运行后，改由高压厂用变压器供电，并经低压厂用变压器向 400VPC、MCC 低压负荷供电，以启动机组所必需的辅机；在机组厂用电消失时，为了保护设备和系统的安全，由厂用电快切装置将厂用工作负荷自动切换至启动/备用变压器；当确认保安段母线失压后，快速启动事故备用柴油机供电以保证设备安全。

3. 电气监控纳入 DCS 的技术要求

（1）发电机系统能实现程序控制和软手操控制，使发电机由零起升速、升压直到并网带初始负荷。

（2）厂用电系统能按启动/停止阶段和正常运行阶段的要求，以程序控制和软手操来实现。

（3）能实时显示和记录上述发电机—变压器组系统和厂用电系统的正常运行、异常运行和事故状态下的各种数据和状态，并提供操作指导和应急处理措施。

（4）单元机组（炉机电）实现全 CRT 监控。

4. 后备监控设备配置

在监控中，尽可能地减少了控制室的显示仪表、操作器/开关、报警窗等，取消了大量电气设备的硬操作，仅保留的后备监控设备为：

（1）模拟量信号全部进 DCS 显示，控制室内仅保留少量显示仪表。

（2）取消电气控制盘，控制功能在 DCS 实现，并取消手动同期开关。只保留发电机—变压器组断路器紧急跳闸按钮、柴油发电机事故紧急启动按钮。

（3）保留少量（20 个左右）报警光字牌，与机、炉报警合并在一起，既减少了设备的种类，又便于布置。

5. 公用系统控制方式

对于两台机组及以上的公用系统，如厂用公用及备用电源系统等，DCS 的配置应能够实现机组停止时另一台机组的运行人员对公用系统进行监控，并且要求采用可靠的措施，确保其控制命令的唯一性（即在同一时间只允许一套 DCS 系统对公用设备起控制作用，不能因为公用系统的存在，而使两台机组的 DCS 耦合在一起）。

当有两台以上机组时，在 DCS 的配置中，可考虑配置相同的硬件和软件。公用系统的控制设一公用控制柜，正常时是通过一号机组来实现，而二号机组也能对公用系统进行监控，两者通过切换开关来实现操作权的转换。这种控制方式的优点是配置较少，外部设备也不用增加，有效地利用了信息资源；缺点是公用控制柜的设备不能停电检修，除非两台机组均停机检修，加重了设备运行安全性的要求。

第八节　工程设计实例

本节以某发电厂首期工程为例，详细说明电气纳入 DCS 的技术要求、功能要求、设计原则、接口方式等。

一、技术要求

（1）发电机—变压器组，中、低压厂用电源系统（包括中压备用电源系统），UPS，保安电源等纳入 DCS 后，以 CRT 和键盘进行监视和控制为主，配以必要的常测仪表和硬接线操作设备。

（2）下列设备不纳入 DCS，如发电机励磁系统的自动电压调整器（AVR）、自动准同期装置（ASS）、厂用电源快速切换装置、继电保护和安全自动装置等，但作为 DCS 系统中的一个子系统，接受 DCS 的指令。

（3）发电机—变压器组和中、低压厂用电源系统的控制系统，作为单元机组 DCS 控制系统中的一个子系统。

（4）本工程的 500kV 继电器室，设置了"500kV 网络计算机监控系统"。本期的发电机—变压器组和 500kV 断路器的控制，将通过本期的 DCS 系统与上述的"500kV 网络计算机监控系统"接口。通过两者之间的通信，将机组有关的信息量传送到电力系统调度控制中心，并接受来自电力系统调度中心的 ADS（包括 AGC）等调度和控制命令。

（5）发电机—变压器组及中、低压厂用电源系统的继电保护和自动装置采用微机型。所有继电保护跳闸出口引至断路器的接线，全部采用硬接线，此硬接线的回路中不容许串接有任何DCS接点。

（6）本期保留的硬手操设备有：发电机—变压器组紧急停机按钮，中、低压厂用电源系统（包括备用电源系统），保安电源系统，柴油发电机组，消防水泵等。

二、功能要求

为了确保电气纳入DCS系统后的安全可靠性，系统具备如下功能：

（1）所有的发电机—变压器组与中、低压厂用电系统，设置了专用的电气操作键盘和专用的CRT屏幕，当故障时，能自动地、快速地（级别最高的）将机炉用的一台CRT屏幕和相应操作键盘转为电气用操作键盘和CRT屏幕。

（2）系统的时钟同步装置（GPS系统）涵盖了本工程汽机岛、锅炉岛和仪控（I&C）岛所有电气的继电保护和自动装置；也涵盖了本期的其他的微机控制系统。以使全厂微机控制系统与时钟同步系统统一。

（3）当发生DCS系统故障或其他类似的计算机硬件或软件故障时，对所有进入DCS的电气元件，发出"锁定"命令，同时闭锁其跳、合闸出口回路。

（4）当发生上述（3）情况时，按照燃烧或热力系统的需要，必须发出锅炉MFT和汽轮机跳机命令时，则仍可按控制逻辑的需要发出相应的跳闸脉冲。

三、设计原则

1. 关于"双重化"的设计原则

电力系统的运行经验证明，电气二次线"双重化"的设计原则对确保机组的安全运行是极其重要的，所以电气纳入DCS系统后，仍应严格保留高压断路器电气控制回路"双重化"的设计原则。

"双重化回路"是指：同一台断路器，具备两套从电源到构成回路中的所有二次元件完全独立的分闸回路。其具体要求是：

（1）两套分闸回路的直流控制电源，分别引自两套各自独立的蓄电池组。

（2）回路中的所有二次元件，包括继电保护的动作元件也完全独立。

（3）两个回路的逻辑出口，分别（并交叉）动作同一台断路器的两个独立的跳闸线圈。

（4）断路器本体的液压、气压、气体密度等闭锁接点，也必须分别引自设备本体上不同的一次或二次仪表。

（5）构成双重化回路元件的采样，也必须采用二取一的冗余采样原则。

2. 关于"手/自动切换开关"的设置原则

无论是从方便运行或是有利于检修、调试等方面考虑，均应设置"手/自动切换开关"作为电气纳入DCS系统后的必要手段。

3. 关于"电气元件继电保护出口"接线问题

"电气元件继电保护出口"接线以硬接线方式直接接至断路器跳闸线圈的接线原则。为了提高机组的可靠性，电气纳入DCS系统后，电气元件继电保护出口，仍应以硬接线直接接至断路器跳闸线圈跳开关，而且在此硬接线回路中不应串有任何DCS的接点。

4. 关于"机组大连锁"的设计原则

"机组大连锁"设计是指：炉、机、电之间，由机的保护启动连跳电或由电的保护启动连跳机，即所谓"机跳电"、"电跳机"的相互连锁保护。所以，凡是以独立的未纳入DCS系统的由常规保护接点构成的"机跳电"、"电跳机"等机组大连锁回路，必须采用硬接线接入对侧设备，以提高机组的可靠性。

5. 关于"电气控制"与汽机自动装置之间接口采用硬接线的接线原则

电气纳入 DCS 系统后，电气控制与汽机自动装置（如 DEH、ETS 等）之间接口应采用硬接线。

6. 电气纳入 DCS 系统的硬件配置要求

考虑火力发电厂电气控制系统的重要性，对电气控制系统纳入 DCS 后，其硬件的 2 取 1 配置，采用更高的冗余手段，具体要求如下：

（1）中央处理器模件：采用冗余配置，电气主要设备（发电机—变压器组和厂用电系统）采用更高的冗余配置。

（2）各级控制功能单元：100％热备。

（3）通信卡件：全冗余。

（4）输入、输出卡件：25％。

四、DCS 系统与 ADS（包括 AGC）接口

为了提高电厂的自动化水平，本期 DCS 系统与 ADS 及其他微机控制系统之间设置接口，以通过接口，实现 DCS 系统对 ADS 的信息传递和对其他微机控制系统的监控或监视功能；并通过上述接口，实现 MIS 对系统的管理功能。

为了区别系统 ADS 及其他微机控制系统与 DCS 两者不同地点、不同装置发出的操作命令，DCS 系统必须具有识别和记录上述两个系统所发出的操作命令的软件和功能。

上述 DCS 系统的识别和记录的软件和功能也可用于所有与 DCS 有通信接口的微机控制系统。

仪控（I&C）岛 DCS 系统与电力调度系统 ADS 的接口功能要求是：ADS 系统发出的负荷指令首先送到 500kV 计算机监控系统。500kV 计算机监控系统通过硬接线和双向数据通信与机组 DCS 连接。另外，500kV 微机监控系统中将有两台 CRT 放于集控室内的操作台上。仪控（I&C）岛应设计及与 500kV 微机监控协调这两个 CRT 的布置。

五、电气纳入 DCS 后保留硬手操的技术要求

为保证电气设备控制、信号纳入 DCS 控制系统后电气运行的安全，也为了保证当 DCS 系统出现重大故障时，保障电力系统的安全，在电气设备控制、信号纳入 DCS 控制系统后，保留必要的硬手操是必要的。

保留的硬手操设备将集中布置在如下两处：

（1）"电气操作屏"（每台机组一块）：该屏布置在集控室，屏面布置见表 14-1。

表 14-1　　　　　　　　　　　"电气操作屏"屏面布置设备表

控制元件名称		电气纳入 DCS 后保留的硬手操设备		备　　注
		控制开关或按钮，信号灯	测量表计 A、V、W、Wh、s 等	
发电机—变压器组系统	发电机—变压器组同期系统	手动和自动准同期开关；增/减速开关；粗略同期开关；精确同期开关；信号灯	同步表；电压表；频率表	手动准同期系统不纳入 DCS 系统；保留硬手操及其表计
	发电机 AVR 系统	AVR 全套硬手操开关	主励磁机、副励磁机的常规表计	发电机 AVR 装置不纳入 DCS 系统；保留硬手操及其表计；保留发变组紧急停机硬手操；保护装置不纳入 DCS，采用单独的微机装置

控制元件名称		电气纳入 DCS 后保留的硬手操设备		备　注
		控制开关或按钮，信号灯	测量表计 A、V、W、Wh、s 等	
发电机—变压器组系统	发电机—变压器组控制、测量、信号等系统	手/自动切换开关一只；紧急停机按钮 1 只（位于操作台上）	U_u、U_v、U_w、A_u、A_v、A_w、Hz、Wh、varh	保留发电机—变压器组紧急停机硬手操
	发电机—变压器组机组继电保护系统	无	无	保护装置不纳入 DCS，采用单独的微机装置
保安电源	保安电源（柴油发电机组）	保安段电源的常规控制开关；信号灯	柴油发电机组的常规表计；保安段母线电压表	保护不纳入 DCS 系统；柴油发电机组设置紧急启动硬手操；保安电源增设一套硬逻辑
消防水泵	消防水泵电动机	常规控制开关、信号灯	电流表	

（2）"厂用电硬操屏"（一块/每台机组；一块为公用；共 3 块）。该屏布置在与集控室相邻的电子室，以便在机组投运前作为厂用电受电用，以及作为运行人员在 DCS 系统发生故障时对厂用电的紧急操作和监护，屏面设备布置见表 14-2。

表 14-2　　　　　　　　　　　　"厂用电硬操屏"屏面布置设备表

控制元件名称		电气纳入 DCS 后保留的硬手操设备	备　注
		控制开关或按钮，信号灯	
厂用电系统	主厂房中、低压厂用电控制，测量，信号等系统	包括中、低压厂用电源变压器高低压侧和高压备用变压器中压备用分支断路器中压厂用电源快、慢切自动装置不纳入 DCS，且快、慢切切换开关等均为硬手操	包括中、低压厂用电源变压器高低压侧和高压备用变压器中压备用分支断路器中压厂用电源快、慢切自动装置不纳入 DCS，且快、慢切切换开关等均为硬手操
	主厂房中、低压厂用电保护系统	保护不纳入 DCS 系统	保护不纳入 DCS 系统
UPS	交流不停电电源系统	保护不纳入 DCS 系统	保护不纳入 DCS 系统

关于某些电气设备和电气量未纳入 DCS 系统的说明：

（1）直流系统（=220V；=110V）。主厂房直流系统未纳入 DCS 系统，仅将直流系统的位置信号、某些重要信号和模拟量纳入了 DCS 系统，以便于运行人员监盘时，能了解机组电气系统的全部运行情况并作出正确的操作。

（2）消防电动机的控制、测量、信号系统。消防电动机作为重要的灭火用具不纳入 DCS 系统，以便于在任何紧急情况时能直接启动消防电动机投入灭火抢救工作，这种设计考虑符合中国的标准。

复习思考题

14.1 说明什么是数据采集系统（DAS）、分布式微机控制系统（DCS）、数字电液控制系统（DEH）、协调控制系统（CCS）、程控系统等（SCS）、自动发电系统（AGC）。

14.2 为什么大型火电机组要用单元制控制？

14.3 强电控制一般分为哪几类型？弱电控制方式一般分为哪几种类型？

14.4 发电厂中设置信号装置，按其用途和按信号的性质，可分为哪几种？

14.5 电能计量系统的设计原则有哪些？

14.6 发电厂报价辅助决策系统的作用是什么？

14.7 说明准同期方式与自动准同期方式的操作方法。

14.8 电气系统的控制纳入 DCS 监控有哪些内容？

14.9 电气纳入 DCS 后保留硬手操的有哪些内容？

第十五章

发电厂远动与调度通信系统

第一节　发电厂运行与系统调度中心的关系

《中华人民共和国电力法》（以下简称《电力法》）规定，电网运行实行统一调度、分级管理；《电网调度管理条例》明确，调度机构分为五级，即国家级、跨省（自治区、直辖市）级、省（自治区、直辖市）级、省辖市级和县级。目前我国已建立了较完备的五级调度体系，分别是国家电力调度通信中心，简称国调；东北、华北、华东、华中、西北、南方共五个电力调度通信中心，简称网调；各省（直辖市、自治区）电力公司电力调度通信中心，简称省调；还有数百个地调和数千个县调。各级调度机构对各自调度管辖范围内的电网，依靠法律、经济、技术并辅之以必要的行政手段，进行调度、指挥和保证电网安全和稳定。

一、电力系统调度管理

1. 电网调度的任务

《电力法》规定，电力生产和电网运行应当遵循安全、优质、经济的原则。因此，电网调度的首要任务是保障电网安全、稳定、经济运行，对电力用户安全、优质、可靠供电。为此，调度部门要预先通过大量的计算分析，制定应对意外事故的安全措施，做好事故预想和处理预案，装设充足的继电保护和安全自动装置，防患于未然。一旦电网发生故障，要按电网的实际情况并参考处理预案，迅速、准确地控制故障范围，保证电网正常运行，并尽力避免对电力用户供电造成影响；遇到重大事故时，应根据具体情况采取紧急措施，必要时，改变系统的运行方式，保证主网安全和大多数用户的正常供电，故障消除后，要迅速、有序地尽快恢复供电，尽量减少用户的停电时间。

调度的另一重要任务是保证电能质量——频率、电压、波形合格。为此，必须预计社会用电需求，进行电力电量平衡测算，编制不同时段的调度计划和统一安排电力设施的检修和备用，时刻保持发电和用电功率的平衡。在实际运行过程中，一方面要依靠先进的自动化通信系统，密切监视发、变电设备的运行工况和电网安全水平，迅速处理时刻变化的大量运行信息，正确下达调度指令；另一方面要实时跟踪负荷变化，调整发电出力，满足用电需求。

此外，调度还需要根据国家的能源政策和环保政策，结合当地的电源分布、电网结构、负荷性质、环保要求以及某些特殊用电等因素，按照公平、公正的原则，合理安排发电，实现发电资源的优化利用，提高国家电力能源的利用效益。

调度管理体制，当前有统一调度和联合调度两种。

（1）统一调度。就是对所辖电力系统的负荷平衡、发电厂出力分配、发供电设备检修安排、电能质量调整和安全经济运行等，实行全面统一的调度和管理。统一调度的基础是电力系统的统一管理，统一调度的原则是系统的各组成部门必须服从全系统的最大利益，以达到安全与经济的最佳状态。

（2）联合调度。就是对实现互联的电力系统，按相互间达成的协议（合同）进行调度，组成互联系统的每一个地区系统，仍实行独立的经济核算和统一调度。互联系统之间的协议内容，大致包括：电力与电量交换、事故支援、协调安全准则等。其具体模式多种多样，有的实施联营，有的只是按计划实现系统间的电力电量交换。

2. 调度管理的主要内容

调度管理的主要内容包括：①编制电力系统运行计划；②电力系统运行分析；③电力系统运行控制；④继电保护、通信和调度自动化等设备的运行管理；⑤编制有关规程制度和人员培训等。

（1）编制电力系统运行计划。运行计划又称运行方式。有年、季（月）、日运行计划和发电用水库的多年调度计划等。主要内容包括：①系统负荷预测；②功率、电量、平衡计划；③互联系统间的功率、电量交换计划；④经济调度方案；⑤设备检修进度表；⑥新设备启动方案；⑦系统运行接线方式；⑧系统稳定、短路容量、潮流分布、调压等的计算分析及有关措施；⑨系统频率和电压调整措施；⑩事故对策等。

不同时段的运行计划其侧重点也不同；不同层次的调度机构，其运行计划的内容也不尽相同。

（2）电力系统运行分析。根据电力系统实际运行情况，检查所编制的运行计划是否恰当，分析各项运行控制（特别是事故处理）是否正确，从中找出经验与教训，用以改进调度管理和提高调度人员工作水平。对分析中发现的属于系统结构、电力设备或各种装置的问题，向有关部门提出，以求解决。

（3）电力系统运行控制。由于电力的生产、传输与消费是同时完成的，所以必须对发、输、变、配等各个环节实行全面统一控制。控制由值班调度员负责，其主要内容有：①调整频率和电压，保持发电出力与供电负荷平衡；②监视系统运行状态和设备安全情况，处理发生的异常现象与事故；③监控经济调度方案和互联系统交换功率计划的执行；④下达设备检修、改变系统运行方式、处理事故、新设备投入运行等有关的操作命令。

控制的手段有人工与自动两种，前者如事故处理、设备停服役、改变运行方式等，后者如发电控制、电压调整、信息收集以及数据处理等。

二、电网调度自动化

发电厂是电力系统中最重要的一个部门——为系统提供电源，特别是大容量电厂，它的稳定、经济与否，对电力系统安全发供电起着至关重要的作用。为此，电力系统的调度工作，由过去以人工调度为主，逐步向调度自动化方向过渡，将遍布各地的发电厂、变电所的信息，通过"调度自动化系统"传送至调度中心，以使调度人员统观全局，运筹全网，有效地指挥和控制电网安全、稳定和经济运行。

实现电网调度自动化的作用主要有以下三个方面：

（1）对电网运行状态实现实时监控。电网正常运行时，通过调度自动化系统实时监视和控制电网的频率、枢纽点电压、联络线潮流、用电负荷与机组出力、主设备的位置状态及机组水、热能等方面的工况指标，使之符合规定，保证电能质量和用户用电。

（2）按照上网合同，对发电厂的出力及电量进行实时控制，实现安全、经济调度。

（3）对电网运行中，实现安全分析、操作管理、事故处理和所管辖设备的停复役等有关信息的快速实时传递。

由于调度自动化系统实现了信息的实时传送、完善了监测和控制手段，对防止事故发生和及时处理减少事故损失、改善电能质量，起到了至关重要的作用，完成人工调度难以完成的工作。

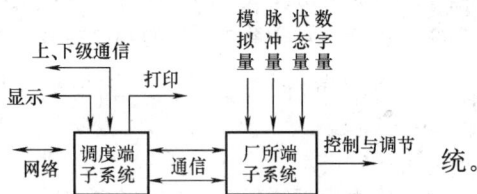

图 15-1 调度自动化系统构成示意图

调度自动化系统主要由以下三部分组成：

（1）发电厂、变电所端数据采集与控制子系统。

（2）通信子系统。

（3）调度端数据收集与处理和统计分析与控制子系统。

调度自动化系统构成示意图如图 15-1 所示。

1. 发电厂、变电所端数据采集与控制子系统

按习惯说法就是远动系统。所谓远动（Telecontrol），就是运用通信技术传输信息，以监视、控制远方运行的设备。该子系统包括：远方终端 RTU、测量用变送器、模拟量和状态量、脉冲量的传送回路以及控制与调节执行元件。

2. 通信子系统

通信子系统包括载波、微波、无线电台、有线电话、高频电缆、光纤、卫星通信、程控交换机等提供的数据信道。信道质量直接影响调度自动化系统的可信性和可靠性。

3. 调度端子系统

调度端子系统包括电子计算机、人机会话设备、各种外部设备、开发与维护设备和与之相适应的软件包等。

如上所述，调度自动化系统是一个综合系统。从理论的角度来看，该系统的基本理论包含了自动控制论、转换技术、计算技术、编码理论、数据传输原理、网络控制以及信息论等。

随着计算机技术的发展，大电网中普遍实现了数据采集与监控（SCADA）、自动发电控制（AGC）和经济调度控制（EDC），还有少量的电网实现了安全分析（SA），大大提高了电网调度自动化水平。

大型发电厂通常通过通信子系统分别与省调和网调相接。

本章着重介绍发电厂端子系统和有关的通信子系统。

第二节 电力系统远动通信

一、传输信道

远动通道是由调制解调器、通信机和传输媒介组成的。通信机和传输媒介一起统称传输信道，简称信道。电力系统常用的模拟制传输信道有：电力线载波通道、微波通道、特高频通道和通信电缆等。在有些系统中，在枢纽变电所与调度所之间也使用电缆载波通信。

近年来，数字通信有了较大发展。大容量的数字微波通信和数字光纤通信已在电力系统通信中应用。

电力系统远动信道的结构是多样化的，它可能是单一的模拟信道或数字信道，也可能是由数字和模拟两种信道混合构成的。

下面简要介绍各种远动信道的特点。

1. 电力载波通信

将 300~3400Hz 的话音信号（音频）以及远动、继电保护信号进行调制，把它寄载在高频波的某个量上（如幅度、频率、相位），变成频率为 40kHz 以上的高频信号，并借助于电力线或架空地线传送。这种通信方式就称为电力载波通信。其通道由电力载波机、输电线路和耦合装置组成，如图 15-2 所示。

载波通信的基本原理可以用一句话来概括：即一变、二分、三还原。

（1）变。就是依靠调制器把话音频带（300～3400Hz）搬移到适合通道传输的高频频带的位置上实现频率变换。

（2）分。就是利用滤波器来区分路频带，实现频率分割。

（3）还原。就是利用反调制器把高频频带还原成话音频带。

电力载波通信是电力系统

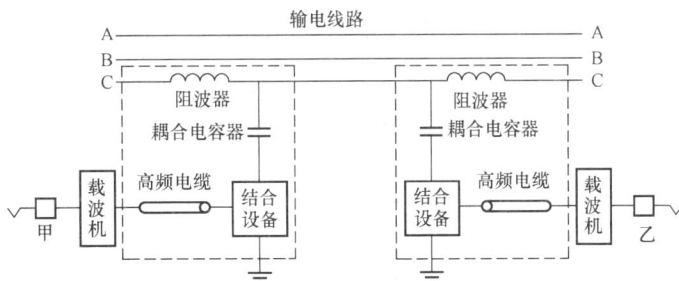

图 15-2　电力线载波通信系统示意图

特有的通信方式，具有高度的可靠性和经济性，是电力系统基本通信方式之一。但这种通信方式，由于可用频谱的限制，不能满足全部需要。

2. 微波通信

微波通信是一种无线电通信的通信方式。在进行无线电通信时，需要把待传信息转换成无线电信号，依靠无线电波在空间传播。微波一般指频率为 300MHz～300GHz（波长为 1m～1mm）范围内的无线电波，传输速度约等于光速。微波在自由空间像光波一样沿直线传播，在地球表面传播距离一般不超过 50km，且中途不得有高山或建筑物挡住。因此，在地球表面上进行远距离通信时，需要采用"中继"方式，一方面保证微波沿地球椭圆球体传播，另一方面收发放大，补充电波传播过程中的能量损耗。由于微波通信传输容量大，可同时传输 300～960 个话路，有传输质量高、抗干扰、保密性强等特点，现已成为电力系统通信网中主要传输手段之一。目前我国已基本上形成一个全国性的电力系统微波通信网。

微波通信分为模拟微波通信和数字微波通信两种。

3. 卫星通信

利用距地面高度为 36000km 的同步人造地球卫星作为微波通信接力站，一上一下可跨越通信距离上万公里，这种通信方式叫卫星通信。卫星通信目前开放的业务有：电报、电话、数据、会议电视、电子邮箱等。目前大多数大型发电厂采用 GPS（全球定位系统）实时校正时钟。

4. 光纤通信

利用光波作为传输媒介，借助于光导纤维进行通信。光实质上也是电磁波，只不过它的频率很高而已（3×10^{14}Hz 以上），现在的光通信频率在近红外区，将来还要发展在中红外区和远红外区。光纤主要是用玻璃预制棒拉丝成纤维，它包含纤芯和包层，是圆柱形。纤芯直径约 5～75μm；包层有一定厚度，它的外径约 100～150μm，最外面是塑料，作保护用。

光波局限在纤芯与包层的界面以内向前传播，故光纤属于光波导。一根光纤就是一个波导，多根光纤组成光缆。光纤通信具有通信容量大、通信质量高、抗电磁干扰、抗核辐射、抗化学侵蚀、质量轻、节省有色金属等一系列优点，因而在电力系统通信中在架空地线上架设光纤也开始得到应用。

5. 音频电缆

由多根相互绝缘的导体，按一定的方式绞合而成的线束，其外面包有密闭的外护套，必要时还有外护层进行保护。音频电缆是联系调度所与载波终端站的中间环节，也是调度所与近距离发电厂、变电所之间的主要通信方式。

二、远动数据传输方式

目前电力系统远动通信主要有循环式（CDT）和问答式（Polling）两种通信制式。

1. 循环式

循环式是由发送端循环不断地将信息发往接收端，即数据与信息位必须一位接一位，没有间隔、间断，不能重叠；在采集一定数据的情况下传送速度较快；一台下位机要占用一条通道，在实现遥控、遥调等下行信号时，需占用两条通道。其优点易于实现一发多收。

2. 问答式

问答式是由主站端依次查询每台子站有无信息发送：如无，即查询下一台子站；如有，则待该子站信息送完，主站再查询下一台子站。问答式的主要优点是节省通道，且连入通道的方式灵活，包括几台子站可共用一个通道，容易实现各子站间的时间同步。

目前，多数发达国家采用问答式，日、俄两国主要采用循环式 RTU，我国目前是两者并存，但按逐步过渡到以问答式 RTU 为主的方向上积极开展工作。

三、远动通道连接方式

远动通道连接方式可归纳为五种形式，如图 15-3 所示。

对于循环式远动，只能用 1 对 1 和 1 对 n 两种点对点的通道方式，分别如图 15-3（a）、（b）所示。如果有下行信号时（如 AGC 遥控遥调信号），则须占用两个通道，而且都没有备用通道。

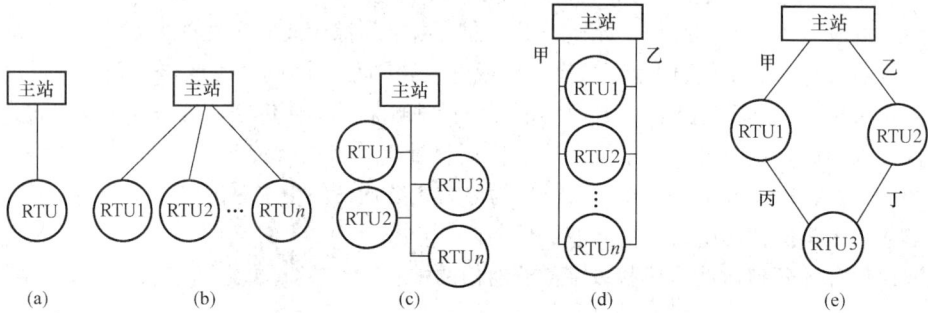

图 15-3 远动通道连接方式

（a）1 对 1 通道；（b）1 对 n 通道；（c）n 台 RTU 共用单一通道；（d）主备两条通道；（e）环形通道

对于问答式 RTU，几台 RTU 可共用一条通道，同一通道上可以传送上行、下行信号。自动切换到备用通道也易于实现。

在图 15-3（c）中，几台 RTU 共用同一通道，也没有备用通道。

在图 15-3（d）中，具有主备通道，在主通道故障时，可用软件控制的开关将其切换至备用通道。

在图 15-3（e）中，具有环形通道，如正常运行时，三台 RTU 通过甲通道接至主站。当甲通道故障时，RTU1 利用软件切断甲通道，RTU2 则投入乙通道，使三台 RTU 与主站的通信得以保持。

四、远动通道工作模式

远动通道的工作模式有单工（用于循环式 CDT）、半双工（用于问答式 POLLING）和全双工三种。具体采用何种模式，由远动系统的功能、规约和可能提供的信道形式决定。

单工工作模式是指信号只能在一个方向上传送，不能反向传送。传统的遥测遥信 CDT（循环制）远动系统，远动数据由厂所端发送到调度所，是单向工作模式，只要求传输信道在一个方向上工作。

半双工工作模式是指通道可以在二个方向上传送数据，但又不能同时传送的模式。当一个方向在传送数据时，另一个方向不传送；当一个方向的传送结束后，另一个方向才开始传送。

POLLING（问答式）远动系统要求远动通道提供半双工工作模式。半双工工作模式要求信道具有双向道路。在电缆线路上的半双工工作模式，也只要一对电缆芯线。1：N 特高频远动通道和串联式一点至多点远动通道常构成半双工工作模式。

全双工工作模式是指在两个相反的方向上，能够同时传输数据信号。具有遥控和遥调功能的系统，可以为半双工工作模式，也可以为全双工工作模式。在电缆线路上实现全双工通信需要提供两对芯线。

第三节 远 动 装 置

远动装置在电力系统调度自动化中担负的任务是：实现各层或各级调度的实时数据收集，形成多层次的实时数据网。对构成实时数据网的终端设备，除要求完成传统的遥测、遥信、遥控、遥调基本功能之外，还要求远方终端能同时向两个（或两个以上）调度所发送两种不同规约及不同内容的数据；要求对重要厂（所）实现事件顺序记录、事故追忆记录及动态数据记录。此外，终端设备应能与计算机接口，并能与数字量设备接口，如水位计、频率计等。上述这些要求，布线逻辑远动装置是无法满足的。由于微型计算机技术的迅速发展，出现了各种微机远动终端装置，即完成远动功能的微型计算机系统，如图 15-4 所示。它含有

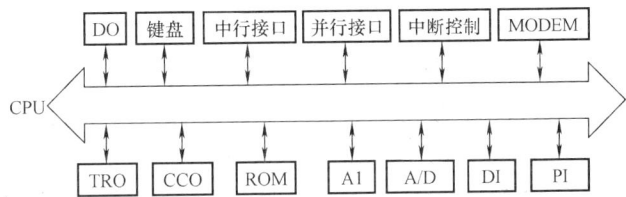

图 15-4　微机远动终端装置构成示意图

微型计算机的基本组成部分，即中央处理单元（CPU）、随机存贮器（RAM）、只读存贮器（ROM）、输入/输出接口（I/O）；同时含遥信输入（DI）、模拟量输入（AI）、脉冲量输入（PI）以及遥控、遥调输入单元和数字量输出单元、传输信息用调制解调器 MODEM。这一系统称作微机型 RTU。

一、SCADA 系统概述

SCADA（Supervisory Control And Data Acquisition）系统，即数据采集与监视控制系统。在电力系统又称远动系统。

SCADA 系统是以计算机为基础的生产过程控制的调度自动化系统。它可以对现场的运行设备进行监视和控制，以实现数据采集、设备控制、测量、参数调节以及各类信号报警等各项功能。

在电力系统中，SCADA 系统应用最为广泛，技术发展也最为成熟。它作为能量管理系统（EMS 系统）的一个最主要的子系统，有着信息完整、提高效率、正确掌握系统运行状态、加快决策、能帮助快速诊断出系统故障状态等优势，现已经成为电力调度不可缺少的工具。它对提高电网运行的可靠性、安全性与经济效益，减轻调度员的负担，实现电力调度自动化与现代化，提高调度的效率和水平方面有着不可替代的作用。

1. SCADA 系统发展历程

第一代是基于专用计算机和专用操作系统的 SCADA 系统。这一阶段是从计算机运用 SCADA 系统时开始到 20 世纪 70 年代。第二代是 20 世纪 80 年代基于通用计算机的 SCADA 系统，在第二代中，广泛采用 VAX 等其他计算机以及其他通用工作站，操作系统一般是通用的 UNIX 操作系统。在这一阶段，SCADA 系统在电网调度自动化中与经济运行分析，自动发电控制

（AGC）以及网络分析结合到一起构成了 EMS 系统（能量管理系统）。第一代与第二代 SCADA 系统的共同特点是基于集中式计算机系统，并且系统不具有开放性，因而系统维护，升级以及与其他联网构成很大困难。20 世纪 90 年代按照开放的原则，基于分布式计算机网络以及关系数据库技术能够实现大范围联网的 EMS/SCADA 系统称为第三代。这一阶段是我国 SCADA/EMS 系统发展最快的阶段，各种最新的计算机技术都汇集进 SCADA/EMS 系统中。第四代 SCADA/EMS 系统的基础条件已经或即将具备。该系统的主要特征是采用 Internet 技术、面向对象技术、神经网络技术以及 JAVA 技术等技术，继续扩大 SCADA/EMS 系统与其他系统的集成，综合安全经济运行以及商业化运营的需要。

2. SCADA 系统发展瞻望

SCADA 系统在不断完善，不断发展，其技术进步一刻也没有停止过。当今，随着电力系统对 SCADA 系统需求的提高以及计算机技术的发展，为 SCADA 系统提出新的要求，概括地说，有以下几点：

（1）SCADA/EMS 系统与其他系统的广泛集成。SCADA 系统是电力系统自动化的实时数据源，为 EMS 系统提供大量的实时数据。同时在模拟培训系统，MIS 系统等系统中都需要用到电网实时数据，而没有这个电网实时数据信息，所有其他系统都成为"无源之水"。所以在这近十年来，SCADA 系统如何与其他非实时系统的连接成为 SCADA 研究的重要课题；现在，SCADA 系统已经成功地实现了与 DTS（调度员模拟培训系统）、企业 MIS 系统的连接。SCADA 系统与电能量计量系统，地理信息系统、水调度自动化系统、调度生产自动化系统以及办公自动化系统的集成，成为 SCADA 系统的一个发展方向。

（2）发电厂升压变电所与变电所综合自动化。以 RTU、微机保护装置为核心，将发电厂升压变电所和枢纽变电所的控制、信号、测量、计费等回路纳入计算机系统。变电所的综合自动化已经成为有关方面的研究课题。

（3）专家系统、模糊决策、神经网络等新技术研究与应用。利用这些新技术模拟电网的各种运行状态，并开发出调度辅助软件和管理决策软件，由专家系统根据不同的实际情况推理出最优化的运行方式，以达到合理、经济地进行电网调度，提高效率的目的。

（4）面向对象技术、Internet 技术及 JAVA 技术的应用。面向对象技术（OOT）是网络数据库设计、市场模型设计和电力系统分析软件设计的合适工具，将面向对象技术（OOT）运用于 SCADA/EMS 系统是发展趋势。

随着 Internet 技术的发展，浏览器界面已经成为计算机桌面的基本平台，将浏览器技术运用于 SCADA/EMS 系统，将浏览器界面作为电网调度自动化系统的人机界面 MMI，对扩大实时系统的应用范围，减少维护工作量非常有利；在新一代的 SCADA/EMS 系统中，传统的 MMI 界面将保留，主要供调度员使用，新增设的 Web 服务器供非实时用户浏览，以后将逐渐统一为一种人机界面。

JAVA 语言，综合了面向对象技术和 Internet 技术，将编译和解释有机结合，严格实现了面向对象的封装性、多态性、继承性、动态联编四大特性，并在多线程支持和安全性上优于 C++，以及其他诸多特性，JAVA 技术将导致 EMS/SCADA 系统的一场革命。

二、RTU 主要功能与要求

RTU 是 Remote Terminal Unit（远程测控终端）的缩写，可以放置在测量点附近的现场，是在发电厂（变电所）实现 SCADA 系统功能的基本组成单元。"测控分散、管理集中"的 RTU，因为在提高信号传输可靠性、减轻主机负担、减少信号电缆用量、节省安装费用等方面的突出优点，得到了广泛应用。RTU 应该至少具备：数据采集、处理和传输（网络通信）的功能。当然，许多 RTU 还具备 PID 控制功能或逻辑控制功能、流量累计功能等。其中包括：

（1）开关量输入单元。对现场各种开关信号的采集，现场信号可以是继电器触点开关（无源），也可以是电压信号，还可以是电流信号。由于采用光隔离器件，可以抵抗现场各种干扰，能够在强电场、强磁场、多尘埃、潮湿环境下正常工作。

（2）开关量输出单元。用于遥控远端设备的开停、声光、告警等。

（3）模拟量输入单元。采用模拟开关及光电隔离技术，将现场各种模拟信号采集进来，既可以是 4～20mA、0～10mA 标准模拟信号；也可以是非标准模拟信号，如交流 220V 等，A/D 板采用智能 A/D 变换和利用软件技术，可抗工频 50Hz 干扰、射频干扰等。模拟量路隔离，可以用于不同的地电位设备同时采集。

（4）模拟量输出单元。用于 PID 调节方式下的各种自控系统。

（5）脉冲量输入单元。采集脉冲信号的频率，带光隔。采集信号的频率范围为 0～20MHz。

（6）数字量输入单元。接收各种串行数据信号，可以是 RS485 接口、RS232、RS422 接口或 V11、V28 等各种波特率下的异步串行数据，也可以采集 64K 同步数据。

微机 RTU 的功能，除包括以往常规远动装置的功能外（如遥测、遥信、遥控、遥调基本功能），由于微机 RTU 的优越性，通常还具有以下功能。

1. 遥信的变位传送

由于发电厂中有大量遥信信息（如断路器位置、隔离开关辅助触点位置、继电器触点位置等），而这些信息在一天中的变化次数不多。因而采用仅当状态变化时才发送遥信的方式，这样可有效地减轻通道负载。

2. 遥测的变化率监视

当发电厂处于稳定运行状态时，绝大部分的遥测值不变或只是缓慢地变化。显然，既然遥测值不变，也就不必要传送到通道上去。通常，仅当两次扫描之间遥测值变化超过一定值时，才采用送遥测的方法，这种方法称为变化率监视。采用这种方法可以降低通道负载。用 0.25% 的变化率可以滤掉 90% 的通道负载，而 0.25% 的变化率已在测量误差的范围以内。

这种方式的缺点是，在正常运行状态下，虽然可以有效地减轻通道负载，但当电力系统发生扰动时，即最需要高速传送信息时，通道的负载却最重。因此国外有些公司不采用变化率监视的方法，而是采用循环传送所有遥测值的方法。

为了防止扫描周期过长，可以采用多重扫描周期，即将遥测值按其重要性分为 2、5、10s 等几种周期来传递。

3. 顺序事件记录

RTU 可以自动记录状态变化的时间并送到主机，在主机上按时间顺序显示并记录，这种功能对于分析事故非常有用，时间的精度可达毫秒级。

现代化 RTU 的顺序事件记录的时间精度在一个厂内可以达到 1～2ms，全电力系统分辨率可达 3～10ms。

4. 通道的监视和自动切换

为了保证实时信息迅速、准确地送到主站，不仅要有可靠的远动设备，还要有可靠的通道，重要的厂（所）应当考虑装设备用通道，一旦主通道失效，还可以利用备用通道向主站传送信息。

微机 RTU 可以经常监视通道的正常运行。如果主通道失效（当主站向某台 RTU 询问若干次以后没有回答时，就可以认为是通道失效），可以自动切换到备用通道上继续运行。

5. 通道误码的统计和记录

利用计算机可以统计通道的偶然性错误（例如几次误码、几次 RTU 没有回答等），并定时打印，如果偶然性错误突然增加，即说明 RTU 或通道的某些模件可能不正常。根据我国有些电力系统运行经验，RTU 及通道的误码率一般在每天（24h）5 次以下。

6. 自恢复和远方诊断

微机 RTU 的可用率通常很高，往往几年不出一次故障，为了防止出错，通常在微机里装有自检程序，每隔 1～2s 自动检查一次。在无人值班变电所，RTU 必须具有在断电后自动恢复的能力。RTU 不需要经常维护，为了防止发生故障，主站侧应具有远方诊断的能力。现代 RTU 可以自主站侧进行诊断故障，定位到插件。

7. 事故追忆

事件顺序记录只能记录遥信改变状态的时间，为了便于分析事故，希望能把故障前一霎那和故障后一段时间的遥测值记录下来。微机 RTU 可以定时将部分重要遥测量记入 RTU 的缓存中，在缓存内保留 1min 的记录值，定时更新。当发生故障时（例如继电保护动作），自动把故障前和故障后的遥测值与发生时间发送到主站侧打印并记录，这种功能使各台 RTU 占用大量内存容量作为缓存，而且在发生故障后加重通道的负载。

三、远动信息

远动功能主要有遥信、遥测、遥控、遥调等。

（1）常规的远动功能主要是：采集、转换、处理模拟量、状态量、脉冲量、数字量，并向各级调度部门传送，同时能接收和处理调度端的遥控、遥调命令。还具有遥信越位、模拟量越限优先传送的功能和具有事件顺序记录（SOE）并向主站传送的功能。

（2）参加电网的 AGC 运行：机组 AGC 发电的期望值，由调度端的主站系统，分别下达给具体发电机组的 DCS 系统，具体实施可采用 4～20mA 模拟量或升降脉冲的方式。

1. 遥信信息

遥信信息包括：发电厂（变电所）中主要断路器、隔离开关合闸或跳闸位置状态信号、重要继电保护与自动装置的动作信号以及一些运行状态信号，如设备事故总信号、发电机组运行状态的变动信号、远动及通信设备的运行故障信号等。此外，也可用遥信信息传送测量参数的上、下越限告警信号，如频率越限、水位越限和其他设定值的越限信号。遥信对象只有"0"、"1"两种状态，故在国际上习惯称为 DI 信号，即数字输入（digital input）。在远动装置内经编码后形成遥信码字。

按调度管辖范围常规遥信量有：

（1）500kV 及以上线路断路器及隔离开关的位置信号。

（2）500kV 及以上线路主保护动作信号。

（3）发电机—变压器组主保护动作信号。

（4）发电机组 AGC 一次调频投入/退出信号。

（5）发电机组 AGC 的投入/退出信号。

（6）发电机组 AGC 可调上/下限越限告警信号。

2. 遥测信息

遥测信息包括：发电厂（变电所）中的发电机组、调相机、变压器、线路出口等通过的有功与无功功率，以获得电力系统的出力、潮流与负载情况；另外还有：线路电流、母线电压、频率、厂用电和地区负荷、联络线交换电量、功角（功率因数）等。

上述被测对象代表的是随时间连续变化的模拟量。这些模拟量一般是通过变送器，把实时测量值变成直流电压或电流。在新型综合自动化系统中，已大多采用交流采样，送入远动装置，经标度变换的计算，而编码形成遥测码字送往调度中心。因为遥测信息大部分为模拟量，所以又称为 AI（Analog Input）。

遥测与遥信信息在远动系统中统称上行信息。它由发电厂（变电所）向调度中心传送或从下级调度中心向上级调度中心传送。

按调度管辖范围常规遥测量有：

（1）每条 500kV 及以上线路的有功功率、无功功率、三相电流及 500kV 母线电压。

（2）每台主变压器高压侧有功功率、无功功率、三相电流。

（3）每台发电机的有功功率、无功功率、出口电压、出口电流、功率因数。

（4）每台发电机的厂用电有功功率、无功功率。

（5）每台发电机组输出功率极限值（AGC）和功角。

（6）每台发电机组出力调节速率及其极限值（AGC）。

按调度管辖范围常规遥测脉冲量有：

（1）每条 500kV 线路有功电量、无功电量（双向）。

（2）厂用电总有功电量及总无功电量。

（3）全部发电机组有功电量及无功电量。

（4）全部主变压器高压侧有功电量及无功电量（某些变压器也要求双向）。

3. 遥控信息

遥控信息的内容是：根据正常或事故时运行操作的需要，通过远程指令，遥控发电厂内的 500kV 及以上断路器、投切补偿电容和电抗器、发电机组的启停、自动装置的投退等。为了提高遥控的可靠性、避免误动作，遥控信息中的远程指令都必须附加返送校核功能，只有在核对无误后，才能执行远程指令的具体操作。

按调度管辖范围常规遥控量有：发电机组自动发电控制（AGC）的投入/退出请求。

4. 遥调信息

遥调对象一般是：主变压器或补偿器的分接头，发电机组有功或无功成组调节器、自动装置的调节等。通过对遥调信息的执行，可以达到增减机组出力、调节系统运行电压和线路潮流的目的。

遥控和遥调信息在远动系统中称为下行信息。它们的传送方向与上行信息相反，即由调度中心向统调的厂（所）传送，上级调度向下级调度传送。

发电机组有功或无功的调节可以由：①机组运行人员手操；②机组本身 DCS 调节；③调度遥调这三种方式来实现。当有两个以上的指令同时出现时，优先等级为①、②、③。在处理紧急异常事件时，不能由调度进行干预，因为机组运行人员最直观了解机组的异常和事故；也不能由 DCS 调节，因为机组本身的 DCS，可能由于设备的某种缺陷，而由运行人员暂时设置的出力上下限，而不容许调度超越；但是在正常运行中运行人员没有权利干预 DCS 和调度的指令。

按调度管辖范围常规遥调量有：

（1）发电机组自动发电控制，控制有功功率设定值（AGC）。

（2）发电机组自动电压调节器，控制无功功率设定值（AVC）。

5. 电网安全稳定装置

电网安全稳定装置，主要有低频减载装置、低压减载装置、解列装置、联切负荷装置、远切负荷装置、联切机组装置、远切机组装置、高周切机装置和备用电源自投装置。

6. RTU 与 DCS 之间的信息传输

为了实现远动信息的传输，发电厂接受调度指令，RTU 必须下传给机组的 DCS。RTU 与

DCS 之间的信息传输，如图 15-5 所示。

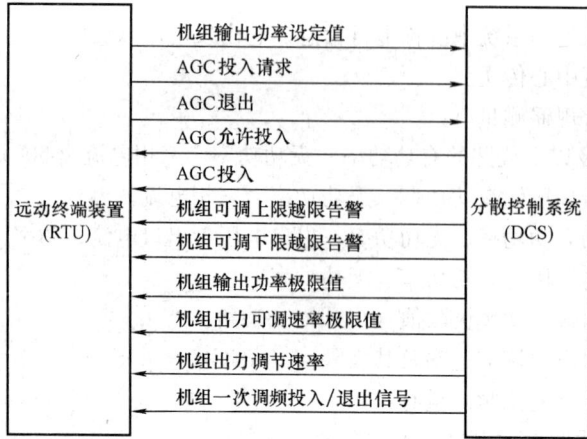

图 15-5 RTU 与 DCS 之间的信息传输图

第四节 厂内生产调度通信系统

厂内通信是为了解决运行人员、维修人员、生产、行政管理部门等相互之间通信的需要。按照不同性质的通信要求，设置了不同的通信设施。

一、厂内通信分类

发电厂内可采用以下几种通信方式。

1. 生产管理通信

包括生产管理及行政事务管理系统的对内、对外通信联系和主要靠电话交换机来进行的联系。交换机要完成的主要功能是：

（1）厂内各生产及非生产岗位用户之间的电话交换。

（2）厂与主管部门、上级电力部门之间的电话交换。

（3）厂内用户与市话局用户之间的电话交换。

（4）根据发电厂的位置及重要性，可使本厂交换机具备组网的功能。

2. 生产调度通信

为便于厂内各单元控制室、网络控制室或主控制室的值长或调度员，指挥生产、处理事故，应设专门的调度通信装置。该装置的主要功能是：

（1）通过调度专用电话，值长或调度员可向各生产岗位下达命令、听取汇报、召开生产会议。

（2）通过调度专用广播，值长或调度员可向各生产岗位呼叫寻人，发生事故时发出统一指挥命令和事故报警信号，也可利用广播解决主厂房等高噪声地区的通话。

（3）具有录音功能，以便判断及分析事故处理的正确性。

3. 直通对讲通信

需要经常联系的分场或某些工作岗位之间，当调度通信、生产管理通信系统的电话不能满足要求或使用不便时，可设置直通对讲通信，如汽机房与循泵房之间、循泵房与水源地之间、输煤桥与集控室之间等。对讲通信分有线对讲和无线对讲两种方式。对于移动岗位或有线通道到达有困难的地方，可采用无线对讲方式。

4. 生产检修通信

生产检修通信由话机、插孔站组成，分布在厂内主要设备和表盘附近，利用插孔站插入专用的话机进行双方或多方的通话。

二、厂内通信系统结构

大型电厂，可采用多种厂内通信装置，相互之间连成一个通信网络。图 15-6 所示为某电厂通信系统结构图。

厂内通信由生产管理自动电话通信系统（数字程控）、低电平广播呼叫通信系统、电声动力通信系统、无线电直通对讲通信系统组成。通过市话通信网络和电力系统微波、载波通信网络和外界以及电力系统各部门之间相互联系和交换信息。为增加通信电源的可靠性，广播呼叫通信、电话录音及自动火灾报警系统由 UPS 供电。生产管理自动电话通信、无线电直通对讲通信及电声动力通信系统由保安电源供电。

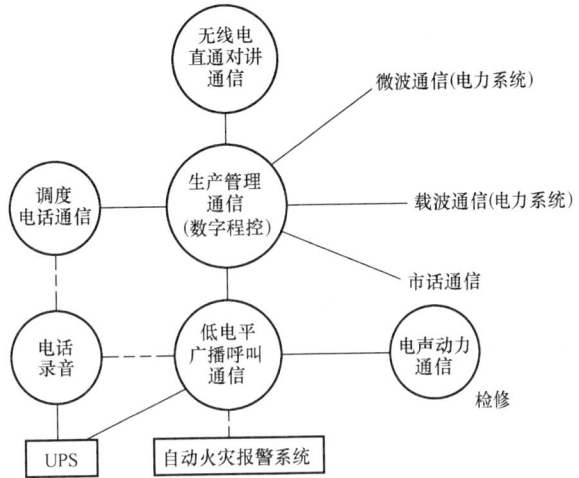

图 15-6　某 600MW 电厂通信系统结构图

下面简要介绍各通信方式的特点。

1. 生产管理自动电话通信系统

本系统用于厂区各建筑物内指定点间的电话通信，除少量用于生产调度外，大部分用于生产管理。该系统装设一套 800 线数字式程控交换机。程控交换机除具有体积小、耗电省、施工方便等优点外，其最大的特点是功能齐全，通过改变机器的软件可满足各种运行方式的要求，组网扩容很灵活，且容易与电力系统综合数字通信网联网。

自动电话通信系统是厂内通信的中心，它和各通信方式均有接口，并与市话通信网络以及电力系统的载波、微波通信网络相连，形成对外的信息通道。各种通信方式之间相互连接，可充分发挥各种通信设施的综合效益。

2. 低电平广播呼叫通信系统

大型电厂，随着机组自动化程度的提高，网络控制室和单元控制室生产调度层次复杂，管理范围很广，单靠电话机往往不能满足调度通信的要求，特别是发生事故和设备异常时，各级值班人员纷纷打电话向值长询问情况，这时值长单靠调度电话或行政电话一对一的对话将会贻误工作。因而要求调度总机具有扩音广播呼叫功能，事故或有要事时，值长或生产管理部门就能通过该系统，迅速对各运行值班和重要操作岗位及有关部门进行直接指挥。

利用广播呼叫通道通过扬声器可发出生产指令、报警信号或呼叫寻人；利用电话通道可进行双方或多方用户通话或召开小型电话会议。

本系统由合并/隔离装置、送/受话站和扬声器站组成。扬声器布置的地点，应使其产生的声音比周围的环境噪声高出 10dB，以保证工作人员能清晰地听到呼叫和生产指令。

本系统由以下三部分组成：

（1）呼叫系统。呼叫系统根据发电厂车间分布分成几个区段。例如：汽轮机、锅炉及仪表综合控制楼区段，系统通信楼、500/220kV 配电装置及继电器楼区段，化水及除灰区段，煤场区段，煤码头及其皮带区区段等；为了远景扩建需要，还应多一些区段。

(2) 通话系统。设有与呼叫通道独立的 5 个共线话音通道，话音通道之间也相互独立。

(3) 报警系统。火灾报警以及其他事故信号送入呼叫通信系统，并将警笛信号经扬声器广播。

3. 无线电直通对讲通信系统

无线电直通对讲通信系统，用于距电厂主要通信装置较远的区域或移动生产岗位。在这些地区采用通常的通信方式，在技术上是不可能或不经济的。本系统和广播呼叫通信系统相互补充，构成一个较为完整的通信系统。

无线电移动通信的要求和特点是：

(1) 无线电移动通信频率的确定。频率的划分：我国民用无线电移动通信一般采用 VHF/UHF（甚高频/特高频）通信设备，工作频率在 $30\sim300\text{MHz}/300\sim3000\text{MHz}$ 范围内。在此范围内一般可分成五大段：A 段（$27\sim38\text{MHz}$）、B 段（$40\sim48.5\text{MHz}$）、C 段（$150\sim167\text{MHz}$）、D 段（$403\sim420\text{MHz}$）、E 段（$450\sim470\text{MHz}$）。发电厂选用 D 段和 E 段较好。当选用 E 段时，抗干扰性能可大为增强，因工业谐波的频谱，基本上都不超过 400MHz。D、E 段也可分成频率组。

(2) 无线电移动通信方式。按通信方向可分为单向、双向和三向通信。单向通信为基地台向移动台发射信号；双向通信为基地台和移动台都能发射和接收信号；三向通信为基地台与移动台或移动台与基地台之间可互相通信。

按使用频率可分为单工、半双工和双工通信等方式。单工通信为基地台与移动台使用一种频率，不能同时受话或送话。此通信方式的优点是可不设天线共用装置、设备简单、质量轻、成本低、损耗小；缺点是使用较不方便。半双工通信为收发信号使用两个频率，基地台天线带共用装置，收发同时工作，移动台工作在待呼状态。双工通信方式为两个地点使用两个不同的频率同时进行发送和接收。

(3) 无线电台设备。无线电移动通信通常由无线电台、天线等设备组成。无线电台按设备的使用场合可分为袖珍式、便携式、固定式、车载式、基地式多种；按设备的通话型式可分为专用对讲话机、单频组网话机、双频组网话机、袖珍铃话机。天线可分为室内天线和室外天线两种。室外天线又可分为全向天线和定向天线。天线的阻抗与频率范围要与电台一致。

(4) 基地台设置要求。基地台通常放在建筑物内，以便于维护，不受气候等影响，同时尽量设置在建筑物的高层，靠近天线。在发电厂内，基地台应尽量设置在主控制室内部，便于使用；如果将其设置在主厂房顶，那么，必须在控制室内设一个远方控制台。

4. 电声动力通信系统

本系统用于仪表校正、维修及机组启动时和必要的岗位间日常联系。

5. 电话录音系统

本系统用于控制室自动电话、广播系统的电话录音。录音装置可手动也可自动启用。当电厂发生重大事故时，报警系统将启动录音系统。在故障清除、报警复归后系统自动停止。

配有两个录音装置，当一个装置磁带用完，另一装置自励启动继续录音。

6. 调度电话通信系统

对设有单元控制室和网络控制室的发电厂，可在一单元控制室和网络控制室分别设置 20 门容量的调度电话通信总机，对设有值长室的控制室，可设置 40 门容量的调度电话通信总机。以便值班员和生产岗位之间通话、联系以及发布生产命令。

对于调度电话通信总机，多数为主机与座席是分开的，有少数的是连成一体的。座席（操作台）可以放在控制室或通信室内，但安装时应注意主机与座席之间的距离不能太远。

调度电话通信总机型号多样，有晶体管式、继电器式等，可根据情况选用。

调度电话通信总机与全厂自动电话通信系统、电话录音系统通过接口连接。

7. 火灾报警系统

火灾报警系统应成为发电厂全面探测火情、提供消防保护的一种手段，可在需要地点提供就地和遥控的声光报警和实施准确的消防保护。

根据我国的设计标准，发电厂消防水泵的控制应设置在集控室。

所有系统应按照国际标准进行设计、制造和试验，使用的设备和材料应有相当的认证标志，并必须经过《中国国家消防保护和探测产品质量检测中心》鉴定。

复 习 思 考 题

15.1 按照《电力法》规定，我国调度机构分为哪五级？

15.2 实现电网调度自动化的作用主要有哪三个方面？

15.3 电力系统远动通信的传输信道目前有哪些？

15.4 说明循环式（CDT）和问答式（Polling）两种通信制式的方式。

15.5 什么叫电力系统的SCADA系统？在发电厂的终端是什么？主要功能有哪些？

15.6 调度对发电厂的遥信信息、遥测信息、遥控信息、遥调信息各有哪些？

15.7 发电厂内采用哪几种通信方式？

15.8 发电厂内火灾报警系统的作用是什么？